JN437922

획득군수관리론

획득군수관리론

초판발행 | 2009년 5월 6일

지 은 이 | 최기출
펴 낸 이 | 김진욱
펴 낸 곳 | 21세기군사연구소
등록번호 | 라-7085호
등 록 | 1995년 3월 6일
주 소 | 서울특별시 영등포구 신길6동 501번지 순흥빌딩 6층
전 화 | 02-842-3105~7
팩 스 | 02-842-3108
가 격 | 30,000원

ISBN 978-89-87647-42-5

획득군수관리론

최기출 저

KRIMA 21세기군사연구소

저자 서문

알렉산더 대왕의 걸프전 군사원정 이래 전쟁의 역사적 경험은 '군수가 전쟁에서 분리할 수 없는 중요한 하나의 분야'라는 것을 우리에게 가르쳐주고 있다. 군수란 시간과 공간에 따라 전투부대의 이동을 가능하게 하고, 전투부대에 화력을 제공하며, 전투부대의 전투력과 활력을 지속시켜주는 역할을 하는 것이다. 우리 군 장교들은 인사, 교육 및 진급 등에서 군수는 전략, 작전 및 전술을 포함하는 작전분야에 비해 우선순위가 낮은 것 같은 인상을 갖고 있음을 느낄 것이다.

이러한 경험을 바탕으로 필자는 전역후 충남대학교 평화안보대학원 군수 석사과정의 군수관리개론, 획득군수관리론 및 국방체계분석 등을 강의해왔다. 강의를 준비하면서 국내에는 군사군수 문헌이 충분하지 않음을 발견하게 되어 외국문헌을 주로 찾아보게 되었다.

군사군수에 관한 참고문헌은 크게 세 가지로 분류해 볼 수 있다. 첫 번째 범주의 군수전문서적으로 **군에서 작성하여 군 내부에서만 활용하는 교범, 규정, 지침 및 편람 등**이 있다. 이 범주의 문헌들은 주로 지휘관과 군수실무자들이 지켜야 할 원칙, 규칙 및 방법 등을 포함하고 있으며 일부는 국방부나 방위사업청의 웹사이트에서 공개되어 있으나 많은 분야가 대외적으로는 활용이 제한되고 있다. 예를 들면, 훈령으로 규정된 각종 획득군수 및 운영군수 관리 규정이나 지침 등은 공개되고 있는 반면 세부적인 업무수행편람은 공개되지 않고 있다. 또한 합참의 합동인사군수교범, 육 · 해 · 공군의 군수 관련 교범이나 규정 그리고 지침 등은 대외비로 취급되고 있는 실정이다.

두 번째 범주의 군사군수 전문서적은 **전쟁과 군사작전의 역사를 통하여 군수시각에서 정리**한 것이다. 그 대표적인 것이 Van Creveld의 Supplying War(1977년)이다. 그 외에도 Thompson의 The Life of Blood of War-Logistics in Armed Conflict(1991), Ohl의 Supplying the Troops-General Somervell and American Logistics in WW Ⅱ (1994), Lynn의 Feeding Mars-Logistics in Western Warfare from the Middle Ages to the Present(1993) 등 다수가 있다.

세 번째 범주의 군사군수 전문서적은 주로 **군수이론분야로서 군수기능을 조정 통제하는 군수의 특성, 군수기능의 수행과정, 군수의 일반원칙 등 군수의 복잡한 기능적 구조와 군수의 핵심에 대해 설명**하고자 한 책들이다. 이러한 문헌 중 대표적인 것으로 군수의 이론적 기반을 제공한 Eccles 제독의 Logistics in the National Defense(1959년), 전략과 군수의 연결에 대한 설명을 한 Brown의 Strategics, The Logistics-Strategy Link(1987년), 현대 군수의 구성, 구조 및 일반적 교리 측면에 대해 훌륭하게 설명한 Foxton의 Powering War: Modern Land Force Logistics(1993년)과 Sarin의 Military Logistics-The Third Dimension(2000년) 등이 있으며, 군사잡지로는 Military Review와 Parameters and Army Logistics 등이 있다.

한편 필자는 평화안보대학원에서 주로 육 · 해 · 공군 현역 위관 및 영관 장교들을 대상으로 강의를 하면서 군수 전반에 대해 정리한 강의교재를 만들어보려고 노력해왔다. 강의교재를 만드는데 많은 도움이 된 몇 권의 책을 소개하면 다음과 같다. 첫째, 미국 Benjamin S. Blanchard의 Logistics Engineering and Management(2004년)는 획득군수관리에 대한 아주 훌륭한 교재였으며, 둘째, 이스라엘 Moshe Kress의 Operational Logistics-The Art and Science of Sustaining Military Operations(2002년)는 전략적 군수와 전술적 군수에 대한 논의와 함께 작전적 군수에 대한 훌륭한 논의를 하고 있어 운영군수에 관한 강의교재로서 매우 유익하였다. 셋째, 국내문헌으로서 국방대학교 내부교재를 제외하면 획득군수나 운영군수에 대한 문헌은 이재천 장군의 『군사술과 군수』(1996년), 한국국방연구원 장기덕 박사 외의 『군수혁신: 군수선진화를 위한 도전과 과제』(2005년), 김종하 한남대 교수의 『획득전략: 이론과 실제』(2006년) 등으로 제한적이다. 다만 국방대학교 도서관에 분야별 군수 관련 논문은 다수 보유하고 있다. 이러한 국방대학교의 여러 군사군수 참고문헌에도 불구하고 군수 전반에 대한 내용을 종합적으로 소개한 한국문헌은 발견하지 못하였다.

필자는 이러한 인식과 함께 군의 획득군수 관리와 운영군수 관리에 대한 이론을 종합적으로 정리해보고 싶은 마음을 갖게 되었다. 필자는 미 해대원에서 체계분석석사과정에서 배운 운용분석기법에 대한 학문적 경험과 현역시절의 군수에 관한 높은 관심 그리고 함정 건조 등 무기체계 획득사업을 기획, 계획 및 집행하는 부서인 기획관리참모부 및 조함단 등에 근무한 경험을 바탕으로 다음과 같은 원칙 하에서 강의교재용으로 본서를 집필하였다.

첫째, 군 내부에서는 주로 교리, 규정 및 지침 등에 대한 교육을 받고 있을 것이므로 군사군수에 대한 학문적 이론이라고 할 수 있는 다양한 군수의 개념, 체계공학에 기반을 둔 무기체계 개발과정에서 지속적으로 다루어지는 비용 대 효과분석, 신뢰도, 가용도 및 정비도 분석 등 다양한 군수지원분석기법, 경제적이고 효율적인 군수 관리 및 지원을 위한 소요의 예측, 재고관리 및 품질관리 기법 등에 관한 내용을 포함시켰다.

둘째, 우리의 국방부, 방위사업청, 합참, 각 군의 웹사이트와 공개된 각종 법규와 훈령 등을 최대한 활용하여 획득군수의 개념, 업무 방법과 절차에 대해서도 소개하였다.

셋째, 지난 2006년 방위사업청 신설시 미국 군의 획득관리제도를 벤치마킹한 점을 고려하여 미 국방부의 획득관리제도와 관련된 지침, 규정을 포함한 미군의 다양한 군사군수의 개념, 교리, 지침 및 편람 등의 자료는 미군 웹사이트 등에서 획득한 자료를 활용하였다.

넷째, 군사군수의 물류체계에 활용 가능한 민간군수에 대한 참고문헌도 소개하였다.

따라서 본서는 군수관리론과 획득군수관리론 강의에 활용할 수 있도록 15개의 장으로 편성하였으며, 각 장별 주요내용은 다음과 같다.

제1장에서는 군사군수 개념의 발전과정과 현대전의 군사군수 개념에 대해 정리하였으며, 제2장에서는 기업군수의 개념과 발전과정을 소개하였다. 정보통신의 급속한 발전과 세계화의 흐름 속에서 산업기술이 표준화되고 무역의 자유화가 활발해짐에 따라 현대 기업에서는 고객만족을 위한 신속하고 효율적인 보급망 관리의 중요성이 더욱 커지고 있다. 이러한 점에서는 군사군수도 예외일 수 없기 때문에 기업군수의 개념과 기능을

정리해봄으로써 군사군수에 주는 시사점을 찾아보고자 하였다.

제3장에서는 군사군수의 하는 일이 무엇인가를 살펴보기 위하여 군수의 영역과 군수의 기능에 대한 분류방법과 그 내용을 살펴보고, 이러한 군수기능을 수행함에 있어서 지켜야 할 군수의 원칙과 고려사항들에 대해 정리하였다.

제4장에서는 우리 군의 국방기획관리제도에 대해 소개하였다. 군수전문장교로서 전략적 군수와 작전적 군수 및 전술적 군수에 이르기까지 군수기획기능을 수행하려면 국방부, 합참 및 각 군에서 이루어지고 있는 정책과 전략에 대한 기획, 계획, 예산 및 집행에 대한 국방기획관리절차를 이해할 필요가 있다.

제5장에서는 우리 군의 방위사업관리제도인 국방획득관리제도를 소개하였다. 군의 무기체계가 어떤 과정을 거쳐 획득(연구개발 또는 구매)되고 있는지 획득과정을 이해할 필요가 있다. 이를 위하여 미국의 획득관리제도를 벤치마킹하여 발전시킨 우리 군의 방위력개선사업의 방법과 절차를 이해할 수 있도록 작성하였다.

제6장에서는 획득군수 관리과정에서 획득, 운용 및 폐기 단계에 이르기까지 요구되는 군수지원 11대 요소를 다루는 종합군수지원제도에 대해 소개하였다.

제7장에서는 운영군수의 한 분야인 작전적 군수에 대한 이론과 작전적 군수에 대한 군수계획 수립절차에 대해 설명함으로써 전략적 군수와 전술적 군수를 연계하여 전투부대의 군수참모로서 군수계획능력을 배양하고 군수에 대한 이해의 폭을 넓게 하고자 노력하였다. 또한 미국군이 발전시키고 있는 집중군수의 핵심내용을 소개하였다.

제8장에서부터 제14장까지는 군수의 주요 기능 중에서 소요관리, 보급관리 및 정비관리의 핵심이론인 소요의 예측기법, 재고관리이론, 품질관리이론 및 군수지원분석기법에 대해 설명하고, 제15장에서는 미국의 국방획득군수 개혁배경 및 미래 군수발전방향에 대해 소개하였다. 한국군의 군수발전 방향은 많은 논의와 토론이 있어야 할 사안이므로 문제의 제기 수준으로 정리하였다.

이 책이 발간되도록 독려해준 충남대학교 평화안보대학원 학과장 길병옥 교수님, 김진욱 21세기연구소장님과 박계향 국장님께 감사하며, 평소 필자에게 용기와 격려를 아끼지 않는 동기생 정승환 (예)제독님과 홍태식 (예)대령님이 현역시절 전력 증강업무의 경험을 바탕으로 본서가 빛을 볼 수 있도록 감수해준데 대해 고마운 마음을 전한다. 또한 본서의 미흡한 내용은 앞으로 더욱 개선 발전시켜나갈 수 있도록 독자 여러분들의 많은 조언과 독려를 부탁드린다.

2009년 2월 1일

주스리랑카 대사(예비역 해군중장) 최 기 출

목 차

그림목차

표 목차

1 군사군수의 개념

본 장에서는 군사군수(Military logistics: 민간군수에 대비하여 군사군수라 부름)의 개념이 어떻게 발전 정립되어 왔고, 군사군수의 할 일(군수의 기능)에 대한 범위로서 군사군수의 영역을 어떻게 분류하고 있는지에 대해 살펴봄으로써 군사군수의 개념을 보다 넓게 이해하는데 목적을 두고 정리하였다.

제1절 군수개념의 발전

본 절에서는 군에서 사용되는 군수의 개념이 어떻게 발전해왔는가를 살펴보고자 한다. 인류의 과학 문명이 발전됨에 따라 전쟁의 수단이 발전하게 되고, 전쟁의 수단이 발전됨에 따라 그 수단을 효과적으로 활용하기 위해서는 그 수단을 지원할 자원이 필요하게 되었다. 그러므로 우리는 전쟁의 역사를 통해서 칼, 창, 화살, 소총, 화포, 유도탄 발사체계 등과 같은 전쟁을 수행하기 위한 수단이 변화 발전되어 왔음을 알 수 있다. 이렇게 발전되는 전쟁수단을 효과적으로 운용하기 위해서는 화살촉, 화살대, 소병기 탄약, 대구경포의 포탄 및 유도탄 등과 같은 전쟁지원물자와 이를 수송하기 위한 마차, 차량 등의 수송수단이 필요하게 되는 것은 당연하다 하겠다. 이처럼 군수는 전쟁의 수단이 발전됨에 따라 지원해야 할 자원이 다양하고 그 양도 증가하게 되어 군수지원의 적시성이 작전성공의 관건이 되는 등 군수의 기능이 전쟁수행에 있어서 더욱 중요하게 되어왔다. 특히 1760~1840년대의 산업혁명[1] 이후 전쟁의 수단이 획기적으로 발전됨에 따라 군수개념은 더욱 확대 발전되어 왔다. 이처럼 변화 발전되어온 **군수는 전쟁에서 전략, 작전, 전술과 함께 분리될 수 없는 전쟁의 중요한 구성요소의 하나**라는 것을 인식하게 되었다.

그러나 군수 용어의 개념을 정립하기 시작한 것은 그렇게 오래 되지 않았다. 군수라

1) 산업혁명은 1760년대 이래 자본과 기계의 힘에 의하여 종래의 수공업과 공장제 양식이 혼합된 방식에서 대규모 공장제(factory system) 생산양식으로 전환시켜 상품을 대량 생산함으로써 산업뿐만 아니라, 인류의 사회생활 전반에 일대 변혁을 가져온 산업상의 변화를 말한다. 산업혁명 시작시기는 여러 주장이 있으나 많은 기계들이 발명된 1760년대를 시작기로 본다. 산업혁명의 종결시기는 많은 사람들이 1840년대로 보고 있는데 '기계 수출 금지령' 을 산업혁명의 시작으로 보고 1843년에 기계 수출 자유화 조치가 시행된 것을 정확한 산업혁명의 종결기로 보기 때문이다. 80년간의 산업혁명 완성으로 상품과 원료의 수송을 위한 철도시대가 열렸으며 공장에서 일하는 어린이, 여자 등의 작업환경 개선을 위해 '공장법' 이 제정되기도 하였다.

는 개념은 과학기술의 발달과 함께 전쟁의 수단이 발전되고 있는 한, 군수의 정의와 영역은 앞으로도 계속 복잡해지고 확대 변화할 것이다. 이러한 인식하에서 군수의 개념이 어떻게 발전되어 왔는가를 살펴볼 필요가 있다.

1. 군수의 어원

군수의 역사적 어원은 그리스어인 **Logistikos** 즉, "계산을 숙련되게 하는(Skilled in calculation)"의 형용사에서 유래한 수학적 용어로서 "수학적 계산" 또는 "계산의 과학(The science of computation)"이라는 의미이다. 즉, 군수는 처음부터 물자소모를 가감하고, 이동시간을 예측하는 등 전장의 자원을 관리하는 과학적 요소와 인연이 깊었던 것으로 이해할 수 있다. 군사적 의미로서의 어원은 로마군대의 '행정장교'의 뜻을 갖는 **Logista**에서 유래되었다고 하는 데 당시 행정장교는 중앙정부에서 파견된 관리들이 담당하였다고 한다.[2)]

또 다른 역사적 어원은 프랑스 루이16세 군에서는 **Maréchal de logis**(병참감: Quartermaster general로서 logis는 lodging or quarter의 의미임)라 부르는 직책이 있어 숙영시설을 관리하고 군대의 숙소와 행군을 조직하는데 책임을 갖는 장교가 있었는데 프랑스 혁명 후 Logistique라는 용어만 남게 되었다고 한다.[3)]

그 후 보급, 병참, 숙영 등의 용어들이 각각의 개념으로 사용되어 오다가 18세기말 19세기 중반까지 생존했던 스위스 출신 조미니(Baron Antoine Henri Jomini, 1779-1869)[4)]는 1838년 그의 저서 『전쟁술』에서 프랑스 군대의 '병참감(Major général des logis: 또는 군수장군)' 직명에서 인용하여 현대적 의미인 **"부대의 이동을 실행하는 술(The practical art of moving**

2) 이재천, 『군사술과 군수』(서울: 21세기군사연구소, 1996), p. 21.; Defense Systems Management College, (DSMC), Acquisition Logistics Guide, 3rd ed.(VA, Fort Belvoir: DSMC Press, 1997), p. 2-1.

3) Moshe Kress, Operational Logistics: The Art and Science of Sustaining Military Operations(Boston: Kluwer Academic Publishers, 2002), p. 3.

4) 조미니는 전쟁의 원리를 체계화하기 위해 노력한 근대 군사과학의 창시자로서 클라우제비츠와 함께 19세기 군사학의 대표적 사상가이며, 1798년 프랑스군 참모로 지원 입대한 후 1801-1804년 프리드리히 대전을 분석하여 "대전술에 관한 논문"을 발표함으로써 나폴레옹에게 발탁되어 1805년 울름전투, 예나전투, 1806년 아일라우전투에 참전하면서 군인으로서 능력을 인정받았으나, 그를 시기하던 상관의 모함에 의해 군사보고 지연 죄명으로 체포되자 부당한 처사에 대한 불만으로 1813년 러시아 황제 1세 부관이 되어 대프랑스전에 참전하였다.

armies)" 이라는 군수 용어를 최초로 사용하였다. 당시 병참감의 임무는 부대를 숙영시키고 행군종대에 지시를 하달하며 이들을 배치하는 것이었다. 따라서 군수문제는 처음부터 과학적 요소와 전문가의 영역으로 취급되었음을 알 수 있다.[5)]

IIIII 2. 군수개념의 변천

가. 고대 및 중세의 군수개념: **석기 및 철기 시대의 군수**

고대 및 중세는 단순 무기(칼, 화살) 사용에 따른 **단순한 '보급' 개념**으로 **음식과 마초의 현지 획득, 무기의 자체 충당, 기지에서의 보급** 등 3가지 방법을 주로 사용하였으며, 비교적 전투형태가 단순하여 대부분 군수지원 사항에 의해 전투행위가 수행되었다.

나. 조미니의 군수개념: **상비군 시대의 군수**

조미니는 원래 스위스 태생으로 나폴레옹軍에서 근무하였으나 프랑스군의 부당한 처사에 불만을 갖게 되어 1813년 이후에는 프랑스를 떠나 적대관계에 있던 러시아로 간 후 러시아 황제의 부관을 맡았으며, 러시아 육군사관학교의 창설자이기도 하다. 그는 동시대의 클라우제비츠(1780-1831)와는 달리 전쟁의 성격에는 관심을 갖지 않은 대신 전쟁을 수행하는 기술을 세밀하고 명확하게 정의하였으며, 1830년부터 8년간 자신의 지식과 견해를 총 정리한 『전쟁술』(Precis de lárt de la guerre, 1838)[6)]에서 戰略, 戰術, 軍需 등의 상대적인 범위를 정의하고 전쟁의 전 국면을 포함하는 주요 원칙, 교리, 법칙 등을 정리하였다.

그는 戰爭術(The art of war)이란 "戰略, 大戰術(Grand tactics), 軍需, 工兵 및 小戰術(Minor tactics)의 순수 군사분야와 전쟁과 관련된 政略(Statesmanship: 정치적 수완)의 부분으로 구성되었다."고 정의하면서, 주로 전략, 대전술, 군수를 중점적으로 설명하였다. 군수는 **"부대 이동에 관한 술"**이며, **"행군과 병영, 그리고 부대의 숙영 및 보급에 대한 절차와 세부사항을 포함한다. 한 마디로 군수는 전략적, 전술적 차원에서 부대의 작전실행**

---

5) 이재천(1996), p. 21.

6) 1862년 미 육군사관학교의 G. H. Mendell과 W. P. Craighill이 지은 영역판 The Art of War를 1999년 이내주 육사교수가 『전쟁술』로 번역하였다.

을 뒷받침하는 것"이라고 정의하였다.[7] 조미니는 나폴레옹 전쟁을 관찰한 다음 군수를 과학의 개념이 아닌 술의 개념으로 규정하면서 전략 및 전술과의 결합과 균형을 이루어야 함을 강조하면서 **"군수는 참모의 영역일 뿐만 아니라 총사령관이 직접 다루어야 하는 지휘술(Art of command)의 분야"**라고 함으로써 군수의 개념에 術적인 개념을 포함시켰다. 전략과 대전술 등에 대한 개념과 상관관계를 이해하려면 『전쟁술』의 일독을 권하며, 특히 『전쟁술』의 제6장은 군수에 대해 보다 구체적으로 설명하고 있다.

다. 산업화와 군수개념의 변화: **산업화 시대의 군수**

조미니 시대도 참모조직이 비교적 단순하였으므로 나폴레옹(1769-1821)은 스스로가 참모로서의 역할을 수행하였다. 그러나 19세기 중반부터 20세기 중반의 산업화는 전쟁양상을 혁명적으로 변화시켰는데 이 혁명적 변화는 **大軍의 동원, 화력의 대량 증가, 군의 급식 및 수송수단을 제공하는 경제적 혁명, 군을 더욱 효과적으로 운용하기 위한 국가의 동원 능력과 조직관리 기술** 등의 발전으로 나타났다. 이러한 변화로 지휘관이 직접 수행하던 각종 업무가 지휘관의 업무 범위를 초과하게 되었고, 이러한 업무 수행을 위하여 참모 조직 및 기능은 세분화되고 전문화되어 갔다. 또한 참모업무의 영역도 확장되고 참모의 권한이 위임된 하부조직도 생기는 등 **참모조직이 발전**되어 갔으나 군수라는 용어는 참모기능과의 연관성을 찾지 못한 채 군사용어에서 거의 사라져 갔다. 따라서 군수는 지휘관으로부터 무관심과 경시를 받게 되었으며 19세기 중반 이후 학자들의 전유물이 되는 경향을 보여 산업화시대의 군수란 **"군대의 보급, 정비, 수송, 시설, 근무 등을 제공하는 군사과학 활동"**이라는 제한된 의미로 정의되었다.

그러나 군수의 중요성이 사라진 것은 아니었으며, 19세기 후반 조미니의 영향을 크게 받고 있던 미국의 마한(Alfred T. Mahan, 1840~1914)은 조미니의 군수개념을 미군에 최초로 소개하였을 뿐만 아니라, 1880년대에 미 해군의 확장을 역설하면서 경제력을 바탕으로 한 산업동원과 전시 경제를 포함하는 **'확장된 군수개념'**을 미 해군에서 활용하도록 소개함으로써 군수 용어를 다시 등장시켰다.

그 후 1차 대전에 미국이 참전함으로써 연합군이 승리하였는데 이는 미국의 엄청난 군

---

7) 이내주 옮김, 앙투안 앙리 조미니 지음, 『전쟁술』 (서울: 책세상, 2000), p. 11, p. 88.

수지원 덕분이었으며 이러한 영향으로 인해 미 해군 중령 쏘프(Cyrus Thorpe)는 『순수 군수(Pure Logistics, 1917)』라는 그의 저서를 통해 전략, 전술, 군수라는 삼위일체로서의 **순수군수**와 **응용군수의 개념**을 정립[8]하고, 군수는 종전의 보급과 수송 기능뿐만 아니라 **전쟁 금융, 조선, 군수품 제조 및 전시 경제의 여타 국면을 포함하며 전쟁 수행을 위한 모든 인적, 물적 수단을 제공하는 기능을 포함**하여야 한다고 주장하였다. 이는 군수가 단순한 수단이 아니고 통찰력과 군수 경험과 연구를 통해 군수에 술적 요소를 추가한 것으로 이해해야 할 것이다. 그러나 그의 저서는 출판사의 도산으로 절판되었고 그 후 관심을 끌지 못하다가 1945년에 전쟁을 연구하는 연구팀에게 발견되어 주목을 받게 되었는바 이들의 대표자인 이클스(Henry E. Eccles) 제독에게 많은 영향을 미친 것으로 알려지고 있다.

한편 1차 대전 이후 군사분야에서 미국의 역할이 커지면서 미국의 군수개념이 전 세계에 전파되기 시작하였는바 당시 미국의 군수개념은 **대규모 소요 물량의 획득에 중점을 두고 군이 직접 무기를 구매하며, 연구개발에 적극 개입하면서, 막강한 경제력을 바탕으로 군수자원에 거의 제한이 없는 과학군수개념**이 모든 군수개념을 지배하였다.

라. 2차 대전 이후의 군수개념

2차 대전 이후 군수이론은 1959년 『국방과 군수조달』을 저술한 이클스 제독이 이끈 미 해군 연구팀이 발전시켰다고 볼 수 있다. 그들은 〈그림 1-1〉과 같이 **전쟁의 요소를 쏘프의 전쟁수행 3대 요소에 情報, 通信을 포함한 5대 요소로 확대**하면서 전시에 권한과 책임 또는 영향요소의 다양하고도 보편적인 영역들은 모두 상호 연관되어야 하며 정확한 정의를 내리기 어려운 많은 중첩된 부분이 존재한다면서 이를 〈그림 1-1〉과 같이 나타내었다. **전쟁의 구조를 결정하는 요소들 간의 상호관계에서 권한과 책임을 혼합 및 중첩되게 하는 가장 큰 영역이 군수분야이며 군수는 국가 경제와 전투력을 잇는 가교이며, '군사경제' 로서 작용한다**고 정의하였다. 따라서 군수를 국가경제의 군사적 요소로서, 그리고 군사작전에서의 경제적 요소로서, 즉 국가경제에 기초한 군수를 전투력에 연계하는 개념적 틀을 개발하였다. 따라서 군수는 국가경제와 전투력의 연결고리 역할을 하기

8) 순수군수란 군수이론에 대한 연구와 군수이론에서 군수의 역할 즉, 군수의 범위, 군수의 특성 분석, 군수절차 및 군수조직 등에 대한 연구를 포함한다. 반면에 응용군수란 순수군수에서 연구한 결과로부터 얻은 결론과 통찰력을 실행하는 것으로 군수체계를 수립하고, 작전 수행에 이를 활용하는 것을 말한다.

〈그림 1-1〉 전쟁의 구조[9]

일반적 요소						
정치	경제	지리	**군사요소**	심리	과학	기술
모든 요소들은 상호 연관되어 있다.						

군사요소				
전략	**군수**	**전술**	**정보**	**통신**
모든 요소들은 상호 연관되어 있다.				
군사적 요소들은 일반적 요소들에 기초를 두고 있다.				

때문에 군수는 넓은 의미에서 군사경제학(Military Economics)이라고 하였다.

또한 이클스 제독팀은 **"군수는 전략, 전술, 경제학, 정치학과 같은 추상적 개념과 같이 단순하고 영구적인 정의를 허용하지 않는다."**고 함으로써 군수의 개념이 계속 변화한다는 것과 복잡한 학제적 영역으로 해석될 수 있게 되었다. 이클스 제독팀은 〈그림 1-1〉의 군사요소들 간의 상관관계를 다음과 같이 설명하고 있다. 전쟁의 구조는 정치, 경제, 지리, 군사요소, 국민의 심리, 과학, 기술 수준과 모두 연계되어 있다. 특히 군사요소로서 전략은 목표의 결정과 이를 달성하는 다양한 방법을 다루고 있다. **군수는 무기와 전투력의 지속적인 지원 및 창출을 다루고 있다**. 전술은 전략의 목표를 달성하기 위한 무기와 전투력의 특정한 운용을 다루고 있다. 더 간단하게 설명하면, 전략과 전술은 군사작전의 수행을 위한 기본 틀을 제공하고, **군수는 이를 위한 수단을 제공한다**고 말할 수 있다. 정보는 지휘관이 직면한 상황을 밝히는 전등불과 같은 역할을 하며, 통신은 지휘관에게는 정보를, 부하들에게는 결정사항을 알려주는 수단이라고 하였다.[10]

그리고 이클스 제독팀은 2차 대전 이후 군수 용어는 민간 활동에 적용하여 사용된다면서 다음과 같이 민간군수와 군사군수 등 군수 용어의 개념 확대와 다양한 군수기능에 대한 분류법을 개발하였다.[11]

---

9) 이필중 번역, Henry E. Eccles 저, 『국방과 군수조달(Logistics in the National Defense』 (서울: 국방대학교, 2001), p. 22.

10) 상게서, p. 22.

11) 전게서, pp. 46-51.

1) **군수** : 재화와 용역을 제공하기 위한 계획의 과정이다.

2) **국가 간의 군수** : 국제적 수준에서 군사력과 민간경제를 지원하기 위하여 재화, 시설, 용역을 제공하고 계획을 수립하는 과정이다. 이를 통상 국제군수라 부르기도 한다.

3) **국가차원의 군수** : 국가의 군사력과 그 운용, 국가의 민간경제 및 수반되는 국제적 의무와 요구 등을 지원하기 위해 재화와 용역을 제공하며 계획을 수립하는 과정이다.

4) **민간군수(Civilian logistics)** : 민간경제를 지원하기 위해 재화와 용역을 제공하고 계획을 수립하는 과정이다. 이러한 민간군수는 "전쟁잠재력"이라고 부르는 군사력을 지원하기 위한 민간산업 경제부문의 동원과 연계되어 있다. 제2장에서 소개하는 기업군수 개념과 동일하게 간주할 수 있을 것이다.

5) **군사군수(Military logistics)** : **군사력을 지원하기 위해 재화와 용역을 제공하고 계획을 수립하는 과정**이다. 즉, **군사작전을 위한 인력과 물자의 지원과 용역의 제공**을 의미한다.

또한 이클스 제독팀은 특히 군수계획의 수립과 작전에 있어서 지휘관의 역할이 필수적이며 군수의 여러 분야를 혼합하고 중첩시키는 국면에서 **군수의 기능들을 실제에 적용하는 것은 '과학' 이라기보다는 '술'**이라고 하였다. 이는 군수의 운용적 측면을 설명한 것으로서 제1장 제3절에서 설명할 운영군수의 영역에 속하는 전략적, 작전적 및 전술적 군수를 의미한다.

한편 미국은 2차 세계대전 이후 핵무기의 등장과 거대한 상비군의 유지 및 평시의 총력전 준비를 위한 군수관리 방법으로 1960년대 미 국방장관 맥나마라의 국방기획-계획-예산 체계(PPBS: Planning, Programming, Budgeting System)와 과학적 관리기법(OR/SA: Operations research/Systems analysis)을 군수의 영역에 적극 활용함으로써 합리적인 의사결정을 위한 수리적 접근을 강조하였다. 따라서 **2차 대전 이후 미국군에서는 군수술 보다는 군수관리과학이라는 데 중점을 두게 되었다.**

따라서 이클스 제독팀의 주장들은 미 해군 이외는 널리 받아들여지지 않았고 미국의 군수개념은 1 · 2차 대전과 한국전 등의 전쟁경험을 통해서 얻은 **물량중심의 사고** 즉, 전쟁에 있어서 엄청난 물량을 지원하는 것만큼 승리를 보장하는 것은 아무 것도 없다는 확신을 가지게 되었다. 이러한 사조는 **대량지원 위주의 화력소모전적 미군교리**를 낳게 하였고 당연히 월남전에도 이러한 군수개념이 도입되었다. 그러나 미국은 월남전에서 패배하였고 그 후 기동전 중심의 교리개발과 동시에 군수술의 개념을 다시 연구하게 되었다. 그 결과로 1982년 공지전투(Air-land battle) 교리를 채택한 미 육군 『야전교범 100-5』를 발간하였다. 그럼에도 불구하고 이때는 이에 상응하는 군수개념이 미흡하였으나 1986년판 미 육군의 『야전교범 100-5』에는 **지속지원(Sustainment) 개념**이 포함됨으로써 이클스 제독의 군수개념이 상당부분 도입되었다고 볼 수 있다.

그 후 공지작전교리 채택과 뒤이은 1991년 걸프전을 수행하는 과정에서 얻은 교훈과 막대한 전쟁비용으로 말미암아 군수술의 중요성이 더욱 부각되어 1993년판 미 육군의 『야전교범 100-5』인 『미작전요무령』[12]에는 **군수가 별도의 장으로 포함**되어 교리적으로나 실질적으로 군수가 전략, 작전술, 전술과 같이 전쟁의 중요한 구성요소의 하나로 인정되었다.

마. 현행 군수개념: **현대전 하의 군수**

앞에서 살펴 본 바와 같이 군수라는 용어는 '과학'과 '술'의 영역을 넘나들며 개념이 발전되어 왔으나 현재는 '과학'과 '술'의 개념을 모두 갖고 있음을 공식화하고 있다. 1982년 이전의 미 『합동군사술어사전』 등에는 군수란 **"부대의 이동 및 정비를 계획하고 수행하는 과학으로서 포괄적인 의미에서의 군수는 군사작전의 다음과 같은 면을 포함한다: 물자의 설계 및 개발, 획득, 저장, 이동, 분배, 정비, 후송 및 배치; 인원의 이동, 후송 및 입원; 시설의 획득 또는 건설, 정비, 운용, 배치; 서비스(근무지원)의 획득 또는 제공"** 이라고 정의하고 있는 것으로 보아 군수의 과학적 측면을 주로 강조하였다.

그러나 1993년판 미 육군의 야교 100-5 『미작전요무령』에는 **"군수는 군사작전을 지원하기 위해서 부대의 지속지원(Sustainment)을 계획하고 실시하는 과정이다. 군수에는 보급, 야전근무, 정비, 보건근무지원, 인사업무 및 시설의 계획, 개발, 획득, 저장, 수송, 정비, 분배, 후송 기능 등이 포함된다. 따라서 군수는 군사작전의 전 범위에 걸쳐서 발생되는 포괄적인 기능이다. ... 중략 ... 군수만으로 전쟁에서 승리할 수 없지만 군수지원이 제대로 이루어지지 않거나 불충분하면 패배의 원인이 된다."**[13]라고 하여 군수는 지속지

---

12) 육군대학 번역, 美野教 100-5 『미작전요무령』 (육군인쇄공창, 1993), pp. 265-291.; 제12장에 군수기초, 군수의 특성, 군수계획 수립시 제반고려사항, 군수작전, 전술적 군수기능으로 구성되어 있다.

13) 육군대학 번역, 美野教 100-5(1993), p. 267.

원을 계획하고 실시하는 과정이며 전쟁술의 한 분야로 보았다. 여기서 지속지원이란 국가 목표나 부대 임무를 성공적으로 수행하기 위하여 작전이나 전투를 지속하는 데 요구되는 인사, 군수 및 기타 지원을 지속적으로 제공하는 것을 의미하는 용어이다.

1992년판 미 합동교범 4-0에서도 **"군수란 전투력의 기초를 제공하며 국가의 경제력과 국가의 전투력을 연결하는 교량적 역할을 하고, 군사 전략과 작전을 시행함에 있어서 작전부대의 이동과 지속지원을 계획하고 집행하는 과정이며 ... 중략 ... 군수의 술이란 전구 전투부대 지휘관의 작전개념을 지원하기 위하여 부대, 인원, 보급품의 동원 및 전개를 계획하는 한편 전구 내에서의 전략적, 작전적, 전술적인 지속능력을 향상시키기 위한 노력을 통합하는 방법이다."**[14]라고 하여 군수과학과 군수술의 정의를 모두 포함하고 있다.

2004년판 미 합참의『집중군수전역계획(FLCP: Focused Logistics Campaign Plan)』에는 미래의 군수개념으로 집중군수(Focused Logistics) 개념을 소개하고 있다. 집중군수란 **"모든 군사작전에 걸쳐 합동부대(Joint force)에게 올바른 인력, 장비, 보급품 및 지원을 정확한 장소에(At the right place), 정확한 시간에(At the right time), 정확한 량을(In the right quality) 제공할 수 있는 능력"**으로 정의하면서 이러한 능력은 실시간 웹기반의 정보체계를 통하여 합동부대, 각 군 및 지원기관에 걸쳐 있는 작전요원과 군수요원들을 효과적으로 연결시켜 공통의 작전상황(COP: Common Operating Picture)의 한 부분으로서 정확하고 조치가 가능한 군수상황을 제공해준다.[15]

집중군수 개념은 1990년대 중반부터 Joint Vision 2010[16]에서 최초로 이 개념이 도입되었으며, Joint Vision 2010은 미국의 군사혁신을 추진하는 지침을 제공하고 있으며 집중군수 개념은 미군이 계속 발전시키고 있는 개념이다. 미국의 군사혁신이 지속적으로 추구하는 목표는 "**대응력, 작전의 속도와 범위** 그리고 **효과성을 극적으로 증대**시키기 위하여 **보다 더 정확하고, 보다 더 치명적이며, 보다 더 맞춤형이고, 보다 더 경량화되고, 보다 더 생존성이 높으며, 보다 더 지속성을 유지할 수 있도록 하는 것**이다. 이러한 목표의 달성 여부는 다음 4가지 요소에 따라 결정된다."[17]고 정리하고 있다.

---

14) 미 합참, 합동교범 4-0, Doctrine for Logistics Support of Joint Operations(Washington, D.C.: Office of JCS, 1992); 2000년도 개정판이 나왔으나 내용을 확보하지 못하였다.

15) U. S. JCS, Focused Logistics Campaign Plan(FLCP), (Washington, DC: Director for Logistics, 2004), p. 6.

16) http://www.dtic.mil/jointvision/history.htm : Joint Vision 2020을 찾아볼 수 있다.

첫째, 미군은 미국과 미국 국민의 지적, 기술적 혁신능력에 계속 의존할 것이다.

둘째, 다른 기술과 마찬가지로 정보기술의 지속적인 발전은 미래 군사작전을 실질적으로 변화시킬 것이다.

셋째, 미 국방부는 장비를 현대화하고 대체하는 데 새로운 기술을 일정하게 접목시키기 위한 균형된 투자를 할 것이다.

넷째, 헌신적인 군인들이 새로운 기술의 이점을 활용하기 위하여 교리, 조직, 훈련, 물자, 리더십, 교육, 인원 및 시설을 변경할 것이다.

위의 요소들의 시너지 효과를 통하여 미국군은 21세기의 미래 합동전쟁의 특성과 수행방법을 변화시킬 혁신적인 개념과 능력을 개발하고 통합하고자 노력하고 있다. 즉, 미래 합동전쟁의 특성과 수행방법인 **합동 C4ISR; 우세한 기동**(Dominant maneuver); **정밀교전**(Precision engagement); **전 방위방호**(Full dimensional protection); **집중군수**(Focused Logistics); **의사결정의 우세 및 정보;** 그리고 **미국의 혁신능력**은 미래 미군의 합동부대에게 전반적인 우세를 제공해줄 것이라는 것이다. 여기서 미군의 집중군수 개념은 **작전요원과 군수요원을 동반자 관계**로 규정하고 있다. 집중군수전역계획(FLCP)에서 합동전쟁 수행과정에서 군수를 동반자로 공식 지정한 것은 처음이라고 지적하면서 미래의 무기체계는 전투준비태세 요구에 맞출 수 있도록 전개가 용이하고, 신뢰성이 높으며, 정비도와 지원성이 높고, 상호운용성이 높은 설계를 할 것을 요구하고 있다.[18)]

그래서 무기체계 운용자(작전요원)에게는 집중군수가 다음의 의미를 갖게 된다: 합동부대 지휘관에 의해 지정된 목적지에 보다 신속한 전개와 핵심적 지원을 하며; 전투지역에서 적정수준의 전투지원 및 전투근무지원을 실시하고; 전투능력의 저하가 없는 군수비용의 감소를 가져오게 한다.

군수요원에게는 집중군수가 다음의 의미를 갖게 된다: 보다 신속한 대응, 보다 경량의 군수지원기반구조, 원거리 지원이 가능하게 해주고; 보다 정확한 적시의 군수정보를 제공하며; 보다 신뢰성이 높고 지원 가능성이 높은 군수체계를 유지가능케 한다.

집중군수의 가장 중요한 것은 **전투요원들에게 올바른 지원이 적소에, 적시에, 적량이 지원되는 것을 보장하는 것**이라고 강조하고 있다. 따라서 집중군수 개념에서 우리가 인

---

17) U. S. JCS, Focused Logistics Campaign Plan(2004), p. 7.

18) U. S. JCS, Focused Logistics Campaign Plan(2004), pp. 8-9.

식해야할 것은 **정보통신기술을 최대한 활용하여 작전상황을 파악하듯이 군수상황을 파악할 수 있을 뿐만 아니라, 각 군의 군수정보를 모든 군이 공유할 수 있도록 네트워크화한 군수정보체계를 갖추어야 한다**는 것이다. 미 합동부대를 위한 집중군수에 대한 내용은 인터넷 접속이 가능한 경우에는 Focused Logistics Campaign Plan(2004)[19]을 참고하기 바란다. 제7장 제3절에서 미군집중군수의 핵심내용인 집중군수의 4가지 기반인 고객대기시간의 단축, 지정시간 내 수송, 전 자산의 가시화, 웹기반의 자료교환 환경과 합동전구군수관리(JTLM: Joint Theater Level Management)에 대해 좀 더 구체적으로 소개하기로 한다.

19) http://www.acc.dau.mil/simplify/ev.php?ID=52053_201&ID2=DO_TOPIC: 검색일 2008. 1. 15.

제2절 군수의 개념 정의

본 절에서는 미국군과 한국군의 일부 군수교리와 군 외에서 발간한 군수 참고문헌에서 소개하고 있는 군사군수의 다양한 개념들을 소개한다. 본서에서 특별한 경우를 제외하고는 민간군수 또는 기업군수에 대응하는 개념으로서의 군사군수를 군수로 통칭한다. 1959년 이클스 제독이 그의 저서에서 군수란 경제학, 정치학 등과 같이 단일하고 단순하며 영구적인 정의를 내릴 수 없게 한다고 지적한 것과 같이 1838년 조미니 장군이 군수개념을 정의한 이후 군사과학기술의 발달과 산업혁명을 거치면서 170년 동안의 전쟁 역사를 통하여 아직도 군수에 대한 정의가 국가마다 학자마다 통일되어 있지 않음을 볼 수 있다. 동일한 국가에서도 시대의 흐름에 따라 군수의 개념이 변화하고 있음을 제1장 제1절에서 이미 설명한바 있다.

1. 군수의 개념

가. 블랜차드의 군수 개념

최근 블랜차드가 소개한 사전적 의미의 군수개념과 미국 국방부의 군수개념은 다음과 같다.[20]

1) **사전적 의미의 군수** : 블랜차드는 각각의 사전에서 군수란 "물자 및 인력의 조달, 분배, 유지 및 교체를 다루는 **군사작전의 한 측면**"이라고 정의하며,[21] 군수란 "군사물자, 시설 및 인력의 조달, 분배, 유지 및 수송을 다루는 **군사과학의 한 측면**"이라고 정의하고[22] 있음을 소개하고 있다.

2) 민간영역의 군수 즉, 기업군수 : **"고객의 요구사항을 만족시키기 위하여 생산원점과 소비지점 간의 제품, 서비스 및 관련 정보의 효율적이고 효과적인 공급(Forward**

---

20) Benjamin S. Blanchard, Logistics Engineering and Management, 6th ed.(NJ, Upper Saddle River: Pearson Education, Inc., 2004), pp. 4-10.

21) American Heritage Dictionary, 4th ed.(Boston: Houghton Mifflin Co., 2002).

22) Merriam-Webster's Collegiate Dictionary, 10th ed.,(Springfield: Merriam-Webster Inc., 1998).

flow), 역류(Reverse flow) 및 저장을 계획하고, 실행하며, 통제하는 보급망 프로세스(Supply chain process)의 부분"이라고 정의한다. 이 개념은 미국의 군수관리협회(CLM: Council of Logistics Management)에서 정의한 군수의 개념으로서 www.clm1.org의 Glossary of Terms에서 찾아볼 수 있다.

3) **국방영역의 군수개념, 즉 군사군수** : 미 국방부가 **1960년대부터 1990년대에 걸쳐 종합군수지원(ILS: Integrated Logistics Support) 개념의 변화에 따라 발전**되어 왔다고 설명하고 있다.

1960년대 미군의 종합군수지원 개념은 **"계획된 수명주기 동안 모든 정비수준에서 하나의 체계나 장비에 대한 효과적이고 경제적인 지원을 보장하기 위하여 요구되는 모든 지원사항에 대한 고려를 종합한 것"**으로서 **"체계와 장비의 준비태세를 최대화하고 비용을 최적화하기 위하여 체계와 장비를 기획/계획, 개발, 획득 및 운용에 대한 수명주기 접근방법"**으로 정의하고 있다.

따라서 종합군수지원의 주요 요소들은 ① 체계의 설계와 지원장비의 연동, ② 신뢰도와 정비도, ③ 정비계획, ④ 지원 및 시험 장비, ⑤ 수송 및 처리, ⑥ 기술자료, ⑦ 시설, ⑧ 인력 및 교육훈련, ⑨ 군수지원자원에 대한 투자, ⑩ 군수지원관리정보, ⑪ 계약자의 지원서비스를 포함한다.[23] 이 개념은 **군수와 체계와의 관련성과 전 수명주기 동안의 체계에 대한 효과적이고 효율적인 지원을 강조**하고 있다. 그래서 운용기간 동안의 정비 및 지원뿐만 아니라 설계단계에서의 신뢰도, 정비도 및 가용도를 포함하고 있다.

1970년대부터 1990년대까지 더욱 발전된 미 국방부의 종합군수지원 개념은 **"① 체계와 장비의 설계시 지원요소들을 통합하고, ② 전투준비 목적, 설계, 그리고 둘 다 상호 일관성 있는 지원소요를 개발하며, ③ 이러한 지원소요를 획득하고, ④ 운용단계에서 최소의 비용으로 지원소요를 제공하는데 필요한 관리활동 및 技術活動을 규정하고, 통합하며, 반복하는 접근방법"**으로 정의하고 있다.[24] 이 개념은 **효과적이고 효율적인 정비기반구조와 지원기반구조에 관련된 모든 활동을 개발하고 실행하는 것을 강조**하고 있다.

〈그림 1-2〉는 체계를 지원하는데 요구되는 정비기반구조와 지원기반구조를 나타내

---

23) DoD, 4100.35G, Integrated Logistics Support Planning Guide for DoD Systems and Equipment (Washington, D.C.: DoD, 1967).

24) DSMC, Integrated Logistics Support Guide(VA, Fort Belvoir: DSMC, 1994).

〈그림 1-2〉 체계의 정비기반구조와 지원기반구조[25)]

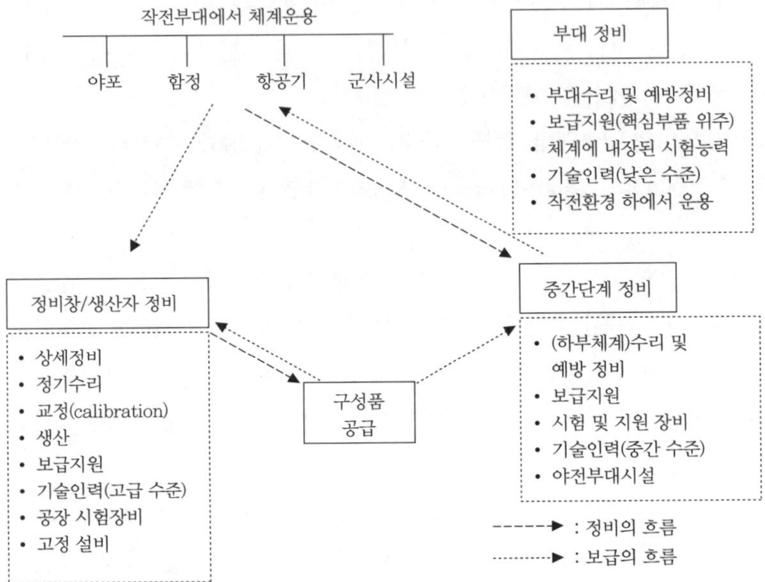

고 있다. 따라서 새로운 종합군수지원 개념은 첫째, **군수지원 설계**(Design for supportability)**를 요구**하며, 둘째, **체계설계**(System design)**에 대해 강조**를 하고 있다. 1994년 미국 국방개혁 이후 최근 미국군의 군수에서 강조하는 것은 획득군수의 개념을 도입하여 체계설계와 개발과정의 초기단계의 군수기능인 **군수지원 설계**를 한층 더 강조하고 있다.

나. Moshe Kress의 군수 개념[26)]

이스라엘 군분석센터(Center for Military Analyses)의 모세 크레스는 전쟁수행 과정을 〈그림 1-3〉과 같이 하나의 고전적 생산체계의 생산공정에 비교하여 과학기술의 발달에 따라 생산수단이 발전되어 왔듯이 전투수단도 발전되어 왔음을 지적하면서 그러한 전투수단이 발전됨에 따라 이를 지원하기 위한 전투자원도 다양하고 그 양이 증가한다는 개

25) Benjamin S. Blanchard(2004), p. 9.

26) Moshe Kress(2002), pp. 5-14.

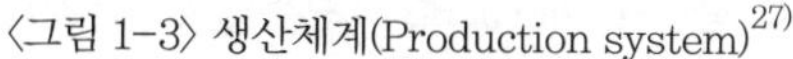
〈그림 1-3〉 생산체계(Production system)[27]

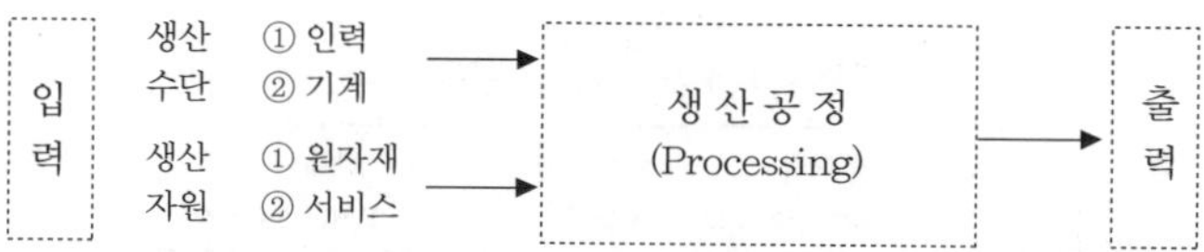

념을 적용하고 있다. 물론 전쟁에서는 적군의 방해가 있기 때문에 입력과 출력이 민간 생산체계처럼 안정되거나 일정할 수 없다는 것을 인정하고 있다.

예를 들면, 전투수단은 인력과 무기체계이며, 인력은 실제 전투에 참여하는 보병, 포병, 기갑 등 여러 병과별 장교, 부사관 및 병으로 구성된다. 또한 무기체계는 기관총, 탱크, 유도탄 발사대, 함정 및 항공기에서부터 전장감시체계나 지휘통제통신체계와 같은 전쟁에 필요한 무기체계가 다양하게 있다. 전투자원으로는 탄약, 연료, 식량, 물 등과 같은 전쟁물자와 의무, 정비, 보급 및 수송 등의 전투근무지원[28](생산체계에서는 서비스) 사항들이 이에 속한다. 이처럼 전쟁은 **전투수단**, **전쟁물자** 및 **전투근무지원**과 같은 입력들이 전쟁(군사적 생산 공정: Military production system)을 수행할 수 있도록 한다는 것이다. 이 때 전투수단이 상대편 보다 우수해야 하지만 물자와 전투근무지원이 불충분하거나 원활하지 못하면 전쟁에서 승리할 수 없다고 설명하면서, 크레스는 군수란 **"원하는 목표를 달성하기 위하여 군사작전 수행 수단을 지속 유지하는 데 필요한 자원을 다루는 학문적 영역이다. 군수는 이러한 자원들에 대한 기획, 관리, 처리 및 통제를 포함한다."**고 정의하고 있다.

다. 존스의 군수개념

미국의 Jim Jones는 Integrated Logistics Support Handbook(1st ed.)에서 〈그림 1-4〉에서와 같이 **전략적 군수**와 **응용군수**로 구분하고 응용군수를 다시 **획득군수**와 **전술적/작전적 군수**로 세분하고 있다. 응용군수(Applied Logistics)는 2단계로 나누어 설명한다.

즉, 1단계는 하나의 체계가 사용자에게 분배되기 전의 군수지원을 계획하고 획득하는

---

27) Moshe Kress(2002), p. 5.

28) 육군본부, 야전교 4-15 「전투근무지원」(계룡대: 육군인쇄창, 2007), p. 1-3.; 전투근무지원이란 "전투력을 생성, 유지하여 작전지속능력을 향상시키기 위하여 부대지휘관이 요구하는 시간과 장소에 필요한 모든 자원을 지원하여 결정적 작전과 여건 조성을 위한 활동"으로 정의하고 있다.

〈그림 1-4〉 Jim Jones의 군수의 계층적 정의

	국가안보(National security)	
전략적 군수	군사력 (Military power)	경제력 (Economic power)
응용군수	**획득군수** (Acquisition logistics)	**군수공학** (Logistics engineering)
	작전적/전술적 군수 (Operational/tactical logistics)	**생산품 지원** (Product support)

모든 활동을 말하며 통상 **획득군수** 또는 **군수공학**이라 부른다. 2단계는 하나의 체계가 운용되고 있는 동안에 요구되는 모든 군수지원활동을 말하며 통상 **전술적/작전적 군수** 또는 **생산품 지원**[29]이라고 부른다. 여기서 생산품 지원이란 수명주기 동안 그 생산품 즉, 군수품의 효과성과 경제성을 제고시키기 위한 민수산업체로 부터의 모든 지원을 의미한다.[30]

전략적 군수에서의 고민은 〈그림 1-4〉와 같이 국가 경제력이 허용하는 범위 내에서 군사력 건설과 유지를 어떻게 해나갈 것인가의 절충안을 찾는 것이라 할 수 있다. 전략적 군수 개념에 대해서는 제1장 제3절에서 설명하며, 전략적 군수계획에 대해서는 제7장 제2절의 작전적 군수계획 수립절차에서 좀 더 소개할 것이다.

||||| 2. 미국군의 군수개념

미국의 국방부, 합참 및 한국군의 군수 문헌이나 교리 상의 군수 개념들은 다음과 같다.

가. 수명주기군수(Life Cycle Logistics)

수명주기군수란 **"전 수명주기 체계관리(TLCM: Total Life Cycle Systems Management) 개념 하에서 체계에 대한 포괄적이고, 획득이 용이하며, 효과적인 지원전략을 기획, 개발, 실행 및 관리하는 활동"**으로서 획득(설계, 개발, 시험, 생산 및 배치), 지속지원(운용 및 지원) 및

29) 영어로 Product는 본서에서는 표현의 편의에 따라 생산품, 제품 또는 군수품의 의미로 사용된다.

30) DSMC, Acquisition Logistics Guide(VA, Fort Belvoir: DSMC, 1997), pp. 2-2~2-3에서 재인용.

처리(폐기)를 포함하는 체계 전체의 수명주기 동안의 군수를 포함한다.[31] 수명주기군수에 대한 내용은 http://www.akass.dau/dag에서 찾아볼 수 있다. 전 수명주기 체계관리 개념은 성과기반군수(PBL: Performance Based Logistics) 개념에서 설명하겠다.

수명주기군수의 주요목표는 다음 4가지이며,[32] 전 수명주기 동안의 주요군수지원활동은 〈표 1-1〉과 같다.

1) 획득 가능한 수준의 체계운용효과(SOE: System Operational Effectiveness)를 높일 수 있도록 제품의 설계에 영향을 준다. 체계운용효과는 〈그림 1-5〉를 참고하기 바라며, 제5장과 제6장에서 우리 국방부의 획득관리제도와 종합군수지원제도를 설명한다.

2) 성과기반군수 제도를 이용하여 군수지원체계를 설계하고 개발한다.

〈표 1-1〉 체계 수명주기 간 주요 군수지원활동

선행연구 (개념설계)	탐색개발 (기본설계)	체계개발 (상세설계)	생산/건설	운용/정비/지원	퇴역
• 초도 군수계획수립 및 군수관리 • 요구사항 분석 (운용자요구 검토) • 타당성 분석 (기술적 기회) • 체계 운용요구 • 체계 정비개념 • 기능적 분석 (체계차원) • 군수지원분석 (설계기준) • 체계 기본형 규격화(A형) • 개념설계 검토 (기능적 기준선)	• 군수계획수립 및 군수관리 • 기능적 분석 • 요구사항 할당 • 설계참여 및 지원활동 • 군수지원분석 (설계 절충안, 체계지원소요의 정의 등) • 군수관리정보 (설계/군수 자료) • 개발, 프로세스, 생산품 규격화 (B, C, D형) • 체계 구성품의 개발, 시험평가 • 체계설계 검토 (할당된 기준선)	• 군수계획수립 및 군수관리 (생산자/운용자 요구사항) • 설계 참여 및 지원활동 • 군수지원분석 (설계절충안, 체계지원소요의 정의 등) • 군수관리정보 (설계/군수자료) • 개발, 생산품, 프로세스, 물자의 규격화 (B, C, D형) • 체계 및 지원 요소 조달/획득 • 체계 시험평가 • 장비/SW 상세설계 검토	• 군수계획수립 및 군수관리 (생산자/운용자 요구사항) • 주체계 요소들의 생산, 조달 및 건설(물자 흐름, 재고통제, 수송 및 분배) • 체계 변경 (필요시) • 군수관리정보 (군수자료검토, 군수지원분석) • 체계 시험평가 • 고객 서비스	• 군수계획수립 및 군수관리 (고객요구) • 야전정비 및 지원(운용자 활동) • 고객 서비스 (생산자에 의해 제공되는 정비 및 지원) • 자료수집, 평가 분석 및 환류 (필요시 군수지원분석 최신화, 자료 수정 등) • 체계 변경 (필요시)	• 군수계획수립 및 군수관리 • 물자 폐기, 재활용 및 처리 • 군수지원요소 (필요시)

*주: A형은 기본형이며, B, C, D형이란 운용자의 요구, 기술발달 등에 따른 개량형을 의미한다.

31) DAU, DAU Program Managers Tool Kit, 14th ed.(Ver.1.0)(DAU, 2005), p. 41.

32) 상게서, p. 41.

〈그림 1-5〉 체계운용효과성(SOE)을 높이기 위한 체계 설계시 고려요소[33)]

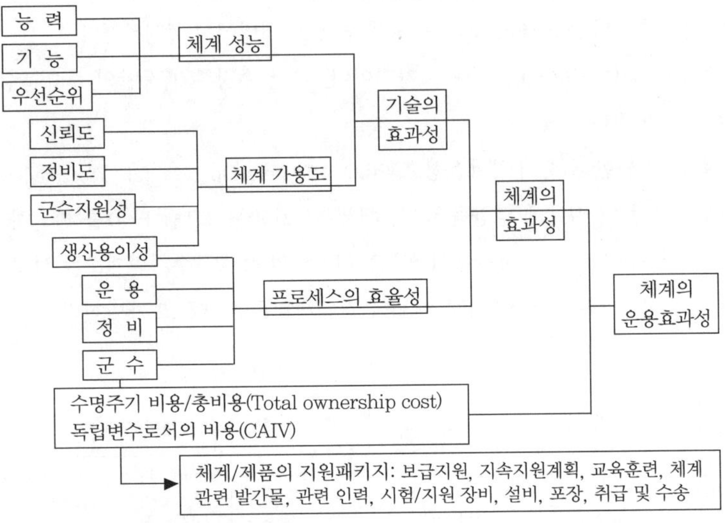

o **체계성능**(System performance)
- 아키텍처적 영향: 열린 체계(Open system)로 설계, 상호운용성을 고려하여 설계
- 기타 설계 고려요소: 생존성과 수용성, 소프트웨어, Anti-tamper, HSI(Human systems integration), 접근성(Accessibility), 둔감 탄약, 정보보증, 체계보안, 부식방지, COTS, 폐기 및 군 관리에서 민간관리로 전환, 환경, 안전, 직업병
- 설계도구: 모델링과 시뮬레이션

o **체계의 가용도**(System availability)
- 신뢰도, 정비도, 군수지원성을 고려하여 설계
- 생산용이성(Producibility): Value engineering, 제품의 질과 생산능력을 고려하여 설계

o **프로세스의 효율성**(Process efficiency)
- 운용측면: 상호운용성, 정보보증, 생존성과 수용성, HSI, 체계보안, Anti-tamper를 고려하여 설계
- 정비측면: 부식의 방지 및 통제, 접근성, 상호운용성, 제품의 식별을 고려하여 설계
- 군수측면: 군수지원성을 고려하여 설계
- 생산용이성: Value engineering, 제품의 질과 생산능력을 고려하여 설계

33) Defense Acquisition University, Test and Evaluation Management Guide(VA, Fort Belvoir: DAU Press, 2005), p. 2-4.

3) 군수지원기반구조를 포함한 군수지원체계를 획득하고 동시에 배치한다.

4) 전투준비태세를 향상 및 유지하며, 구매의 용이성(Affordability)을 향상시키고, 군수지원소요를 최소화하는 것이다.

체계의 수명주기란 **"수명주기비용 계산시 체계를 개발단계부터 도태까지의 시간"**[34]을 말하며, 여기서의 수명주기군수 개념은 1990년대 미군의 종합군수지원 개념과 일치하는 것으로 체계의 개발단계부터 군수지원소요를 최소화하여 비용을 절감하고 체계의 신뢰도는 높여 체계운용효과성을 높이려고 노력하는 것이다. 이러한 목표를 달성하기 위한 군수지원 설계시의 조치들과 군수지원분석의 종류에 대해서는 〈그림 3-5〉를 참고하기 바란다.

나. 획득군수(Acquisition Logistics)

미 국방부는 냉전이 끝난 후 1996년을 국방획득정책 변경의 원년이라고 부를 정도로 국방장관지침인 DoDD5000.1(1996. 3.15)과 DoDD5000.2R(1996.12.13 변경1호)에 의해 획득군수체계를 슬림화하고, 통합생산개발체계를 발전시키며, 성능규격에 기반을 두고, 군사규격과 군사표준보다는 상용표준 채택을 더 선호하는 획득정책을 채택하였다. 이러한 정책에 기반을 두고 미 국방부가 규정하는 획득군수란 **"사용자(소요 군)의 전·평시 전투준비 요구를 만족하는 비용대 효과적인 체계를 설계, 개발, 시험, 생산하여 야전에서의 지속적인 운용, 성능개량과 관련된 다기능적이고 기술적인 관리영역"**이라고 정의하고 있다. 획득군수의 주된 목표는 군수지원요소들을 체계설계 요구와 통합하는 것이며, 체계가 비용대 효과적으로 수명주기 동안 지원될 수 있고, 초기 야전배치 및 운용에 필요한 지원기반구조를 식별하고 개발하며 획득하는 것이다.[35]

획득군수 개념에서 강조하는 것은 체계의 수명주기비용의 약 95%가 설계과정의 군수(군수지원 설계)가 결정한다는 경험을 토대로 한 것이다. 따라서 최근 미 국방부에서는 초기의 설계결심이 체계의 운용 및 정비 활동에 큰 영향을 주게 됨으로 **체계 설계과정에서의 군수관리를 강조하는 성과기반군수 개념**을 도입하고 있다.

---

34) 방위사업청, 훈령13호 『방위력개선사업관리규정』 별표1(서울: 방사청, 2006), p. 228.; DSMC, Acquisition Logistics Guide(1997), p. 28-3.

35) MIL-HDBK-502, Department of Defense on Acquisition Logistics, 3rd ed.(Washington, DC: DoD, 1997),; http://www.dsmc.dsm.mil 및 Benjamin S. Blanchard(2004), p. 8.에서 재인용

〈그림 1-6〉은 한 무기체계나 장비의 개발을 기획 계획하여 생산 및 운용단계에서 이루어지는 정비활동을 나타내고 있다. 이 그림에서 획득군수란 기획단계 1에서부터 생산 및 건설단계 4까지 주로 이루어지고 있다. 그러나 장비를 20년 이상 장기간 운용할 경우 성능개량이 뒤따라야 함으로 결국은 전 수명주기 간 획득군수개념이 적용되어야 하는 것이다.

〈그림 1-6〉 체계의 운용과 정비활동의 흐름도[36)]

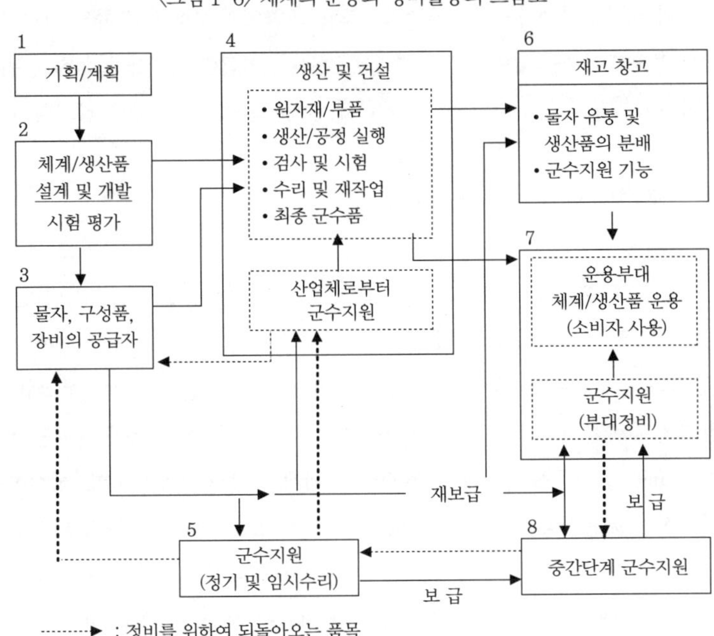

다. 성과기반군수(PBL: Performance Based Logistics)

1) 개념

체계의 성능에 기반을 둔 획득전략으로서 성과기반군수란 **"분명한 권한과 책임을 갖는 장기간의 지원 계약이나 협정을 통하여, 한 체계의 준비태세를 최적화하며 그 체계의 목표성능을 만족하도록 고안된 획득이 용이하며, 성능을 보장하는 하나의 통합패키지로**

36) Benjamin S. Blanchard(2004), p. 11.

37) DAU, DAU Program Managers Tool Kit, 14th ed.(Ver.1.0)(VA, Fort Belvoir, DAU, 2005), p. 44.

서 군수지원을 구입하는 것"을 말한다. 성과기반군수 전략은 어떤 생산품이나 용역을 구매하는 것이 아니라 성능을 보장하는 모든 지원을 구매하는 것이다.[37] 따라서 성과기반군수는 미 국방부가 선호하는 생산품 지원방법이다.

생산품 지원(Product support)이란 **"하나의 체계 또는 하부체계의 전투준비 및 운용능력을 유지하는데 필요한 군수지원기능 패키지**(A package of logistics support function)**"**로 정의한다.[38] 생산품 지원은 미 국방부의 획득전략의 한 부분으로서 무기체계에 대한 통합지원전략이다. 軍直(군의 지원시설) 또는 업체에 의해 수행될 수 있는 군수지원기능 패키지는 다음 기능을 포함한다. 군수지원기능 패키지는 물자의 관리 및 분배, 기술자료 관리, 정비, 훈련, 목록화, 형상관리, 기술지원(Engineering support), 폐기관리, 신기술의 적용, 군수지원분석에 대한 지원(수리부속품 관리, 고장 보고 및 분석, 신뢰도 향상) 등을 포함한다. 따라서 한 무기체계에 대하여 효율적인 생산품 지원기능 패키지를 제공할 수 있도록 획득단계에서 군수지원활동과 체계공학활동이 잘 통합되어야 한다.[39] 미 국방부의 획득지침에 의하면, 생산품이란 초도생산계약 이외의 체계. 하부체계 및 수리부속품의 재조달과 같은 모든 새로운 조달, 개조 및 개량을 포함한다.[40]

미 국방부는 국방획득지침 DoDD5000.1(2003. 5. 12)에서 **"사업관리자들[41]은 체계 획득 비용과 군수지원소요를 최소화하면서 전체 체계의 가용도를 최적화하는 성과기반 군수 전략을 개발하고 실행하여야 한다. ... 중략 ... 지속전략(Sustainment strategies)은 법령에 따라 정부/업체의 공동발의를 통하여 군직 및 민간 부문의 능력을 최선의 방법으로 활용하는 것을 포함한다."**고 규정하고 있다. 성과기반군수 여건 하에서는 정부와 업체 요원으로 구성된 하나의 팀(생산품 지원팀: Product support team)이 이해관계자들 간의 계약과 성능합의에 의하여 발전된 장기간에 걸쳐 형성된 핵심 관계이다. 이 팀은 한 무기체계의 전 수명주기 동안에 그 무기체계의 신뢰도, 군수지원성 및 총비용을 관리하는데 있어서 **'성능목표를 달성하는데 공동의 책임을 갖고 있다' 는 신뢰에 기반**을 두고 있다.[42]

38) DAU, Performance Based Logistics: A Program Manager' s Product Support Guide(VA, Fort Belvoir, DAU Press, 2005), p. 2-1.

39) 상게서, p. 2-1.

40) 전게서, p. 2-2.

41) 방위사업청의 통합사업관리팀이나 별도의 사업을 책임지고 있는 사업관리자(PM: Program manager)를 의미한다.

42) DAU, Performance Based Logistics: A Program Manager' s Product Support Guide(2005), pp. 1-1~1-2.

2) 미 군수지원지침(The Supportability Guide)

미 국방부 지침은 사업관리자들에게 **'무기체계 수명주기 동안 체계의 신뢰도는 높이고 군수지원소요는 감소되도록 설계를 하는 것과 성과기반군수 전략을 통해 효과적인 생산품 지원을 제공하는 것'** 을 강조하고 있다. 미 국방부의 군수지원지침은 이러한 국방지침을 달성하도록 사업관리자에게 사업활동을 정의하고 평가하는 탬플랫(Template)을 제공한다. 생산품 지원범위지침(PSB: Product Support Boundaries)은 생산품 지원활동의 경계를 설정하기 위하여 현행 군수지원을 유지하면서 혁신적인 지원전략을 수립하는 범위, 업무 방법과 절차를 제공한다.

3) 전 수명주기 체계관리(TLCSM: Total Life Cycle Systems Management)

국방획득, 기술 및 군수의 수명주기 체계관리란 통상 Wall Chart라고도 부르는데 **"강력한 체계공학과정에 초점을 맞추어, 야전에 배치된 무기체계의 지속과 관련된 사항을 포함하여 체계의 수명주기 동안에 요구되는 산출물을 생산하기 위한 적절한 활동"**을 말한다. 무기체계의 운용효과(Operational effectiveness)와 생산품 지원성과를 연결해주는 체계운용효과(SOE: System Operational Effectiveness)는 군수지원지침에 포함되어 있다.

TLCSM과 PBL은 위에서 설명한 생산품 지원기능 패키지를 개발하고 제공하는데 대한 미 국방부의 획득정책과 지침을 구체화해주는 역할을 한다.

미 국방부의 체계획득지침인 DoDD5000.1(2003. 5. 12)의 para. E1.1.29에 의하면 **"사업관리자는 첫째, 체계의 지속유지를 포함하여 체계에 대한 전 수명주기 체계관리를 위한 사업목표를 달성하는 데 있어서 유일한 책임자이다. ... 중략 ... 사업관리자는 사업결심에서 비교할 수 있는 군수지원성, 수명주기비용, 성능, 사업일정에 대해 고려하여야 한다. 운용 및 지원 계획을 수립하고 총비용을 추정하는 업무는 가능한 한 일찍 시작하여야 한다. 체계 성능의 핵심구성요소인 군수지원성은 전 수명주기를 고려하여야 한다."** 라고 규정하고 있다.

따라서 전 수명주기 체계관리제도 하에서 사업관리자는 체계, 하위체계, 구성품, 수리부속 및 초도생산뿐만 아니라, 양산 후의 후속군수지원과 폐기에 이르는 모든 군수지원을 포함하는 사업인가에서부터 사업의 집행을 위한 획득전략을 개발하고 수립하는데 전적으로 책임을 지고 있다. 그러므로 사업관리자는 다음 2가지 목표를 추구하여야 한다.

첫째, 무기체계가 군수지원소요를 최소화하도록 설계하고, 정비유지하며 개량해나가야 한다.

둘째, 군수지원은 효과적이고 효율적이어야 한다. 즉, 작전부대의 요구에 만족하면서 생산품 지원은 최소화해야 하는 것이다.

성과기반군수는 생산품 지원전략의 하나로 이 두 가지 목표를 만족시키는데 필요한 군수지원활동을 균형 있게 통합하는 역할을 한다. 전 수명주기 체계관리란 **"지정된 사업관리자에 의해 무기체계 또는 물자체계의 전 수명주기 동안의 획득과 관련된 모든 활동, 즉 개발, 생산, 배치, 지속, 폐기에 관련된 모든 활동을 실행하고, 관리하며, 감독하는 것"**이다. 전 수명주기 체계관리는 수명주기 동안의 체계의 운용효과와 체계의 획득용이성에 영향을 미치는 주요 체계의 개발과 결심을 함으로써 다음 기능을 수행한다.

첫째, 지속유지를 포함하는 사업의 군수목표를 달성하는데 책임을 갖는다.

둘째, 생산품 지원전략을 개발하고 실행한다.

셋째, 체계에 대한 지속유지전략을 계속 검토한다.

따라서 사업관리자는 이러한 전 수명주기 체계관리의 임무를 성공적으로 수행하기 위해서는 통합사업관리팀(IPT: Integrated Product Team)을 활용하여 이해관계자들과 긴밀한 협력체제를 유지하여야 하며, 통합사업관리팀은 **성능요구**를 정의할 때부터 전투요원, 사용자, 개발자, 구매자, 기술자, 시험평가자, 정비요원, 보급요원들로 구성을 시작하여야 한다고 규정하고 있다.[43]

4) 성과기반군수의 실행

가) 성과기반군수 전략의 적용방법

성과기반군수는 생산품 지원을 실행하기위한 미 국방부의 접근방법이다. 작전부대의 운용적 요구에 만족하고 기업의 모범사례분석에서 입증된 비용 대 효과적인 방법이 바로 성과기반군수이기 때문이다. 성과기반군수는 새로운 사업의 획득과정에서 또는 기배치된 체계의 성능평가 및 군수지원 대안을 마련하는데 이용되는 성능기반 획득전략을 활용하는 것이다. 성과기반군수는 다양한 정부-업체 간의 동반자관계를 이용하여 성능과 비용의 최적화를 할 수 있도록 사업관리자를 도와준다. 즉, 성과기반군수는 이용 가능한 재원 범위 내에서 전투부대의 요구를 만족시키고 체계의 성능을 유지하는 군수지

43) DoDD 5000.1(2003. 5. 12)의 para. E1. 1. 2.

원 목표를 일치시키게 하는 업체와의 거래관계 수립(계약)을 통하여 수행될 수 있는 것이다. 사업관리자나 생산품 지원 관리자(PSM: Product Support Manager)는 이 업무를 체계, 하부체계 및 구성품 수준의 생산품 지원 통합자(PSI: Product Support Integrator)를 임명하여 **과거의 부속품, 공구, 자료 등의 특정 물량을 국방부(군) 주관으로 구입하는 것이 아니라, 체계의 가용도 등과 같은 체계의 능력을 생산품 지원 통합자 주관으로 구매하는 것**이다. 이 제도는 생산품 지원 통합자에게 군수지원 결심에 대한 책임을 부여함으로써 획기적인 변화를 시도한 것이다. 따라서 **사업관리자들은 무엇을 원하는지만 공급자에게 이야기하지 어떻게 하라는 것은 이야기하지 않는다는 개념**이다. 그러나 성과기반군수의 적용 전략은 체계의 모든 군수지원을 이렇게 일률적으로 적용한다는 의미는 아니다. 따라서 군직지원과 업체지원에 대한 선택은 체계의 종류와 현재 보유하고 있는 군의 지원능력을 고려하여 적용하여야 한다.

나) 성과기반군수의 평가척도[44]

성과기반군수의 실행을 위한 핵심구성요소는 성과측정기준이다. **'성과를 구매한다(Buy performance)'** 는데 대한 정의를 내려야 한다. 사용자의 요구를 정확히 반영하고 공급자/생산자의 지원성과를 효과적으로 측정하는 척도가 있어야 효과적인 성과기반군수를 실행할 수 있다. 따라서 미 국방부에서는 2004년 획득군수기술차관보의 Memorandum으로 성과기반 평가기준으로 5가지를 제시하고 있다.

① **운용가용도**(A_0: Operational Availability) : 체계가 한 임무에 가용한 시간적 비율 또는 작전템포를 지속하는 능력을 의미한다.

② **운용신뢰도**(Operational Reliability) : 한 체계가 임무성공목표를 만족하는 척도로서 임무목표는 출격회수, 발사, 목표도착 또는 체계 규격일 수 있다.

③ **단위 사용당 비용**(Cost per Unit Usage) : 총운용비용을 정해진 측정단위로 나눈 값이다. 체계에 따라 비행시간, 항해시간, 운전거리, 체계규격 등이 측정단위가 될 수 있다.

④ **군수기반소요**(Logistics Footprint) : 한 체계를 전개하고 지속하며 움직이는데 필요한 군수지원이 요구되는 계약의 규모로서 재고량, 장비수, 인원, 시설, 수송자산 및 부동산을 포함한다.

---

44) DAU, Performance Based Logistics: A Program Manager' s Product Support Guide(2005), pp. 2-4~2-6.

⑤ **군수반응시간**(Logistics Response Time) : 군수요구를 한 시간부터 군수요구를 만족시키는 데 소요되는 시간을 말한다.

위의 5가지 척도는 체계에 따라 다를 수 있는데 성과기반군수는 업체와 계약시 이러한 척도에 대하여 **성과기반협정**(PBA: Performance Based Agreement)을 맺어야 한다.

다) 성과기반군수 실행[45]

미 국방부에서 적용하고 있는 성과기반군수 실행모델은 〈그림 1-7〉과 같으며, 실행모델상의 성과기반군수 절차는 통합사업관리팀의 지침으로서 실제 적용에 있어서는 12단계를 순서대로 또는 모든 단계를 거쳐야 하는 것을 의미하지 않으며, 사업에 따라 각 단계가 동시에 이루어지거나 생략할 수도 있다.

① 1단계(소요와 군수지원을 통합한다) : 성과기반군수는 체계의 요구능력과 체계 성능에 맞는 군수지원을 연결시키는데 초점을 맞춤으로서 미 국방부의 합동능력 통합 및 개발체계(JCIDS: Joint Capability Integration and Development System) 과정 내에서부터 시작된다.

전투원의 요구를 성능이라는 용어로 전환하는 것이 군수지원 전략을 개발하는데 필요한 첫 단계이다. 이를 위해 전투부대를 지원하는 작전사령부(우리 군의 경우 각 군 본부)와 사업관리팀은 **요구능력**(Capability needs)에 대해 상의를 한다. 이러한 과정을 통하여 요구능력을 **성능**(Performance)과 **지원척도**(Support metrics)로 전환해야 한다. 이를 성과기반협정으로 문서화하고 지원공급자의 성과를 측정하는 주요 척도로 사용한다. 물론 군수지원성

〈그림 1-7〉 성과기반군수 실행모델

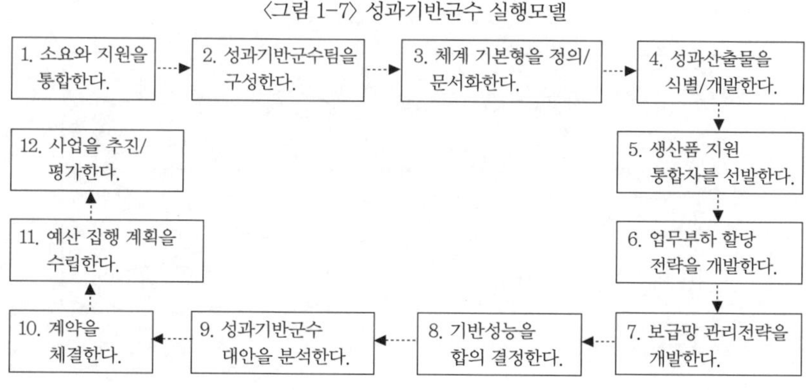

45) 상게서, pp. 3-1~3-13.

은 중요한 핵심성과모수(KPP: Key Performance Parameter) 중의 하나가 되어야 한다.

작전환경이 변하고 전쟁시나리오가 변하면 요구능력도 변화하기 때문에 1단계 과정은 한번으로 끝나는 것이 아니고 작전요원과 군수요원 그리고 사업관리팀이 긴밀하고 계속되는 회의를 요구한다.

② 2단계(성과기반군수팀을 구성한다) : 성과기반군수를 개발 및 관리하기 위하여 사업관리자뿐만 아닌 이해관계자들을 참여시키고 공감대를 얻는 것이 성과기반군수 전략의 기본이다. 사업관리자/생산품 지원 관리자에 의해 이끌어가는 이 팀은 업체 전문가, 작전요원 등 모든 기능적 조직의 이해관계자들을 〈그림 1-8〉과 같이 구성하여야 한다. 팀의 참여 범위와 규모는 사업단계가 어디 있느냐에 따라 또는 사업성과 목표에 따라 변화할 수 있다.

③ 3단계(체계의 기본형을 정의하고 문서화한다) : 다음과 같은 4가지 질문에 답할 수 있는 체계의 기본형(System baseline)에 대해 정의를 내리고 문서화한다. 첫째, 군수지원 소요의 범위는 무엇인가? 둘째, 누가 핵심 이해관계자인가? 셋째, 비용과 성능의 목표는 무엇인가? 넷째, 신 체계나 개량하고자 하는 체계와 관련된 기존 체계의 역사적 전투준비율과 운용 및 지원비용이 얼마인가?

사업관리자가 효과적인 군수지원전략을 개발하기 위하여 사업관리자는 현존 체계의 성능요구와 새로 원하는 성능요구의 차이를 식별할 필요가 있다. 이를 토대로 현재의 성능과 비용기준을 식별하고 문서화한다. 군수구조가 없는 새로운 사업에 대한 기본형에

〈그림 1-8〉 성과기반군수팀 편성 예

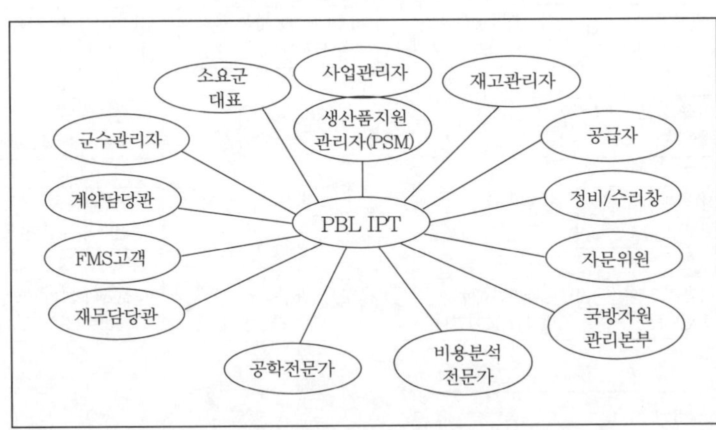

서 기존의 체계로 대체할 수 있는 분야가 있는지 확인하여 그 비용을 반영하고 대체체계가 없을 경우 비용을 추정하여야 한다.

④ 4단계(성과산출물(Performance outcome)을 식별하고 개발한다) : 최고위층에서는 성과산출물과 이와 일치하는 척도가 전투요원의 요구에 초점을 맞추는 것이다. 즉, 높은 운용가용성과 신뢰도를 가지고 효과적이며, 군수지원소요는 최소화되고 적절한 비용의 무기체계를 획득하는 것이다. 따라서 성과기반군수팀은 앞에서 소개한 성과기반평가기준인 무기체계의 가용도, 신뢰도, 군수지원성 등에 초점을 맞추어야 한다. 현행 군수 및 재무 척도들과 보고체계를 최대한 활용하여 상호 연결시켜야 하며 계약 시에 모두 반영되어야 한다.

⑤ 5단계(생산품 지원 통합자를 선발한다) : 한 명의 생산품 지원 관리자나 한명 또는 그 이상의 생산품 지원 통합자들은 식별된 성과산출물을 만족시키기 위하여 모든 자원과 업체 및 군 지원조직을 이용하여 이를 통합할 책임을 가진다. 이를 수행할 군 또는 업체로부터 생산품 지원 통합자를 선발한다. 생산품 지원 통합자의 역할과 선발방법 및 생산품 지원 관리[46]에 대해서는 미 획득대학에서 발간한 Performance Based Logistics: A Program Manager' s Product Support Guide(2005)를 참고하기 바란다.

⑥ 6단계(업무부하 할당 전략을 개발한다) : 지속유지전략은 법규에 따라 군의 능력과 업체의 능력을 공동으로 하는 방법을 최대한 활용하는 것임으로 지금까지 개발한 체계기본형에서 사업관리자와 성과기반군수팀은 법규를 고려하면서 그 체계에만 필요한 것과 그 체계에 필요한 것 중 현존하는 하부체계, 관련 물자, 구성품에 대한 군수지원업무부하를 어디에서, 어떻게, 누가 분담하여 수행할 것인가를 결정하여야 한다.

⑦ 7단계(보급망 관리전략을 개발한다) : 보급망 관리전략은 성과기반군수 성공의 핵심이다. 물자관리는 무기체계의 군수지원성과 직결된다. 올바른 부품이 적시 적소에 보급되지 않는다면 기술자, 높은 기술 및 성능은 아무 소용이 없다. 보급망관리는 부속품의 분배, 자산의 가시화, 폐기수량의 감소화를 포함하는데, 전투원 입장에서는 수송과 자산의 가시화는 매우 중요함으로 성과기반군수에서 강조되어야 한다.

⑧ 8단계(기반성능을 합의 결정한다) : 미 국방부는 사업관리자는 사용자와 함께 목표

46) DAU, Performance Based Logistics: A Program Manager's Product Support Guide(2005), pp. 3-13~3-15.

산출물, 측정, 자원의 사용 및 이해관계들의 책임을 규정하는 성과기반협정에 체계의 운용요구 성능과 지원소요를 문서화해야 한다고 규정하고 있다.[47] 성과기반협정은 모든 이해 관계자들이 성과산출물에 대해 분명히 이해하게 하여 그 산출물을 얻도록 공동으로 약속하는 것이다.

⑨ 9단계(성과기반군수 대안을 분석한다) : 비용측면에서 군수지원 대안별 성과목표를 평가하여 합리적인 비용으로 체계의 효과성을 높여야 한다. 이에 대한 대안분석방법은 Performance Based Logistics: A Program Manager's Product Support Guide(2005)를 참고하기 바란다.

⑩ 10단계(계약을 체결한다) : 계약서에는 성과요구사항을 규정한다. 양측의 역할과 책임을 분명하게 기술하며, 성과기준 척도와 측정방법을 규정하고, 고정가로 계약하기보다는 단계별 계약방식으로서 초기에는 원가절감보상계약(Cost plus cost reimbursement type contract), 원가절감유인부계약(Cost plus incentive contract)[48], 고정가 계약 순으로 계약을 한다.

⑪ 11단계(예산 집행계획을 수립한다) : 사업관리자는 운용요구에 기초하여 연간 비용을 추정하고 집행 가능한 연부액을 검토하여 인가된 예산을 집행할 수 있도록 경제적인 재무관리전략을 실행해야 한다. 보다 상세한 내용은 Performance Based Logistics: A Program Manager's Product Support Guide(2005)를 참고하기 바란다.

⑫ 12단계(사업을 추진하고 평가한다) : 사업관리자의 감독역할로서 성과평가계획의 개발, 성과를 감시하고, 필요하다면 생산품 지원전략과 성과기반협정을 수정하는 등 전반적인 성과기반군수 전략이 잘 실행되고 있는지 확인하고 예산을 집행하여야 한다. 미국방부 획득기술군수차관보의 2003년도 Memorandum으로 각 군은 최초 체계 배치후 매 3~5년 마다 주기적으로 체계 지원전략에 대해 평가하도록 규정하고 있다. 사업관리자는 분기 1회 주기로 성과기반협정에 합의된 생산품지원 통합자와 공급자에 대한 검토를 하며 이때 군의 평가결과를 활용한다.

우리 방위사업청의 통합사업관리팀이 성과기반군수팀으로서의 역할을 수행할 수 있

---

47) DoD Instruction 5000.2, Operation of the Defense Acquisition System(May 12, 2003), para. 3.9.2.3.

48) 방위사업법 시행령(대통령령 제19507호, 2006), 제61조.

는 팀이 되도록 올바르게 구성하여 운영하고 있는지를 지금까지 설명한 성과기반군수 운영개념과 방법들을 비교 검토해볼 필요가 있다.

〈그림 1-7〉의 체계 기본형 정의 및 문서화(3번), 생산품 지원 통합자 선발기준(5번), 보급망 관리전략 개발(7번), 기반성능의 합의 결정(8번)과 성과기반 군수대안(9번)에 대한 업무를 수행하기 위한 보다 세부적인 국방부의 획득지침과 방사청의 업무수행 방법과 절차가 현재 정립되어 있지 않기 때문에 통합사업관리팀과 연구개발업체 간의 체계의 목표성능을 달성하지 못할 경우 많은 어려움을 겪고 있다. 예를 들면, 새로운 무기체계를 개발할 때 작전운용성능이나 기본설계의 목표기준에 미달할 경우 기반성능을 합의해나가는 과정이 아직 발전되어 있지 못하다. 따라서 방위사업청장이나 사업관리본부장의 지휘결심차원에서 의사결정을 해야 하는 경우가 가끔 발생하게 되는 데 이 때 많은 지휘부담을 갖게 된다. 또한 성과기반협정 문서가 우리 획득관리제도에는 규정되어 있지 않다. 그뿐만 아니라 구체적인 군수지원분석방법에 대해서도 공식적으로 작성되어 있지 않다. 앞으로 이러한 분석 방법들이 계속 보완 발전될 것이라 믿는다.

제12장에서부터 제14장까지 군수지원분석방법 즉, 수명주기비용분석, 비용 대 효과분석, 신뢰도 · 정비도 · 가용도 분석, 정비업무분석 및 수리수준분석 등에 대해 정리하였다.

라. 미 육군의 군수개념

미 육군은 군수지원의 수준에 따라 국가적 군수(National logistics)와 전역군수(Theater logistics)로 구분하고 있다. 국가적 군수는 **"국가의 군사력과 그 군사력의 운용, 국가의 민간경제, 국가의 국제적 계약 및 요구를 지원하기 위하여 기획하며, 군수품과 용역을 제공하는 과정"**으로 정의하면서, 보다 구체적인 기능과 수행절차에 대해 **"국가적 군수는 전략물자와 유류의 가용성을 보장하고, 방위산업기지를 지원하며, 새로운 물자체계(무기체계를 포함한 모든 군수품을 총칭함)를 개발하고 조달하며, 핵심 군수기반구조를 유지 및 개선하고, 구형의 물자체계를 재생산 및 개량하는 것을 포함한다. 국가적 군수는 대통령, 국방부 및 의회를 거치고, 감독 활동과 예산 승인을 통해 정부 내에 있는 민간인들에 의해 조정 및 통제된다."**[49]라고 설명하고 있다. 따라서 미 육군에서 정의한 국가적 군수란

49) 미 육군, How the Army Runs, Chapter 12(발간연도 미확인).; 미 육군 웹사이트 http://www.army.mil에서 2005년 10월 1일 검색, p. 258.

전략적 군수를 의미하는 것으로 국가적 군수기능에 대해서는 본 장 제3절의 전략적 군수에서 좀 더 살펴보기로 한다.

전역군수는 국방장관과 대통령의 지시에 따라 **"지역전투사령관과 공동으로 작전하는 군사력을 지원하기 위하여 군수품과 용역을 기획하고 제공하는 과정"**으로 정의하며, 전역군수지원의 초점은 합동 및 연합 작전을 수행하는 부대의 이동과 지속유지에 둔다. 특히 미 육군은 본토와 지역 간의 모든 작전을 지속유지하는데 중점을 두고 있다.[50] 이와 같은 미 육군의 전역군수는 전략적 군수와 작전적 군수를 연결하면서 작전적 군수기능을 수행하는 것으로 해석할 수 있을 것이다. 본 장 제3절의 작전적 군수에서 전역군수 기능에 대해 좀 더 설명하기로 한다.

||||| 3. 한국군의 군수개념

가. 국방부의 군수개념

1991년에 발간된 『국방군수용어편람』[51]에는 군수란 **"軍政사항으로 무기체계의 연구개발, 장비 및 물자의 소요 판단, 생산 및 조달 · 보급 · 정비 · 수송 · 시설 · 근무분야에 걸쳐 물자, 장비, 시설, 자금 및 용역 등 모든 가용자원을 효과적, 경제적, 능률적으로 군사작전을 지원하는 활동"**으로 정의하고 있다. 본 군수정의에는 설계 및 개발, 생산, 운용 및 지원, 폐기 단계에 걸친 수명주기군수 개념을 도입하고 있지 않고 있으나, 2006년도에 개정한 『국방전력발전업무규정』과 『방위력개선사업관리규정』에는 수명주기군수 개념이 도입되어 획득군수기능을 수행하고 있다. 또한 국방부와 방위사업청의 현행 규정과 지침들은 1996년 미 국방부가 적용하기 시작한 체계 수명주기 동안의 획득군수개념을 도입하였다고 볼 수 있다.

미국의 획득군수제도를 벤치마킹함으로써 우리 국방부는 각 군의 전투실험과 합참의 합동성 강화를 위한 합동실험을 실시하기 위한 노력은 물론 체계공학적 연구개발절차를 규정하고 진화적 체계개발 개념의 도입과 통합사업관리팀 운용 등 국방전력 발전업무와 방위력개선 사업을 추진하고 있다.

---

50) 상게서, p. 259.

51) 국방부, 『국방군수용어편람』 (서울: 국방부, 1991).

미국군은 경험에 의해 적시 적소에 적량의 군수품이 효과적이며 경제적이고 효율적으로 지원되려면 체계를 개발하는 초기단계부터 전 수명주기 동안의 군수지원소요를 찾아내어 무기, 장비, 구성품 등을 포함하는 체계 자체뿐만 아니라 이러한 체계들을 전 수명주기 동안 운용하는 데 필요한 지원소요까지 동시에 개발하여야 함을 강조하고 있다. 또한 최근에는 일반기업체가 군의 군수지원능력보다 경제적이고 효율적인 점을 고려하여 성과기반군수를 도입하여 군수지원기능 수행을 민군이 협력적으로 계약에 의해 군에서 원하는 성과산출물만 제시하면 지원방법은 업체에서 알아서 지원하게 하는 생산품 지원전략을 시도하고 있다. 이는 전통적으로 군수품은 국방부나 군 본부에서 모두 구입해서 전투부대에 제공하는 개념에서 탈피하여 하나의 무기체계를 획득할 때부터 체계에 대한 군수지원을 위해 생산품 지원 통합자를 임명하여 군사규격보다는 상용표준을 이용하고[52] 새로운 군수지원소요를 최소화하면서 전투부대의 요구를 만족시키려는 보다 경제적이고 효율적인 방법을 찾고 있다.

이와 같이 미국군은 세계에서 가장 과학기술이 발달되고 투명한 기업문화를 갖고 있는 국가로서 군대가 항시 전쟁을 수행하면서 무기체계를 개발하여 지속지원을 하기 때문에 노하우도 세계에서 가장 앞서있다고 보아야 할 것이다. 이 때문에 미국의 제도를 벤치마킹하여 우리 실정에 맞추는 것은 매우 효율적인 방법이 아닐 수 없다. 이런 의미에서도 주한미군이 한국에 주둔함으로써 전쟁억지력을 가져다줄 뿐만 아니라, 우리 군의 군수능력을 선진화하여 전투수행능력을 실질적으로 향상시키는 데에도 기여하고 있다.

나. 합동군수개념

우리 합참에서 정의하고 있는 합동군수의 개념은 **"합동작전을 수행하는 부대가 특정 목표를 달성하기 위하여 작전을 지속할 수 있도록 필요한 군수를 제공하는 제반 활동이다. 합동군수는 국가의 경제력과 군사력을 연결시키는 교량적 역할을 한다. 따라서 국가경제력을 감안하여 군수를 계획하고 실시하는 모든 과정에는 효과성과 능률성을 고려하여야 한다."**라고 정의하고 있다.[53] 또한 "합동군수의 원칙은 '군사작전의 원칙' 을 군수

---

52) 세계화 추세에 따라 기업체에서는 ISO와 IEEE의 국제상용규격을 따라야 수출이 가능함으로 전자전기, SW, IT 분야 등에서 상용표준이 확대 적용되고 있어 군사 규격과 표준이 필요한 분야가 축소되고 있는 실정이다.

53) 합동참모본부, 합동교범 1 · 4-0 『합참 인사 · 군수교리』 (서울: 합동참모본부, 2003), p. 6.

측면에서 보완하는 것이므로 변화하는 상황 속에서 적용하려는 군수의 원칙을 선별하는 것은 과학이라기보다는 술적인 문제"라고 규정하고 있다. 따라서 우리 군도 앞에서 소개한 미군의 합동교범 4-0의 운영군수 개념과 동일한 개념을 적용하고 있다.

우리 군은 운영군수측면에서는 2003년 합참의 『합동인사군수교리』가 발간되었고, 육군의 경우 2002년도에 『군수관리』등의 군수교범을 발간 활용하고 있으며, 해 · 공군의 경우는 군수규정 만으로 군수 관리 및 지원 지침을 마련하여 군수기능을 수행하고 있다.

그러나 군수 관리 및 지원측면에서는 합참과 각 군의 군수지원체계를 뒷받침할 수 있는 국방부 차원의 새로운 군수개념이 명시적으로는 정립되어 있지 않다. 2006년도 방위사업청 신설과 동시에 1996년부터 도입 시행하고 있는 미국군의 수명주기군수 개념에 의한 획득군수 개념이 『국방전력발전업무규정』이나 『방위사업관리규정』에 많이 반영되었으나 2003년부터 미국군에서 적용하기 시작한 새로운 군수개념인 체계공학적 접근을 바탕으로 하여 체계의 수명주기 동안의 성과기반군수 개념은 적용하고 있지 못하다. 그러나 우리 국방부가 성과기반군수 개념을 2008년도 후반기부터 실제 적용하는 것으로 보도되고 있다.

우리 국방부 차원에서 **체계공학적 접근**을 하고 있는 미군의 수명주기군수와 성과기반군수 개념에 대한 구체적인 설명은 물론 어떻게 이해관계자들 간의 협력이 이루어져야 하는지, 비용이 독립변수(CAIV: Cost As Independent Variable)로서 어떻게 사업추진시 조정 통제되어야 할 것인지 등에 대한 새로운 군수개념과 실행방법을 정리한 지침과 업무편람들을 찾아보기 힘들다. 위의 두 가지 규정과 방사청에서 개청 후 2년 동안 작성한 여러 가지 지침들에 의해 획득관리업무를 수행하고 있지만 세부적인 업무방법들에 대해서는 미국의 지침과 편람 등을 많이 이용하고 있는 실정이다.

앞으로 우리 국방부와 방위사업청은 군수와 관련된 전반적인 용어의 개념(용어의 한글화 포함)을 재정립하고, 체계 획득사업시 업체의 비용자료를 공식적으로 획득하는 관련 법규와 업무 방법과 절차의 정립, 체계 개발사업시 비용구조에 대한 명확한 분류기준과 원가 산정과 연계된 한국 실정에 맞는 비용추정식의 개발, 내장형소프트웨어의 식별체계 정립, 기술관리의 보다 구체적인 책임과 업무수행 방법과 절차 등을 발전시켜 나가야 할 것이다. 이러한 지침이나 편람이 작성되어 있어야 실질적인 비용 대 효과분석과 성과관리(EVM: Earned Value Management)가 가능하다. 비용자료 획득의 어려움과 작전부대의 관련 자료에 대한 수집관리가 미흡함으로써 운용분석기법이 군수지원분석에 적용되기 어려운 실정이다.

따라서 우리 군은 체계의 수명주기 간 운영유지비의 95%가 연구개발단계에서 결정된다는 미국의 경험을 교훈으로 삼아 체계개발 초기단계인 탐색개발 단계부터 경제적이고 효율적인 군수지원을 위하여 통합사업관리팀을 중심으로 관련기관 및 부서가 책임성 있게 확보해나가는 새로운 획득관리규정, 지침, 편람 등을 체계적으로 정비할 필요가 있다. 이러한 규정, 지침 및 편람을 토대로 교육시키고, 교육받은 데로 방위사업청을 비롯한 각 군과 합참 등이 긴밀하고 원활한 협조체제 하에서 무기체계 획득사업을 추진해야 할 것이다. 또한 국방부가 획득관리업무 전반을 조정 통제할 수 있는 기획 및 계획 조직을 가져야 할 것이다.

다. 육군의 군수개념

1996년 이재천 장군은 군수란 "군사목표를 달성하기 위하여 군수품의 생산으로부터 사용 및 처리까지의 유통을 합리적으로 관리하는 과학인 동시에 술이다."라고 정의하고 있다.[54] 특히 군수를 정태적 수단개념에서 수명주기 접근방식의 동태적 행위개념으로 보아야 한다면서 군수란 **"군사목표를 달성하기 위하여 보급, 정비, 수송, 근무 분야에 걸쳐 생산으로부터 사용, 폐기에 이르기까지 군수품의 유통을 합리적으로 관리하는 과학인 동시에 술"**이라고 군수지원기능을 구체적으로 군수정의에 추가하고 있다.[55]

우리 육군은 『군수관리』 교범에서 이재천 장군의 정의를 더욱 발전시켜 **"군사목표를 달성하기 위하여 연구개발, 소요, 조달, 보급, 정비, 수송, 시설, 근무 등 제 기능 수행에 필요한 자원 즉, 인원, 물자, 자금, 시설, 용역 등을 획득, 관리, 운용하여 군에 필요한 군사력(무기, 장비, 물자 등)을 준비, 유지, 지원하는 제반 활동"**[56]이라고 정의하고 있다. 이와 같은 군수정의에서 군사전략목표냐 아니면 군사작전목표냐에 따라 우리 육군 교범상의 군수 개념은 그 차원이 달라질 수 있다. 따라서 우리 육군의 군수 정의는 본장 제3절에서 설명할 전략적, 작전적 및 전술적 군수 개념을 모두 포함하고 있다고 보아야 할 것이다.

---

54) 이재천(1996), p. 208.

55) 이재천(1996), p. 231.

56) 육군본부, 야전교범 19-1 『군수관리』 (계룡대: 육군인쇄창, 2002), p. 1-2.

군사군수의 개념은 이클스 제독이 지적했듯이 경제학, 정치학과 같이 간단하게 정의할 수 있는 용어가 아님을 발견할 수 있었을 것이다. 그러므로 국가적 수준의 군수, 국방부 수준의 군수, 합참 및 각 군 수준의 군수, 작전전구 수준의 군수 등 군수개념이 제대별로 다양하게 정립되어야 하는 문제가 있다. 따라서 우리 국방부는 21세기를 맞이하여 군수 관련 용어의 정립을 새롭게 해둘 필요가 있다.

||||| 4. 군수의 과학과 술

라이더는 전쟁수행이론이 '과학' 이냐 '술' 이냐에 대한 논의에서 전쟁의 본질을 해석하는 시각에 따라 다르다면서 첫째는 전쟁수행이론이 전쟁을 지배하는 규칙이나 성공적인 전쟁 수행규칙을 확립하였다면 '과학' 으로 간주할 수 있는 반면, 둘째는 '과학' 은 전쟁의 인과관계를 다루며 '술' 은 전투의 성공원칙이나 전투지침을 다루기 때문에 전쟁수행은 '과학' 인 동시에 '술' 이라는 것이며, 셋째, 전투의 과정을 지배하는 불변의 법칙이란 있을 수 없기 때문에 전쟁수행은 단지 '술' 이라는 해석을 한다고 하였다. 그러나 라이더는 전쟁의 역사를 돌이켜보면, 전쟁의 결과는 개연성과 우연성을 동시에 갖고 있기 때문에 전쟁수행을 '과학' 으로만 보거나 '술' 로만 볼 수 없는 '과학' 인 동시에 '술' 로 보았다.[57)]

軍事學 또는 군사과학은 신뢰할 수 있는 정확성을 가지고 보편적이고 일반적인 원칙과 이론을 연역적으로 만들어내는 군사지식체이며, 기술적 방법, 자료의 처리기법 등 계량화를 요구한다. 따라서 과학은 이론이나 법칙성을 추구하고, 대안의 준비단계에서 활용되며, 계산의 효과와 결과의 예측이 가능하다는 특징이 있다. 반면에 軍事術은 실천영역의 선택적 운용방법으로서 비교적 덜 정확하고 대체로 추상적이며 당위적인 가치관을 포함하는 영역이며, 창조적 사고와 계획을 요구하여 계량화할 수 없거나 계량화를 필요로 하지 않는 군사분야로서 술은 이론의 상황적 적용 및 선택을 하고, 대안의 선택단계에서 결정적 역할을 하며, 승수효과를 기대한다. 그러나 결과에 대한 위험성이 따르는 특성을 지닌다.[58)] 이러한 과학과 술에 대한 개념으로 군수영역을 비교해보면 다음과 같다.

---

57) Julian Rider, Military Theory: Concept, Structure, Problems(New York: Martin's Press, 1983), pp. 217-218.

58) 이재천(1996), pp. 61-69.

가. 군수의 과학적 측면

2차 대전 이후 운용분석기법과 컴퓨터의 출현으로 군수의 많은 문제들이 계량적으로 다루어지게 되었다. 대표적인 계량적 군수문제는 연료량, 탄약의 톤수 및 부속품의 수량; 부대 증원 소요시간, 주문 및 선적 시간; 소모율과 자원의 소요 예측; 수송, 재고 및 저장과 관련된 업무절차의 최적화; 무기체계의 설계, 명중률 계산, 비용 대 효과분석 등으로 컴퓨터 계산과 수학적 모델의 응용을 필요로 하는 과학적 요소이다.[59]

나. 군수의 술적 측면

군수에는 정성적인 분야도 많다. 군수 결심과정에서 매우 중요하게 작용하는 창의성, 통찰력, 직관, 결단력과 융통성 같은 특성이 전장의 불확실성을 다루는 데는 중요한 요소이다. 예술에서 창의성이 기본원칙이고, 화가는 색상과 구성 등이 조화를 이루어야 하듯이 군수의 술적인 측면에서 전시 작전은 무기체계의 고장, 전투요원의 피로와 두려움, 예하 지휘관의 이해부족 등 작전이 계획된 데로 결코 수행되지 않으므로 이러한 상황 하에서 전투가 지속되어야 하기 때문에 전술적 군수 수준에서는 군수의 즉흥성(Improvisation)이 더욱 요구된다. 장차 작전에 대비하기 위한 군수소요의 예측성이 필요하고, 작전주기에 군수주기를 맞출 수 있어야 하므로 군수는 작전과의 동시성을 유지해야 하며, 작전의 지속지원을 위한 안정된 군수지원이 이루어지게 하는 연속성이 요구된다. 군수참모는 이러한 요소들을 잘 활용하여 작전지휘관과 함께 군수의 그림을 잘 그릴 수 있어야 한다.[60]

현행 방위사업관리규정에는 개발단계별 체계공학적 접근과 단계별 평가분석기법 등을 사용하고 있어 군수의 과학적 측면이 강조되고 있다. 또한 합참과 군의 군수교리에서는 전략적 군수, 작전적 군수 및 전술적 군수를 구분하여 운용적 측면에서 설명하고 있다. 따라서 우리 군은 군수의 과학과 술의 개념이 모두 수용되고 있음을 알 수 있다.

59) Moshe Kress(2002), p. 8.

60) Moshe Kress(2002), p. 9.

제3절 군수의 영역

군수의 영역이란 '군수의 할 일'을 의미하는 것으로 본 절에서는 한국군과 미국군의 군수영역을 구분하는 방법을 소개함으로써 군수관리 및 지원 활동과 기능에 대한 이해를 돕고자 한다. 본서에서 군수활동과 군수기능 그리고 군수업무는 동일한 의미로 사용한다.

1. 한국군의 군수영역 분류

가. 한국 육군의 군수영역 분류방법

우리 육군의 『군수관리』 교리에 의하면 군사목표를 달성하기 위한 군수의 영역을 군수관리(Logistics Management) 분야와 군수지원(Logistics Support) 분야로 〈표 1-2〉와 같이 구분하고 있다.

〈표 1-2〉 한국육군의 군수영역의 분류[61]

군수관리(Logistics Management)	군수지원(Logistics Support)
• 개념: 군사목표 달성에 필요한 자원을 최소 또는 최적의 노력과 자원의 투자로 최대의 군사력을 준비, 유지하기 위하여 보다 합리적인 관리과정, 제도 및 체계, 기법을 적용하는 제반 활동	• 개념: 부대의 운영유지 및 작전활동에 필요한 자원에 대한 보급, 정비, 수송, 근무를 제공하는 제반 활동
• 목표: 효과성, 경제성, 능률성	• 목표: 적시, 적소, 적량, 정밀지원

군수관리란 "군사목표 달성에 필요한 자원을 최적의 노력과 자원의 투자로, 최대의 군사력을 준비 · 유지하기 위하여 보다 합리적인 관리과정, 제도 및 체계, 기법을 적용하는 제반활동"으로서 효과성, 경제성 및 능률성(효율성)을 목표로 **군사력의 준비와 유지에 중점**을 두고 있다. 특히 군수관리는 평시에 더욱 강조되고 주로 군수전문가에 의해 수행된다. 군수지원이란 "부대 운영유지 및 작전활동에 필요한 자원에 대한 보급, 정비, 수송

61) 육군본부, 야전교범 19-1, 『군수관리』(대전: 육군인쇄창, 2002), p. 1-3.

및 근무를 제공하는 제반활동"으로서 적기, 적소, 적량 및 정밀 지원 보장을 목표로 **군사력의 운용에 중점**을 둔다. 특히 군수지원은 용병술 체계와 연계하여 이루어지며 전시에 더욱 강조되고 각급 제대 지휘관과 참모에 의해 수행된다. 그리고 군수관리와 군수지원의 상관관계는 군수관리의 기반이 없이는 성공적인 군수지원을 달성할 수가 없으므로 상호 대등한 위치에서 다루어져야 함을 강조하고 있다.[62] 군수 관리와 지원에 대한 세부사항은 본 절의 3항과 4항의 군수관리와 군수운영에서 설명하겠다.

나. 이재천 장군의 군수영역 분류

이재천 장군의 『군사술과 군수』에 의하면 2000년 육군 군수관리학교에서 미래전 양상 및 군수환경의 변화에 따른 군수교육체계 재정립 연구를 통하여 군수기능에 대해 입체적인 분류가 시도되었다.[63] 이 내용을 소개하면, 〈그림 1-9〉와 같이 군수영역을 군사과학과 군수술의 영역으로 대별하고, 군수과학의 영역은 정책군수 및 경영군수, 기술군수 및 운용군수로 구분하고, 군수술 영역은 전략적 군수, 작전적 군수 및 전술적 군수로 분류하고 있다. 〈그림 1-9〉는 미국 Jim Jones와 이재천 장군의 분류를 종합하여 만든 것으로서, 그림에서 군수과학이란 군수의 대상에 대한 과학적 지식으로서 현행 육군 군수관리 교범상의 군수관리 영역이 이에 속하며, 군수술은 변화하는 전장환경과 전쟁 목적에 부합되게 군수자원을 운용하는 영역에 속하므로 현행 육군 군수관리 교범상의 제대별 특성을 고려한 군수지원(군수운영) 영역이 여기에 속한다고 볼 수 있다.

〈그림 1-9〉 군수영역의 분류[64]

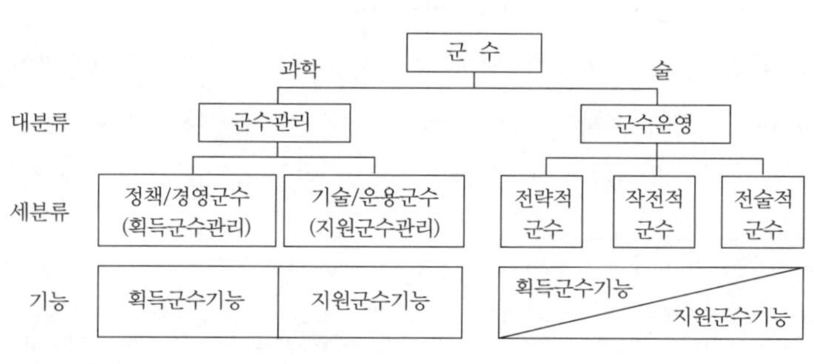

62) 국방대학교, 『2005년도 군수기획 강의교재』 (서울: 국방대학교, 2005), p. 5.

63) 이재천(1996), pp. 221-281.

또한 그림에서 군수관리기능은 획득군수기능과 지원군수기능으로 구분할 수 있다는 의미이며, 그림의 군수운영기능은 획득군수기능과 지원군수기능으로 구분하되 제대가 상위에 속할수록 획득군수기능이 더 많이 관련되어 있고 하위제대에 갈수록 지원군수기능을 더 많이 수행하고 있음을 나타내고 있다. 물론 모든 군수의 관리 및 지원 기능은 상호 유기적인 관계를 갖고 있으므로 군수의 관리기능과 지원기능이 서로 연계되지 않을 경우 군수기능의 수행이 어려운 것은 당연하다 하겠다.

그리고 경영, 관리 및 정책의 학문적 개념을 이용[65]하여 정책군수는 군사목표를 달성하기 위하여 군수의 제 기능을 통합하여 군수의 새로운 가치, 일반적인 의지를 창출하는 분야이며, 경영군수는 군수지원체계의 합리적 경영을 다루는 분야로서 종래의 군수관리 개념보다 더 넓은 군수의 기획, 계획, 획득 및 조달, 집행 및 운영, 평가 및 통제를 하는 통합적인 차원의 군수관리로 정의하고 있다. 따라서 정책군수와 경영군수는 **"국방부, 합참 및 각 군 본부 차원에서 체계의 수명주기 동안 효과적인 체계를 능률적으로 획득하여, 군수지원체계를 합리적으로 관리하고, 전쟁준비를 어떻게 효과적이고 능률적으로 준비할 것인가(How to manage)"**를 다루는 분야라고 볼 수 있으며 최근의 미군의 수명주기군수 개념의 획득군수영역과 일치하고, Jim Jones의 전략적 군수과 응용군수의 획득군수 영역으로 볼 수 있다.

기술군수는 보급, 정비, 수송 및 근무 지원체계와 같은 군수지원체계를 실제로 운영하는 군수기능으로서 체계의 원리를 이해하고 세부 규정과 절차를 실무에 적용하는 것으로 주로 부사관이나 병이 실제로 체계를 운용하고 작동하는 데 필요한 것이다. 운용군수는 군수지원체계를 움직이게 하는 방법으로서 장비의 조작, 물자의 사용 및 군수 조직과 제도를 전체 조직의 목표에 맞도록 적용시키는 것이다. 따라서 기술군수와 운용군수는 주로 작전사령부인 야전군급 이하의 제대에서 **"전투부대를 어떻게 지원할 것인가(How to service support)"**를 다루는 분야로 볼 수 있으며 짐 존스의 획득 이후의 지원군수 관리영역으로서[66] 응용군수 영역의 작전적/전술적 군수에 속한다고 볼 수 있을 것이다.

---

64) 육군본부, 야전교범 19-1(2002), pp. 1~2.

65) 경영이란 "조직의 자원에 대하여 6가지의 기능 즉, 기술, 영업, 재무, 보전, 회계 및 관리 등의 활동을 통하여 조직의 목표인 이윤(또는 성과)의 극대화를 창출하려는 활동"이며, 관리란 경영의 하위개념으로 보고 6가지 기능부문 내의 활동으로 본다. 정책이란 "조직의 목표를 달성하기 위하여 수반되는 일반적인 지침 또는 가치를 창조하는 것으로 규범적이며 미래 지향적인 통합성과 합리성을 가진다."고 설명하고 있다.: 이재천(1996), pp. 236-237.

66) 이재천(1996), pp. 236-237.

관리란 본래 "인원, 물자, 시설 및 자금의 사용을 계획, 조직, 지시, 조달, 통제하는 조직적 행정 활동"을 의미하기 때문에 군수지원기능을 수행하는 데에도 군수관리활동은 있어야 하는 것이다. 따라서 군수관리의 세부분류 방법으로 '체계 획득 이전의 군수획득관리' 및 '체계 획득 이후의 군수지원관리'로 표현하는 것이 보다 더 정확한 표현이라고 할 수 있다.

2. 미국군의 군수영역의 분류

〈그림 1-4〉와 같이 미국의 Jim Jones는 군수를 **전략적 군수**와 **응용군수**로 대별하고 응용군수를 다시 획득군수와 전술적/작전적 군수로 세분한다. 응용군수(Applied Logistics)는 2단계로 나누어 1단계는 하나의 체계 즉, 무기체계나 장비가 사용자에게 분배되기 전의 군수지원을 계획하고 획득하는 모든 활동을 말하며 통상 **획득군수(Acquisition Logistics)** 또는 **군수공학(Logistics Engineering)**이라 부른다. 2단계는 하나의 체계가 획득된 이후 운용기간 동안의 모든 군수지원활동을 말하며 통상 **전술적/작전적 군수(Tactical/Operational logistics)** 또는 **생산품 지원(Product support)**이라고 부른다.[67]

〈그림 1-10〉은 Jim Jones의 군수의 영역 구분을 그림으로 나타낸 것이다. 이 내용은 미 국방체계관리대학(DSMC: Defense Systems Management College)의 강의교재인 Acquisition Logistics Guide에서 인용한 내용으로서 군수관리와 군수지원에 대한 별도의 설명은 없다. 군수지원활동이란 군수관리활동의 결과물로서 이루어진다는 측면에서 군수관리와 군수지원을 구별할 필요가 없다는 것으로 볼 수 있을 것이다. 왜냐하면 획득관리과정에서 체계가 전력화 후에 지원되어야할 제반 군수지원분야 즉, 종합군수지원을 위한 군수지원분석을 실시하여 그 결과를 토대로 하여 군수지원활동이 작전적 군수와 전술적 군수에서 이루어지는 것이기 때문이다. 따라서 필자는 체계획득단계에서의 군수관리대상인 11대 종합군수지원요소 각각이 군수지원대상이 되어야 함으로 우리 군은 보급, 정비, 수송 및 근무 지원체계뿐만 아니라 연구개발 지원체계, 표준화 및 호환성 지원체계, 군수교육 지원체계, 기술자료 및 기술교범 지원체계, 군수관리정보 지원체계

---

67) DSMC, Acquisition Logistics Guide(1997), pp. 2-2~2-3.

〈그림 1-10〉 미국군의 군수영역 분류

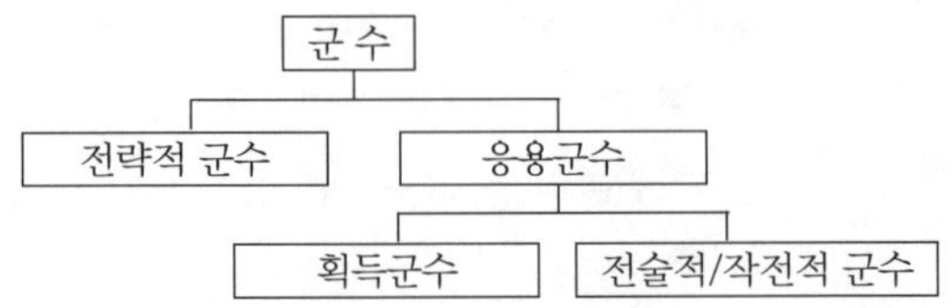

등으로 구분하여 상호 유기적으로 군수기능을 연결시켜야 할 것이다.

〈그림 1-10〉에서는 전략적 군수를 〈그림 1-9〉와 같이 군수운영 차원으로 분류하지 않고 있는데 이는 전략적 군수는 결국은 획득군수를 포함하는 응용군수의 전 분야에 영향을 미치는 군수활동임으로 운영군수차원으로 분류하지 않고 획득군수와 작전적/전술적 군수보다 한 단계 높은 차원의 군수활동영역으로 구분한 것으로 판단된다. 또한 작전적 군수와 전술적 군수를 이를 나누지 않고 하나의 영역으로 분류하고 있다.

미국군 내에서도 군수 영역의 분류방법에 있어서 통일성이 없음을 보여준다. 본 장 제2절에서 소개한 바와 같이 미 육군의 경우 국가적 군수와 전역군수로 구분하고 있다. 그러나 짐 존스의 전략적 군수와 전술적/작전적 군수로 구분하는 것과 유사하다고 볼 수 있다.

본서에서는 군수업무 활동영역을 〈그림 1-9〉와 같이 군수의 제 기능을 군수과학 차원에서 수행하는 **군수관리분야**와 군사작전목표를 달성하기 위하여 제반 작전상황에 따라 통제의 범위나 우선순위를 군수술 차원에서 조정 통제하는 **군수운영분야**로 구분하여 설명하고자 한다. 편의상 전략적 군수는 군수운영분야에서 설명할 것이며, 여기서 운영이란 단순히 계획에 대한 집행이 아닌 제대별 군수의 모든 관리 및 지원 기능을 수행하는 광의의 의미로 사용하였다. 따라서 군수관리분야는 체계(군수품) 획득을 위한 연구개발, 소요, 조달 등 군수획득 기능을 수행하는 군수획득관리분야와 군수지원기능인 보급, 정비, 수송, 시설 및 기타 근무지원 활동을 수행하는 군수지원관리분야로 구분하여 설명할 수 있으며, 군수운영분야는 전쟁의 수준과 연계하여 용병술 차원에서 전략적 군수, 작전적 군수, 전술적 군수 분야로 세분하여 설명할 수 있다.

3. 군수관리: 군수의 과학적 측면

가. 개념

본 장 제2절에서 이미 소개한 바와 같이 우리 육군은 군수관리(Logistics management)란 **"군에 필요한 자원을 획득하여 최대의 군사력을 준비, 유지시키기 위하여 보다 합리적인 관리과정, 체제(체계 및 제도) 및 기법을 적용하는 제반 활동으로서 효과성, 경제성, 능률성에 목표를 두고 군사력을 획득, 건설, 유지하며 평시에 더욱 강조되고 주로 군수지원 계통과 군수기술병과의 영역으로 과학적 관리가 요구되는 분야"**라고 정의하고 있다.[68]

우리 국방부는 『국방전력발전업무규정』이나 『방위사업관리규정』상에 군수관리에 대한 명시적 정의가 없을 뿐만 아니라 획득군수관리와 지원군수관리도 구분하고 있지 않다. 그러나 획득군수관리는 어떤 무기체계나 장비가 운용자에게 분배되기 전까지의 군수관리를 의미하며, 지원군수관리는 어떤 무기체계나 장비가 운용자인 부대에 배치된 이후 이루어지는 군수관리영역으로 구분하는 데는 이의가 없을 것이다. 이를 나누어서 살펴본다.

나. 군수획득관리(Acquisition logistics management)

군수관리를 이해하기 위해서는 먼저 미국의 획득군수관리를 소개하는 것이 유익할 것 같다. 1990년대 초반부터 미 국방부는 냉전 이후 국방비가 삭감되자 방만한 획득관리체계를 간소화해야할 필요성이 대두되었다. 따라서 미 국방부는 수명주기비용의 95%가 설계 및 개발 단계에서 결정된다는 경험을 바탕으로 경제적이고 효율적인 군수가 이루어지려면 설계 초기단계인 개념설계 단계부터 체계개발 단계에서 종합군수지원제도를 체계적으로 적용하여 수명주기 간의 총비용을 최소화하면서 무기체계의 효과성을 높이려는 시도로서 체계의 전 수명주기 동안을 관리 및 지원하는 획득군수 개념을 1996년부터 본격적으로 적용하기 시작하였다. 이에 따라 미국군은 획득군수관리단계에서 체계운영단계의 제반 군수지원 문제점을 해결하고자 성과기반군수 개념을 적용하여 전 수명주기체계관리(TLCSM)를 통하여 무기체계 운영단계의 지속지원까지 고려하여 지원군수관리를 동시에 추진하여 최소화된 군수지원소요를 확보하고 있다. 이러한 획득군수 관

68) 육군본부, 야전교범 19-1(2002), p. 1-3.

리의 결과물로서 집중군수 개념을 도입하여 작전부대의 요구를 충족시키고 있다.

또한 체계의 수명주기는 체계(장비, 구성품 및 조직 등을 모두 포함하는 개념임)의 종류에 따라 그 기간이 다르지만 미 육군의 1994년 『Army RD&A Bulletin』 9~10월호의 "America's High Noon Complex"라는 글에서 Norman Augustine은 현재 미군의 장비(하드웨어)의 교체주기는 약 54년이며, 세계의 기술 교체주기는 2년에서 10년 사이로 점점 감소되어 가고 있다면서 군에서 50년 이상된 체계를 사용하려면 지속적으로 변경, 개량 등의 활동이 이루어지는 것이 표준이 되어야 한다고 하였다.[69] 이는 곧 체계 개발단계뿐만이 아니라, 전 수명주기 동안 획득군수와 군수공학 과정이 계속되어야 한다고 볼 수 있다. 우리 국방부가 국방과학연구소나 업체에 성능개량사업(PIP: Product Improvement Program)을 위한 예산을 매년 책정해주어야 하는 이유가 바로 여기에 있는 것이다. 또한 우리 국방부는 한 체계의 수명주기 간 총비용을 구성하고 있는 비용요소들을 분명하게 구분하는 노력이 부족하다. 대부분 체계의 총비용을 산정하기가 어려워 실질적인 비용추정과 비용분석이 어려울 뿐만 아니라 수명주기 동안의 비용 대 효과분석이 불가능한 실정이다. 물론 부분적인 비용분석과 비용 대 효과분석은 이루어지고 있으나 통합사업관리팀에서 고위층에 보고하고 의사결정에 활용할 수준은 아니다.

미 국방부는 1997년 발간한 DoD Handbook on Acquisition Logistics에서 획득군수관리의 개념은 **"전 · 평시 소요군의 전투준비소요를 달성하는 경제적이고 효과적인 체계를 설계하고, 개발 및 시험하여, 생산 및 야전에 배치하며, 지속지원 및 성능개량과 관련된 다기능적이며 기술적인 관리영역(Multi-functional technical management discipline)"**이라고 정의하고 있다.

또한 획득군수관리의 주요 목표는 **"군수지원 소요들이 체계 설계소요에 확실하게 포함이 되도록 하는 것이며, 그 체계의 수명주기를 통하여 가장 경제적이고 효과적으로 지원할 수 있게 하고, 그 체계를 최초 배치하여 운용하는 데 필요한 기반구조들을 식별하고 개발하며 획득하는 것"**이라고 정의하고 있다.[70] 한 체계의 수명주기비용은 연구개발비 등 획득비용을 제외하면 야전에 배치된 후 운영비와 지원비로 구성된다. 그런데 이

69) DSMC, Acquisition Logistics Guide, 3rd ed.(VA, Fort, Belvoir: DSMC Press, 1997), p. 2-4.

70) U. S. Acquisition Management College(AMC), MIL-HDBK-502, DoD Handbook on Acquisition Logistics(AL, Redstone Arsenal: AMC, 1997), p. 4-1.

비용의 대부분은 체계 개발 초기단계에 결정됨으로 초기 설계 결심과정에서 설계대안과 관련요소들을 평가 분석하는 것이 대단히 중요하다.

블랜차드는 군수공학을 "종합군수지원제도의 목표를 달성하기 위하여 실행하는 설계와 관련된 체계공학"이라고 정의하고, 체계공학국제협회(INCOSE: International Council on System Engineering)의 체계공학 정의[71]를 소개하면서 체계공학과정은 통상 일곱 단계로 구성된다고 설명하고 있다. 이 과정[72]을 따라 획득군수 관리기능을 수행하는 것이다: 첫째, 문제를 기술한다(State the problems), 둘째, 대안을 찾는다(Investigate the alternatives), 셋째, 체계를 모형화한다(Model the system), 넷째, 통합한다(Integrate), 다섯째, 체계를 배치한다(Launch the system), 여섯째, 체계성능을 평가한다(Assess performance), 일곱째, 체계를 재평가한다(Reevaluate)

통합사업관리팀으로서 업무를 수행하려면 핵심무기체계를 국내기술로 연구개발하는 시대에 체계공학에 대한 이해가 필수적이다. 미 국방부의 체계공학 정의는 민간영역의 개념을 받아들여 **"승인된 운용적 요구와 소요(운용요구와 소요로 표현하기도 함)를 실전에서 운용하기에 적합한 체계들의 구성체로 전환시키는 하나의 접근방법"**으로 정의하고 있다. 이 접근방법은 〈그림 1-10〉의 체계공학과정과 같이 **"① 소요분석, ② 기능적 분석과 할당, ③ 설계의 통합 및 유효성 검증, ④ 체계분석 및 통제를 하향식으로 반복하는 과정으로서, 체계공학은 설계, 생산, 시험 및 평가, 생산품의 군수지원 분야에 널리 활용되고 있다. 체계공학의 원칙은 체계의 성능, 위험, 비용 그리고 사업일정 간의 균형을 맞추는데 영향을 주는 것"**이라고 하였다.[73] 여기서 하향식이란 체계를 총체적으로 보고 설계, 생산, 지원 등의 모든 업무를 수행해야 됨을 강조하는 뜻이다. 〈그림 1-11〉의 체계공학과정에서 수행되는 주요 체계공학 활동[74]에 대해 살펴보자.

첫째, 소요에 대한 분석활동(Requirements Analysis)이다.

사업관리자(PM: Project Manager: 통합사업관리팀장)는 소요군과 함께 운용소요와 설계

---

71) INCOSE, "A Guide to the System Engineering Body of Knowledge(SEBok)-Introduction", INSIGHT, vol. 5, issue 1.(WA, Seattle: 2002); Benjamin S. Blanchard(2004), p. 28에서 재인용.

72) 영어의 Process는 우리말로는 공정, 과정, 절차로 해석할 수 있으나 모든 경우가 반드시 올바른 표현이라고 볼 수 없으므로 프로세스를 그대로 사용하기도 하였다.

73) Benjamin S. Blanchard(2004), pp. 28-30.

74) DoD 5000.2-R, 2002, April 5, pp. 77-97.

소요를 설정하고 수정 보완한다. 이와 함께 달성 가능한 운용성능의 목표를 결정한다. 체계 수준[75]의 기능적 요구와 요구 성능을 개발 및 수정보완하며, 기본형 체계의 설계에 적극 활용할 수 있도록 타 기관/부서와 협력방법을 개발하고, 수정 보완하는 소요 분석과정을 반복해나간다. 이러한 반복 분석과정을 통하여 체계 간의 상호 운용성 요구를 할당하고 균형을 맞춘다. 소요분석은 운용소요와 설계소요를 추적할 수 있게 해준다.

〈그림 1-11〉 체계공학과정의 흐름도[76]

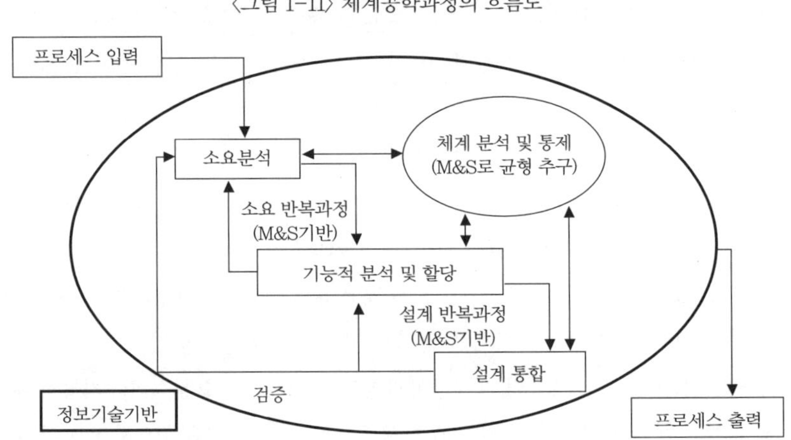

둘째, 기능적 분석과 기능적 할당(Functional Analysis and Allocation)이다. 체계의 표준화를 달성하고 획득기획관리 과정을 촉진하기 위한 기능적 연결과 아키텍처를 포함하는 더 낮은 수준의 기능적 요구와 요구 성능을 정의하기 위하여 기능적 분석과 할당을 반복적으로 수행한다. 이러한 과정을 통하여 기능적 요구와 성능 요구를 달성하기 위하여 더 높은 수준의 요구와 함께 추적되고 통합된다. 이 때 통합된 체계 설계를 지원하기 위한 설계 및 검증기준을 제공하기 위하여 체계요구 표준 즉, 연동표준, 프로토콜, 자료교환 언어 및 표준 등을 할당하고 정의한다.

셋째, 설계의 통합 및 검증 활동(Design Synthesis and Verification)이다. 기능적 요구

---

75) 체계 수준이라 함은 복합체계, 체계, 하부체계 또는 구성품을 모두 의미한다.

76) Defense Acquisition University, System Engineering Fundamentals(Virginia, Fort Belvoir: DAU Press, 2001), p. 6.

와 성능 요구를 인원, 제품 및 운용절차에 대한 개념과 해법, 그리고 내외부 연결을 포함하는 설계로 전환해주는 것이다. 설계해법은 표준체계 성능요구를 만족할 수 있도록 상세하여야 하며, 설계에 대한 유효성 검증을 위해서는 설계분석, M&S설계, 시범과 시험 등을 포함한 비용 대 효과적인 방법을 활용한다.

넷째, 체계분석과 통제 활동(System Analysis and Control)이다. 설계대안을 평가하여 선정하며, 개발 진도를 측정하고, 설계결심에 대해 문서화하고, 진화적 획득전략 하에서의 체계구성의 인수관리를 위한 기반을 제공하는 활동이다. 따라서 체계분석과 통제는 다음과 같은 활동을 포함한다.

1) 운용적 요구, 기능적 요구 및 성능 요구 간의 절충안을 연구하기 위하여 설계대안, 설계와 관련된 생산 · 시험 · 지원과정, 성능과 비용 간 적정한 균형을 찾기 위한 군수지원 수준을 결정한다.

2) 기술 발전 등에 따른 위험을 식별하고 평가하며 처리 및 감시하는 위험관리 절차를 수립한다.

3) 생산체계에 대한 안내, 생산절차 및 관련 자료를 문서로 작성하며 표준체계의 개발을 촉진하는 형상관리업무를 수행해야 하는 것인바 생산품의 기능적 물리적 특성을 식별하고, 문서화하며, 검사하는 것이며 현상을 기록하고 형상과 기록에 대한 변경을 통제하는 활동을 포함한다. 그리고 **통합자료관리체계**를 정립하여 형상기록물, 기술자료와 기술편람을 관리 통제하여야 하며, 다른 사업이나 성능개량사업을 할 경우에 체계공학 과정에서 활용할 수 있도록 계획 대 실적치를 기록 유지해야 한다.

4) 시험과 측정을 포함하는 검증의 충분성과 규정된 검증요구조건의 충족여부를 검토해야 한다.

5) 사업계획단계에서 정의된 요구조건과 기준을 만족하는지 시범과 확인을 할 수 있는 구조화된 검토과정이 수립되어 있어야 한다.

6) 그 밖에도 체계생산의 용이성이 고려되어야 한다.

7) 모델링과 시뮬레이션과 관련된 기술을 활용하여 획득전략과 사업설계를 하는데 지속적으로 활용하여야 한다. 모델링과 시뮬레이션은 하드웨어 위주의 시험평가를 실시하기 전에 미리 예측할 수 있는 수단을 제공함으로써 시험평가를 보완하고 체계성능을 분석하는데 아주 유용하다.[77]

미 국방부는 위와 같은 체계공학과정에 기반을 둔 획득군수 관리업무 수행을 위하여 국방장관 지침으로 『국방획득체계운영지침』[78]이 있으며 이를 세부적으로 뒷받침하기 위하여 『주요 국방체계 획득사업과 주요 자동화정보체계 획득사업에 대한 준수절차』[79]를 규정하여 획득사업을 관리하고 있다. 이 규정의 주요내용은 사업목표(제1장), 획득전략(제2장), 시험 및 평가(제3장), 수명주기비용 추정(제4장), 사업설계(제5장), 정보우위(제6장), 사업의 결정, 평가 및 주기적 보고(제7장)를 포함하고 있다. 미국의 획득군수관리제도를 이해하려면 이 두 가지 지침과 규정을 숙독하여야 한다. 이에 대한 충분한 이해를 하고 나면 우리의 국방획득관리제도를 이해할 수 있을 뿐만 아니라, 어떤 분야가 미흡한지에 대한 견해를 가질 수 있으므로 이 지침과 규정에 대한 일독을 권한다. 획득군수관리기능에 대해서는 제3장 군수의 기능에서 좀 더 상세히 설명하기로 한다.

다. 군수지원관리(Logistics Support Management)

미국군은 1960년대부터 무기체계와 장비를 개발하면서 군수지원요소에 대한 개발이 동시에 이루어지지 않음으로써 개발된 체계의 운영 유지에 필요한 군수지원기능 수행에 많은 어려움을 겪게 되어 종합군수지원제도가 30년에 걸쳐 발전되어 왔음을 본 장 제2절에서 이미 설명하였다. 따라서 미국군의 종합군수지원은 전 수명주기 동안에 이루어지는 것이며, 우리 군도 동일한 개념을 적용하고 있다. 그러나 가장 경제적이고 효율적으로 체계에 대한 종합군수지원을 하기 위해서는 초기 설계단계부터 체계공학과정에 따라 체계개발 및 생산단계 초까지 이루어지는 군수지원소요의 식별 및 결정에 근거하여 군수지원소요를 설계에 반영하는 것이 군수지원관리의 주요 핵심과제이다. 이처럼 군수지원 관리기능 수행도 체계가 생산되기 이전의 단계가 중요함을 〈표 1-1〉의 체계 수명주기 동안의 주요 군수지원활동에서 알 수 있다. 예를 들면, 개념설계 단계에서 초도군수계획(ILS-P)을 수립하기 시작하여 기본설계 및 체계개발 단계에서 운용자와 생산자의 요구사항들이 모두 반영된 종합적인 군수계획이 마련되는 것이다.

---

77) DoD 5000.2-R, 2002, April 5, p. 81.

78) DoD Instruction 5000.2, Operation of the Defense Acquisition System(May 12, 2003); 2002년 4월 5일 지시 후 1차 수정된 지침내용이다.

79) DoD 5000.2-R, Mandatory Procedures for Major Defense Aquisition Programs(MDAPS) and Major Automated Information System Aquisition Programs(MAPS)(Washington, DC: DoD, 2002), pp. 4-7.

군수계획이 작성되기 위해서는 새로운 체계나 성능개량을 위한 체계의 군수지원소요를 식별해내고 평가하는 분석과정이 필요하다. 이러한 군수지원소요 식별 및 분석의 반복활동을 **군수지원분석**(Support analysis) 또는 **군수지원성분석**(Supportability analysis)이라 부르는 데 이 때 다음과 같은 업무를 지원하기 위하여 계량적 분석기법들이 이용된다.

1) 설계 입력 자료로 활용하기 위한 초기단계의 군수지원기준 설정

2) 여러 가지 설계대안의 평가

3) 정비 및 기타 지원에 필요한 품목의 식별, 조달 및 보급

4) 운용단계의 전 기간 중에 필요한 군수지원기반구조에 대한 최종 평가

군수지원분석은 전체 체계에 대한 체계공학과정의 한 부분인 **'설계분석과정'** 으로서 수명주기의 초기단계인 설계 및 개발단계에서 이루어지며, 군수지원분석의 예로서 정비업무분석, 수리수준분석, 수명주기비용분석 등 14가지의 군수지원분석이 있는데 그 종류는 〈그림 3-5〉에 정리되어 있으며, 분석방법의 일부는 제12장~제14장에서 설명한다.

사업관리자는 군수지원분석시 전장 실상을 고려하여 장비 및 물자, 시설, 근무에 대한 소요를 사용부대 중심으로 사전에 예측하고 확보하여 소요발생에 따른 전 지원요소를 통합하고 적시 적소에 적량을 분배할 수 있도록 체계 연구개발시나 체계의 해외구매시 각 군의 부서간은 물론 기관간의 긴밀하고 적극적인 협조가 무엇보다 중요하다. 이러한 의미에서 현 방위사업청은 합참과 각 군 본부와는 협조관계에 있으며, 국방부와 외청인 방사청 간은 업무 조정 및 협조기능을 갖도록 규정[80]하고 있어 국방부가 조정 통제하는 기능을 수행할 수가 없는 한계가 있다. 따라서 국방부가 이러한 조정 통제 기능을 수행할 수 있는 관련 법규를 수정 보완할 필요가 있는데 이와 같은 획득관리의 업무효율성 측면에서 지난 2년간의 방위사업청 운영경험과 국방부의 조정통제 기능측면, 그리고 방산업체의 애로 및 건의를 수집 분석하는 등 관련 연구가 필요할 것이다.

체계가 생산된 후 운용단계에는 군수운영 영역에 해당되며 전투지속능력을 보장하고, 전투부대가 전투에만 전념할 수 있도록 다음에 소개하는 기능들을 통합하여 집중군수 개념을 도입하여 군수지원기능을 수행하여야 할 것이다. 미국군의 집중군수개념은 제7장 제3절에서 설명한다. 또한 미국군은 최근 이러한 군수지원기능을 보다 경제적이고 효율적으

80) 국방부, 국방부훈령 제792호 국방기획관리기본규정(서울: 국방부, 2006) 제35조, p. 56.

〈그림 1-12〉 10대 군수지원요소

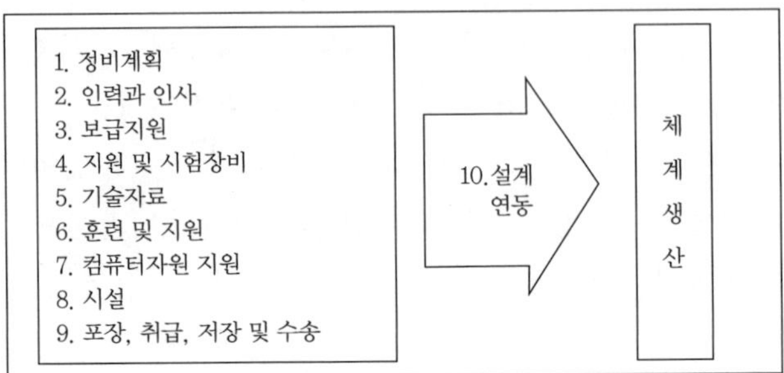

로 수행하기 위하여 성과기반군수제도를 도입하고 있음을 앞 절에서 설명한 바 있다.

미국군은 획득군수관리과정에서 〈그림 1-12〉와 같은 **10가지 군수지원요소들**(Logistics elements 또는 **지원요소**: Support elements)을 식별, 분석, 확인하여 반영할 것을 주문하고 있다.[81] 이에 대한 세부적인 설명은 제3장과 제6장에서 설명하기로 하고 본 절에서는 간단하게 소개하겠다.

1) **정비계획 수립**(Maintenance planning) : 하나의 체계에 대한 군수지원계획의 한 부분으로서 정비계획은 정비 및 지원 개념을 개발하여 결정하며, 이를 토대로 체계 수명주기 동안의 정비 및 지원 소요를 개발 및 결정한다.

2) **체계의 운용 및 지원을 위한 인력과 인사**(Manpower and personnel) : 전 · 평시 체계를 수명주기 동안 운용하고 지원하는 데 필요한 기술 수준, 계급 등과 함께 군인과 민간인 소요를 식별하고 소요를 최소화하기 위한 **'인원분석**(Personnel analysis)' 이 필요하다.

3) **보급지원**(Supply support) : 전 · 평시 준비태세 요구를 만족시키기 위하여 주체계의 지원에 필요한 품목들과 주체계의 지원 및 시험 장비, 훈련장비, 시뮬레이터와 같은 지원품목들에 대하여 결정, 획득, 목록화, 수령, 저장, 이송, 불출 및 처리 등의 과정을 결정하는 과정을 **'보급지원분석**(Supply support analysis)' 이라 한다. 보급지원분석에서는 보급품종을 최소화하고 표준화를 최대화하는 노력이 가장 중요하다.

4) **지원장비와 시험장비**(Support and test equipments) : 지원 및 시험장비란 체계의 운용 및 정비를 지원하는데 요구되는 모든 장비를 의미하는데, 지상처리장비, 공구,

81) DSMC, Acquisition Logistics Guide, 3rd ed.(VA, Fort, Belvoir: DSMC Press, 1997), pp. 7-1~7-12.

계측기/교정기, 자동/수동 시험장비, 단일용도/다용도 지원품목 등이 이에 속한다. 보급지원분야와 마찬가지로 지원 및 시험장비를 최소화하고 표준화하는 것이 중요하다.

5) **기술자료**(Technical data) : 기술자료란 체계를 운용하고 정비하는데 필요한 과학적 또는 기술적 정보로서 획득군수에서 기술자료의 양과 형태 및 호환성을 최적화하도록 노력해야 한다. 자료의 소요는 계획된 군수지원개념과 일치되어야 하며 야전에서 효과적으로 체계를 지원할 수 있도록 최소화되어야 한다.

6) **훈련과 훈련지원**(Training and training support) : 훈련과 훈련지원이란 체계를 운용하고 정비 및 지원하는 인력을 훈련하기 위하여 필요한 절차, 교육과목, 기술, 훈련장비, 시뮬레이터 및 다른 관련 장비들을 포함한다. 획득군수에서 체계를 효과적으로 운용 및 지원하기 위하여 요구되는 훈련과 훈련지원 소요들이 최소화되도록 노력해야 한다.

7) **시설**(Facilities) : 시설이란 체계를 운용하고 지원하는데 요구되는 영구적이거나 반영구적이거나 임시적인 실제 소유자산을 포함한다. **시설분석**시 필요한 시설, 위치, 공간, 설비, 환경, 부동산 또는 필요한 장비에 대한 개념과 소요를 정립하여야 한다. 이때 기존의 시설을 최대한 활용하여야 하는 것은 당연하다 하겠다.

8) **포장, 취급, 저장 및 수송**(PHST: Packaging, Handling, Storage & Transportation) : 체계, 장비 및 지원품목들을 포장하고, 취급하며, 보관 및 수송을 안전하게 하기 위한 자원, 절차, 설계고려사항, 방법에 관한 내용이다. 관련분석 내용은 환경적 고려사항, 장단기 보관 유지시 요구조건, 수송이 용이하게 하는 요구조건, 주체계와 지원장비 등의 손상을 최소화하는 방법들을 결정하여야 한다. 물론 이 분야에서도 획득군수 관리과정에서 불필요한 포장, 취급, 저장 등의 소요를 최소화해야 한다.

9) **컴퓨터자원 지원** : 앞에서 설명한 시설, 하드웨어, 체계 및 지원 소프트웨어, 문서화, 인력 등 체계의 운용 및 지원과 관련된 문제들에서 하드웨어와 소프트웨어의 지원문제를 동시에 고려하여야 한다. 최근의 국방체계들은 소프트웨어 없이는 체계설계가 불가능한 상황이기 때문에 최적의 정비개념은 하드웨어와 소프트웨어를 모두 포함시키지 않고는 수립될 수 없다.

10) **설계연동**(Design interface) : 설계연동이란 군수와 체계 및 소프트웨어 공학기능을 연결해주는 분야로서 연동영역은 사업이 성공하기 위해서는 설계단계를 넘어서 시험평가, 생산, 수명주기비용과 사업예산 추정 등 개발 전 단계의 획득군수 관리과정에서

통합사업관리팀이 계속해야 할 기능이다.

그 외에도 군수지원 관리활동으로 신뢰도, 정비도 및 가용도의 분석, 수명주기비용분석, 군수지원 예산 확보 등이 있으나 위와 같은 지원요소를 획득군수 지원관리의 '10대 군수지원요소' 라고 부르기로 한다. 획득군수 관리활동을 통해 달성된 통합된 종합군수지원체계에 의해 군수지원활동을 하는 것이 곧 군수지원기능을 수행하는 것이다. 이러한 지원요소들이 체계의 획득단계에서 잘 갖춰져야 체계 운영단계에서 야전 부대지휘관이 요구하는 시간과 장소에 필요한 군수지원을 할 수 있는 전투근무지원 여건이 보장될 수 있는 것이다.

라. 군수획득관리와 군수지원관리의 상호관계

군수획득관리의 기반이 없이는 운용단계에서 성공적인 군수지원관리를 할 수 없기 때문에 성공적인 전투근무지원도 달성할 수 없으며 전투근무지원을 고려하지 않은 군수관리가 존재할 수 없다. 따라서, 군수관리와 군수지원은 상호 긴밀한 협조에 의한 유기적인 체계의 확립이 요구된다. 이와 관련된 최상위 규정이 국방기획관리규정과 국방획득관리규정인 방위력개선사업관리규정 그리고 군수품관리규정이라고 볼 수 있다.

획득군수관리와 군수지원관리를 보다 구체적으로 연결하기 위해서 방위사업청에서 2007년 『종합군수지원업무지침서』[82]를 마련하여 획득관리단계에서 군수지원소요를 최대한 반영하도록 규정하고 있음을 알 수 있다. 이 지침서는 우리 한국군 최초로 체계공학과정에 따라 체계 설계단계에서부터 생산단계에 이르기까지 군수지원소요를 종합적으로 식별하기 위하여 연구개발사업과 구매사업별로 구분하여 군수지원요소의 개발 및 평가, 군수지원분석의 범위 및 분석에 필요한 업무 방법과 절차를 규정하고 있으며, 군수지원 분석도구인 RAM 분석프로그램, 군수지원분석 통합체계인 SOLOMON 프로그램[83] 및 동시조달수리부속 소요를 산정하는 OASIS 표준프로그램[84]에 대한 운용개념도 소개하

---

82) 방위사업청, 『종합군수지원업무지침서(해상전력사업용)』 (서울: 방사청, 2007),

83) SOLOMON(SOftware for LOgistic support analysis MOdels, Next generation)은 최적의 종합군수지원요소를 개발하기 위하여 신뢰도 · 가용도 · 정비도(RAM) 분석기능과 군수지원분석 소프트웨어를 통합 운용하여 설계정보를 공유하고 활용할 수 있는 프로세스를 구현할 수 있는 군수지원분석 통합체계이다.

84) OASIS(Optimal Allocation of Spares for Initial Support) 모델은 동시조달수리부속품의 소요를 예측하는 전산프로그램으로 우리 육군 및 해군에서 각각 사용하고 있는 것으로 알려지고 있다.

고 있다. 앞에서 소개한 10대 군수지원요소별로 종합군수지원업무지침서와 같은 수준의 세부적인 지침들이 각각 발간될 때 미래 군수지원의 어려움을 최소화할 수 있는 획득군수 관리활동기반이 구축되었다고 볼 수 있다.

마. 군수관리의 목표

우리 육군 교범 상에 군수관리의 목표는 인원, 물자, 자금, 시설 및 용역 등의 가용자원을 효과적이며, 경제적으로 관리하고, 능률적(효율적이라는 표현을 더 자주 사용하고 있음)으로 수행하여야 함을 다음과 같이 규정하고 있다.[85] 또한 미 육군의 How the Army Runs에서도 군수는 효과적인 동시에 능률적이어야 함을 강조하고 있다. 군수뿐만 아니라 일반 조직을 관리하는 데에도 항상 제한된 자원과 예산의 범위 내에서 효과성, 경제성과 능률성은 관리의 목표가 되어야 하는 것과 같은 논리이다.

1) **효과성**(Effectiveness) : 군수관리의 제1목표는 효과성으로서 군이 필요로 하는 모든 가용자원을 사용자(부대)에게 적기, 적소, 적량을 정밀하게 공급하는 데 있다. 이것이 곧 효과성이다. 효과성의 목표는 사용부대의 수요 충족을 목표로 한다는 뜻에서 **사용자(부대) 중심 목표**라고도 부른다. 따라서 **"보다 낫게(좋게 또는 적절하게)"**라는 원리가 적용된다.

군수관리 및 군수지원에 있어서 효과성 목표는 부대(작전) 임무 수행의 기본적인 요체가 되기 때문에 군수지원능력 평가제도가 확립되어야 하고 각종 제도가 상호 모순이 없이 통합 조정되어 하나의 자원관리체계가 될 수 있도록 통합군수관리체계가 되어야 한다. 또한 획득군수 관리업무 수행 시에도 체계획득 이후의 통합군수관리체계와 연계되도록 노력하여야 하는 것이다.

2) **경제성**(Economy) : 군수관리의 제2목표인 경제성은 최소의 경비로서 최대의 효과를 거두려는 것을 말한다. 따라서 경제성은 **비용절감 중심 목표**라고도 하며 **"보다 싸게"**의 원리가 적용되다. 경제성 목표를 달성하기 위해서는 비용절감 원리인 경제적 자원관리가 이루어져야 하며, 나아가 국방자원관리제도가 발전되어야 한다.

3) **능률성**(Efficiency: 효율성) : 군수관리의 제3목표인 능률성은 효과성 목표와 경제성 목표를 동시에 연결시켜주는 **"보다 빠르게"**의 원리가 적용되는 목표이다. 능률성 목

---

85) 육군본부, 야전교범 19-1(2002), p. 1-3.

표는 군수 업무 수행자가 얼마나 관심을 갖고 업무를 수행하느냐에 따라서 목표달성 여부가 결정되는 내부적인 요소라 할 수 있다. 따라서 능률성을 향상시키기 위해서는 군수인의 능력 향상은 물론 군수업무 수행절차가 단순화되어야 함으로 능률성을 **단순성 중심 목표**라 할 수 있다.

군수는 효과적이고 능률적이어야 한다는 것에 대해 때로는 미 국방부에서 **'군수의 역설(Paradox of logistics)'**[86]을 만들어낸다고 지적하고 있다. 예를 들면, 육군이 능률적이 되려면 합리적인 가격으로 물자를 구매하고, 저장하며, 분배하고, 폐기하여야 한다. 그와 동시에 육군이 효과적이 되려면 작전에 요구되는 군수능력의 수와 형태가 합리적인 가격에 의존하지 않고 임무, 적, 지형 및 기상, 가용한 병력과 지원, 가용시간, 민간고려를 포함하는 METT_TC(met-tee-see로 발음) 요소[87]에 의해 결정된다. 이 두 가지 가치는 항상 군수정책과 군수활동에 영향을 미치는 의사결정시 갈등의 요소가 된다는 것이다.

IIIII 4. 운영군수: 군수의 술적 측면

가. 개념

군수운영분야는 군수참모를 포함하는 각급 제대별 지휘 및 통제의 영역으로 군수술적인 적용이 필요한 분야이다. 필자는 군수운영분야를 본서에서는 이를 **'운영군수'**라고 부를 것이다. 운영군수의 영역인 군수술은 군수자원의 준비 및 관리(군수과학)를 전략, 작전 및 전술과 연계시키는 지휘술이기 때문에 전쟁수준과 연계하여 용병술 차원에서 이루어진다.

일반적으로 국방부, 합참 및 각 군 본부는 전략적 군수에 중점을 두며, 제대규모를 확정적으로 지정할 수는 없으나 군사작전을 수행하는 수준에 따라 대략 각 군의 야전군/작전사/군단은 작전적 군수에, 군단/함대 이하는 전술적 군수의 기능을 수행한다고 볼 수 있다.

전쟁수준별 군수수준이 분명하게 구분되는 것은 아니며 상호 중복되거나 연결되어 군수활동이 이루어진다. 정보통신기술이 발달됨에 따라 군수체계가 군수의 수준(제대) 간에 통합이 이루어지게 되므로 그 구분이 모호해진다는 견해도 있으나 군사작전의 특성

---

86) 미 육군, How the Army Runs, Chapter 12, p. 257.

87) METT_TC 요소란 임무(Mission), 적 정보(Enemy information), 지형 및 기상(Terrain and weather), 가용부대(Troops available), 가용시간(Time available), 민간요소(Civilian consideration)이다.

〈그림 1-13〉 한국 육군의 군사술 체계[88]

상 군수수준이 같아질 수는 없다는 것이 다수의 견해이다. 군수활동이 원활하도록 합참과 각 군은 각종 방침, 절차, 교리 및 이러한 과업 수행에 필요한 군수지원훈련 등을 발전시켜야 한다.

우리 육군은 군사술 체계에 대하여 1980년대 중반부터 육군의 부대구조를 반영하고 실용성을 고려하여 〈그림 1-13〉과 같이 전쟁수행의 3가지 수준인 군사전략, 작전술, 전술로 구분하였다.

나. 전략적 군수

전략적 군수에서의 고민은 〈그림 1-14〉와 같이 국가 경제력이 허용하는 범위 내에서 군사력 건설과 유지를 어떻게 해나갈 것인가의 절충안을 찾는 것이라 할 수 있다. 〈그림 1-4〉의 Jim Jones의 군수의 계층적 정의에서 살펴본 바와 같이 전략적 수준의 군수는

〈그림 1-14〉 경제적/군수적 제한요소와 군사력 건설/운용과의 상관관계[89]

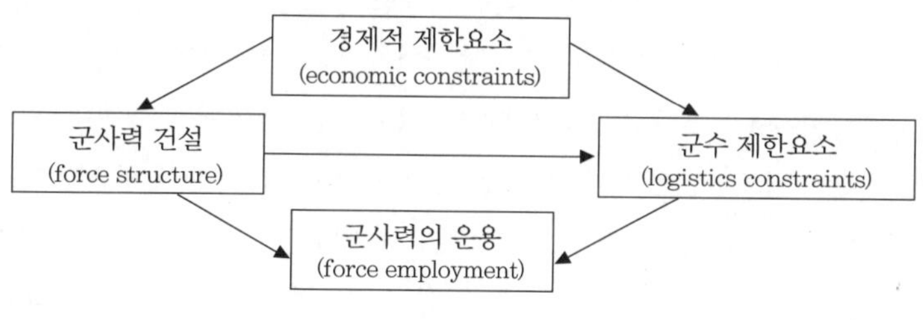

88) 이재천(1996), p. 111.

89) Moshe Kress, Operational Logistics: The Art and Science of Sustaining Military Operations.(Boston, Kluwer Academic Publishers, 2002), p. 21.

전략적 군사행동에 필요한 군수로서 미 합참의 국방기본교리(CJCS, Joint Pub 0-1 Basic National Defense Doctrine)에서 전략적 군수는 **"한 국가의 경제와 사회적 힘(Societal strength)을 국가방위를 위하여 작용할 수 있게 하는 과학과 술"**이라고 정의하고 있다. 보다 구체적인 의미에서는 전략적 군수란 군사적으로 소요되는 인력, 물자, 기반구조 및 용역, 그리고 전시 생산소요 및 민간소요에 대하여 기획하고, 협조하며, 할당하는 과정으로 볼 수 있다. 따라서 전략적 군수는 정부 부처, 의회 및 산업체 간의 협조가 요구된다.[90)]

군수의 제 기능중 **연구개발 투자, 조달 및 보급 정책, 국가적 차원의 수송 기능 그리고 군수부대의 구조에 관한 결심 등**은 전략적 군수에 포함되며 이는 국가경제와 연관되어 있다. 국가의 경제력이 제한되면 부대구조(군수부대 포함)에 직접적인 영향을 미치게 되어 작전수행 방법에도 영향을 주게 된다. 예를 들면, 국방예산이 삭감되면 전차, 함정 및 전투기의 증강대수가 감소될 뿐 아니라 연간 전차나 함정의 기동시간과 항해시간 그리고 전투기의 훈련 비행시간에도 제한을 받게 되는 것이다.

미 합참편람인 Joint Chief of Staffs Manual 3500.04C의 일반적인 합동과업목록에서 식별된 지속유지를 제공하기 위한 전략적-국가적 군수(Strategic-national logistics)의 과업은 다음과 같다고 규정하고 있다.[91)]

1) 지속유지의 우선순위를 결정한다; 2) 물자를 획득한다; 3) 자금을 획득하고, 관리하며, 분배한다; 4) 병력을 획득하고 분배한다; 5) 기지지원과 서비스를 제공한다; 6) 인사근무지원(Personnel support)을 제공한다; 7) 국가의 전력과 수단을 재편한다.

이러한 과업을 수행하기 위해서는 미 육군의 군수조직은 지구적인 환경변화에 대응하면서 다음과 같은 국가적 군수의 핵심적인 기능을 수행한다고 규정하고 있다.[92)]

1) 국가적 군수의 소요와 요구능력을 개발한다; 2) 국가적 군수소요가 국가와 국제적 능력을 초과할 때 대통령, 국방장관, 의회에 미치는 전략적 위험을 식별한다; 3) 국가경제와 군의 요구 간의 가교역할을 한다; 4) 모든 군사작전에 걸쳐 부대에 필요한 지원을 창출하고 지원을 지속하기 위한 군수정책, 체계, 과정을 개발한다; 5) 위기와 동원에 요구되는 예비 장비 및 지원 물자를 설정한다; 6) 육군, 합동 및 연합 작전을 위한 군수교리를 만든

90) DSMC, Acquisition Logistics Guide, 3rd ed.(1997), p. 2-2에서 재인용.

91) 미 육군, How the Army Runs, Chapter 12, p. 258.

92) 전게서, p. 258.

다; 7) 육군 물자체계를 획득, 분배, 유지 및 처리한다; 8) 육군 군수부대의 장비, 훈련 및 전투준비태세를 개발한다; 9) 국내외의 군사작전 및 훈련 기지를 확보, 개발, 안전하게 유지한다; 10) 전략적 교통로를 확보하여 지속기원을 유지한다; 11) 지시에 의거 타군과 동맹군에 군수지원을 제공하고, 연방정부 차원의 행정부 과업을 수행한다.

클라우제비츠는 『전쟁론(On War)』에서 전투부대수와 같이 국가의 현금 보유고, 국가신용도 등 적국의 전쟁수행 수단과 잠재적 능력을 아는 것이 중요하다고 지적한 바 있으며, Richard Rosecrance는 The Rise of the Trading State[93]에서 미래는 산업적 의미의 전략적 군수가 군사적 의미의 전략적 군수보다 더 중요한 역할을 수행할 것이라고 가정하면서, 앞으로는 국가 간의 전쟁 발발을 감소시킬 정도로 국가 간의 경제적 의존관계가 발전되어 갈 것이라면서 교역은 세계의 힘(World power)이 움직이는 통로라고 하였다. 경제가 세계화되어 가면서 전략적 군수(산업 기반 및 국가의 보유자원)는 국가안보상 중요한 요소이며, 지금보다 더 큰 관심을 가져야 한다.[94]고 지적하였다. 에너지 고갈에 따른 에너지안보와 경제안보 등에 대한 관심이 높아지고 있는 것은 이를 뒷받침해주는 현상이기도 한다.

Moshe Kress는 그의 저서 Operational Logistics에서 전략적 군수문제는 군사력 또는 군사관련 기반구조를 건설하고 유지하는 문제인 바, 기반구조란 다음과 같은 기술기반구조, 산업기반구조, 재고기반구조, 저장기반구조 및 수송기반구조를 포함한다고 하였다.[95]

기술기반구조는 무기체계와 관련된 장비들을 개발하고 유지하는 데 요구되는 능력을 제공해준다. 따라서 기술기반구조가 높을수록 고도의 정밀무기를 만들 수 있기 때문에 한 국가의 기술수준은 군사력 향상에 직결된다. 국방기술은 대부분 비밀이기 때문에 상용기술처럼 외국으로부터 쉽게 도입할 수 없는 어려움이 있기 때문이다. **산업기반구조**는 국방기술을 적용하여 전시에 무기체계나 장비를 생산하고 유지하는 데 활용할 수 있게 해준다. 따라서 획득군수관리는 물론 전략적 및 작전적 군수지원능력을 향상시킬 수

93) Richard Rosecrance, The Rise of the Trading State; Commerce and Conguest in the Modern World(Basic Books(Short Disc), 1987)

94) DSMC, Acquisition Logistics Guide, 3rd ed.(1997), p. 2-2에서 재인용.

95) Moshe Kress(2002), pp. 21-23.

있는 기반이 되는 것이다. **재고기반구조**란 탄약, 연료, 부속품, 의료품, 식량 및 다른 보급품들에 대한 국가차원의 재고를 의미한다. 이러한 재고유지는 국외 수입이나 국내 생산에 의한 확보방안이 있을 것이다. 국가안보 차원에서 주요 군수산업과 보급품에 대한 전시 지속 확보 가능성에 대해 검토되고 준비되어야 할 것이다. **저장기반구조**란 탄약, 연료 등이 앞에서 언급한 재고를 전시에 활용할 수 있도록 평시에도 보관 유지할 수 있는 창고, 보급기지나 저장고 같은 국가의 저장시설 능력으로서 이는 군 보급기지의 위치, 수송기반구조 및 인구 밀집도 등과 연계하여 전략기획에 반영되어야 한다. **수송기반구조**는 정적 구성요소와 동적 구성요소로 구분한다. 정적 구성요소는 도로망, 철도망, 해로, 항공로, 항만 및 공항시설을 포함하며, 동적 구성요소는 화물수송기, 선박, 컨테이너, 기차, 트럭 및 기타 수송수단이다. 전시 동적 수송구성요소를 동원할 수 있는 동원계획을 수립해 두는 것이 바로 이런 이유이다.

기타 전략적 군수문제로서 작전적 군수와 연계된 문제들이 있다. 첫째, 교리 및 군수관련 전투발전문제는 전략적 수준에서 다루어지는 문제이다. 야전교범과 교리에 관한 지침은 전략적 수준에서 개발되고 배포되어야 한다. 둘째, 전력투사 임무수행을 위한 전략적 기동에 관한 문제와 셋째, 연합작전을 수행하는 외국군과의 군수체계의 협조문제는 전략적 군수문제에 속한다. 예를 들면, 이라크전에 한국군이 평화유지작전(PKO: Peace Keeping Operation)을 위해 파병될 경우 부대의 이동, 현지에서의 작전교리 및 군수지원 문제는 전략적 차원에서 다루어져야할 뿐만 아니라 전략적 군수문제이다.

전력 건설과 관련되는 **전략적 군수기획**은 준비기간이 장기간 소요될 뿐 아니라 단기간 내에 수정이 곤란하므로 기획에 신중을 기해야 하며, 이러한 관점에서 현행 국방기획관리체계는 합리적이고 능률적인 군수기획 방법을 제시해주고 있다.

전략적 군수의 또 다른 작전적 군수와 연계된 분야로서 **해외파병과 같은 전력투사 임무와 연계하여 해군 수송함정이나 공군 수송기 등을 이용한 전략적 기동 시의 입항항구나 중간 기착비행장의 확보와 이라크전에서 동맹군으로 작전시 동맹군과의 군수지원 협조문제**는 전략적 군수문제들이다. 전략적 군수에서는 능률성[96]이 의사결정과정에서 가장 큰 영향을 미친다. 그 이유는 자원(국방예산)은 항상 제한되어 있기 때문에 의사결정권자는 비

96) 입력(투자)의 능률성(efficiency)은 통상 투입비용과 그 비용으로 얻게 되는 출력(이득)과의 비율로 측정한다.

용 대 효과가 가장 큰 대안과 2가지 대안 중 절충안을 선택해야만 하기 때문이다.

이러한 전략적 결심문제는 전략적 군수기반구조와 관련된 문제로서 두 단계의 결심이 요구되는 문제이다. 첫 단계는 제한된 예산으로 어느 전략적 군수기반구조에 얼마의 예산을 분배하여야 할 것인가 하는 문제이고, 두 번째 단계는 하나의 전략적 기반구조 내에서 어떻게 자원을 배분할 것인가 하는 문제이다. 이러한 의사결정과정에서 대안의 선택을 위해 과학적 분석기법이 사용되고 있기 때문에 운용분석에 대한 군 내외에서의 교육이 필요하다.

다. 작전적 군수

전쟁의 작전적 수준은 전략목표를 달성하기 위한 전구작전 및 대규모 군사작전을 말하며, 전략적 수준과 전술적 수준을 연계시키는 활동이다. 이 수준에서의 군사활동은 통상 합참이 주관이 되어 합동 및 연합 작전, 민관군 통합 작전을 계획하고 수행하는 활동을 말하며, 각 작전사와 일부 군단급/함대급 제대에서 실시하는 작전도 여기에 포함될 수 있다.

작전적 군수는 전술적 군수소요를 종합하여 전략적 군수에 소요를 제기하고, 획득한 자원으로 전술적 군수소요를 충족시키는 활동 즉 전략적 군수와 전술적 군수를 연결시키는 것이다. 따라서 작전적 군수의 임무는 **"작전목표 달성을 위하여 전구내의 군수체계를 확립하고 이를 운용하며, 군수자원에 대한 소요를 예측하고, 분석하며, 소요의 우선순위를 결정하는 것"**이다.

미 합참의장 편람[97]의 일반적인 합동과업목록(Universal Joint Task List)에서 식별된 전구부대의 작전을 지속유지하기 위한 전략적 전역군수기능은 다음과 같이 규정하고 있다.

1) 장비의 수리 및 유지를 위하여 협력한다; 2) 전구부대의 지원을 협조한다; 3) 전구전쟁과 통신지역을 위한 군수품과 서비스의 분배를 지정 및 협력한다; 4) 지속 가능한 기지를 개발 및 유지한다; 5) 자금을 획득, 관리 및 분배한다; 6) 안전위험요인을 최소화한다; 7) 전역군수기능은 일반지원(차상위 제대 및 군단급에서 제공), 직접지원(직접지원 야전부대가 사용자에게 지원하는 활동) 및 사용자 군수(부대 자체의 정비 및 보급)로 구분하여 수행할 수 있다.

97) 미합참, CJCS Manual 3500.04C, Universal Joint Task List.

작전을 수행하는 지휘관에게 항상 제한요소로 작용하는 몇 가지 문제가 있는데 이를 '제한을 받는 최적화문제' 라고 부른다. 제한요소들로서 불충분한 부대와 무기, 불완전한 정보, 제한된 지휘 및 통제 능력, 그리고 **작전 실행에 가장 중요한 제한요소가 군수**이다. 전투에 필요한 자원이 없이 작전의 성공은 보장되지 않기 때문이다.[98] 따라서 작전적 군수능력은 전구내의 부대를 구성하고 전개하는 결심과정에서 매우 중요한 부분인 것이다.

군수는 항상 목표를 달성하는 데 제한요소로 작용하기 때문에 **작전계획 수립 시에는 가용한 지속능력에 기초**를 두어야 한다. 만약 부여된 목표를 달성하기에 부족한 능력이라면 작전소요기간을 단축하도록 작전개념을 변경하든가, 가용한 능력으로 달성할 수 있는 중간목표를 수립하여 이것이 최초 목표가 되도록 단계별 작전계획을 발전시켜야 한다. 따라서 작전 단계별로 작전지역에 대한 군수의 제 기능별 확보 및 분배계획이 작전적 군수계획의 중점업무가 되어야 한다. 작전적 군수에 대해서는 제7장에서 좀 더 설명하기로 한다.

전략적 · 작전적 · 전술적 군수가 상호 연계되어 있음을 보여주는 두 가지 예를 들면, 전략적 군수와 작전적 군수가 중복되는 경우로서 군수사령부는 평시 작전부대에 충분한 군수지원을 위한 기반구조와 예비물자를 보유하고 있어야 한다. 그러나 전시에 군수자원은 항상 제한을 받기 때문에 군수사령부에서도 어느 작전전구 또는 동일 작전전구내의 어느 지역에 먼저 군수지원을 하여야 할 것인가를 결정해야 한다. 이때 전구 내에서의 자원의 배분 우선순위를 결정하는 문제는 작전적 군수의 임무이다.

또 다른 예로서, 사단 군수참모는 사단의 수송자산의 관리와 예하 연대 및 대대에 군수자산을 할당하는 책임을 갖고 있다. 이러한 활동은 전술적 군수 수준의 임무이다. 한편, 사단 군수참모는 예하 부대의 미래 군수소요를 예측하여 상위 제대에 요청해야 하는 임무도 수행해야 한다. 이러한 임무는 작전적 군수 수준이다.

라. 전술적 군수

전쟁의 전술적 수준이란 전술단위부대나 특수임무부대에 부여된 작전목표를 달성하기 위해 전투와 교전을 말한다. 따라서 전술적 군수는 **주로 탄약, 유류 및 식량의 보급,**

---

98) Moshe Kress(2002), p. 45.

전투장비에 대한 근접정비, 병력과 보급품의 이동을 위한 수송업무, 그리고 기타 근무지원(전쟁포로 및 민간인 처리, 긴급 의무지원 및 후송 등)을 제공하는 것이다.

전략적, 작전적 수준의 군사행동에서는 전력을 전장으로 동원하는 것과 관련된 것에 비해 전술적 수준의 군사행동은 동원된 전력을 이용하는 것과 관련된 것이므로 전술적 군수는 비교적 대상기간이 단기간이며 작전지역도 좁기 때문에 높은 안전수준이나 예비량을 설정하지 않아야 하며, 적의 행동에 따라 예기치 않은 방해가 있기 때문에 예측 불가성을 항상 고려하여야 한다. 또한 전술적 군수는 전술전투의 3가지 특성, 즉 방호, 기동, 화력에 초점을 맞추어야 하기 때문에 **효과성이 가장 중요한 요소이므로 적량과 적시의 군수지원이 가장 중요**하다. 전술적 군수는 군수업무 수행체계가 제대에 따라 각각 상이한 편성과 기능이 부여되어야 하고 제대별 전술교리도 발전되어 있어야 한다.

2 기업군수의 개념과 기능

본 장에서는 기업군수관련 협회나 학회 그리고 전문 학자들이 정의하고 있는 기업군수에 대한 개념은 물론 다양한 민간기업의 조직특성에 따른 기업군수의 역할과 기능 등을 소개하였다.

기업군수의 주요 분야인 보급망관리만 다루더라도 한 학기를 별도 과목으로 다루어야 할 정도로 광범위하지만 하나의 장으로만 본서에 포함시킨 것은 군사군수를 다루는 전문군수요원은 물론 작전요원들에게 군사군수를 기획 및 계획하고 집행함에 있어서 기업군수로부터 많은 통찰력과 아이디어를 얻게 할 뿐 아니라, 우리 군에 벤치마킹할 수 있는 요소들을 발견할 수 있기를 바라는 마음에서 기업군수의 개념, 기능과 보급망 관리를 요약 정리하였다.

특히 우리 군의 군수 전략계획 수립에 관한 필자의 주장을 제3절에서 정리하였다. 이러한 측면에서 우리 군의 군수요원들이 선진국 대학에서 교육을 받거나 일반기업체에 파견되어 군사군수에 적용할 수 있도록 보급망 관리에 대한 학문적 연구가 요구된다.

제1절 기업군수의 개념

1. '기업군수' 용어의 표현방법

이클스 제독이 사용한 군사군수와 관련하여 기업군수를 민간군수(Civilian logistics)라는 용어로 사용한 이후 기업군수(Business logistics)는 1980년대 이후 놀라울 정도로 급속한 변화가 일어났다. 그 결과의 하나로 뜻은 약간씩 다르지만 기업군수가 1980년대 이후 여러 가지 다른 용어로 표현되어 왔다. 최근에는 기업군수는 Business Logistics, Industrial Logistics; Channel Management, Logistics Management, Materials Management; Distribution, Physical Distribution, Industrial Distribution; Supply Management, Supply Chain Management라는 표현들을 모두 포함하고 있다.

위 용어들의 핵심은 **"생산원점에서부터 소비지점에 전달되는 제품과 정보의 이동(Flow)에 대하여 관리"**하는 것과 관련되어 있다. 그러나 각 용어들의 의미는 사과와 오렌

지를 비교하는 것과 같이 같은 과일이지만 맛이 다르듯이 기업군수의 서로 다른 의미를 갖고 있다.[99] 또한 군사군수의 경제성과 효과성을 높이기 위해서는 기업군수의 장점을 이용할 필요가 있을 것이다. 그러므로 기업군수에 대한 올바른 이해가 필요하다.

2. 기업군수의 개념

가. 군수관리협회의 군수개념

세계에서 가장 저명한 군수전문조직인 군수관리협회(CLM: Council of Logistics Management, 웹사이트는 www.clm1.org)가 2002년 10월에 내린 군수의 정의는 **"고객의 요구사항을 만족시키기 위하여 생산원점과 소비지점 간의 상품, 서비스 및 관련 정보가 효율적이고 효과적인 공급(Forward flow), 반송(Reverse flow) 및 저장을 계획하고, 실행하며, 통제하는 보급망 프로세스(Supply chain process)"**이다.

이 정의에서 군수란 첫째, 보급망 프로세스이다. 그러나 보급망은 기업 내부나 기업 간의 마켓팅, 생산, 재무와 같은 기업기능간의 협력에 초점을 두고 있는 반면 여기서의 군수는 보다 더 큰 그림을 의미한다. 군수가 명시적으로 공급망 프로세스로 인식된다는 사실은 군수가 개별 기업과 보급망의 목표 달성에 얼마나 큰 영향을 미치는가를 의미하는 것이다. 보급망 프로세스는 본장 4절에서 설명하겠다.

둘째, 위의 군수 정의에서 군수는 '계획하고, 실행하며, 통제하는 활동' 모두를 포함한다는 것이다. 즉, 계획, 실행 및 통제 중 어느 한 활동만이 아니라 세 활동을 모두 포함한다.

셋째, 위의 군수 정의에서 '효율적이고 효과적인 공급, 반송 및 저장'에서 **효율성(Efficiency)이란 한 회사가 할 수 있다고 약속한 것을 달성하기 위하여 회사의 자원을 얼마나 잘 사용하느냐 하는 것**이다. 예를 들면, 어떤 회사는 군수의 다른 부분에서 미흡한 점을 보완하기 위하여 비용이 더 많이 드는 프리미엄이나 속달서비스를 활용한다. **효과성(Effectiveness)이란 한 회사가 하겠다고 말한 것을 얼마나 잘 할 수 있느냐**를 의미한다. 예를 들면, 주문후 24시간 내에 수령할 수 있다고 선전했다면 실제로 24시간 내에 몇 퍼센트가 배달되었는가를 의미한다. 또한 기업군수는 전통적으로 보급과 저장에 더 초점이 맞추

99) Paul R. Murphy Jr. and Donald F. Wood, Contemporary Logistics, 8th ed.(NJ, Upper Saddle River, Pearson Prentice Hall, 2004), pp. 5-6.

어졌으나 인터넷 주문이 늘어나고 부터는 고객들로부터의 반송과 반송품의 저장(이를 역군수: Reverse logistics라 부름)에 대해서도 관심을 가져야 할 상황이 되고 있다.

넷째, 위의 군수 정의에서 '상품, 서비스 및 관련 정보' 의 유통과 저장을 포함하고 있다. 정보화기술이 급격히 발전됨에 따라 상품의 유통과 저장에 관한 정보의 유통과 저장이 매우 손쉽고 비용도 적게 들기 때문에 상품의 재고를 정보로 대체할 수 있게 되었다. 걸프전시 미 해병대는 무엇이 컨테이너에 들어 있는 지 추적할 수 없었을 뿐만 아니라 사용하지 않은 것도 많았다고 하면서 미래 미군의 군수전략은 보급품을 전장에 재고로 쌓아두는 대신에 정보로 대체하는 것이라고 지적한 바 있다.[100]

다섯째, 위 군수의 정의에서 군수의 목적이 '고객의 요구를 만족하기 위한' 것으로 규정하고 있다. 이 의미는 첫째, 군수의 전략과 활동은 고객의 요구와 고객의 부족에 기반을 두어야 한다는 것이다. 둘째, 각 고객마다 요구가 다르기 때문에 기업은 한 사람의 요구를 모든 사람에게 적용하는 대량군수(Mass logistics)보다는 각각의 요구에 부응하는 **맞춤형 군수(Tailored logistics)**를 고려해야 한다는 것이다.

우리는 기업군수의 개념 설명에서 하나도 군사군수에서 놓쳐서는 안 될 내용들임을 알아야 할 것이다. 다만 군사작전은 이러한 군수지원활동이 방해될 수 있다는 것과 상용제품과 군수품의 특성에 있어서 차이가 있는 것 이외에는 다를 바가 없다.

나. 국제물류학회의 군수 개념

국제물류학회(SOLE: The International Society of Logistics Engineers)의 군수(기업군수에서는 군수를 물류라고 부르며 본장에서 물류는 기업군수의 동의어임)는 **"목표, 계획 및 운영을 지원하기 위하여 고객의 요구, 제품의 설계, 자원을 유지하고 공급하는 것과 관련된 관리활동, 공학활동 및 기술적 활동에 관한 과학과 기술"**이라고 정의하고 있다.[101] http://www.sole.org 는 국제물류학회의 웹사이트로서 Member service를 클릭하면 매우 유익한 민간 및 군사 군수 관련 참고문헌들이 있다. 또한 한국의 국제물류학회 웹사

---

100) F. Keenan, "The Marines Learn about New Tactics from Wal-Mart," Business Week, Dec. 24, 2001, p. 74.

101) DSMC, Acquisition Logistics Guide, 3rd ed.(VA, Fort Belvoir: DSMC Press, 1997), p. 2-1에서 재인용.; IE&MS(Industrial Engineering & Management Science)연구센터의 웹사이트인 http://www.iems.co.kr의 CPL자료실(국제공인 물류전문가 교육과정 교수안)에서 민간군수의 정의를 찾아볼 수 있다.

이트인 http://www.sole.or.kr 에서도 찾아볼 수 있다. 국제물류학회의 군수의 목표도 고객 만족을 위한 것이지만 이를 위하여 제품이 나오기 이전단계인 '제품을 만드는 프로세스'도 군수활동의 대상으로 하는 공학과 기술적인 측면을 동시에 강조하고 있는 점이다. 그러나 두 군수의 개념은 모두 고객의 요구를 만족시키기 위하여 조직의 특성에 맞는 효율적이고 효과적인 프로세스를 규정하고 있다는 측면에서 동일하다.

IE&MS(Industrial Engineering & Management Science) 연구센터의 이승현 박사는 기업군수에서 군수를 물류라고 부른다면서 물류(Logistics)를 "제품설계, 생산량 및 생산 공정의 결정, 조달 및 구매/계약, 재고관리, 고객서비스, 수송 및 창고체계 등이 물류체계 설계활동에 포함된다. 보급망이란 물류체계 설계의 결과이며, 보급망 관리(SCM: Supply Chain Management)는 설계된 물류체계를 근거로 이루어지는 관리활동이다. 즉, 고객의 요구사항을 만족시키는 모든 활동들 즉, 설계, 조달, 생산 및 유통 등은 물류체계라는 기초위에 이루어진다."라고 정의하고 있다.

다. 프레절의 기업군수 개념[102)]

프레절은 기업군수란 **"소비자와 공급자 간의 물자, 정보 및 돈의 흐름"**이라고 정의하면서 군수의 내용, 군수와 관련된 용어들, 군수의 목적, 군수를 이루는 상호의존적인 프로세

〈그림 2-1〉 기업군수의 발전단계

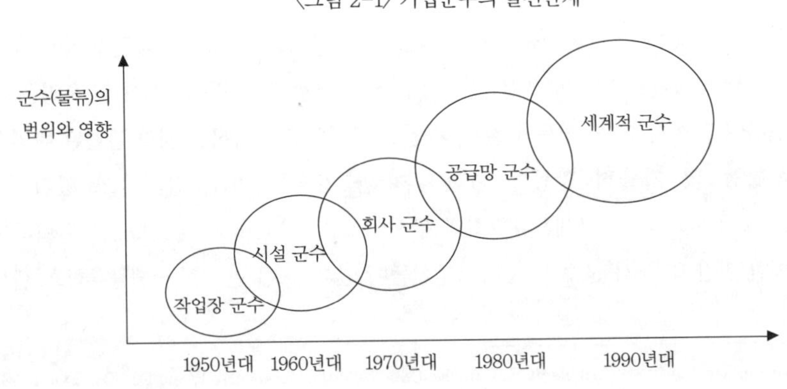

102) Edward H. Frazelle, Supply Chain Strategy(NY: McGraw-Hill, 2002), pp. 5-12.

스에 들어가면 군수 개념에 혼돈이 일어난다고 지적하고 있다. 그는 이러한 혼돈을 없애기 위하여 기업군수의 개념을 기업군수의 발전과정을 5단계로 구분하면서 다음과 같이 설명하고 있다. 기업에서 군수의 영역과 영향은 1940년대 후반부터 관리이론(Management theory: 경영이론)과 정보화이론(Information theory)의 발전과 함께 확대되었다. 1950년대와 60년대에는 군에서만 군수라는 용어를 사용하고 있었고 당시의 기업에서는 군수의 개념이 없었다. 그 대신에 기업에서는 물자처리, 창고저장, 가공, 회계, 마케팅(Marketing) 등의 부서로 나누어 있는 것이 일반적이었다. 기업군수는 〈그림 2-1〉과 같이 5단계 즉, **작업장 군수, 시설 군수, 회사 군수, 공급망 군수, 세계적 군수로 발전**되어왔다.

1) **작업장 군수**(Workplace logistics) : 2차 대전 중과 그 후에 공장을 효율적으로 가동하기 위하여 한 기계 또는 조립라인 전체에서 **개인의 작업간소화**를 목적으로 산업공학차원에서 이루어졌는데 지금은 인간공학분야로 취급하고 있다.

2) **시설 군수**(Facility logistics) : 공장, 터미널, 창고, 분배센터의 **4가지 시설 간에 물자의 흐름을 관리하는 것**으로 지금은 물자취급(Material handling)으로 분류하고 있다. 1950년대와 1960년대의 조립라인이 있는 대량생산 기업에서 이루어졌으며, 1970년대 후반까지도 많은 기업들이 물자취급부서를 유지하고 있었다. 오늘날에는 물자취급은 제품의 가치를 부가하는 활동이 아님으로 관심을 갖지 않고 있다. 1960년대에는 물자의 취급, 저장, 운송은 **분배**(Physical distribution)라는 개념으로 합쳐졌고, 조달, 마켓팅, 고객서비스는 **기업군수**로 합쳐지게 되었다. 지금도 경영학과에서는 기업군수로, 공학과에서는 분배로 교육하고 있다.

3) **회사 군수**(Corporate logistics) : 관리조직과 정보화체계가 발전됨에 따라 1970년대에 들어와서 물자취급, 창고저장 등과 같은 부서조직을 분배, 기업군수 등과 같은 기능조직으로 통폐합되면서 회사 내에서 군수가 적용되었다. 회사군수가 전체적인 군수비용(물류비용)을 최소화하면서 이익이 남는 고객의 서비스정책을 개발 유지하기 위한 하나의 프로세스가 되었다. 회사 군수란 **회사 내에서는 작업장 간, 시설 간, 회사 간의 물자와 정보의 흐름**이다. 따라서 생산자에게는 공장과 창고 간의 군수활동이 일어나고, 도매업자에게는 분배센터 간의, 소매업자에게는 분배센터와 판매상점 간의 군수활동이 발생하는 것이다. 그래서 회사 군수는 1970년대에 인기가 있었던 분배라는 용어로 표현되었는데 군수관리협회가 1982년까지는 NCDM(National Council of Physical Distribution

Management)으로 불린 이유가 여기에 있다. 회사 군수와 관련된 물류의 흐름을 이해하려면 프레절의 저서 Supply Chain Strategy의 일독을 권한다. 이 책에서 우리 군의 군수지원체계와 관련된 효율적이고 효과적인 군 보급지원체계 확립에 많은 통찰력을 줄 것이다. 또한 네트워크문제의 하나로서 분배에 관한 노하우를 연구하여 군사군수에 적극 활용할 필요가 있다.

4) **보급망 군수**(Supply chain logistics) : 보급망 군수란 〈그림 2-2〉와 같이 **"회사 간(회사 내부의 작업장 간, 시설 간, 회사 간, 보급망 간)의 물자, 정보 및 자금의 흐름"**이다. 보급망이란 창고, 시설, 터미널, 공항이나 항구, 저장고, 생산지를 포함하는 **시설**; 트럭, 기차, 항공기, 선박을 포함하는 **수송수단**; 회사에 물자를 보급하는 보급자의 보급자와 고객의 고객들에 의해 연결된 **군수정보체계**(LIS: Logistics Information Systems) 간의 **네트워크**이다. 따라서 군수란 보급망 내에서 발생하는 것이다. 군수활동 즉, 고객 반응, 재고관리, 보급, 수송, 창고저장은 보급망 내에서 연결되어 목표물들(물자, 정보, 돈)을 움직이게 만드는 것이다. 영어로 Chain은 사슬인데 실제는 사슬이 아니라 웹사이트와 같은 연결망으로서 복잡한 연결을 간단하게 망이라고 부른 것이다. 관리라는 의미는 망 내에서 보급망을 운영하고 통제하는 것을 의미한다.

〈그림 2-2〉 보급망 군수

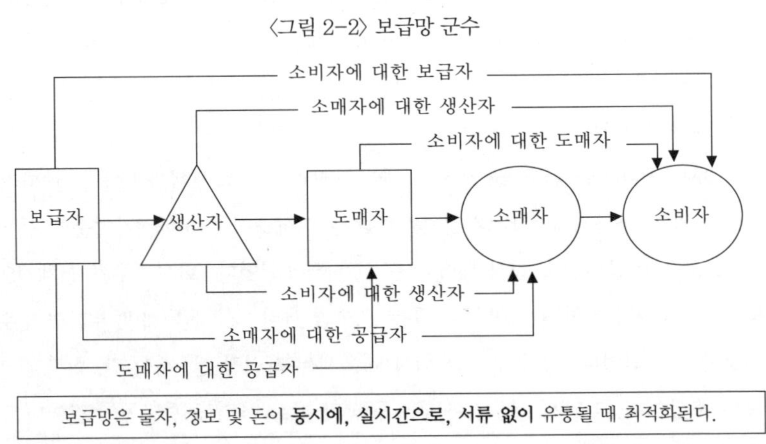

5) **세계적 군수**(Global logistics) : 세계적 군수란 **"국가 간의 물자, 정보 및 돈의 흐름"**이다. 세계적 군수는 보급자의 보급자들과 고객의 고객들이 국제적으로 연결된 것이

다. 경제의 세계화, 무역블록의 확대 및 세계적으로 연결된 웹사이트에 의한 구매로 인해 최근에 세계적 군수는 세계적인 물류의 흐름을 증가시켰다. 세계적 물류는 다양한 운용자, 언어, 법규, 화폐, 시간대, 문화 등으로 국내물류에 비해 훨씬 복잡하다

차세대의 기업군수 전문가들은 모든 보급망이 서로 연결되는 **협력군수(Collaborative logistics)**를 예측하고 있으며, 또 다른 전문가들은 세계적 군수의 다음 단계로서 모든 군수활동과 군수관리가 제3자에 의해 실행되는 **가상군수(Virtual logistics)** 또는 **제4세대 군수(The fourth party logistics)**가 될 것이라고 믿고 있다.[103] 이와 같은 기업군수의 발전양상을 볼 때 우리 군도 육 · 해 · 공군의 군수체계를 협력적인 체제로 발전시키기 위한 노력이 필요할 것이다. 예를 들면, 각 군의 군수협력회의를 주기적으로 개최하여 각종 개발 소프트웨어의 공통 활용방안이나 공통의 군수품 활용방안 등을 지금도 실시하고 있으나 보다 더 적극적인 방안을 강구할 필요가 있을 것이다.

103) Edward H. Frazelle(2002), p. 11.

제2절 기업군수의 기능[104)]

〈그림 2-3〉은 기업군수의 기능이라고 볼 수 있는 기업군수 관리활동과 관련 기업군수 활동을 나타내고 있는 군수체계를 정리한 것이다. **군수(물류)는 토지, 시설 등과 같은 자연자원, 인적자원, 재정적 자원 및 정보자원이라는 입력에 좌우된다.** 보급자들은 군수(물류)에서 원자재, 처리중인 재고, 완제품 형태로 관리하는 원자재를 제공한다. 기업군수 관리활동은 계획, 실행 및 통제의 과정을 통해 군수활동이 이루어지게 한다. 군수체계의 출력으로서 회사에게는 경쟁의 우위를 창출하며, 시간과 장소의 효용성을 높여주고, 고객에게는 효율적으로 전달해주며, 군수서비스(물류서비스)는 회사의 자산이 되게 해준다. 이와 같은 군수체계의 출력은 〈그림 2-3〉의 밑부분에 있는 기업군수활동 14가지를 효율적이고 효과적으로 수행할 때 가능한 것이다.

〈그림 2-3〉 기업군수관리의 구성요소[105)]

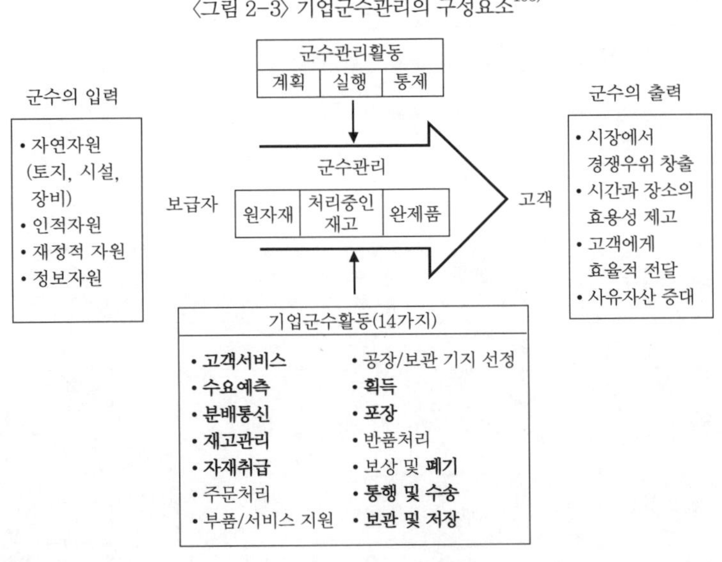

104) Douglas M. Lambert, James R. Stock, Lisa M. Ellram, Fundamentals of Logistics Management (Singapore: Irwin McGraw-Hill, 1998), p. 5.

105) Douglas M. Lambert et al.(1998), p. 5.

IIIII 1. 기업군수의 역할

기업군수의 역할에 대해 램버트는 국가경제차원의 기업군수의 역할과 기업차원의 기업군수 역할이 서로 다른 점을 설명하면서 기업군수의 활동에 대해 설명하고 있다.[106] 그는 국가경제차원에서 군수(물류)는 두 가지 방법으로 경제에 핵심역할을 하고 있다고 한다.

첫째, 물류의 수송, 저장 및 재고이동 비용 등을 포함하는 **물류비용은 기업지출의 중요한 부분**이다. 따라서 물류는 다른 경제적 활동에 영향을 주거나 영향을 받기도 한다. 미국의 경우 1989년에서 1999년까지 물류비용이 평균 미국 GDP의 약 10%로서 연간 1조 달러였으며, 세계의 물류비용은 1992년도와 1996년도에 세계 GDP의 약 20%로서 연간 3,5조원에 달하였다.[107]

둘째, **물류는 많은 경제적 거래를 촉진**시킨다. 만약 제시간에 제품이 도착하지 않으면 고객들은 그 제품을 구입할 수가 없다. 따라서 보급망을 통한 모든 경제적 활동은 어려움을 겪게 된다. 즉, **올바른 제품, 정확한 장소, 정확한 시간, 정확한 조건, 정확한 비용**(군수의 5R: **5Rights**라 부름)을 요구한다. 5R 중에서 물류는 특히 시간과 장소의 효용성을 높여줌으로써 제품의 가치를 높여주는 활동이다. 이 5R은 군사군수에서도 강조되어야 할 요소들이다. 그렇기 때문에 미 국방부가 기업군수의 모범사례를 활용하기 위하여 획득군수단계에서는 성과기반군수를 적용하고 운영군수단계에서 집중군수를 발전시켜 나가고 있는 것이다.

조직 내에서의 군수(물류)의 역할에 대해서 램버트는 효과적인 군수(물류)관리는 **기업의 이윤과 회사의 경쟁력을 향상시키는데 핵심적인 역할**을 한다고 설명하고 있다. 1980년대 후반에서 1990년대 초까지는 고객 서비스에 초점을 맞추어 '마케팅 개념' 을 물류와 연결시키고 있다. 마케팅 개념이란 "회사의 목표(이윤 극대화) 달성 여부는 표적 시장의 요구와 부족함이 무엇인지를 결정하고 경쟁자보다 효율적이고 효과적으로 고객만족을 충족시키는 데 좌우된다는 시장관리철학"이다. 여기에서 핵심 역할을 하는 것이 군수(물류)이다.

기업이 성공하기 위해 요구되는 **시장관리의 4가지 P**(Four P' s)가 있다. 즉, **적정의 가**

---

106) Douglas M. Lambert et al.(1998), pp. 10-12.

107) Edward H. Frazelle(2002), pp. 1-2.

격(right Price)으로 획득하고, **적절한 홍보**(proper Promotion)를 하며, **정확한 장소**(right Place: **분배**)에서 이용할 수 있는 **정확한 제품**(right Product)을 생산하는 아이디어들을 통합하는 노력을 해야만 기업이 성공할 수 있다는 것이다.[108] 여기서 기업의 군수(물류)가 얼마나 중요한가를 4P로서 알 수 있다. 이 4P도 우리 국방부와 방위사업청이 배워야 할 유용한 획득군수 철학이라고 볼 수 있다. 우리의 방산물자를 해외에 수출하기 위해서는 적절한 홍보는 매우 중요하기 때문이다. 필자가 국방정보본부 해외정보부장으로 재직시 무관들에게 방산물자의 각종 홍보책자를 배포하고 국산방산물자 수출성과에 따라 포상금을 수여하는 제도를 적극 시행한바 있다.

IIIII 2. 기업군수의 기능

가. 블랜차드의 기업군수활동의 정의

블랜차드는 기업군수를 군사군수와 비교하여 상대적으로 작은 제품(주로 소비재 위주)의 분배에 중점을 둔 군수라면서 군수관리협회의 군수개념을 소개하고 기업군수활동을 다음과 같이 열거하고 있다.[109] 여기서 활동이란 기능으로 간주할 수 있다.

1) 공급자, 조달 및 청구 과정, 그리고 공급자로부터 생산자/공장에 물자와 서비스의 공급에 대한 식별 및 관리

2) 생산과정에서의 물자의 처리 및 물자와 서비스의 재고관리

3) 생산자로부터 소비자에게 제품의 수송 및 분배(Forward flow라 함)

4) 제품과 물자가 폐기되거나 재활용 및 재고정리를 할 때 소비자로부터 처리지점으로 다시 보내는 역수송(Reverse flow)을 포함한다.

나. 프레절과 렘버트의 기업군수활동 정의

프레절은 기업군수의 정의와 활동(기능) 영역을 〈그림 2-4〉의 기업군수의 골격으로 잘 나타내줌으로써 기업군수를 이해하는데 많은 도움을 주고 있다. 그림 내의 영어는 번역

---

108) Douglas M. Lambert, et al.(1998), p. 12.

109) Benjamin S. Blanchard(2004), pp. 4-5.

〈그림 2-4〉 기업군수활동의 골격[110)]

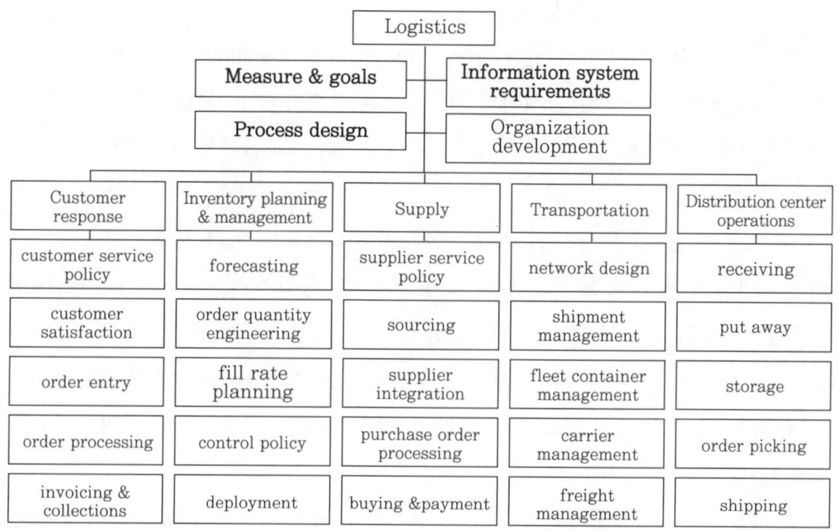

의 오류를 막기 위하여 원문그대로 사용하였다. 프레절과 램버트는 기업군수는 상호의존적인 5가지의 핵심적 군수활동(군수기능) 즉, **고객반응(프레절)/고객서비스(램버트), 재고 계획 및 관리, 보급, 수송 및 저장**으로 구성된다고 하였다.[111)] 이 그림에서 우리 군이 배워야 할 사항 중에 군수활동 절차의 설계(Process design), 성과측정 및 목표의 설정(Measure & goals), 정보체계의 소요(Information system requirements) 기능을 수행하는 조직이 있다는 것이다. 우리 군 내에서 업무분장은 규정하고 있지만 업무절차에 대해서는 규정하지 않고 있으며, 성과측정기준을 정하기가 매우 어렵다보니 지난 참여정부에서 성과관리를 강조했지만 기대할 만큼의 성과를 거두지 못한 것으로 알려지고 있다.

1) **고객반응**(프레절)/**고객서비스**(램버트)(Customer response/Customer service) : 고객서비스란 군수체계의 출력으로서 최적의 비용과 서비스를 결합한 **고객서비스정책**(CSP: Customer Service Policy) 하에서 고객과 관련된 모든 요소들을 고객 입장에서 통합하고 관리하는 **고객중심의 철학**을 말한다. 고객서비스정책의 개발 유지, 고객만족도 모

110) Edward H. Frazelle(2002), p. 16.

111) Edward H. Frazelle(2002), pp. 12-15.; Douglas M. Lambert, et al.(1998), p. 15-21.

니터링, 주문의 기록 및 처리, 청구서의 작성 및 수집 활동이 기업군수에 있어서 고객반응 또는 고객서비스 기능에 속한다.

2) **재고 계획 및 관리**(Inventory planning and management) : 재고 계획 및 관리란 고객서비스정책의 요구에 맞는 최저의 재고수준을 결정하고 유지하는 것을 목적으로 하여, 수요의 예측, 주문량 결정, 서비스 수준의 최적화, 재보급계획, 재고배치 활동을 포함한다.

3) **보급**(Supply) : 생산 또는 조달을 통하여 재고계획에 따라 재고를 쌓아가는 과정을 말하며, 보급관리의 목표는 **고객서비스정책**과 **재고종합계획**(Inventory master plan)에서 요구된 제품의 가용도, 대응시간, 제품의 질을 만족하면서 총획득비용(TAC: Total Acquisition Cost)은 최소화하는 것이다. 관련 활동은 **보급자서비스정책**(SSP: Supplier Service Policy)을 개발 유지, 보급원의 결정, 보급자의 통합, 구매주문의 처리, 구입 및 대금 지불이다.

4) **수송**(Transportation) : 고객서비스정책의 한 부분으로서 선택된 고객에 맞는 보급원 중에서 선택된 보급원과 물리적으로 연결하는 것이다. 수송이 네 번째에 나오는 것은 수송해야할 지점과 대응시간 요구조건이 고객서비스정책에서 결정되어야 하고, 보급계획에서 적재할 지점을 결정해야 수송계획이 수립될 수 있기 때문이다. 수송관리의 목표는 고객서비스정책에서 요구하는 대응시간 내에 그리고 최소 가능 비용의 범위 내에서 수송을 해야 하는 제한조건 하에서 물자를 수송하는 것이다. 따라서 수송군수활동은 수송망을 설계하여 최적화하며, 적재관리, 차량隊 및 컨테이너 관리, 운송업체 관리, 화물관리를 포함한다.

5) **저장**(Warehousing) : 앞의 네 가지 군수활동이 잘 이루어지면 저장이 불필요하기 때문에 마지막인 다섯 번째이다. 전체적인 보급망이 효율적이라면 최소의 저장으로 노임, 공간 및 장비의 비용을 최소화할 수 있다. 저장군수는 물자의 수령, 물자의 정리보관, 물자저장, 주문물자 찾기 및 적재를 포함한다.

다. 머피의 기업군수활동 정의

회사마다 군수체계에 차이가 있기 때문에 여기 소개하는 모든 군수활동/군수기능이 이루어지는 것은 아니라고 하면서 〈그림 2-3〉의 밑부분에 있는 **'14가지의 기업군수활**

동' 에 대하여 설명하고 있다.[112] 앞의 나 항에서 설명하지 않은 내용만 설명한다.

1) **고객서비스**

2) **수요예측**

3) **시설위치의 결정** : 다자무역협정의 영향으로 군수체계의 성공은 보관창고 및 생산시설의 위치에 좌우된다고 강조한다.

4) **포장** : 고객을 위한 마케팅 측면의 포장 및 군수측면의 물자의 취급, 저장 및 운반시 필요한 군수활동으로 물자취급과 관련된다.

5) **재고관리**

6) **물자처리**

7) **주문관리**

8) **부품 및 서비스 지원** : 계획된 서비스 또는 긴급서비스 등에서 수리부속의 형태로 판매후 고객지원을 하는 군수활동이다.

9) **생산일정 수립**

10) **조달**

11) **반환 제품**

12) **폐품(Salvage) 및 폐기 처리** : 반환 제품의 처리와 함께 역군수 활동의 하나로서 폐품이란 "수명기간동안 사용한 장비가 아직도 부품으로 재활용될 수 있는 장비"를 의미하며, 폐기란 사용자에게는 가치가 없는 제품으로 다만 재활용할 가치는 있는 제품을 의미한다.

13) **수송관리**

14) **저장관리**

라. 군수최적화(Logistics optimization)

기업군수문제는 최적화 기법, 상식, 기업의 모범사례, 정치적 감각과 같은 복합적인 요소들이 작용하여 발전되고 해결책이 마련되어 왔다. 그러나 때때로 부족한 점은 군수문제를 모형화하고 해법을 찾기 위하여 요구되는 분석자원이다. 그러므로 군수문제는

112) Paul R. Murphy Jr. and Donald F. Wood,(2004), pp. 25-27.

복잡하고 교차 기능적이기 때문에 비정치적이며 이상적인 해법을 개발하고 계량화하기 위해서는 최적화기법이 이용되어야 한다.

기업군수와 관련한 최적화문제들은 고객서비스정책의 최적화, 최적주문량(EOQ) 계산, 최적생산자원의 결정(Product mix problem), 분배센터의 최적위치 선정, 창고의 제품 보관 최적화 문제들이다. 각 문제의 기본적인 원칙은 동일하다. 즉, 목적함수를 최대화 하거나 최소화하는데 어렵게 만드는 계량화된 제약조건 하에서 목적함수를 최대화 또는 최소화하는 선형계획문제이거나 비선형계획문제이다. 이를 수학적으로 나타내면,

(목적함수)

Minimize ; Total logistics costs = Inventory carrying costs
+Response time costs +Lost sales cost

(제약조건)

st. Inventory availability 〉 Customer service inventory target
Response time 〈 Customer service response time target

이러한 최적화문제들에 대한 해법을 찾고 나면 이를 해결하기 위한 **군수종합계획**(Logistics master plan)을 수립하게 된다. 군수종합계획은 단기 및 장기적인 측정방법 개발, 프로세스의 정의, 정보체계 요구사항, 전체적으로 군수에 대한 조직의 요구사항, 고객반응, 재고관리, 보급, 수송 및 저장을 개발하는 계획프로세스를 말한다.[113] 여기서 군사군수에 적용할 원칙은 동일하다. 미국군의 집중군수에서 5가지 요구능력인 전투부대의 사용자 대기시간, 지정시간 내 이송, 전 군수자산의 가시화, 웹기반 자료교환 환경 구축과 같이 고객중심의 사고는 우리 군의 작전적 군수와 전술적 군수에서 활용해야할 원칙들이다.

3. 기업군수의 중요성 증대

아래 소개하는 여러 원인으로 인하여 1980년대 이후 기업군수의 중요성이 더욱 증대되고 있다. 정보통신기술의 발전과 세계화 추세에 따라 우리 군이 기업의 모범사례를 활

113) Edward H. Frazelle(2002), pp. 16-17.

용해야할 분야가 많아지고 있다. 따라서 우리 군은 평시 평화유지작전을 위한 해외파병을 계획하거나 전시 동원계획 수립에 있어서 기업군수의 무슨 분야를 어떻게 활용할 것인가에 대하여 전략적 군수와 작전적 군수 측면에서 지속적으로 연구할 필요가 있다. 그러므로 군수장교는 기업의 물류체계에 대해 관심을 항상 가져야 한다. 그런 측면에서 세계적인 경제잡지인 Forbes, Fortune, Business Week와 같은 잡지를 구독하는 습관을 가질 것을 권한다.

가. 경제적 규제의 완화

1970~80년대에 수송선박의 운임률, 출입항료 등에 대한 정부의 자유화 조치에 따라 운송비의 경쟁상황이 발생함으로써 운임의 경제성을 찾게 되었다.

나. 비군수인들에 의한 군수에 대한 인식제고

군수 비전문학자들에게 회사의 경쟁우위를 얻기 위해 군수분야가 비용절감 및 이윤창출에 중요한 요소가 되었다. 이런 측면에서 전투병과장교의 획득군수이론 등에 대한 교육훈련이 필요하다.

다. 기술적 발전

정보통신기술의 발달은 고객 서비스, 수송, 재고관리 등 신속한 자료 및 정보의 처리가 가능하여 군수 관리 및 지원 능력이 획기적으로 향상할 수 있었다.

라. 월마트 등 소매상인들의 힘의 증대

제품의 생산자보다 대량 구입 소매상인들의 힘이 더 커졌다. 왜냐하면 그들의 분배채널을 이용함으로써 제품 생산회사의 전략상, 우세한 군수능력을 인정하였기 때문에 힘의 전이가 발생한 것이다.

마. 무역의 세계화

각 국가 간의 교역 증대는 물류비용의 중요성이 더욱 증대되어 관련 비용의 감소를 위한 노력이 기업관리의 중요한 문제가 되고 있다.

제3절 보급망 관리

램버트는 보급망 관리(SCM: Supply Chain Management)란 **"제품, 서비스 및 정보를 제공하는 최초 보급자를 통하여 최종 사용자로부터 고객을 위하여 가치를 더해가는 기업 프로세스의 통합"**[114]이라고 정의하고 있으며, 머피는 보급망 관리란 "개별 회사들과 보급망이 하나의 총체로서 장기적인 성과를 향상시키기 위하여 전통적인 기업기능의 체계적이고 전략적인 협력과 한 특정회사 내의 이러한 기업기능과 보급망 간의 기업기능 간의 전술"[115]이라고 정의하고 있다.

프레절은 본 장 제1절에서 소개한 것과 같이 〈그림 2-2〉와 같은 보급망이란 **"회사 간, 개인 간, 시설 간, 그리고 그 회사 보급자의 보급자와 고객의 고객을 연결하는 군수정보체계 및 물자취급체계 간의 네트워크"**라고 정의하면서, 모든 군수조직은 단독으로 존재하는 것이 아니고 보급망을 통하여 이해관계자들과 고객의 가치를 최대화하도록 서로 협력해야만 한다고 강조하고 있다. 세계수준의 군수조직이 되고 선도적인 회사의 군수 성과와 회사의 전체성과를 올리려면 다음 7가지의 보급망 관리 즉, **보급망 조직관리, 회사 내 군수조직의 배열, 군수전략계획 수립 및 사업관리, 군수프로세스와 군수활동에 대한 관리, 군수전문성 개발, 인간 친화적인 군수, 공동체 친화적인 군수**를 실행해야 한다[116]고 소개하고 있다.

만약 우리 군에서 사용되는 보급망 관리에 대한 정의를 내린다면 프레절의 정의를 인용하여 "부대와 부대 간, 부서와 부서 간, 부대/부서와 생산품지원업체 간, 방위산업 업체와 업체 간을 연결하는 군수정보체계, 물자보급지원체계 및 수송지원체계 간의 네트워크"라고 정의할 수 있을 것이다. 그러나 우리 군에서는 아직 보급망 관리에 대한 정의를 국방전력발전업무규정이나 방위사업관리규정에서는 명시적으로 정의하고 있지 않다. 현재 보급망 관리개념이 우리 군에 일부 적용되고 있지만 더욱 발전되어 국방부 및 합참은 물론 육 · 해 · 공군 및 작전부대 간의 실시간 자산의 가시화가 이루어져야 할 것이다.

---

114) Douglas M. Lambert,et al.(1998), p. 504.

115) Paul R. Murphy Jr. and Donald F. Wood.(2004), p. 37.

116) Edward H. Frazelle(2002), pp. 311-346.

1. 보급망 조직관리

보급망 조직 관리활동이란 보급망의 가치 창출을 측정하기 위한 ① 보급망 채점표를 작성하여 보급망의 성과를 측정하며, ② 유사한 보급망을 운영하는 비경쟁회사의 보급망을 벤치마킹하고, ③ 보급망 참여자들 간의 품목명세, 주문량, 예측, 생산자, 목적지, 화물운임률, 도착예정시간, 성과측정기준 등을 포함하는 정보를 원활하게 소통함으로써 물자, 정보 및 돈의 흐름을 협력할 수 있으며 협력해야만 하는 보급망 운영으로 협력적 계획, 예측, 재보급이 가능토록 하며, ④ 노동의 가용능력, 원자재 가용능력, 공장생산능력, 운송체계 능력, 창고 저장 및 처리능력, 총주문주기의 제한 하에서 보급망의 생산성을 최대화(총 분배비용을 최소화)하는 보급망을 최적화하고, ⑤ 비경쟁회사와 동일한 생산지 또는 동일한 구매나 판매장소일 경우 15%의 비용절감을 가져다줌으로 협력적 구매를 하며, ⑥ 필요한 부문의 전략적 아웃소싱을 하는 활동을 포함한다.

2. 회사 내 군수조직의 배열

재무부서의 조달보고와 군수(물류)부서의 재고관리보고가 일치되지 않는 경우가 있다. 그 이유는 재무부서는 구입단가가 싼 것을 원할 것이고, 물류부서는 회전율을 낮추고, 주문대기시간을 줄이면서 서비스 수준을 높이려고 하기 때문이다. 이러한 문제를 해소하기 위하여 〈그림 2-5〉와 같은 5단계의 점진적 접근방법이 필요하다.

1단계는 군수협의회를 구성하여 운영하는 것이다. 군수협의회는 물자, 정보 및 자금의 흐름과 관련된 대표들로 구성하여 적어도 월 1회 또는 분기 1회의 회의를 개최하여 군수(물류)에 영향을 미치는 모든 활동의 계획 및 실행에 대해 협력하여야 한다.

〈그림 2-5〉 배열된 군수조직을 갖추기 위한 발전단계[117]

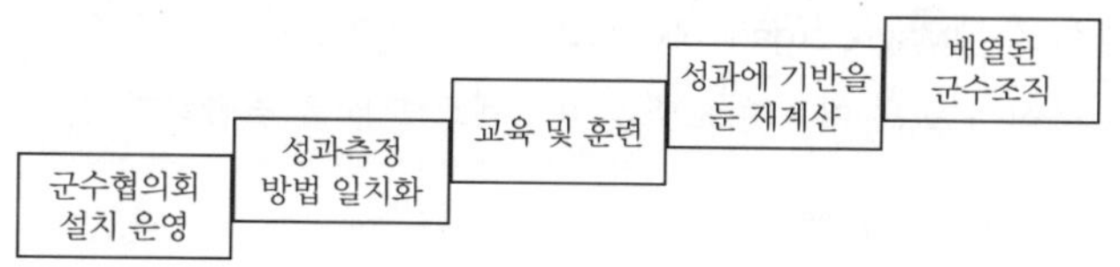

2단계는 군수협의회에서 고객에게 가장 낮은 총군수비용(총 물류비용)으로 서비스를 하고, 주식 보유자들에게는 가치를 최대화해주기 위한 개인과 회사의 목표가 일치하는 성과측정방법을 개발하는 것이다. 이때 〈표 2-1〉과 같은 각 분야별 군수성과 채점기준(핵심성과지수)을 작성하고 측정 절차를 정립하여야 한다.

3단계는 군수협의회와 조직의 핵심요원들에게 종합군수 및 보급망 관리의 원칙에 대한 훈련 및 교육을 실시하는 것이다. 이러한 교육 훈련은 군수조직의 구조개혁(Restructuring)의 촉매역할을 하게 해준다. 또한 군수협의회원들은 교육훈련이 자기 자신들뿐만 아니라 군수활동과 조직을 통합하는데 많은 이득을 준다는 것을 알게 된다. 교육훈련의 한 부분으로 다양한 군수조직모델의 예를 배울 수 있는 기회를 갖게 된다. 따라서 조직의 문화, 현 조직의 구조 및 기업환경에 기반을 둔 더 좋아하는 조직모델을 자연스럽게 선택하기 시작한다. 대표적인 7가지 조직모델은 다음과 같다.[118)]

1) **기능적 조직**(Functional/Silo organization) **모델**

기능적 조직 모델은 2차 대전 후 생산조직에서 많이 사용해온 구매부서, 구매처 선정부서, 군수(물류)부서 및 재무부서와 같이 기능적으로 업무를 분장하여 군수부서는 수송과 저장기능을 수행한다. 따라서 핵심성과지수는 단위별 저장비용과 단위별 처리비용이다. 이 조직의 기본전제가 각 부서의 최적화가 이루어지고 나면 기업 전체의 성과를 최적화해야 하기 때문에 부분 최적화만 할 뿐이다.

2) **프로세스 조직**(Process organization) **모델**

프로세스 조직 모델은 5가지의 핵심기업프로세스를 중심으로 인원, 측정, 체계를 조직화 한 기업조직으로서 기능적 조직에 이 프로세스를 중첩시킨 것이다. 이 모델의 특성인 5가지 핵심 기업프로세스는 고객 서비스에 기초한 기업의 자원인 마케팅, 생산 및 군수(물류)에 초점을 둔 ① 브랜드 개발, ② 소비자 개발, ③ 고객 개발, ④ 보급자 개발, ⑤ 보급망 관리이다. 이 모델은 기업조직 개인들에게 고객과 주식보유자들의 가치창출과 관련된 공동의 목표를 위해 함께 노력하도록 다양한 지식과 기업규율을 요구한다.

3) **매트릭스 조직**(Matrix organization) **모델**

매트릭스 조직 모델은 기능적 모델과 프로세스 모델을 결합하기 위한 시도로서 전통

117) Edward H. Frazelle(2002), p. 320.

118) Edward H. Frazelle(2002), pp. 322-329.

〈그림 2-6〉 프로세스 조직 모델

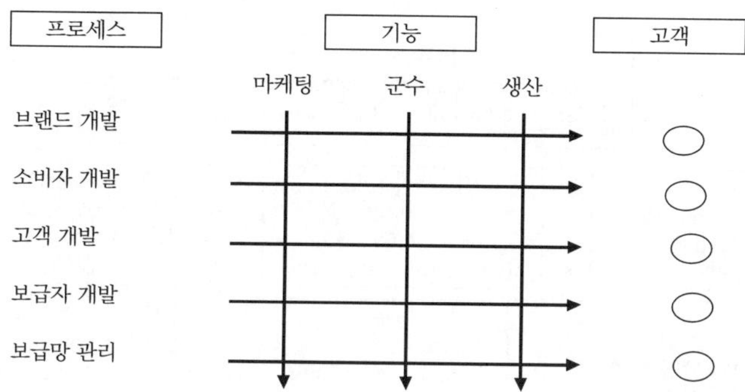

적인 조직 구조이다. 프레절은 자기의 경험에 의하면 조직 구성원들이 고객, 주식보유자, 내부관리 어느 것에도 관심이 없다. 속담에 두 주인을 섬길 수 없다는 것과 같다.

4) **종합군수 조직**(Integrated logistics organization) **모델**

종합군수 조직 모델은 고객만족, 보급개발, 군수비용/자본관리 프로세스에 초점을 맞추고 있다. 〈그림 2-7〉과 같은 4가지 핵심 군수성과지수(Logistics performance indicator)에 책임을 갖는 군수책임이사나 군수부사장이 임명되어야 한다. 총 군수비용(Total logistics cost), 완전주문비율(Perfect order percentage), 총 군수주기(Total logistics cycle time), 군수생산성(Logistics productivity)이 핵심성과지수이다.

군수책임이사는 4가지 보고를 직접 받는다: 고객반응(고객 서비스 및 주문 프로세스), 보급(재고계획 및 조달), 분배(수송 및 저장), 군수계획 및 군수의 최적화 보고서이다. 이 모델은 이러한 직접보고를 통하여 군수성과지수에 대한 기능조직 측정결과가 최선의 결과가 되도록 요구한다. 대표적인 사례로 Sears Logistics, Caterpillar Logistics, Walt Disney World 등이며 프레절은 이 모델을 권하고 있다. 이 모델의 장점은 첫째, 조직구조가 잘 정의된 군수성과지수와 분명하게 일치되어 있다는 것이다. 둘째, 군수분야에는 세 전문인원으로 구성된다. 즉, 고객반응 전문가, 보급 전문가 및 분배 전문가이다. 고객반응 전문가들은 고객들과 인내심을 갖고 대화하며 이메일을 보내는 등 군수체계에서 고객을 유치하는데 가장 낙관적이고 가장 행복한 전문가들로 구성된다. 보급 전문가들은 자격증을 가지고 전문적인 분석을 하는 전문가로 구성되어 판매 및 마케팅 조직의 높은 목표와 보수적인 재무조직의 고려사항들 사이의 견제와 균형을 이루게 만든다. 분배팀은 현장에서

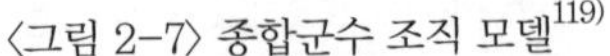

〈그림 2-7〉 종합군수 조직 모델[119)]

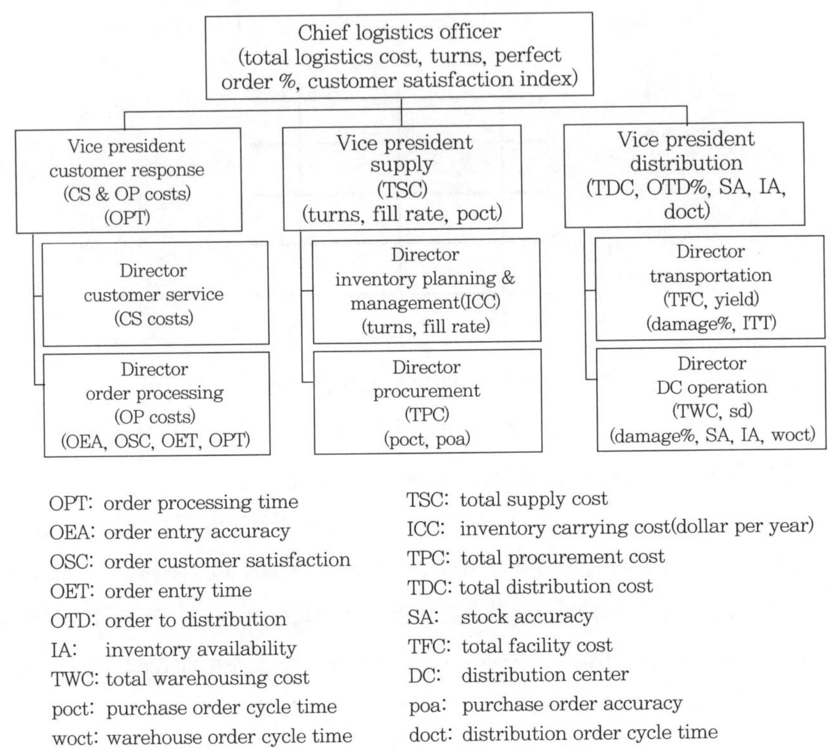

물품을 수송하고 옮기는 등 정해진 기간 내에 업무를 처리한다. 어느 조직이든 구성원끼리 갈등이 있으면 성공할 수 없다. 이 모델은 이러한 문제를 잘 해결해주고 있다.

미국군의 성과기반군수는 종합군수 조직 모델에서 추구하는 방법대로 과거의 방법인 군수의 기능별 업무수행보다는 군수의 프로세스에 초점을 두어 총 군수비용과 총 군수주기를 최소화하고 군수생산성을 높이는 핵심 **군수성과지수**를 정하고 이를 책임지는 책임이사를 임명하는 것과 유사한 개념으로 적용하고 있음을 알 수 있다. 이처럼 미군은 계속해서 앞서 발전해가고 있는 기업군수의 노하우를 군에 적용하여 군수의 경제성과 효율성 및 무기체계 운용의 효과성을 높이기 위해 부단한 노력을 체계적으로 하고 있음을 알 수 있다.

---

119) Edward H. Frazelle(2002), p. 326.

5) **세계적 군수 조직(Global logistics organization) 모델**

세계적 군수 조직 모델은 종합군수조직 모델의 확장형이다. 〈그림 2-8〉과 같이 세계적 군수계획 및 정책 수립과 지역별 군수계획 및 정책 수립을 위한 종합군수조직을 가지고 있다.

6) **기업단위 군수 조직(Business unit logistics organization) 모델**

기업단위 군수 조직 모델은 기업군수조직에서 가장 답하기 어려운 질문으로서 기업

〈표 2-1〉 분야별 군수성과 채점기준(핵심성과지수)[120]

구 분	고객 반응	재고 계획 및 관리	보급	수송	저장	군수 총계
재무	Total response cost (TRC)+	Total inventory cost (TIC)+	Total supply cost (TSC)+	Total transportation cost (TTC)+	Total warehousing cost (TWC)=	Total logistics cost (TLC)
생산성	Total response hours+	Total inventory hours+	Total supply hours+	Total transportation hours+	Total warehousing hours=	Total logistics hours/order
質	Perfect response percentage (PRP) = perfect order entry% × perfect order status% × perfect documents% × on time collections%	Order full rate (OFR)		Perfect delivery percentage (PDP) = on-time arrival percentage (OTAP) × % orders without danger/claims × % orders delivered to correct location	Perfect shipping percentage (PSP) = % orders without wrong SKUs × % orders without wrong packaging × % orders without wrong quantities	Perfect order percentage (POP) = PRP × OFR × PDP × PSP
반응 시간	Total response time (TRT) = order entry time (OET) + order processing time (OPT) +order collection time (OCT)	Purchase order cycle time (POCT)		In-transit time (ITT)	Warehouse order cycle time (WOCT)	Total logistic cycle time (TLCT) =TRT + POCT ×(1-OFR) + ITT +WOCT

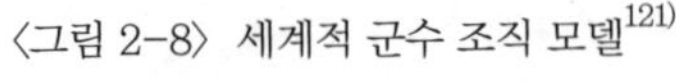
〈그림 2-8〉 세계적 군수 조직 모델[121]

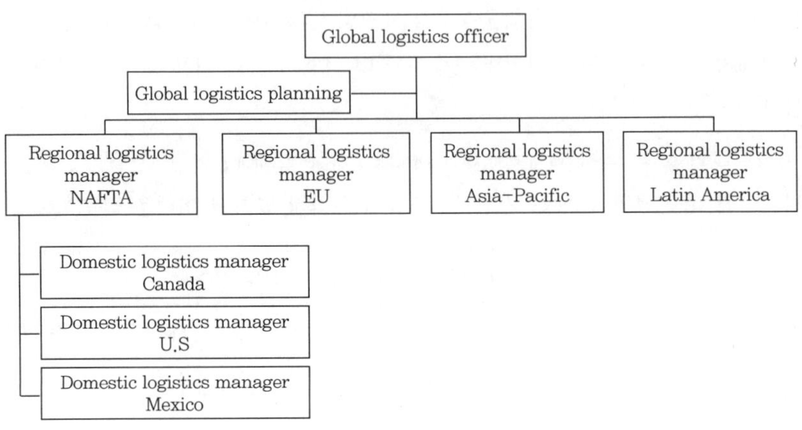

자체의 군수조직을 설계 및 개발하는 것이다. 기업 간의 동일한 군수자산 즉, 분배센터, 수송대, 재고, 군수정보체계 및 군수전문인력 등을 이용할 수 있을 때는 이용할 수 없을 때보다는 시너지 효과가 있다.

7) **분배군수 조직**(Distributed logistics organization) **모델**

분배군수 조직 모델은 〈그림 2-9〉와 같이 군수책임자를 제외하고는 공식적인 군수조직은 갖고 있지 않는 조직을 말한다. 그 대신에 군수책임자가 차출하고 교육시킨 총체적 품질관리 군수전문분석가를 전통적인 기업부서에 배치하여 총체적 품질관리를 하는 개념이다. Dell Computer 회사가 가장 성공한 사례 중의 하나이다.

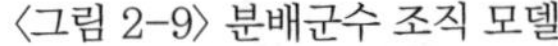
〈그림 2-9〉 분배군수 조직 모델

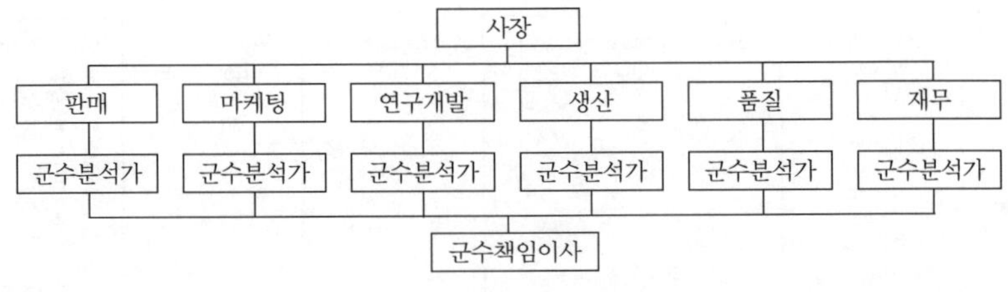

120) Edward H. Frazelle(2002), p. 321.

121) Edward H. Frazelle(2002), p. 327.

3. 군수전략계획의 수립 및 사업관리

회사가 성장하고, 경쟁적인 장점을 결정하며, 주식보유자들의 가치를 올려주는데 기업군수의 역할이 중요함으로 전통적으로 전략적 초점에서 군수를 무시하는 분위기를 극복해야 한다. 프레절은 그의 경험에 의하면 효율적인 군수전략계획(군에서는 전략기획이라는 용어를 선호)과 사업관리는 첫째, 군수계획 자원과 사업계획의 보유 여부이다. 기업의 사장이 장기계획을 수립하기 위한 별도의 회사자산을 갖고 있지 않다면 전략계획의 수립은 아무런 의미가 없는 것이다. 둘째, 군수전략 기획프로세스에 대한 공식적인 방법 보유 여부이다.[122] 전략기획을 수립하기 위해서는 전략기획팀을 보유하고 있어야 하며 그 구성원들은 보급망 관리공학, 고객서비스정책의 설계, 재고계획, 수송운영설계, 창고공학, 군수성과 측정 등에 대한 분석 및 운영 배경을 가지고 있어야 한다.

최근 많은 기업체에서는 사업관리부서를 두고 있다. 이 조직은 사업관리표준 즉, 사업관리 도구, 권고하고 있는 사업관리 검토시기, 사업일정을 나타내고 사업을 소개하기위한 탬플렛(Template), 투자 대 수익을 계산하는 전자계산서 양식(Spreadsheet format), 참모 편성 및 사업투자 지침 등을 포함한다. 군수계획 수립절차를 활용해야 한다. 군수종합계획수립(LMP: Logistics Master Planning)은 "전반적으로는 군수에 대하여, 각 부문별로는 고객반응, 재고관리, 보급, 수송 및 저장에 대하여 장단기 성과측정기준, 프로세스 정의, 정보체계 요구조건, 조직의 요구를 개발하는 계획 수립절차"이다. 기업의 군수계획을 수립하기 위해서는 전반적이든 부문적이든 **조사(Investigate)**, **혁신(Innovate)**, **실행(Implement)**의 세 단계를 거쳐야 한다. 〈그림 2-10〉은 종합군수계획 수립 방법과 절차를 보여주고 있다.[123]

이 분야에서도 우리 군이 배울 점이 많다. 첫째, 업체의 전략기획팀과 같이 전략적 군수기획을 수립하기 위한 팀이 국방부와 합참 수준에서 전략기획처, 작전기획처 수준으로 군수조직이 편성되었으면 한다. 필자가 2003년 합참에 근무할 때까지는 합참에 전략기획처, 작전기획처와 같은 위상의 군수기획처라는 이름의 부서 명칭을 들어보지 못하고 군수기획과 수준으로 기억난다. 물론 군수기획기능을 수행하지 않는다는 뜻은 아니다. 다만 군수기획의 중요성이 전략과 작전기획의 중요성보다 결코 약하지 않다는 점을

122) Edward H. Frazelle(2002), p. 330.

123) Edward H. Frazelle(2002), pp.17-21, 332-333.

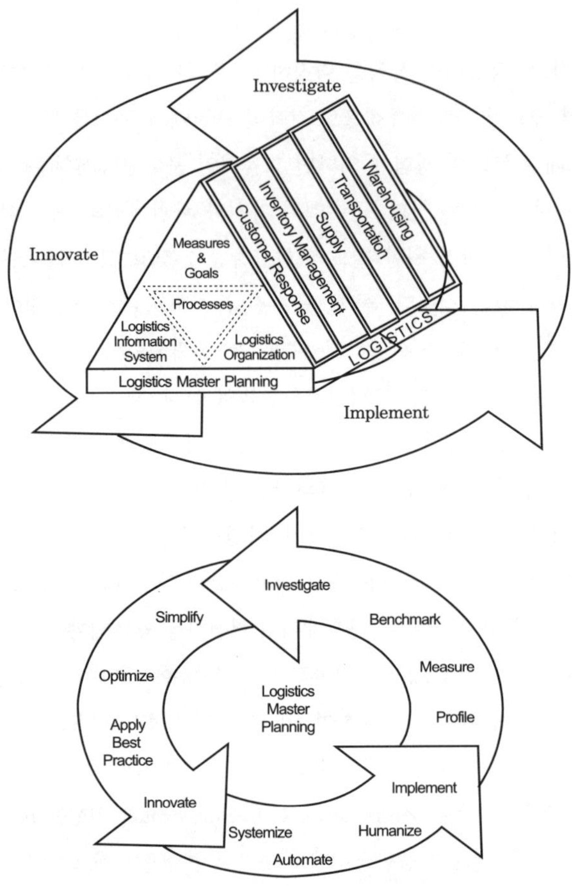

강조하고 싶은 것이다.

둘째, 기업군수에서 적용하고 있는 것과 같은 보급망 관리공학, 체계공학적 설계, 재고계획, 수송운영설계, 창고공학, 군수성과 측정 등에 대한 분석기법을 필자가 국방부와 합참에서 10년간 근무하면서 국방부장관이나 본부장 선에서 강조하는 것을 들어본 기억이 없다. 그렇기 때문에 실무적으로 일부 적용은 하고 있으나 전략적 수준으로 성과 측정을 위한 지수와 방법들이 개발 정립되지 못하고 있는 것이다. 셋째, 군수 관련 조직을 군수지원성과를 높일 수 있는 구조로 배열하기 위하여 군수 관련 조직개혁(Restructuring)을 할 필요가 있다. 구체적인 군수의 할 일에 대해 제대별로 정리가 되지 못하면 국방부 조직관리부서나 각 군의 편제편성부서에서의 군수 관련조직에 대한 올바른 구조개혁은 기대하기 어렵다. 왜냐하면 그들은 조직관리 전문가이기는 하나 군수전문가가 아니기 때문이다.

||||| 4. 기업의 군수프로세스와 군수활동에 대한 관리

지금까지는 기업 간, 기업 내의 활동 및 부문별 기업군수기능에 대해 살펴보았다. 이번에는 고객반응, 재고관리, 보급, 수송 및 저장을 포함하는 기업군수 내의 활동조직에 대해 살펴보기로 한다. 각각의 기업군수 활동에는 유일한 관리적 접근방법이 있다.

가. 고객반응(Customer response)

고객과 직접적인 대화가 일어나는 활동이므로 다른 군수활동과는 차이가 있다. 기업자문전문가들은 고객만족을 위한 가장 효과적인 대화방법에 대한 모범사례들을 가지고 있다. Customer Focus Group은 기업을 대표하는 소규모 고객들로서 신제품이나 새로운 서비스에 대해 대면 또는 온라인으로 평가를 해줌으로써 고객반응계획을 수립하는데 귀중한 역할을 해준다. 또한 전문적이고 개인적인 섭외팀을 운영하여 텔레마케팅 시대에 고객의 개인적 요구를 만족시키기 위한 관계를 유지하는 고객서비스를 한다. 그리고 세계화 추세에 맞추어 다국어 및 다국문화에 맞는 '맞춤형 주문 배달체계' 를 유지하는 방법과 고객들의 거래상황을 모니터링하여 고객만족을 위한 방법을 찾기 위해 노력한다.

나. 재고관리(Inventory management)

재고의 투자 및 가용도는 군수중심의 기업에서는 전반적인 성공의 핵심이 되므로 재고관리조직은 그 기업의 성공을 좌우한다. 그래서 재고회전율과 서비스 수준을 높이기 위한 다음과 같은 기법을 권하고 있다. 재고관리의 이론과 실제에 대해서는 제9장에서 다룬다.

첫째, 예측부서는 하나로 정하여 모든 군수활동에 공통으로 적용해야 한다. 둘째, **재고관리인증**을 받지 않고 재고관리업무에 종사하는 경우가 많은데 각 개인이 재고관리인증을 받을 것을 권고한다. 셋째, 모든 군수활동이 통합이 되도록 재고성과를 보여주는 공동의 회의 개최, 측정결과 및 측정체계를 갖추어야 한다. 넷째, 재고관리란 서비스 수준을 최대화하고 재고투자는 최소화하는 것이기 때문에 서비스 수준에 기반을 둔 개인 평가와 재고투자성과에 대한 개인 평가를 동시에 해야만 한다.

다. 보급(Supply)

고객반응부서는 다양한 등급의 제품에 대한 다양한 고객수준에 이용될 수 있는 재고수준을 결정하는 고객서비스정책을 개발하고 실행한다. 재고관리부서는 고객서비스정책을 만족시키는 보급망을 통한 재고목표를 설정할 책임을 갖는다. **보급부서**는 고객서비스정책에서 요구하는 반응시간 내에 요구되는 질적 수준과 가장 낮은 획득비용으로 획득하여 재고수준을 채우는 것이 책임이다. 이 획득비용은 공급자에게 지불하는 단위비용, 수송비용, 수입비용 및 관련 재고운송비용을 포함해야한다.

보급전문가들은 군수조직의 미배열 또는 교육부족으로 보급에 대한 그들의 결심이 다른 군수활동에 얼마나 영향을 미치는지 잘 모른다. 창고관리자들의 통상적인 불만은 창고가 수용할 수 없는 양의 물품을 보내오는 경우이다. 보급자의 선택, 보급자의 위치, 군수체계의 능력은 전체적인 군수비용, 재고비용 및 고객 만족에 영향을 미치게 된다.

승진하면 통상 보급전문가 직위에 배치되는데 그들의 대부분이 그들의 결심이 군수비용에 어떤 영향을 미치는지에 대해 교육을 받지 못한 상태에서 배치되고 있으므로 그들의 조달문제에 추가하여 군수 및 재고 관리에 대한 교육훈련을 받는 **보급군수인증제도** 시행을 권한다.

보급자 관계 관리(SRM: Supplier Relationship Management)도 고객관리와 마찬가지로 대단히 중요하다. 고객들에게 신뢰성이 있고, 예측가능하며, 부가가치를 올려줄 수 있는 기본은 보급자와의 안정된 관계에 좌우된다. 따라서 연간 정기적인 회의를 통해 미래 군수의 표준을 정하고 이런 합의를 통해 성공적인 군수를 보장할 수 있다.

라. 수송

주요 기업체에서는 수송산업과 수송활동을 최근에 강조하고 있다. 계획체계와 지원체계가 가장 덜 발전된 조직이 수송 및 분배 조직이다. 보급자 관계 관리와 같이 운송업자 관계관리는 운송업관리측면에서 통신, 동반자관계, 협상과 성과 모니터링을 공식화하기 위하여 설계된 프로그램으로서 운송업자를 선택하는 지침을 제공해준다. 회사수송 협의회를 두어 기업 내의 모든 수송 관련자들이 모여 기업의 수송정책을 수립하고 수송비를 평가하여 이를 수송정책에 반영한다.

수송은 규정이 변화하고 복잡한 용어와 다양한 계층의 인력과 요구되는 문서의 계층 때문에 수송관리의 훈련 및 인증제도는 수송이 일반인과 고객들에게 투명하고 회사 내적으로는 가치부가적인 활동이 되게 해준다. 다양한 수송요구, 낮은 실업률과 운전시간 제한규정 등은 운전기사의 부족을 심화시킨다. 미국에서는 이러한 점을 고려하여 운전기사의 삶의 질 향상을 위한 기사친화적인 네트워크를 만들어 저녁에 자기 집에 들어가거나 주말에는 가족을 만날 수 있도록 계획을 수립한다. 또 다른 수송비용 절감방안으로 수송서비스에 공동투자방법이다. 예를 들면, 한 회사는 시리얼 생산회사이며 다른 회사는 애완용 식품을 만드는 회사일 경우 시장에서 경쟁이 없으므로 세계적 수송서비스에 공동투자 협정을 맺을 수 있다. 수송규정이나 변화를 추적하기 위해서는 수송산업포럼에 참여하는 것도 한 방법이다. 우리나라도 선진화에 따라 미국과 같은 현상이 발생할 수 있을 것이다.

마. 저장

창고관리자의 현황은 수송관리자 보다 더 나쁜 상황이다. 더 많은 거래가 요구되는 상황에서 적은 시간으로, 더 많은 품목을, 더 적은 실수로, 덜 숙련된 노동자들과 함께 근무해야 하는 창고관리자들의 역할이 더욱 중요해지고 있다.

창고노동자들의 높은 교체율은 인간심리의 기본으로서 작업장이 안전하지 않거나 위험을 느끼면 이탈하게 된다. 따라서 가장 안정되고 생산적인 창고업무팀은 안전훈련과 인간공학, 약물 검사 및 깨끗한 정리를 위한 프로그램이 개발된 곳이다. 창고노동력 관리의 핵심은 일할 가용노동자의 수, 창고 내의 각 업무를 모니터링하고, 동기를 부여하며, 일정을 잡는 능력 등이다. 또한 다른 분야의 창고업무도 수행할 수 있게 하는 교차훈련을 실시할 수 있다.

5. 군수전문성 개발

대부분의 조직에서 군수개념이 덜 개발되어 있어서 군수(물류)사업의 성공에 부정적인 영향을 미치고 있다. 군수사(물류)업체의 3분의 1이 군수사업 목표 달성에 실패해왔다. 또 다른 실패 이유는 군수에 종사하는 자들만이 군수전문교육을 받았다는 것이다. 그래서 군수전문가의 교체율이 대단히 높다. 군수분야의 높은 성과를 올리려면 군수분야에 높은 성과를 내는 군수전문가를 많이 보유해야 하며 이를 위해서는 그들을 지속적으로 교육훈련시켜야 하는 것이다. 이를 위한 가장 좋은 방법으로서 기업은 공식적인 '경력관리모형'을 유지하고 군수전문성을 높이기 위한 교육프로그램을 개발하는 것이다. 우리 군도 전투병과중 군수장교가 아니면 군수교육을 계급별로 교육받지 못하는 실정이다. 각 과정별로 전략적 군수와 작전적 군수 등에 대한 과목을 반영하고 교육내용을 발전시킬 필요가 있다. 이러한 기업군수의 전문성 향상을 위한 교육개념을 우리 군의 군수교육분야에 벤치마킹할 필요가 있다.

6. 인간 친화적인 군수

사람에게 가장 기본은 안전이고 그 다음 직장생활의 높은 질이다. 특히 수송과 저장 군수업무는 안전상 위험하여 생산성 향상에 큰 장해가 된다. 또한 낮은 실업률은 트럭운전기사와 창고 작업자의 확보를 어렵게 한다. 최근 미국의 경우 창고 작업자는 3개월 이상 근무하는 경우가 드물고 트럭기사는 연 10만 명이나 부족한 실정이다. 우리나라도 선진화에 따라 미국과 같은 현상이 발생할 수 있다. 따라서 인간친화적 군수의 황금법칙은 **'네가 대접받고 싶은 데로 사람을 다루라.'** 는 것이다. 그러므로 가족과 떨어져 있는 시간을 최소화하는 수송 구간과 일정, 항시 가족과 전화 가능한 수송체계, 가속을 낼 수 없게 하는 속도조절기 부착 등이 필요하다. 예를 들면, 인간친화적인 창고저장이란 허리 높이에서 물품을 선정하도록 구역을 지정하고, 등을 다치는 것을 줄이기 위한 물품 올리는 장치, 자연적인 조명과 색깔의 조화, 안전교육 등을 실시하는 것을 의미한다.

7. 공동체 친화적인 군수

환경에 유해한 산업활동 중의 하나가 군수활동이다. 포장산업 전문가는 미국 폐품의 절반이 군수와 관련된 포장이라고 한다. 7일간×24시간×365일간의 군수활동은 소음과 전등으로 오염을 증가시켰다. 가정으로의 직송과 비효율적인 적재계획은 주요 대도시의 교통 혼잡을 유발한다. 따라서 공동체 친화적인 군수란 회수 및 재사용 가능한 컨테이너, 재활용 가능하고 분해할 수 있는 수화물, 전략적인 역군수관리, 지역별 수송관리체계, 지능화 고속도로체계 등을 포함한다. 1990년대 중반부터 군에 '환경과'가 편성되었으나 주요기능은 민원 해결이었다. 국제표준화협회 등에서 유해물질 적합성 평가규정이 계속 강화되고 있으므로 군의 획득군수관리기능에서 폐기업무의 중요성에 대비해야 할 것이다.

3 군사군수의 기능과 원칙

군사군수의 개념을 보다 정확히 파악하려면 **군수의 하는 일** 즉, 군수의 기능을 이해해야 할 필요가 있다. 그러나 군수의 기능 역시 전쟁의 수단과 자원이 변화함에 따라 군수기능의 범위도 계속 변화할 수밖에 없을 것이다. 또한 육 · 해 · 공군 간, 각 군 내부의 제대별 및 작전전구에 따라 군수의 기능과 그 활동범위가 서로 다를 수밖에 없을 것이다. 그러나 본 장에서는 이러한 세부적인 구분보다는 일반적인 군사군수의 기능과 원칙을 살펴보고자 한다. 작전적 군수에 대한 세부적인 기능과 특성에 대해서는 제7장에서 살펴보기로 한다.

군수기능이란 군수자원의 활용(관리 및 지원)을 기획, 계획하고 집행하기 위하여 군수조직에 부여된 기능(편제서에는 직능이라고도 함)이라 할 수 있다. 〈표 3-1〉과 같이 우리 합참과 육군은 교리 상에서 8가지 군수기능 즉, 연구개발, **소요**, **조달**, 보급, 정비, 수송, 시설, 근무 기능으로 구분하고 있다. 한편 종합군수지원제도에서는 11대 군수지원요소 즉, 연구 및 설계반영, **표준화 및 호환성**, 정비지원, **지원 및 시험 장비**, 보급지원, **인력 및 인사**, **교육훈련 및 교보재**, **기술제원**, **포장 · 취급 · 저장** 및 수송, 시설, **군수관리 전산자료**로 구분하고 있으므로 실제는 군수기능을 11가지로 보아야 할 것이다. 물론 인력 및 인사와 교육훈련에 대한 군수지원기능은 다른 부서의 기능으로 분류할 수도 있기 때문에 논란의 여지는 있다. 따라서 '군수 인력 및 인사', '군수 교육훈련 및 교보재'가 더 정확한 표현일 것이다.

〈표 3-1〉 군수기능의 분류 차이

합동교범/육군교범의 군수기능	종합군수지원제도상의 11대 군수지원요소	미국군 획득군수의 10대 군수지원요소
연구개발	연구 및 설계반영	연구 및 설계연동
소 요		
조 달		
보 급	보급지원	보급지원
정 비	정비지원	정비계획
수 송	포장 · 취급 · 저장 및 수송	포장 · 취급 · 저장 및 수송
시 설	시 설	시 설
근 무		
	표준화 및 호환성	
	지원 및 시험 장비	지원 및 시험 장비
	인력 및 인사	인력 및 인사
	교육훈련 및 교보재	훈련 및 지원
	기술제원	기술자료
	군수관리 전산자료	컴퓨터자원 지원

미국의 경우에는 획득군수를 위한 군수지원분석 대상으로 군수지원요소를 〈그림 1-12〉와 같이 10대 군수지원요소 즉, 정비계획, 인력 및 인사, 보급지원, 지원 및 시험장비, 기술자료, 훈련 및 지원, 컴퓨터자원 지원, 시설, 포장 · 취급 · 저장 및 수송, **설계연동**으로 구분하고 있다. 〈표 3-1〉은 전략적, 작전적 및 전술적 군수에 속하는 운영군수의 군수기능과 획득군수의 군수기능에서 그 차이점을 쉽게 발견할 것이다.

군수기능이란 실제에 있어서 군수관리 부대(기관)와 군수지원 부대(기관)의 임무와 기능에 해당하므로 각 군 및 합동군의 작전체계와 연계된 각종 군수지원체계에 따라 업무가 분장되는 것이다. 따라서 군수기능은 군수조직 편성 시에 고려되어야할 사항이다. 군수조직을 편성할 때 기본적으로 고려되어야할 참모 편성원칙이나 업무부하 판단방법 등에 대한 연구를 하려면 『과학적인 군인력관리론』[124]의 제3장과 제4장을 참고하기 바란다.

본 장의 제1절에서는 주로 운영군수단계에서 적용되는 교리상의 군수기능에 대해 설명하고, 제2절에서는 획득군수단계에서 반영하는 10대 군수지원요소를 군수기능으로 간주하여 설명한다. 군수관리 및 군수지원 기능이 별개로 존재하는 것이 아니고 상호 밀접하게 관련되어 있으므로 미국군은 별도로 구분하여 설명하지 않고 있다. 종합군수지원제도 상의 '**표준화 및 호환성**'은 체계 획득단계에서 주로 이루어지는 군수기능으로서 제6장에서 설명하기 때문에 본 절에서는 생략한다.

우리 군 교범 상에 '인력 및 인사'와 '훈련 및 지원', '지원 및 시험장비', '기술자료', '컴퓨터자원 지원'은 군수기능으로 포함하지 않고 있다. 실제는 이러한 군수기능이 운영군수단계에서도 모두 필요하기 때문에 군수기능 분류방법을 정리할 필요가 있다. 제3절에서는 효율적인 군수관리 및 군수지원 기능을 수행시 준수해야 할 군수의 기본원칙과 고려사항에 대해 소개한다.

---

124) 최기출, 『과학적인 군 인력관리론』 (서울: 21세기군사연구소, 2007). pp. 67~129

제1절 교리상 군수의 8대 기능

한국 합참과 육군의 교리에 수록된 군수 8대 기능은 합참과 군의 전략적 · 작전적 · 전술적 군수측면의 일반적인 운영군수기능을 주요 대상으로 한다. 물론 8대 군수기능 중 운영군수측면에서 전략적 수준에 더 많은 비중이 있는 기능과 작전적 군수와 전술적 군수에 더 많은 비중이 있는 기능이 있는가 하면 세 수준 모두에서 동일한 비중의 군수기능도 있다. 또한 운영군수뿐만 아니라 획득군수에서부터 지속적으로 이루어지는 군수기능도 있다. 미국군은 획득군수에서 체계 운영단계에 요구되는 군수기능을 철저히 준비할 것을 요구하고 있다.

1. 연구개발기능

연구개발기능은 현재의 군사력을 개선하는 노력으로서 신무기를 개발하고 국방과학기술을 발전시킴으로써 효율적인 군수지원이 가능하도록 하는 기능으로서 우리 육군의 교리는 군수제도 및 군수 관련 분석기법까지 연구개발기능으로 확대하고 있다. 즉, 연구개발기능이란 **"군이 필요한 새로운 장비 및 물자의 개발, 현용 장비 및 물자의 개선, 수입대체 개발과 군수지원을 위한 체계, 제도 및 기법 등을 개발하는 활동"**[125]으로 정의하고 있다. 교리상의 정의에서는 체계의 획득단계뿐만 아니라, 운영단계에 이르는 모든 군수 관리 및 지원 기능과 관련된 연구개발기능으로 볼 수 있다.

따라서 획득군수단계에서 군수관리활동이 이루어지려면 각 군에서 합참에 전력소요를 제안하게 되는데 이때부터 군에서는 군수지원소요를 함께 고려하여야 하고, 합참에서는 이 소요를 근간으로 합동성을 보장하는 군수지원소요를 검토 반영한 후 장관의 결재를 통해 최종적으로 소요가 결정된다. 이때 합참 차원에서 합동군수지원을 원활하게 하기 위한 군수지원소요가 검토되어야 할 것이다. 그러므로 이때부터 합참(인사군수본부)은 국방부와 방위사업청과의 군수지원설계가 완벽하게 이루어지도록 상호 긴밀한 협

125) 육군본부, 야전교범 19-1(2002), p. 1-9.; 합참, 합동교범 1.4-0(2003), pp. 53-54.

력이 이루어져야 할 것이다. 미 국방부는 획득군수에서 이러한 협력의 필요성을 많이 강조하고 있다.

또한 체계의 운영유지단계에서 적용될 군수지원요소별 현행 군수지원체계, 군수 관련 규정이나 지침, 군수 관련 분석기법 등을 포함하는 제도의 개선 및 발전 업무도 연구개발기능에 속한다는 의미일 것이다. 예를 들면, 군수의 획득단계나 운영단계에서 3군통합군수지원제도의 발전이 그 예가 될 것이다.

이와 같이 획득군수단계와 운영군수단계에서 연구개발기능이 구체적으로 무엇인가에 대한 규정이나 지침이 우리 군에는 아직 없다. 이에 대한 정리가 필요하다. 획득단계에서 이루어지는 연구개발기능에 대한 이해를 돕기 위해 미군의 Acquisition Logistics Guide에 수록된 획득군수의 기능을 소개한다. 획득군수의 관리기능이란 여러 가지 설계대안 중에서 가장 군수지원성(Supportability)이 높은 설계대안을 선택하는 역할이다. 이러한 8가지의 획득군수 관리기능은 다음과 같다.[126] 획득군수 관리활동 8가지 중에서 운영군수에서도 계속 이루어져야 하는 기능은 당연히 운영군수에서의 군수기능이 되어야 할 것이다.

첫째, 작전운용성능에 대한 **군수의 제한사항과 설계 대안별 군수지원소요를 식별**한다.(Identify the support) 이때부터 군수지원분석이 이루어진다. 따라서 이 업무를 수행하는 통합사업관리팀(IPT: Integrated Product Team)의 구성원들은 분석기법과 공학적 기법을 이해하고 설계기술자와 의사소통을 할 수 있는 능력을 갖추는 것이 매우 중요하다.

둘째, 통합사업관리팀 이외의 관련자들에게 설계 대안별 군수지원계획(안)을 포함한 설계대안을 마련하여 **가장 군수지원이 용이한 설계대안의 선택을 설득**시키는 것이다.(Advocate the best design alternative) 미국군의 통합사업관리팀은 군수지원계획(안)을 개발하고 관리하기 위하여 소요 군의 대표자, 정부 및 민간기업의 기능적 전문가, 개발된 체계의 운용자 등 다양한 이해관계자들로 구성되며, 〈그림 1-8〉은 대표적인 통합사업관리팀의 구성방법을 보여주고 있다.[127]

셋째, **가장 경제적이고 효율적이며 군수지원이 용이한 상세설계를 하도록 영향력을**

126) DSMC, Acquisition Logistics Guide, 3rd ed.(VA, Fort, Belvoir: DSMC Press, 1997), p. 2-4.

127) DAU, Performance Based Logistics: A Program Manager's Product Support Guide(VA, Fort Belvoir, DAU Press, 2005), p. 3-3.

행사한다.(Influence detailed design)

넷째, 설계가 이루어질 때마다 그 설계의 깊이와 속도에 맞추어 **군수지원소요를 구체화**해나간다.(Refine at the same pace and depth as the rest of the IPT) 이를 위해서는 이때에도 군수지원분석이 반복하여 이루어져야 한다.

다섯째, 개발 및 기술 시험기간과 초기 야전배치 및 운용시험 기간 중에 계획하고 있는 **군수지원을 포함한 체계와 지원체계의 모든 기능에 대하여 시험 평가**한다.(Foster Test & Evaluation of both system and support system)

여섯째, **체계나 군수품 그리고 용역과 모든 필수 지원품목을 조달 및 획득**한다.(Acquire the support) 체계를 생산하는 것과 필수 지원품들을 획득하는 업무는 계속 동시에 추진되어야 하며, 통합사업관리팀의 주요 관심사는 설계에 맞게 변이(Variation)[128]가 작은 양질의 제품을 만드는 것이다. 변이의 감소는 곧 정비소요를 줄일 수 있기 때문이다.

일곱째, 우수한 군수지원계획과 일류의 야전 배치계획을 통해서 **생산된 체계가 사용자에게 적시 적소 적량의 군수지원을 제공**하는 것이다.(Provide the support to the user)

여덟째, 피할 수 없는 변경이나 개량을 통해 **성능을 향상시키는 기능**이다.(Improve the support)

상기 기능들은 통합사업관리팀이 수행해야 할 핵심활동으로서 계속 반복하여 이루어지는 기능이며, 체계의 성능개량은 위의 획득군수 관리기능을 계속 수행해야 함을 뜻하므로 기술이 급격히 변화하고 있는 오늘날에는 **획득군수와 군수공학은 체계의 수명주기 동안에 결코 사라지지 않는다**고 보아야 할 것이다. 여기서 기억해야 할 것은 통합사업관리팀이 운영 및 유지 단계에서부터 폐기단계까지의 군수지원문제를 최소화하기 위해서는 철저한 **책임제형 업무분담**이 되도록 사무분장규정이 규정화 되어야 한다. 따라서 현행 방위력개선사업관리규정을 보다 세부적으로 뒷받침할 수 있는 군수기능 수행업무의 절차, 방법, 관련 분석기법의 적용사례 등을 포함하는 지침이나 편람이 10대 군수지원요소별로 작성되어야 한다.

결과적으로 연구개발기능은 체계의 획득, 운영유지 및 폐기 단계에서 일어나는 제반 군수기능의 발전을 위한 분야별 실태를 분석하고 연구하는 것이 필요하기 때문에 군수

---

128) 변이란 변동 또는 분산이라고도 말하는 통계학 용어로 제품을 얼마나 정확하게 생산했느냐에 대한 품질을 평가하는 척도의 하나이다.

지원요소 각각에 대한 연구개발이 필요하다. 이와 같은 연구개발기능은 체계의 수명주기 동안의 각 단계별, 각 군수지원요소별로 좀 더 구체적으로 설명하는 지침을 작성하는 기능도 요구된다. 이러한 연구개발기능을 구체화해야만 군수인들에게 명확한 업무범위를 제시해줄 수 있을 뿐만 아니라, 국방부와 각 군의 편제담당부서에서 군수부서의 기능을 올바르게 정리 편성할 수 있다.

2. 소요기능

가. 소요의 개념

소요기능이란 "질적 양적 군수소요를 판단하는 기능"[129]으로서 획득군수영역으로서의 군사소요와 운영군수영역으로서의 물자소요로 구분할 수 있다. 군수업무 수행시 통상적인 소요는 물자소요를 말한다. 군사소요(군사력 건설소요)에 대해서는 제5장 국방획득관리제도에서 설명하기로 하고 본 절에서는 물자소요에 대해서만 다루기로 한다.

물자소요란 **"어떤 군(부대)가 부여된 임무와 기능을 수행하기 위하여 일정기간 동안에 필요로 하는 자원(장비, 물자, 시설, 용역 등)의 질과 양"**을 말한다. 따라서 소요관리는 **"임무수행에 필요한 자원의 소요를 정확히 반영할 수 있도록 소요기준의 설정, 소요의 산정, 보급수준의 설정, 수요의 예측, 수요의 산정, 수요의 제원 관리 등 소요관련 업무를 계획 및 시행 평가하여 조정 통제하는 제반 활동"**으로서 이 소요는 국방기획관리체계인 기획, 계획, 예산편성 및 집행과정을 거쳐 반영된다. 특히 운영유지 소요의 산정은 하급부대에서 정확한 소요 산출에서부터 시작되며, 상급제대는 이를 통합 및 검증하여 최신 자료를 유지하는 것이 중요하다. 또한 소요관리는 각 부대의 임무 수행을 보장하고 경제적 자원관리를 도모하기 위한 것이며, 부대별 책임관리에 의해서 정착될 수 있다.

소요는 수요(Demand)로 발전하고 **순환수요**와 **비순환수요**가 있다. 순환수요란 부대의 운영상 소모되었거나 필요로 하였던 보급품의 불출이 계속 반복되는 수요를 말하며, 비순환수요는 통제기간(통상 1년)중 수요가 반복되지 않고 일시적으로 소요되는 것을 말한다. 따라서 순환수요 수집자료를 기초로 수요율(Demand rate per period)을 산정한다.

---

129) 육군본부, 야전교범 19-1(2002), p. 1-10.

우리 군은 무기체계와 장비가 복잡해지고 정밀성이 높아지고 있기 때문에 운용비용을 최소화하기 위하여 연구개발 또는 해외구매 단계부터 군수의 소요관리기능을 보다 효율적으로 수행하기 위한 절차를 계속 발전시켜 평상 업무를 수행하는 과정에서 분석 가능한 구체적인 자료가 수집될 수 있도록 규정화하는 노력이 필요하다. 이를 위해서는 소요예측기법에 대한 이해가 필요한데 제8장에서 물자소요를 예측하는 통계적 방법에 대해 설명한다.

나. 소요관리절차

육군의 군수교리 상에 규정하고 있는 소요관리절차[130]는 〈그림 3-1〉과 같으며, 각 단계별 세부 관리기능은 다음과 같다.

1) 제도 및 방침 수립단계에서는 소요의 산정기준과 산정방법 등을 포함하는 소요관리 제도 및 방침을 수립 하달한다.

2) 자료축적단계에서는 소요산정에 필요한 수요자료를 주기별로 기록 유지하도록 실무자에 대한 교육과 확인이 필요하다. 특히 군수인들은 수요자료가 어떻게 소요예측으로 계산되는지를 이해하여야 자료축적을 위한 조치를 할 수 있다. 이에 대해 8장에서 설명할 것이다.

수요자료는 군수지원부대에서 자동으로 수집되는 여건이 되었기 때문에 청구품목별 실수요는 전산자료로 모두 확인이 가능하다. 그러므로 이제는 실무부대에 이러한 통계자료를 보고하게 해서는 안 된다. 다만 해당부대에서는 정비업무 수행시 정확한 수리사항과 사용된 소모실적을 장비이력카드(History card)에 기록하고 적시에 정확하게 입력하는 것이 중요하다. 예를 들면, 전자장비의 경우 정확한 작동시간을 알 수 있도록 작동시작시간

〈그림 3-1〉 물자 소요관리체계

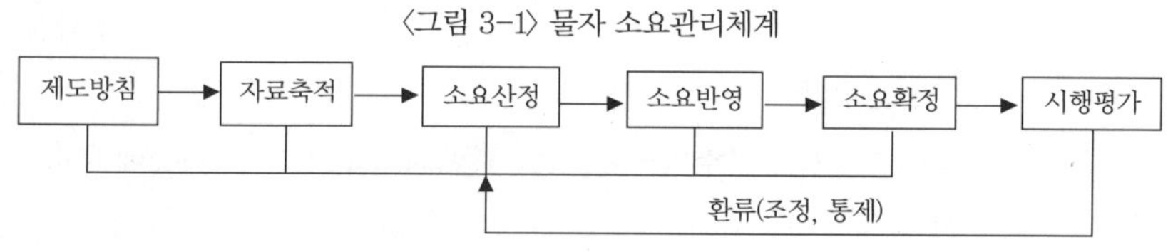

130) 육군본부, 야전교범 19-1(2002), p. 3-3.

과 작동중지시간의 철저한 기록이 중요하다. 제13장에서 설명하는 신뢰도를 계산하기 위한 고장간 평균작동시간(MTBF: Mean Time Between Failure)에 대한 기록이 없거나 부정확하면 예측이 부정확하여 예산의 낭비와 전투준비태세 유지에 문제가 발생할 수 있다.

3) 소요산정단계에서는 제8장에서 소개한 여러 가지 예측기법을 적용하고 규정된 방법에 따라 소요를 판단한다. 이때 상급부대에서 종합할 때 소요예측의 정확성을 기하기 위하여 미래 작전상황과 체계의 운용여건 등을 고려하여 소요가 감소할 것인지 증가할 것인지 또는 일정하게 유지될 것인지를 판단하여야 한다.

4) 소요반영단계에서는 산정된 소요를 중기계획 및 예산편성에 반영되도록 규정된 절차에 따라 조치하여야 한다.

5) 소요의 확정단계란 각 군 본부에서 일차적으로 결정될 것이고, 최종적으로는 국방예산이 최종 결정될 때 확정이 되는 것이나 항상 예산은 제한적이기 때문에 각 소요부속품별로는 결정하기가 힘들게 됨으로 실제적으로는 군수지원부대에서 예산을 집행하는 단계에서 결정될 수도 있다. 물론 주문 및 조달 소요기간을 고려하여 충분한 시간 전에 소요확정 결심이 이루어져야 함은 당연하다.

6) 시행 및 평가단계란 확정된 소요와 조달 집행한 결과를 각 물자 종류별(장비별 또는 품목별)로 비교 분석하여 소요판단의 적정성을 판단하여 위의 각 단계에서 필요한 조치를 강구하는 활동을 말한다.

위의 각 단계에서 소요의 예측기법을 이해하고 이를 규정으로 제도화해야 정확한 소요가 산정될 수 있다. 소요판단의 대상은 각 물자종류별 즉, 장비, 탄약, 유류, 각종 수리부속품, 개인 생활필수품 및 주부식 등을 포함한 소모성 일반물자들이며 특히 현존 장비의 고가 부품의 소요예측은 예산 절감에 크게 기여할 수 있다. 2007년도 한 해의 육·해·공군 수리부속품 확보예산이 약 8천억 원에 달한다.

다. 주요 소요관리 업무

1) 획득단계에서는 동시조달 수리부속품(CSP: Concurrent Spare Parts)에 대한 소요기준을 개발 및 설정한다.

2) 획득단계에서 안전수준품목(Safety Level List) 및 인가저장품목(ASL: Authorized Stock List)의 보급수준을 잠정 설정한다. 전력화 평가 이후 보급수준을 결정하는 방법에

대해서는 제9장 재고관리에서 설명한다. 이를 위해서는 전력화 평가기간 중에 각 체계별 '장비이력카드' 에 정확한 수리부속품의 사용실적과 보급수준을 산정하는데 필요한 자료들을 기록 유지하는 요령들을 설명한 소위 **'소요 및 재고 관리지침'** 이 마련되어야 할 것이다.

3) 제대별 정확한 자산을 평가하고 관리 유지한다. 자산평가방법은 제10장 재무분석에서 다룬다.

4) 앞에서 설명한데로 수요실적을 정확히 기록 유지하여 과다 및 과소 청구가 없도록 실수요를 제기한다. 이를 위해서는 '소요 및 재고 관리지침' 에 정확한 소요를 예측하기 위한 전제조건들이 지침에 상세히 설명해두는 것이 중요하다.

5) 전시 소요대비 현 능력을 판단하고 이에 대한 대비책을 강구한다. 전시소요를 예측한다는 것은 군수기능 중에 가장 어려운 분야로서 첫째, 전쟁시나리오가 합참에서 먼저 정의되어야 한다. 이 시나리오에는 전쟁의 지속기간을 며칠로 볼 것인가 하는 문제와 어떻게 전쟁이 전개될 것인가 하는 문제들에 대한 가정이 필요하다. 셋째, 합참에서 판단하여 결정된 가상 시나리오에 의해 작전주기를 며칠로 가정하느냐하는 문제이다. 넷째, 각 작전주기별로 주기마다 어느 정도 수준의 전쟁강도가 어떻게 약화되어 전쟁이 종료될 것인가에 대한 판단도 필요하다. 이와 같이 군사정보판단과 군사전략적 판단이 전시 국방정책과 연계되어야 전시소요가 산정될 수 있다. 다섯째, 전문분석가의 영역으로 어떤 예측모델을 이용할 것인가를 결정해야 한다. 기존의 모델이 없다면 관련 모델을 개발하여야 한다.

필자는 1980년대 중반에 신형 함정의 건조에 따라 신형 무기체계인 유도탄, 127㎜ 함포, 30㎜ 발칸포, 어뢰 등에 대한 적정소요를 판단하는 책임연구원으로서 업무를 수행한 적이 있다. 이때 정보판단서와 합동전략목표기획서 등으로부터 위의 기본가정들을 도출하여 숫자화 하여 이를 토대로 유도탄 및 탄약 소요산정모델을 개발하여 소요를 산정한 바 있다.

3. 조달기능

가. 조달의 개념

조달기능이란 소요판단에 의해 확정 편성된 군수예산으로 필요한 **"장비와 물자, 시설 또는 용역 등을 획득하여 공급하는 기능"**[131]으로서 적기, 적량, 적정 품질의 물자 등을 경제적인 가격으로 획득할 수 있는 획득원(조달원)과 획득방법(조달방법)을 결정하여 시행함으로써 국방예산의 경제성과 효율성을 극대화하는 활동이다. 따라서 조달기능은 생산, 구매, 무상증여 및 취득, 사용대차, 교환, 동원, 징발 등에 의해 이루어지며, 타 군수지원 기능에 대하여 보완적 역할을 한다.

군이 전 · 평시에 필요로 하는 장비, 물자, 시설, 용역 등의 군수품을 효율적이고 경제적으로 조달하여 적기 적소에 지원하기 위해서는 다음과 같은 질문을 해보아야 한다: 1) 어떠한 품목을 조달할 것인가(조달품목의 결정), 2) 어느 정도의 품질수준을 조달할 것인가(조달품의 품질: 적정규격의 결정), 3) 언제 조달할 것인가(조달시기 결정), 4) 얼마에 조달할 것인가(품목별 조달 수량의 결정), 5) 어느 지역의 누구로부터 조달할 것인가(조달원의 결정), 6) 어떠한 방법과 절차를 통하여 조달할 것인가를 결정해야 한다(조달방법의 결정).

나. 조달관리규정의 주요내용

조달관리기능을 수행하는 지침이 되는 『군수품조달관리규정』[132]은 폐기되고 2006년에 제정되었던 『방위력개선사업관리규정』[133]에 통합되어 2007년 10월에 『방위사업관리규정』[134]의 제3편 '조달 및 계약' 으로 포함되었다. 그 외의 법규로서 『국가를 계약당사자로 하는 계약에 관한 법률』과 동법 시행령과 시행규칙, 『방위사업법』과 동법 시행령 및 시행규칙, 『방산물자 계약사무 처리규칙』, 『방산원가 계산규칙』 등에서 방위력개선사업과 일반군수품에 대한 국내외 조달관리, 원가관리 및 계약사무처리 절차 등을 규정하고 있다.

『방위사업관리규정』의 제3편에는 제1장(통칙)은 조달계획 확정, 수정 및 추가 등에 관한 업무, 국산대체 업무, 예산재배정 및 지출원인행위, 조달판단, 예정가격 결정, 공고 및 입찰, 적격심사, 계약의 체결 및 해지, 선 · 착 · 중도금의 지급관리, 지출관리, 계약관련 정보의 수집활용, 조달원 등록[135] 및 관리 업무에 대해 규정하고 있으며, **원가관리**(3편)에는 업무 분장, 예정가격 결정방법, 가격조사, 원가의 계산 및 심사, 방산물자 원가의

---

131) 합참, 합동교범 1.4-0(2003), pp. 54.

132) 방위사업청, 방사청 훈령 15호, 군수품조달관리규정(2006)은 폐기되고 방위사업관리규정에 포함되었다.

133) 방위사업청, 방사청 훈령 13호, 방위력 개선사업관리규정(2006)은 방위사업관리규정으로 대체되었다.

134) 방위사업청, 방사청훈령 제65호, 방위사업관리규정(2007) 제332조-제586조, pp. 152-251.

135) 조달원 등재관리업무는 건전업체를 다수 확보하여 양질의 군수품을 경제적이고 적기에 조달할 수 있도록 경쟁 여건을 조성하고 안정된 거래를 함으로써 조달의 투명성, 공정성, 일관성을 유지하기 위함이다.

제비율 및 방산물자 감손율의 산정방법 등에 관해 규정하고 있다. **국외조달관리**(제4편)에는 조달판단 및 예산의 집행, 목표가 산정업무, FMS 구매관리, 상업구매, 보험, 수송 및 하자 관리, 절충교역 등에 대해 규정하고 있다.

http://www.dapa.go.kr 에서 확인할 수 있는 『방위력개선사업관리규정』을 숙지한다면 국방조달관리기능을 이해하는데 도움이 될 것이다. 물론 국방조달 관리기능을 이해하기 위해서는 회계학, 무역학, FMS 관련 미국 법규 등에 관한 전문지식이 필요하다. 주로 원가관리에 필요한 재무분석(Financial analysis)에 대해서는 제13장에서 소개한다.

다. 조달의 원칙

군수품의 조달원칙이란 조달을 계획하고 집행하는데 지켜야 할 사항을 의미하는데 방위사업관리규정에 규정하고 있는 군수품의 조달원칙[136]은 다음과 같다.

1) 정부조달협정에 의한 특정조달 품목이 아닌 한 국외조달보다 국내조달을 우선 검토한다. 국외조달시 FMS보다는 경쟁에 의한 상업계약으로 하되 신뢰할 수 있는 조달원[137]으로부터 양질의 군수품을 적기에 합리적인 가격으로 조달하여야 한다.

2) 군수품의 조달계약은 일반경쟁에 의한 생산 및 제조 업체와 직접 계약하여 직접 거래를 원칙으로 한다.

3) 조달 대상이 동일 연도내 동일 품목은 이를 통합하여 조달함을 원칙으로 한다.

4) 민수품과 군수품의 호환성을 증대하고 경쟁조달 여건의 조성을 위하여 상용품 조달을 확대하도록 노력하여야 한다.

5) 군수품을 국외조달할 경우 규정에 의한 국산대체를 우선 검토한다.

라. 기업조달과 국방조달의 차이

기업조달은 자사 규정과 대부분 수의계약방법에 의해 최소의 예산으로 최대의 이윤을 추구하는 반면, 국방조달은 예산회계 관계법규에 따라 경쟁계약을 원칙으로 이윤의 동기는 결여되어 있으나 최대의 국방력 창출을 위해 현재의 국방소요를 충족하고 장래 국가 비상시를 대비하는 행위이다. 국방조달체계를 그림으로 나타내면 〈그림 3-2〉와 같다.

---

136) 방위사업청, 방사청훈령 제65호, 방위사업관리규정(2007) 제332조, p. 152.

137) 조달원이란 공급원, 보급원 또는 획득원이라고도 한다.

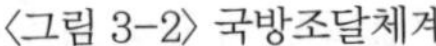
〈그림 3-2〉 국방조달체계

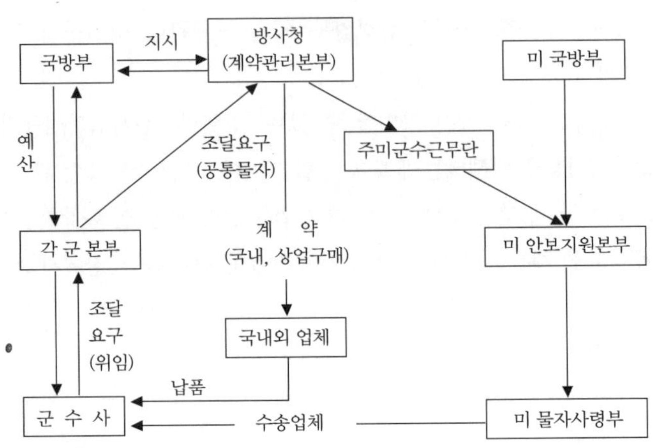

마. 국방조달방법

1) 국내조달

내자조달(국고조달)이라고도 하며, 군에서 필요로 하는 장비, 물자 및 용역을 '원화'로 국내시장에서 조달하는 것으로, 중앙조달, 부대조달, 특정조달, 대체조달, 국산대체조달로 구분한다.[138)]

중앙조달이란 중앙조달기관인 방사청(계약관리본부)과 조달청에서 통합 조달하는 것을 말하며, 군수품 조달은 중앙조달을 원칙으로 한다. 중앙조달대상은 단위품목당 연간조달계획 금액이 3천만 원 이상인 품목이거나 방산물자로 지정된 품목 등으로 규정 334조 3항을 참고하기 바란다. **부대조달**이란 수요 군에 예산을 배정하여 그 부대의 특성에 부합되는 소액품목 등을 조달하게 하는 소규모 조달방법이며, **대체조달**은 정부기관간 특별회계사업으로 조달하는 방법으로 농림부 소관 양곡관리 특별회계 및 국방부와 농림부간 63년도에 체결한 『군 양곡 수급사무에 관한 협정』과 국방부와 농수협과 '70년에 체결한 『군 급식품목 계획생산 조달에 관한 협정』 이후 개정된 규정에 의해 급식류를 조달하고 있다. **특정조달**은 국제입찰로 조달하며 대상품목은 정부간 조달협정에 의해 양허된 품목에 한한다.

---

138) 방위사업청, 방사청훈령 제65호(2006) 제334조, p. 151.

2) 해외조달

해외조달이란 외자조달이라고도 하며, 군이 필요로 하는 장비, 물자 등을 국내에서 생산 및 구매가 불가능하거나 생산이 가능할지라도 경제적으로 해외조달원을 이용하는 것이 국익에 현저하게 유리할 경우에 대외지급수단을 통하여 해외로부터 조달하는 것을 말한다. 해외조달은 대외군사판매와 상업구매로 구분하며, 해외조달 계통도는 〈그림 3-3〉과 같다.

대외군사판매(FMS: Foreign Military Sale)란 미 국방부 통제 하의 정부 대 정부간 거래로서 안보지원개념에 의거 자유우방국과 국제기구에 미국산 군사장비, 물자 및 용역을 "이익도 손해도 보지 않는 원칙(No profit, no loss basis)"하에 행정비만 붙여 판매하는 제도를 말한다. FMS 구매의 법적근거[139]는 대외원조법(FAA: Foreign Assistance Act, 1961), 연방획득규정(FAR: Federal Acquisition Regulation, 1968), 무기수출통제법(AECA: Arms Export Control Act, 1976), 미 국방부 회계관리규정(DoD Financial Management Regulation, 1993) 및 우리나라의 예산회계법 등이다.

〈그림 3-3〉 해외조달 계통도

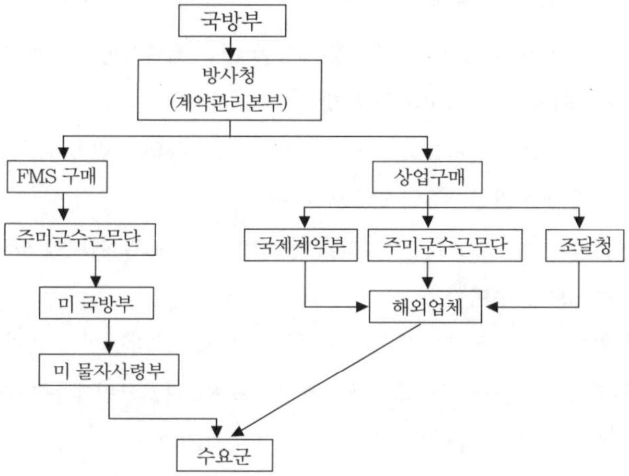

국방부
방사청
(계약관리본부)
FMS 구매
상업구매
주미군수근무단
국제계약부
주미군수근무단
조달청
미 국방부
해외업체
미 물자사령부
수요군

지정판매	• 주요장비, 무기체계 • 탄약, 용역 등
총괄판매	수리부속품, 발간물 등
보급지원 협정	미국 현용 표준장비 유지 부속류, 용역

계약관리본부	• 군사 시설, 장비 및 용역 • 대단위 수의계약 사업
주미군수근무단	• 미군 비표준 도태장비부품 • 소량 소액 구매사업
조달청	정부 타 부처 및 민간 공용 장비 및 부품

139) 육군본부, 야전교범 19-1(2002), p. 4-29.

1946~1950년간의 창군기에 우리 군은 일본군의 전리품과 2차 세계대전 당시 미군이 사용했던 장비를 인수받아 운용하다가 1950~1953년간 6 · 25전쟁으로 미국과 우방국의 지원에 의존해야 했고, 1954년부터는 한미방위조약('54. 11.17)에 의한 무상군원을 1960년까지 받아왔었다. 그러나 1961년부터 무상군원에서 유상군원으로 전환되었으며, 1973년부터 FMS에 의한 판매로 전환되어 오늘에 이르고 있다. 미국의 대외군사판매 기본방침 및 지침은 무기수출통제법[140]에 따르며 주요내용은 다음과 같다.

가) 기본방침

① 전쟁위험의 제거 및 무장에 따른 부담을 경감한다.

② 상호 관심사항은 우방국과 국제협정을 체결함으로써 공동방위체를 촉진한다.

③ 미국의 대외정책상 이익에 합치시 판매한다.

나) 지 침

① 대외군사판매는 구매국의 요청에 의해서만 판매한다.

② 구매국의 군사수요 확신품만 판매한다.

③ 미 국방부는 미 방산업체들이 우방국에 직접 판매토록 권장한다는 등

다) 군사판매 금지 및 미승인할 경우 등에 대한 제한사항이 동법에 명시되어 있다.

라) 미 의회에 필히 보고되는 사항

① 1,400만 불 이상의 주요장비 판매, 5,000만 불 이상의 일반 방위물자 및 용역 제공

② 대외군사판매 물자를 제3국 양도에 대한 동의

마) 이상과 같은 사항을 미 의회가 통보받은 후 30일 이내에 반대하지 않을 경우 자동 승인된 것으로 간주한다.

대외군사판매 형태는 판매대상 장비와 물자 그리고 계약방법에 의거 **표준대외군사판매**, **보급지원협정** 및 **공동생산**으로 구분되며, 표준대외군사판매는 다시 지정판매와 총괄판매로 구분한다. 보급지원협정(CLSSA: Cooperative Supply Support Arrangement)은

---

140) http://www.dsca.mil에서 search창에서 Arms Export Control Act와 Foreign Military Sales를 입력하여 검색하면 최신의 무기수출통제법과 해외군사판매법을 찾아볼 수 있다. 미 의회에는 한국에 대한 대외군사판매법안 "2008 한 · 미 방위협력개선법률(H.R.5443/S.1846)"이 2월 14일 하원의원 에드워드 로이스(공화), 엘렌 토스첼(민주)과 상원의원 키트 본드(공화)의 공동 명의로 제출된 상태이다. 이 법안은 한국에 현행 NATO 회원국과 호주, 일본 그리고 뉴질랜드("NATO+3개국")와 같은 구매국 지위를 부여하는 것이다. 정부는 냉전시대에 제정된 미국의 무기수출통제법(1976)과 대외지원법(Foreign Assistance Act of 1961)도 함께 개선할 필요가 있으며, 『국외구매품 기술지원 업무수행요령』(국방기술품질원, 2008. 4. 17개정)을 참고 바란다.

합동군수지원개념에 의한 판매형태만 소개한다.

가) 표준군사판매(Standard Case)

① 지정판매(DO: Defined Order Case) : 구매국에서 미 정부에 오퍼를 요청할 때 필요로 하는 대상 장비 및 품목에 대한 수량과 가격, 인도 예정일을 명시하여 요청하는 형태로서, 주로 주요 완제품과 구성품, 동시조달 수리부속, 해외정비 및 용역, 탄약 및 유류 등이 지정판매 대상이다.

② 총괄판매(BO: Blanket Order Case) : 구매국에서 미 정부에 오퍼를 요청할 때 요망하는 품목과 수량을 명시하지 아니하고 연간 발주할 품목의 예산 총소요 금액과 청구시한을 명시하여 계약을 체결 후 필요에 따라 청구, 획득하는 형태로서, 대상품목으로는 수리부속, 발간물, 기술지도, 교육보조재료, 특수공구 등이다.

③ 총괄판매로 구매가 불가능한 품목도 있으며 지정 또는 총괄판매 어느 방법이든 구매국에서 선택 가능한 품목도 있다.

나) 보급지원협정(CLSSA)

본 구매방법은 구매국이 대금을 지불한다는 조건으로 미 국방부 군수지원체계를 통하여 외국에 군수지원을 제공해주는 국제협력군수지원체계를 말하며, 대상품목은 미국의 표준장비 수리부속이고, 운용개념은 미국과 해당 우방국간의 군별 쌍무협정 하에서 평시 지속적인 군수지원계획의 일환으로 시행되고 있는 대외판매형태의 하나로 보급지원협정에 의해 구매할 수 있는 품목은 현행 미군의 표준장비나 무기체계의 수리부속에 한정되어 있으므로 한미간의 협정을 통하여 먼저 지원 대상장비를 선정하고 장비별 연간 지원규모를 결정한다.

3) **상업구매**(FCP: Foreign Commercial Purchasing)

상업구매란 대외군사판매의 대응되는 용어로서 대외군사판매를 통하여 조달이 불가능하거나 이에 의하여 조달하는 것이 불리하다고 판단될 때 미국 또는 자유우방국의 생산업자나 공급자와 직접 무역계약을 통하여 일반무역절차에 따라 조달하는 형태를 말한다. 상업구매 근거 법규는 국가제정법 및 동 시행령, 관세법 및 동 시행령, 계약 사무처리규칙, 대외무역법 및 동 시행령, 외자구매 일반경쟁입찰 참가자, 외자구매 예정가격의 불비치에 관한 규정(재무부령), 국방부 지침으로 외환업무 처리지침(당해년도) 등이 있다.

상업구매 방법으로는 매매, 임차, 도급, 기타의 계약을 하는 경우에는 공고를 하여 일반경쟁에 붙여야 한다. 따라서 다음 각 호의 방법 중 최선의 방법을 선택하여야 한다.

가) 구매 대상자수에 따라 **일반경쟁계약**(국가제정법 70조 4, 동 시행령 88조)[141], **제한경쟁계약**(동 시행령 88조 2), **지명경쟁계약**(동 시행령 109조), **수의계약**(동 시행령 112조, 116조) 방법이 있다.

나) 입찰 및 개찰 방법에 따라 **가격, 규격 분리입찰제**(국가제정법 시행령 98조 2)가 있는바, 품목당 배정금액이 59만 불을 초과하는 주요장비 구매사업에 대하여는 규격입찰서와 가격견적서를 각각 분리 작성하여 입찰시 함께 제출케 한 다음 규격입찰서를 먼저 심사하여 적격규격으로 판정된 입찰자의 가격견적서만을 나중에 개봉하여 그 중 최저가격의 입찰자와 구매가격을 체결하는 제도이다. **일괄구매 방법**으로 당해 품목이 관련 기자재 등 수요품목상 동일 제작자의 제품으로 구매할 경우 또는 소액 다종 품목으로서 동일 공급자로부터 일괄 구매하는 것이 유리하다고 판단된 경우에 구매하는 방법으로 구매대상품목 전부를 단일 공급자 또는 제작자로부터 구매하기 위하여 가격 사정시 품목별로 대비하지 않고 총 입찰금액 또는 그룹단위별 입찰금액을 대비하여 최저가격 입찰자와 구매계약을 체결하는 것이다.

바. 외자구매와 내자구매를 비교하면 〈표 3-2〉와 같다.

〈표 3-2〉 외자구매와 내자구매의 차이 비교

항 목	외 자 구 매	내 자 구 매
입찰참가자격	국가제정법, 계약사무처리 규정 외 일정자격 및 등록에 관한 별도 규정 적용	국가제정법, 계약사무처리 규칙 적용
공 고 기 간	통상: 40일 이상 단기: 10일	통상: 7일 이상 단기: 5일
공 고 방 법	인터넷 공고 및 입찰권유서 별도 송부	인터넷 공고
입찰보증금	100분의 2 이상	100분의 5 이상
계약보증금	100분의 5 이상	100분의 10 이상
예 정 가 격	예가 불비치, 목표가 설정	예가 비치
수의계약 사유	수의계약사유 추가 인정 (국가제정법 시행령 26조) - 긴급을 요하고, - 단일 입찰 또는 무응찰 시	수의계약사유 40가지 (국가제정법 시행령 26조조)
부보 및 대금결재	해상 운송 고려 해상위험 부보 신용장 거래 방식	부보하지 않음 현금거래 및 채무부담 형식

141) 국가재정법(법률 제09280호, 2008)

||||| 4. 보급기능

가. 보급의 개념

보급기능이란 군수의 핵심기능으로서 **"군의 임무 수행에 필요한 군수품을 사용부대에 공급하는 일련의 절차와 활동"**으로 정의하며, 여기서 일련의 절차와 활동이라 함은 군수품의 정확한 수요의 판단, 청구, 수령, 저장, 분배, 처리를 하는 단계적 활동을 말한다.[142] 따라서 군 보급계통과 지원시설로 유입된 군 보급품[143]이 실제 사용부대가 사용할 수 있도록 처리하는 데 관련된 제반 활동이며 이와 관련된 기록업무는 물론 군수품의 후송, 반납, 폐처리 등의 업무를 포함한다.

이러한 보급활동은 군수관리의 목표인 효과성, 경제성 및 능률성을 달성할 수 있도록 국방기획관리체계 내에서 보급관리가 이루어져야 한다. 보급지원 또는 보급지원활동이란 보급품의 분배를 통한 보급품 유통의 관점에서 표현하는 보급활동을 의미한다.

보급은 국가재산인 군수품을 대상으로 하기 때문에 관련 법규에 따라 보급지원은 명확한 기준에 의하여 적시, 적소, 적량의 정확한 군수품이 분배되어야 하며, 보급지원의 세부기능은 재고관리와 유통관리 기능이라 할 수 있으며 다음과 같은 기능을 포함한다.

1) 제대별 군수품의 적정 인가기준 설정 및 보급 운용수준 확보 유지, 2) 부대임무 수행을 위한 군수품의 실소요 청구 반영, 3) 분배방법 결정 및 건의(부대 분배, 보급소 분배), 4) 할당 및 우선순위의 결정 및 건의, 5) 초과품, 잉여품, 폐품, 선물 그리고 노획한 적의 보급품 및 장비의 수집과 처리, 6) 기타 업무로서 청구보급제도 및 분배체계 발전, 재고관리제도 발전, 재물 조사(자산평가) 제도 발전, 보급망 관리제도 발전 등이다.

효율적이고 경제적인 보급관리 및 지원을 위한 재고관리기법에 대해서는 제9장에서 소개하기로 하고 유통관리는 제2장의 기업군수의 보급망 관리기법을 적용할 수 있다.

---

142) 육군본부, 야전교범 19-1(2002), pp. 5-1~5-2.

143) 보급품은 1종: 식량, 2종: 일반소모품, 3종: 연료유 및 윤활유, 4종: 건설물자, 5종: 탄약, 6종: 비군사용 PX판매품 7종: 장비, 8종: 의료물자, 9종: 수리부속품, 10종: 비군사 지원용 기자재(1~9종에 속하지 않는 전 물자), 11종: 시체로 구분한다.

나. 보급의 준칙

1) **효과성 구현이다** : 효과성을 달성하기 위해서는 제대별 적정수준의 보급수준을 유지하고, 정확한 수요 예측에 따른 실시간 지원, 작전과 연계된 보급우선순위 설정, 작전지역별, 작전부대별 통합지원이 가능한 보급지원체계의 정립, 유통이 정지되지 않는 직송 또는 근접추진지원이 가능한 군수지원체계를 갖추어야 한다.

2) **경제성 구현이다** : 경제성을 달성하기 위해서는 정확한 수요 예측체제를 갖추고 적정의 보급수준을 설정 및 유지하며 최대의 전투력을 유지하면서 예산소요는 최소화하려는 노력으로서 불필요한 수요를 억제하고 적절한 보급통제 수단을 강구하여야 한다. 재고의 기록유지, 재고조사 등은 이를 위한 활동 중의 하나이다.

3) **능률성을 구현한다** : 작전부대의 요구에 충족할 수 있도록 지역별 또는 부대별 통합군수지원 패키지로 지원하며, 유통정지를 최소화하기 위한 체계의 정립, 지원체계의 단순화 및 보급제도의 개선 등 군수관리 정보화를 통한 사용자 위주의 실시간 지원 및 군수정보를 제고하는 등의 노력이 필요하다. 미국군의 집중군수개념은 이러한 보급준칙을 전장에서 실현하기 위한 조치로 볼 수 있다.

다. 보급관리 및 지원체계

1) **보급관리 기능**이라 볼 수 있는 보급의 기본방침과 보급계획의 수립 및 통제는 제대별 참모부서에서 수행되며, 보급지원을 위한 집행업무는 통상 군수지원부대의 하나인 보급지원부대에서 수행한다.

2) **보급자료 기록의 중요성**

보급관리를 위한 모든 의사결정은 통계학적 방법으로 수집되는 수요자료를 근거로 분석한 결과에 근거하여야 한다. 따라서 군수품 사용부대의 자료의 기록은 소요기능에서 설명한 바와 같이 누락되거나 삭제되거나 통제됨이 없이 규정에 의거 기록되도록 관리규정이 잘 마련되고 감독되어야 한다. 그러나 실제적으로 이러한 규정이 잘 지켜지지 않는 경우가 많다.

필자가 구축함과 전투초계함의 함장을 할 때마다 재고조사를 해본 결과 1114카드(수리부속품 재고기록카드)의 정확성이 약 55% 수준밖에 안되었다. 부정확한 이유로는 3가지인데 첫째, 부속품을 보유하고 있으면서 없다고 과소 기록한 경우이고, 둘째, 부속품을 미보유하고 있는데 보유하고 있는 것처럼 과다 기록한 경우이며, 셋째, 부속품을 보유하고 있는데도 카드가 작성되어 있지 않은 경우로서 수령하고도 수령한 양이 기록되지 않은 것이다. 최근에는 **군수관리정보체계**에 의해 수불현황은 잘 유지되고 있겠지만 역시 사용실적에 대한 기록은 실무자가 입력을 적시에 하지 않으면 정확성 유지가 매우 어렵다.

3) **보급지원체계의 정립**

보급지원체계는 보급지원기능이 부여된 제대별로 연계하여 근접추진보급이 가능하도록 조직을 편성하고, 작전개념에 부합되도록 자원이 배분되고 우선순위가 통제되도록 군수품의 양, 위치 및 상태 등에 관한 군수관리정보체계를 통한 자산의 가시화가 이루어져야 하며, 청구보급제도와 할당보급제도 등의 개선을 통한 보급관리 의사결정의 신속성이 유지되고, 군수품의 수령 · 저장 · 분배 및 처리를 신속하고 원활하게 이루어질 수 있는 **유통관리체계(보급망 관리체계)**를 유지할 수 있도록 하여야 한다.

유통관리란 기업군수의 보급망관리와 유사한 개념으로 "군수품이 보급계통을 통하여 생산자로부터 사용자에게 까지 효과적, 경제적, 능률적으로 이동할 수 있도록 계획, 집행 및 분석 평가하는 활동"을 말한다. 유통관리활동에는 보급자원의 배분, 보급품의 식별 및 분류, 보급품의 획득, 저장, 재고통제, 불출 및 수송 등의 활동을 포함한다.[144)]

라. 보급관리분석

보급관리분석이란 일정기간이나 어떤 시점을 기준으로 한 보급관리활동의 결과를 분석 평가하여 관리정보를 도출하여 활용하는 과정을 말한다. 보급관리분석의 목적은 일정시점의 지원능력을 명확히 하고, 일정기간의 지원성과를 평가하여 차기의 보급관리능력을 향상시키기 위한 것이다. 이러한 분석결과는 획득군수에서 군수지원분석에 반영하여 새로운 무체계 개발시에 적극 반영되도록 규정화하여야 한다.

보급관리분석의 대상분야는 품목의 관리, 인가저장품목의 설정, 운영 및 보급수준의 적정성, 소요의 판단 정확성, 부족자산, 보급통제의 효율성 등 보급지원성과와 관련된 모든 분야이다.

보급관리의 핵심이론으로 제8장에서 소요예측기법과 제9장에서 재고관리에 대해 설

144) 육군본부, 야전교범 19-1(2002), p. 5-15.

명한다. 군의 유통관리에 대해서는 기업군수의 보급망 관리와 연계하여 별도의 과목으로 연구할 필요가 있다. 합동작전을 원활하게 수행하기 위한 **합동군수지원체계**에 대한 지속적인 개선을 위해 실태 분석과 연구가 이루어져야 할 것이다.

5. 정비기능

가. 정비의 개념

정비란 **"장비와 물자를 사용 가능한 상태로 유지하거나 사용 불가능한 상태를 사용 가능한 상태로 복구시키기 위해서 이루어지는 일체의 활동"**으로서 손질, 검사, 수리, 보존, 재생, 시험개조 및 교정 등을 말한다.[145] 정비는 체계나 장비의 수명주기 동안에 임무수행이 가능하도록 최소의 정비비용으로 최상의 가동상태를 유지하기 위한 중요한 기능으로서, 체계(장비) 획득의 최초단계인 탐색개발 단계부터 배치 및 운용단계까지 계획되고 실시되어야 하며 정비가 용이하도록 하여야 한다.

정비의 세부기능은 장비를 획득시 정비개념을 설정하는 **정비계획**과 정비지원활동이라고 할 수 있는 **정비운영**이다. 실무에서는 정비운영을 통상 정비지원이라는 용어를 사용한다. 전투지속능력을 향상시키고 효율적인 정비지원을 위하여 정비지원체계를 유지해야 하며, 정비지원부대 간에 **정비관리정보체계**에 의거 정비업무가 조정 통제되어야 한다.

정비관리란 체계의 정해진 가용도를 유지하기 위하여 정비업무와 관련된 제반 자원 및 체계의 운영을 위한 정비활동에 대한 계획, 조정 및 통제하는 일체의 활동을 말한다. 정비지원이란 정비계획에 따라 체계가 야전에 배치시부터 폐처리시까지 정비를 실시하는 활동을 말하는 것으로 정비운영과 동일한 의미이다.

나. 정비계획

정비계획은 획득단계에서 체계의 수명주기 비용을 최소화하면서 체계의 전투준비태세를 완비하기 위하여 종합군수지원요소들을 동시에 고려하고 기존의 정비지원체계와 조화를 이루도록 수립되어야 한다. 체계가 전력화 이후 운용단계에서는 작전부대에서 주기적

145) 육군본부, 야전교범 19-1(2002), p. 6-1.

정비검열 또는 불시정비검열을 실시하여 장비의 사용 가능정도, 정비소요 및 정비의 능률성 등을 분석 판단하여 필요시 정비계획에 반영하여 국방기획관리체계 내에서 정비지원활동이 집행된다. 전투부대의 정비검열은 정비소요를 파악하고, 현 정비능력을 판단하며, 정비지원계획을 수립하고 정비활동을 감독 통제하는 좋은 수단이 된다. 정비계획은 장비가동률을 향상하기 위하여 제대별 정비계획 즉, **부대정비계획**(주로 계획정비), 직접지원정비계획, 일반정비계획 및 창정비계획을 포함하는 **야전정비계획**을 수립 시행한다.

다. 정비운영

체계의 운영단계에서부터 폐기까지의 장비가 최상의 가동상태로 유지하도록 하는 제반활동인바 체계적이고 효율적인 정비지원을 위하여 정비의 요구되는 능력(기술, 장비, 시설 및 수리부속)에 기초하여 분류한 것으로 정비분류 또는 정비구분이라 한다.

정비의 구분은 정비수행기관에 따라 군정비, 외주정비, 해외정비, 3군 상호정비, 군외정비로 구분하고, 정비지원형태별로 직접지원, 일반지원, 보강정비로 구분하며, 군정비 중 기술수준별로 1계단(단계)에서 5계단(단계) 정비로 구분하는데 부대정비를 1단계와 2단계로 구분하여 사용자정비와 정비병정비로 구분한다. 그러나 해군에서는 기술부사관이 주요 전투수단인 함정에 전 구성원의 30%에 해당함으로 전체를 1단계로만 간주한다. 3단계와 4단계는 야전정비단계로서 직접지원단계와 일반지원단계로 나눈다. 그러나 해군에서는 3단계와 4단계를 하나로 간주하여 직접 및 간접 지원으로 표현하지 않는다. 창정비는 5단계정비로서 정기적인 정비로 해군도 동일한 개념을 적용한다. 따라서 육군은 5단계, 해군은 3단계로 정비단계를 구분한다.

또한 정비수행방법에 따라 입고정비, 현장정비, 이동정비, 근접정비로 구분한다. 정비분류는 각 군의 실정에 따라 다르게 표현하고 있으나 기본개념은 동일하다고 볼 수 있다.

라. 정비기록의 유지관리

보급관리와 마찬가지로 정비의 문제점을 파악하여 정비계획에 반영하려면 장비의 운용시간, 고장시간과 고장내용, 수리부속품 사용실적 등 장비의 신뢰도, 가용도 및 정비도를 산정할 수 있는 자료들의 정확한 기록유지가 중요하다. 따라서 장비이력카드 및 장비운용기록부등은 정비관리분석을 위해서는 필수 자료임으로 제12장의 신뢰도, 정비도 및 가용도 산정에 필요한 자료의 종류, 형태 등은 물론 기록 및 보고 등이 군수관리정보로 자동화 처리되도록 제도화해야 한다. 그렇게 될 때 과학적인 정비관리분석이 가능하다.

마. 정비관리분석

정비관리분석이란 일정기간동안의 정비관리 활동 결과를 분석하여야만 정확한 현 정비지원능력을 파악하고 그 동안의 지원성과를 측정하여 다음의 군수계획에 반영하거나 새로운 무기체계 개발시 정비지원분석에 활용하기 위해서 실시하는 정비관리활동이다.

주요 분석대상으로 신뢰도, 정비도 및 가용도로서 체계의 성능지수들이다. 체계의 정해진 성능지수가 유지될 수 있도록 정비 및 보급 관리계획이 수립되어야 하며 이를 효율적이고 경제적으로 집행하기 위해서는 정비지원체계와 보급지원체계가 정립되어야 하고 지속적인 개선 노력이 이루어지도록 제도화하는 것이 중요하다.

6. 수송기능

수송기능이란 "필요한 인원(환자 후송은 제외)과 물자를 적시, 적소에 이동시키는 기능"으로서 이러한 이동에 필요한 수송 장비 및 시설의 확보와 효율적인 수송체계가 유지되도록 하여야 한다. 수송의 세부기능은 수송계획, 수송운용, 수송이동관리로 구분한다.

1) **수송계획** : 수송계획은 수송소요를 적시에 지원하기 위하여 수송소요와 수송능력을 판단하여 수송 우선순위를 결정하고, 우발상항을 반영하는 등 수송계획을 수립하는 것이다. 우발수송계획은 이동관리 교범과 수단별 수송운용 및 군의 수송규정에 따른다.

2) **수송운용** : 수송소요를 충족시키기 위한 육로, 해로, 항공, 철도, 도관선 등의 수송수단과 방법을 협조 및 획득하는 것이다.

3) **수송이동관리** : 수송수단 할당과 사용을 계획, 조정 및 통제하는 기능으로서 별도의 수송이동관리기구에 의거 병참선을 조정 및 통제한다.

7. 시설기능

시설기능이란 "부동산과 이에 부속된 부대시설의 획득, 건설, 유지, 운용 및 재배치 등에 관련된 기능"으로서 시설기능은 건설, 영선, 관재(국유재산관리) 분야로 구분한다. 시설관리란 군 시설의 건설, 보수 및 운영과 국유재산의 관리 및 처분 등 제반 계획으로부터 집행까지 일련의 행위를 말하며,[146] 국방기획관리체계 내에서 이루어진다.

건설업무는 군부대에 필요한 시설의 신축을 의미하며, 건물 등의 일반시설, 도로, 도관선, 철도, 비행장 등의 병참선, 도로장애물 등의 방어시설 및 기타 편의시설 등의 건설, 정비 및 복구 등이 포함된다. 건설지원은 군사작전에 있어서 전투력 발휘와 보존에 영향을 미침으로 전투근무지원 교리에 의거 건설지원기능을 수행하여야 한다.

유지관리(영선: 營繕)업무는 시설물의 노화방지 및 손상방지 등을 위한 시설의 보수공사를 의미하며, 시설물 재산가격대 공사비용 규모에 따라 계획보수(21~50%), 소규모보수(4~20%) 및 예방보수(3% 이하)로 구분하여 시설물을 유지 관리한다.

관제업무란 부동산을 중심으로 국유재산법에 의거 국유재산의 취득, 유지, 보존, 운용, 처분 등의 활동 즉, 국유재산 관리업무을 의미한다. 1956년 제정된 후 8차에 걸쳐 개정된 『국유재산법』은 총괄청, 행정재산과 보존재산, 잡종재산, 대장과 보고, 벌칙 등으로 구성되어 있다. 이 법에서의 국유재산이란 국가의 부담이나 기부의 채납 또는 법령이나 조약의 규정에 의해 국유로 된 것을 말한다(3조 ①). 기획재정부장관(총괄청)은 국유재산에 관한 사무를 총괄하고 각 중앙관서의 장(관리청)은 그 소관에 속하는 국유재산을 관리한다(6조). 국유재산은 그 용도에 따라 행정재산 · 보존재산 · 잡종재산으로 구분하는데(4조), 누구든지 국유재산을 정당한 사유 없이 사용하거나 수익하지 못하도록 규정하고 있다.

8. 근무기능

본 절의 제 군수기능에 속하지 않는 군수분야로서 기타 근무와 기타 활동으로 구분하며 야전근무지원기능은 전투부대가 필요로 하는 근무지원요소를 통합 지원함으로써 전투부대가 전투임무에만 전념하는 것이다.[147] '기타 근무'에는 급양, 목욕, 세탁, 영현 및 제독 근무기능이 있으며, '기타 활동'으로서 재해 예방 및 대민지원, 환경보전 활동, 군

146) 육군본부, 야전교범 19-1(2002), pp. 8-1~8-2.

147) 육군본부, 야전교범 19-1(2002), pp. 9-1.

수 연습계획 발전, 전평시 한미 연합 군수협조기구 운영 및 감독, 통합 군수정보체계 발전 등을 포함할 수 있다고 규정하고 있다. 여기서 군수 연습계획 발전과 전 · 평시 한미 연합 군수협조기구 운영 및 감독은 군수의 기획계획기능과 집행기능으로서 근무기능에 분류하기에는 부적절하며, 통합 군수정보체계 발전기능은 군수의 중요한 기능으로 발전시켜야 할 군수정보기능에 속한다고 볼 수 있다.

군수기능을 8가지로 나누다 보니 군수환경의 변화에 대응하기가 어렵다. 특히, 군수관리정보는 정보통신기술의 발달에 따라 군수의 관리 및 지원 활동에 신속성, 효율성과 경제성 측면에서 군수의 모든 분야에서 획기적인 변화를 가져오게 하고 있으나 **'군수정보의 관리 및 지원기능'** 을 별도의 군수정보기능으로 분류하지 않고 다만 획득단계의 종합군수지원요소로만 취급하고 있는 실정이다. 그 뿐만 아니라 군수정보팀과 같은 조직이 새롭게 편성되어야 한다. 군수의 교육훈련기능 역시 중요한데 이 기능을 교육훈련감실이나 인사참모부기능에서 관리하고 있으나 **'군수계획기능'** 에 전 군수의 통합기능은 물론 군수계획기능, 군수인력의 교육훈련 기능을 포함시켜 군수기능으로 별도 분류하는 것이 바람직할 것이다. 그리고 환경의 재앙에 따른 위기감으로 민간기업체에서는 환경유해물질에 대한 적합성평가 문제가 심각하게 대두되어 무역의 규제대상으로 부각되고 있다. **'환경 관리 및 지원기능'** 은 민원 해결을 위한 환경기능뿐만 아니라 무기체계의 획득단계부터 환경요소를 반영하여야 운용단계의 직업병 유발을 사전에 차단하고 폐기단계에서 비용이 적게 소요되도록 할 필요성이 증대되고 있다. 이러한 기능을 수행할 수 있는 군수업무체계를 갖출 필요가 있기 때문에 새로운 군수기능으로 분류할 필요가 있다고 본다.

제2절 획득군수의 10대 기능

획득군수의 10대 기능은 〈표 3-1〉과 같이 제6장에서 설명할 종합군수지원 11대 요소와 대부분 중복되는 기능으로서 우리 군은 선진 미군의 제도를 벤치마킹하고 있기 때문에 미군의 획득단계에서 이루어지고 있는 군수지원요소를 이해한다면 그것이 곧 군수기능을 이해하는 것이기 때문에 본 절에서는 미군의 획득군수의 10대 지원요소를 설명하고자 한다.

블랜차드가 군수를 계획하고, 설계 및 개발하며, 실행할 때 모든 자원들이 〈그림 3-4〉의 핵심 군수지원요소들이 통합되도록 하여야 한다고 강조하면서 체계가 획득될 때부터 군수지원성을 높이기 위하여 고려되어야할 군수기능의 10가지 기본요소를 정리하고 있다.[148]

〈그림 3-4〉 군수기능의 10대 기본요소

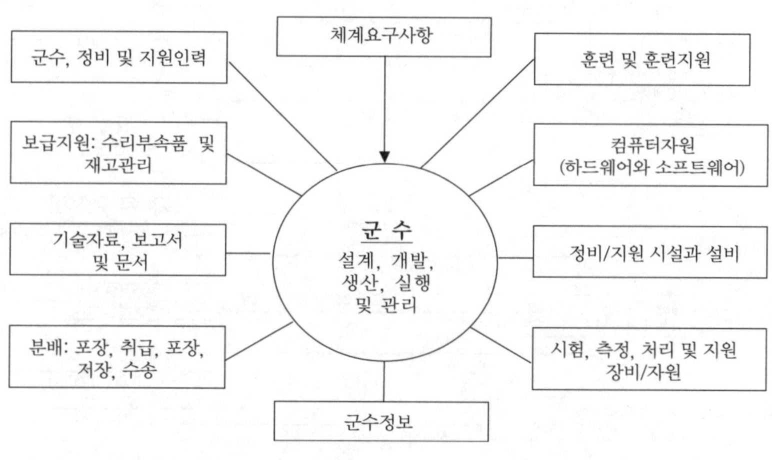

148) Benjamin S. Blanchard(2004), pp. 11-15.

1. 군수, 정비 및 지원 계획의 수립 시행

〈그림 3-4〉의 원 내부에 있는 기능은 소요가 제기되어 승인된 사업에 대하여 군수소요가 적절한 협조과정을 거쳐 만족하게 작성 되었는가를 확인하는 반복적이고 계속 진행되는 절차로서 계획, 조직 및 관리 활동을 나타내고 있다.

〈그림 3-5〉 체계의 수명주기 동안 운용활동과 군수지원활동과의 상관관계

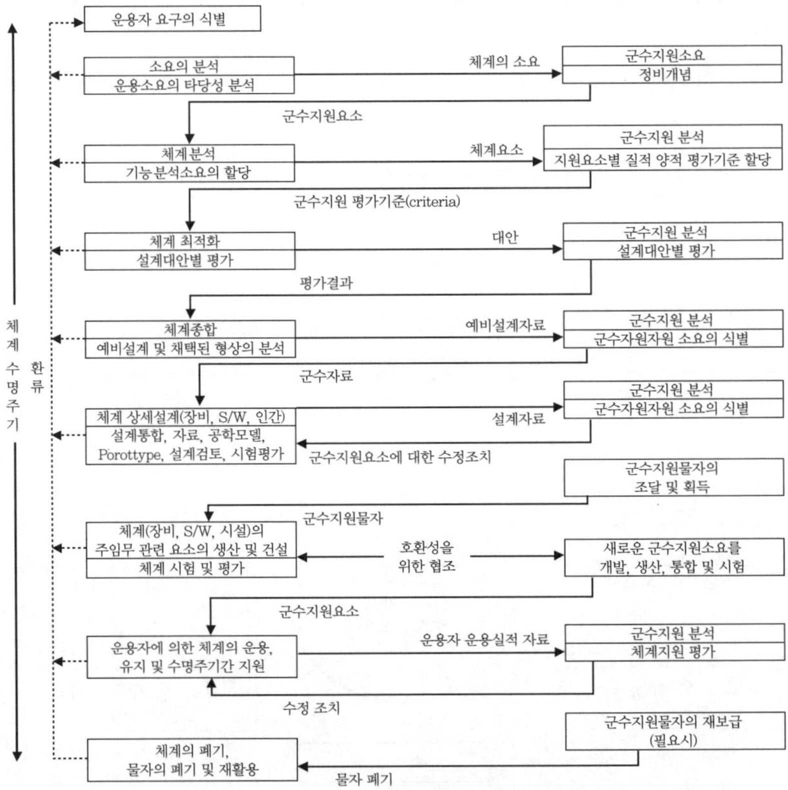

운용자 요구의 식별

소요의 분석
운용소요의 타당성 분석

체계의 소요

군수지원소요
정비개념

군수지원요소

체계분석
기능분석소요의 할당

체계요소

군수지원 분석
지원요소별 질적 양적 평가기준 할당

군수지원 평가기준(criteria)

체계 최적화
설계대안별 평가

대안

군수지원 분석
설계대안별 평가

평가결과

체계종합
예비설계 및 채택된 형상의 분석

예비설계자료

군수지원 분석
군수자원자원 소요의 식별

군수자료

체계 상세설계(장비, S/W, 인간)
설계통합, 자료, 공학모델,
Porottype, 설계검토, 시험평가

설계자료

군수지원 분석
군수자원자원 소요의 식별

군수지원요소에 대한 수정조치

군수지원물자의
조달 및 획득

군수지원물자

체계(장비, S/W, 시설)의
주임무 관련 요소의 생산 및 건설
체계 시험 및 평가

호환성을
위한 협조

새로운 군수지원소요를
개발, 생산, 통합 및 시험

군수지원요소

운용자에 의한 체계의 운용,
유지 및 수명주기간 지원

운용자 운용실적 자료

군수지원 분석
체계지원 평가

수정 조치

군수지원물자의 재보급
(필요시)

체계의 폐기,
물자의 폐기 및 재활용

물자 폐기

체계 수명주기

환류

군수지원분석은 14가지로서 신뢰도/정비도/가용도 예측, 체계 요구사항분석, 훈련 요구사항분석, 신뢰도중심 정비분석, 정비업무분석, 수리수준분석, 수명주기비용분석, 고장유형 효과 및 위험분석, 자료 요구사항/정보체계 분석, 수리부속 재고분석, 시험/지원 장비분석, 운용자 기능분석, 시설/설비분석, 수송/분배분석을 통하여 효과적인 정비 및 지원 기반구조를 구축한다.

획득사업 초기의 계획 및 군수지원분석 활동은 체계의 수명주기 동안의 군수지원 및 정비개념을 포함한 전반적인 군수지원소요를 결정하는 선도적 역할을 한다. 이 때 〈그림 1-6〉의 체계의 운용과 정비활동의 흐름도에 나타나는 모든 군수활동을 식별하기 위한 하나의 모델이 개발될 수 있다. 또한 〈그림 3-5〉는 전 수명주기 간 체계가 개발, 생산, 배치 및 운용하는 활동과 각 단계마다 이루어지는 군수지원활동과의 상관관계를 나타내주고 있다.

정비계획의 수립은 개념설계 단계에서 정비개념을 설정하고, 기본설계, 상세설계 및 개발 단계에서 계속적으로 군수지원분석(Supportability analysis)을 실시하여 최종적인 정비계획을 작성한다. 정비계획은 군수지원계획의 한 부분으로서 체계의 수명주기 동안의 모든 지원요소들이 통합되어야 하며 〈그림 1-2〉와 같은 정비기반구조와 지원기반구조를 선도해야만 한다.

정비계획은 다음 질문에 대답할 수 있게 수립되어야 한다: 1) 체계의 어느 부분이 고장 날 수 있는가? 2) 누가 그 고장을 고칠 것인가? 3) 어디에서 그 고장을 고칠 것인가? 4) 어떻게 그 고장을 고칠 것인가? 5) 언제 그 고장을 고칠 것인가?

정비계획은 군수지원요소를 하나하나 따져나가는 논리적 출발점이다. 만약 정비계획이 변경되면 다른 군수지원요소들의 많은 부분이 역시 변경된다. 전통적으로 정비수준은 3단계로서 부대정비, 중간정비, 창정비로 나눈다. 합리적인 군수계획은 그 계획을 실행할 수 있는 조직을 만들고 이를 관리 및 통제할 수 있는 기능을 필요로 한다.

이러한 군수지원 및 정비지원 기능의 목표는 〈그림 1-6〉의 체계의 운용 및 정비 활동과 〈그림 1-2〉의 체계의 정비기반구조와 지원기반구조에서 이루어지는 모든 활동과 〈그림 3-4〉의 군수기능의 10대 기본요소들을 통합하는 것이다.

2. 군수, 정비 및 지원 인력

군수, 정비 및 지원 인력이란 군수 및 정비 활동을 수행하는 데 요구되는 인력으로서 군수, 정비 및 지원 활동이란 "지원품목들의 초도 보급 및 조달, 생산과 관련된 군수기능, 사용자 부대에 체계와 체계 구성품들의 설치 및 검사, 사용부대에 대한 서비스 기능(야전서비스), 수명주기 동안 체계(주장비와 정비 및 지원 기반구조의 구성품들을 포함)에 대한 지속지원, 〈그림 1-2〉의 체계의 정비기반구조와 지원기반구조의 시설 및 장비의 폐기 및 처리에 요구되는 기능"을 포함한다. 따라서 모든 수준의 정비인력, 이동수리요원, 특수시험 및 교정실험실의 운용 및 정비인력을 포함한다. 어떤 체계를 시험할 때 지원체계와 직접 관련된 요원들을 참여시키는 것은 중요하다.

국방인력은 국방예산의 가장 큰 부분이기 때문에 획득군수에서 군수, 정비 및 지원 인력의 소요를 분석할 때 수명주기 동안 그 체계를 운용하고 지원하는 데 요구되는 기술 수준과 소요인원을 최소화하는 데 노력해야 한다.

||||| 3. 훈련 및 훈련지원

체계의 운용 및 정비 인원에게 체계 인수시 필요한 최초 교육훈련과 인수후 체계 운용기간 중에 필요한 보수교육훈련을 포함한 모든 교육훈련을 실시하는 데 요구되는 인원, 장비, 시설, 자료/문서 등을 포함한다. 부대현장 훈련 및 원격교육 등을 위해 시뮬레이터 등과 같은 훈련장비, 훈련편람, 컴퓨터자원(하드웨어 및 소프트웨어)을 활용할 수 있도록 개발한다.

||||| 4. 보급지원: 수리부속품 및 재고 관리

보급지원이란 "어떤 체계를 구성하고 있는 주장비, 컴퓨터 및 소프트웨어, 시험 및 지원 장비, 수송 및 취급 장비, 훈련장비, 통신장비 및 기타 관련 시설들을 운용하고 정비하는 데 요구되는 모든 부품(수리가능 구성품, 결합체, 모듈 등), 수리부속(수리불가 구성품 포함), 소모품(윤활유, 가스 등)을 적시에 제공하는 것을 보장하는 것"이다. 부품과 수리부속은 체계운용 전 기간에 요구되며, 소프트웨어에 대한 보급지원은 하드웨어와 마찬가지로 표준화되며, 형상관리 및 허가권 문제 등이 동일하게 다루어져야 한다.

보급지원분석(Supply support analysis)이란 "전 · 평시 전비태세 요구에 만족하는 주장비 및 지원장비 등을 운용 및 정비하는 데 필요한 모든 지원품목을 결정하고, 획득하며, 분류하고, 수령 및 보관, 이송 및 분배, 처리를 하는 과정"이다. 이 과정은 초도보급 및 후속보급 모두를 포함하며, 획득군수의 노력을 주장비(End items) 및 지원장비(Support items) 등에 요구되는 부품과 수리부속들을 표준화하고 그 소요를 최소화 하는 데 두어야 한다.

||||| 5. 컴퓨터자원(하드웨어와 소프트웨어)

모든 군수기능의 수행, 계획/비계획된 정비활동, CAD(Computer Aided Design)/CAM(Computer Aided Manufacturing)/CAS(Computer Aided Support), 원격감시 및 보고의 요구조건, 체계의 작동상태에 대한 원격감시 프로그램 실행 및 체계의 진단능력을 지원하는 등에 적합한 자료와 같은 매일의 정보흐름을 지원하는 데 필요한 **모든 컴퓨터, 관련 소프트웨어, 연결된 구성품, 네트워크 및 연결부**를 컴퓨터자원이라 한다.

미국군의 경우 1990년대 초에 컴퓨터프로그램 자동화식별번호체계(ACPINS: Automatic Computer Program Identification Numbering System)를 수리부속품의 재고번호를 부여하여 관리하는 개념으로 〈그림 3-6〉의 전형적인 CSCI의 구조와 같이 CSCI(Computer Software Configuration Item), CSC(Computer Software Component) 및 CSU(Computer Software Unit)까지 모든 내장형소프트웨어에 대한 식별번호를 부여하여 소프트웨어 식별 및 목록관리 업무를 수행하고 있다.[149] 또한 소프트웨어의 중요성이 증가되어 감에 따라 소프트웨어를 세 등급으로 구분하여 소프트웨어의 군수지원을 위한 정보를 계약업체에 요구하는 소프트웨어군수지원개념을 정립하여 활용하고 있다. Class A는 다른 소프트웨어와 연동하지 않고 있는 그대로 사용되는 소프트웨어, Class B는 구입자나 최종 고객이 소프트웨어 그 자체를 개조 하지 않아야 하지만 Class C와 연동되거나 다른 구입자가 연동을 해야만 하는 소프트웨어, Class C는 최종 고객에 의해 개조되어야 하는 소프트웨어를 말한다. 이처럼 소프트웨어 분류특성에 따라 업체가 군에 제공해야 하는 모든 기술자료의 요구수준이 달라지도록 규정하고 있다.[150]

2003년에 개정한 우리 국방부의 『국방획득관리규정』에는 소프트웨어가 무기체계 범주에 속하지 않았으나 『국방전력발전업무규정』[151]에서 무기체계의 정의는 "유도무기, 항공기, 함정 등 전장에서 전투력을 발휘하기 위한 무기와 이를 운용하는데 필요한 장비, 부품, 시설, **소프트웨어** 등 제반 요소를 통합한 것"으로 정의함으로써 소프트웨어가 무기체

149) 충남대부설 국방연구소, 『무기체계 내장형 소프트웨어 분류체계 정립방안 연구』 (대전: 충남대부설 국방연구소, 2007), pp. 13-14.

150) R. Somoza, Support Analysis for Software Request for Information(1999)

151) 국방부, 국방부 훈령 793호(2006).

계로 분류되고 있으며 소프트웨어 관리의 중요성을 인식하고 있다. 또한 2007년 4~8월 사이에 필자가 주관하여 방위사업청 용역과제로 무기체계 내장형소프트웨어 분류체계 정립방안을 연구한 결과 "우리 군은 2007년 7월 현재 무기체계 내장형소프트웨어 분류를 정의하고 있지 않으며 형상관리품목으로 CSCI까지만 규정하고 있어 CSC나 CSU를 교체하거나 개조하려고 할 경우 기술자료와 당시 개발자를 추적하지 않으면 관련 지원업무를 수행하기가 어렵다. 그래서 현재는 업체별로 향후 소요될 수 있는 지원활동에 대비하고 있는 실정이었다. 미군의 경우 미 공군성 소프트웨어 기술지원센터에서 분류한 무기체계 소프트웨어 분류에 의하면 소프트웨어의 도메인을 **무기체계 소프트웨어**와 **자동화 정보체계 소프트웨어**로 분류하고, 이 중 무기체계 소프트웨어는 다시 **내장형 소프트웨어**, **C3 소프트웨어**, **인텔리전스 소프트웨어**, **기타 무기체계 소프트웨어**로 분류하고 있다."[152]

〈그림 3-6〉 전형적인 CSCI의 정적인 구조[153]

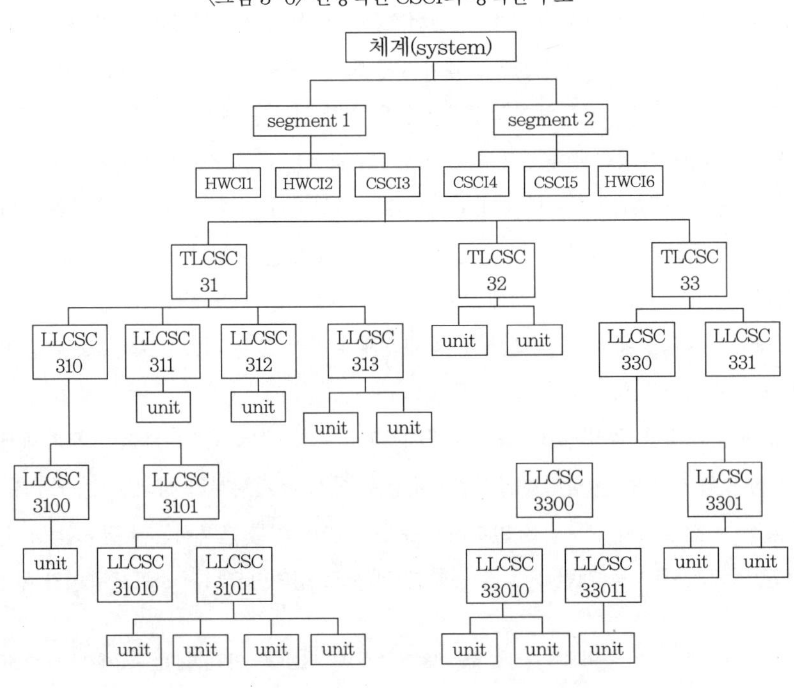

152) 충남대부설 국방연구소, 『무기체계 내장형 소프트웨어 분류체계 정립방안 연구』 (대전: 충남대부설 국방연구소, 2007), pp. 30-38.

우리 방산업체에서도 최근 K-2전차, 함정의 전투체계, T-50항공기 등의 체계 개발 시 내장형 소프트웨어의 재사용률이 40~80% 이상에 이를 정도로 내장형소프트웨어의 재사용률이 높아지자 내장형소프트웨어에 대한 식별 및 목록관리 업무가 중요하게 대두되어 방위사업청은 2007년에 본격적으로 무기체계 소프트웨어 관리체계를 정립해나가기 시작하였다.

6. 기술자료, 보고서 및 문서

기술자료는 체계의 설치 및 확인 절차, 운용 및 정비 지침, 검사 및 교정 절차, 정기수리 지침, 설비자료, 체계 변경자료, 공학설계 자료(규격, 설계도면, 물자 및 부속 목록 CAD/CAM/CAS 자료 및 특별보고서), 군수 보급 및 조달 자료, 공급자 자료, 체계운용 및 정비자료, 지원자료 데이터베이스 등으로서 체계를 운용하고 정비하는 데 필요한 모든 기술자료를 말한다. 자료의 요구조건은 정부의 준비 자료와 기 작성된 기술자료의 중복성을 최소화하고, 그 양도 고려되어야 한다. 이 범주에 속하는 자료는 전 수명주기 동안에 계속 진행되고 반복되는 과정의 자료수집, 분석 및 각종 보고서를 포함한다.

미군의 CALS(Continuos Acquisition and Life-Cycle Support) 제도는 "관리, 기획 및 계획, 설계 및 공학, 생산, 군수지원 및 운용 자료를 포함하는 무기체계 및 장비의 디지털 자료를 보다 효과적으로 생성, 교환, 저장 및 사용을 가능하게 해주는 하나의 전략"으로서 미국은 정부와 업체 간의 이러한 CALS제도의 참여를 요구하고 있다.[154] 국방부는 1990년대 후반에 군수정보관리체계를 정립하고자 CALS를 시도하였으나 성공하지 못하였다. 최근에 다시 군수정보화사업을 3단계로 나누어 추진할 계획으로 알려지고 있다. 특히, 군수정보화체계를 정립하기 위해서는 선행조건으로 각종 자료의 양식 통일 및 실적자료의 자동입력체계를 먼저 확립해야 성공할 수 있다.

---

153) John W. Langford(1995), p. 455.

154) AMSC, MIL-HDBK-59B, Military Handbook: CALS Support Implementation Guide(10 June 1994),

7. 정비 및 지원 시설과 설비

정비 및 지원 시설과 설비란 군수활동을 지원하는 데 요구되는 모든 특별한 시설로서 보관 및 저장 창고, 모든 수준의 정비시설을 포함한다. 공장, 간이 건물, 이동용 밴, 중간 수준의 정비공장, 교정실험실 및 창정비, 물자 공급소, 특별 수리공장도 고려되어야 하고, 전기, 에너지, 동력, 환경 통제, 통신 및 안전장비 등도 시설로 포함되어야 한다.

8. 분배: 포장, 취급, 포장, 저장, 수송

이 범주는 모든 물자, 장비, 특수장치, 보관고(재활용 및 폐기가능), 그리고 포장, 안전 및 보호용, 보관, 취급, 및 수송체계의 주장비. 부품 및 부속, 시험 및 지원 장비, 기술자료, 컴퓨터 지원 및 이동시설 등에 필요한 각 종 보급품을 포함한다. 〈그림 1-2〉의 양방향 흐름상에서 체계 전 수명주기간에 걸쳐 물자의 분배, 정비 및 지원활동에 요구되는 모든 수송활동을 포함한다. 수송의 효과성에 대하여 평가할 때 다루어야 할 요소는 다음과 같다.

1) 국내외 수송로(거리, 경유해야 할 국가의 수, 고객의 요구조건, 정치사회적 요소 등)

2) 수송능력(수송할 물품의 부피, 탑재 물품의 수량, 연간 톤-마일, 수송 주기, 수송방법: 기차, 고속도로, 해상, 항공, 관(Pipeline), 법적 형태 등)

3) 수송기간(탑재시간, 평균수송시간, 수송로당 소요시간 등)

4) 수송비(1회 선적비용, 거리당 운송비, 포장 및 취급비용 등)

포장설계를 하거나 수송의 용이성을 높이기 위해 다음 질문을 해보아야 한다.

1) 포장이 물품의 특성에 맞게 요구되는 수준의 강도를 갖는가?

2) 험하게 취급하거나 장기간 보관하더라도 견뎌 낼 수 있는가?

3) 포장이 비, 충격, 진동, 모래, 먼지, 해수 등에 충분한 보호대책이 강구되었는가?

4) 현행의 수송 및 취급 방법에 맞게 포장되며, 잘 쌓아둘 수 있도록 포장되어 있는가?

5) 포장은 도난 등을 방지할 수 있도록 포장되어 있는가?

6) 포장재가 재활용하거나 폐기하기에 편리하도록 포장 재료를 사용하는가?

9. 시험, 측정, 처리 및 지원 장비/자원

이 범주는 〈그림 1-2〉의 양방향 흐름상에서 운용 및 정비에 필요한 모든 공구, 작동 상태를 확인하는 감시장비, 측정 및 검사 장비, 특별 시험장비, 측정 및 교정 장비, 정비 수리대 및 특수 취급 장비를 포함한다. 시험 및 지원 장비의 요구조건은 〈그림 1-2〉에 나오는 각 정비수준에 맞아야 한다. 획득군수의 노력은 이러한 시험장비와 지원장비의 소요를 최소화하는 데 두어야 하며, 또한 표준화되어야 한다.

10. 군수정보

〈그림 1-2〉에 나타난 모든 군수활동에 대한 책임을 갖고 있는 조직들 간의 주고받는 군수정보의 흐름을 능률적이고 효과적이 되도록 하는데 필요한 자원을 말한다. 군수정보의 흐름은 고객, 생산자, 공급자 및 정비를 지원하는 조직들 간의 필요한 통신망도 포함한다.

정보의 형태와 양은 조직 간의 적절한 형태와 신뢰성 있고 적시성 있게 필요하다면 보안성을 고려하여 제공되어야 한다. 최근 전자상거래능력은 사업에 참여하는 조직들을 상호 연결해줄 뿐 아니라 보급망 연결, 정비활동 그리고 〈그림 3-4〉의 10대 군수지원요소를 모두 연결시켜주는 통합 역할도 하고 있다.

제3절 군수의 원칙

▮▮▮▮ 1. 개요

군수원칙은 군수의 관리 및 지원 기능 수행시 기본적으로 적용되어야 할 사항으로서 전쟁의 제 원칙을 보완한다. 군수원칙의 적용은 모든 원칙들을 고려하되 당시의 상황에 따라 한두 개의 원칙요소가 지배적일 수 있다. 따라서 특정상황에서 어떤 원칙을 적용할 것인가는 매우 중요하다. 왜냐하면 여러 원칙요소들은 상호 보완적이기도 하지만 때로는 상충적인 문제로 갈등을 초래하기 때문이다. 이러한 관점에서 변화하는 상황에서 적용하려는 원칙을 선택하는 것은 과학에 기초를 둔 '술' 적인 문제이다. 상황에 적절한 원칙을 적용하기 위해서는 원칙에 대한 해박한 지식을 갖추고 충분한 훈련을 해야 하며 최종적인 선택은 지휘의 영역임으로 지휘결심을 요한다. 군수원칙에 포함되는 요소들은 군수교리와 참고문헌에 따라 다음과 같이 다소 차이가 있다.

우리 육군의 『군수관리』 교범(2002)상의 **9가지 군수원칙**은 군수정보, 목표, 지속적 개발, 상호 협조, 간명성, 적시성, 전방 추진성(Impetus Forward), 경제성, 경계성이다. 이들 요소의 영문 머리글자를 인용하여 LOGISTICS라고 약칭하기도 한다.

또한 이클스 제독은 Logistics in the National Defense(1959)에서 민간인과 군 지휘관이 알아야 할 군수원칙으로 자원의 한정성, 과소 및 과대 계획, 군수비축, 실행 가능성, 자원할당의 우선권, 융통성, 정보, 군수지휘통제 등 **8가지 원칙**을 제시하였으며, 미 육군의 How the Army Runs에서 James A. Huston의 The Sinew of War를 인용하여 13가지의 군수원칙을 제시하고 있다. 미 해군군수교범 제4권(NDP 4, 2001)은 적절성, 간명성, 융통성, 경제성, 획득 용이성, 지속성(Sustainability), 생존성 **7가지 원칙**을 들고 있다.

우리 합참의 『합동인사군수』 교범(2003)에서는 **7가지의 군수원칙**을 제시하고 있다. 그 원칙들은 적절성, 간명성, 융통성, 경제성, 충분성, 지속성, 생존성이며 미 해군 교리의 군수원칙과 대동소이함을 알 수 있다. 이재천 장군은 『군사술과 군수』에서 군수원칙으로 통합성, 목표지향성, 물자선행성, 전방 추진성, 분산성(Dispersion), 집중지원, 경제성, 실행가능성, 융통성, 상대성, 연속성, 적시성과 예측성, 경계성, 지휘의 통일성, 군수정보, 군수품의 성능과 품질, 간편성, 신뢰성, 대응성 **20가지**를 소개하고 있는 바 이상의 군수원칙들은 모두 군수업무를 수행할 때 항상 명심하여 적재적소에 적용해야 할 원칙 요소들이라 생각된다. 미 해군 군수교리와 매우 유사한 우리 합참교리의 군수원칙과 미 육군의 군수원칙을 소개하면 다음과 같다.

2. 군수의 원칙

가. 한국 합참교리 상의 군수원칙

1) **적절성**(Responsiveness) : 이 원칙은 적시 적소에 적정량의 군수지원요소를 제공해야 한다는 것이다. 따라서 군수원칙 중 가장 기본적인 원칙이며 이 원칙을 적용하지 못하는 다른 원칙의 적용은 부적절한 것이 된다. 적시 지원의 개념이 때로는 병력보다 군수지원이 선행되어야 할 경우도 있음에 유의해야 하며, 적정량 이상의 집중지원 또는 불필요한 시기와 장소에 대한 군수지원은 오히려 부담과 낭비를 초래할 수 있으므로 적절성의 판단이 무엇보다 중요하다.

2) **간명성**(Simplicity) : 효율적이고 경제적인 군수지원을 하기 위해서는 군수 조직과 편성, 지원 체제 및 절차 등이 간편하고 단순해야 능률적이다. 불필요한 중간 제대와 중복된 편성을 제거하여 단순화하고, 업무절차의 표준화, 기록 유지, 보고 및 통제 계통의 간소화 등을 통하여 군수지원체계내의 모든 부문에서 신속을 기해야 한다. 또한 피지원 부대에 대한 보급품 및 근무지원의 우선순위 설정과 사전 할당 등은 군수의 간명성에 기여한다. 각급 제대는 자체능력을 최대한 활용하여 상급 및 외부 지원소요를 최소화하는 노력이 필요하다.

3) **융통성**(Flexibility) : 융통성이란 급변하는 상황에 현행 군수체계와 절차를 신속하게 응용하여 적응해 나가는 것을 말한다. 군수를 계획하고 운영함에 있어서 적절성과 경제성의 원칙을 모두 달성할 수 있도록 각종 제도와 방침 및 절차에 융통성을 가져야 한다. 통상 융통성은 권한의 위임으로 확보할 수는 있으나 경제성을 달성하는 데는 저해요인으로 작용할 수 있으므로 적절한 통제범위를 설정한 후 이에 따른 권한위임이 필요하며, 지나치게 경제성 원칙을 적용한 집중화는 융통성과 책임의 감소로 능률성의 저하를

초래할 수도 있다.

4) **경제성**(Economy) : 경제성은 최소의 비용으로 효과적인 군수지원을 제공하는 것을 말한다. 군수지원은 어떠한 제대 어떠한 상황 하에서도 항상 제한적이라는 개념 하에 우선순위를 결정하고 자원을 할당할 때는 경제성 원칙은 항상 적용되어야 한다. 따라서 군수자원의 획득, 관리, 운용과 군수지원체계상의 인력, 시간, 예산 등의 낭비요인이 없는지를 지속적으로 확인 감독하여 개선 발전시켜야 한다.

5) **충분성** : 충분성은 전투 초기에 소요되는 최소의 필수 보급품과 근무지원을 제공하는 능력을 말한다. 작전을 수행하는 군수참모는 피지원부대 지휘관의 요구사항, 우선순위, 배분중점 등에 기초하여 가용한 범위내에서 지원하여야 한다. 따라서 지휘관은 예하 부대가 적절한 보급수준을 유지할 수 있도록 지휘조치를 강구하여야 한다.

미 해군교리에서는 획득 용이성(Attainability) 원칙을 사용하고 있는데, 이 원칙은 작전을 수행하기 위하여 최소한의 필수적인 군수지원을 받을 능력을 말한다. 최소한의 필수적인 지원수준과 지휘관의 요구수준간의 차이는 군수지원 관점에서는 작전수행에 내재된 위험수준으로 간주한다. 최소의 요구 소요량을 지원해줄 있는 수준에 도달하는 소요시간을 정확하게 판단하면 그것은 부대 지휘관으로 하여금 최대한 빠른 시간내에 작전개시 일자를 판단하는 데 도움을 준다.

6) **지속성**(Sustainability) : 군수지속성의 단절이란 그 부대가 정상적인 활동을 위해 필요한 최소한의 군수수준 유지가 불가능함을 의미하며, 이는 임무수행의 중단은 물론이고 엄청난 전투력의 손실을 가져올 수 있으므로 지속성의 원칙은 항상 지켜져야 할 원칙중의 하나이다. 이를 위하여 군수 예비량의 확보가 필수적으로 요구되며 지원 방침이나 절차를 일시 조정하거나 군수예비계획을 시행함으로써 이 원칙을 달성할 수 있다.

7) **생존성**(Survivability) : 생존성은 적이나 자연환경으로부터 도전에 직면한 군수체계의 제반요소를 보존할 수 있는 능력을 말한다. 군수체계의 제반요소란 군수인력, 군수지원부대, 군수지원시설, 비행장, 항만, 철도수송의 종점 등을 포함한 병참선 관련 시설과 인원, 육로, 교량 등이 모두 포함된다. 장비, 물자, 시설 등의 보호대책과 군수지원의 피해방지 대책의 강구가 필요하다. 때로는 자연환경으로 인한 재난이 있을 수 있으므로 계획 수립시 이를 고려하여야 한다. 따라서 군수지원의 지속성을 보장하기 위해서는 군수지원계획에 대한 보안을 철저히 유지하고 군수지원시설 및 수송수단을 보호하기 위한

호송대 편성 운영, 경계부대의 배치 등 적절한 경계가 제공되어야 한다.

나. 미 육군의 군수원칙[155)]

1) **등가치**(Equivalence) : 전략, 전술 및 군수는 같은 사항에 대한 서로 다른 측면을 의미함으로 만약 이 세 가지를 따로 분리한다면 아무런 의미가 없는 개념이다. 따라서 작전 및 전쟁을 수행하는데 기본을 형성하기 위해서는 항상 함께 고려되어야 한다.

2) **물자의 선행성**(Material precedence) : 물자동원은 인력동원보다 선행시간이 많이 소요되기 때문에 인력동원에 앞서 이루어져야 한다.

3) **경제성**(Economy) : 군수자원은 항상 제한되기 때문에 주임무를 달성하는데 최선의 방법으로 집중 활용되는 것이 필요하다.

4) **분산**(Dispersion) : 합리적인 범위 내에서 저장고와 다른 군수활동은 분산되어야 하며, 복수의 병참선을 활용하여야 한다.

5) **융통성**(Flexibility) : 군수계획은 군사작전의 모든 상황을 포함하는 계획을 지원할 수 있는 다양한 군수계획을 수립하는 것이 필요하다.

6) **실행가능성**(Feasibility) : 군사계획은 군수지원 가능성에 의해 제한을 받을 뿐만 아니라, 군수계획 자체도 국가경제능력에 좌우된다.

7) **민간인 책임**(Civilian responsibility) : 조달활동은 민간경제 요구와 함께 협조되어야 하며, 군수품의 생산은 민간산업에 의존한다.

8) **연속성**(Continuity) : 전시를 위하여 군수조직의 완전성과 주요 핵심 무기체계의 생산모델의 개발은 평시에 계속 진행되어야 한다.

9) **적시성**(Timing) : 상위제대에 대한 조달이냐 전술적 보급이냐에 따라 적시성은 작전목표에 따라 다르다.

10) **지휘의 단일화**(Unity of Command) : 군수는 지휘기능이다.

11) **전방추진**(Forward Impetus) : 안전한 장소에서부터 작전에 투입된 단위부대까지 지속적인 보급은 대단히 중요하다.

12) **정보**(Information) : 정확하고 최신의 정보는 군수계획 및 분배의 열쇠이다.

---

155) James A. Huston, The Sinews of War: Army Logistics 1775-1953,(Washington, DC: US Army Office of the Chief of Military history, 1966), pp. 655-668.

13) **상대성(Relativity)** : 군수는 시간, 공간 및 환경과 상대적이며 절대적인 것은 없다.

3. 군수의 고려사항

군수는 군사 전략과 작전을 수행하는 데 필요한 수단을 제공하므로 전시의 모든 상황은 전략, 전술 및 군수 3개의 요소가 혼합되어 나타나게 된다. 군수는 전평시를 막론하고 가용한 방책이나 목표 달성의 속도에 많은 영향을 미치고 있음에도 불구하고 이를 간과하는 경향이 없지 않다. 그러나 모든 제대의 지휘관은 임무 수행에 필요한 계획 수립시 앞에서 제시한 군수원칙 외에도 다음의 군수와 관련된 고려사항을 면밀히 검토하여야 한다.

가. 목표 제한의 요소

전쟁의 모든 수준에서 군수는 지휘관의 전쟁(작전)개념에 제약요소로 작용한다. 즉 전략적 군수는 전략개념을, 작전적 군수는 작전술 개념을, 전술적 군수는 전술적 개념을 제한하는 요소로 작용하며 이는 지휘관의 가용한 방책 운용에 제한을 준다. 구체적으로는 전투부대의 총 규모, 공격의 종심이나 전진속도 등을 제한함을 뜻하므로 모든 제대 지휘관은 전쟁(작전)을 수행함에 앞서 군수능력을 파악해야 한다. 군수능력의 부족은 지속능력의 부족과 군수체계 운영능력의 부족으로 나타나게 되며, 이를 고려하지 않은 전쟁(작전)의 수행은 군수수준의 저하 또는 군수지속성의 단절로 인하여 전쟁(작전)의 성공확률을 저하시킨다.

나. 작전과 군수의 통합과 협조

작전과 군수는 전쟁에서 불가분의 한 면으로서 어느 쪽이 더 중요하다고 할 수 없으며 상호 적절한 통합과 협조가 이루어져야만 한다. 작전과 군수의 통합은 계획이나 집행의 모든 과정에서 필요하며 매우 중요한 요소이긴 하지만 자동적으로 통합되는 것은 아니므로 지휘관의 관심이 필수적이다. 계획에서의 통합은 모든 부록을 포함한 작전계획을 작성할 때에 군수계획을 작전의 모든 계획과 통합함으로써 달성할 수 있으나 작전을 수행할 때는 수시로 작전개념을 바꾸는 경우가 많기 때문에 작전개념의 변경에 맞추어

군수개념을 변경시키기 위해서는 지속적인 지휘관심과 지휘관과 원활하고 긴밀한 대화가 필수적이다.

군수개념의 변경에는 군수지원 기지 및 시설의 창설, 추가적인 경계부대의 배치 등 군수체계의 증가가 요구될 수 있으므로 작전개념 변경시에는 군수와의 신속한 협조가 요구된다. 본 내용에 대해서는 제7장 제2절의 작전적 군수계획 수립절차에서 상세하게 설명할 것이다.

다. 전투부대와 군수부대의 균형

어떤 조직을 막론하고 조직구조가 균형을 이룰 때 최대의 능력을 발휘할 수 있다. 군조직의 목표는 가용한 자원으로 전투력을 극대화하는 것이지만 전 부대를 전투부대로만 편성할 수 없는 것이다. 군수지원을 받지 못하는 전투부대는 기동이 불가능하고 전투력의 발휘를 기대할 수 없으므로 지휘관은 임무달성을 위해 전투부대, 전투지원부대 및 전투근무지원 부대의 가용성, 능력, 편성 및 제한사항 등을 신중히 고려하여야 한다. 군수지원부대의 소요는 군수자원의 총 소요와 요망되는 장소 및 시기, 가용한 수송자산, 노무자의 가용성, 군수지원체계 등 여러 요소에 의하여 영향을 받는다.

라. 전시 적응력

군수지원의 총 소요는 전시에 급격히 증가하게 되므로 전시를 대비한 편성을 평시부터 유지하는 것은 효과적이지 못하므로 평시에는 최소 규모의 편성을 유지하여야 한다. 최소 규모의 편성이란 평시 업무 수행능력만을 고려한 개념은 아니고 전시 적응력을 염두에 둔 편성이어야 한다는 의미이다. 군수지원 병력은 군에서만 소요되는 특정기술이 요구되는 경우가 많으므로 평시에 양성하여 전시 동원소요를 충족시킬 수 있도록 병력동원계획과의 연계가 필요하다. 또한 평시 편성은 전시 전환을 효과적으로 이행하기 위하여 전시에도 기본 골격의 변경이 요구되지 않아야 하며, 그렇지 못할 경우 그 조직운영이 필수적일 때 긴급 재편성의 부담으로 군수 지속성의 단절을 초래할 수 있다. 따라서 평시의 군수편성은 전시에 추가적으로 필요한 최소한의 기능을 보완함으로써 전시편성으로 전환이 용이하고 평시 업무수행이 가능한 초소한의 수준을 유지하여야 한다.

마. 군수계통

군수계통은 군수 지휘계통과 군수 지원계통으로 이원화되어 있다. 군수 지휘계통은 예하의 군수 지휘계통에 대해 지휘 및 통제 권한이 부여되는 경우와 조정통제권만 부여되는 경우로 구분되며, 군수지원계통 간에는 좀 더 다양한 지휘관계가 성립되는 데, 이는 부대의 단위와 형태, 군수지원 임무 및 지역에 따라 상이하게 나타날 수 있다. 지휘관은 자신의 군수계통에 부여된 책임에 알맞은 권한 행사와 군수지원부대의 적극적인 지원자세가 군수 성공의 관건임을 명심하여야 한다.

바. 지속성의 유지

어떠한 경우에도 군수지속성은 유지되어야 하는 반면, 작전 수행간 군수능력은 소요에 비해 통상 부족하게 되며, 이로 인해 지속성의 달성에 제한을 받거나 곤란한 상황에 직면할 수 있다. 이러한 상황에서는 군수지속성을 유지하기 위한 신속한 조치가 필요하다.

1) **군수자원의 분배조정** : 우선순위에 의거 군수자원을 할당 및 배당하는 것을 말하는 것으로 군수 우선순위에 의거 소요부족품목의 분배를 계획하는 것이 할당계획이고, 이 계획의 집행으로 조치되는 것을 배당이라고 한다.

상급지휘관은 가용한 자원을 예하부대의 임무 및 예하 지휘관의 작전개념, 그리고 예하부대의 상황 및 요청된 군수소요에 기초하여 합리적으로 할당하여야 한다. 가용한 군수자원이 소요량보다 적기 때문에 배당량은 예하부대 지휘관의 청구량이나 사전 할당된 양보다 통상 적다. 그러나 특정품목이나 근무에 대해서는 예하부대 간에 필요한 부대도 있고 그렇지 않은 부대도 있기 때문에 이 문제는 예하 부대지휘관의 결정사항이 아니다. 따라서 분배 조정에 관한 판단은 상급지휘관에 의해 이루어지며, 할당 및 배당 절차에 의해 영향을 받는다.

2) **임무의 조정** : 임무를 조정하는 것은 본질적으로 군수업무는 아니지만, 적의 위협을 분산하거나 작전을 단계화하는 것도 한 방법이다. 이는 기간으로 정할 수도 있고 목표로 정할 수도 있다. 예를 들면, 해군이 함포사격으로 적을 일정부분 파괴 후 지상작전을 수행할 수도 있는 것이다.

사. 군수규율 통제

군수자원의 제한은 예산이나 기술인력의 부족, 동원소요기간의 장기화 등 다양한 요소에 의하여 나타날 수 있으나 그 중에서도 특히 수송자산의 제한과 특정탄약, 장비 및 수리부속의 부족, 군수인력의 부족 등 군수체계의 혼란을 가져오는 것은 전투력의 심각한 저하를 초래할 수 있다. 군수자원이 제한될 때는 적 위협의 분산과 작전의 단계화 등을 작전계통으로 요청하는 한편, 적절한 보급수준의 재설정을 검토할 수 있다. 그러나 특정부대나 지역에 대한 과도한 보급수준의 증가 또는 감소는 오히려 융통성을 제한하며 타 지역의 지속능력에 영향을 미치게 된다. 그러므로 이러한 상황을 사전에 예상하고 이를 방지하기 위하여 군수에 관한 제반 규율을 엄격히 준수할 수 있도록 적절한 지휘조치가 필요하다.

아. 군수소요 판단 요소

군수계획의 기본이 되는 군수소요는 작전단계별, 부대별, 작전형태와 작전기간에 기초를 두고 판단한다. 따라서 작전지휘관은 작전단계별 작전소요일수를 합리적으로 판단하여 가정에 포함하여야 한다. 또한 군수소요판단시 피해율 및 소모 보충률 등 각종 계획인수의 적용기준에 따라 소요에 많은 차이가 발생하므로 작전지휘관은 적용기준의 적절성 여부를 반드시 검토하고, 불합리하다고 판단될 경우 이를 시정하기 위한 모든 조치를 취하여야 한다.

차. 군수예비의 확보

군수지속성의 제한 여부는 전쟁의 승패와 직결되므로 군수지속성 단절에 대비한 전략적, 작전적 군수예비를 반드시 확보하여야 한다. 군수예비 중에서 예비보급품은 소요량을 사전 확보하여 비축하거나, 유사시 우방국의 잠재력을 활용할 수 있도록 협정을 통해 확보할 수도 있다. 그러나 가장 신뢰성 있는 방법은 사전에 비축해두거나 전시동원계획을 수립 활용하여야 한다.

국방기획관리제도 4

본 장에서는 기획관리의 일반적 이론과 2006년에 수정 발간된 국방기획관리기본규정에 규정된 국방기획관리제도와 국방기획관리 업무절차에 대해 설명한다.

제1절 기획관리의 개념

1. 관리의 일반이론

가. 관리의 개념

관리(Management)란 "집단의 목표를 효율적으로 달성하기 위한 조직적인 노력으로 내부 환경을 계획하고 유지하는 과정"이라고 정의[156]하는 바 관리란 **조직의 목표를 경제적이고 효율적으로 달성하기 위하여 가용한 자원의 사용을 기획, 조직, 지시, 통제, 조정하는 일련의 조직적인 활동**이라고 정의할 수 있다. 현대는 관리의 시대라고 일컬으면서 어떤 조직이든 조직의 목표 달성을 위하여 합리적인 조직을 편성하고 이를 효율적으로 운영해야 하며 자원의 낭비를 최소화 하면서 조직을 관리할 것을 요구하고 있다. 이러한 관리기능은 통상 5가지 기능으로 구분하여 설명한다.

나. 관리의 5가지 기능

기획기능으로서 미래를 예측하고 구상하여 조직의 목표를 설정하고, 이를 가장 경제적이고 효율적으로 달성하기 위하여 최선의 방안을 수립하는 과정이다. 통상 군에서 비전2020, 장기부대발전계획, 합동군사전략서 등과 같은 문서는 군 조직의 기획서이다.

조직기능으로서 계획된 목표를 달성하기 위하여 필요한 제반 요소를 배정하고, 구성원들이 해야 할 직무와 상호관계를 규정하는 과정이다. 조직과정에서 따라야 할 준칙으로 지휘계통의 통일, 통제의 한계, 합리적인 업무 할당, 권한의 위임 및 융통성이 있다. 통상 군에서 편제서, 편제인가서, 사무분장규정과 같은 문서가 조직기능에 해당하는 문서이다.

156) Herold Koontz, Cyril O' Donnel & Heinz Weihrich, Essentials of Management, 4th ed.(NY: McGraw Hill, 1986).

지시기능으로서 목표달성을 위해 조직의 실질적인 활동이 이루어지도록 동기를 유발시키는 과정이다. 통상 군에서는 주기적인 지휘관회의 개최시 회의록 작성, 작전보고시나 업무보고시 지휘관이나 상급자로부터 지시를 하달하는 구두 및 문서로 된 행위가 이에 속한다. 이러한 지시기능을 공식화하기 위해서는 문서로 하는 것이 모든 구성원들에게 이해를 확실하게 해주며 지시자와 수명자 간의 이견을 최소화시키는 합리적인 지시기능 수행방법이다. 따라서 어떤 참모든 상급자의 지시내용은 반드시 기록하는 습관을 길러야 한다.

통제기능으로서 목표를 달성하기 위하여 실적을 조사하고, 이를 설정된 기준과 비교평가하여 문제점을 발견 및 시정 조치함으로써 계획된 목표 달성이 가능하게 하는 과정이다. 군에서는 통상 일일회의, 주기적인 각종 점검, 정기적인 전투력 검열 등을 통한 강평 활동이나 장교나 부사관의 일상업무 중에 많은 부분이 부서내의 통제기능에 속한다고 볼 수 있다. 국방부 차원에서는 사전 사후 분석이 이 기능에 속한다.

조정기능은 조직의 모든 구성원들의 노력을 통합하여 목표를 달성할 수 있는 한 방향으로 이끌어 가는 과정이다.

2. 기획의 일반이론

가. 기획(Planning)의 개념

1) **문제해결의 과정으로 보는 견해**[157) : 기획이란 인간이 장래에 관해서 미리 사고하는 과정으로서 무엇을 할 것인가를 사전에 결정하는 대단히 광범위한 인간행태로 본다.

2) **관리기능의 한 단계로 보는 견해** : Stone은 기획이란 장래의 경영을 가능한 한 정확하게 예측하고 통제하려는 신중하고 준비된 노력으로 보았으며, Koontz는 기획이란 여러 대안 중에서 목표, 예산, 절차 및 사업계획 등을 선택하는 관리자의 기능으로 보았다.

3) **기획의 개념에 속하는 여러 가지 요소들** : 기획이란 장래를 위한 제안, 제안된 대안들에 대한 평가, 장래의 통제 등에 적용되는 합리적, 적응적 사고이다.[158) 또한 기획

157) Newman W. Herman, Warren E. Kirby and Jerome, E. Schnee, The Process of Management, 5th ed.(NJ: Prentice-Hall, 1982).

158) Simon Herbert Alexander, Administrative Behavior, 3rd ed.: a study of decision-making processes in administrative organization,(NY: Free Press, 1976).

이란 보다 나은 결정을 하기 위한 수단이며, 따라서 행동의 선행요건이다. 기획의 과정은 의사결정, 예산업무, 조정, 의사소통, 기구 등 모든 면을 다루지 않을 수 없으며 한 마디로 기획은 관리라고 정의하였다. 따라서 기획이란 **"제 문제에 대해 미래를 예측하고 구상하여 목표를 설정하고, 이를 가장 경제적이고, 효율적으로 달성하기 위하여 최선의 방안을 수립하는 과정"**이라고 정의할 수 있을 것이다.

나. 기획의 수립과정

기획의 수립과정은 다음과 같은 절차를 따라 통상 수립된다. 첫째, 목표를 설정하고, 둘째, 목표기간중의 상황을 분석 및 판단하며, 셋째, 기획 수립시 적용되는 가정을 설정하고, 넷째, 각각의 대안을 작성하여 이를 비교 평가하여, 다섯째, 최종안을 선택한다. 여섯째, 이렇게 마련된 기획서를 기초로 하여 제반 파생되는 세부계획을 수립하여야 한다. 이러한 파생계획은 기획서의 부록으로 첨부한다. 예를 든다면, 합동군사전략서를 작성할 때 부대기획서를 첨부하는 것이 합동군사전략서의 파생계획이라고 할 수 있다.

다. 기획의 중요성과 효용성

기획은 조직이 클수록 노력을 통합하고, 예산을 절감하며, 미래에 대비할 필요가 있기 때문에 기획의 수단을 이용하게 되는데 조직을 관리하는데 다음과 같은 기획의 중요성과 효용성이 있다.

첫째, 기획은 지휘의 한 수단이다. 둘째, 장래를 대비하는 수단이며, 셋째, 낭비를 최소화하는 한 방법이고, 넷째, 효과적인 성과측정기준을 제공하는 한 수단이기도 하다. 다섯째, 조직의 지향하는 방향을 일치시키고 그에 따른 조직적인 노력을 통합하는 효과적인 조직의 통제수단이며, 여섯째, 가용자원의 효율적 사용 방법을 제시하기 위한 수단으로서, 일곱째, 조직의 전체적인 운영상황을 파악하는데 도움을 준다. 이러한 의미에서 장교들은 훌륭한 지휘관 및 참모가 되기 위해서는 각종 기획서나 장기발전계획을 수립하는 방법과 절차를 숙지하는 것은 당연하다 하겠다.

라. 국가기획과 국방기획과의 상관관계

국가기획은 국가차원의 기획으로서 정치/외교, 경제, 사회/심리, 국방 등 제 분야에 대한 총칭으로서 국가정책과 국가전략을 구상하는 과정으로서 그 결과물을 국가정책서 및 국가전략서가 이에 속한다. 새로운 정권이 들어설 때마다 인수위원회에서 새로운 정책들이 입안되고 있는데 이러한 정책들이 국가기획의 수립과정을 거치면서 기획의 틀 속에서 지속적으로 재수립되고 시행되어야 할 것이다.

국방기획은 국가기획의 일부로서 국방목표 달성을 위하여 평시에는 적정 규모의 군사력을 건설하고, 유사시에는 가용 군사력을 효과적으로 사용하기 위한 최선의 방안을 선택하고, 발전시키는 계속적인 과정으로서 매 5년 단위로 작성하는 국방기본정책서와 매 3년 단위로 작성하는 합동군사전략서가 이에 속한다.

제2절 국방기획관리제도

1. 국방기획관리의 개념과 역할

가. 국방기획관리의 개념[159]

『국방기획관리기본규정』은 "현존 군사력의 좌표를 분석하여 새로운 국방목표를 설계하고, 설계된 국방목표를 달성할 수 있도록 최선의 방안(군사력의 건설, 유지, 운영 방향을 종합적이고 체계적으로 모색)을 선택하여, 보다 합리적으로 자원을 배분, 운영함으로써 국방기능을 극대화하는 관리활동"으로 규정하고 있다. 국방기획관리체계를 기획 계획 예산 집행 평가체계(PPBEES: Planning, Programming, Budgeting, Execution, Evaluation, System)라고도 부른다. 국방기획관리기본규정은 http://www.mnd.go.kr에서 확인할 수 있다.

〈그림 4-1〉 국방기획관리 단계별 환류 기능도

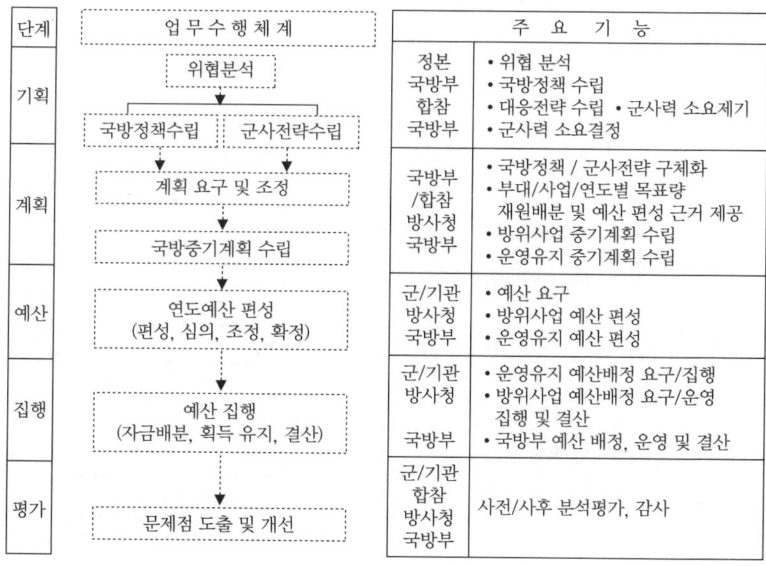

159) 국방부, 『국방기획관리기본규정』 제4조(서울: 국방부, 2006), p. 4.

나. 국방기획관리제도의 역할

국방기획관리기본규정에 기획체계, 계획체계, 예산편성체계, 집행체계 및 분석평가 체계의 각각의 역할을 다음과 같이 규정하고 있다: 각 기관/부서 간 유기적인 업무 수행 체계 및 절차를 규정하고; 국방업무 관련 요원들의 노력을 체계적으로 결집하며; 국방목표 구현을 위한 최선의 의사결정 수단을 제공하고; 가용국방재원을 효율적으로 배분 · 운영한다.

다. 국방기획관리의 주요 기능과 문서체계

국방기획관리체계의 각 단계별 기능을 수행하는 상호 연결체계는 〈그림 4-1〉과 같으며, 〈그림 4-2〉는 국방기획관리문서의 종류와 상호 관련성을 나타내고 있다. 여기서 F년도(Fiscal Year)란 모든 부대나 기관의 조직 관리활동을 하는 '현재연도' 로서 지침하달, 계획수립 및 문서 발간시 대상기간을 나타낼 때 사용되는 기준연도이다.

〈그림 4-2〉 국방기획관리문서 체계도

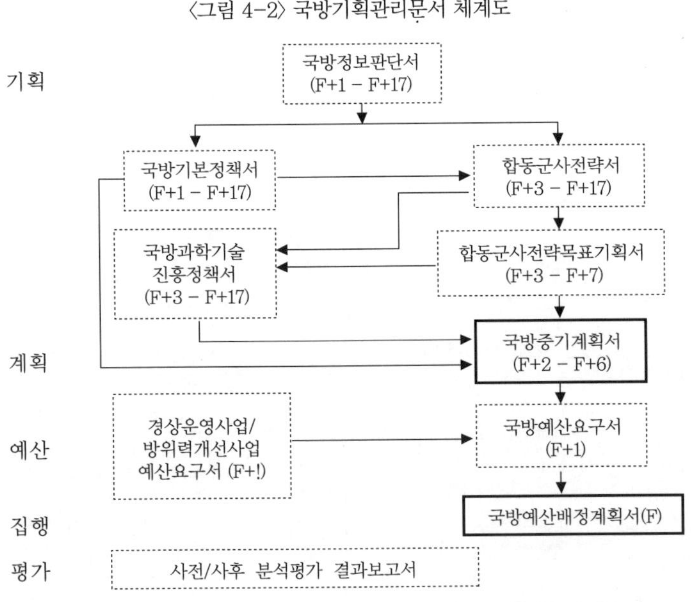

2. 국방기획관리제도 발전사

가. 건군~1960년대: 여명기

1) 시대적 상황

6 · 25전쟁 이후 1960년대까지는 미 군원시대였으며 1968년 1월 21일 북한의 청와대 기습사건과 1969년 7월 닉슨 독트린 발표로 한국 정부는 국가 위기사태시 미국의 무조건적인 지원에 대한 의심을 갖게 되면서 자주국방의 필요성을 인식하게 되었다.

2) 국방기획관리제도의 발전

당시에는 기획, 계획, 예산을 통제할 수 있는 조직이 미비 되어있을 뿐만 아니라, 당시 국방비는 운영유지비 위주로 편성(군원: 75%, 국고: 25%)되어 있었고, 미 군원 당국이 국방자원관리를 직접 담당하여 각종 물자를 각 군과 직거래하였다.

1960년대 말부터 정부의 경제개발 5개년 계획에 부응하여 운영계획 중심으로 각 군별 군사기획제도가 연구 발전하는 수준이었으며, 미군의 전략에 의해 우리의 군사력 규모가 결정되고, 한국의 군사력 소요제기 및 군사전략 수립은 불가능한 실정이었다.

나. 1970~1983년: 제도 도입기

1) 1970년대 : 국방기획관리제도의 필요성 인식기로서 1968년 미 대통령 선거에서 미국이 월남전에 더 이상 참전해서는 안 된다는 반전여론이 확대되고, 미국은 월맹과 파리 평화협상이 진행되면서 4월 30일 월남이 패망되었으며. 1971년 3월 주한 미 7사단이 철수하였고, 1978년을 기하여 미 군원이 종식되는 등 월남 패망과 남북한 군사력 격차 심화 등 국내외 정세변화는 자주국방 의식을 더욱 고취시키는 계기가 되었다.

1974년부터 무기체계 획득사업인 '율곡사업'을 시작하였으며, 미 군원 감소됨에 따라 1975년부터 방위세를 신설하여 남한이 북한의 군사비를 추월하게 되었다. 1990년 방위세 폐지 시까지 남한 전력이 질적으로 대북 우위를 갖추게 되자 북한은 남한의 재래식 무기 대비 비대칭전력인 핵무기, 장거리 미사일 및 화생무기 등을 개발하게 되었다.

이처럼 자주국방정책에 따른 무기체계 개발 및 획득 업무가 현실화되자 미군의 기획관리제도인 PPBS(Planning, Programming, Budgeting System) 및 과학적 관리기법의 도입 필요성이 인식되어 체계분석 전문교육과정에 유학을 보내고, 각 군 본부에 체계분석처를 편성하게 되었으며, 1978년에는 '국방기획관리제도 연구위원회'를 국방대학원에 설치하여 국방기획관리제도를 도입하기 위한 준비를 시작하였다.

2) **1979년 6월 최초의 국방기획관리제도 정립(훈령 253호)** : 미국의 기획관리제도를 도입하여 1980년 9월 최초로 '국방 5개년계획'을 수립하였으며, 국방예산을 율곡(전력투자)예산과 운영유지예산으로 이원화하였다. 이때부터 국방부 기획관리실(정책기획관, 계획평가관, 예산편성관)을 신설함으로써 우리 국방부가 기획, 계획, 예산의 3단계로 구분된 국방기획관리체계를 최초로 운용하게 되었다.

다. 1983~2005년: 제도 정비 및 발전기

1) **제1차 제도정비('83. 7. 30: 훈령 308호)** : 집행(Execution) 및 평가(Evaluation) 단계를 추가하여 PPBEES제도를 정착시켰는 바, 계획평가관실에서 평가관리관실을 독립시켜 사전분석 기능을 강화하고, 합참에서 수행해왔던 율곡업무를 국방부가 이관 받아 국방부에서 전력증강계획과 운영유지계획을 통합한 국방중기계획을 작성하게 되었다. 이때를 한국군의 국방기획관리제도를 체계적으로 처음 규정하였다고 평가할 수 있다.

2) **제2차 제도정비('89. 4. 25: 훈령 390호)** : 국방정보판단서 등 각종 중장기문서를 통합하고 발간순기를 조정하였으며, 합동연구개발계획서를 신규로 발간하기 시작하였다.

3) **제3차 제도정비('91. 7. 1: 훈령 421호)** : 상부 군 구조 개선계획(818)에 의거 국방부 직제 및 합참 조직의 개편 등 3군 합동작전개념을 구현하기 위한 합참의 기능을 보강하였으며, 그 일환으로 군사력 소요제기 주관기관을 각 군 본부에서 합참으로 이관하였으며, 군 인력과 무기 발전추세 등을 고려하여 신규문서로서 국방 중기부대계획서 및 국방 중장기 획득개발계획서를 발간하기 시작하였다.

4) **제4차 제도정비('95. 4. 30: 훈령 500호)** : 군사력 소요제기 주관기관을 합참에서 각 군으로 환원하였으며, 율곡사업의 감사원 특별 감사와 국정감사 결과를 반영하여 전력 증강 절차와 예산 편성 절차를 통합하여 총액 편성(6개항 17개 세항) 제도를 도입하게 되었다.

5) **제5차 제도정비('97. 3. 31: 훈령 553호)** : 무기체계 획득단계를 9단계에서 6단

계로 축소하고, 기획/계획단계의 문서를 통폐합하여 10개에서 5개로 축소하였으며, 획득업무의 효율성을 높이기 위하여 전력계획관실의 방위력개선 예산 조정기능과 사업조정관실의 집행조정기능을 사업조정관실(예산+집행)로 단일화하였다.

6) **제6차 제도정비('99~'00: 훈령 609호, 649호, 675호)** : 1999년에 각종 규정과 지침을 통합하여 『국방획득관리규정』을 제정하였으며, 국방비 사업분류 개념을 조정하여 **방위력개선사업(비)** 명칭을 **전력투자사업(비)**로 변경하였으며, 사업분류도 다음과 같이 개정하였다.

가) 방위력개선비+운영유지비(일반투자비+경상비)에서 전력투자비(방위력개선비+일반투자비)+경상운영비로 변경하였는 바 여기서 일반투자비란 장비 획득비 및 장비 유지비(정비비, 수리부속 구입비)로서 전력 투자비에 포함하여 획득과 유지의 일관성 있는 관리 및 예산획득의 용이성을 제고하였고, 연료, 탄약, 경상운영비로 획득하던 기존 장비 및 유지비는 경상운영비로 계속 획득하였다.

나) 계획 및 예산편성 기능을 일원화하였다. 즉, 중기계획과 예산편성 담당부서를 통합하여 기능을 일원화하여 아래와 같이 계획 기능과 예산편성 기능의 연계성을 강화하였다.

중기계획: 방위력개선관련 운영유지비(전력계획관실)

예산편성: 운영유지비(예산재정국), 방위력개선비(사업조정관실)

⇒ 중기계획+예산편성: 경상운영비(계획예산관실)와 전력투자비(획득정책관실)를 각각 수립한 후 계획예산관실에서 종합하도록 개정하였다.

다) 기획문서체계를 재정립하여 규정에 반영하였다.

국방정보판단서와 국방중기계획서는 전과 동일하나, 군사전략 수립과 소요기획단계를 명확히 구분하고, 전력소요기획의 중요성과 합참의 기획기능을 강화하고, 시험평가 기능을 합참으로 변경하였다. 또한 국방기본정책서 작성주기를 대통령 임기와 일치시켜 매3년 9월말에서 매5년 6월말로 작성시기를 조정하였다. 합동군사전략기획서(JSP)를 합동군사전략서(JMS; Joint Military Strategy)로 명칭을 변경하여 기존 JSP에 포함된 군사력 개념소요를 삭제하고 군사전략 수립과 군사력 건설방향을 제시하는 문서로서의 위상을 정립하였다. 합동전력소요기획서(JSP의 부록)를 합동군사전략목표기획서와 합동군사능력기획서로 구분하였다.

기 획	국방부 합참, 각 군/기관
계 획	전력계획관
예 산	예산재정국 사업조정관
집 행	사업조정관 각 군/기관
평 가	전력계획관 합참, 각 군/기관

→

국방부	
합참, 각 군/기관	
계획예산관실 (경상운영사업)	획득정책관실 (전력투자사업)
분석평가관실, 합참 (각 군/기관)	

라) 획득실을 설치하여 기능을 조정하여 사업별 책임관리제를 도입하였다.

계획, 예산, 집행의 단계별 전환방식에서 사업별 책임제로 전환하여 효율적 사업 추진 및 책임성을 강화하였다.

7) 제7차 제도정비('02, '04: 훈령 700호, 훈령763호)

가) 국방부 본부를 1차관보 2실(정책실, 획득실)로서 16국/관, 62과/담당관으로 개편하면서 획득실 직제를 다음과 같이 개편 및 기능을 조정('02. 1. 1) 하였다.

사업조정관실의 사업관리 및 집행승인 업무를 전담시키고, 연구개발사업의 효율성을 제고시키기 위하여 연구개발관실을 신설하였으며, 분석평가관실을 국방부에 설치하여 사후분석체계를 보완함으로써 실질적 환류를 보장하기 위하여 시험평가기능은 국방부 분석평가관실에서 합참으로 이관하고, 관련 업무통제는 획득실장에서 차관으로 변경되었으며, 평가분석업무를 다음과 같이 세분하였다.

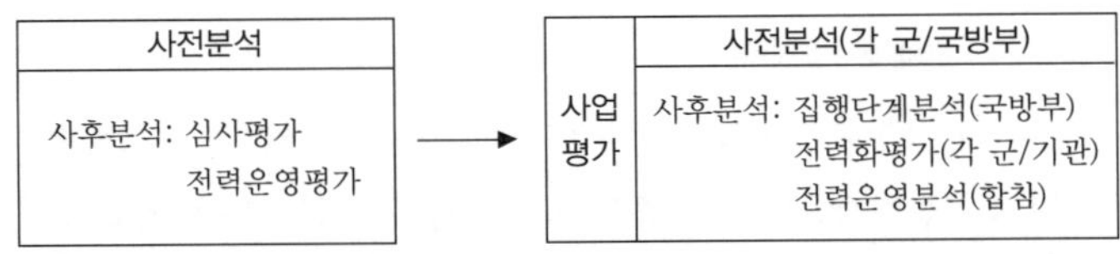

나) 국방부 직제 개정을 반영하여 인사복지국을 인사국과 복지보건관실로 분할하였다.

다) 계획단계의 국방연구개발계획서를 기획단계의 국방연구개발정책서로 변경하였다.

국방획득 개발계획서와 국방정보화 발전계획서를 국방연구개발정책서로 통합하여 3

년 주기 작성을 매년 수정 보완하도록 개정하였다.

라) 단년도 복지기금 예산편성제도를 국방중기계획에 포함하도록 규정하였다.

마) 국방비용편람(운영유지비용)만 작성하고 국방관리회계 7종 보고서는 폐지하였다. 국방회계보고서는 작성할 필요는 없지만 군수지원부대에서 이러한 비용을 기록 유지하는 체제는 수명주기 동안의 국방비 사용실적을 분석할 근거가 되기 때문에 **군수관리 정보자료는 계속 유지되어야 군수지원분석시 비용추정과 비용분석이 가능하다.**

바) 획득회의는 획득개발 심의회(획득실장)로, 국방투자사업 추진위원회는 확대전력투자사업 심의위원회(획득실장)로 회의명칭을 변경하는 등 상위심의기구와 하위심의기구로 단순화 하였다.

라. 2006년 이후 : **제도 혁신기**

1) 안보개념의 확대에 따라 군내부에서만 수행하던 국방획득업무를 국민, 정부부처, 군간 상호 협력이 가능하고, 획득업무의 투명성, 효율성, 전문성 및 방위산업의 경쟁력을 강화할 수 있도록 분산된 획득조직을 통폐합하여 방위사업청을 신설하였다.

국방획득관리규정('03.5, 국방부훈령 제733호)은 폐지되고 2006년 1월 1일부터 방위사업법에 의거 방위력개선사업이 추진됨으로써, 국방부 본부의 기획업무에 대한 조정통제기능이 약화되고 방위력개선사업은 전적으로 방위사업청이 책임과 권한을 갖게 되었다.

2) 미국군의 통합사업관리팀(IPT: Integrated Project Team) 제도를 도입하였으며, 국방기술의 수집, 관리, 활용 체계 개선을 위해 국방품질관리소에서 국방기술품질원으로 개칭 확대되면서 방위사업청에 예속되었고, 국방과학연구소는 국방장관 직속에서 방위사업청 예하로 변경되었다. 앞으로도 본서에서 지적하는 많은 획득관리제도상의 문제들이 활발하게 토의되어 올바른 방향으로 수정 보완될 것으로 기대한다.

제3절 국방기획관리 업무절차

본 절은 국방기획관리체계의 각 체계별 개념, 역할과 기획관리 업무절차에 대해 설명한다.

1. 국방기획체계(Defense Planning System)

가. 기획체계의 개념과 역할

국방기획관리기본규정은 국방기획체계를 **"예상되는 위협을 분석하여 국방목표를 설정하고, 국방정책과 군사전략을 수립하여 군사력 소요를 제기하며, 적정 수준의 군사력을 건설 · 유지하기 위한 제반 정책을 수립하는 과정"**이라고 정의하며, 기획체계는 국방기획관리의 출발점으로서 국방기획체계의 역할을 다음과 같이 규정하고 있다. 본 장에서 규정이라 함은 국방기획관리기본규정을 의미한다.

1) 예상되는 위협을 분석하여 국방목표를 설정하고, 이를 효과적으로 달성하기 위하여 국방정책과 군사전략을 수립한다.

2) 군사전략에 따른 합동개념을 발전시키고, 임무수행을 위한 최적의 군구조를 결정하여 부대기획을 발전시킨다.

3) 군사전략과 합동개념을 구체화할 수 있도록 합리적인 군사력 건설 및 유지 소요를 제기한다.

4) 군사력 건설소요와 국방정책을 고려한 국방과학진흥정책을 수립하고 중장기 연구개발 소요를 발굴한다.

5) 제기된 군사력 건설 소요를 효과적으로 뒷받침할 수 있는 중장기 차원의 기본적 임무 및 기능별 세부 정책을 발전시킨다.

나. 기획문서의 종류

국방기획문서의 종류는 〈표 4-1〉과 같이 6가지이며 문서 작성절차가 규정되어 있으며 기획문서들의 핵심내용과 기획서 수립절차를 이해하고 국방관리업무의 순기를 맞추어야 한다.

1) **국방정보판단서**(DIE: Defense Intelligence Estimates) : 국제 및 주변국 정세, 북한의 대내외 정세 및 군사정책을 판단한 문서로서 국방정책 및 군사전략 수립과 군사력 건설소요를 제기하는 데 필요한 기초 자료를 제공한다. 국방정보본부는 매 3년 주기로 12월말까지 국방정보판단서(초안)을 작성하여 2월말까지 합참의장과 국방부장관의 결재를 받아 국방정보판단서를 발간한다.

2) **국방기본정책서**(NDP: National Defense Plan) : 대통령의 안보전략 및 국방지침 등을 반영하여 국방정책과 기획 및 계획의 기본방향을 제시한 문서로서 기간중 안보환경을 평가하고, 국가의 안보목표와 안보전략을 설정하며, 국방정책의 목표와 방향을 설정하여 이에 따른 분야별 국방정책을 제시한다. 중기계획과 장기기획을 통합하여 미래의 비전과 실천성을 동시에 충족하도록 작성하며, 정부의 중기재정계획을 고려한 중장기 국방재원을 산출하여 정책서에 반영함으로써 신정부의 국방정책 추진의 기준을 제시한다.

국방부 정책기획관실은 매 5년 주기로 국가안보전략지침서[160)]와 최근의 국방정보판단을 기초로 국방정책 방향 및 목표가 제시된 국방기본정책서 작성지침을 수립하여 2월말까지 국방부, 합참, 각 군 및 관련 기관에 하달하여 제출받은 안을 기초하여 정책기획관실은 국방기본정책서(초안)을 작성하여 5월말까지 정책실무회의와 정책회의를 거쳐 국방기본정책서(안)을 작성하며, 군무회의를 거쳐 장관 결재후 **6월말까지 대통령 재가**를 받아 발간한다.

〈표 4-1〉 국방기획문서의 종류

문 서 명	주관부서	작성주기/시기	대상기간
국방정보판단서	국방정보본부	매3년 2월말	F+1 ~ F+17
국방기본정책서	국방부 정책기획관실	매5년 6월말	F+1 ~ F+17
합동군사전략서	합참 전략기획본부	매3년 6월말	F+3 ~ F+17
합동군사전략목표기획서	합참 전략기획본부	매년 11월말	F+3 ~ F+7
국방과학기술진흥정책서	국방부 전력자원관리본부	매년 12월말	F+3 ~ F+17
합동군사전략능력기획서	합참 전략기획부	매년 5월말	F+1

160) 2002년부터 2007년간 노무현 정부시절에 국가안보위원회(NSC: National Security Council)가 대통령직속으로 설치되어 국가안보전략지침서를 발간하였다. 이러한 지침의 명칭은 정권에 따라 변경될 수 있으며 조직의 명칭이나 역할의 범위도 달라진다.

3) **합동군사전략서**(JMS: Joint Military Strategy) : 국가목표와 국방목표를 달성하기 위한 군사전략의 목표, 개념과 군사력 건설방향이 제시된 문서로서 합동군사전략목표기획서, 국방과학기술진흥정책서 및 국방중기계획서 작성에 필요한 기초자료를 제공한다.

국방목표는 "외부의 군사적 위협과 침략으로부터 국가를 보위하고, 평화적 통일을 뒷받침하며, 지역의 안정과 세계의 평화에 기여한다."이다.(1994. 3. 10 개정)

합참 전략기획본부는 매 3년 주기로 국가안보전략지침서, 국방정보판단서 및 국방기본정책서 등을 기초로 합동전략서(초안)을 2월말까지 작성하여 국방부 및 합참의 관련부서의 검토를 의뢰하며, 합참 전력분석처의 사전분석결과 등 각 기관의 검토의견을 종합하여 5월말까지 합동전략서(안)을 작성, 합동전략회의 및 합동참모회의를 거쳐 합참의장 및 장관 결재를 받아 6월말까지 발간한다.

4) **합동군사전략목표기획서**(JSOP: Joint Strategy Objective Plan) : 국방목표 달성과 군사전략 수행을 위한 군사력의 건설 소요, 부대기획 소요 및 소요의 우선순위를 제시하는 문서로서 국방과학기술진흥정책서 및 국방중기계획서 작성에 필요한 근거와 자료를 제공하며, 부록으로 합동무기체계기획서와 부대기획서가 있다.

전략기획본부는 국방정보판단서, 국방기본정책서, 합동군사전략서 및 합동개념 등을 기초로 합동군사전략목표기획서 작성지침을 수립하여 매년 3월말까지 각 군, 기관 및 방위사업청에 하달(통보)한 후 8월말까지 전력소요서를 작성하여 전략기획본부(전력기획부 및 전력분석처)에 제출한다.

5) **국방과학기술진흥정책서**(DSTPP: Defense Science & Technology Promotion Policy) : 자주적 선진국방을 구현하기 위해 국가과학기술정책과 연계된 국방과학기술 진흥의 중장기 발전목표 및 기본방향을 정하고, 군사혁신을 위한 분야별 국방과학기술발전 추진전략 및 중장기 재원투자방향 등을 제시하는 문서로서 국방과학기술실행계획서 작성에 필요한 근거 및 자료를 제공한다.

따라서 각 관련부서, 각 군, 기관 및 방사청은 DSTPP 작성지침에 따라 분야별 소관내용을 작성하여 3월말까지 국방부 전력자원관리실에 제출하고, 전력자원관리실은 관련부처(서) 등의 검토결과를 4월말까지 접수받아 분야별 작성내용을 종합 검토하여 정책실무회의 및 정책회의심의를 거쳐 DSTPP안을 작성하여 6월말까지 장관의 결재를 받아 국가과학기술심의위원회의 심의를 거쳐 국방과학기술진흥정책서를 발간한다.

6) **합동군사전략능력기획서**(JSCP: Joint Strategy Capability Plan) : 목표연도 초기에 구비된 군사능력에 기초하여 부여된 전략적 과업을 완수하기 위하여 각 군 총장과 각 군 사령관에게 자원의 할당을 포함한 전략지침을 제시하는 문서로서 전시문서인 국방 전시 지원소요 및 전시 능력판단서, 국방자원 동원운영계획서, 국방 전시 예산서, 합동 작전계획 작성에 필요한 지침과 자료를 제공한다. 본 문서는 합동전략기획체계(JSPS: Joint Strategy Planning System)와 작전 기획 및 시행 체계(JOPES: Joint Operations Planning And Execution System)를 연결하는 교량적 역할을 수행한다.

전략기획본부는 국방정보판단서, 국방전시정책서, 합동군사전략서, JSOP, 국방중기계획서, 연도 충무계획 기본지침 등을 기초로 적용 2년전 2월까지 JSCP 작성지침을 작성하여 관련부서, 각 군 및 기관에 하달(통보)하면, 이 지침에 따라 관련부서, 각 군 및 기관은 목표연도 전시 부대확장계획을 기초로 각 군의 전시 자원소요서 및 능력서, 국방자원동원소요서, 국방전시예산서 등을 작성하며 국방 전시자원능력판단서, 군 전시지원능력판단서, 국방 자원동원운영계획서, 기능별 부록을 작성하여 적용전년도 3월까지 합참 전략기획본부에 제출한다.

전략기획본부는 상기 관련 자료 등을 종합하여 적용 전년도 4월까지 JSCP(초안)을 작성하여, 합동전략실무회의를 거쳐 5월초까지 JSCP안을 작성하며, 합동전략회의 및 합동참모회의를 거쳐 의장의 결재를 받아 5월말까지 JSCP를 발간한다.

2. 국방계획체계(Defense Programming System)

가. 계획체계의 개념과 역할

기획서에 설정된 국방목표를 달성하기 위하여 수립된 중장기 국방정책을 실현하기 위한 소요재원 및 가용재원을 예측 · 판단하고, 가용재원 범위내에서 연도별, 사업별 추진계획을 구체적으로 수립해가는 과정으로서 계획체계의 역할은 다음과 같다.

1) 기획단계의 국방정책과 군사전략을 구체화하고 각급 부대단위 및 사업단위로 연도별 목표량과 자원을 배분하여 임무별 · 기능별로 기획과 예산편성을 연결시켜준다.

2) 군사력 건설사업과 유지사업을 동시에 계획하여 유무형 전력을 균형 발전시킨다.

3) 대상기간 동안의 국방기본계획과 종합적인 지침 및 국방활동 방향을 제시하고 각

사업관련부서의 지속적인 업무 연결을 원활하게 하며 국방자원관리의 효율성을 도모한다.

4) 연도 예산 편성의 근거를 제공한다.

나. 계획문서의 종류

〈표 4-2〉 국방계획문서의 종류

문 서 명		주 관 부 서	작성시기	작성주기	대상기간
국방중기계획서		국방부(계획예산관실)	12월	매년	F+2년~F+6년
보조문서	국방중기계획서 작성지침	국방부(계획예산관실)	2월	매년	F+2년~F+6년
	국방중기계획요구서	합참, 각 군 및 기관	7월	매년	F+2년~F+6년
	방위력개선사업분야 중기계획서(안)	방위사업청	10월	매년	F+2년~F+6년
	분야별 검토서	국방부(관련부서)	9월	매년	F+2년~F+6년

다. 국방중기계획서

1) **국방중기계획**은 중장기 국방정책과 군사전략을 효과적으로 구현하기 위한 수단으로서 F+2~F+6년간의 군사력의 건설 및 운영유지 소요를 가용 국방재원 범위 내에서 구체적으로 재원을 배분함으로써 연도별 예산편성의 근거를 제공하며, 제기된 군 지휘구조, 부대의 창설 · 해체, 개편 소요를 검토 · 조정하여 대상기간의 부대계획을 수립함으로써 연도별 부대계획, 정원계획 및 인력계획, 복지계획 수립에 기초자료를 제공한다. 따라서 국방중기계획서는 국방운영의 청사진이다.

2) **작성절차** : 〈그림 4-3〉참조

○ 전력자원관리실은 방위력개선사업 중기계획작성지침(안)을, 기획조정관실은 중기부대계획 작성지침(안)을, 보건복지관실은 복지중기계획 작성지침(안)을 수립하여 매년 2월 중순까지 계획예산관실로 제출한다.

○ 계획예산관실은 경상운영분야 중기계획작성지침(안)과 위의 중기계획작성지침(안)을 기초로 중기계획작성지침을 작성 2월말까지 합참, 각 군, 기관 및 방사청에 통보(하달)한다.

○ 합참, 각 군 및 기관은 중기계획 작성지침 등을 참고하여 부대계획이 포함된 경상운영분야 중기계획요구서를 작성, 7월말까지 국방부 주무관실 및 합참 전략기획본부로 제출하며, 방위력개선사업분야 전력화지원요소중 소관사항에 대한 자료는 6월말까

지 방사청에 제출한다.

○ 국방부 사업주관부서는 제출받은 국방중기계획요구서를 관련부서에 검토를 의뢰하고 필요시 계획예산관실(운영평가담당) 및 전문기관(KIDA 등)에 사전분석평가를 의뢰하여 검토 및 분석결과를 9월초까지 해당부서에 통보한다.

○ 합참 전략기획본부는 부대계획분야에 대한 각 군 및 기관의 국방중기계획요구서를 검토한 후 9월 초순까지 국방부 기획조정관실로 제출하고, 방위사업청에서 작성한 방위력개선사업분야 국방중기계획(안)에 대하여 전력별 사업우선순위가 포함된 검토결과를 10월 중순까지 전력자원관리실(전력계획팀)에 제출한다.

○ 방위사업청은 각 군 및 기관으로부터 제출받은 전력화지원요소를 반영한 **방위력개선사업분야 국방중기계획(안)**을 작성하여 10월초까지 방위사업추진분과위원회의 심의를 거쳐 국방부 전력자원관리본부로 제출하고 전력자원관리본부는 이를 군수관리관실, 군사시설기획관실, 정보화기획관실 및 합참 전략기획본부 등 관련부서로 검토를 의뢰한다.

○ 전력자원관리실(전력계획팀)는 **방위력개선사업분야 중기계획(안)**에 대한 검토의견을 방위사업청에 통보하며, 방위사업청은 국방부 전력자원관리실의 검토결과를 받아 방위력개선사업분야 중기계획(안)을 작성하여 장관에게 보고 후 전력자원관리실로 제출하고, 전력자원관리실은 이를 방위사업추진위원회 상정 및 심의 · 조정을 거쳐 그 결과를 11월말까지 계획예산관실에 통보하고 군무회의에 보고한다.

○ 기획조정관실은 각 군 및 기관에서 제출한 국방중기계획요구서와 합참 전략기획본부에서 통보한 부대계획 검토서를 근거로 작성한 국방중기부대계획(초안)을 정책실무회의를 통해 조정 후 **국방중기부대계획(안)**을 작성하여 10월말까지 계획예산관실로 제출한다.

○ 보건복지관실은 국방복지중기계획(초안)을 작성하여 정책실무회의를 통해 조정 후 **국방복지중기계획(안)**을 작성하여 10월말까지 계획예산관실로 제출한다.

○ 계획예산관실은 국방중기계획요구서의 검토결과 등을 기초로 작성한 경상운영분야 국방중기계획서(초안)를 정책실무회의를 통해 조정 후 경상운영분야 국방중기계획서(안)를 작성하며, 기획조정관실, 보건복지관실에서 각각 제출한 국방중기부대계획서(안) 및 국방복지중기계획서(안)를 종합하여 작성한 국방중기계획서(안)를 정책회의 및 군무회의 심의를 거쳐 11월말까지 장관의 재가를 받는다.

○ 계획예산관실은 경상운영분야 국방중기계획(안)과 방위력개선사업분야 국방중기계획(안)을 함께 대통령 재가를 받아 12월 말까지 국방중기계획서를 발간한다.

3) 위의 국방중기계획서 작성절차를 도표화하면 〈그림 4-3〉과 같다.

〈그림 4-3〉 국방중기계획서 작성절차

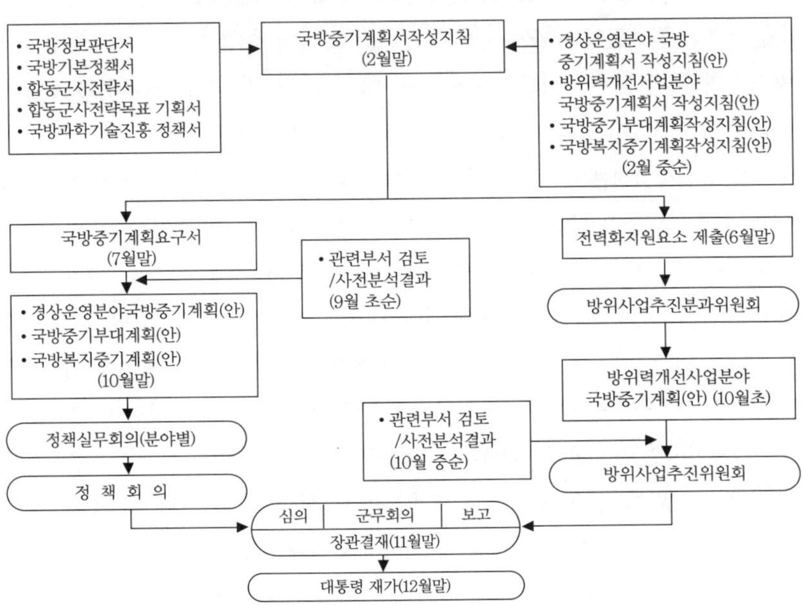

3. 예산편성체계(Budgeting System)

가. 예산편성체계의 개념과 역할

회계연도의 소요재원 사용을 국회로부터 승인받기 위한 절차로서, 체계적이고 객관적인 검토 · 조정 과정을 거쳐 국방중기계획의 기준연도(F+2년) 사업과 예산소요를 구체화하는 과정이며 예산편성체계의 역할은 다음과 같다.

1) 국방중기계획의 기준년도 사업과 소요재원을 검토 · 조정하여 사업별, 비목별로 예산을 구체화하여 예산획득의 근거를 제공한다.

2) 계획의 실현성을 높이고 예산획득의 목표를 달성하기 위한 수단이다.

3) 예산의 효율적 집행을 위한 기준을 제공한다.

나. 문서의 종류

〈표 4-3〉 국방예산 편성문서의 종류

문 서 명		주 관 부 서	작성시기	작성주기	대상기간
경상운영사업 예산요구서		국방부(계획예산관실)	6월말	매년	F+1년
방위력개선사업 예산요구서		방위사업청	6월말	매년	F+1년
국방예산서		국방부(계획예산관실), 방사청	12월	매년	F+1년
보조문서	연도국방예산편성지침	국방부(계획예산관실)	전년도 12월말	매년	F+1년
	예 산 요 구 서	합참, 각 군, 기관	3월말	매년	F+1년
	분야별 예산요구서	국방부(사업주관부서)	4월 중순	매년	F+1년

〈그림 4-4〉 국방예산 편성절차

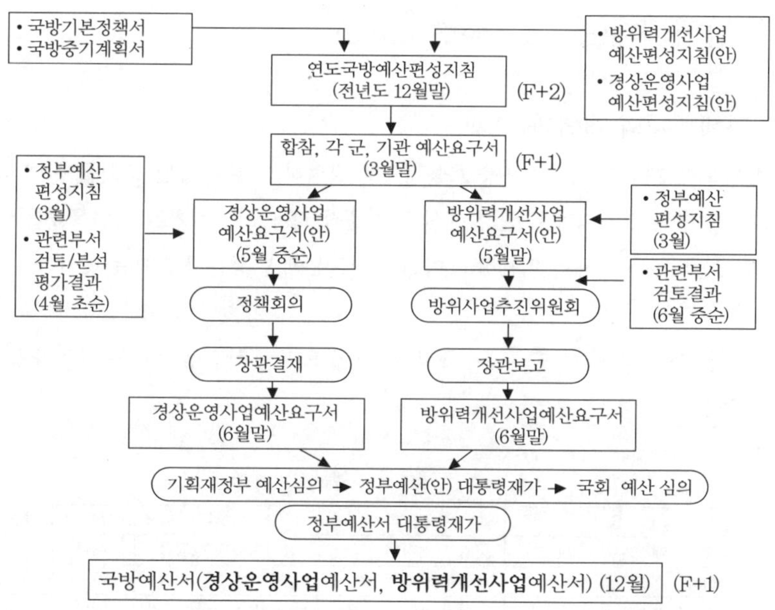

다. 국방예산요구서

국방부가 합참, 각 군/기관 요구사업 계획 및 예산을 최종 종합 · 조정하여 지식경제부에 예산을 요구하는 문서이며, 국방예산서는 국회의 심의 및 정부에서 확정 공포된 국방예산에 따라 작성된 문서로서 국방중기계획서중 예산연도의 사업계획 및 예산을 집행하기 위한 기준과 근거를 제공한다.

라. 예산편성 절차

계획예산관실은 기준년도(F+1) 사업에 대한 예산편성지침을 예산편성 전년도 12월말까지 합참, 각 군 및 방사청에 하달하고, 방위력개선사업비와 경상운영비에 대한 재원을 배분하며, 합참과 각 군 및 기관이 제출한 예산요구를 종합한 국방예산요구(안)를 작성하여 정책회의 심의를 거쳐 기획재정부에 6월말까지 국방예산을 요구하고, 국회의 심의를 거쳐 확정된 국방예산서를 합참, 각 관련부서 및 각 군에 통보(하달)한다. 예산편성 절차를 도표화하면 〈그림 4-4〉와 같다.

4. 집행체계(Execution System)

가. 집행체계의 개념과 역할

당해 연도에 계획된 사업목표를 효율적으로 달성하기 위한 제반 조치를 시행하는 과정으로서, 집행체계의 역할은 편성 예산의 효율적 사용으로 계획된 사업목표를 달성하고, 편성 예산의 이 · 전용을 억제하고 이월액과 불용액 발생을 최소화는 것이다.

나. 예산집행 문서의 종류는 〈표 4-4〉와 같으며 예산집행 절차는 다음과 같다.

1) 예산의 배정

〈표 4-4〉 국방예산 집행문서의 종류

문 서 명		주관부서	작성시기	작성주기	대상기간
국방예산배정계획서		국방부(계획예산관실)	집행전년도 12월말	매년	F+1년
보조문서	예산배정계획 작성지침서	국방부(계획예산관실)	집행전년도 10월말	매년	F+1년
보조문서	분기별 예산배정 요구서	합참, 각 군, 기관	집행전년도 11월 20일	매년	F+1년
국방예산운영지침서		국방부(계획예산관실)	집행전년도 12월	매년	F+1년
월별재정보고서		국방부(계획예산관실)	매월 5일	매월	F년, F+1년
세입세출예산결산보고서		국방부(계획예산관실)	집행 다음연도 2월	매년	F년
보조문서	예산결산지침서	국방부(계획예산관실)	집행년도 12월 15일	매년	F년
보조문서	합참, 각 군, 기관 예산결산보고서	합참, 각 군, 기관	집행 다음연도 1월말	매년	F년

계획예산관실은 예산배정계획 작성지침을 집행 전년도 10월말까지 합참, 각 군 및 기관에 통보(하달)하고, 합참과 각 군 및 기관은 예산배정계획 작성지침서에 따라 예산배정 요구서를 분야별 · 비목별로 작성하여 집행 전년도 11월 20일까지 국방부 계획예산관실로 제출하면, 계획예산관실은 국방예산배정계획을 수립하여 장관의 결재를 받아 지식경제부로 제출하고 국무회의 심의를 거쳐 대통령의 재가를 받아 확정된 예산배정계획을 집행 전년도 12월말까지 합참과 각 군 및 기관에 통보(하달)한다.

2) **예산집행보고, 예산의 이월 및 결산 업무절차**는 규정을 참고하기 바란다.

마. 국방예산배정계획서는 국방예산서에 명시된 사업과 예산을 적기에 집행하도록 분기별 예산 배정계획서로 예산 집행근거를 제공하고, 월별 재정보고서를 작성하는데 필요한 기초자료를 제공한다.

바. 월별 재정보고서는 국방예산배정서와 국방예산운영지침서에 따라 사업 및 예산을 집행한 실적을 파악하고 필요한 조치를 취하여 예산을 차질없이 운영하기 위한 보고서이다.

사. 세입 · 세출예산 결산보고서는 국방예산서와 사업 승인서에 명시된 사업과 예산에 대한 집행 및 운영결과보고서로서 감사원 감사와 정부업무평가를 위한 기초자료를 제공한다.

아. 국방비용편람(운영유지비)은 국방운영실적 자료를 토대로 비용분석한 결과를 종합 정리하여 국방자원관리 업무에 공통적으로 활용할 수 있도록 비용정보를 제공한다.

5. 분석평가체계(Evaluation System)

가. 분석평가체계의 개념과 역할

국방기획관리의 각 단계에서 의사결정을 지원하기 위한 분석과정으로서 사전분석과 사후분석으로 구분되며, **사전분석**은 기획, 계획, 예산단계 및 집행 전에 실시하며, **사후분석**은 집행 후 실시하는 분석으로 국방부에서 실시하는 집행중 평가와 집행 성과분석, 합참에서 실시하는 전력운영분석, 각 군 및 기관에서 실시하는 전력화평가로 세분한다. 분석평가체계의 역할은 다음과 같다.

1) 국방목표 달성을 위한 합리적인 정책결정과 국방자원의 효율적 사용을 보장하기 위한 관리기능이다.

2) 기획, 계획, 예산편성, 집행 및 운영 간에 사업추진의 타당성, 합리성, 사업의 효율성, 사업추진 성과 등을 분석평가하여 사업 추진단계별 합리적인 의사결정과 차기 및 유사사업에 대한 계획 수립을 지원함으로써 한정된 자원의 효율성을 극대화시킨다.

3) 전쟁양상 예측 및 장차작전 모의분석, 군 구조 및 전장운영능력과 자원관리분석을 실시한다.

4) 비용분석 및 무기가격 정보자료의 생산, 관리로 기획관리 각 단계에 활용한다.

5) 제 단계에서 도출된 문제점 및 교훈은 계획 수립 및 유사사업 추진시 반영한다.

나. 분석평가 문서의 종류

1) 공통문서로는 분석평가 결과보고서가 있으며, 소요기획단계 분석평가문서로서는 소요제기 분석평가(각 군), 소요제기분석평가내용 타당성 검토(합참), 선행연구결과 분석평가(방위사업청) 문서가 있다.

문서명		주관부서	작성시기	작성주기
계획단계 분석평가		방위사업청	수시	매년
예산단계 분석평가		방위사업청	수시	매년
집행중 평가 및 집행성과분석 결과보고서		방위사업청	수시	수시
보조문서	집행중 평가 및 집행성과분석계획	방위사업청	매년 12월	매년

2) 획득단계 분석평가문서는 다음과 같다.

3) 운영유지단계 분석평가문서는 전력운영분석 결과보고서(합참 전력분석처), 전력화평가 결과보고서(각 군 평가주관부서)가 있다.

다. 부서 및 기관별 임무

1) 국방부 기획조정실(운영평가담당관), 전력자원관리실(전력조정평가과)

○ 운영평가담당관은 경상운영분야의 중요사업과 장관의 지시사업, 사업주관부서에서 분석평가를 의뢰한 사업 등에 대하여 분석평가를 실시하고, 평가자료를 관련부서에 전파하며,

○ 전력조정평가과는 방위사업분야에 대한 장관 지시사항과 선정한 과제에 대해서는 분석평가를 실시하고,

○ 합참 전력분석처에서 실시한 소요기획단계 분석평가 결과에 대한 타당성 검토결과와 방위사업청에서 실시한 분석평가 결과에 대해서는 자체 또는 용역검증을 실시하고, 각 기관별 연간 분석평가실시 자료목록을 종합해서 관련부서에 전파한다.

2) 각 관련부서는 소관업무에 대하여 자체 분석평가를 실시하며 필요시 합참 전력분석처, 국방부 분석평가부서로 분석평가를 의뢰한다.

3) 합참 전력분석처는 각 군 및 기관에서 제출한 소요기획단계 분석평가 결과에 대해 타당성 검토를 실시하고, 그 결과를 해당 소요요청기관 및 방위사업청, 전력자원관리실(전력조정평가과)에 통보(보고)하며, 전력화되어 운영중에 있는 무기체계에 대한 전력운영분석을 실시한다. 다만, 방위사업청에 통보하는 분석평가 결과는 소요가 결정된 사업에 한한다.

4) 각 군 및 기관은 신규사업 요청 및 기 계획사업을 변경하고자 할 때에는 자체 분석평가결과를 제출하며 배치된 무기체계의 제 전력요소에 대한 전력화평가를 실시한다.

5) 방위사업청은 획득단계에 대한 분석평가를 실시하고, 평가자료를 관련부서에 전파한다. 또한 각 군에서 실시하는 전력화 평가계획 접수시 평가에 필요한 제반사항을 지원하고, 평가결과는 차기 양산계획 및 타 사업에 반영하는 등 후속조치를 하여야 한다.

6) 국방연구원은 **국방정책, 군사전략, 군사력 소요 및 무기체계 획득에 대한 평가와 가격정보 및 비용분석 등에 관한 업무를 지원**한다.

7) 국과연은 각종 장비의 기술, 성능시험 평가에 관한 사항에 대하여 업무를 지원한다.

8) 기술품질원은 국방과학기술 조사 · 분석과 방위력개선사업에 대한 조사 · 분석 · 평가업무 지원 등을 수행한다.

9) 국방대학교의 합동참모대학 및 부설 안보문제연구소는 국방정책, 군사전략 및 국가안보문제 등에 관한 사항에 대하여 소요자료 제공 등의 업무를 지원한다.

10) 분석평가 담당부서는 사업의 효율적인 추진을 위하여 필요시 국내 · 외 전문기

관 및 업체에 분석평가를 의뢰할 수 있으며 소요예산을 반영하고, 분석평가 자료를 기획-계획-예산-집행단계의 관련부서에 통보하여 제 단계별 환류를 도모하여야 한다.

라. 분석평가 업무절차는 〈그림 4-5〉와 같으며 규정에 정하고 있다.

1) 경상운영사업 분석평가

가) 분석평가 구분은 다음 3가지로서 **계획단계 분석평가**는 중기계획서 작성간 의사결정을 지원하기 위하여 국방중기계획서상의 주요 경상사업에 대한 사업의 필요성 및 사업계획의 타당성 등을 분석 평가한다. **예산편성단계 분석평가**는 예산편성시 합리적인 의사결정을 지원하기 위하여 합참, 각 군 및 기관에서 제출한 예산요구서상의 주요 경상운영사업에 대한 요구(안)의 적정성 및 타당성 등을 분석 평가한다. **집행단계 분석평가**는 사업의 개선소요를 도출하고, 차기와 유사 사업에 적용하고 의사결정을 지원하기 위하여 집행중이거나, 완료된 경상운영사업에 대하여 사업추진의 적절성, 예산집행의

〈그림 4-5〉 국방분석평가 절차

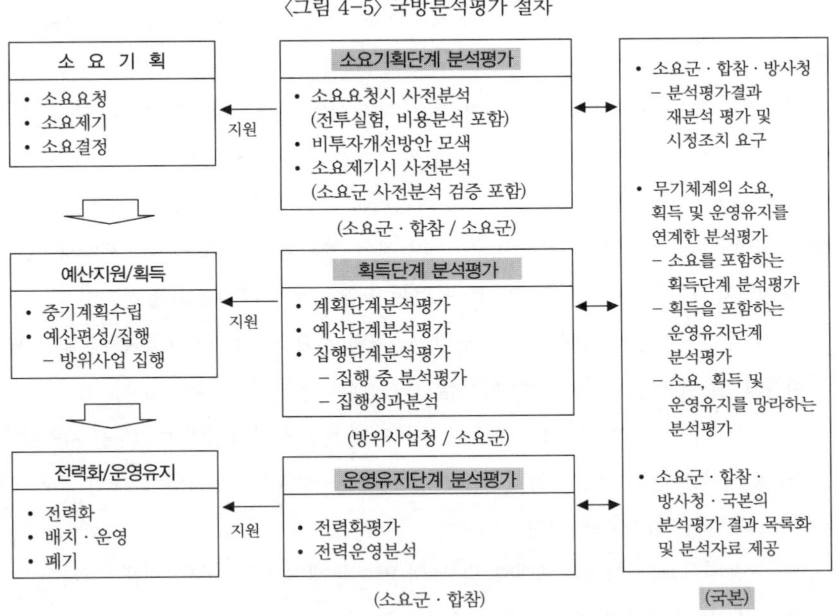

효율성, 사업방법의 적절성과 계획대비 사업추진성과를 분석 평가한다.

나) 분석평가결과를 접수한 부서에서는 결과를 검토하여 사업계획을 수정 및 보완하고, 예산편성에 관한 의사결정시 반영하여야 한다.

2) 방위력개선사업 분석평가

가) 소요기획단계 분석평가

① 소요기획단계 분석평가는 소요요청 및 소요결정 과정에서 소요의 필요성, 적정성, 균형성 등을 분석평가함으로써 소요결정의 내실화를 위해 실시한다.

② 국방부 자원관리본부(전력조정평가과)는 합참에서 실시한 타당성 검토결과에 대해 검증을 실시하고 조치한다.

③ 합참 전력분석처는 각 군 및 기관으로부터 소요요청 시 접수된 분석평가결과에 대한 타당성 검토와 합동군사전략기획을 위한 분석평가를 실시하며 필요시 국방연 및 국과연 등 관련부서에 분석평가를 의뢰하고 분석결과를 국방부 자원관리본부(전력조정평가과), 합참 전략기획부 및 관련부서로 보고(통보)한다.

④ 각군 및 기관은 신규사업 요구 시 또는 기계획 사업을 변경하고자 할 때에는 자체 분석평가부서에서 분석평가를 실시한 후 사업계획서에 분석평가결과를 첨부하여 국방부 자원관리본부(전력조정평가과) 및 합참 전략기획본부(전력기획부 및 전력분석처), 방위사업청 사업주관부서로 제출한다.

나) 획득단계 분석평가

① 분석평가구분은 4가지로서 **계획단계 분석평가**는 사업의 목표, 계획의 타당성 및 무기체계 획득방법 및 시기, 사업의 경제성 등을 분석평가하여 중기계획 수립의 내실화를 기한다. **예산편성단계 분석평가**는 각 군 및 기관에서 요구한 예산의 적정성, 사업우선순위의 타당성, 기종간 비용 대 효과분석, 기술 확보계획 분석, 기타 사업추진간 예상되는 문제점 등을 분석평가하여 예산을 구체화하고 사업추진의 효율성을 제고한다. **집행단계 분석평가**는 사업관리 및 예산집행의 효율성 · 적정성 등을 분석평가하여 사업추진상의 문제점과 그 개선방안을 제시한다. **집행중 분석평가**는 집행중인 사업에 대하여 수시로 사업추진상의 문제점을 파악하여 해결방안을 제시하며, 집행성과분석은 집행완료사업에 대하여 최초계획 대비 목표달성 여부, 효율성 및 능률성을 분석 평가한다.

② 분석평가 절차로서 획득단계 분석평가는 방위사업청에서 주관하며, 분석시험평가

국은 매년 평가대상 사업의 선정과 평가계획을 수립하여 국방부 자원관리본부(전력조정평가과)에 제출하고 분석평가를 실시하며, 필요시 군 관련 전문기관과 정부출연기관, 전문컨설팅 업체 등 외부전문기관을 이용하여 평가팀을 구성하여 평가를 실시할 수 있다.

다) 운영유지단계 분석평가는 **전력화평가**와 **전력운영분석**으로 구분하며 분석평가절차는 다음과 같다.

① 전력화평가는 무기체계의 배치 후 1년 이내에 운영개념, 작전운영성능의 달성정도 및 전력화지원요소를 확인 · 평가하여 전력요소에 대한 결함을 적기에 발견하고 최선의 시정방안을 제시할 목적으로 실시하며, 결과는 차기계획 및 타 사업에 반영하여 사업추진 성과를 극대화하며 업무수행절차는 규정을 참고하기 바란다.

② 전력운영분석은 전력화되어 야전운영중에 있는 무기체계에 대한 합동전력운용차원에서의 전력 발휘효과 및 운용실태를 분석하기 위한 평가활동으로 현장 확인을 통한 문제점 분석 및 개선요구를 확인한 후 성능개량 및 유사사업에 반영함으로써 현존전력을 극대화하고 미래 전력건설의 효율성을 제고하며 업무수행절차는 규정을 참고하기 바란다.

마. 사전분석 결과보고서

제기한 사업 및 평가내용에 대하여 타당성과 효용성을 평가하며 비용 대 효과측면에서 분석함으로써 최선의 방안을 도출하는 데 있으며, 합동군사전략목표기획서, 국방중기계획서 및 국방예산서에 사업을 추가 · 변경하는 데 필요한 기초자료를 제공한다.

바. 집행중 평가 및 집행 성과분석 결과보고서

집행중인 사업에 대하여 사업추진상의 문제점을 파악하고 그 해결방안을 제시하며, 완료사업에 대하여 최초계획 대비 목표달성 정도, 효율성 및 능률성을 분석 평가하여 차후 유사사업 추진시 반영하도록 한다.

사. 전력운영분석 결과보고서

전력화되었거나 야전 운영중인 사업에 대하여 현장 확인을 통한 문제점 분석 및 개선요구를 확인한 후 성능개량 및 유사사업에 반영함으로써 현존전력을 극대화하고 미래

전력의 효율성을 제고함에 있다.

아. 전력화 평가 결과보고서

초도생산 배치후 1년 이내에 실시하는 최초 운영능력 확인시 또는 후속양산 사업에 대하여 전력요소에 대한 결함을 적기에 발견하고 최선의 시정방안을 제시함으로써 차기 사업에 반영하여 사업추진성과를 극대화하는 데 있다.

6. 국방관리회계 및 국방기획관리 업무의 연결

국방관리회계란 자원관리 단위부대장의 책임하에 부대자원을 통합 관리하고 자원사용실적을 사실대로 기록 보고함으로써 이를 분석평가하여 부대자원의 효율적 운영을 도모하고, 표준비용을 개발하여 국방기획관리의 제 단계에 환류되어 소요결정, 재원배분, 계획 및 예산편성의 비용기준으로 활용하는 것을 말한다. 이에 따라 국방부 계획예산관실은 매년 국방자산 및 운영유지비를 종합하여 자원종류별 비용계수를 포함하여 국방비용편람(운영유지비)을 발간하며 주요내용은 규정을 참고하기 바란다.

모든 문서들은 발간순기를 준수하여 상호 유기적인 협조체제를 유지해야 하며, 국방기획관리 업무를 원활히 수행하기 위하여 국방부 군무회의(의장: 장관), 국방부정책회의(의장: 차관), 국방부방위사업추진위원회(위원장: 장관), 합동참모회의(의장: 합참의장), 합동성위원회(위원장: 합참차장)를 둔다.

국방획득관리제도(방위사업관리제도) 5

본 장에서는 2006년 1월에 방위사업청이 창설된 배경을 비롯한 국방획득정책, 국방획득관리 업무절차를 소개할 것이며 특히 무기체계의 연구개발 절차, 시험 및 평가 절차, 분석평가 절차에 대해 2007년 10월 개정한 방위사업관리규정에 기초하여 설명한다. 본 장에서 규정이라 함은 방위사업관리규정을 의미한다.

제1절 획득관리제도의 개선경위

본 절은 방위사업청 신설 당시인 2005년 말부터 2006년 초까지 방위사업청에서 청 신설 배경을 설명한 자료를 근거로 하여 작성하였기 때문에 방위사업청 신설배경에 대한 이견이 있을 수 있음을 전제로 그대로 정리한 것이다.

1. 전력증강 결과분석

가. 전력증강 추진중점

〈표 5-1〉에서는 1974년 이후 1980년대까지는 기본병기에서부터 전술무기 위주로, 1990년대부터 최근에는 전략무기를 포함한 전력증강을 추진하여 왔음을 알 수 있다.

〈표 5-1〉 단계별 전력증강 추진중점

단계	추진중점
1단계 (1974~1981)	최소 방위전력 확보 • M-16 소총 생산, 고속정(PKM) 건조, 노후장비 교체 • 헬기(UH-1H/500MD) 및 F-4팬텀 전투기 구매
2단계 (1982~1986)	방위전력 보완 • 전투기 기술도입생산(F-5 제공호) • 호위함/초계함 건조 및 야포, 전차, 장갑차 개발
3단계 (1987~1998)	방위전력 향상/공세전력 기반 조성 • K-1전차, K-200장갑차, KDX-Ⅰ개발 • K-55자주포, UH-60헬기, 209급 잠수함, KF-16전투기 기술도입
4단계 (1999~현재)	현존 및 미래위협대비 첨단 핵심전력 확보 • 대구경다련장, 214급 잠수함, F-15K전투기 도입 • K-9 자주포, K1A1전차, 구축함(KDX-Ⅱ/Ⅲ), 고등훈련기, 단거리대공유도무기, 초등/고등훈련기, 무인정찰기, 전술C4I체계 등

나. 국방획득관리제도의 변천과정

1) 국방기획관리제도는 1979년 최초로 미국의 국방기획관리제도(PPBS)를 도입한 이후 1983년에 분석평가 단계를 추가한 국방기획관리제도(PPBEES)를 수정 도입하는 등 총 10차례의 제도보완을 하였으며 주요 변천과정은 〈표 5-2〉와 같다.

〈표 5-2〉 국방기획관리제도 주요 변천

구 분	제 도 변 천	문 서 체 계	발 간 주 기
'79년 ~ '82년	• PPBS 도입('79년)	• 중기문서	• 중기 : 매년
'83년 ~ '91년	• PPBEES 도입('83) • 율곡계획이관('85년) (합참 → 국방부)	• 중기문서 • 중기문서	• 중기 : 매년 • 장기 : 3년
'91년 ~ '98년	• 818 군구조 개편('90) • 전력기획 이관('97년) (합참 → 국방부)	• 중 · 장기통합문서	• 전력기획/계획: 매년 • 기타 문서 : 3년
'99년 ~ '05년	• 전력기획 환원('99년) (국방부 → 합참)	• 중 · 장기통합문서	• 군사전략서 : 3년 • 전력기획/계획: 매년 • 국방기본정책서: 5년 • 기타 문서: 3년
'06년 ~	• 전력기획 이관('06년) (합참 → 국방부)	• 중 · 장기통합문서	• 군사전략서: 3년 • 전력기획/계획: 매년 • 국방기본정책서: 5년 • 기타 문서: 3년

2) 국방획득관리제도는 1972년 최초로 정립한 이후부터 1998년까지 11차례 보완되었으며, 1999년부터 획득 관련 모든 규정 및 지침을 통합하여 **『국방획득관리규정』**으로 제정한 이후 2005년 말까지 7차례의 보완과정을 거쳐 국방부 본부에서 전력투자사업을 주관해왔다.

그러나 참여정부는 국방획득업무의 문제점을 근원적으로 해소한다는 명분으로 범정부차원의 제도개선위원회를 발족시켜 제도개선을 추진하면서 획득제도의 변천과정을 크게 세 시기로 구분하였고 이를 세부적으로는 〈표 5-3〉과 같이 9단계로 나누었다.

가) 제도도입기(1971~1990년) : 1970년대 초 미군 철수가 가시화되자 독자적인 국방능력을 갖추자며 자주국방이 강조되어 1971년에 제도연구위원회가 발족되어 1972년에 국방부 방위사업담당관실, 합참에 작전기획국, 국방과학연구소를 신설하였으며, 1974년부터 전력증강 8개년 계획을 수립하고 이를 지원하기 위하여 **1975년부터 방위세**

를 신설하여 1990년까지 운영하여 율곡사업을 추진하였다.

나) 제도 발전 및 통합기(1991~2005년) : '91년부터 방위세를 폐지하고 818군구조 개선('90.9) 및 예산편성체계를 총액편성개념에서 과목편성개념으로 전환하는 등 문민정부 및 국민정부 출범 등에 영향을 받아 국방획득제도가 많은 변화과정을 거치게 되었다. 특히, **1999년에는 각종 규정 및 지침을 통합하여 『국방획득관리규정』을 제정**하였으며 여러 번의 개정과정을 거쳐 『국방획득관리규정』(국방부훈령 763호, 2004)을 완성하였다.

다) 제도 혁신기(2006년~) : 포괄적 안보개념으로의 변화와 더불어 **국방획득업**

〈표 5-3〉 국방획득관리제도 변천

구 분	제 도 변 천	관련 조직	의사결정기구
'72년	• 최초 획득관리제도 제정	• 국방부 : 방위산업관 ※ 국방과학연구소 창설	• 병기개발과제선정위원회 • 병기개발기술위원회
'74년 ~ '78년	• 율곡사업 착수 - 연구개발절차 마련 - 무기체계채택절차 마련	• 국방부 : 방위산업국	• 국방과학기술심의회
'79년 ~ '82년	• 미 PPB제도 도입 - 무기체계선정절차 마련	• 국방부 - 투자사업조정관 - 방위산업 1, 2, 3국	• 전력증강위원회 (5인, 10인) • 개발심의회
'83년 ~ '90년	• **미 PPBEE제도 도입** - 해외구매절차 제도화 - 획득 전단계 품질보증	• 국방부 - 계획평가관(전력계획관) - 투자사업조정관, 평가분석관 - 방위산업국	• 전력증강사업추진위원회 • 획득심의회
'91년 ~ '96년	• **818 군구조 개편** - 합참 소요제기기능 수행 - 각 군 소요제기 환원('95)	• 국방부 - 전력계획관 - 사업조정관, 평가분석관 - 획득개발국	• 전력정비사업추진위원회 • 획득심의회
'97년 ~ '99년	• 문민정부 제도개선 - 획득절차 단축(9 → 6단계) ※ 무기체계 선정, 채택삭제 - RFP[161]에 의한 기종결정	• 국방부 - 전력계획관 - 사업조정관, 획득개발국	• 방위력개선사업추진위원회 • 획득협의회 • 무기체계협의회
'99년 ~ '02년	• 국민정부 제도개선 - 17개 규정 통 · 폐합 - 결재처리방식 의사결정	• 국방부 - 획득정책관, 연구개발관 - 군수관리관, 분석평가관	• 결재처리방식 - 국방투자사업추진위원회 - 획득회의(자문)
'03년 ~ '05년	• 참여정부 제도개선 - 개방형 회의체 의사결정		• 전력투자사업심의위원회 • 획득개발심의회
'06년 ~	• 국방획득 제도개선 - 효율성, 전문성, 투명성 및 경쟁력 확보 • 전문화계열화제도 폐지('08년말)	• 방위사업청	• 방위사업추진위원회 - 분과위원회(3개)

161) RFP: Request for Proposal(제안요구서)의 준말

무를 군내부에서만 수행하던 관행에서 탈피하고 국민 · 정부 · 군간 상호협력이 가능하고 획득업무의 투명성, 효율성, 전문성 및 방위산업의 경쟁력을 강화할 수 있도록 8개 기관으로 분산된 획득조직을 통폐합하여 방위사업청을 신설하는 등 제도혁신을 추진, 2008년말부로 전문화 · 계열화 제도를 폐지하여 경쟁체제를 유지한다는 것이었다.

다. 전력증강 결과 분석

방위사업청 신설 당시에 방위사업청에서 1970년대부터 전력증강해온 결과를 분석한 내용은 다음과 같다.

1) 기존의 전력획득업무는 북한위협 대비의 긴급성, 가용예산의 제약, 기술수준의 열악, 한미 연합전력의 상호운용성 및 보완성 등을 주요 요소로 고려하였다.

2) 우리 군의 전력은 한미 연합방위체제 하에서 전략적 차원보다는 전술적 차원 위주로 발전시켜 왔다.

3) 과거 30년간 군은 북한위협 대처의 긴박성으로 **고성능 완성 무기체계 위주의 조기 전력화**를 요구하여 국외도입이 불가피하였고, 이는 결국 국내 연구개발 · 기술축적의 소홀과 국내 방산기반 약화를 초래하였다.

4) 비용요소가 전력획득의 방법을 결정하는 핵심적 기준으로 적용된 결과 국내개발 · 생산방식은 활성화되지 못해 기술축적이 미흡하였다.

5) 국내연구개발을 추진하는 경우에도 대부분 체계개발에 중점을 두었기 때문에 핵심기술을 개발하기 위한 투자는 미흡하였으며, 경직된 ROC 운영 등으로 기술 진부화를 초래하였다.

6) 기술도입을 통한 국내 생산의 경우 1회성으로 끝나고 차기 계획과 연결되지 못하였으며, 업체는 단기적 수익 차원에서 물량 증가만 요구함으로써 기술축적이 미흡하였다.

7) 기술도입을 통한 국내생산을 추진하였으나 조립 형태에서 크게 벗어나지 못함으로써 해외수출이 제한되고 기술축적과 방산기반구축에 크게 기여하지 못하였다.

8) 국외 직구매를 추진하면서 절충교역(Off-set)을 통해 기술이전을 추구하였으나, 대부분 기술자료 획득 및 현지연수, 대응구매 등으로 기술획득은 미미했던 것으로 평가되었다.

2. 국내외 획득환경의 변화

가. 위협의 변화 : 불특정 · 불확실성 안보위협의 증가

북한위협에 대처할 수 있는 우수한 성능의 전력체계를 조기에 전력화할 것을 요구함에 따라 획득방법의 선택 폭이 사실상 제한되어 왔다. 미래의 위협은 북한의 재래전 위협이 상대적으로 저하될 것으로 예상되는 반면에 북한의 핵무기 및 탄도미사일 보유를 고려한 위협과 주변국의 잠재적 안보위협이 증대될 것으로 예상된다. 따라서 전략적 차원의 첨단기술 전력을 획득하는데 중점을 두어야 할 것으로 판단된다.

나. 전력소요의 변화 : 정보 · 기술 위주의 고도 정밀 전력체계 요구

이제까지는 '북한위협에 대비한 양적 · 기술적 차원의 전력체계', '플랫폼 · 하드웨어 · 하드 킬 위주의 전력체계', '비교적 단순한 개별 무기체계를 획득 및 전력화' 하여 왔다. 그러나 앞으로는 **'불확실성 위협에 대비한 질적 · 전략적 차원의 전력체계', '정밀유도무기 · 소프트웨어 · 소프트 킬(Soft kill) 위주의 전력 체계', '개별체계들을 상호 긴밀하게 연결한 복합체계'** 가 요구될 것으로 판단된다. 따라서 미래 핵심전력체계는 고도의 첨단기술을 요구할 것이므로, 이를 **'선택과 집중'** 및 **'도약식'** 으로 발전시키기 위한 전략적 방책이 긴요하다.

다. 선진국의 기술 패권주의 강화 : 첨단기술 이전의 통제 심화

이제까지는 주로 전술적 차원의 중 · 저급 단순무기를 획득하였기 때문에 선진국(특히, 미국)으로부터 비교적 용이하게 기술을 도입하여 필요한 무기를 생산할 수 있었다. 그러나 앞으로는 전략적 차원의 첨단 정밀 · 지능화 · 복합 무기체계가 소요될 것이므로 기술의 이전이 극도로 제한되거나 불가능해질 것으로 예상된다. 따라서 앞으로는 첨단기술 보유가 자주국방의 요체이며, 전쟁 억제력의 핵심역할을 담당할 것이지만 선진국의 기술이전 통제는 더욱 강화될 것이므로 **첨단 핵심기술의 독자적 개발 방책**을 마련할 필요가 있다.

라. 선진국의 방산 수출 강화 : 국가 차원에서 수출 촉진

냉전시대의 동 · 서 진영간 대결구도 하에서 선진국이 무기를 대량 생산하여 우방 · 동맹국들에게 무상지원 또는 판매하는 형식으로 방산체제를 유지해 왔다. 그러나 최근 선진국들은 국내 무기소요의 제한 및 축소로 방산구조를 조정하고, 내수 목적으로는 소량 생산하면서 해외 판로를 적극 개척하고, 특히, 첨단무기의 기술이전은 엄격하게 통제하면서 구형무기는 경쟁적으로 염가 판매하는 방산정책을 추구하고 있다. 이로 인하여 선진국과 후진국간 기술 격차가 더욱 심화되는 추세이며, 후진국이 완성장비 위주로 해외구매를 지속할 경우 선진국의 무기 시장화 및 기술 종속화가 심화될 것이다. 따라서 **방위산업 경쟁력을 강화하기 위한 다각적 방책**을 마련할 필요가 있다.

마. 우리의 과학기술 비전과 능력 : 불가능에서 가능으로 발전

우리는 1960~70년대 과학기술의 예산 · 인력 · 시설이 매우 낙후된 수준이었으나, 1980~90년대에는 과학기술 능력을 육성하여 현재 선진국 대비 70% 수준(3~7년 격차, 2~3세대 낙후)으로 향상시켰고, 2025년경 과학기술 경쟁력 세계 7위, 정보화 지수 세계 5위에 진입할 수 있을 것으로 예상하고 있다. 이와 연계하여 국방과학기술수준도 현재 선진국 대비 70% 수준에서 2015년경 90% 수준에 도달하고, 2025년경에는 선진국 수준에 진입할 수 있을 것으로 예측하고 있다. 방위사업청의 설명에서 밝히고 있는 국방연구개발 목표는 첫째, 2010년까지 첨단핵심기술을 습득(기술선진국 진입)하고, 둘째, 2020년까지 첨단무기의 독자개발능력을 확보(자위적 방위역량 구축)하는 것이다.

제2절 국방획득관리정책

1. 획득정책 기본목표

획득정책의 기본목표는 첫째, **최적의 무기체계를 획득**하는 것이다. 군수의 원칙에서 강조한 바와 같이 무기체계나 장비를 적기에(Faster), 질 좋은 제품을(Better), 경제적(Cheaper)으로 획득하여야 하는 것이다. 둘째, **자주국방을 실현**하는 것이라 할 수 있다. 이를 위해서는 획득관리업무의 효율성 · 전문성 · 투명성을 확보하고 방위산업의 경쟁력을 강화해야 할 것이다. 셋째, **고객 지향의 획득관리업무를 수행**하는 것이다. 이를 위해서는 국민에게는 예산 절감, 기업에게는 최상의 서비스(기술정보 제공, 수출지원 등), 소요군에게는 질 좋은 장비를 제공하는 것일 것이다. 넷째, **국방획득업무의 투명성을 보장**하는 것이다. 30여년의 획득사업과 관련된 반복적인 비리의 악순환을 차단하여 국민으로부터 신뢰받는 획득사업을 추진하여야 할 것이다. 이러한 국방획득정책의 기본목표는 정부마다 차이는 있을 것이나 효율적이고 경제적으로 군의 전력소요를 적기에 충족시켜야 한다는 기본목표에는 변함이 없을 것이다.

2. 획득정책의 주요내용

가. 미래 지향적 국방연구개발 추진

1) 연구개발비는 국방비 대비 4.2%('04년) → 4.5%('05년) → 5.6%('09년)로 확대해 왔으며 앞으로도 지속적으로 확대될 것이다.

2) 국방과학연구소는 전략무기 및 핵심기술 개발을 전담하고, 일반무기 및 일반기술은 업체개발로 전환하여 공개 경쟁체계를 유지한다.

3) 군과 산 · 학 · 연 간의 역할 분담 및 유기적인 협력체제 구축, 국내 개발 및 생산 우선정책 정착 및 경쟁력을 강화해 나갈 것이다.

이렇게 함으로써 국방과학기술수준을 선진국 대비 50~70% 수준('05년)에서 80% 수준(2010년)으로 향상시키고자 노력하고 있다.

나. 혁신적 획득사업 추진을 위한 국방획득체계 개선

1) **효율성 확보** : 분산된 조직 · 인력을 통 · 폐합하여 국방부 소속의 방위사업청을 신설하여, 국방부(합참)는 무기체계 우선순위를 설정하고, 방위사업청은 그 기준에 따라 방위력개선분야 중기계획 작성 및 예산편성을 하여 합리적인 재원배분체계를 구축하며, 통합사업관리(IPT: Integrated Project Team)제도를 도입하여 사업관리자 중심의 일원화된 사업관리를 통해 사업관리의 효율성과 전문성을 확보한다.

2) **전문성 제고** : 공무원 비율을 5%에서 60%로 조정하여 현역중심에서 민간인 중심으로 개선하고, 국방대사업관리과정 확대, 개방직위 확대 등 전문인력 양성 · 활용 체계를 개선하며, '획득 전문인력제도' 를 신설하고 방위사업청장에게 군인사권 일부를 부여한다.

3) **투명성 강화** : 방위사업법 제정을 통한 적법성을 강화하고, 민간전문가 참여 및 정보공개 확대 등 상시 감시 및 견제시스템을 구축하며, 정책결정 · 사업관리 실명제, 청렴서약제 등 책임성을 강화한다.

4) **경쟁력 강화** : 방위산업 경쟁력 강화 및 수출촉진을 지원하기 위하여 전문화 · 계열화제도를 폐지(2008년 말)하고, 방위사업청과 방산업체간 Partnership 제고 및 수출지원을 강화하며, 국내 연구개발 역량을 강화하기 위하여 2015년까지 국방비의 10%를 목표로 연구개발비를 증액하고, 국방과학연구소는 핵심기술 및 전략무기 개발중심으로 재편하고, 국방기술 수집 · 관리 · 활용체계를 개선하기 위하여 방위사업청 출연기관으로 국방기술품질원을 신설한다.

다. 사전 · 사후 평가 및 비용통제 강화

1) 제한된 국방자원의 효율적 운용을 위하여 사전 · 사후 평가기능을 강화한다.

2) 기관별 및 사업단계별 분석평가를 수행하여 비용개념에 의거 사업통제를 강화한다.

소요제기와 소요결정시 비용개념을 도입하여 전력화 타당성을 분석하고, 목표 사업비용을 설정하여 단계 전환시 이행여부를 평가한다.

3) 무기가격 및 비용정보의 수집 · 분석 · 관리 · 분배 · 활용을 위한 효율적인 가격/비용분석 체제를 구축하여 목표비용 산정능력을 제고하여 무기구입비용을 절감한다.

라. 통합전력 발휘 보장

1) **무기체계 도입시 체계의 완전성 및 통합 전투력 발휘에 필요한 제반조치를 강구한다** : 종합군수지원요소 등 체계운용에 필요한 제반 Package 요소를 가능한 한 무기체계와 동시에 확보함으로써 체계운용의 완전성과 수명주기간 원활한 운용을 보장하고, 장차전에서 다수 장비 또는 체계가 연계된 복합체계(System of systems)의 중요성 증대에 대비하여 통합체계 전력발휘와 효율성을 보장하는 방향으로 획득사업을 추진한다. 특히, 각 군별 C4I체계의 연동 · 통합과 C4체계-감시 · 정찰체계(ISR)-정밀타격체계(PGM) 등 관련 전장기능을 상호 연동 · 통합하여 실시간 통합 전투력 발휘가 가능하도록 정보화된 통합전장관리체계를 구축한다.

2) **정보의 공유 · 유통이 가능한 자동화 정보체계를 구축한다** : 자동화정보체계는 전장 기능별 정보의 유통을 보장하는 정보통신기반체계를 우선적으로 구축해나가며, 통합전력 발휘 극대화를 위하여 자동화정보체계 간 또는 자동화정보체계와 무기체계 간의 상호운용성 보장을 강화하고, 정보화 관련 각종 첨단기술에 대한 군 개발능력을 제고한다.

3) **기술적 · 부수적 성능을 합리적으로 설정한다** : 소요결정 이후 획득단계에서도 작전운용성능의 적절한 검증 및 보완 그리고 기술적 · 부수적 성능의 합리적 설정이 필요하다.

마. 국가산업 발전과의 연계성 강화

1) **국가과학기술과 연계된 국방과학기술을 발전시킨다** : 민 · 군 기술이전 및 기술정보 교류와 산 · 학 · 연 연구개발 및 민 · 군 겸용기술개발을 확대하고, 이를 지원관리하기 위한 체계를 구축한다. 그리고 민 · 군 겸용기술개발이 적용되는 사업추진을 통해 민 · 군간 기술교류와 과학기술발전의 상승효과를 증대시킨다.

2) **국가 기간산업과 연계된 국방 획득사업을 추진한다** : 국가 기간산업 발전계획의 틀 속에서 국방획득사업을 추진하여 국가산업기반을 최대한 활용하고, 타 부처와 관련된 획득사업은 군 단독으로 추진하기보다는 국책사업화하여 정부차원의 예산 지원하에서 추진한다.

3. 통합사업관리제도

가. 기본목적

방위력개선사업의 효율적인 수행을 위하여 필요한 경우 단위사업별로 그 사업관리자가 계획의 수립, 예산편성, 기종결정, 협상, 계약관리, 품질보증관리 및 기술관리 등 각 기능별 전문인력을 통합 구성하여 그 단위사업의 모든 과정을 관리하는 '통합사업관리제' 를 시행한다.[162)]

나. 운영개념

1) 과거에는 사업관리자가 분산된 고정 지원조직을 찾아다니면서 사업을 추진함으로써 사업기간이 장시간 소요되고, 사업담당자(부서) 이외에는 사업의 성공보장 보다는 소속한 조직의 입장에서 책임회피, 권한행사 및 배타적 업무자세 등으로 비효율적인 사업관리를 하였다고 지적하고 있다.

2) 통합사업관리제도는 단일 사업별로 인원 및 조직이 편성되어 일관성 있게 사업을 추진하기 위하여 사업 시작단계부터 종료시까지 관련 인력(편성, 상근, 비상근)을 통합 구성하고, 사업관리자(Project Manager) 중심으로 사업의 모든 과정을 관리한다.

3) 통합사업관리팀(IPT)을 지원하는 팀은 지원분야와 이로 인해 유발되는 사안에 대하여는 책임을 부과한다.

4) 방사청은 통합사업관리제도의 성공조건을 강조한 바 있는데 이에 대한 개선이 지속적으로 이루어져야 할 것이다. IPT에게 권한의 수준을 포함하여 비전(또는 목표)를 설정하여야 하고, IPT에 타 분야 전문가를 포함하거나 지원하여야 하며, IPT구성원에게 공동 · 개인의 책임과 결정권을 부여하여야 한다는 것이다. 또한 IPT의 결심 수립절차가 규정되고 가격, 시간계획 및 성과측정기준 등이 사전 규정되어야 할 필요가 있다. IPT 운영이 성공하기 위해서는 구성원은 전문성과 권한을 보유한 자로 구성되어야 하며, 사업의 성공을 목표로 자발적인 참여와 열린 토론문화, 지속적이고 실시간적인 정보교류 유지, 합리적 반대(대안 제시), 문제점 조기 파악 및 해결 등 구성원 모두의 일관된 노력이 필요하다.

---

162) 방위사업법 제12조, 규정 6조 3항.

다. 통합사업관리팀 구성

사업관리본부장은 사업추진기본전략에 따라 통합사업관리팀장을 임명하고 팀을 구성하여야 한다. 아래 표는 방위사업청 신설 당시 통합사업관리팀을 운용하는 이유에 대해 설명한 내용을 그대로 소개한 것이다. 이와 같이 창설 초기에 예상했던 장점이 지금도 유효한지는 계속 검토 보완해나가야 할 것이다.

구 분	장 점
사업관리자 중심으로 업무 추진	• 의사결정 및 승인기간 단축(? 미확인)
기존의 순차적/축차적 검토과정을 대체	• 관망이 아닌 지속적인 사업관리 가능 • 제품 개발(생산)기간 단축
타 분야의 전문가 참여	• 문제점 조기 식별 • 부서별/개인별 배타적 업무자세 제거 • 향상된 위험 식별 및 위험 완화 • 정보공유 증대(? 모든 경우는 아님)
제한된 자원의 효율 극대화	• 개발기간 단축 및 개발비용 감소, 운용주기비용 감소
전 운용주기에 걸친 소비자 참여	• 고객(소요군) 만족도 향상(? 미확인)

라. 통합사업관리팀의 임무

방위사업관리규정은 초기, 연구개발 및 구매를 위한 각각의 통합사업관리팀을 구성할 수 있도록 규정하고 있다. 여기서는 대표적인 연구개발사업 통합사업관리팀의 임무를 소개한다. 사업관리본부장(통합사업관리팀장)은 품질보증 · 기술적 지원업무 등과 관련하여 필요시 기술품질원, 국과연 등 전문기관에 기술지원을 요청할 수 있다.

1) 연구개발 및 구매사업 추진을 위한 세부계획을 수립 및 시행한다.

2) 해당 방위력개선사업 중기계획요구안 및 예산편성요구안을 작성한다.

3) 연구개발 및 구매사업 입찰공고 업무를 주관한다.

4) 제안요청서 작성 및 제안서 평가를 지원한다.

5) 협상 총괄 조정 및 계약체결 관련 업무를 지원한다.

6) 연구개발 및 구매사업을 관리한다.

7) 개발시험평가 관리 및 운용시험평가를 협조한다.

8) 표준화 및 품질관리를 하며, 상호운용성 보장 및 전력화를 지원한다.

9) 사업예산 집행 및 결산에 관한 업무 지원 등을 수행한다.

제3절 국방획득관리 방법과 절차

1. 방위사업 관련 법규

방위사업법에 의거 방위력개선사업(국방획득관리업무)를 수행하도록 규정하고 있으며 방위력개선사업 관련 법규체계는 다음과 같다.

가. 법규체계

1) 방위사업법 : 2005. 12. 30 국회통과, 2006. 1. 2 공포 시행

2) 동법 시행령(대통령령) 및 시행규칙(국방부령) : 2006. 2. 8 및 4. 24 공포 시행

3) 관련 규정/지침은 국방기획관리기본규정(국방부훈령 제792호: 2006. 6. 29 공포 시행), 국방전력발전업무규정(국방부훈령 제793호: 2006. 6. 29. 공포 시행), 방위력개선사업관리규정(청 훈령 제13호: 2006. 5. 1 공포 시행) 3가지이다. 군수품 조달관리규정은 2007년 10월 30일에 방위력개선사업규정(청 훈령 65호)에 통합 개정되어 폐기되었다.

4) 이명박 정부는 국방전력발전업무규정 개정령(국방부훈령 제875호:'08. 3. 17. 공포 시행)과 방위력개선사업관리규정 개정(청 훈령 제79호: 2008. 6. 11 공포 시행)을 통해 부록2와 같이 본부장제를 실장제로, 정보화기획관을 자원관리본부에서 기획조정실로, 지원관리본부를 전력자원관리본부로 획득군수 관련 조직의 명칭과 직능을 일부 조정하였다.

나. 방위사업법 적용범위

법 제1조에 자주국방 기반을 마련하기 위한 방위력개선사업, 방위산업 육성, 군수품 조달 등 방위사업의 수행에 필요한 사항을 규정하고, 방위사업법의 주요골자는 첫째, 투명성 확보(정책실명제, 정보공개, 청렴서약제, 옴부즈만제도, 방위사업추진위원회 운영 등), 둘째, 효율성 강화(방위력 개선사업 기본원칙, 통합사업관리제 시행, 국방기술품질원 설치 등), 셋째, 전문성 제고(현역 획득전문 인력제도 운영, 보직자격제도 신설, 사전 법률검토제도 시행 등), 넷째, 경쟁력 강화(방위산업 보호, 육성 지원, 사업조정제도 신설, 국방 R&D 투자 확대, 방산물자 수출 지원 등)를 명시하고 있다.

IIIII 2. 획득(방위)사업관리의 적용범위

가. 획득관리의 정의

획득(방위력 개선)이란 **"군수품(무기체계 및 비무기체계)을 구매하여 조달하거나 연구개발·생산하여 조달"**하는 것을 말한다.[163] 즉, 사용자(소요군)을 위하여 무기체계 및 비무기체계를 개발, 생산, 공급하는 제반 노력으로서 개념형성단계에서부터 사용자에게 최종 생산품이 공급되어 운용될 때까지의 제반활동을 말한다. 따라서 획득관리(방위력개선사업관리: Acquisition Management)란 **무기체계 소요제기부터 운용 및 폐기에 이르기까지 전 수명주기에 걸쳐 획득사업이 효율적이고 체계적으로 이루어지도록 계획, 조직, 통제 및 조치하는 제반 활동**으로 정의할 수 있다.

미국군과 동일한 전 수명주기 간 획득개념이 도입되기 위해서는 현 방위사업법을 국방부 본부가 방사청을 조정 통제할 수 있게 하여 방위사업청, 합참, 각 군 간 긴밀하고 원활한 협력체제를 이룰 수 있도록 개정해야 한다는 주장이 많이 있다.

나. 획득관리의 역할 및 중요성

획득관리의 역할은 국방정책과 군사전략 수행에 필요한 무기, 장비 등을 효과적으로 획득하며, 한정된 국가재원의 효율적인 투자 및 사용을 가능케 하는 것이며 이러한 획득업무의 투명한 관리활동을 통하여 군에 대한 국민의 신뢰성을 증진시키는데 기여한다.

다. 무기체계와 비무기체계의 분류[164]

1) **무기체계(법 3조 3호)**란 "유도무기, 항공기, 함정 등 전장에서 전투력을 발휘하기 위한 무기와 이를 운용하는 데 필요한 장비, 부품, 시설, 소프트웨어 등 제반요소를 통합한 것"으로 대통령령으로 다음과 정하고 있다.[165] 대분류로 ① 통신망 등 지휘통제. 통신무기체계 ② 레이다 등 감시·정찰무기체계, ③ 전차, 장갑차 등 기동무기체계, ④ 전투함 등 함정무기체계, ⑤ 전투기 등 항공무기체계, ⑥ 자주포 등 화력무기체계, ⑦ 대공

163) 방위사업법 제3조 5항.

164) 방위사업법 3조, 동 시행령 2조, 동 시행규칙 2조

165) 방위사업법 시행령 3조

유도무기 등 방호무기체계, ⑧ 모의분석, 모의훈련 소프트웨어 및 장비 등 그 밖의 무기체계로 분류하고, 세부분류내용은 국방전력발전업무규정의 11조-21조와 별표2에 수록되어 있다.

2) **비무기체계(법 3조 4호, 시행령 2조)**란 "무기체계이외의 장비, 부품, 시설, 소프트웨어 그 밖의 물품 등 제반요소"로 규정하고 국방전력발전업무규정 22조와 별표2에서 ① 일반군수품, ② 자동화 정보체계(자원관리정보체계 등), ③ 교육 훈련용 장비 및 물자, ④ 기타 일반시설, ⑤ 무기체계로 분류되지 않은 장비 및 물자 등으로 분류하고 있다. 합참은 군수품에 대한 무기체계, 비무기체계의 구분 책임을 갖도록 규정하고 있다.

라. 방위력개선사업 추진방법

획득사업은 무기체계와 비무기체계 사업으로 구분하여 방위사업관리규정의 절차에 의거 추진한다.

1) **무기체계 획득업무**

가) 연구개발사업은 국외기관 참여 여부에 따라 국내 연구개발, 국제 공동연구개발로 분류하고; 개발비 부담 주체에 따라 정부투자 연구개발(국과연주관, 업체주관 연구개발), 공동투자 연구개발, 업체투자 연구개발로 분류하며; 개발 및 생산 대상 기준에 따라 무기체계연구개발(선행연구 이후 탐색개발단계와 체계개발단계를 거쳐 양산하는 무기체계 연구개발 사업), 핵심기술연구개발(기초연구단계 · 응용연구단계 · 시험개발단계 등을 거쳐 핵심기술을 연구 개발하는 사업), 기술협력생산(해외에서 기 개발된 무기체계에 대하여 생산기술 등을 도입하여 국내업체를 통하여 양산하는 사업)으로 분류하며, 방위사업관리규정의 절차에 의거한다.

나) 구매사업은 국내구매(국내 생산품에 대한 구매), 국외구매(대정부간 구매(FMS), 상업구매), 임차로 구분하며, 방위사업관리규정의 절차에 의거 추진한다.

2) **비무기체계 획득업무**는 소요군의 조달 요구에 따라 '국가계약법'에 따라 조달업무를 수행한다.

3. 방위력개선사업 수행의 기본원칙

방위력개선사업 의사결정시 지켜야 할 4가지 기본원칙을 제시함으로써 의사결정의 효율성과 합리성을 강조하고 있다.

1) **통합사업관리의 원칙** : 방위력개선사업의 효율적 수행을 위하여 통합사업관리제의 시행, 합리적인 의사결정체계 도입, 선행연구 및 소요군과의 충분한 의견 수렴을 한다.

2) **연구개발의 확대 및 방산 육성** : 국방과학기술의 발전을 통한 자주국방을 실현하기 위하여 연구개발의 활성화, 국산화 및 민군겸용 기술의 활용 확대, 모델링과 시뮬레이션 기법 등을 활용한 예산 절감, 국제협력체제 유지 강화 등을 노력한다.

3) **국방과학기술의 증진** : 국가과학기술과 국방과학기술의 종합적인 발전을 위하여 방위사업 추진 및 핵심기술 개발, 국방관련 기술자료의 통합관리 및 자료 축적 노력 등을 한다.

4) **안정적이고 경제적인 군수품의 획득** : 무기체계의 적기에 경제적인 획득, 경제성과 투명성을 확보하기 위한 경쟁에 의한 군수품의 획득, 안정적인 종합군수지원정책의 강구 등을 노력한다.

특히 방위력개선사업의 투명성 및 전문성을 강화하기 위하여 다음 제도를 시행한다.

가) 사업추진간 주요 의사결정사항에 대한 **정책실명제**

나) 방위력개선사업 관련 기관 및 담당 공무원에 대한 **청렴서약제**

다) 민원사항의 감시 및 시정 요구 등을 위한 **옴부즈만제도**

라) 구매, 용역계약서는 5천만 원 이상, 제조계약서는 1억 원 이상, 국외계약은 50만 불 이상에 대한 사전 **법률검토제도**

마) 방위사업 전문성 향상을 위한 청내 사업관리자에 대한 직무능력 향상대책 수립 시행

4. 획득관리 업무분장 및 업무절차

획득군수 관리기능을 이해하려면 획득관리업무의 분장 내용을 잘 이해하여야 하는 바 국방전력발전업무규정과 방위력개선사업관리규정에 규정되어 있는 획득관리업무분장 내용과 업무수행절차를 소개한다. 본 내용은 정부가 바뀌거나 장관이 교체될 때마다 '본부'가 '실'로 또는 그 반대로 '실'이 '본부'로 직명은 변경될 수 있으나 기본적인 업무분장 내용은 대동소이하다.

가. 획득관리 업무분장

1) **전력자원관리실** : 2006년 1월 방사청 개청 초기의 자원관리본부로 조직되어 전력정책팀(현 전력정책과)과 전력조정평가팀(현 전력조정평가과)으로 편성된 상태에서 아래와 같은 업무가 분장되었다. 2007년 12월 위 두 개의 팀을 포함하는 전력정책관으로 개편되어 다소 위상은 높아졌으나 아직도 국방부 본부의 획득군수의 기획계획기능이 미흡한 상태였다. 이러한 문제점을 고려하여 부록2의 국방부 조직도에서와 같이 2008년 6월에 자원관리본부에서 전력자원관리실로 변경되었다.

전력자원관리실(구 자원관리본부)의 주요 분장업무는 국방전력증강에 관한 정책 및 국방과학기술진흥에 관한 정책 수립 및 발전, 국방전력증강에 관한 제도의 발전과 소관 법령 의 재개정, 무기체계 소요의 결정 및 수정에 관한 업무, 방위력개선사업의 중기계획 작성 및 중기계획(안) 검토, 예산편성지침의 시달 및 예산편성(안) 검토, 방위산업의 투자 촉진과 수출시장 확대관련 승인에 관한 업무, **방위력개선사업의 업무 및 사업의 조정(실질적으로 조정 통제가 어려운 실정임)**, 합참 · 각 군 · 방사청 분석평가 결과의 재분석 평가 및 시정조치, 방위사업추진위원회에서 심의 · 조정하는 사업추진 방법의 결정, 무기체계 및 장비의 기종 결정 등에 대한 검토 업무 등을 수행한다.

여기서 문제는 위와 같이 업무는 분장되어 있더라도 실제 그 업무를 수행할 수 있는 인력이 편성되어 있느냐, 그리고 실질적으로 방위사업청을 조정통제 할 수 있는 업무체계와 업무능력을 갖추고 있느냐하는 것이다.

2) 군수관리관실 : **군수정책 · 군수품 조달정책 · 군수지원계획 · 전투긴요물자 및 장비비축계획의 수립 · 조정 및 제도의 발전, 자동화정보체계를 제외한 비무기체계의 소요 결정 및 사업관리**, 군수분야의 중기계획(안) 및 예산편성(안) 검토, 장비 · 물자 · 탄약의 보급 · 운영 및 유지, 군수품의 표준화 및 종합군수지원에 관한 업무, 비무기체계 연구개발에 관한 정책 수립 · 제도 발전 및 업무의 조정 통제, 운영 중인 군수품의 부품 국산화 정책 및 제도 발전업무를 조정 통제한다.

3) **정보화기획관실** : 국방정보화정책 수립 및 제도 발전, 국방정보화 중장기계획 수립, **자동화정보체계 및 정보화분야 핵심기술의 소요 결정**, 국방정보화체계 분야의 중기계획(안) 및 예산편성(안) 검토, 자동화정보체계 개발사업의 주관 · 시험평가 및 집행의 통제. 개발현황 관리, 국방정보체계사업의 분석 평가, 국방정보화체계에 대한 인증 · 감

리 · 종합군수지원 업무, 국과연 수행 정보화분야 핵심기술을 검토한다.

4) 계획예산관실 : **경상운영분야 국방중기계획 수립 및 국방중기계획서 발간**, 국방예산요구서의 작성 및 기획재정부 제출, 세입 · 세출 결산의 종합보고 및 분석, 회계 및 원가 관리제도를 운영하며 발전시킨다.

5) 기획조정관실 : **국방중기부대계획 수립**, 국군의 조직 및 정원관리에 관한 종합계획 수립 · 조정 및 제도발전, 국방통계 및 국방현황을 종합 관리한다.

6) 합참 : 중장기 **전력소요 · 신규무기체계 · 무기체계 성능개량 · 무기체계 획득관련 부대 증창설 · 해체 등에 대한 소요의 제기, 합동군사전략서(JMS) 및 합동군사전략목표기획서(JSOP) 작성, 작전운용성능(ROC) 결정 및 수정**, 소요기획단계의 분석평가 및 운영유지단계의 분석평가 중 전력운영분석기능을 수행한다.

7) 각 군 본부 : 전장기능별 중장기 전력 및 성능 개량소요를 요청, 각 군 위임 비무기체계의 소요 결정과 정보화체계사업의 소요제기, 무기체계의 작전운용성능 및 비무기체계의 군사요구도 검토 · 작성 및 수정 건의, 전력화지원요소 중 군사교리 · 부대편성 · 교육훈련요소 개발, 방위력개선사업분야 중기계획의 전력화지원요소 식별 및 수정, 경상운영분야 중기계획 및 예산편성 요구, 운용시험평가 계획서(안) 작성 · 수행 및 결과제출 등의 업무를 수행한다.

8) 방위사업청 : 방위력개선사업의 획득 정책 수립 및 제도의 발전, 방위력개선사업 분야의 중기계획(안) 작성, 방위력개선사업 분야의 예산편성 및 운영, 무기체계의 연구개발 및 구매사업 관리 · 시험평가 및 획득단계 분석평가, 군수품의 중앙조달 · 표준화 및 품질보증, 방산국제협력 업무 · 방위산업 육성기본계획 수립. 방산지원 업무를 수행한다.

9) 국방과학연구소 : 주요 무기체계 및 비무기체계 연구개발 및 시험, 핵심시술 연구개발 및 시험, 대군기술을 지원한다.

10) 국방연구원 : 국방기본정책 · 군사전략 · 군사력 건설 정책 및 제도의 연구, 방위력개선사업의 비용분석 · 비용 대 효과분석 및 타당성 연구분석, 획득 및 방위산업 정책의 연구, 획득에 필요한 관련 정보수집 · 종합분석 및 전파, 무기 및 비무기 체계에 대한 국방군수 관리정책 및 제도를 연구, 국방정보화 관련 정책 연구 · 국방정보화사업의 개발 지원 및 기술을 자문한다.

11) **기술품질원** : 품질보증 및 형상관리 업무, 규격 제정, 운영 장비의 부품 국산화 개발 관리업무를 수행한다.

나. 획득관리업무 절차

〈그림 5-1〉 종합적인 획득관리 업무절차도(방위력개선사업 주요단계)

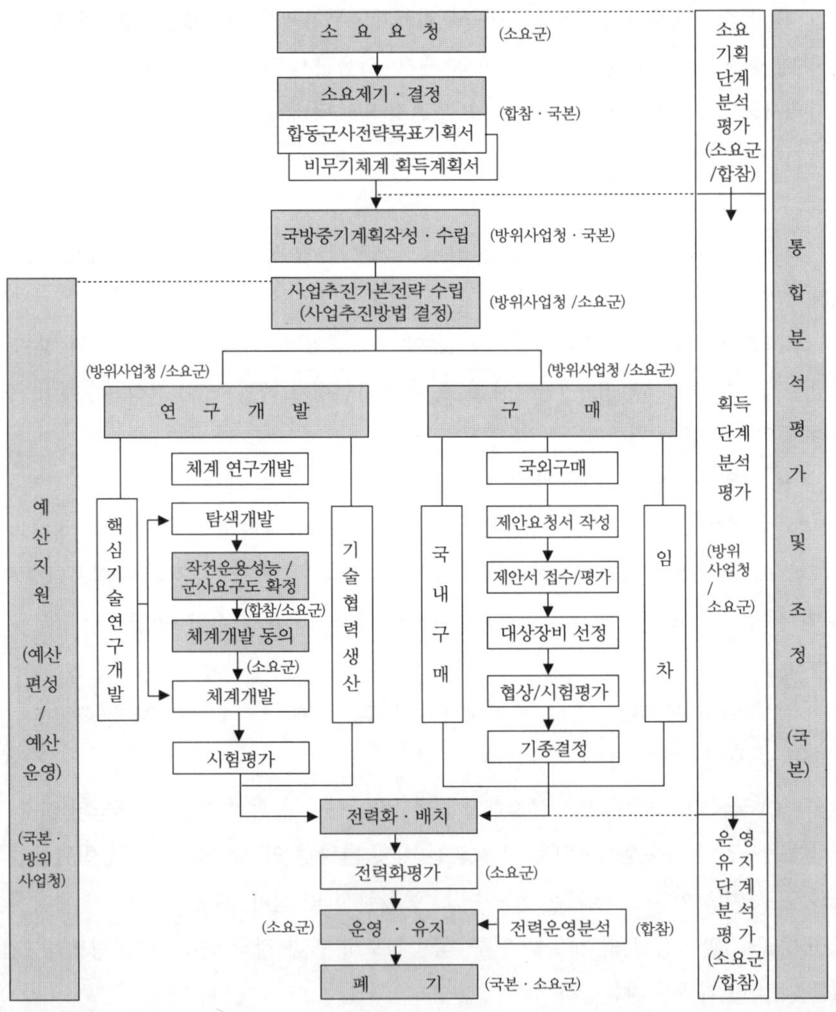

〈그림 5-1〉은 전력발전업무규정에 수록된 군사력 소요제기에서부터 연구개발, 생산 및 운영 및 폐기에 이르는 전 수명주기 간의 획득관리업무절차를 일목요연하게 나타내고 있다. 〈그림 5-2〉는 연구개발 획득시의 **핵심기술 연구개발, 체계 연구개발** 및 **기술협력생산** 방법과 구매시의 **국내구매**, **국외구매** 및 임차에 대해 보다 더 구체적으로 표시한 절차도이다.

〈그림 5-2〉 무기체계 / 비무기체계의 획득업무절차

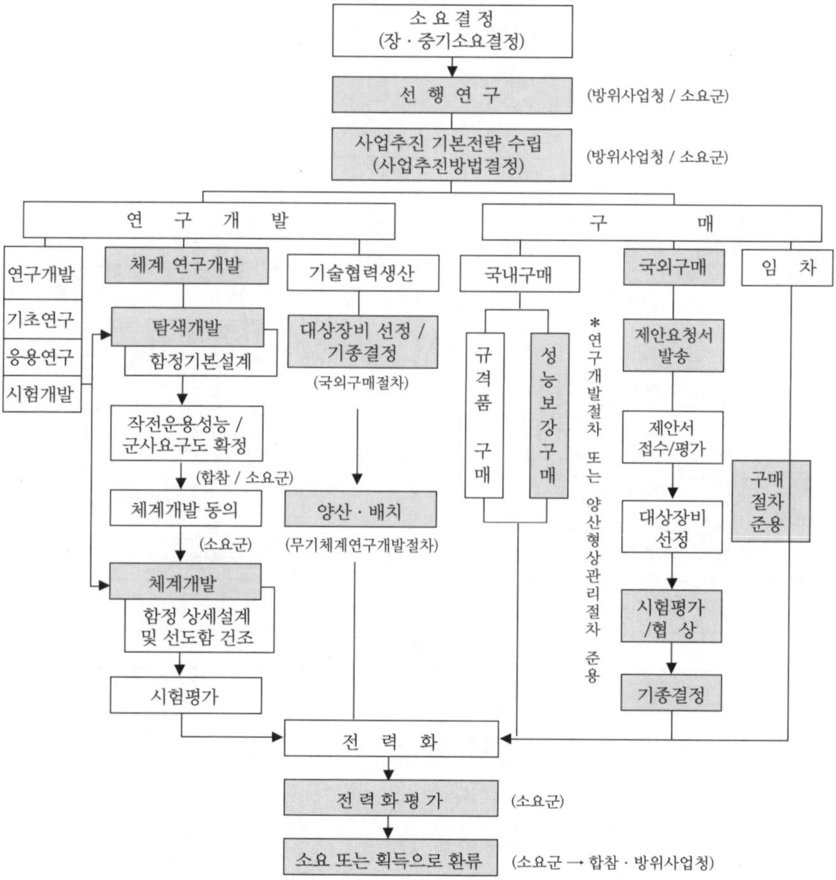

소요결정
(장 · 중기소요결정)
선행연구 (방위사업청 / 소요군)
사업추진 기본전략 수립
(사업추진방법결정) (방위사업청 / 소요군)

연구개발
연구개발
기초연구
응용연구
시험개발
체계 연구개발
탐색개발
함정기본설계
작전운용성능 / 군사요구도 확정
(합참 / 소요군)
체계개발 동의
(소요군)
체계개발
함정 상세설계 및 선도함 건조
시험평가
기술협력생산
대상장비 선정 / 기종결정
(국외구매절차)
양산 · 배치
(무기체계연구개발절차)

구매
국내구매
규격품 구매
성능보강구매
* 연구개발절차 또는 양산형상관리절차 준용
국외구매
제안요청서 발송
제안서 접수/평가
대상장비 선정
시험평가 /협상
기종결정
임차
구매절차 준용

전력화
전력화평가 (소요군)
소요 또는 획득으로 환류 (소요군 → 합참 · 방위사업청)

5. 소요의 요청, 제기 및 결정

가. 군사력 건설소요에 대한 요청, 제기 및 결정은 국방전력발전업무규정에 규정되어 있고, 〈그림 5-3〉은 소요의 요청, 제기 및 결정 절차를 설명하고 있다. 소요 요청기관은 국본, 합참, 각 군, 방위사업청, 국직기관 및 합동부대이며, 신규무기체계, 무기체계 편제보충 및 노후교체 소요, 무기체계 성능개량, 무기체계 연구개발 관련 핵심기술소요, 무기체계 획득과 관련된 부대 또는 여단급 이상 창설, 증 · 개편 등에 대해서는 합참이, 그리고 자원관리정보체계 및 기반체계, 비무기체계에 대해서는 각 군, 국직기관이 소요

〈그림 5-3〉 무기체계 / 비무기체계의 소요기획절차

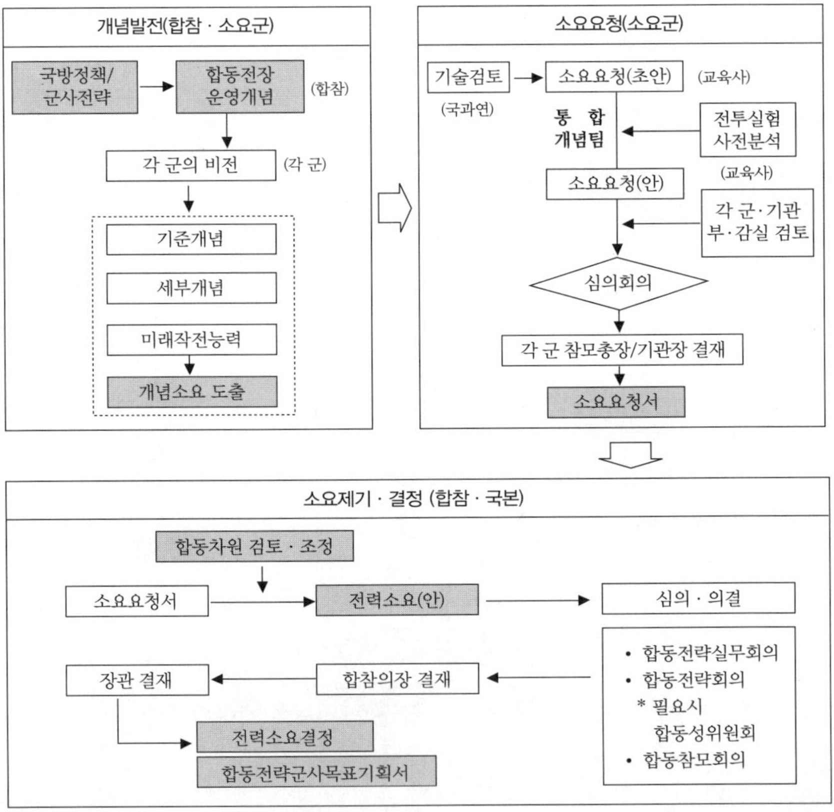

를 국방부에 각각 제기한다.

소요결정기관으로서 국방부장관은 무기체계 소요를 결정하고, 군수관리관실은 자동화 정보체계 및 기타 일반시설을 제외한 비무기체계 소요를 결정하며, 정보화기획관실은 자동화 정보체계 소요를 결정하고, 각 군, 국직기관은 국방부로부터 위임된 기타 비무기체계 소요와 방위사업청은 무기체계 핵심기술 소요를 결정하도록 규정하고 있다.

나. 소요의 요청, 제기 및 결정 절차

1) 소요 요청

각 군 본부(소요요청기관)는 **신규(또는 장기)전력 소요요청 시** 합동개념을 구현할 수 있도록 필요성, 편성 및 운영개념, 전력화 시기, 소요량, 작전운용능력이나 작전운용성능 및 전력화 지원요소 등을 포함하여 합참에 소요를 요청하고, **중기전력소요 요청시** 과학적이고 합리적인 소요요청을 위하여 비용 대 효과분석, 전투실험 및 특정연구 결과 등을 첨부하는 것을 원칙으로 한다.

소요군 및 합참은 합동개념 구현과 과학적, 개량적 분석에 의한 소요 창출을 위해 군사전략, 작전운용, 군구조, 교리, 무기체계, 분석평가, 과학기술분야 등 관련전문가 집단을 구성하여 통합개념팀을 운영할 수 있다.

각 군 본부의 소요요청서 작성시 기본업무절차(각 군의 규정의거)는 다음과 같다.

야전부대, 주요 사령부 및 병과학교는 전장기능별 요구능력을 기초로 전투발전 소요를 산출하여 중장기 전력소요를 군 본부 및 교육사에 건의하고, 교육사는 전장기능별 단위전력에 대한 소요를 종합, 모의 전투실험을 통하여 합동전장운영개념에 부합 여부 등 소요의 타당성을 검증후 · 군 본부에 소요를 제안한다.

2) 소요 제기 및 결정

소요제기는 전력소요요청서를 근거로 단위전력의 합동성, 완전성, 통합성, 다른 무기체계와의 상호운용성, 소요의 우선순위 및 대체무기체계의 도태 · 조정 개념 등을 검토하여 전략기획본부 주관으로 **합동전략실무회의, 합동전략회의, 합동참모회의**를 거쳐 결정한다.

지휘통제, 통신무기체계, 국방M&S, 정보통신기능이 내장된 무기체계는 C4ISR-PGM **협의회**를 통해 상호운용성을 검증하고, 합동전략회의에서 이견이 있을 경우 **합동**

성위원회에서 조정한다.

합동참모회의를 통해 제기된 전력소요에 대하여 **국방부 본부(전력정책관)는 국방정책과 가용재원을 고려하여 장관의 결재를 받아 소요를 결정**한다. 그러나 국방부 본부에서 방위력개선사업 예산을 검토할 주무참모가 그 동안 없었으므로 사실상 합참에서 소요를 결정하는 것과 동일하였으나, 이명박 정부에 들어와서 전력자원관리실 전력정책관 예하에 전력계획팀을 추가 편성함으로써 국방부의 획득군수분야 조정통제기능이 보완되었다고 볼 수 있다.

다. 소요문서 작성절차

소요요청기관은 수시로 긴급전력소요요청서(대상기간: F+2)에 의거 요청할 수 있으나 3가지 소요요청방법이 있으며, 절차는 〈그림 5-3〉를 참고하기 바란다.

1) **장기(신규)전력 소요요청서**(대상기간: F+8 ~ F+17, 10년간)

소요요청기관이 합동군사전략목표기획서(JSOP)에 반영되지 않은 장기(신규)전력 소요를 수시로 요청하는 문서로서 **선행연구 및 탐색 개발의 근거를 제공**한다. 세부내용은 국방전력발전업무규정에 규정하고 있다. 장기전력 소요요청서 양식은 전력명 또는 무기체계명, 필요성, 편성/운영 개념, 전력화 시기/소요량, 작전운용성능, 전력화지원요소 등이다.

2) **중기전력 소요요청서**(대상기간: F+3 ~ F+7, 5년간)

소요요청기관이 수시로 장기에서 중기로 전환되는 전력소요(F+7), 중기대상기간중 긴급소요로 반영하기 위한 신규소요(F+3 ~ F+7), 기 결정된 중기 전력소요의 조정소요를 요청하는 문서로 **체계개발의 근거를 제공**한다. 세부내용은 국방전력발전업무규정 30~31조에 규정되어 있다. 이때 소요기획단계의 분석평가결과와 합동개념을 충족시킬 수 있는 작전운용성능이 포함되어야 한다.

3) **중장기전력소요서**(대상기간: F+3 ~ F+17)

소요요청기관이 매년 8월말까지 제출하는 **소요종합문서**로서, **합동군사전략목표기획서 작성의 근거를 제공**한다.

위의 장기(신규)전력 및 중기전력 소요요청에 의거 국방부(합참)에서 소요가 결정되어 하달된 중장기전력소요와 기존의 중기전력소요를 포함한다. **중기전력소요 요청서** 양식은 전력화시기/소요량, 작전운용성능, 전력화지원요소, 부대기획, 비용 대 효과분석 등이며, 전력명, 무기체계명, 필요성, 편성/운영 개념은 장기소요요청서와 동일하다.

4) **합동무기체계기획서**

합참전력기획부는 기 결정된 전력소요를 수록한 합동무기체계기획서를 합동군사전략목표기획서 부록으로 매3년 11월말까지 발간한다. 신규 장기전력소요 등 주요 포함내용은 무기체계 발전방향, 장기 및 중기 무기체계 소요, 기타 필요사항 등이다.

5) **소요량 수정시** 소요량 수정건의서를 합참에 제출하며, 합참은 합동참모회의를 거쳐 의장 및 장관 결재 후 수정한다.

6) **방위사업청**(사업관리본부장)은 사업추진전략상 소요재원의 절감, 경쟁촉진, 작전운용성능의 진화적 요구조건 반영, 민원 등으로 사업계획을 변경하기 위해 전력화시기 및 소요량 수정이 필요시에는 소요요청기관을 통해 합참에 수정을 요청할 수 있다.

7) **각 군과 합참에서 이루어지는 소요기획업무에 대한 구체적인 업무절차를 정리한 내용**으로서 〈그림 5-4-1〉 소요기획체계도, 〈그림 5-4-2〉 각 군의 소요개념 발전 절차, 그리고 〈그림 5-4-3〉은 합참 및 국방부의 소요결정 절차를 나타내고 있다.

〈그림 5-4-1〉 소요기획체계도

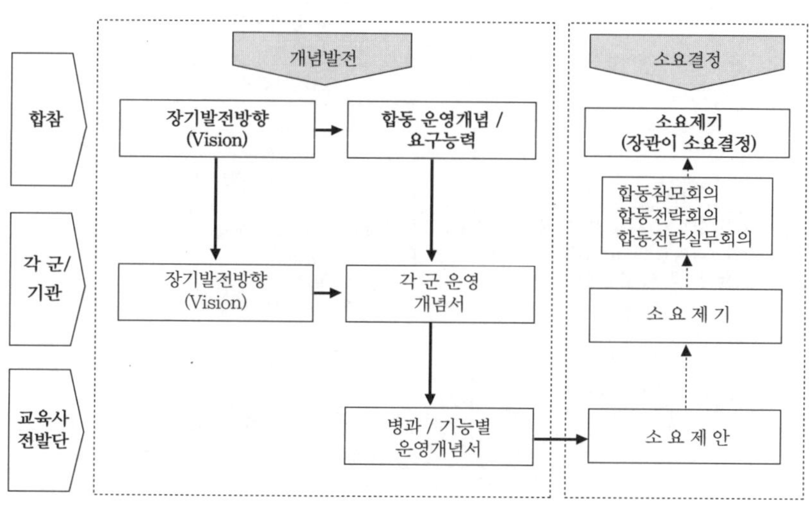

〈그림 5-4-2〉 소요개념 발전 절차

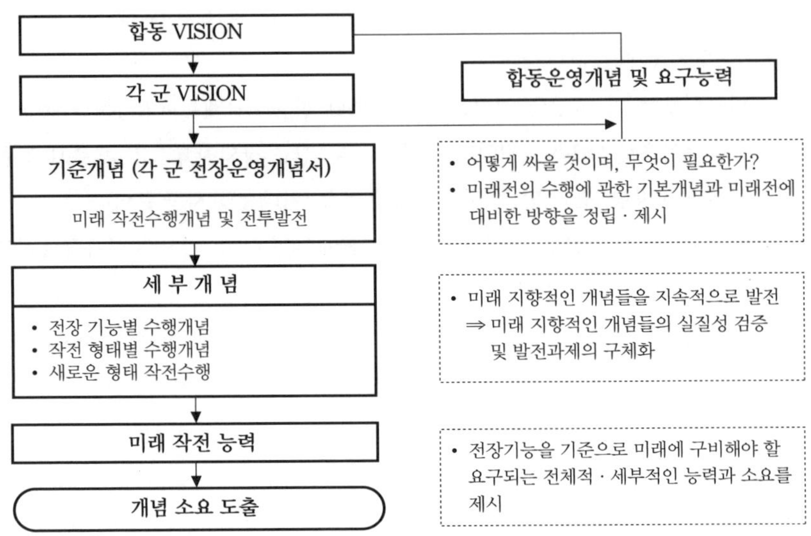

〈그림 5-4-3〉 합참의 전력소요 결정체계

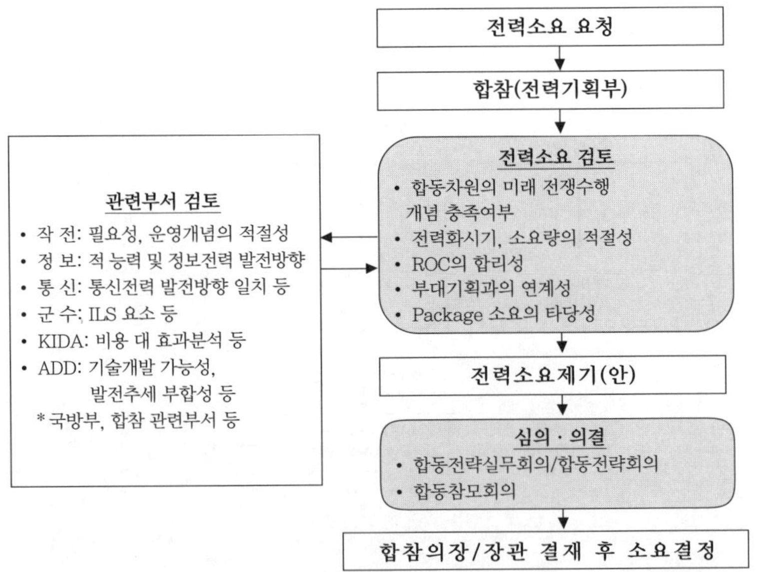

7. 방위력개선사업 중기계획 수립절차

가. 중기계획 대상사업 결정 및 전력화지원요소의 구체화

1) 방사청 획득기획국장(전력계획과장)은 국방중기계획 작성지침에 따라 대상기간중 신규소요, 긴급소요, 성능개량사업, 국방연구개발실행계획서에 신규 중기소요로 반영된 핵심기술, 정책적으로 결정된 사업 등을 포함하는 방위력개선사업 중기계획을 작성하고 상부보고 대상사업 등을 결정한다.

2) 사업관리본부장(통합사업관리팀장)은 합동전략목표기획서를 근거로 국방중기계획에 처음 반영하는 신규무기체계의 전력화지원요소를 식별한 후 소요군과 협의한 결과를 반영하여야 한다.

나. 중기계획 수립절차 : 〈그림 5-5〉 참고

1) **기획조정관**(재정기획관)은 매년 2월초 국방부, 방사청간 실무협의를 거쳐 방위력 개선 사업분야의 적정규모의 중기재원을 확보하고 획득기획국장에게 통보한다.

2) **획득기획국장**은 방위력개선사업분야의 중기계획 작성지침(안)을 작성하여 매년 2월 중순까지 국방부 계획예산관실로 제출하고, 사업관리본부장(통합사업관리팀)은 3월 중순까지 합동전략목표기획서상 장기소요에서 중기소요로 전환된 소요, 성능개량사업 등 신규 반영된 무기체계의 전력화지원요소(안)를 각 군 및 국방부 직할부대에 통보한다.

3) **사업관리본부장**(통합사업관리팀장)은 국방부 중기계획 작성지침에 따라 매년 6월말까지 제출하는 **각 군 · 기관의 시설분야 요구안** 및 해당 무기체계의 전력화지원요소와 국과연의 **무기체계 연구개발사업**의 중기계획 편성자료를 포함하여 방위력개선사업분야의 중기계획요구서(안)를 작성한 후 7월말까지 획득기획국 등 관련부서에 통보하여 검토 의뢰한다.

4) **획득기획국장**(획득정책과장 및 기술기획과장)은 국방중기계획 작성지침에 따라 국과연으로 부터 **핵심기술 연구개발사업**(기초연구, 응용연구, 시험개발, 민군겸용 연구지원 분야 등)에 대한 중기계획 자료를 6월말까지 제출받아 핵심기술 연구개발사업분야의 중기계획 요구서(안)를 작성한 후 7월말까지 분석시험평가국 등 관련부서에 통보하여 검토 의뢰한다.

5) **국방과학연구소**는 국방중기계획 작성지침 및 국방연구개발실행계획서를 반영하여 국과연 주관 무기체계 연구개발사업 및 핵심기술 연구개발사업(기초연구, 응용연구, 시험개발, 민군겸용 연구 등)에 대한 중기계획 자료를 획득기획국, 사업관리본부에 6월말까지 제출하여야 한다. 분야별 방사청 사업주관부서로서 무기체계 연구개발사업은 사업관리본부(통합사업관리팀)에서, 핵심기술 연구개발사업은 획득기획국(기술기획과)에서, 인력운영, 연구시설 등 연구지원사업은 획득기획국(획득정책과)에서 각각 맡는다.

6) **분석시험평가국 등 관련부서**는 사업관리본부, 획득기획국에서 통보한 중기계획 요구서(안)을 검토하여 그 결과를 9월 초순까지 획득기획국 및 사업관리본부에 통보한다.

7) **획득기획국장(전력계획과장)**은 각 부서에서 제출한 중기계획 요구서(안)와 분석시험평가국 등 관련부서에서 검토한 내용을 포함하여 방위력개선사업분야 중기계획(안)을 작성하여 분과실무위원회, 분과위원회 및 위원회의 심의 · 조정을 거쳐 확정하고, 그 결과를 기획조정관(재정기획관)에게 통보하고, 기획조정관(재정기획관)은 방위력개선분야 중기계획(안)을 작성하여 11월 중순까지 국방부에 제출한다.

8) **사업관리본부장(통합사업관리팀장)**은 F+2년도 신규 착수사업에 대한 구체적인 **사업계획서**를 작성하여 동시 제출하여야 한다. 이 중 국방부장관 또는 대통령 보고가 필요한 주요사업은 중기계획 심의 · 조정 과정을 통해 방위사업청장이 정한다.

9) **기획조정관**은 군무회의, 상부보고 등 국방부와 관련된 업무를 주관하고, 방위력개선분야 중기계획의 발간 · 배포 업무를 수행한다.

8. 방위력개선사업 예산편성 절차

가. 획득기획국장(전력계획과장)은 '기획재정부 총사업비관리 지침'을 적용하여 편성한다.

나. 사업관리본부장(통합사업관리팀)은 전력화지원요소에 대하여 국방중기계획과 연계하여 작성하되, 소요군의 요구 및 추가 식별한 사항을 포함하여 반영한다.

다. 사업별 예산내역은 내자와 외자로 구분하고 다년차 반복사업들은 경제적 획득물량을 고려하여 일괄 계약할 수 있도록 예산을 편성한다. 이 경우 소요군, 국과연, 기술품질원 등의 기술적 지원이 필요한 사업에 대해서는 그 소요예산을 관련기관과 협의하여 반영한다.

라. 효율적인 방위력개선사업의 추진을 위하여 선행연구, 사전분석, 수시 시험평가, 신개념 기술시범(ACTD: Advanced Concept Technical Demonstration) 등을 위해 소요되는 예산은 관련부서에서 별도로 편성한다.

마. 방위력개선사업분야 예산편성 대상사업은 방위력개선분야 국방중기계획서상의 F+1년도 사업, 전년도 예산편성시 가용재원 부족으로 순연된 사업, 방위사업법 제22조 규정에 의하여 결정된 성능개량사업, 국방연구개발실행계획서에 신규 중기소요로 반영된 핵심기술 등이다.

바. 예산편성 절차 : 〈그림 5-5〉 참조

1) **기획조정관**(재정기획관)은 당해 연도 예산 편성 전에 국방부와 방위사업청간의 실무협의를 통해 방위력개선사업분야에 대한 적정규모의 가용재원을 확보하고, 그 결과를 획득기획국장(전력계획과장)에게 통보한다.

2) **획득기획국장**은 국방기본정책서, 합동군사전략목표기획서, 국방중기계획 등을 기초로 F+1년도 예산편성지침에 포함되도록 방위력개선사업분야 예산편성지침(안)을 작성하여 예산편성 전년도 12월 초순까지 기획조정관(재정기획관)에게 작성하여 제출한다. 기획조정관은 방위력개선분야 예산편성지침(안)을 작성하여 국방부 계획예산관실로 제출한다.

3) **사업관리본부장**은 국방중기계획과 국방부 예산편성지침 등을 기초로 매년 2월 말까지 제출하는 각 군 및 국방부 직할부대의 시설분야 요구안(예산내역 포함) 및 해당 무기체계의 전력화 지원요소와 국과연의 무기체계 연구개발사업의 예산편성 자료를 포함하여 방위력개선사업분야 예산요구서(안)를 작성한 후 획득기획국(전력계획과) 등 관련부서로 3월말까지 통보한다.

4) **획득기획국장**(획득정책과장 및 기술기획과장)은 국과연으로부터 핵심기술 연구개

〈그림 5-5〉 방위력개선분야 중기계획 수립 및 예산편성 절차

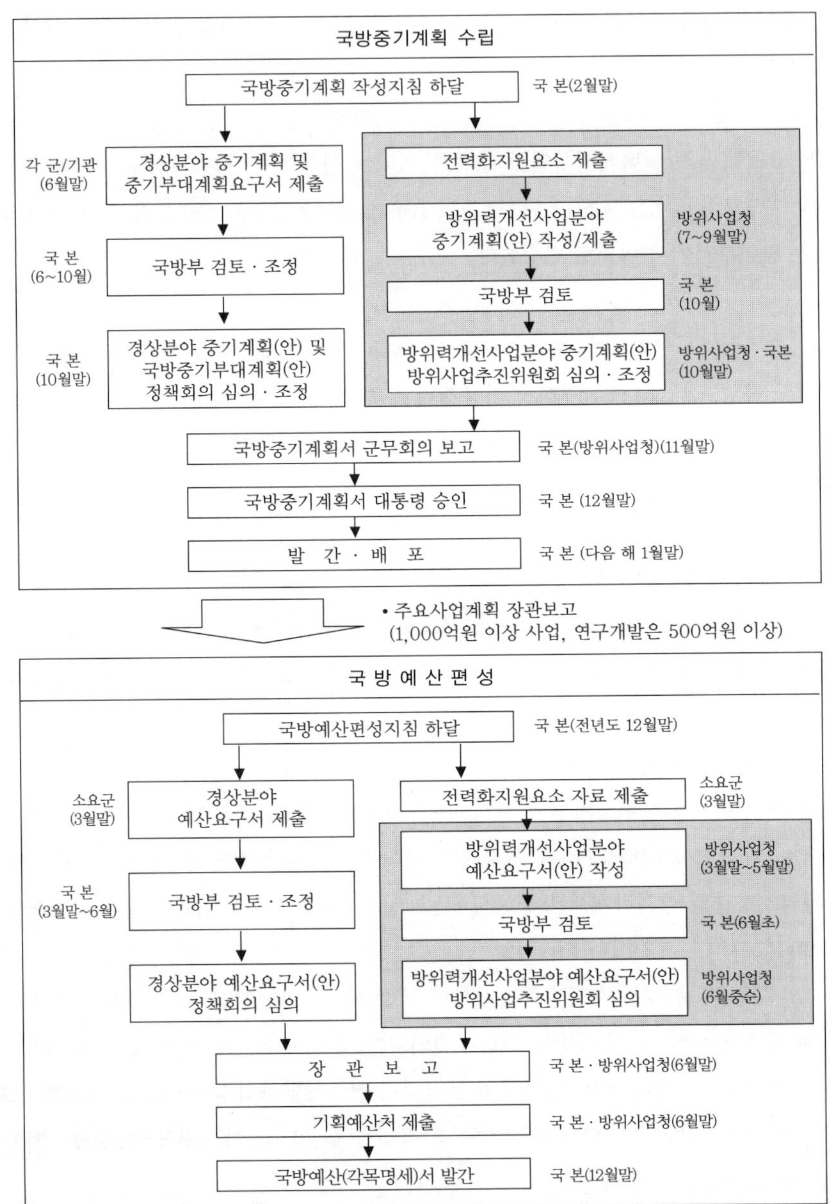

발사업에 대한 예산편성자료를 2월말까지 제출받아 예산요구서(안)를 작성한 후 3월말까지 분석시험평가국 등 관련부서에 통보한다.

5) **국과연**은 국과연 주관 무기체계 연구개발사업 및 핵심기술 연구개발사업에 대한 예산편성자료를 작성하여 획득기획국, 사업관리본부에 2월말까지 각각 제출하여야 한다.

6) **분석시험평가국 등 관련부서**는 사업관리본부, 획득기획국에서 통보한 예산요구서(안)를 검토하여 4월 초순까지 획득기획국 및 사업관리본부에 통보한다.

7) **획득기획국장**(전력계획과장)은 사업관리본부 및 획득정책과, 기술기획과에서 제출한 예산요구서(안)와 분석시험평가국 등 관련부서에서 검토한 내용을 포함하여 방위력개선 사업분야 예산요구서(안)을 작성하여, 분과실무회의, 분과위원회 및 위원회의 심의 · 조정을 거쳐 방위력개선 사업분야 예산요구서(안)을 확정하여 기획조정관(재정기획관)에게 통보하고, 기획조정관(재정기획관)은 방위력개선분야 예산요구서(안)을 작성하여 5월말까지 국방부장관에게 보고 후 기획재정부에 제출하며, 연구개발과 관련된 내용은 별도로 교육과학부에도 제출한다.

8) **기획조정관**은 기획재정부 협의, 국회 심의 등의 관련된 업무를 주관하고, 방위력개선분야에 대한 예산서를 발간 · 배포한다.

ⅠⅠⅠⅠⅠ 9. 방위력개선사업 예산의 집행

가. 국가제정법, 예산서 및 기획재정부의 총사업비 관리지침을 적용하여 〈그림 5-6〉과 같이 사업을 조정하면서 예산을 운영한다.

1) **기획재정부의 총사업비 관리지침**

총사업비가 5,000억원 이상 예상되는 사업은 2개 이상의 전문기관의 사업타당성을 조사 하고, 총사업비 1,000억원 이상(연구개발사업은 500억원 이상)은 기획재정부와 협의하며, 기타사업은 방위사업관리규정의거 청 자체에서 유지한다.

2) **총사업비 변동사항이 발생할 경우**

최초 총사업비 대비 10% 이상 증가시 재정사업 자율평가서를 첨부해야 하며, 20%이상 변동시에는 기획재정부 주관으로 타당성을 재검증하여야 한다. 연구개발사업의 경우에는 최초 총사업비 20%까지는 자체 조정할 수 있으며, 20% 이상 변동시에는 기획재정

〈그림 5-6〉 무기체계/비무기체계 사업조정절차

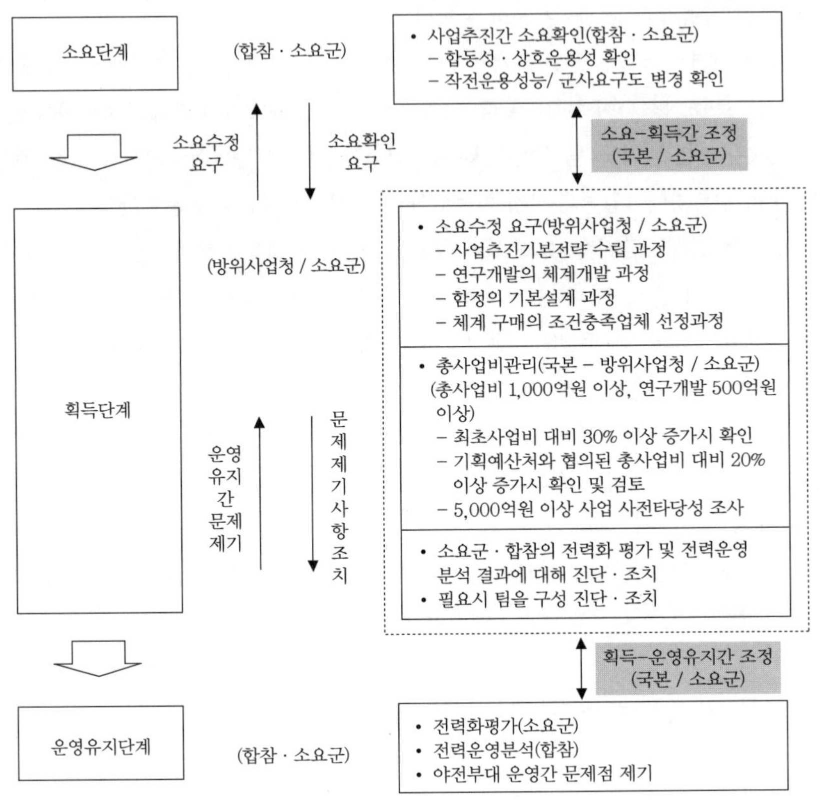

부와 협의한다. 또한 총사업비관리계획서는 기종결정(또는 업체선정) 등의 과정에서의 위원회 심의 또는 총사업비관련 기획재정부 협의 조정된 이후 사업관리본부장(핵심기술은 획득기획국장) 주관하에 최신자료를 유지한다.

나. 기획조정관(재정기획관)은 방위력개선사업의 효율적인 사업추진을 위해 익년도 **방위력개선 사업추진계획서**를 작성 12월말까지 관련기관에 통보해야 한다.

1) 주요포함내용은 사업개요, 사업 추진경위, 사업 추진일정, 세부사업별 예산집행계획(집행기관 포함), 분과위원회 및 위원회 심의 여부 및 심의 후 최종결재권자 등이다.

2) 기획조정관(재정기획관)은 사업추진계획서 작성지침을 9월 중순까지 하달하고 사업관리본부, 획득기획국, 분석시험평가국은 예산 각목명세서(안)를 근거로 F+1년도 방위력개선사업 추진계획서(안)을 작성하여 11월초까지 기획조정관실에 제출한다. 이때 사업관리본부, 획득기획국, 분석시험평가국은 각 군에서 집행하는 내용을 협의하여 포함해야 한다.

다. 기획조정관(재정기획관)은 사업추진계획서를 기초로 F+1년도 방위력개선사업 예산배정계획서를 매년 11월말까지 작성하고, 기획예산처와 매년 12월초까지 협의 후 12월말까지 방사청 각 부서 및 각 군 · 기관에 협의된 연간 세출예산 배정계획을 통보한다.

라. 세부적인 방위력개선사업 예산배정, 예산 증액, 연부액 조정, 계약 등의 절차는 규정을 참조한다.

1) 예산증감은 예산서와 총사업비관리대장의 연부액을 기준으로 하며, 예산증감의 결재 는 단위사업별 50억원 이상 증가(환차보전에 의한 증가는 제외)는 청장 결재를, 단위사업별 50억원 미만 증가와 환차보전에 의한 예산 증가시는 기획조정관이 전결 처리할 수 있다.

2) 연도내 예산을 조기 집행하고자 할 때에는 사업관리본부장(통합사업관리팀장)이 기획조정관(재정기획관)에게 **당겨배정**을 요청할 수 있다.

마. 방위력개선사업 결산은 국가제정법에 의해 **집행기관(재무관)이 수행하는 결산**과 사업관리부서가 실시하는 **사업관리결산**으로 구분하여 실시한다.

1) 집행기관은 예산의 집행결과를 기획조정관(재정기획관) 및 사업관리부서에 매분기 익월 10일까지 통보하고, 사업관리부서는 자체 집행예산의 결산결과와 각 집행기관의 집행예산 결산결과를 종합한 사업관리결산서를 매분기 익월 25일까지 기획조정관(재정기획관)에게 제출하여야 한다.

2) 사업관리결산서는 예산집행상황을 종합 집계한 것으로써 총 사업비 · 예산배정액 · 계약액 · 지출액과 미배정액 · 미계약액 · 미지출액 및 각종 잔액을 종합정리한 분기말 결산과 연도말 결산 등을 실시하여야 한다.

바. 사업 예산집행 잔액은 집행기관이 임의로 타 사업으로 조정하거나, 이 · 전용할 수 없으며 집행기관(재무관)은 월단위로 계획잔액 및 집행잔액을 보고하여야 하며, 기획조정관(재정기획관)은 이를 회수하여 가용재원 활용계획에 의거 집행해야 한다.

사. 명시이월액은 당해연도 이월한도액을 초과할 수 없으며, 명시이월액 및 사고이월액은 해당사업에 한해서 집행한다.

아. 집행기관 및 사업관리부서는 **월간보고**(월간 국외구매실적 보고, 지출원인 행위액 및 지출액 보고, 계약결과 보고), **분기보고**(분기 예산결산보고, 계획잔액 보고, 예산 미집행분석 보고) 및 **연말보고**(연도 사업별 예산결산보고서, 국고채한도액결산보고서, 사업별 예산미집행보고서, 조달원별 집행기관별 집행현황보고, 국외구매 도입선별 집행현황보고서)를 기획조정관(재정기획관)에게 보고한다. **사업종결보고**는 사업별 착수단위로 최종 대금지불이 완료되고 전력화가 완료되었을 때 보고한다.

제4절 무기체계 연구개발 및 구매 절차

IIIII 1. 연구개발 개요

가. 연구개발이란 "우리나라가 보유하지 못한 기술을 우리가 단독 또는 외국과 협력하여 공동으로 **연구하고**, 연구된 기술을 **실용화하여** 필요한 무기체계를 **생산 획득하는 방법**"으로 규정하고 있으며, 연구개발관리란 연구개발이 효율적이고 체계적으로 추진되도록 계획, 조직, 통제 및 조치하는 제반 활동을 말한다.

나. 사업추진방법 결정

1) 방위사업청은 무기체계 장기소요결정 후 사업관리본부장(초기사업관리팀장) 주관하에 선행연구를 실시하고, 이를 근거로 획득대안별 분석평가 결과를 활용하여 사업추진기본전략서를 작성, 분과위원회, 방위사업추진위원회 등의 심의를 거쳐 사업추진방법을 결정한다.

초기사업관리팀장은 연구개발의 가능성, 소요시기 및 소요량, 국방기술수준, 방위산업 육성효과, 기술적 · 경제적 타당성, 비용 대 효과 등을 조사 분석하기 위한 **선행연구계획서를 작성**하여 사업관리본부장에게 결재후 선행연구를 추진한다. 사업추진방법은 **연구개발**과 **구매**로 구분하여 결정한다.

2) 연구개발사업의 경우 기술발전 추세를 고려한 **진화적 작전운용성능을 적용**하여 연구개발이 가능하며, 소요 군의 요청의거 검토 후 방위사업청 주관으로 운용중이거나 생산중인 무기체계에 대한 성능개량도 가능하다.

다. 획득대안 및 사업추진기본전략의 수립

1) 사업관리본부장(초기사업관리팀장)은 선행연구(함정은 개념설계) 등을 통해 획득대안을 마련하고 이에 대한 관련기관의 검토를 거쳐 획득대안별 비교 및 분석평가를 실시한다.

2) 사업관리본부장(초기사업관리팀장)은 획득대안별 비교 및 분석평가를 활용하여 사

업추진기본전략을 수립하고 이를 방위사업추진위원회의 심의 등을 거쳐 사업을 추진한다.

3) 사업추진기본전략에 포함될 사항은 획득 배경 및 목표, 실행전략, 시험평가 개략계획 및 양산 개략계획 등이다.

획득배경 및 목표는 획득의 필요성 및 운영개념 등, 획득 여건(기존 및 미래 무기체계와의 소요 일치여부, 획득제한요소 분석 등), 획득 주안점(연구개발정책, 방산육성정책 등), 획득일정(진화적 개발전략 채택 여부, 인도 일정 및 수량), 획득성능(진화적 개발전략 채택 여부, 인도 일정별 성능 요구내역), 획득비용(수명주기비용분석), 획득 성능과 비용 및 일정의 상호 절충 가능성, 위험요소를 포함한다.

실행전략에는 사업의 관리체계 및 관리방안(통합사업관리팀 운영계획 포함), 예산 및 재원의 조달방안, 국가간 · 정부부처간 협력방안, 계약 고려사항(주계약업체 또는 체계 종합업체 선정원칙, 위탁연구기관 선정원칙, 시제 또는 협력업체 선정원칙, 용역 기관 및 업체 선정원칙, 협상 전략 및 계획 등), 연동대상체계별 상호운용성 수준 판단 및 연동대상체계의 성능개량 필요성, 전력화지원 개략계획, 사업추진 기대성과 및 파급효과를 포함한다.

2. 국방연구개발실행계획서

가. 문서의 성격

국방부의 국방과학기술진흥에 관한 중 · 장기 정책을 근거로 국방과학기술진흥에 관한 실행계획문서를 말하며, 매년 작성한다.

나. 작성절차

1) 방사청(획득기획국장)은 국방과학기술진흥에 관한 중 · 장기 정책에 따라 합동전략목표기획서, 핵심기술기획안 등을 참고로 하여 국방연구개발실행계획서 작성지침을 매년 3월말까지 사업관리본부 및 관련기관에 통보한다.

2) 사업관리본부장(통합사업관리팀장) 및 관련기관은 국방연구개발실행계획서에 포함할 분야별 내용을 작성하여 매년 5월말까지 획득기획국장에게 통보한다.

3) 획득기획국장은 사업관리본부 및 관련기관의 내용을 종합하여 기술품질원의 지원을 받아 국방연구개발실행계획서를 작성하고 국방부, 합참, 각 군, 사업관리본부 및

국과연 등의 검토를 받아야 한다. 국방과학연구소의 기획기능이 기품원으로 이관됨에 따라 기품원이 본 계획 작성을 지원하고 있으나 연구개발 기획기능이 국과연으로 재환원시에는 국과연이 지원해야 할 것이다.

4) 획득기획국장은 국방연구개발실행계획서를 위원회의 심의를 거쳐 국방부장관의 결재를 득한 후 12월말까지 발간하여 관련기관에 배포한다. 발간 전 방위사업법 제30조 및 영 제34조에 규정된 사항은 국가과학기술위원회의 심의를 거쳐야 한다.

3. 연구개발 무기체계 획득절차

가. 연구개발기본계획서

1) 연구개발기본계획서는 **탐색개발기본계획서**와 **체계개발기본계획서**로 구분하여 각 단계의 업체선정계획 확정 전에 작성한다.

2) **탐색개발기본계획서**는 주요 사업계획 보고내용(방위사업법 시행규칙 제6조)과 사업추진기본전략을 근거로 작성하되, 아래의 주요 변경사항 발생시 방위사업추진 위원회

〈그림 5-7〉 연구개발 무기체계 획득절차

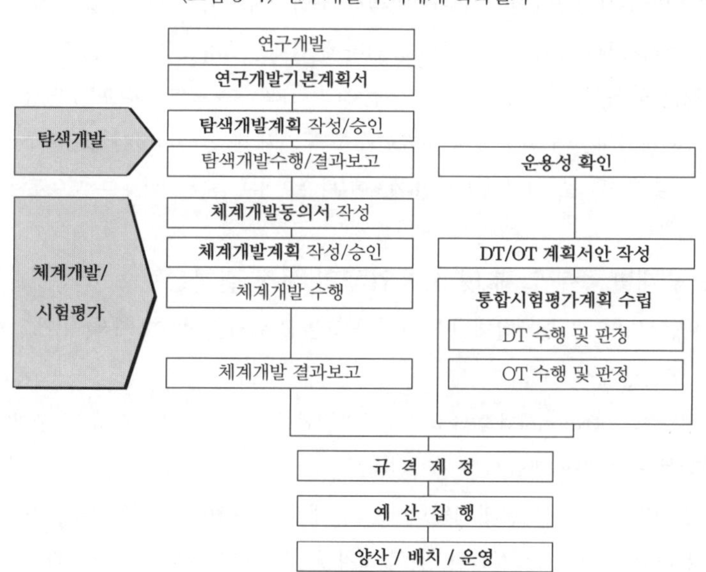

또는 분과위원회의 심의를 거쳐야 한다.

사업추진방법의 변경(연구개발 또는 구매), 사업투자주체(정부투자 · 업체투자 또는 공동투자)의 변경, 사업주관기관의 변경(국과연 주관 또는 업체주관), 개발(획득) 일정 및 소요예산 등의 과도한 변경으로 추진전략 수정이 요구될 때, 합참 및 소요군의 요구조건 변경으로 인하여 추진전략의 수정이 요구될 때 필요한 심의를 거쳐야 한다.

3) **체계개발기본계획서**는 탐색개발 결과, 주요 사업계획 보고내용 및 사업추진기본전략을 근거로 작성한다.

나. 연구개발사업 형태의 구분

연구개발형태는 국내연구개발사업, 기술협력생산, 국제공동연구개발사업으로 개발예산의 부담 주체에 따라 다음과 같이 분류한다.

1) **정부투자연구개발사업** : 정부가 개발비 전액을 투자

- **국과연주관연구개발** : 국과연이 정부를 대행하여 연구개발 주관 수행
- **업체주관연구개발** : 업체가 주계약자, 정부와 계약을 통해 연구개발 주관

2) **업체투자연구개발사업** : 업체가 개발비 전액을 투자

- **업체투자연구개발** : 정부의 관리하에 업체자체비용으로 개발 추진
- **업체자체연구개발** : 정부의 승인하에 업체자체비용으로 개발 추진

3) **공동투자연구개발사업** : 정부와 업체(국 · 내외 업체, 외국정부 포함)가 공동 투자

또한 연구개발대상에 따라 연구개발형태를 무기체계 연구개발사업(탐색개발, 체계개발 단계로 구분) 및 핵심기술 연구개발사업(기초연구, 응용연구 · 시험개발로 구분)으로 분류한다.

다. 연구개발 주관업체 및 시제업체의 선정 절차

1) 제안서 공고 : 주관업체의 제안서 공고는 방위사업청(IPT)에서, 시제업체의 제안서 공고는 국과연에서 수행한다.

2) 전문가 그룹(방위사업청, 소요군, 기술품질원, 국과연, 민간전문가 등)이 포함된 **제안서 평가위원회**를 구성하여 제안서를 평가한다.

3) 위원회 또는 사업분과위원회에서 업체 협상우선순위 결정하고, 협상우선순위에 따라 협상하여 업체를 결정한다. 위의 절차를 그림으로 나타내면 다음과 같다.

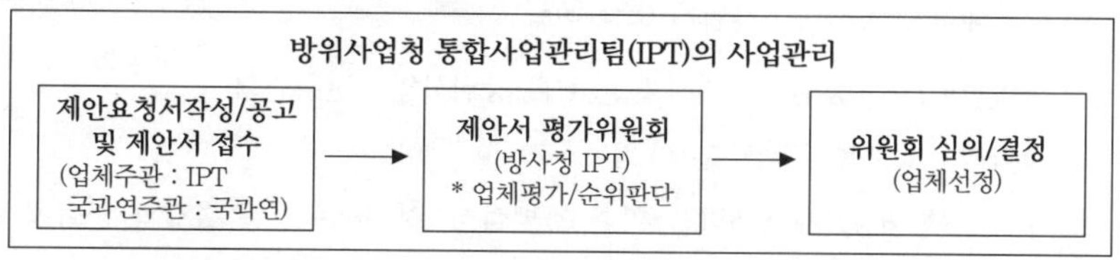

라. 연구개발 무기체계 획득절차 기본체계도는 〈그림 5-8〉과 같다.

〈그림 5-8〉 연구개발 무기체계 획득절차 기본체계도

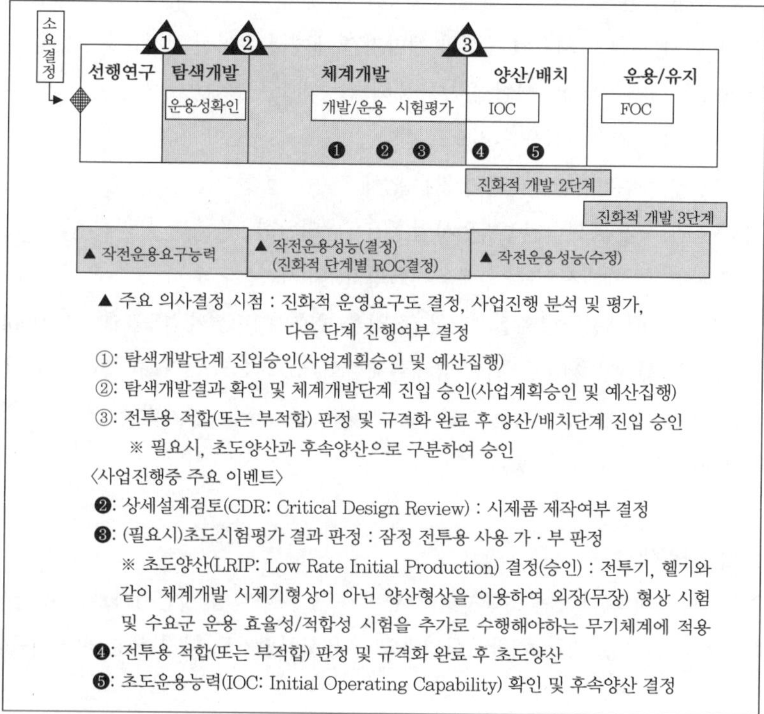

마. 탐색개발단계

1) 연구개발 대상 무기체계에 대한 구체화된 연구개발계획 수립과 소요핵심기술 획득계획에 따라 기술개발업무를 수행하고, 시뮬레이션 또는 모형 제작 및 시험 등을 통해 개발된 기술 입증을 수행하는 단계이다.

2) 연구개발 주관기관 : 국과연 또는 업체

3) 사업관리/계획승인 : 방위사업청(IPT)/방위사업추진위원회

4) 결과평가 : 운용성 확인(분석시험평가국)

5) 주요 수행내용: 체계개발을 위한 기본설계, 작전운용성능 결정과 진화적 연구개발전략 수립, 체계개발 일정과 소요비용 산출, 시험평가기본계획서(TEMP: Test & Evaluation Master Plan) 작성 등이다.

바. 체계개발단계

1) 탐색개발결과로 계획된 예산과 개발기간 내에서 주어진 작전운용성능을 만족하는 무기체계를 설계 · 제작 · 시험평가를 통해 검증하고, 단계종료 시점은 전투용 적합 판정과 국방규격화 완료시점을 원칙으로 한다.

2) 연구개발 주관기관 : 국과연 또는 업체

3) 사업관리 및 계획승인 : 방위사업청(IPT), 위원회

4) 결과평가 : 개발시험평가, 운용시험평가(분석시험평가국)

5) 주요 수행내용: 상세설계단계 진입을 위한 예비설계검토(PDR: Preliminary Design Review), 시제품 제작을 위한 상세설계검토(CDR: Critical Design Review), 운용시험평가를 위한 시험준비상태검토(TRR: Test Readiness Review), 개발 및 운용 시험평가 수행과 결과판정 등이다.

사. 시험평가단계

사업추진방법에 따라 연구개발사업 시험평가 및 구매사업 시험평가로 구분한다. 연구개발무기체계 시험평가는 개발시험평가와 운용시험평가로 다시 세분되며 다음과 같은 절차에 따라 시험평가한다.

1) **개발시험평가** : 시험평가 대상이 개발기준 및 군 요구사항 등을 충족하였는지 여부를 확인하기 위한 시험평가로서, 개발기관은 개발시험평가계획서(안)을 작성하여 개발시험평가 착수 90일 전까지 소요군과 방위사업청장(분석시험평가국장)에게 제출한다. 방위사업청장은 개발기관에서 제출한 개발시험평가계획서(안)과 소요군의 운용시험평가계획서(안)을 검토 후 통합시험평가계획서를 작성하여 개발시험평가 착수 1개월 전까

지 계획서를 개발기관 및 소요군에 통보한다. 개발기관은 시험평가 종료일로부터 1개월 이내에 개발시험 평가결과를 방위사업청장(분석시험평가국장)에게 보고하고, 방위사업청장(분석시험평가국장)은 개발기관에서 제출한 시험평가결과를 검토하여 '기준충족 또는 기준미달' 여부를 판정한다.

2) **운용시험평가** : 시험평가 대상이 작전운용성능 충족 및 군 운용에 적합한지 여부를 확인하는 시험평가로서, 소요군 및 기관은 체계개발계획서 및 개발시험 평가계획서(안)을 참고로 운용시험평가 계획서안을 작성하여 개발시험평가 착수 60일 전까지 방위사업청장(분석시험평가국장)에게 제출하고, 방위사업청장은 개발기관에서 제출한 개발시험평가 계획서안과 운용시험평가 계획서(안)을 검토 후 통합시험평가계획서를 작성하여 개발시험평가 착수 1개월 전까지 개발기관 및 소요군에 통보한다. 소요군은 통합시험평가 계획서에 따라 운용시험평가를 수행하여 시험평가 종료일로부터 1개월 이내에, 운용시험 평가결과를 방위사업청장(분석시험평가국장)에게 제출하며, 방위사업청장은 소요군의 결과보고서를 검토 후 전투용 적합 여부를 판정하여 소요군 및 관련기관에 통보한다.

아. 양산 및 운용유지 단계

1) **초도배치 확인** : 방위사업청 주관 하에 전력화평가 이전 초도 배치된 장비를 대상으로 야전 운용의 적합성, 전력화지원, 군수지원 능력, 형상변경 사항 등에 대한 야전 요구사항을 확인하고, 필요시 소요군, 국과연, 국방기술품질원, 업체인원을 포함한 확인팀을 구성할 수 있다.

2) **전력화 평가** : 소요군 주관 하에 신규 획득되어 야전 배치된 무기체계에 대하여 확정된 운영개념, 요구운영능력의 달성정도 및 발전된 전력화지원요소의 완전성을 확인 · 평가하는 것이다.

3) **양산** : 초도배치 확인 및 전력화 평가 결과를 반영하여 초도양산과 후속양산으로 구분하여 추진할 수 있다.

4) **운영 · 유지** : 양산 배치된 무기체계를 소요군의 관리 하에 부대에서 운영 · 유지하는 단계로서 후속종합군수지원 등의 지원을 수반한다.

자. 무기체계연구개발 기본절차의 조정 허용

1) 전투기와 같이 개발기간이 장기간 소요되는 복합무기체계의 연구개발시 조기 전력화, 개발위험도 완화, 신기술 적용 및 개발 무기체계의 성능 최신화 등의 목적을 위하여 다음 사항을 적용하여 기본절차를 조정할 수 있다: 초도시험평가와 후속시험평가로 구분 적용; 체계개발단계에서 수행한 초도시험평가 결과를 근거로 초도양산 착수; 진화적 개발전략의 적용에 따른 기본절차의 조정이 필요한 경우; 체계개발 시제품이 양산 · 배치되는 경우

2) 함정건조사업은 연구단계를 '기본설계단계'와 '상세설계 · 시제함 건조단계'로 구분하고, 기본설계단계에 대한 기술적 준비상태 분석 및 운용성 확인을 근거로 잠정 전투용 적합을 판정하여 후속함 건조를 승인한다.

4. 무기체계 구매절차

가. 구매사업 방법

규격에 의한 군수품(표준품목 및 상용품목) 구매와 무기체계 구매로 구분하며, 무기체계 구매는 입찰공고절차를 준용하여 무기체계 획득계획공고를 통하여 **제안요청서 발송, 제안서 접수, 시험평가, 가계약, 기종결정** 등의 순으로 사업을 추진한다.

나. 무기체계 구매방법

국내구매(규격품 구매, 성능보강 구매), 국외구매(상용구매, 대정부간(FMS)구매), 임차로 구분한다.

다. 무기체계 구매사업절차

1) 구매계획서 작성

사업관리본부장(통합사업관리팀장)은 주요사업계획보고 내용(법 시행규칙 6조) 및 사업추진기본전략(안)을 근간으로 해당사업 추진여건의 변화 등을 고려하여 구매계획서를 작성하고, 기 승인된 사업추진기본전략은 아래와 같은 변화가 발생할 경우에 위원회 또는 분과위원회의 심의를 거쳐야 한다.

〈그림 5-9〉 무기체계 구매절차

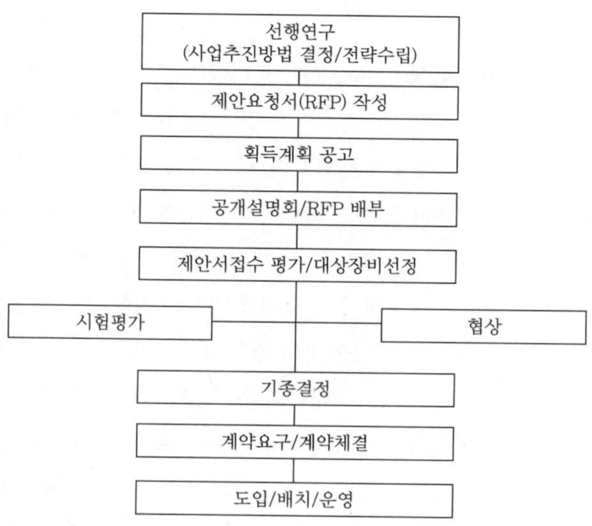

사업추진방법의 변경(연구개발 또는 구매); 구매방법의 변경(국내구매, 국외구매(상업구매, FMS 구매), 임차); 획득/개발 일정 및 소요예산 증감으로 추진전략의 수정이 요구되는 경우; 합참 또는 소요군의 요구조건 변경으로 인하여 추진전략의 수정이 요구되는 경우 등이다.

2) **제안요청서**(RFP: Request for Proposal) **작성**

사업관리본부장(통합사업관리팀장)은 구매계획서에 근거하여 청내 관련부서, 소요군, 합참, 국과연 등의 지원을 받아 제안요청서를 작성하여 계약관리본부의 법률적 검토를 받아 확정하고 대상업체에 발송한다. 제안요청서에 포함 사항은 다음과 같다.

소요무기체계 개요로서 무기체계명, 체계개요, 작전운용성능, 체계운용개념(개략소요량 포함), 종합군수지원 제안요구 등이며, **업체에 제공할 정보**로는 사업개요 및 추진일정, 시험평가 일정 · 방법, 체계 운영환경 및 여건, 계약조건, 대상장비 선정, 기종결정 평가방법(기준, 요소, 배점 등) 대상장비 선정 및 평가를 위한 필수조건 · 선택조건 구분 및 선택조건 충족비율, 절충교역 방침, 협상대안 · 평가기준 · 양식 등이다.

업체제안서에 포함할 내용으로는 ① 제안체계 : 제안체계의 모델명, 운용개념 및 제한사항, 체계성능 입증방법, 인도가능시기 및 물량, 제안체계 수출 및 생산실적, ② 종합

군수지원 : 개념(정비지원, 지원장비소요, 보급지원), ILS 11대 지원요소, 수명주기 비용, 연간운영유지비, 보증조건, 동시조달수리부속 산정기준 및 목록, ③ 가격제안 : 총괄가격, 작업분할구조(WBS: Work Breakdown Structure)에 따른 제안가격(5단계까지 업무분할한 부체계 · 부품의 가격), 기능적 비용, 비반복 발생비용 및 공제여부, 수명주기비용, ④ 협상관련 제안으로 기술이전과 절충교역에 관한 다음 내용이 포함되어야 한다. 즉, **기술이전의 경우** 이전범위(이전 가능한 하드웨어 및 소프트웨어의 핵심기술의 내용, 핵심기술의 제공보증, 로열티 및 특허의 사용조건), 기술이전 일정 및 조치계획, 이전자 및 전수자의 권리와 의무, 기술사용료의 지불조건, 국내방산 및 기술수준 축적에 미치는 영향, 수출가능성 및 국내업체 참여조건 등이 포함되어야 하며, **절충교역의 경우** 제안내역(구분, 유형, 제안내용, 금액), 세부제안내역, 가치 및 비율, 이행기간, 국내업체 추천(제안요청서 협상대안에 없는 절충교역을 제안할 경우), 필요시 희망업체에 대한 추천사유서 등을 포함한다. ⑤ 시험평가 지원제안 : 성능입증방법 제안, 시험평가용 장비 소요 및 지원가능 장비, 시험평가 장소, 목적, 기간, ⑥ 업체일반현황, 서약서, 업체연락처를 포함한다. 마지막으로 **제안서 접수기간, 장소 및 제안서 유효기간** 등을 포함한다.

3) 획득계획 공고

사업관리본부장은 확정된 제안요청서를 근거로 40일간의 공고기간을 고려하여 「국가를 당사자로 하는 계약에 관한 법률시행령」 의거 획득계획을 공고한다.

4) 공개 설명회 및 제안요청서 배부

사업관리본부장은 필요시 공개설명회를 개최하고 제안요청서를 참가업체에 배부한다.

5) 제안서 접수 및 배부

사업관리본부장은 제안요청서 배부 3개월 이상 6개월 이내의 지정된 일자에 업체로부터 제안서 5부(국외구매인 경우 국영문 각 5부) 이상을 접수하여 소요군, 관련부서 및 기관에 배부하고 시험평가와 협상이 동시에 추진된다.

6) 제안서 종합평가 및 대상장비 선정

사업관리본부장(통합사업관리팀장)은 합참, 소요군, 국과연 및 국방기술품질원 등으로 구성된 제안서 평가팀을 구성하여 제안요청서 상의 평가요소 및 기준에 따라 업체에서 제출한 제안서를 종합 평가한다. 사업관리본부는 종합평가결과에 따라 사업관리분과위원회 심의를 거쳐 대상장비를 선정하고, 협상 및 시험평가의 계획 수립을 위하여 그 결과를 합참, 소요군, 관련부서 및 제안서 제출 업체에 통보한다.

7) 구매사업 시험평가

분석시험평가국은 업체 제안서, 각종 자료 등을 근거로 시험평가계획을 작성하여 소요 군에 통보하고, 소요군은 분석시험평가국의 시험평가계획, 업체제안서 등을 근거로 시험평가 실시 및 시험평가 결과를 분석시험평가국에 제출하며, 분석시험평가국은 소요군에서 제출한 시험평가 결과를 검토하여, 최종 판정하고 그 결과를 사업관리본부에 통보한다.

8) 협상 및 가계약

가) 사업관리본부장(통합사업관리팀장)은 소요군, 관련부서 · 기관의 전문가 등으로 협상지원팀을 구성하며, 협상지원팀은 협상계획을 수립하여, 계약관리본부에 협상을 의뢰하고, 계약관리본부는 제안요청서의 요구조건을 기준으로 대상 업체별로 협상을 실시한다.

나) 협상시 통합사업관리팀은 기술적 사항 및 특수조건 등의 협의를 위해 협상에 참가한다.

다) 계약관리본부는 협상조건 충족시 대상 업체별로 가계약 체결 후 협상결과 및 가계약서를 사업관리본부(IPT)에 통보한다.

9) 기종결정

가) 기종결정은 획득비, 운영유지비, 대금지불일정, 지불이행 조건 등의 비용요소와 무기체계 성능 및 절충교역 등 비 비용요소로 구분하여 판단하며, 평가기법은 **종합평가기법**과 **조건충족 최소비용기법**이 사용된다.

종합평가기법이란 비용 대 투자효과 분석 및 정책적인 요소를 고려하여 평가하고 결정하는 기법이며, 조건충족 최소비용기법이란 제안요구서에서 제시된 모든 요구조건을 필수조건(작전운용성능 등)과 선택조건(필수조건 외 조건)으로 구분하여 평가하고, 평가시 필수조건은 당연 충족사항이며, 선택조건은 총 항목중 충족항목수의 비율이 제안요구서에 제시된 기준 이상시 충족으로 평가하는 것을 원칙으로 하며 필요시 각 항목별 가중치에 의한 점수를 부여하여 평가할 수 있다.

나) 평가기법의 적용은 조건충족 최소비용기법을 원칙으로 하며, 다음의 경우 종합평가 기법을 적용할 수 있다: 대상 무기체계의 성능차이가 큰 경우, 대상무기체계가

기 개발된 품목이어서 한국의 요구조건에 맞추어 성능을 조정할 수 없는 경우, 방위사업추진위원회 및 분과위원회에서 결정한 경우이다.

다) 기종결정을 위한 평가기법은 제안요청서에 명시하여야 한다.

라) 사업관리본부장(통합사업관리팀장)은 가계약서와 시험평가결과 등을 종합하여 기종결정(안)을 작성하고, 위원회에 상정 후 기종결정결과를 업체 및 계약관리본부에 통보한다.

제5절 시험 및 평가 절차

본 절에서는 획득군수단계에서 시험평가업무에 대해 좀 더 구체적으로 살펴보기로 한다.

1. 시험평가 개념 및 역할

시험평가(Test and Evaluation)란 "무기체계의 운용개념 및 작전운용성능(기술적, 부수적 성능)의 충족성, 야전운용의 적합성, 전투력 발휘 여부 등을 종합 평가하는 과정"으로서 시험평가 결과는 무기체계 획득을 위한 협상 및 최종 의사결정의 준거자료를 제시한다. 시험평가에 대해 좀 더 구체적으로 살펴보기로 한다.

2. 시험평가 구분

가. 시험평가 대상에 따라 **무기체계 시험평가**(연구개발사업 시험평가, 구매사업 시험평가), **비무기체계 시험평가**, **핵심기술개발 시험평가**로 구분한다.

나. 연구개발사업 시험평가의 분류

1) **탐색개발단계의 운용성 확인** : 탐색개발기간 중 잠재적 운용효과와 운용적합성의 조기 평가 결과를 제공하기 위하여 실시한다.

2) **체계개발단계의 개발시험평가와 운용시험평가** : 개발시험평가는 개발장비의 시제품에 대하여 요구성능, 개발목표 등의 충족여부를 확인하기 위한 시험평가이며, 운용시험평가는 개발장비의 시제품에 대하여 작전운용성능 충족 여부 및 군 운용 적합 여부를 확인하기 위한 시험평가이다.

3) **전장관리정보체계사업의 시험평가** : 체계규격서에 기초하여 실시한다.

다. 구매사업에 대한 시험평가의 분류

1) **자료에 의한 시험평가** : 업체가 제시한 성능자료, 제작국의 시험평가 결과, 해당국의 군사용 여부 및 판매실적 등이 포함된 제안서와 각종 수집 자료를 이용하여 작전운용성능 · 종합군수지원요소 등의 충족여부를 판단하는 시험평가이다.

2) **실물에 의한 시험평가**(국내시험평가, 국외시험평가) : 작전운용성능, 군 운용적합성 및 전력화지원요소 등의 충족여부를 판단하되, 한국적 작전환경에서의 적합성이 필요한 경우에는 국내시험을 실시한다.

라. 연구개발 무기체계의 시험평가계획서는 다음과 같이 구분한다.

운용성 확인계획서는 탐색개발단계에서 운용성 확인을 위한 계획서이며, **시험평가기본계획서**는 체계개발단계에서 개발시험평가계획(안)과 운용시험평가계획(안) 작성의 기준이 되는 문서로서 **개발시험평가계획(안)**은 체계개발 시제품에 대하여 개발기준 및 군요구사항 등의 충족 여부를 확인하기 위하여 연구개발주관기관이 작성하고, **운용시험평가계획(안)**은 체계개발 시제품에 대하여 작전운용성능 충족 및 소요군 운용 적합 여부를 확인하기 위하여 소요군이 작성한다. **통합시험평가계획서**는 개발시험평가계획(안)과 운용시험평가계획(안)을 통합하여 작성한다.

3. 연구개발 무기체계의 시험평가절차

가. **탐색개발단계의 운용성 확인**은 소요군에서 제출한 운용성 확인계획서(안)을 검토하여 분석시험평가국장이 운용성 확인계획서를 작성하고, 소요군은 이를 근거로 운용성 확인시험을 수행한 후 그 결과를 분석시험평가국장에게 제출한다.

나. 체계개발단계에서 분석시험평가국장은 시험평가기본계획서를 작성하여 사업관리본부, 개발기관 및 소요군에 통보한다. 이를 근거로 개발기관은 개발시험평가계획(안)을, 소요군은 운용시험평가계획(안)을 작성하여 분석시험평가국장 및 사업관리본부장에게 제출한다.

다. 분석시험평가국장은 개발시험평가계획(안) 및 운용시험평가계획(안)을 통합하여 통합시험평가계획서(TEMP)를 작성하고 개발기관 및 소요군에 통보한다.

라. 개발기관과 소요군은 통합시험평가계획서를 근거로 개발시험평가 및 운용시험평가를 수행한 후 그 결과를 시험평가계획서에서 제시한 바에 따라 분석시험평가국장에게 제출한다.

마. 분석시험평가국장은 개발 및 운용 시험평가결과를 검토한 후 방위사업청장 승인을 받아 최종 판정하고, 그 결과를 위원회에 보고한다. 시험평가는 초도양산 결정을 위한 **초도시험평가**와 후속양산 결정을 위한 **후속시험평가**로 구분하여 수행할 수 있다.

〈그림 5-10〉 무기체계/비무기체계 시험평가절차

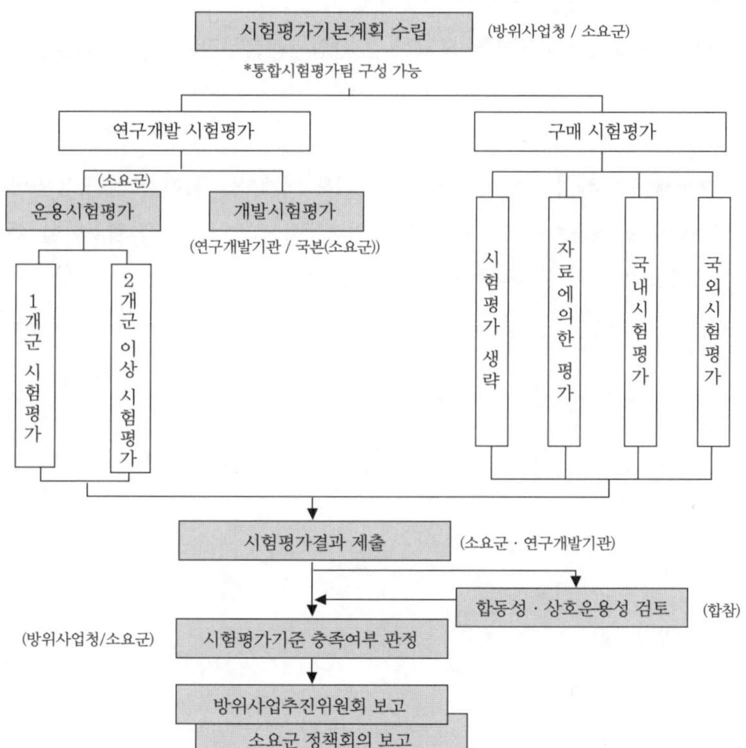

바. 전장관리정보체계사업에 대한 시험평가는 소프트웨어개발의 특성인 복제성, 비가시성 및 소요예산 등을 고려하여 시험평가의 규모, 장소, 기간, 시험부대를 선정하여야 한다.

IIIII 4. 무기체계 구매사업 시험평가절차

가. 분석시험평가국장은 제안요청서, 업체제안서, 작전운용성능 등을 기초로 통합시험평가기획팀를 구성하여 구매시험평가계획을 수립하여 소요군에 통보한다. 소요군은 구매시험평가계획을 근거로 구매시험평가를 수행하고 그 결과를 분석시험평가국장에게 제출한다.

나. 분석시험평가국장은 구매시험평가결과를 검토한 후 방위사업청장의 승인을 받아 최종 판정하고 그 결과를 위원회에 보고한 후 사업관리본부장(통합사업관리팀장)에게 통보한다.

다. 무기체계 구매사업시 체계연구개발에 의해 체계를 획득하는 것과 동일한 내용과 절차를 고려하여 운영군수단계에서 군수 관리 및 지원의 어려움을 최소화할 수 있도록 시험평가의 대상 및 절차 등을 결정할 필요가 있다.

제6절 분석평가 절차

본 절은 획득사업 추진시 요구되는 분석평가 업무 내용과 절차에 대해 설명한다.

1. 분석평가의 개념 및 역할

가. 방위력개선사업의 분석평가는 사업추진 단계별로 실시하고, 그 내용과 목적에 따라 사업분석과 비용분석으로 구분하여 실시한다.

사업분석은 소요가 결정된 사업에 대하여 사업추진 단계별 사업목표의 달성과 자원의 합리적인 배분 및 효율적인 사용을 위해 사업추진과 관련되는 제요소를 분석평가 함으로써 합리적인 의사결정을 지원하는 분석이며, 사업분석에 대해서는 제11장 제1절을 참고 바란다. **비용분석**은 확정된 대안에 대하여 계획 · 예산 단계에서 사업집행의 효율성 제고를 위한 적정비용을 추정하여 계획 · 예산 단계에 반영하고, 단계별 목표비용을 산정하여 적정 양산단가 결정 및 이를 위한 집행과정에서 비용의 조정 · 통제를 목적으로 하는 분석이다. 비용분석은 제13장 제3절에서 수명주기비용분석에서 설명한다.

나. 수행주체에 따라 분석평가를 자체분석, 분석시험평가국 분석, 용역분석으로 구분하여 실시할 수 있으며, 사업진행 단계별 분석평가는 중기계획 반영사업에 대한 계획단계 분석, 예산편성 대상사업에 대한 예산단계 분석, 예산 집행중 또는 완료된 사업에 대한 집행성과분석으로 구분하여 수행한다.

2. 분석평가 수행원칙과 대상사업 선정

가. 분석시험평가국장은 방위력개선사업에 대한 분석평가를 직접 실시하는 것을 원칙으로 하되, 필요시 전문연구기관 등에 분석평가를 의뢰하거나 공동으로 분석 평가할 수 있으며, 기타의 분석평가 수행원칙과 대상사업선정에 대한 규정으로 정하고 있다.

나. 분석시험평가국장은 방사청 내 협의를 거쳐 다음 사업 중 사업분석과 비용분석 대상사업을 선정하여 연간 분석평가계획을 수립하고 이를 관련기관에 배포하여야 한다.

1) 중기계획이나 예산편성에 신규 반영사업 및 중대한 계획변경 사업

2) 예산 집행중 또는 집행 완료된 사업중 분석평가가 필요하다고 판단되는 사업

3) 방위사업청장이 지시하거나 사업관리본부장 등이 의뢰한 사업 등

3. 계획단계 분석

분석시험평가국장은 선정된 사업에 대하여 중기계획상 물량 · 시기의 적절성, 군 요구조건의 타당성, 획득대안이나 사업추진방법, 사업추진에 필요한 소요예산의 적정성 등을 중점적으로 분석하여, 그 결과를 획득기획국, 사업관리본부, 국과연 등 관련부서에 통보하여야 한다.

4. 예산단계 분석

분석시험평가국장은 선정된 사업에 대하여 예산요구서 검토기한 및 사업추진 일정을 고려하여 사업추진의 타당성 및 효율성, 예산편성의 적절성 등을 중점적으로 분석하고, 그 분석평가 결과를 획득기획국, 사업관리본부, 국과연 등 관련부서에 통보하여 분석평가 결과를 활용할 수 있도록 한다.

5. 집행성과 분석

분석시험평가국장은 선정된 사업에 대해 예산집행 중 또는 완료시 집행 대비 성과를 분석하는 바, 집행 중 또는 집행 완료된 사업에 대한 분석평가는 집행상 문제점, 차기 유사사업 추진의 교훈 및 시사점 도출에 중점을 두고 실시한다.

또한 분석시험평가국장은 사업의 집행성과분석을 위하여 연구개발 주관기관 및 업체로부터 비용, 일정계획 등 사업집행 중 관련 자료를 수시 제공받아 활용할 수 있으며, 분석결과를 관련부서에 통보하고, 통보받은 관련부서는 집행성과분석결과에 따라 당해 사

업에 필요한 조치를 취하고 차기 및 유사사업에 결과를 반영하여야 한다.

6. 비용관리와 사업성과관리

방위력개선사업의 비용분석 업무를 효율적, 효과적으로 수행하기 위하여 비용관리와 사업성과관리 개념을 도입하여 업무에 적용할 수 있다.

비용관리란 계획 및 예산 단계에서 적극적이며 현실적인 목표비용(개발비 및 생산비, 운영유지비)을 설정하고 집행 중에 주기적으로 비용을 추정하여 기 설정된 목표비용과의 편차를 분석하고 관리하는 것을 말한다.

사업성과관리란 기 설정된 성과관리기준이 달성되도록 집행 중에 주기적으로 비용, 일정을 분석하고 관리하는 것을 말한다.

7. 분석평가 방법과 절차

정량분석은 계수화된 지표를 사용하여 실적이나 성과를 분석하거나 수집된 자료를 통계적으로 분석 처리하는 방법으로서 분석기준은 **정확성**(실적 대 계획), **효과성**(목표실현치 대 목표계획치 또는 발생된 효과 대 기대효과), **능률성**(산출 대 투입 비용)이다.

정성분석은 사업의 시행과 관련이 있는 제 활동을 다양하게 검토하는 방법으로 제반 기준과 규범과의 비교 검토도 한 방법으로서 분석기준은 균형성, 합목적성, 정책의 부합성 및 합리성이다. 무기체계/비무기체계에 대한 분석평가절차는 〈그림 5-11〉에 나타나 있다.

〈그림 5-11〉 무기체계/비무기체계 분석평가절차

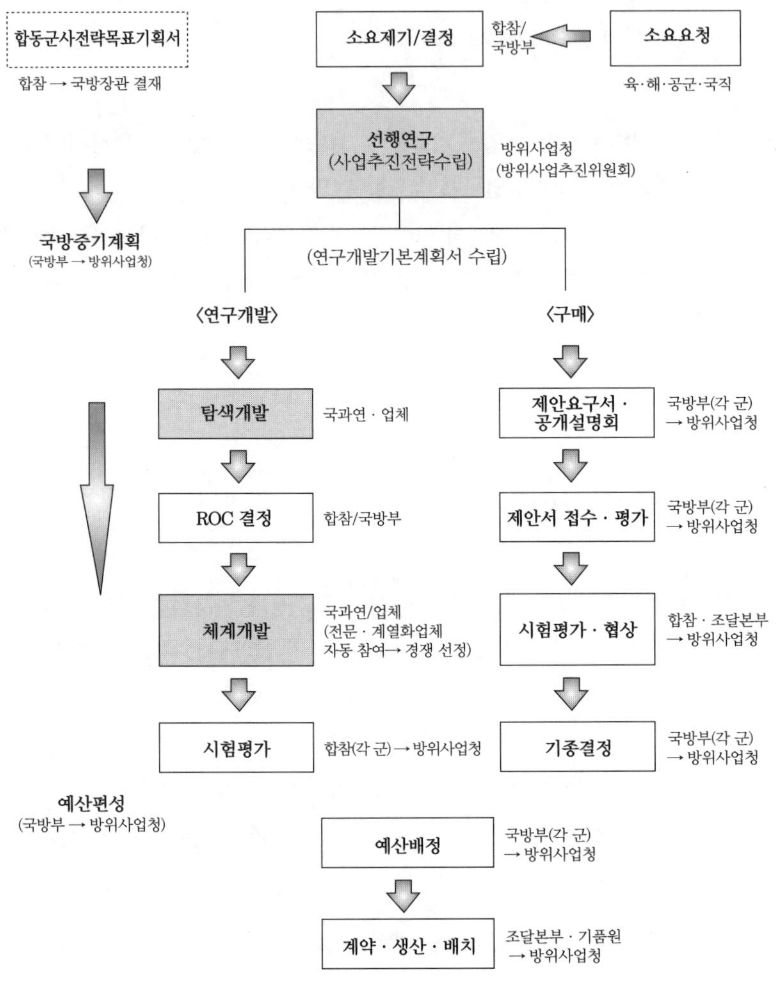

6 종합군수지원제도

본 장에서는 방위사업관리규정과 종합군수지원지침서[166]에 정하고 있는 '전투발전지원요소'와 '종합군수지원요소'를 포함하는 전력화지원요소에 대해 설명한다. 전력화지원요소의 개념 정의, 분류, 개발과정 등에 대해 소개하고, 종합군수지원제도의 발전과정, 개념, 주요 기능과 원칙, 종합군수지원계획서 작성 및 종합군수지원업무 방법과 절차에 대해 설명한다.

제1절 전력화지원요소

1. 전력화지원요소의 정의

가. 방위사업관리규정에서 전력화지원요소란 **"무기체계 및 비무기체계 획득시 야전배치와 동시에 전력화할 수 있도록 발전시켜야 할 요소"**로 규정하고, **전투발전지원요소와 종합군수지원요소"**로 분류하고 있다. 방사청과 소요 군은 무기체계의 야전배치와 동시에 운영될 수 있도록 전력화지원요소를 획득하고 발전업무를 협의하여 추진한다.

나. 전력화지원요소의 분류

1) 전투발전지원요소는 **군사교리, 부대편성, 교육훈련, 시설, 체계 상호운용에 필요한 하드웨어 및 소프트웨어, 주파수 및 통신회선** 6대 요소로 구분하고, 종합군수지원요소는 11대 요소로 구분한다.

2) 소요군/기관은 무기체계 소요 요청 및 제기시 병행 판단하며, 중장기 전력소요서에 반영하여 요구한다.

다. 위의 6가지 전투발전지원요소별로 업무내용 및 소요군과 방위사업청(통합사업관리팀장)의 업무분장을 방위사업관리규정에 정하고 있다.

166) 방위사업청, 「종합군수지원업무지침서(해상전력사업용)」 (서울:방사청 사업관리본부, 2007).

2. 전력화지원요소 업무수행 주체

가. 소요군

무기체계 획득에 따라 소요되는 군사교리, 부대편성, 교육훈련 요소를 발전시키고, 운용주파수를 확보한다.

나. 방위사업청(통합사업관리팀장)

1) 소요군으로부터 전력화지원요소에 대한 소요를 접수하여 판단하고 이를 국방중기계획 및 예산편성에 반영한다.

2) 무기체계 획득에 따라 소요시설, 상호운용에 필요한 하드웨어 · 소프트웨어 및 종합군수지원요소를 무기체계와 같이 획득한다.

3. 전력화지원요소 개발과정

가. 소요군/기관은 신규 전력소요 요청서와 장기 전력소요 요청서에 전력화 지원요소에 대한 개략연구 결과를 포함하여 합참(전략기획본부, 전력분석처)에 소요를 수시로 제기하며, 매년 8월말까지 소요군/기관은 신규소요 및 기존소요를 포함한 중장기 전력소요서를 합참(전략기획본부, 전력분석처) 및 방사청(방위사업본부장)에 제출한다.

나. 합참은 국방정보판단서, 국방기본정책서, 합동군사전략서 및 합동전장운영개념을 기초로 각 군/기관의 중장기 전력소요서를 근거로 합동군사전략목표기획서를 작성, 방사청 및 소요군 등에 통보한다.

다. 소요군/기관은 전력화지원요소인 군사교리, 부대편성, 교육훈련 요소를 발전시키고 운용주파수를 확보하며, 통합사업관리팀장은 소요시설, 상호운용에 필요한 하드웨어 · 소프트웨어, 종합군수지원요소들에 대한 소요군/기관으로부터 접수를 받아 판단하고 이를 국방중기계획 및 예산편성에 반영한다.

라. 방위사업추진위원회의 획득방법 결정에 따라 〈그림 6-1〉과 같이 전력화지원요소를 보다 구체화해나간다.

〈그림 6-1〉 무기체계/비무기체계 전력화지원요소 확보절차

○ 연구개발의 경우

(방위사업청 / 소요군)
(소요군)

탐색개발 ← 전력화지원요소 개발가능성 검토 — 야전운용자료 협조

체계개발동의서 작성 ← 종합군수지원요소 포함 동의서 작성

체계개발 동의 ← 종합군수지원요소 동의서 포함여부 확인

체계개발 ←
- 전투발전지원요소 확정(소요군 · 방위사업청)
- 종합군수지원계획(ILS-P) 확정(소요군 · 방위사업청)

시험평가 ←
- 운영 · 개발시험평가에 ILS를 포함하여 평가(소요군 · 방사청)

* 창정비 방침 결정 : 국본 · 소요군 · 방사청

전 력 화 ←
- 주장비 획득과 동시에 확보, 운영유지 보장

○ 국외구매의 경우

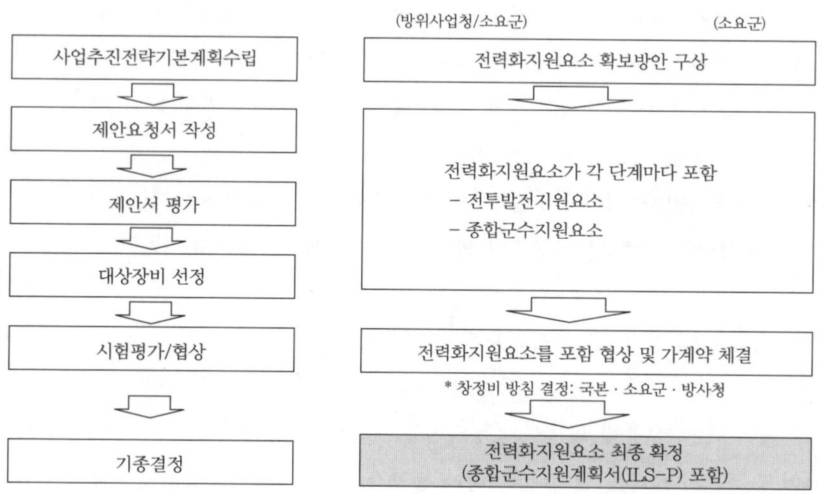

1) **연구개발사업 추진시 전투발전지원요소의 구체화**

가) 통합사업관리팀장은 연구개발사업에 대하여 선행연구결과, 작전운용성능, 상호운용성 및 합동성 등을 근거로 사업 착수 전에 전투발전지원요소의 개발 및 획득 소요를 검토하여 수정 · 변경요소를 소요군 및 연구개발주관기관에 통보하고, 필요시 중기계획 및 예산편성에 반영하여야 한다.

나) 소요군/기관은 군사교리, 부대편성, 교육훈련 발전 및 무기체계 운용에 필요한 주파수 소요를 무기체계가 초도 배치되기 이전에 확보될 수 있도록 하여야 한다.

다) 통합사업관리팀장은 연구개발주관기관으로 하여금 상호운용에 필요한 하드웨어. 소프트웨어의 개발계획을 탐색개발 및 체계개발 실행계획서의 수립단계부터 포함되도록 하여 주장비와 동시에 확보될 수 있도록 하여야 한다.

2) **연구개발사업 추진시 종합군수지원요소의 구체화**

가) 통합사업관리팀장 및 연구개발주관기관은 운영유지비 최소화 방안과 군수지원분석을 통하여, 소요군이 최적의 종합군수지원요소를 결정하도록 지원한다.

나) 소요군은 유사장비의 종합군수지원관련 자료를 수집 · 분석하여 종합군수지원요소에 대한 최적 개념을 정립하고 장비 · 부품의 표준화 및 호환성을 향상시키고 소요요청서에 반영한다.

다) 통합사업관리팀장은 연구개발단계별로 종합군수지원요소를 지속적으로 구체화하여 발전시켜야 하며, 그 결과는 종합군수지원계획서(ILS-P)에 반영하여야 한다.

라) 통합사업관리팀장은 창정비 요소를 개발할 경우 무기체계의 특성, 군수지원분석 결과 및 각 군이 설정한 창정비 방침을 고려하여 개발대상과 시기를 소요군과 협조하여 개발하되, 개발범위는 완전분해 · 수리 · 재생 및 재결합의 정비기능을 포함한다.

3) **구매사업 전력화지원요소의 획득업무는 규정을 참조하기 바란다.**

다. 위와 같이 전력화지원요소들이 체계의 개발 및 획득과 동시에 개발 및 획득하도록 규정하고 있어 미국군과 동일한 수명주기군수 및 획득군수 개념이다. 다만 전력화지원요소들에 대한 개발 및 획득시 업무수행을 위한 방법과 절차에 대한 구체적인 지침과 편람이 충분하지 않다는 점이다. 이러한 분야가 무엇인지를 찾아서 발전시켜나가야 할 필요가 있다.

2007년도 5월에 『종합군수지원업무지침서(해상전력사업용)』가 발간되었는데 이 지침서에는 함정건조사업, 연구개발 및 구매사업시의 종합군수지원업무의 절차, 종합군수지원요소의 개발 및 평가 절차, 그리고 RAM분석, 군수지원분석 및 동시조달 수리부속 소요 산정에 관한 종합군수지원분석절차를 규정하고 있다. 방위사업청이 개청된 이후 보다 과학적이고 체계공학적 기법을 적용하는 지침들이 작성되고 있는 것은 업무 효율성 증대측면에서 획기적인 조치들이다.

한 단계 더 발전시켜야 할 사항은 지침에 규정한 각 종 분석기법을 이해할 수 있는 학문적 이론이 총체적으로 정립되어 편람으로 만들어져야 할 것이다. 이를 위해서는 국방대학뿐만 아니라 일반대학에서도 체계공학(Systems Engineering)과 운용분석학(Operations Analysis) 또는 국방체계분석학(Defense Systems Analysis) 교육이 활성화 되어야 할 것이다.

제2절 종합군수지원제도

1. 종합군수지원의 개념

가. 종합군수지원(ILS: Integrated Logistics Support)이란 국방전력발전업무규정에 **"장비의 효율적이고 경제적인 군수지원을 보장하기 위하여, 무기체계 소요단계부터 설계-개발-획득-운영 및 폐기시까지 전 과정에 걸쳐 제반 군수지원요소를 종합적으로 관리하는 활동"**으로 규정하고 있다.

〈그림 6-2〉 종합군수지원 적용범위

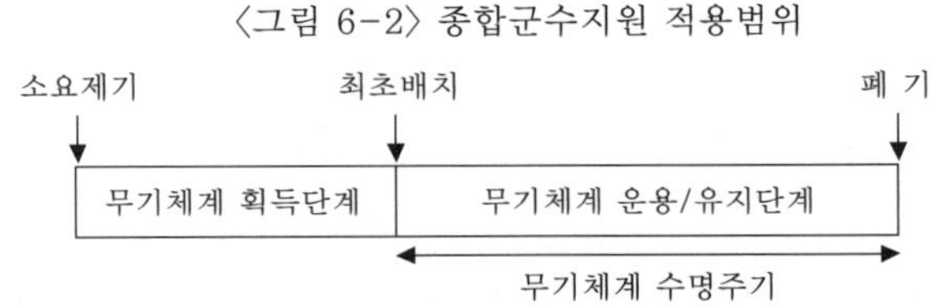

나. 종합군수지원관리의 기능은 다음과 같다.[167]

1) 주장비 성능과 군수지원성(Logistic Supportability: 군수지원의 효과성, 경제성, 능률성을 보장하는 특성)을 상호 보완 발전시켜야 한다.

성능이 향상될수록 설계는 더욱 복잡해져서 고장 발생시 수리가 어렵게 되어 운영유지비가 높아지게 되므로 오히려 군수지원성은 낮아진다. 따라서 주장비 설계 제작시 부터 이러한 요소들이 조화를 이루도록 설계자나 종합군수지원 담당관(ILS개발팀장)이 설계를 검토 승인해야 한다.

2) 군수지원요소를 개발시 군수지원요소간의 유기적 통합이 필요하다.

사업관리본부장은 군수지원요소를 개발할 때 상호 연관성을 고려하여 균형과 조화를 이룰 수 있는 최적의 군수지원요소를 선정하여야 하고, 소요군과 협조하여 종합군수지원요소를 발전시켜야 하며, 다음 사항을 고려하여 개발한다.

167) 장기덕, 이성윤, 홍석진, 「종합군수지원 실태 진단」(서울:한국국방연구원, 2003), pp. 24-25.; 진단결과가 방위사업관리규정(2006)에 많은 부분 반영되었다고 볼 수 있다.

〈그림 6-3〉 군수지원분석 절차

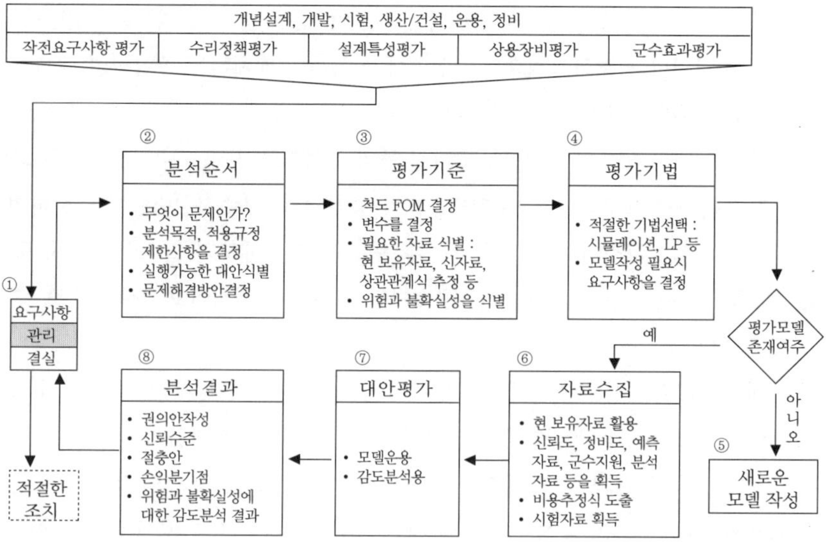

개념설계, 개발, 시험, 생산/건설, 운용, 정비				
작전요구사항 평가	수리정책평가	설계특성평가	상용장비평가	군수효과평가

① 요구사항 관리 결실

② 분석순서
- 무엇이 문제인가?
- 분석목적, 적용규정 제한사항을 결정
- 실행가능한 대안식별
- 문제해결방안결정

③ 평가기준
- 척도 FOM 결정
- 변수를 결정
- 필요한 자료 식별 : 현 보유자료, 신자료, 상관관계식 추정 등
- 위험과 불확실성을 식별

④ 평가기법
- 적절한 기법선택 : 시뮬레이션, LP 등
- 모델작성 필요시 요구사항을 결정

평가모델 존재여주 — 예 / 아니오

⑤ 새로운 모델 작성

⑥ 자료수집
- 현 보유자료 활용
- 신뢰도, 정비도, 예측자료, 군수지원, 분석자료 등을 획득
- 비용추정식 도출
- 시험자료 획득

⑦ 대안평가
- 모델운용
- 감도분석용

⑧ 분석결과
- 권의안작성
- 신뢰수준
- 절충안
- 손익분기점
- 위험과 불확실성에 대한 감도분석 결과

적절한 조치

가) 소요군과 협의사항 : 목표 운용가용도, 정비환경 및 정비개념, 운용소요 및 정비소요(유사장비 등의 군수지원분석 자료 활용), 11대 종합군수지원요소

나) 종합군수지원요소 개발시 고려요소 : 지원소요의 최소화 및 간편화, 정비의 용이성, 가동시간의 최적화, 보급지원의 지속성, 종합군수지원요소의 소요 판단결과

3) 군수지원요소의 획득(개발, 생산, 배치)업무는 통합사업관리팀장이 주관하여 주장비 획득과 동시에 수행되어야 한다.

무기체계 획득과정중의 주요 의사결정 시점에서 군수지원분석 결과를 반영하고, 전력화 일정을 준수하며, 적기에 소요예산을 판단하여 중장기계획에 반영하기 위해 종합군수지원업무는 반드시 주장비 획득업무와 병행 추진하여야 한다.

4) 군수지원요소의 획득과 운용의 순환체계를 유지해야 한다.

소요군은 체계가 배치된 후 운용유지과정에서 경험제원을 수집, 분석, 평가하여 기획득한 군수지원요소 중 부적합한 요소는 수정하는 등 경험제원을 축적하여 차후 유사사업에 활용할 수 있도록 방위사업청, 기술품질원 및 개발기관에 환류되도록 관리하여야 한다.

다. 종합군수지원 주요업무

무기체계 획득업무 수행 절차측면에서 살펴보면, 종합군수지원업무는 중장기전력소요서 상의 주장비와 전력화지원요소를 동시에 획득하여 배치하는 종합적인 체계관리개념으로서 무기체계의 전력화를 보장한다.

현대 무기체계의 체계성, 복잡성, 고가성 등의 특성으로 인해 군수지원업무는 고도로 복잡하고 전문화가 요구되며, 군수지원소요가 증가되고, 군수지원비용이 급증하며, 수명주기비용의 조기 확정이 가능하기 때문에 종합군수지원제도의 필요성이 더욱 증대되고 있다. 종합군수지원제도는 이러한 군수지원 업무를 체계적이고 과학적으로 수행할 수 있게 해준다.

연구개발사업 추진시 무기체계의 수명주기는 소요제기, 개발, 생산/배치 및 운영단계로 구분할 수 있으며, 각 단계별 종합군수지원 주요 업무내용은 다음과 같다.

1) **소요 요청단계의 주요 종합군수지원업무** : 중장기전력소요서 작성, 종합군수지원 개략계획서(ILS-P초안) 작성, 종합군수지원 국방중기요구서(국방중기계획 전력화 지원요소 요구안) 작성 등이다.

2) **개발단계의 주요 종합군수지원업무** : 탐색개발계획서 작성, 체계개발동의서 작성, 종합군수지원계획(ILS-P) 작성, 종합군수지원 종합평가 등이다.

3) **생산/배치 및 운영 단계의 주요 종합군수지원업무** : 확정된 종합군수지원요소의 집행, 종합군수지원요소 배치, 운영 등이다. 종합군수지원요소의 집행이란 군수지원요소의 조달 요구 및 양산, 기술교범 검증 및 발간, 교육 파견 및 교육훈련 실시, 초도보급 준비 등을 주요업무로 하고 있다.

2. 제도의 출현 배경/필요성

가. 1960년대 미군은 방대한 무기체계와 장비의 소요와 투자비의 증대, 고도의 정밀무기체계 개발은 주장비 위주의 개발만으로는 성능의 지속적 보장, 연구개발 투자비의 효율성 증대, 군수지원의 적시성 보장 등을 할 수 없게 되어 무기체계 개발의 종합적인 관리가 필요하게 되어 1964년부터 미 국방성에서 종합군수지원제도를 적용하기 시작하였다.

나. 우리 군도 '70년대 전반기까지는 무기체계와 장비를 해외구매에 의존함으로써 군수지원상의 문제점을 인식하지 못했으나, '70년대 후반부터는 독자적인 무기체계 개발에 따른 국산무기체계 운용으로 군수지원상의 문제점이 심각해지자 종합군수지원제도의 도입 필요성이 대두되었다.[168]

1978년 육군은 국산장비 야전 운용실태를 조사(방위력개선사업 실적분석) 결과 군수지원상의 많은 문제가 있음을 확인하고 군수부서가 아닌 방위력 개선부서에서 종합군수지원의 필요성을 제기하였다. 이에 따라 1980년 2월에 국방관리연구소(현 국방연구원)에서 미국의 제도를 기본모델로 하여 본 제도의 적용을 제안하였으며, 1987년과 1988년에 걸쳐 종합군수지원 규정을 제정하고 관련 조직을 편성하게 되었다.

다. 2006년 방위사업법과 방위력개선사업관리규정 제정, 2007년 종합군수지원업무지침서가 규정됨으로써 종합군수지원관리업무절차는 한층 개선되었다고 볼 수 있다. 다만, 소요군, 방사청 및 연구개발 주관기관/업체 간의 업무의 협조방법과 절차가 보다 분명하게 정립될 필요가 있다.

3. 종합군수지원의 원칙

방위사업관리규정에 정하고 있는 종합군수지원원칙은 다음과 같다.

1) 무기체계의 설계, 개발 및 획득과정에서 종합군수지원요소가 주장비사업 추진과 동시에 이루어져야 하며, 무기체계의 수명주기간 군수지원요소의 적시성과 지속성이 보장되도록 하는 것이다.

무기체계 수명주기비용의 70%가 탐색개발 단계 말, 95%가 체계개발 말에 결정된다는 미국의 경험을 토대로 무기체계에서 군수지원의 주대상인 주장비의 군수지원소요를 최소화하기 위해서는 연구개발(설계)단계에서 최대한 반영되어야 한다.

2) 통합사업관리팀장은 소요군과 협조하여 주장비에 요구되는 군수지원소요를 정립하고 군수지원요소를 개발 및 획득한다.

---

168) 장기덕 외(2003), pp. 23-24.

3) 주장비 및 지원장비는 표준화와 호환성을 유지하고, 현 지원체제와 호환성 및 상호운용성을 유지할 수 있도록 개발하여 운영유지비의 최소화와 경제적인 군수지원이 보장되도록 한다.

4) 야전배치시 제공된 개발제원은 운용기간 중 경험제원을 수집 분석하여 최신제원으로 정립하고 차기 무기체계 개발시 활용한다.

5) 일괄구매가 금지된 품목과 국가계약법령에 의해 금지된 경우를 제외하고는 주계약업체로부터 일괄구매를 우선으로 고려하여 종합군수지원요소를 확보한다.

4. 종합군수지원요소

2007년 10월에 개정된 방위사업관리규정에 반영된 종합군수지원요소에 관한 내용은 종전의 규정보다 구체적인데 이는 주장비 설계단계에서 군수지원요소가 철저히 반영되어야 함을 강조하고 있는 것이다. 통합사업관리팀장은 다음의 11대 종합군수지원요소들이 종합군수지원계획에 반영하여 추진하야야 한다.

가. 연구 및 설계 반영

종합군수지원소요를 주장비 설계 및 개발에 반영하는 활동으로서 다음 사항을 설계에 반영하여야 한다: 수집한 무기체계별 종합군수지원자료의 검토결과; 주장비 선정 및 설계시 군수지원 용이성 및 지속성 및 운영유지비 최소화를 위한 요구사항; 정비계획요소중 주장비 설계에 의해 많은 영향을 받는 정비개념, 시설, 인력, 지원장비 등에 대한 군수지원 가용성 및 운영유지비 절감방안; 탐색개발과 체계개발 단계 초기에 식별한 종합군수지원소요 등

나. 표준화 및 호환성

현용 장비의 군수지원 자료를 수집 분석하여 무기체계의 설계 및 기종 결정시 현용장비와의 호환성을 반영하여 군수지원소요를 단순화시켜 군수지원 가용성을 높이는 활동으로서, 체계개발동의서, 체계개발계획서 및 종합군수지원계획서(ILS-P)에 표준화 및 호환성을 포함시켜 설계에 반영하여야 한다.

다. 정비계획

정비지원이 용이하도록 하기 위하여 정비관련 지원요소를 개발하여 분석하고 획득과정을 통하여 개선될 수 있도록 정비계획을 수립하는 활동으로서 다음 사항들이 정비계획에 포함되어야 한다: 정비개념, 정비업무량 추정 및 분석(MTA: Maintenance Analysis Task), 창 정비요소 개발, 정비단계별 지원인력(주특기별 기술수준 및 기술요원 소요), 지원장비(정비대충장비 포함) 및 지원시설의 소요 등 정비기능의 분류 및 정비지원의 책임 등이다.

라. 지원장비

주장비 운영 유지에 필요한 모든 부수장비를 판단하여 확보하는 활동으로서 최대한 호환성을 유지해야 하며, 대상장비(공구, 시험/측정/검사 장비, 물자취급 장비, 유류/탄약 취급 장비, 근접 정비지원용 장비 등) 판단, 관련 제원 획득, 적정소요 책정, 소요군 검토 및 구매계획 반영 등이 포함된다. 지원장비 확보에 대한 통합사업관리팀장, 소요군 및 연구개발 주관기관과의 구체적인 협조내용은 규정에 정하고 있다.

마. 보급지원

무기체계 운영 유지에 필요한 지원물자, 재원 등 소요의 판단, 획득 및 보급 활동으로서, 보급 지원 및 절차 수립; 동시조달수리부속(CSP), 기본불출품목(BII), 규정휴대량(PLL), 인가저장품목(ASL) 및 제대별 보급수준 결정; 탄약 및 유류소요 판단; 보급지원 활동을 위한 소요 판단 및 편성; 보급지원을 위한 목록 및 제원 작성 등이 포함된다.

1) **규정휴대량목록**(PLL: Prescribed Load List) : 규정 휴대량은 편성부대 및 독립중대와 격리된 파견대에서 부대정비를 실시하기 위하여 보유하여야 할 15일분의 수리부속품과 인가된 공구를 말하며, 규정휴대량 품목을 수록해 놓은 목록을 말한다.

2) **기본불출품목**(BII: Basic Issue Item) : 완성장비를 사용부대에 불출시 즉각적인 운용유지가 가능하도록 주장비에 소요되는 각종 부수장비, 공구, 교범 등이 포함되며, 주장비와 동시에 보급되어야 할 품목을 말한다.

3) 동시조달 수리부속 및 초도보급소요 등의 산출에 필요한 자료 협조절차는 규정에 과거보다 상세하게 규정하고 있다.

바. 군수인력운용

무기체계 운영 유지에 소요되는 일정수준의 기술능력을 갖춘 소요인력을 판단하고 이들 인원을 충원시키는 활동으로서, 장비 운영유지를 위한 정비요원, 보급요원, 교육부수인력 및 주특기 소요의 판단; 시험 평가 및 교관 요원 선발; 편성인력에 대한 기술특기별충원계획 수립 등이 포함된다.

사. 군수지원교육

무기체계의 시험평가, 운영유지에 필요한 정비요원, 보급요원, 교관요원을 교육 훈련시키는 활동과 교육장비 및 교보재를 확보하는 활동으로서, 시험평가 요원 교육계획 수립; 초도 배치 교육과 양성교육 소요 판단 및 계획 수립; 교육장비 및 교보재 소요판단 및 개발 획득 등을 포함한다.

아. 기술교범

무기체계의 획득 및 유지에 필요한 사용자 교범, 보급교범, 부대정비교범, 야전정비교범, 창정비 교범, 등의 책자형 교범과 전자식기술교범(IETM)으로 구분되는 모든 기술발간물과 자료의 소요를 판단하고 획득하는 과정으로서, 기술자료(기술교범 등)의 소요 판단 및 획득; 주장비 설계 변경 및 정비방침 개정; 군수지원 요소의 변경에 따른 기술자료의 최신화 계획 등이 포함된다.

자. 포장, 취급, 저장 및 수송

무기체계의 주장비 및 군수지원요소가 포장, 취급, 저장 및 수송에 필요한 특성, 요구사항, 제한사항을 판단하여 획득업무에 반영하고 지원하는 활동으로서, 주장비 및 군수지원요소를 안전하고 경제적으로 포장, 취급, 저장 및 수송할 수 있도록 설계에 반영 및 개발; 포장, 취급, 저장 및 수송간 안전대책 등을 포함한다.

차. 정비 및 보급 시설

무기체계의 군수지원업무(저장, 정비, 보급 등)를 수행하는 데 필요한 모든 부동산과 관련 설비 및 장비 소요를 판단하고 건설하는 활동으로서, 무기체계 시험, 훈련, 운용, 저장 및 정비지원에 필요한 시설소요 판단, 신규시설 확보; 전력화와 동시에 사용할 수 있는 시설 건설 등이 페키지 사업으로 추진되어야 한다.

카. 기술관리 자료

1) 종합군수지원 기술자료는 기술자료묶음과 운용제원으로 구분하며, 영상, 음향자료 및 전산자료를 포함한다. **기술자료 묶음**(TDP: Technical Data Package)에는 개발 및 생산 제원(규격서, 도면, 부품 및 공구목록, 생산공정도 및 제원, 시험평가 제원, 포장 및 수송제원, 지원장비목록 등)과 운영 및 정비 제원(주유명령서, 수정작업명령서, 창정비작업요구서, 검사 · 시험 및 교정절차, 설치지시서, 점검표 등)을 포함한다. **운용제원**에는 수요제원(장비별, 품목별 수요량), 보급제원(기본불출품목, 지원장비, 탄약 등), 정비관리제원, 기술특기별 현황, 교육훈련 제원 및 수준을 포함한다.

2) 사업관리본부 및 연구개발주관기관은 계약이전에 기술제원을 기술품질원에 이전하며, 종합군수지원계획서(ILS-P)에 따라 기술자료를 단계적으로 획득하고, 주장비와 동시에 획득한다.

3) 사업관리본부는 개발기관으로 하여금 기술자료가 누락되지 않도록 요구하여 획득하여야 하며, 개발기관 및 기술품질원은 기술자료 묶음 중 개발 및 생산 제원을 관리유지하며 필요시 관련기관에 제공한다.

4) 소요군은 무기체계별 운용제원을 발전시켜 유지하며, 국과연 및 기술품질원은 각각 관리하고 있는 기술자료 제원을 전산화하여 관리하고, 관련기관의 요청이 있을 때에는 제공하여야 한다.

5) 기술자료 관리를 위한 전산체계 구축시 전산체계 구성 및 하드웨어 소요, 무기체계별 소프트웨어 및 기술 분석자료, 인력 및 시설 소요를 고려하여 전산장비 확보, 관련 프로그램 개발 및 인력운영 등이 포함되어야 한다.

6) 사업관리본부장(ILS개발팀장)은 개발기관의 전산자료 검증을 위한 전산체계(군수지원분석 등)를 구축하여야 하며, 군수지원분석을 위해 개발기관이 각 군에서 작성할 입력제원을 요청할 경우 소요군으로 하여금 이를 지원토록 조치하여야 한다.

7) 사업관리본부장(지상, 해상, 항공장비기술팀장)은 소요군 및 관련기관과 협조하여 종합군수지원계획서(ILS-P)에 대한 기술적 검토를 실시한다.

8) 기술품질원은 전산화된 기술자료를 종합군수지원 요소별 · 기능별로 최신화 한다.

5. 종합군수지원계획서 작성

가. 연구개발주관기관은 종합군수지원요소 개발하기 위한 종합군수지원계획서(ILS-P)를 체계개발계획서와 함께 작성하여 소요군의 검토를 받은 후 최신화된 결과를 사업관리본부(통합사업관리팀)로 제출하여야 한다.

나. 연구개발주관기관은 탐색개발결과 및 체계개발동의서를 기초로 다음 사항을 고려하여 작성하여야 하며, 확정시까지 지속적으로 수정 · 보완하여야 한다. 따라서 소요군과 상호 협의하여 작성범위를 확정하고, 주장비 개발과 연계하여 운용개념에 부합되어야 하며, 주장비 야전배치계획과 연관시켜야 하고, 작성된 종합군수지원계획서를 발간 및 관련기관에 배부하여야 한다.

다. 연구개발무기체계의 종합군수지원계획서 작성시 포함내용은 다음과 같다.

1) **개요** : 사업개요, 운용개념, 제원 및 특성, 사업예산

2) **종합군수지원관리** : 관리목표, 업무분담 및 업무체계, 종합군수지원 요소별 관리개념, 표준화 및 목록화 계획, 군수지원분석 및 RAM분석 계획

3) **세부계획** : 관련기관 및 부서별 시행내용과 절차 등 획득단계별 적용계획, 요소별 소요 및 획득일정계획, 품질보증계획

4) **시험평가계획** : 시험평가요원 편성, 시험장소, 시험목표 및 중점, 관리요소별 평가범위 및 방법 등

5) **종합군수지원관리위원회 구성 및 운영계획**

6) **적용 참고문헌 및 기타 관련된 사항**

라. 사업관리본부장(IPT)은 연구개발주관기관으로부터 접수한 종합군수지원계획서를 ILS개발팀장에게 검토 의뢰하고, 관련기관으로 하여금 자체 업무기능에 맞는 세부추진계획을 작성토록 하여야 한다.

마. 사업관리본부장은 종합군수지원계획서를 시험평가 및 전력화평가 이후 최신화하고, 전력화평가 후속조치 완료 후 **종합군수지원계획서**(최종판)를 소요군 동의하에 발간한다.

바. 사업관리본부장은 종합군수지원요소 개발과 관련하여 연구개발주관기관에서 작성된 자료는 소요군의 검토후 종합군수지원 실무조정회의(ILS-MT)를 통해 확정한다.

사. 사업관리본부장(ILS개발팀장)은 체계 개발기간 중 종합군수지원요소 개발과 관련하여 연구개발주관기관 및 사업관리본부장(IPT)으로부터 기술지원 요청시 지원하여야 한다.

제3절 종합군수지원 업무절차

1. 종합군수지원 업무절차

종합군수지원 업무수행절차는 무기체계 획득방법에 따라 차이가 있으나 주요업무내용은 크게 ① 종합군수지원(ILS) 요소를 구체화하고, ② 종합군수지원요소를 확정하며, ③ 관련 규격을 제정 및 양산하고, ④ 운영분석 및 평가로 구분할 수 있다. 무기체계 획득방법별 종합군수지원 업무절차는 방위사업관리규정과 종합군수지원업무지침서에 상세하게 규정하고 있으며 이를 요약정리하면 〈그림 6-4〉와 같다.[169] 본 절은 연구개발사업 시의 종합군수지원 업무수행절차를 설명한다.

〈그림 6-4〉 종합군수지원 업무절차

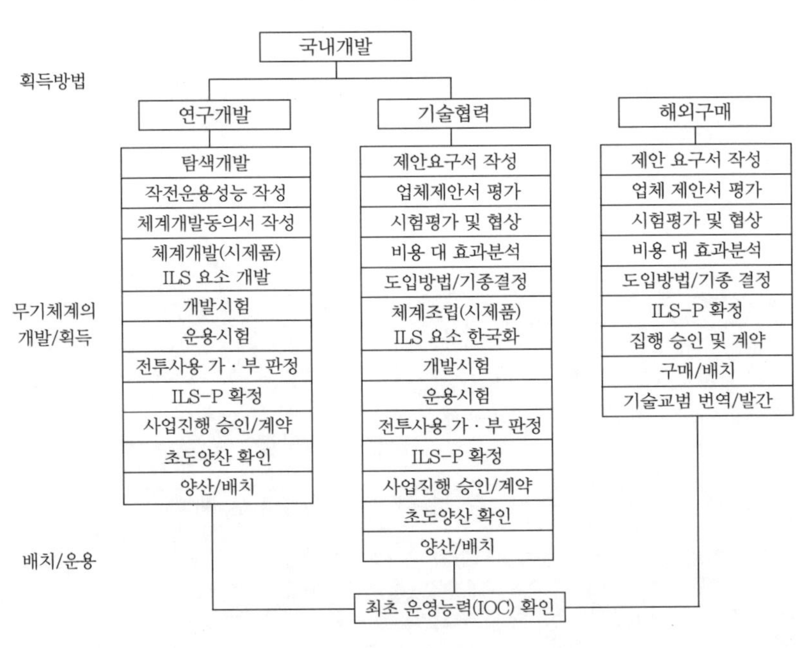

169) 장기덕 외 2명, 「종합군수지원 실태 진단」 (서울: 국방연구원, 2003), pp. 39~45, 일부 표현은 수정하였다.

2. 연구개발사업시 종합군수지원 업무절차

연구개발사업 추진시 종합군수지원 업무수행절차는 다음과 같다.

1) 종합군수지원(ILS) 요소 구체화

구 분	세 부 내 용	관련 부서
개념 연구	• 종합군수지원 개념 정립 • 탐색개발계획에 연구결과 반영	개발주관기관
군수지원분석	• 초기 군수지원 분석 • 군수지원소요를 소요군에 통보	개발주관기관
탐색개발계획서 작성	• 탐색개발계획서에 개략적인 ILS 요소 개발 계획을 포함하여 작성	개발주관기관
체계개발동의서 작성	• 탐색개발 결과(초기군수지원분석결과) 및 경험제원을 바탕으로 체계개발동의서에 ILS 요소 반영 • 사업관리본부에 보고	각 군 개발주관기관
ILS-P 작성	• ILS-P 검토 및 작성 :군수지원분석, RAM 분석계획, 품질보증계획, 시험평가계획, 종합군수관리위원회 구성 및 운용 계획 포함	개발주관기관 사업관리본부 국방부
세부 추진계획 작성	• 각 기관별로 ILS-P 의거 세부추진계획 작성 시행	전 기관

2) ILS 요소 확정

구 분	세 부 내 용	관련 부서
ILS 요소 개발	• ILS-P 의거 군수지원요소 개발 • 개발기관에 요청자료 제공, 의견 제시	개발주관기관 각 군
기술시험평가	• ILS 요소 기술시험평가 및 보고 • ILS-P 수정 및 보완	개발주관기관 사업관리본부
운용시험평가	• ILS 요소 운용시험 평가 및 보고	각 군, 사업관리본부

3) 규격 제정 및 양산

구 분	세 부 내 용	관련 부서
규격 제정	• 품목 지정(표준화) • 규격 제정	국방부 계약관리본부/기품원
기술교범 검증 및 발간	• 기술교범 초안 납품 • 검증 및 발간 승인	개발주관기관 각 군
창정비 요소 개발	• 개발기관 및 소요군 간의 합의에 의거 수행	개발주관기관, 각 군
기술요원 교육	• 운용 및 정비요원 초도교육	개발주관기관, 각 군
양산	• 양산사업 승인 및 계약, 품질보증 업무수행 • ILS 요소 동시생산	업체, 계약관리본부, 기품원
야전배치준비계획 작성	• 기품원 및 개발기관과 협조하여 ILS 요소의 야전배치 준비계획 작성 시행	사업주관부서

4) 운영분석 및 평가

구　분	세　부　내　용	관련 부서
장비 납품 및 인수	• 주장비와 동시에 ILS 요소 인수 및 배치 • 기술제원을 경험제원으로 발전	각 군
전력화 평가보고	• 전력화 평가 및 보고 • 미비사항 수정 보완 ※ 종합군수지원 개발업무 종결	각 군 사업관리본부 개발주관기관
운영분석 및 평가	• 종합군수지원운영능력을 분석 평가하여 차기 유사 무기체계 개발 자료로 활용	각 군
도　태	• 경제적 수리한계 도달 및 진부화 장비 도태	각 군, 합참, 국방부

3. 종합군수지원 업무분장

2006년도에 개정된 국방전력발전업무규정에서 규정하고 있는 주요 기관별 종합군수지원업무분장 내용을 요약 정리한 것이다.

가. 국방부(군수관리관, 정보화기획관), 방사청(사업관리본부장: ILS 개발팀장)

종합군수지원 정책 및 제도의 발전; ILS 관련 계획/지침 수립 및 하달; ILS 소요 및 계획의 검토, 조정, 종합, 반영 및 승인; ILS 기술시험평가 통제; ILS 예산 검토, 조정, 종합 및 반영; 표준화, 규격화/목록화, 품질관리 업무를 통제한다.

나. 합참(군수부장)

무기체계 전력소요 결정시 ILS 소요를 결정; 합동군사전략목표기획서에 ILS 사항 포함, 작성; 운용시험평가 실시 또는 통제; 시험평가결과 전투용 사용가 · 부를 판정한다.

다. 방사청(계약관리본부장, 시험평가국장)

협상 및 가계약 체결시 종합군수지원사항 반영; 규격화/목록화 업무 수행; 국외도입 무기체계의 ILS 자료 획득 및 지원; 절충교역 협상 이행; 개발 또는 기종이 결정된 무기체계의 조달 집행; 운용시험평가 통제; 시험평가결과 전투용 사용 가 · 부를 판정한다.

라. 소요군/기관

소요군은 종합군수지원소요를 설정하여 요청하고, 계획을 수립하여 집행 평가하는 주관기관으로서 다음 업무를 수행한다.: 소요군의 ILS 정책과 제도를 발전; ILS 소요 설정 및 제기; ILS 계획 수립, 검토, 확정 및 건의; ILS 운용시험 평가계획 수립, 실시 및 결과보고; ILS 중기요구서 및 연도예산 요구서 작성; ILS 요소 개발결과 검토 및 수정요구; ILS 요소 개발기관(업체)에 대한 지원 및 협조; 최초 운영능력(IOC: Initial Operating Capability) 확인 및 보고; 장비유지 능력을 확보한다.

마. 국방과학연구소(국과연)/업체

국과연/업체는 ILS 요소의 연구개발주관기관으로서 연구개발계획을 수립, 집행, 평가 결과를 소요군이나 방사청 사업관리본부장에게 제출하며 주요 수행업무는 다음과 같다.: 연구개발체계의 ILS 요소 연구개발 업무 수행(연구개발계획 수립, ILS-P 수립, ILS 요소 개발, ILS 요소 기술시험평가 계획수립, 실시 및 결과보고); ILS 개발기법 및 전산화 모델 개발, 지원; ILS 기술자료 획득 및 관리; 개발, 배치한 장비에 대한 적합성 확인 참여 및 후속조치; 소요군 및 관련기관에 대한 기술을 지원한다.

바. 기술품질원(기품원)

획득단계별 품질보증계획 수립 지원; 국제 품질보증 및 협정업무 수행; 양산이후의 형상관리 업무 수행; 군 관련 업체주도 연구개발 사업의 기술지원 및 품질보증 업무 수행; 사용자 불만사항 소요군 통보 및 조치; 운영중인 장비의 개조/개량 시의 기술을 지원한다.

7 작전적 군수와 군수계획

본 장에서는 운영군수 또는 응용군수의 한 분야로서 작전적 군수이론, 작전적 군수계획의 수립 및 미래 미국군의 운영군수분야로서 미래전에 대비하여 발전시키고 있는 합동군수지원활동을 보장하기 위한 미국군의 집중군수에 대한 내용을 살펴보기로 한다.

제1절 작전적 군수이론

작전적 군수(Operational Logistics)란 대규모 국가적 수준의 전략적 군수와 전술적 수준의 전투근무지원활동 사이에서 인식적 측면, 기능적 측면, 그리고 조직적 측면에서 중간 위치에 있는 군수를 말한다. 본 절에서 이러한 세 가지 측면에서의 작전적 군수의 개념, 기능, 특성 등에 대해 설명하고자 한다.

||||| 1. 작전적 군수의 개념

가. 전쟁의 작전적 수준

전쟁의 작전적 수준이라는 용어는 1982년 미 육군의 야전교범 100-5에서 최초로 소개된 이후 이 용어는 계속적으로 검토되어 왔으며 작전술(Operational Art)과 관련하여 많은 논란이 있어왔다. 1996년 발간된 미 육군 야전교범 100-5에는 분쟁의 작전적 수준(Operational Level of Conflict)으로 새로운 용어가 정의되었다. 분쟁의 작전적 수준이란 “군사지휘관이 전략목표를 달성하기 위하여 군사작전과 전역(Campaign)을 개발하는 분쟁의 수준”을 의미한다. 이러한 작전과 군사행동을 지원하고 지속유지하는 군수를 작전적 군수라고 부른다. 따라서 작전적 군수는 작전적 수준과 관련이 있으며 항상 하나의 작전전구(Theater of operation)와 관련되어 있다. 작전적 군수의 임무는 **“작전전구 내의 군수체계를 확립하고, 이러한 군수체계를 운영하며, 작전목표를 달성하기 위하여 군수자산에 대한 미래 수요를 예측하고, 분석하며, 우선순위를 결정하는 것”**이다.[170)]

170) Moshe Kress(2002), p. 37.

나. 작전적 군수의 정의

군수란 전투자원의 제공자로서 작전적 수준에서 분리될 수 없는 중요한 부분이다. 모세 크레스는 다음과 같이 3가지 측면에서 작전적 군수를 정의하고 있다.[171)]

1) 인식적 측면의 작전적 군수

인식적 측면에서의 작전적 군수란 What does Operational Logistics mean?으로서 한 국가의 경제 및 산업기지와 전쟁수행자인 전투부대 간의 중간을 의미한다. 여기서 중간이란 전략적 수준에 내포되어 있는 거시적이고 다소 추상적인 잠재력을 전술적 수준의 특성을 나타내는 미시적이고 실체적인 요구로 전환하는 것을 의미한다.

〈그림 7-1〉은 군수망(Logistics network)의 구성으로서 군수보급 중간지점들의 집합과 군수보급 중간지점을 연결하는 병참선(LOC: Line Of Communication)이 인식적 측면의 물리적 표현이다.

〈그림 7-1〉 군수망[172)]의 구성

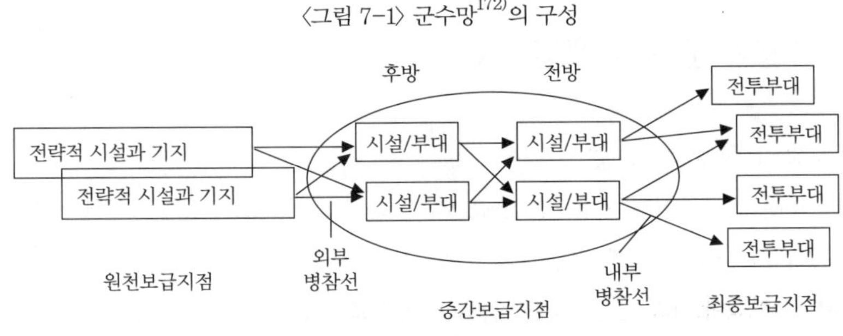

〈그림 7-1〉에서 군수망은 지정된 보급지점들과 병참선의 집합이며, 일반적으로 원천보급지점들, 중간 보급지점들 및 최종 보급지점들로 구성된다. 보급지점(군수보급지점 또는 군수지점: Logistics node)이란 군수지원활동이 이루어지는 장소로서 통상 터미널이라고도 부르며, 원천 보급지점(Source nodes)이란 모기지, 모기지의 보급창, 적하역 항구/비행장 등이며, 중간 보급지점(Intermediate nodes)은 중간지원기지로서 후방 중간보급지점은 외부병참선이 종료되는 적하역 항구/비행장이며, 전방 중간보급지점은 군단급 군

171) 상게서, pp. 38-41.

172) 전게서, p. 29.

수지원센터로서 탄약보급지점, 연대지원구역, 전방 재무장/연료재보급 지점들이다. **외부병참선**(External LOCs)은 원천보급지점과 중간보급지점을 연결하는 병참선을 말하며, **내부병참선**(Internal LOCs)이란 중간보급지점에서 전방의 최종보급지점을 연결하는 병참선을 말한다.

2) 기능적 측면의 작전적 군수

작전적 수준의 기능이란 전쟁과 대규모 군사작전을 수행함으로써 전략목표를 달성하는 것이라고 정의하였듯이 이러한 작전적 수준의 기능은 전구작전의 지속을 위한 충분한 지원이 가능할 때에만 가능하다는 의미에서 군수기능에 좌우된다. 따라서 기능적 시각에서 보면, 작전적 군수는 What does Operational Logistics do?로서 전쟁과 대규모 군사작전을 지속하기 위하여 실행되어야만 하는 과업과 임무를 포함한다. 이러한 과업과 임무들은 전략적 수준에 있는 군수능력을 전술적 수준에서 발생되는 군수지원소요로 전환해주는 운용자로 볼 수 있다.[173)]

3) 실천적 측면의 작전적 군수

작전적 수준의 실천적 측면의 정의에 따르면, 전쟁이란 "시공간적으로 전개하도록 지시된 작전의 집합"인 것이다. 이러한 작전들을 효과적으로 지원하기 위하여 작전적 군수는 작전전구 내에서 시간과 공간에 따라 적절하게 단계화되어야 한다. 따라서 작전적 군수는 How does Operational Logistics operate?로서, 작전적 군수체계의 실천적 측면은 **전구 내의 자원, 시설 및 군수조직**으로 표현된다. 이러한 세 가지 요소들은 작전의 시간과 공간의 두 매개변수에 따라 투입되어야만 한다.

4) 작전적 군수의 정의

모세 크레스는 앞의 세 가지 정의를 통해 다음과 같이 작전적 군수를 정의하고 있다. 작전적 군수란 **"전쟁과 대규모 군사작전을 지속하려는 공동의 목표를 갖고 노력하는 수단, 자원 및 프로세스의 총합(Collection)"**이다.[174)] 전략적 군수수준에서 나온 이러한 총합은 전쟁지휘관들에 의해 전술적 군수를 위한 입력으로 사용된다. 작전적 군수는 시간과 공간 내에서 전개된 전투를 지속하도록 지원하는 것이다.

173) 전게서, p. 39.

174) 전게서 p. 40.

IIIII 2. 작전적 군수의 특성

가. 전략적, 작전적, 전술적 군수의 중첩성[175)]

작전적 군수는 전략적 군수와 전술적 군수의 중간수준으로 개념적 구분은 되지만 제대별 부대를 구분하듯이 기능적으로 분명한 구분이 되는 것은 아니다. 즉, 전략적 군수와 전술적 군수에 각각 중첩되는 기능이 있다. 군사령부와 군단, 군단과 사단간의 군수기능이 중복되는 첫 번째 예로서, 전략적 군수수준의 과업인 군수기반구조와 재고를 유지하는 것이 군 조직에서의 군수사령부의 책임이다. 그러나 전시에는 자원이 제한되기 때문에 군수사령부가 작전전구 중에서 어느 전구를 우선적으로 지원할 것인가를 결정하는데 관여를 하게 되며, 또한 동일 작전전구내의 어느 지역에 우선적으로 지원할 것인가를 결정하는데 관여할 수도 있는 것이다. 이와 같이 자원의 우선순위를 결정하는 것은 작전적 군수기능에 속한다.

두 번째 예로서, 사단사령부의 군수참모는 사단의 수송자산을 관리하고 예하 연대와 대대의 수송자산을 할당하는 책임을 갖고 있다. 이러한 군수참모의 활동은 전술적 군수에 속한다. 그러나 사단 군수참모가 군수자원의 미래 소요를 예측하고 이러한 예측을 근거로 상위제대에 군수소요를 요청하는 것은 작전적 군수기능에 더 가까운 기능이다.

위의 두 예에서 알 수 있듯이 군수의 3가지 수준이 원활하게 이루어질 수 있도록 잘 협조되고 원활한 군수지원절차가 수립된 군수지원체계를 확립하는 것이 중요하다. 발달된 지휘통제통신체계와 정보화체계는 군수거래의 가시화를 증대시켜 전략적 군수와 전술적 군수 간의 군수주기를 단축시키고 있다. 그럼에도 불구하고 제1장 제3절에서 설명한 바와 같이 3가지 수준의 군수기능의 계층적 구분이 완전히 사라질지는 의문이다.

나. 효과성과 효율성[176)]

군수기반구조를 건설하고 국방에 필요한 국가자원을 조성하는 전략적 군수는 대부분 평시에 이루어진다. 따라서 전략적 군수기능은 전쟁에 대비하여 복잡한 분석평가기준을

175) 전게서 pp. 41-42.

176) 전게서 pp. 42-43.

적용하여 체계적이고 과학적인 과정을 통하여 계획되고 준비되는 것이다. 이때 많은 분석평가기준들이 작전적 요구의 장단기 비용을 토대로 비용 대 효과를 분석하게 되는데 경제적 고려사항이 주를 이룬다. 따라서 **전략적 군수기획의 중요한 요소는 효율성**이다. 효율성이란 군수능력에 투자하는 입력과 전장에서의 예상출력과의 비율을 의미한다.

반면에 **전술적 군수는 효과성으로 측정**된다. 따라서 효과성이란 임무를 성공적으로 수행하는 것과 작전목표를 달성하는 것이 핵심고려요소이다. 예를 들면, 대대장이 엄체호 속에 있는 적을 공격할 때 박격포 다섯 발 발사하는 것이 더 효율적인지 10발 발사하는 것이 더 효율적인지? 또는 1번 접근로로 접근하는 것이 유류가 적게 소모되는지 2번 접근로로 접근하는 것이 유류가 더 적게 소모되는지에 대해서는 관심이 없다. 다만 대대장은 최소의 인원손실로서 적 엄체호를 신속하게 제압하여 탈취하는 것이 가장 중요한 고려요소이다. 그러므로 전술적 군수에서의 중요한 결심요소는 행동의 효과이지 비용이 아니다.

작전적 군수는 이러한 두 가지 요소가 만나게 된다. 작전적 수준에서의 군수활동의 규모와 범위는 효과성 이외에도 효율성을 고려해야만 한다. 제한된 자원 하에서는 규모의 경제, 절충안 및 한계효용성(파레토 법칙)이 각급 부대와 지역에 자원을 할당하는데 중요한 고려요소가 된다. 따라서 **자원할당문제와 수송문제에서 군수운영을 최적화하기 위한 최적화모델이 하나의 표준적인 의사결정지원도구**로 나타나게 되었다.

작전적 효과의 범위(Envelope of operational effectiveness)는 이러한 작전적 군수의 효과성 측면이 내포되어 있다. 작전적 범위(Operational reach)란 "군수의 관점에서 작전을 수행할 수 있는 범위"를 말한다.[177] 이 용어는 작전적 군수의 실천적 측면과 관련된 용어로서 작전적 효과의 범위는 시간과 공간으로 측정된다. 작전전구 내에서 이용가능한 군수자원은 전투를 군수적으로 수행 가능한 작전의 지리적 범위를 결정한다. 예를 들면, 연료유의 가용도는 전투부대의 이동가능거리에 영향을 미치며, 탄약재고는 전투부대가 효과적인 사격을 실시할 수 있는 시간을 결정한다.

---

177) US Department of Army, Field Manual 100-5, Operations(Washington, DC: 1996), pp. 8-9.

ⅡⅡ 3. 작전적 군수와 작전술의 관계

가. 작전술

슈나이더는 작전술을 "전략목표를 달성하기 위하여 분산작전(Distributed operations)을 창의적으로 활용하는 것"이라고 정의하면서 분산작전이란 "행동의 자유를 장악하거나, 유지하거나, 거부하려고 노력하는 공간적으로 그리고 일시적으로 확장된 상대적 기동과 분산전투를 수행하는 일관된 체계"를 말한다. 이러한 체계의 일관성은 작전목표로부터 나오며 인식의 공감(Cognitive consonance), 인내력(Endurance), 정신적 신속성(Mental agility)과 같은 조건들이 만족될 때만 얻어질 수 있다. 인식의 공감이란 상황과 부대의 작전목표에 대한 공통된 이해를 의미한다. 인내력은 전투손실에 대한 전투부대와 지휘관들의 반응으로 나타난다. 정신적 신속성은 신속하게 인식하는 능력으로서 전투정보가 입수되는 속도보다 더 빠르게 반응할 수 있는 능력이다. 이러한 조건들은 군사작전을 효과적으로 수행하는데 필요한 조건이다. 그러나 이러한 조건이 효과적인 군사적전을 수행하기 위한 충분조건은 아니다.

작전술은 예술의 어떤 형식처럼 창의적인 분야이다. 작전술의 구성요소는 이동(Movements), 기동(Maneuvers), 전개(Deployments) 및 전투(Battles)이며 작전술의 결과물은 작전적 설계(Operational design)이다. 이와 같이 작전적 설계는 이러한 구성요소들로 수립된 일련의 사건들의 집합인 것이다. 따라서 작전술이란 **사건 중심적**이다. 따라서 작전술이란 사건(Event: 각 종 작전을 의미함)의 순서를 정하고, 사건의 일정계획을 수립하여, 이러한 사건에 전구작전에 투입될 다양한 부대를 배당하는 것이다. 이러한 세 가지 활동 즉, **작전의 순서 정하기, 작전 일정 잡기 및 작전 배당하기**는 작전목표와 일치하는 일관성 있게 실행되어야만 한다.[178)]

나. 작전적 군수능력에 따른 작전의 제한

전구사령관은 전략적 수준의 지시에 따라 명확하게 부대구성을 결정할 수 있다. 이것으로 전구사령관은 전역을 최적으로 계획하고 수행하는데 충분한가라는 질문을 했을

---

178) Schneider, J. J., The Structure of Strategic Revolution, (CA, Novada: Presidio, 1994), p. 51.; Moshe Kress(2002), pp. 43-44에서 재인용.

때. 그 대답은 '아니다' 이다. 왜냐하면, 사령관이 작전하는 곳은 이상적이고 협조적인 세상이 아니라 제한을 받는 환경 하에서 작전을 해야 하기 때문이다. 따라서 작전지휘관이 다루어야 할 문제는 **'제약을 받는 최적화 문제(Constrained optimization problems)'** 이다. 전형적인 제약요소로는 불충분한 전투부대와 무기체계, 불완전한 정보, 제한된 지휘 및 통제능력이다. 그러나 작전에 가장 방해가 되는 요소는 군수이다. 전투자원의 가용도가 보장되지 못하면 작전은 불가능할 수 있다. 따라서 작전적 군수능력은 전구작전에서 부대의 구성과 전개를 결정하는 과정에서 중요한 부분의 하나이다. 더욱이 군수능력은 전역을 구성하는 분산작전의 순서와 일정에 영향을 준다. 그러므로 군수는 작전목표로부터 도출된 작전범위 내에서 전투가능영역의 범위를 결정하는 데 중요한 역할을 한다. 이러한 전투가능영역을 '작전적 효과의 범위' 라고 이미 정의한 바 있다.

이에 대한 한 예로서 레바논전쟁 당시 이스라엘군은 작전적 효과의 범위가 아주 제한되었다. 왜냐하면 사단탄약보급부대가 남부레바논의 교통 혼잡으로 인하여 사단에 탄약을 제때에 보급할 수가 없었기 때문에 이스라엘 사단의 북쪽으로의 전진이 계획보다 상당히 늦었던 적이 있었다.[179)]

다. 작전적 군수의 시간변수[180)]

작전적 군수에서 중요한 두 가지 군수결심은 첫째, 상위제대로부터 지원을 받아야할 군수자원의 요청시기이다. 둘째, 전술적 수준에서 전투단위부대에 이러한 군수자원을 배분하는 일정을 수립 시행하는 것이다. 이러한 군수결심은 전술적 달성 가능성(Tactical attainability)과 작전의 융통성(Operational flexibility) 간의 절충점을 찾게 해준다. 이러한 두 군수결심과 관련된 시간변수의 값은 세 개의 매개변수인 **선행시간(Lead-time), 소모율(Consumption rate) 및 손실률(Attrition rate)**의 변화에 따라 영향을 받는다.

선행시간이란 어떤 자원에 대한 청구가 상위제대에 제출되는 순간부터 그 자원이 전투단위부대까지 보급되는 시간까지 경과되는 소요시간이다. 시간 매개변수는 〈그림 7-1〉의 군수망의 길이와 관련이 있는 대표적인 매개변수이다. 선행시간은 작전적 군수의 보급측면을 나타내는 반면, 소모율과 손실률은 소요측면을 나타낸다. 이러한 소모율과

179) Moshe Kress(2002), p. 46.

180) 전게서, pp. 45-46.

손실률은 시간을 군수수요와 군수소요로 전환하는 것으로, 군수 수요와 소요는 지역적으로 이용가능한 군수자원과 군수보급망에 의해 충족되어야만 한다.

위의 세 가지 매개변수는 자원 청구시기와 분배일정을 적절하게 결정하는 능력에 영향을 주는 불확실성의 정도를 나타낸다. 세 매개변수의 조합은 전장의 소요에 대한 군수지원의 효과성을 결정하기 때문에 이러한 변수의 추정은 작전적 군수인들에게는 매우 중요하다. 군수전문가들은 선행시간과 관련된 군수의 적절성을 평가하는 모델들과 소모율과 손실률에 기초한 군수자원소요의 예측방법에 대해 이해하여야 한다. 이는 운영군수이론으로 국방운용분석학으로 다루어야 할 소요의 예측기법으로서 이에 대해서는 제8장 제3절에서 소개한다.

전구 내에서의 군수보급망(Logistics supply chain)은 통상 12시간 또는 24시간 주기로 운용되고 있기 때문에 전투진행속도에 군수적으로 영향을 주게 된다. 이와 같이 작전적 군수의 과정은 시간이 주요 변수인 반면에 전투과정은 사건 중심적으로 전개되기 때문에 전역사령관의 주요과업은 이 두 과정을 동조시키는 것이다.

4. 작전적 군수의 기능

작전적 수준에서의 군수활동과정은 다음과 같은 3가지 단계로 나눌 수 있다.[181] 1단계는 **작전전구 내에서 군수기반구조를 확립하는 단계(Phase of creating the infrastructure in the theater of operations)**이다. 이 단계에서는 〈그림 7-1〉의 군수망을 운용하기 위한 구조와 절차를 결정하는 단계로서 보급지점의 위치를 결정하고, 관련 시설과 수송수단을 결정하며, 내외부 병참선을 결정하는 것이다.

2단계는 **자원의 전개단계(Deployment phase)**로서 전구 내에 군수자원을 집결시키는 단계이다. 1단계에서 설치된 군수망을 이용하여 2단계의 전개를 지시하고 일정을 잡는다. 1단계와 2단계는 걸프전에서와 같이 동시에 이루어진다.

3단계는 작전지속이 가능하도록 **작전적 군수지원체계를 운영하는 운용단계(Employment phase)**로서 군수보급망을 운영하는 것이다.

---

181) 전게서, p. 47.

작전적 군수체계(Operational logistics system)는 6가지 주요기능(과정)으로 구성되어 있다: **부대집결; 작전전구내의 군수전개; 군수흐름에 대한 관리 및 통제; 의무처리 및 후송; 우선순위의 결정; 군수예측**이며, 기능별 주요내용은 다음과 같다.[182]

가. 부대의 집결(Force accumulation)

작전전구 내에 군부대를 동원하고 집결하는 것은 군사행동의 초기 단계에서 가장 중요한 조치이다. 부대집결활동은 3가지 조치를 포함한다; 이동로 선택, 우선순위 결정, 이동일정 수립 및 시행이다.

1) **이동로 선택** : 작전전구 내에서 전투단위부대와 보급품의 집결은 그들의 모기지로부터 전구내의 평시 보관시설까지 이러한 자산을 이동시키는 것이다. 이러한 자산들의 첫 목적지가 작전전구 내의 양륙항(Debarkation port)(전력투사 시나리오에서) 또는 하역지점(Dismounting area)(전방전개 시나리오에서)이다. 이러한 작전전구 입구에 도착한 군부대는 작전계획에 따라 집결구역으로 이동한다.

군수망측면에서 보면, 부대의 집결과정은 전략적 수준의 원천보급지점에서 작전적 수준의 중간보급지점을 연결하는 외부 병참선상에서 군자산의 흐름이 시작된 것이다. 이 과정에서 발생되는 전형적인 문제는 부대를 이동시키기 위한 가장 적절한 이동로를 선택하는 것이다. 지리적, 지형적, 정치적 및 대부분의 작전적 제약요소들은 이러한 이동로를 선택하는데 영향을 준다.

예를 들면, 미국의 대이라크전이었던 Desert Shield 작전시 작전 초기단계에서 미군은 공수를 통해 소부대를 신속하게 사우디로 이동시키느냐 또는 선박으로 늦지만 대부대를 선박으로 이동시키느냐 하는 고민을 하다가 선박으로 이동하는 것으로 결정하였다.

전방전개 시나리오에서 군부대를 전방에 전개하기 위한 지상이동로를 선택할 때 고려사항들은 도로의 가능 통행량, 길이 및 적 공격에 대한 생존성 등이다.

2) **부대전개 우선순위의 결정** : 부대 집결시 두 번째 결심해야할 사항으로 작전전구 내에 보낼 부대의 전개순서를 결정하는 문제이다. 부대전개 순서를 결정하는데 중요한 요소는 작전적 측면에서 군의 대응태세와 작전계획으로부터 나온다. 부대전개 우선

182) 전게서, pp. 43-50.

순위는 시간과 공간에 따라 변화하는 전투부대와 군수지원부대 간의 비율을 결정하게 된다.

예를 들면, Desert Shield 작전시 작전 초기단계에서 전개우선순위를 결정하는데 고민이 있었다. 이라크의 의도와 능력을 모르고 제한된 수송능력 하에서 전투부대와 군수자산 간의 균형을 어떻게 유지하느냐하는 문제였다. 즉, 많은 전투부대와 소량의 군수자산을 보낼 것인가? 아니면, 전투부대와 군수지원자산 간의 균형을 맞춘 선적을 할 것인가하는 선택의 문제이다. 적의 불확실성과 이라크의 위협에 대한 미국의 인식 때문에 다소 작전적 효과의 범위를 위축시키면서 전투부대의 규모를 증가시키는 방안인 첫 방안을 선택하였다.

3) **부대전개 일정 수립 및 시행** : 부대 집결시 두 번째 결심문제는 선박과 항공기의 전개시기(전력투사 시나리오에서)와 기차 또는 차량호송시기(전방전개 시나리오에서)이다. 일정은 수공수단과 병참선의 가용성과 작전적 고려사항에 의해 결정되는 양륙우선순위에 따라 결정된다.

예를 들면, 지상수송시 호송차량의 전개일정을 수립할 때의 목표는 전투부대가 가능한 한 일찍 전투태세를 갖출 수 있도록 하기 위해서는 작전전구 내의 집결시간을 최소화하는 것이다. 그러나 이동시간을 최소화하여 적의 공격에 노출되는 시간을 최소화하는 것 또한 중요하다. 그리고 호송 간의 간섭현상이 없도록 하는 것이 두 가지 목표를 달성하는데 중요하다.

부대의 집결과정에서 가장 중요한 요소는 시간이다. 만약 적을 공격하는 것이 긴박하게 요구되느냐 요구되지 않느냐에 따라 시간적 제약은 달라질 수 있다. 상황에 따라 부대집결 자체가 작전일 수 있다. 모세 크레스는 그의 저서 제9장에서 부대집결과정에 대한 분석내용을 설명하고 있으므로 부대집결에 대한 보다 상세한 이해를 원할 경우 일독을 권한다.

나. 작전전구내의 군수전개[183](Logistics deployment in the theater operations)

작전전구 내의 작전적 군수의 실행은 군수전개에서 구체화된다. 군수의 전개란 양륙항, 보급지점, 탄약탑재, 정비장소, 이송지점, 전투근무지원 부대 및 시설과 같은 군수보

183) 전게서, pp. 51-53.

급지점을 준비하는 것과 병참선 즉, 도로, 철도, 항공 및 해상로를 선택하는 것을 말한다.

군수망측면에서 군수의 전개란 중간보급지점과 최종보급지점의 규모, 형태, 구성 및 위치를 결정하고, 내부 병참선을 선택하는 것이다. 군수전개를 결정하는 것은 작전적 수준에서 조치하는 가장 중요한 결심 중의 하나이다.

1) **중간보급지점**(Intermediate logistics nodes: 중간군수지점)

중간보급지점을 **전구군수지점**(Theater logistics nodes)이라고도 부르는데 통상 후방보급지점과 전방보급지점으로 구분한다. 후방보급지점은 작전전구의 출입구를 의미한다. 즉, 전력투사 시나리오에서 후방보급지점은 양륙항인 항구와 공항이며, 전방전개 시나리오에서의 후방보급지점은 호송을 위한 목표보급지점으로서 철도 및 군수지원시설을 말한다.

전방보급지점은 군단급 군수부대이며, 가끔 사단급 군수부대일 수 있다. 이러한 부대들은 후방보급지점과 목표보급지점(연대 및 대대에 파견되어 있는 전투근부지원부대) 간의 중간근무지원시설로 운용된다.

후방보급지점은 규모가 크며, 수송수단과 보급품이 충분하다. 이로 인한 일부 후방보급지점은 항구와 같이 고정적이기도 하고 제한적으로 기동성을 가지기도 한다. 적어도 이러한 후방보급지점들 중에는 몇 개의 큰 정비센터와 같은 것이 전투가 시작되기 전에 설치되어야 한다. 이러한 전후방 군수보급지점들에 대한 결심은 각 지점의 위치 선정, 규모, 자원의 구성, 운용방법에 관한 사항을 포함한다.

2) **목표보급지점**(Destination logistics nodes: 목표군수지점)

목표보급지점은 **전술적 군수지점**(Tactical logistics nodes)이라고도 부르는데 전술적 수준에 있는 전투단위부대의 전투근무지원부대(CSS: Combat Service Support units)들이다. 대표적인 목표보급지점들은 연대 또는 대대 전투근무지원부대들이다. 이러한 전투근무지원부대들에 대한 운용은 전술적 수준에서 관리 및 통제되지만 전투근무지원부대에 대한 설계는 작전적 군수수준의 과업이다.

전투근무지원부대의 규모, 보유자원의 구성 및 조직구조는 작전개시 전에 미리 결정된다. 이러한 문제들이 전역계획단계에서 반영되어야 할 사항들이며 작전적 과업들이다.

예를 들면, 전투근무지원부대의 설계문제란 각 지원부대에 배치될 트럭의 유형과 대수를 결정하는 것을 말한다. 이때 트럭의 구성을 최적화하는 문제로서 군수의 독립성을 최대화하고 군수지원을 최소화할 수 있도록 결정하여야 할 것이다.

3) 내부 병참선(Internal LOCs)

중간군수보급지점과 목표보급지점을 연결하는 내부 병참선은 4차선의 고속도로에서부터 비포장도로에 이르기까지 다양한 형태의 도로이다. 각 보급지점을 연결하는 병참선을 할당시 도로의 질, 능력, 적공격의 취약성을 포함한 이동할 군수품의 유형과 양을 함께 고려하여야 한다.

다. 군수흐름에 대한 관리 및 통제[184](Management and control of the logistics flow)

작전의 지속은 물자의 흐름, 이에 대한 근무지원 및 분배 기능을 수행하는 잘 협조되고 효과적인 군수보급망(Logistics supply chain)에 좌우된다. 이 보급망이 효과적으로 운용되기 위해서는 충분한 수송수단과 보관시설이 다양한 분배임무에 할당될 수 있어야 한다. 수송수단과 수송능력은 항상 제한되기 때문에 군수전개 및 작전계획에 따라 수송수단의 전개와 운용을 최적화하는 것이 필요하다. 군수흐름의 관리는 어느 원천보급지점에서 어느 목표보급지점까지 누가, 언제, 어느 병참선을 이용하여 이동할 것인가, 그리고 운송될 자원을 어떻게 혼합 구성할 것인가를 정하는 분배계획으로 나타난다.

1) **최적화** : 분배문제의 일부는 최적화문제로서 공식화할 수 있다. 목적함수는 완료시간 또는 비용과 같은 효과적인 수단을 최소화하는 것이다. 제약식은 자원, 보관능력, 수송수단 및 수송시간과 같은 제한사항들이다. 이러한 최적화문제는 상당히 복잡할 수 있으나 간단한 분배모델을 예로 들면 다음과 같다.

(예제) 전방중간보급지점인 전방전구보급기지는 3개 사단(1, 2, 3사단)에 탄약을 보급하고 있다. 보급기지에서 각 사단 간 트럭이동시간은 한 순기가 소요된다. 그러므로 한 순기동안의 수요는 사단 자체보급으로 충당되어야만 한다. 왕복이동은 두 순기가 소요된다. 이를 기호로 나타내면 t순기에 k사단의 탄약수요를 d_{kt}로 나타낼 수 있다.

(주어진 최적화문제)

전방전구보급기지의 보유탄약량은 제한받지 않는다고 가정한다. T주기(Time periods) 동안에 사단 수요를 만족시킬 수 있도록 전방보급기지까지 첫 주기가 끝나기 이전에 탄

184) 전게서, pp. 51-53.

약을 이송시켜야 할 최소의 트럭대수 y는 몇 대인가?

x_{kt}, k=1, 2, 3을 t주기에 k사단까지 보낼 트럭의 대수라 하면, x_{0t}는 t주기에 보급기지에 있어야 할 트럭대수이다. 이를 공식화하면 다음과 같다. 분배과정에서 가장 영향을 주는 요소는 군수흐름의 속도이다.

$$\text{Min.} \quad y$$

$$\text{s.t.} \quad y - \sum_{k=0}^{3} x_{k1} = 0, \qquad t=1 \qquad \cdots\cdots \text{식 7-①}$$

$$x_{01} - \sum_{k=0}^{3} x_{k2} = 0, \qquad t=2 \qquad \cdots\cdots \text{식 7-②}$$

$$x_{0,t-1} + \sum_{k=1}^{3} x_{k,t-2} - \sum_{k=0}^{3} x_{k,t} = 0, \qquad t=3,\cdots T-1 \qquad \cdots\cdots \text{식 7-③}$$

$$x_{kt} \geq d_{k,t+1}, \qquad t=1,\cdots, T-1, \; k=1, 2, 3 \qquad \cdots\cdots \text{식 7-④}$$

2) **군수보급망의 운용** : 군수전개와 분배계획이 함께 군수보급망을 형성한다. 군수전개는 군수보급망의 그림을 결정하고, 수송계획은 이 그림 상에서 자원의 흐름을 나타낸다. 따라서 **군수보급망은 대표적인 작전전구 내의 작전적 군수체계**이다.

군수보급망은 3가지 문제와 관련이 있다. 첫 번째 문제는 내부 병참선으로 최적의 이동로를 선택하는 문제이다. 이러한 내부 병참선은 후방전구보급지점과 전방전구보급지점을 통과하여 목표보급지점과 연결시켜준다. 내부 병참선을 선택할 때 수송수단의 가용성, 지형적 특성 및 잠재적 적 위협을 고려하여야만 한다. 수송수단의 기술적 특성에 따라 그에 맞는 병참선을 결정해야 한다. 예를 들면, 산악비포장도로는 궤도차량이나 4×4트럭이 적절한 병참선이다. 수송수단의 특성을 결정하는 변수로서 병참선의 길이와 도로폭, 그리고 평균이동속도와 적 공격에 대한 안전성과 생존성 등이 고려되어야 한다.

두 번째 문제는 군수흐름에서 올바른 자원의 혼합구성을 결정하는 것이다. 군수자원은 탄약, 유류, 부속품, 식량 및 식수 등 다양한 물품으로 구성되어 있기 때문에 제한된 수송수단과 수송능력으로 인하여 혼합구성의 적절한 선택이 요구된다.

세 번째 문제는 병참선의 군수흐름과 관련된 수송일정과 수송속도를 예상되는 위협과 복잡한 상황측면에서 추정하는 문제이다. 군수흐름률(Logistics flow rate)은 군수보급주기에 영향을 미치는 주요변수로서 전체 전역의 진행속도에 영향을 준다. 이와 같이 군수전개와 군수흐름에 대한 관리는 군수보급망이 운영되는 조건을 만들어준다.

라. 의무 처리 및 후송[185)](Medical treatment and evacuation)

작전전구 내에서 의무처리 및 의무후송은 전투원의 생명과 직접적으로 연결되는 과정이다. 전투에 미치는 영향이 작전적 측면보다 도덕적, 정신적 측면에서 더 크기 때문에 특별히 의무 처리와 후송이 작전적 군수기능으로 분류하게 되었다. 전투에서 의무지원을 제공하는 데에는 시간이 가장 중요하다. 그러므로 상대적으로 소규모일지라도 의무지원은 작전적 군수과업으로 고려된다. 따라서 몇 십 명 이하의 의무요원으로 구성된 소규모 야전병원은 통상 작전적 군수시설로 간주한다.

마. 우선순위의 결정[186)](Prioritization)

우선순위의 결정이란 앞에서 논의된 모든 작전적 군수의 의사결정과정에서 적용되는 과정 중의 하나이다. 우선순위는 작전전구 내에서 집결되는 부대의 구성과 집결되는 속도에 영향을 준다. 전구시설에 전개될 물자의 재고수준과 전략적 수준으로부터 작전전구 내에 할당되는 자원의 유입흐름을 통제하는 것은 우선순위 결정과정의 결과이다. 특히 결정된 우선순위는 군수보급지점의 내용물을 결정하고 다양한 자원의 이동순서를 결정한다. 제한된 수송능력으로 서로 경쟁할 때 이동순서는 중요하다. 만약 잘못된 우선순위를 결정하면 필요한 보급품의 공급을 방해하는 결과를 가져올 수 있기 때문이다.

바. 군수예측[187)](Logistics forecasting)

시간이 경과함에 따라 전구 내의 부대의 규모와 구성 및 전구의 범위가 변경될 수 있다. 더 많은 부대가 전개되고 전구의 범위가 확대됨에 따라 작전적 군수체계 역시 조정되어야만 한다. 군수보급망 내에서는 선행시간이 길기 때문에 이러한 변화에 가능한 한 빠르게 대비할 필요가 있다. 적절하고 적시적인 군수반응은 효과적인 군수예측에 달려

---

185) 전게서, p. 56.

186) 전게서, p. 56.

187) 전게서, p. 57.

있다. 작전전구에서의 군수예측은 군수측면에서 잠재적 시나리오를 지속적으로 분석 평가하는 과정이다. 예측기법은 이러한 분석평가과정에서 사용되는 중요한 도구이다. 모세 크레스는 그의 저서 제7장에서 군수예측모델을 소개하고 있다.[188] 이를 간단히 소개하면 다음과 같다.

군수망이란 전구 내에서의 군수전개와 군수보급망으로 표현된다고 하였다. 군수보급지점과 병참선은 작전적 군수의 전개를 의미하며, 군수망 내의 자원의 흐름은 군수보급망에 의해 이루어진다. 따라서 군수망이란 가시적으로 관측 가능하고 측정 가능한 실체이며 작전적 군수체계의 물리적 표현이다.

작전적 군수체계의 구성을 평가하고 운용중인 체계의 성과를 최적화하기 위하여 군수망모델(Logistics network model)을 만드는 것이 유익하다. 군수망모델의 전형적인 두 가지는 시각적/기술적 모델(Visual/Descriptive model)과 최적화 모델(Optimization model)이다.

기술적 망모델은 〈그림 7-2〉와 같은 전형적인 작전적 군수체계의 군수망모델로서 작전적 군수체계의 구조에 대한 중요하고 핵심적인 그림을 제공해준다. 이 그림은 전구 내의 군수전개에 대한 충분한 설명을 해주지만 군수운영에 따른 동적인 특성을 설명해주지는 못한다.

〈그림 7-2〉 작전적 군수체계의 군수망모델

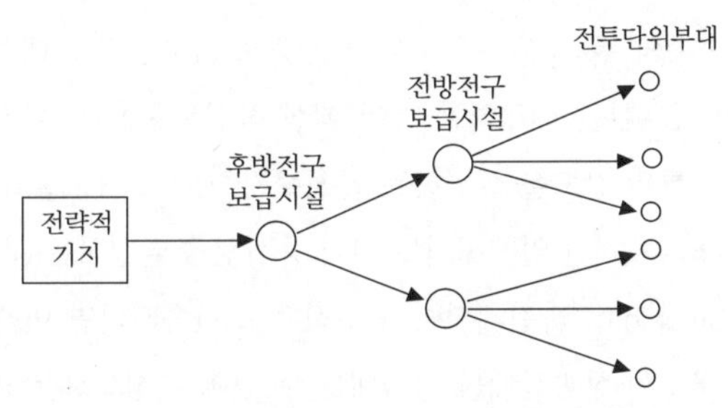

최적화 망모델은 작전중 시간의 경과에 따른 군수자원의 흐름을 모델화하고 군수전개의 최적화를 제공하기 위해서는 기본적인 Tree model인 기술적 망모델을 확장 변화시켜야 한다. 최적화 모델은 수학모델로서 다음과 같은 질문에 대한 최적해를 찾게 해준

188) 전게서, pp. 149-166.

다: 어떤 군수보급지점에서의 규모와 군수품은 무엇인가? 군수보급지점을 전개할 위치는? 군수흐름을 이동시킬 방법은?

망모델(Network model, Network flow model)에 대한 보다 상세한 내용은 국방체계분석학에서 다룬다.

IIIII 4. 작전적 군수의 원칙

원칙을 "원인과 결과를 고려한 하나의 주장"으로 정의할 수 있다. 그 주장이란 어떤 현상과 결과 간의 연관성에 대한 기본적 진실을 나타낸다. 작전적 군수의 원칙에 대해서 톰슨과 휴스턴의 저서에서 찾을 수 있다.[189] 인식적 측면의 작전적 군수의 원칙(특성)과 작전적 군수의 구조적 및 운용적 원칙(특성)으로 나누어 소개한다.

가. 인식적 측면의 작전적 군수의 원칙

군수와 작전의 고유관계를 나타내는 특성으로서 **동시성**, **예측성**과 **즉흥성**을 들 수 있다.

1) **동시성**(Synchronization) : 작전전구 내의 작전은 항상 사건 중심적(Event-driven)이며, 군수보급망의 충격에 의해 조정이 되지만 군수주기의 속도(Tempo)를 결정한다. 결과적으로 작전과 군수의 두 과정은 일치되지 않을 수 있다. 전구 내의 군사작전에서 이러한 두 과정의 물리적 결합을 해결하는 것이 핵심 작전목표이다. 이러한 목표를 달성하는 것이 동시성이다. 전투의 강도를 설명하는 작전주기(Operational wave)와 군수보급망에 의한 군수주기(Logistics wave)를 일치시키는 것이 동시성을 달성하는 것이다.

2) **예측성**(Foresight) : 작전계획이 군수적으로 지속되려면 미래에 대한 군수예측이 요구된다. 작전과 군수의 상관관계를 나타내는 두 번째 특성으로서 군수예측은 작전의 향후 방향을 평가하고 그에 따른 군수를 계획할 필요가 있다. 많은 전투상황에서 전투행위가 군수행위보다 더 빠르게 진행되기 때문에 군수예측은 작전계획이 군수적으로 지속되게 해준다. 군수예측시 지휘관과 군수요원들 간의 긴밀한 대화가 필요하다. 그 이유는 지

189) 전게서, pp. 58-66.; Thompson, J., The Lifeblood of War(UK: Brasey's, 1999), p. 7.; Huston, J. A., The Sinews of War: Army Logistics 1775-1953(Office of the Chief of Military History, US Army, Washington, 1966).

휘관은 3가지 입력을 필요로 한다는데 기초하고 있다: 첫째, 적의 이동과 행동에 대한 평가(정보입력); 둘째, 전투주도권의 확장(작전입력); 셋째, 군수능력에 대한 평가(군수입력)

불확실한 미래 사건에 대한 정확한 예측은 불가능하다. 그러나 예측은 군수인들에게 전투부대의 소요를 예측하고 적극적으로 지원하게 만든다.

3) **즉흥성**(Improvisation) : 작전계획이 계획된 데로 결코 실행되지 않는다. 전투상황 하에서는 피로, 두려움, 지휘관 간의 오해, 지시사항의 잘못된 해석, 지휘통제통신체계의 결함, 무기체계의 기술적 결함 등으로 인해 갈등이 항상 존재한다. 그러므로 상황의 변화에 따라 단시간 내에 계획을 바꿀 수 있어야 한다. 특히, 작전적 수준의 군수요원들은 예상하지 못한 군수문제가 나타났을 때 신속하고 효과적으로 해결책을 찾아야 한다.

일반적으로 즉흥성은 작전적 군수수준에서 보다 전술적 수준에서 더 많이 요구된다. 즉흥성을 달성하는 데는 융통성 있는 군수구조와 신뢰할 수 있는 최신의 군수정보가 중요하다. 예측과 즉흥성은 상호 보완적이다.

나. 작전적 군수의 구조적 및 운용적 원칙

작전적 군수의 구조적 및 운용적 원칙은 작전적 군수계획을 수립하고 시행하는데 반영되는 특성으로서 이 특성은 군수계획을 작전계획 수립단계에서 분석 평가할 수 있는 기준으로 사용될 수 있다. 따라서 일반적으로 군수전문가들이 동의하는 군수의 구조적 및 운용적 특성은 다음 7가지로서 작전적 군수계획의 질을 평가하는데 유용한 매개변수들이다: **융통성, 획득용이성, 지속성, 군수주기의 속도, 간명성, 생존성, 효율성**이다. 이 중에서 제3장 제3절에서 설명하지 않은 원칙만 설명한다.

1) **획득용이성**(Attainability) : 획득용이성은 작전적 군수의 구조적 및 운용적 특성 가운데 전술적 수준과 가장 관계가 큰 특성이다. 이 특성은 전투단위부대의 군수독립성을 나타낸다. 획득용이성이 높으면 높을수록 전술부대는 자체적으로 군수를 해결하는 시간이 더 길다. 작전이 개시되기 전에 전투부대에 충분한 자원이 할당될 수 있다면 획득용이성은 달성된 것이다.

2) **군수주기의 속도**(Logistics Tempo) : 군수는 시간 중심적(Time-driven)이라고 이미 설명한 바 있다. 시간은 군수주기의 속도를 결정하고 군수망 내에서 군수흐름의 속도를 나타낸다. 군수주기의 속도는 지속성과 융통성에 의해 영향을 받는다. 지속성은 일정

한 군수주기를 유지하는데 필요조건이며 융통성은 군수흐름의 속도를 결정한다.

3) **효율성**(Efficiency) : 작전적 군수는 전 작전계획과 관련되어 있기 때문에 효율성과 최적화를 고려해야만 한다. 작전적 군수에서 효율성은 자원의 할당문제에서 나타난다. 작전소요의 긴급성에 우선순위를 높게 둘 필요가 있는데 이와 같이 작전소요를 만족하기위하여 자원의 우선순위는 물론 경제적인 수송일정을 계획하는데 까지 효율성은 고려되어야 한다.

제2절 작전적 군수계획 수립절차

작전계획의 질을 평가하는 3가지 기준은 **적합성**(Compatibility), **실행가능성**(Feasibility), **작전비용**(Operational cost)이다.[190] 적합성 기준은 작전계획이 작전목표에 적합한지 아닌지를 판단하는 것이다. 실행가능성 기준은 여러 가지 작전적 제약과 전장의 불확실성 가운데 작전이 계획대로 실행될 수 있는 기회를 판단하는 것이다. 작전비용이란 지휘관이 작전을 수행할 때 겪게 되는 특별한 위험을 평가하는 것으로서 작전 실패비용을 의미한다.

작전적 군수는 실행가능성과 작전비용과 직접 관계가 있다. 작전적 군수능력은 전쟁의 주요요소로서 작전수행방법에 제약요소로 작용한다. 따라서 군수능력은 전역(군사행동)의 실행 가능한 범위를 결정하며, 작전비용에 영향을 미친다. 그러므로 작전적 군수계획은 전반적인 작전계획의 핵심부분이다. 군수계획이 없는 작전적 이동은 실행 불가능하며, 많은 손실과 고장 등으로 비용이 많이 들 것이다.

작전적 군수는 간접적으로 적합성 기준과도 관련이 있다. 상황에 대한 작전적 분석은 적의 중심(重心)으로서 작전적 군수체계를 식별함으로써 작전목표를 가장 효과적으로 달성할 수 있다. 이러한 경우에는 적 군수에 대한 반격이 작전의 주추진력이 된다.

||||| 1. 작전적 군수계획의 특성[191]

작전적 군수계획은 복잡하고 다기능적인 과정이다. 첫째, 작전적 군수계획은 작전계획과 비슷하게 전쟁의 원칙과 작전술 이론에 기반을 둔 정성적이고 술적인 측면을 포함하고 있다. 이러한 특성은 작전적 군수의 인식적 특성과 구조적 및 운용적 특성에서 이미 설명한 바와 같다. 둘째, 작전적 군수는 과학적인 측면이 있다. 전형적인 정량적 문제로서 수요의 예측, 자원의 할당, 이동로의 선택, 일정수립 및 재고통제가 있다.

작전적 군수계획의 주요 목적은 군수의 적절성(Responsiveness)을 얻는 것이다. 이 목적은 2차원의 최적화문제를 수학공식화 할 수 있는 데 즉, 두 격차(Gap)를 최소화하는 것

190) 전게서, p. 73.

191) 전게서, pp. 74-76.

이다: 양의 격차(Quantity gap)와 시간의 격차(Time gap)이다. **양의 격차**는 어떤 자원에 대한 부대의 실수요와 실제할당과의 차이를 의미한다. 양의 격차가 발생하는 원인은 전략적 수준에서 재고가 부족하거나 선행시간 부족으로 적시에 보급되지 않았기 때문일 것이다. **시간격차**는 전장에서 어떤 자원이 필요한 시간과 그 자원이 실제로 분배된 시간의 차이이다. 시간격차는 작전적 제약과 소위 클라우제비츠가 말하는 전쟁의 갈등[192]으로 인하여 발생한다. 이러한 제약과 갈등의 효과는 군수흐름에 대한 일정수립의 잘못과 군수보급망에서 예상치 못한 방해로 나타난다. 양의 격차와 시간의 격차는 서로 독립적이지 못하여 양의 격차가 크면 시간격차도 커진다. 따라서 시간격차를 줄이면 양의 격차를 줄일 수 있다.

예를 들면, 현재까지의 유류소모율과 다음 48시간의 작전계획에 기초하여, 1사단 군수참모는 오후 5시에 군단보급센터에 연료유 10만 리터를 청구하고, 2만 리터씩의 유조차의 호송을 명일 오전 8시에 출발하도록 준비 중이다. 유조차 호송은 1사단보급센터에 오후 6시에 도착할 예정이다. 그러나 사단 작전계획이 변경되어 그 다음날은 50㎞ 북쪽으로 이동하도록 명령을 받게 되었다. 그 결과 군수참모가 예상했던 것보다 유류소모량이 두 배나 증가하여 새로운 유류소요가 15만 리터가 되었다. 따라서 유류보급호송계획이 변경되어 사단 도착시간이 6시간이 지연된 12시에 도착한다. 이때 양의 격차는 5만 리터이며 시간격차는 6시간이다.

IIIII 2. 전략적, 전술적 수준의 군수계획[193]

3가지 수준의 군수계획은 다음 주요 계획분야로 구분되는 과정을 거쳐 수립하게 된다.

첫째, 군수구조의 확립(Structuring) : 군수지원 시설, 장비 등의 건설 및 전개

둘째, 할당(Allocation) : 보급품과 근무지원의 분배

셋째, 이동(Moving) : 군자산의 동원과 수송

위의 각 계획분야는 모두 보급품, 근무지원 및 수송수단에 대한 소요판단에 의존한다. 또한 각 계획분야의 범위는 전략적, 작전적 및 전술적 군수수준에 따라 달라진다.

---

192) Von Clausewitz, C., On War(Princeton University Press, 1976).; Moshe Kress(2002), p. 74.

193) 전게서, pp. 76-83.

가. 전략적 수준에서의 군수계획(주로 군수기획이라 부름)

전략적 수준에서의 군수계획 즉, 군수기획은 주로 ① 평시 군사력 건설 및 유지에 필요하고, ② 전시 군사력의 전개 ③ 작전전구 내에서 군사력 운용에 필요한 기반구조와 관련이 있다. 전략적 수준에서의 군수계획의 중점은 국가수준에서의 군수체계의 구조를 확립하는 것이다. 군수기반구조에 대한 계획은 폭넓은 군수자원과 능력을 포함하는 거시적 노력이다. 전략적 수준에서 고려되는 군수문제는 그 규모 때문에 장기적이며 경제적 및 작전적 의미를 동시에 갖는다. 전략적 수준에서의 주요고려사항은 효율성, 상호절충, 국가적 우선순위이다. 이러한 고려사항들은 작전요구에 의해 영향을 받으며, 위협과 잠재적 전쟁시나리오로부터 추정된 군수소요에 의해 영향을 받는다.

전략적 군수기획의 문제는 기술, 산업, 재고 및 시설, 수송, 의료서비스, C^4I와 관련이 있다.

1) **기술** : 선진화된 기술능력을 개발유지하려면 시설, 장비 및 전문인력에 대한 막대한 투자가 요구된다. 한 국가의 **기술기반구조**는 대학, 연구소, 실험실 및 고급기술회사를 포함한다. 이러한 기술기반은 선진 무기체계 개발과 유지를 가능하게 해준다. 국방기술은 통상 유일하게 군의 작전능력 향상 목적으로 개발하기 때문에 일반적으로 국가자산으로 관리되는 비밀정보로 간주된다.

과거에는 군사기술이 민간에 많이 활용되었으나 최근에는 소프트웨어분야에서 군사기술이 상용기술을 활용하고 있다. 따라서 국가적 수준의 기술문제를 계획할 때에는 경제 및 시장 중심의 고려와 함께 전략적으로 국방측면이 고려되어야 한다.

2) **산업** : 국방산업은 방위산업과 민수산업으로 구분할 수 있다. 방위산업의 규모, 구조 및 운영방법은 국가수준의 방위산업기반구조에 대한 전략적 결심에 따라 영향을 받는다. 식량, 피복 등과 같은 소비재 군수품은 민수산업에서 독자적으로 운영된다. 그러나 전략적 기획과정에서 정부가 부분적으로 통제할 수 있다.

3) **재고 및 시설** : 군수자원에 대한 국가적 재고는 탄약, 유류, 부속, 의무보급품 및 다른 군수품의 재고로 구성된다. 이러한 자원들에 대한 계획 수립시 미래의 잠재적 위협과 전쟁 시나리오로부터 도출된 예상소요량이 반영되어야만 한다. 재고기획과정에서 두 가지 고민은 첫째, 얼마가 충분한가(How much is enough)이며, 두 번째 고민은 재고로 유지할 것인가 아니면 생산할 것인가(Stock or Produce)이다.

4) **수송** : 수송체계를 설계하는 것이 전략적 군수계획의 가장 중요한 부분이다. 특히 전력투사시나리오에서 중요하다. 수송계획은 정적 수송기반구조(도로, 철도, 항구, 공항)와 동적 수송기반구조(차량, 선박, 항공기)로 구성된다. 주로 정적 수송기반구조는 평시 민간인들이 사용한다. 그러나 국가적 수준에서 이러한 기반구조를 설계할 때 군사전략적 측면을 고려하여야 한다.

5) **의료서비스** : 전시 의료서비스는 정부책임이다. 의료서비스는 전방전투부대와 전쟁으로 인한 민간인 사상자를 치료하는 것이다. 이러한 긴급의료체계는 전시에 운용하는 병원을 군부대에 지정할 수 있다. 그러므로 병원과 의료시설기반은 전시 군 요구를 고려하여 계획되어야 한다.

6) C^4I : 통신 및 컴퓨터 기술이 군수 관리 및 통제 방법에 많은 영향을 미쳐왔다. 군수는 수집, 처리 및 분배를 해야 하는 많은 양적 자료를 갖고 있다. 자동화지휘통제체계는 이러한 과업수행에 적절하다. 이러한 체계의 적절한 설계는 전략적 수준에서 수행되는 어렵고 중요한 과업이다. 적절성, 정확성, 속도 및 용량과 같은 자료요소들이 자동화지휘통제체계 계획시 고려되어야 한다. 특히, 군수 C^4I체계는 작전 C^4I체계와 잘 협조되고 호환성이 있어야 한다.

7) **전략적 수준의 기타계획분야**

가) 인력계획 : 군수체계를 운영하려면 전문성을 갖춘 군수요원이 필요하다. 3가지 군수수준에 맞는 교육훈련계획을 수립하여 전문군수인력을 양성하여야 한다. 전문군수인력 양성계획은 주기적으로 검토하여 각 군과 합참은 물론 국방부 차원의 교육훈련계획에 반영되어야 할 것이다.

나) 군수교리 : 전략적 수준의 군수교리[194]를 포함한 야전교범과 같은 교리상의 규정과 절차가 필요하다. 우리 군은 이 분야에 대한 많은 연구가 필요한 것으로 보인다.

다) 전개되는 군수체계의 구조 : 작전적 군수체계가 작전적 수준일지라도 실제 계획은 전략적 수준에서 수립된다. 전략적으로 다루어지는 이유는 첫째, 전개되는 군수부대의 구조는 동일 유형의 전투부대와 전투시나리오에 따라 동일하며, 둘째, 작전적 군수체계의 설계는 부대구조와 관련된 문제로서 작전과 경제가 동시에 고려되어야 하는

194) JCS, Pub4-0, Doctrine for Logistics Support of Joint Operations(Washington, DC: GPO, 1995).

문제이기 때문이다.

나. 전술적 수준에서의 군수계획

전술적 수준의 군수계획은 상대적으로 기간이 짧고 전투지역이 좁기 때문에 상대적으로 단순하다. 전술적 군수계획은 전투임무로부터 도출되는 전투단위부대의 단기간의 소요와 관련이 된다. 전술적 군수계획에도 전술구역 내에서의 이동일정과 통제계획을 포함한다. 특히 전술적 군수참모는 전투근무지원부대의 전개를 결정하고 예하 전투근무지원부대 간의 일정과 상봉점을 협조하고 상위제대로부터 군수호송을 받는다.

3. 작전적 군수계획 수립절차

작전적 군수계획은 두 단계로 나눌 수 있다. 첫 단계는 작전계획 전체를 군수 중심적 시각에서 본다. 이것은 사령관의 상황판단을 군수측면에서 제공한다. 두 번째 단계에서는 첫 단계에서 얻은 통찰력을 기초로 하여 군수지원을 위한 구체적이고 기술적인 계획을 수립하는 것이다. 이클스 제독은 첫 단계를 **군수계획**(Logistics Planning)이라고 부르고, 두 번째 단계를 **군수지원계획**(Planning for logistics support)이라고 불렀다. 모세 크레스는 첫 단계를 **거시적 군수계획**(Macro-logistics Planning)이라고 부르고, 두 번째 단계를 **미시적 군수계획**(Micro-logistics Planning)이라고 부른다.

가. 거시적 군수계획

작전개념(Operational concept)과 상황판단(Estimate of the situation)이라는 작전용어는 사령관과 참모들이 인식하는 군사작전의 기본적 특성을 나타낸다. 이 용어들은 시간, 공간, 부대 및 전투강도와 같은 매개변수들을 이용하여 작전목표와 그에 대한 설명을 해준다. 작전개념은 군수개념을 구체화해주고, 상황판단은 군수소요의 거시적 시각을 포함한다. 따라서 거시적 군수고려사항은 작전계획과정의 초기단계에서 중요한 역할을 하며, 초기작전계획을 수립하는 데 필수분야이다.

1) **작전과 군수의 상관관계** : 작전계획은 복잡하고 다차원적인 과정이다. 작전목표는 적·우군부대의 규모와 구성, 지형 및 환경과 같은 요소들을 고려하여 분석된다. 이

러한 분석의 일부는 화력, 전진율, 소모율과 같은 손에 잡히는 매개변수가 있는 반면 중심(Center of gravity)과 정점(Culmination point)과 같은 추상적 개념도 있다. 이러한 분석은 〈그림 7-4〉와 같은 과정을 통해 작전개념이 도출된다.

2) **작전적 정점** : 〈그림 7-3〉에서 군수의 정점은 자원곡선과 수요곡선에서 잘 알 수 있지만, 작전적 정점은 시간으로 잘 정의되기보다는 개념적으로 정의되는 매개변수이다. 물리적 개념을 적용하면 여세(Momentum)로 나타낼 수 있다. 전투부대의 작전적 여세(Operational momentum)는 mv로 나타낼 수 있다. 이 때 m은 질량(부대의 규모와 구성)이며, v는 전투의 강도(기동과 화력)를 의미한다. 따라서 작전적 정점은 부대의 작전적 전투강도의 가속이 감속으로 전환되는 시간으로 볼 수 있다. 군수정점은 전투손실이 전투력을 감소시키는 것과 결합되어 작전적 정점을 만들어 낸다. 따라서 작전적 군수체계의 목표는 이러한 작전적 정점에 도달하지 않도록 만드는 것이다.

작전계획 수립과정에서 군수요원들은 검토자로서 두 가지 역할을 수행해야 한다. 첫째, 초기작전계획 수립단계에서 군수적으로 지원할 수 없는 작전개념을 식별해내어야 한다. 예를 들면, 대규모 기동시 실행가능성은 유류의 보급 및 이용가능한 정비자원에 영향을 받는다. 강력한 화력공격은 탄약보급량에 따라 제한을 받는다. 전력투사작전은 해상 및 항공 수송능력에 좌우된다. 인구밀집지역에서의 전투작전은 광범위한 의무자원이 필요할 수 있다.

둘째, 군수 제공자로서 작전적 군수요원은 분명히 실행 가능한 작전목적과 작전개념을 초기 군수설계에 반영하는 것이다. 군수설계(Logistics design)란 전구 내의 군수전개와 전투중의 군수운용원칙을 적용하는 것이다.

〈그림 7-3〉 군수의 격차(Logistics gap)

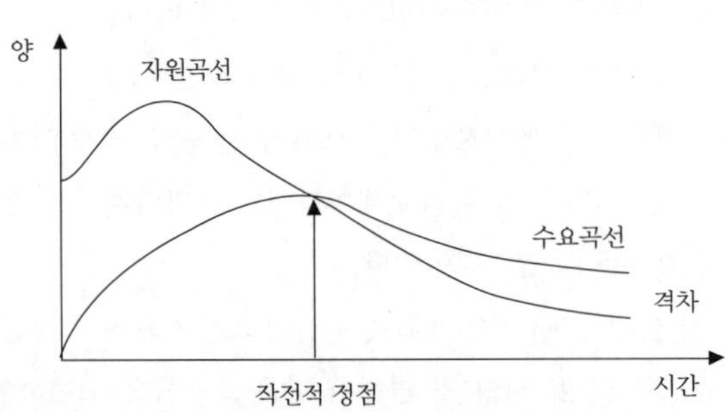

〈그림 7-4〉 거시적 군수계획 수립과정

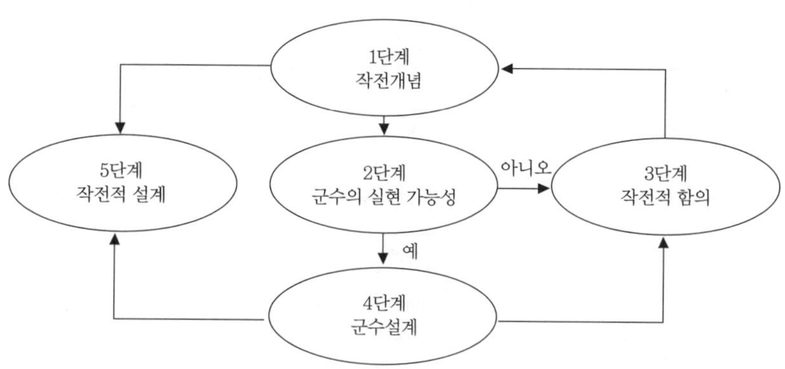

거시적 군수계획과정은 작전계획 입안자와 군수요원 간에 긴밀한 상호관계에 의해 특정지어진다. 군수요원은 한편으로는 사령관의 아이디어를 검토하여 초기 군수의 실행 가능성을 평가하며, 다른 한편으로는 작전개념으로부터 나온 소요에 적절히 지원할 수 있는 초기군수설계를 하여야 한다. 이러한 군수설계가 완료되면, 작전개념으로부터 잠정적인 작전설계가 만들어진다. 이러한 상관관계는 사령관과 군수요원들 간의 지속적인 대화를 통해 실현된다. 〈그림 7-4〉의 거시적 군수계획 수립과정을 단계로 설명하면 다음과 같다.

1단계 : 작전계획 입안자는 초기 작전개념을 정한다.

2단계 : 초기 작전개념은 군수요원으로부터 실행가능성에 대한 개략적인 검토를 받는다.

1-4단계 : 1단계에서 4단계 간에 여러 번 반복되는 통합과 분석과정을 통해서 잠정적인 작전개념을 결정한다.

5단계 : 잠정적인 작전개념과 군수설계 결과를 토대로 잠정적인 작전설계를 한다. 이러한 반복과정과 최종목표물을 작전적 설계(Operational design)라 부른다.

나. 미시적 군수계획

소모율, 자원할당, 선행시간(주문 및 선적 시간), 부대와 시설의 위치, 병참선의 선택과 같은 군수의 구체적 문제는 거시군수계획을 토대로 검토 및 확인하여 세부 군수계획에

〈그림 7-5〉 미시적 군수계획 수립과정

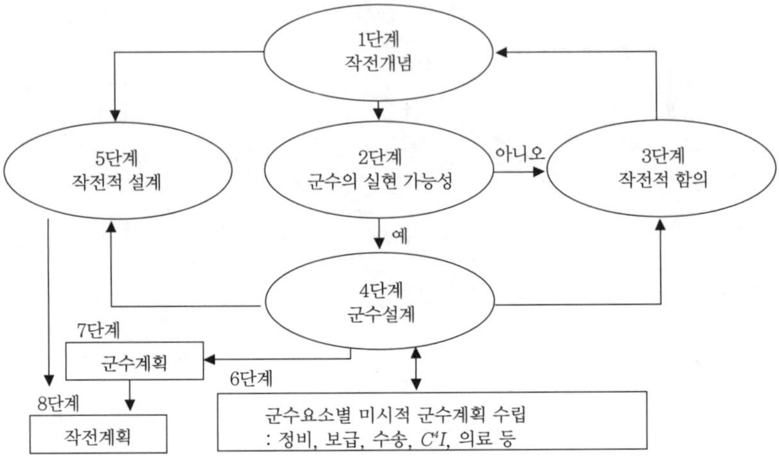

1단계
작전개념

5단계
작전적 설계

2단계
군수의 실현 가능성

아니오

3단계
작전적 함의

예

4단계
군수설계

7단계
군수계획

6단계
군수요소별 미시적 군수계획 수립
: 정비, 보급, 수송, C^4I, 의료 등

8단계
작전계획

반영한다. 〈그림 7-5〉와 같이 거시적 군수계획단계에서 초기군수설계가 완료되자마자 미시적 군수계획을 수립하게 된다. 4단계의 군수설계가 보다 완벽하게 작성되려면 6단계의 모든 군수요소들이 상세하게 검토되어야 한다. 7단계의 최종적인 군수계획이 완료되면, 8단계의 작전계획을 완료하는데 최종적으로 반영된다. 거시적 군수계획단계에서 작전적 군수요원이 작전적 설계에 참여하는 등 여기서 말하는 단계가 순서대로 이루어지는 것은 아니다.

제3절 미국군의 집중군수

미군의 집중군수개념에 대해서는 제1장 제1절의 현대전 군수개념 설명에서 소개한 바 있다. 아직 미국의 집중군수개념은 개발단계에 있으므로 모든 제도화가 이루어진 것은 아니다. 그러나 우리 국방부에 미래의 군수발전방향을 제공하는 데 도움이 되었으면 하는 마음에서 미 국방부의 계획과 노력을 소개하고자 한다. 집중군수 실행을 위한 기반을 만들기 위한 두 가지 구상은 군수개혁(Logistics Transformation)과 미래 군수계획(Future Logistic Enterprise)이다. 이 두 구상은 합참의 군수참모부장인 J-4와 국방부와의 긴밀한 협력을 요구하고 있으며, 또한 지금까지의 **보급기반(Supply-based) 군수체계**에서 보다 경량화 되고 신속한 **분배기반(Distributions-based) 군수체계**로의 전환을 의미한다.[195]

1. 군수개혁

미국은 세계에서 가장 효과적인 군수체계를 보유하고 있다. 세계 어느 국가도 전투부대에 미국보다 더 나은 군수지원을 제공하지 못한다. 그럼에도 불구하고 미국군의 군수지원 체계는 미래 합동부대의 작전을 지원하는데 필요한 융통성(Flexibility), 신속성(Agility), 기동성(Mobility), 능률성(Efficiency) 및 상호운용성(Interoperability)이 부족하다. 전투부대 사령관과 합동부대사령관은 통합된 군수정보체계를 보유하지 못하고 있을 뿐만 아니라, 정확한 실시간 군수정보를 갖고 있지 못하다. 다만, 과거의 군별 군수정보체계로서 합동부대 수준에서는 부분적이면서 가치가 없는 기능별 군수정보만이 제공되고 있다.

미 국방부는 미래 합동전투부대에 실시간의 군수상황을 제공하고자 한다. 따라서 미국의 군수개혁구상은 다음 사항을 전투부대에 제공하고자 하는 것이다.

첫째, 군수업무수행과정(Logistics business process)을 최적화한다.

둘째, 상호운용성이 있으며 조치 가능한 군수정보를 전투부대에 제공할 수 있는 개방형구조(Open architecture)의 군수체계로 전환한다.

195) U. S. JCS, Focused Logistics Campaign Plan(FLCP), (Washington, DC: Director for Logistics, 2004), pp. 11-15.

셋째, 합동부대에 군수반응시간(Logistics response)을 단축시킨다.

군수개혁은 다음 4가지 기둥 즉, **고객대기시간, 지정시간 내 수송, 전 자산의 가시화, 웹기반의 자료교환환경**에 관한 집중군수능력에 대한 기반을 확립함으로써 이루어진다.

가. 고객대기시간(CWT: Customer Wait Time)의 단축

첫 번째 기둥인 고객대기시간은 과거의 평균대기시간에서 탈피하여 만족할 수 있는 수준을 측정하는 척도로서 '고객의 문서화된 요구시간과 고객이 요구한 물자를 수령한 것을 인지한 시간과의 경과시간' 을 말한다.

보급망(Supply Chain)의 효과도를 측정하는 미 국방부의 척도로서 미 국방부지시(DOD Instruction) 4140.1-R에 고객대기시간을 규정화하는 노력을 하고 있는 중이다. 기업의 경우 고객이 서비스의 질을 결정하듯이 전투부대들이 군 보급망의 효과성 여부를 결정한다.

나. 지정시간 내 수송(TDD: Time-Definite Delivery)

두 번째 기둥인 지정시간 내 수송은 현행 청구 및 분배 절차를 바꾸는 것이다. 단순화된 순위별 청구체계(Ordering System)를 사용하여 지정시간 내 이송은 '고객이 설정해 놓은 시간 내에 자산이 높은 신뢰도를 갖고 수송' 되게 해준다. 미 국방부는 실질적이고 신속한 반응을 나타내는 지정시간 내 수송표준을 개발하기 위하여 자료를 분석하고 있다.

다. 전 자산의 가시화(TAV: Total Asset Visibility)

세 번째 기둥은 현재 획득중이거나 정비중에 있는 모든 자산현황을 고객인 전투부대에 제공하는 것이다. 미 국방부는 정확한 자원자료를 수집하기 위한 핵심지점(Critical node)과 조치 가능한 정보를 상호 교환 가능한 운용환경에서 자동화 식별기술(AIT: Automatic Identification Technology)을 사용한다. 계속해서 전체 자산과 이동 중인 자원에 대한 자료를 제공할 수 있는 정보체계를 이용하는 자동화 식별기술을 발전시켜 나갈 것이다.

라. 웹기반의 자료교환 환경(Web-Based, Shared-Data Environment)

네 번째 마지막 군수개혁의 기둥으로서 웹기반 자료교환 환경은 실시간, 정확한 정보를 자원체계(Source Systems)로부터 직접 얻을 수 있는 웹 기술을 이용한다. 조치가 가능한 정보의 신속한 접근은 작전요원과 군수인들에게 실제 상황을 알 수 있게 해준다.

2. 미래 군수계획

미래 군수계획(FIE: Future Logistics Enterprise)은 군수개혁을 가속화하고, 전투부대에 대한 지원을 강화하며, 21세기의 작전적 요구에 군수절차를 일치시키기 위한 미 국방부 중기비전(2005-2010)이다. 미래 군수계획의 주요목표는 군수계획의 통합과 최종 소비자 서비스를 통하여 전투부대의 요구를 만족시키는 일관성 있고 신뢰성 있는 군수지원을 보장하기 위한 것이다. 따라서 미래 군수계획은 QDR(Quadrennial Defense Review: 4년 주기 국방태세검토) 및 국방전략(NDS: National Defense Strategy) 소요에 맞출 수 있도록 수립된다. 미래 군수계획과 함께 추진되는 미 국방부의 6가지 군수개혁 구상이 있는데 다음과 같다.

가. 창정비 동반자관계(Depot Maintenance Partnership)

창정비 동반자관계의 주요 의도는 미 국방부가 창정비 능력을 유지하는 것이 필요함을 인식하고, 상용분야에 창 조직간의 적절한 동반자관계를 유지 확대함으로써 전투부대의 창지원 능력을 향상시키고자 하는 것인 바, 바람직한 최종상태는 창정비의 정부 및 일반기업의 참여를 증대시키고, 시험과 장비에 대한 일반기업의 투자를 유인하며, 더 좋은 지원시설과 기술인력을 통합하고, 보다 효율적인 기업경영과 더 높은 신뢰도를 갖도록 하여 비용의 절감을 가져옴으로써 의회와 더 협력적인 관계를 갖게 하는 것이다.

나. 조건기반정비(CBM: Condition-Based Maintenance)

조건기반정비는 새로운 무기체계와 구형 무기체계에 개선된 정비지원능력과 기업경영기법을 적용하는 데 중점을 둔다. 또한 군수체계의 적절성(Responsiveness)을 개선하기 위하여 기업경영기법을 적용 통합하여 군수지원업무절차를 개선하려는 것이다. 이러한 조건하에서 진단기술, 고장분석, 정비지원도구, 자동화 식별기술, 자료제공 대화식 정비훈련 등과 같은 능력을 갖추게 된다.

바람직한 최종상태는 전문기술을 갖춘 정비인력群, 정비결심을 향상하고 군수지원과정을 통합하는 이용 가능한 기술 활용을 통하여 복잡한 체계를 적정시간에 정비하는 도구를 갖추는 것이다. 미국방부는 조건기반정비에 요구되는 현행지침, 사업, 기술 및 절차에 대한 평가를 진행중에 있다.

다. 총 수명주기체계관리(TLCM: Total Life Cycle Systems Management)

총 수명주기관리의 주요 의도는 사업관리실(PMO: Program Management Office)에서 전투부대의 성능요구에 만족할 수 있도록 하기 위한 분명한 책임과 권한을 설정함으로써 무기체계의 지속유지를 개선하는 것이다.

사업관리자(통합사업관리팀장)는 무기체계 수명주기 동안 다음과 같은 전반적인 관리에 책임을 진다: 무기체계의 적기 획득; 전투부대의 성능요구 충족; 획득과정에서 군수지속성과 정비유지성의 통합; 기업의 모범사례를 이용하여 전투부대 성능 요구를 만족시키기 위한 무기체계의 지속유지에 관한 사항 등이다.

라. 종단분배(End-to-End Distribution)

종단분배는 보급원이나 생산자로부터 중간단계를 거치지 않고 바로 전투부대사령관, 각 군 또는 제품의 특성에 따라 지정된 전투부대 작전요원(최종사용자)이나 폐기자에게 물자와 관련 정보를 제공함으로써 전투부대지원체계를 슬림화하는 데 중점을 두고 있다.

바람직한 최종상태는 물자와 관련정보에 대한 전투부대의 요구를 만족시키기 위하여 통합되고, 상호 조화를 이루는 종단분배체계(End-to-end distribution system)를 만드는 것이다.

마. 집행기관(EAs: Executive Agents)

국방전략(National Defense Strategy)으로부터 나온 전투부대의 요구를 평가하고 집행기관을 지정해주는 역할을 하기 위해서이다. 이 구상의 바람직한 최종상태는 전투부대의 요구를 지원하기 위한 군수집행기관의 책임에 초점을 맞춘 공식적인 할당절차를 수립하고, 전 방위 작전에 걸친 전투부대가 전개시 직접적인 종단분배 및 신속한 반응을 하여 지원하는 집행기관을 지정하며, 집행기관의 책임 및 자원의 할당 등을 포함하는 위기계획을 수립하는 것이다.

바. 업무통합(EI: Enterprise Integration)

각 군 내부와 국방군수기관(DLA: Defense Logistics Agency) 내에서 국방군수업무에 걸쳐 요구되는 복잡한 정보요구에 대한 현대화되고 통합된 해법을 찾기 위한 상용도구의 사용을 개발하는 것이다. 상용 소프트웨어의 변경은 비용과 위험을 증대시키기 때문에 공통의 재사용 가능한 기업의 모범사례를 식별함으로써 소프트웨어의 변경을 최소화한다.

이 구상의 바람직한 최종상태는 국방부 군수업무를 수행하는 고도의 교육훈련과 기술을 갖춘 인력들이 거의 실시간, 조치 가능한 정보를 개혁된 군수절차와 군수업무수행 규칙에 활용할 수 있도록 상용으로 제공되는 소프트웨어를 제공하는 것이다.

사. 위에서 소개한 6가지의 구상이 실현 가능하여 현실화될 때 효과적이고 효율적인 합동전구군수관리(JTLM: Joint Theater Level Logistics Management)가 가능해질 것이다. 우리 국방부와 합참은 위의 6가지 미 국방부의 미래 군수개혁 구상에 대한 면밀한 연구검토가 지속적으로 이루어져서 우리의 전장환경과 작전술에 부응할 수 있는 합동전구군수관리체계를 발전시켜 나가야 할 것이다.

8 소요관리

미래의 군사력 소요를 예측하거나 군(부대)의 소요물자에 대한 수요를 산정하기 위해서는 관련 용어의 개념, 소요관리를 위한 업무절차와 소요의 예측을 위한 소요산정방법 등에 대한 이해가 필요하다. 따라서 본 장에서는 군수요원이나 작전요원이 필수적으로 숙지해야 할 소요관리업무에 대해 소개한다.

제1절 소요의 개념

1. 소요의 정의

국방전력발전업무규정에 의하면 소요(Requirements)의 정의는 광의와 협의로 구분하고 있다. 광의의 소요란 "승인된 군사 목표, 임무 또는 책임을 완수할 수 있는 능력을 갖출 수 있도록 하기 위해서 적절한 자원배분을 합법화하는 확실한 필요성"을 말한다. 이 의미는 기획이나 계획 수립과정에서 사용하는 소요이다. 즉, 국방목표를 달성하기 위하여 군사전략을 수립하고, 이러한 전략을 실천하기 위하여 군사조직을 편성하며, 편성된 조직체에 임무가 부여된다. 이러한 소요를 **군사소요**라고 하며, 협의의 소요란 **"어떤 부대가 일정기간 또는 일정시기에 어떤 임무를 수행하기 위하여 필요한 지정된 품목의 총 수량"**을 말한다. 여기서 지정된 품목이란 인원, 장비, 자원, 시설 또는 근무지원을 말한다. 이러한 소요를 **물자소요**라 한다. 물자소요에 대해서는 제3장 제1절에서 군수의 한 기능으로 설명한 바 있다.

따라서 광의의 소요란 사업계획 또는 목표를 성취하기 위하여 필요한 장비, 물자, 용역 때로는 자금 등의 필요량으로서 전차, 함정 및 항공기와 같은 전력의 증강소요이다. 협의의 소요란 **원가회계 상의 소비량으로서 부품**(Part), **결합체**(Assembly), **구성품**(Component)**을 포함하는 수리부속품의 소요량**이다.

가. 군사소요(Military Requirements)

군사소요는 국방조직이 특정한 기간에 군사목표를 달성하기 위하여 필요하다고 결정되는 광범위한 요구사항을 포함한다. 요구사항이란 군사력의 수준으로서 **목표전력수준**이라고 할 수 있다. 목표전력을 갖추려면 새로운 무기체계를 개발 획득하기 위한 엄청난 비용이 요구될 뿐 아니라, 현존전력 유지비용도 증가하기 때문에 군사소요는 항상 국가경제와 국가재정과 직결된다. 따라서 군사소요는 한정된 기간과 가용한 자원의 범위 내에서 결정될 수밖에 없다.

합참 및 국방부는 이러한 군사목표를 달성하기 위한 장기적인 전략과 국방정책을 국방 기획관리체계 하에서 수립 시행하는 바 이러한 기획문서와 계획문서에 의거 각 군과 기관들은 소요를 합참에 요청하며, 이를 토대로 합참은 전략개념 및 합동전장운영개념에 의거 합동성과 상호운용성을 고려하여 군사소요를 제기하며, 국방부는 합참에서 제기한 소요를 토대로 가용예산 범위 내에서 결정하게 된다. 군사소요에 대한 요청, 제기 및 결정에 관한 세부절차에 대해서는 제6장 국방획득관리제도에서 설명한 바 있다.

나. 물자소요(Material Requirements)

물자소요는 협의의 소요로서 장비도 7종 보급품이므로 물자측면에 국한하여 사용되는 소요개념이다. 협의의 소요는 **조직체, 임무, 기간, 품목 및 수량이라는 5가지 요소를 포함**하고 있으며, 이 요소들이 분명해야 정확한 소요를 산정할 수 있게 된다.[196] 특히 군수에서 별도의 단서가 없이 소요라 하면 대부분이 장비 및 물자분야에 대한 협의의 소요를 말한다.

군사소요는 전력수준을 결정하는 중요한 역할을 하고 있으며, 모든 군사활동의 시초라 할 수 있음에 반해 물자소요는 군수기능의 시발점으로서 이의 차질은 타 기능에 중대한 영향을 주게 된다. 적정의 물자소요를 결정하지 못하여 과다 책정시에는 예산의 낭비를 가져오며, 과소 책정시에는 보급기능, 정비기능, 수송기능 등에 영향을 미쳐 전투근무지원에 차질을 가져오게 하며 나아가서는 전투력을 상실하게 하는 위험한 상황을 초래한다. 따라서 물자의 적정소요를 산정하기 위한 제도적 발전에 많은 노력이 요구되는 것이다.

196) 육군본부, 야전교범 19-1『군수관리』(계룡대: 육군인쇄창, 2002), p. 3-1.

2. 소요의 역할

소요는 군수체계에서 가장 중요한 역할을 한다. 소요가 과다 책정시 물자의 사장, 손실, 훼손 등으로 인한 예산낭비가 초래될 것이고, 소요가 과소 책정되면 적시에 적량의 군수지원이 불가능하여 부대의 임무수행이나 군사작전에 차질을 가져오게 된다. 따라서 적정 소요를 책정함으로써 효과적이고 경제적인 군수지원이 가능하게 되는 것이다. 이를 위해 소요 판단시 부대의 임무, 대처할 적의 위협, 작전지역의 특성, 부대구조 및 지원수준 등을 고려해야 하며 소요의 주요 역할은 **군수지원의 시발점이며, 적기 수요 충족에 기여하는 것이고, 효과성과 경제성을 제고하며, 적정 재고수준을 유지하는 데 기여하고, 저장 공간을 효과적으로 사용하게 하는 것**이다.

3. 소요의 구분

가. 물자소요의 일반적 구분

소요는 관점에 따라 여러 가지로 분류될 수 있으나 육군의 군수관리 교범에는 크게 대상별과 형태별로 분류하고 있다. 대상별로는 인력, 물자, 장비, 시설, 근무소요로 구분하며, 이를 다시 상황별, 성격별, 용도별, 형태별, 적용대상별 소요로 구분한다.[197)]

1) **상황별 분류** : 평시소요와 전시소요로 구분하여 판단한다.

2) **성격별 분류** : **투자비 소요**(**계획소요**)**와 경상운영비 소요**(**운영유지소요**)로 구분하며, 투자비 소요는 연구개발, 무기체계 획득, 부대 증창설, 장비유지 및 일반장비 획득, 비축 및 저장, 시험평가 등으로 구분하며, 경상운영비소요는 인건비, 연료, 탄약 등 전력운영유지에 필요한 경비소요와 군 정보화사업, 장병 사기복지 대책 사업 등이 포함된다.

3) **용도별 분류** : 예산편성소요, 조달계획소요, 자금배정소요, 청구소요로 구분한다.

4) **형태별 분류**는 다음과 같다.

가) 인가소요 : 장비표(T/E: Table of Equipment), 배당표(T/A: Table of Allowance) 등에 인가된 소요이다.

---

197) 육군본부, 야전교범 19-1(2002), p. 3-2.

나) 소모보충소요 : 운영상 소모되었거나 정상적으로 마모된 장비 및 물자를 보충하기 위한 소요이다.

다) 보급수준소요 : 가장 경제적이고 효율적으로 보급운영의 지속성을 보장하기 위한 통제수단의 일환으로 재고로 확보 및 운영되어야 할 물량의 소요이다. 통상 일수단위로 표시한다.

5) **적용대상별 분류** : 품목당 소요, 부대당 소요, 병력당 소요, 장비당 소요로 구분한다.

나. 방위력개선사업 소요의 구분

방위력개선사업은 소요제기 단계부터 계획, 예산, 집행, 평가 단계까지 일관된 문서체계에 의해 사업이 추진되므로 소요 요청과 제기는 방위력개선사업의 첫 출발점이라 할 수 있는 중요한 업무단계이다. 방위력개선사업 소요의 종류는 다음과 같다.

1) **기획소요** : 군사전략 개념을 구현하기 위한 전력구조별, 전장기능별 순수 요망소요로서 전시동원, 부대확장 등 각종 계획 수립에 필요한 기준이 된다.

2) **증강목표** : 가용재원, 상비전력 운영수준, 작전운영성 등을 고려하여 실제적으로 요망되는 소요로서 중기계획 수립의 기준이 된다.

3) **목표소요** : 소요전력 우선순위에 따라 중기계획기간 중에 반영한 군사력 건설소요다.

제2절 소요의 관리 및 판단 절차

1. 소요관리의 정의

소요관리(Requirement management)란 **"임무수행에 필요한 자원의 소요를 정확히 반영할 수 있도록 소요기준의 설정, 소요의 산정, 보급수준 설정, 수요의 예측, 수요의 산정, 수요의 제원 관리 등 소요관련 업무를 계획, 시행 및 평가하여 조정 통제하는 제반 활동"**으로서, 이는 각 부대의 임무수행을 보장하고 경제적 자원관리를 도모하기 위한 것이며, 부대별 책임제 관리에 의해서 정착될 수 있다.

소요는 국방기획관리체계인 기획, 계획, 예산편성 및 집행과정을 거쳐 반영되며, 소요관리체계는 〈그림 3-1〉의 물자소요관리체계에서 설명한 바와 같다. 특히 운영유지 소요의 산정은 하급부대에서 정확한 소요 산출에서부터 시작되며, 상급제대는 이를 통합 및 검증하여 최신 자료를 유지하는 것이 중요하다.

2. 소요관리와 기획관리와의 상관관계

국방기획관리체계의 각 단계별 역할과 기능에 대해 제4장에서 이미 설명하였지만 다음과 같이 각 단계마다 소요관리와 밀접한 관계를 갖고 있음을 알 수 있다.

가. 기획단계

기획단계란 예상되는 위협을 분석하여 국방목표를 설정하고, 대응전략 수립 및 군사력 소요를 제기하며, 적정수준의 군사력을 효율적으로 건설하기 위한 제반 정책을 수립하는 과정으로서 **중장기 군사력 건설을 위한 전력투자비에 대한 소요를 제기**하게 된다.

1) 소요요청 : 군이 임무를 수행하기 위하여 일정기간 또는 시기에 필요하다고 지정한 군수품에 대하여 충족되어야 할 조건 등을 포함하여 소요제기기관에 요청하게 된다.

2) 소요제기 : 소요요청기관에서 요청한 소요에 대하여 분석, 검증 등 기획관리체계에 의한 절차를 거쳐 심의, 조정한 소요를 기획하여 소요결정기관에 제출 및 보고하는

것으로 합참이 국방장관에게 소요를 제기하도록 규정하고 있다.

3) **소요결정** : 소요결정기관에서 연중 수시로 제기된 소요를 검토하여 승인하는 것으로 현 국방전력발전업무규정에는 국방부가 소요결정기관이다. 실제는 합참에서 장관에게 직접 보고함으로써 국방부 본부의 참모부서에서 검토가 충분히 이루어질 수 있는 참모부서와 인력을 참여정부에서는 보유하지 못하고 방위사업청장에게 전적으로 위임하고 있었다. 그래서 2008년 이명박 정부에서는 이를 보완하기 위하여 부록1의 국방부 본부조직도(이명박 정부)에서 알 수 있듯이 전력정책관 밑에 전력계획팀을 추가 편성함으로써 국방부 장관의 방위력 개선사업 조정통제권이 다소 강화되었다고 볼 수 있다.

나. 계획단계

계획단계란 기획단계에서 설정된 국방목표를 달성하기 위해 수립된 중장기 정책을 실현하기 위한 **소요재원을 판단하여 가용재원을 획득하기 위하여 가용재원을 예측 및 판단하는 연도별, 사업별, 구체적인 추진계획을 수립해가는 과정**으로서, 군사력 건설 및 운영유지를 위한 중기계획을 수립하며, 이러한 중기계획 수립시는 무기체계 및 비무기체계에 대한 정확한 소요를 반영해야 한다.

다. 예산편성단계

예산편성단계란 회계연도에 소요되는 재원의 사용을 국회로부터 승인받기 위한 절차로서 체계적이고 객관적인 검토 조정과정을 거쳐 중기계획의 기준연도 사업과 예산소요를 구체화하는 과정으로 적정수준의 예산소요를 판단하여 연도 예산요구서에 반영하여야 한다.

라. 집행단계

집행단계란 예산편성이 완료된 사업목표를 최소의 자원으로 달성하기 위한 제반 조치를 시행하는 과정으로서 각 사업에 대한 예산을 효과적으로 집행하기 위한 **조달소요**를 판단하여 조달집행계획에 의해 장비, 물자 및 시설을 획득하여 군사력을 운영 유지하는 것이다.

마. 분석평가단계

분석평가단계에서는 기획단계에서부터 예산편성단계까지 실시하는 **사전분석**은 군수사업소요를 결정하기 위한 의사결정에 기여하기 위하여 실시되며, **사후분석**은 사업 집행중에 발견된 문제점은 최단 기간내에 시정하고, 사업완료 후에 발견된 장단점은 차기계획에 반영하기 위하여 실시된다. 소요분야에 대해서는 보급지원능력 평가와 보급지원성과 평가를 실시한다.

3. 소요 판단절차

가. 용어의 정의

1) 수요(Demand) : 수요란 **"접수한 청구서를 기준하여 불출하였거나 불출할 것으로 보급조치(직불 및 후불예약)된 품목의 수량"**을 말한다. 따라서 소요는 수요로 발전한다. 수요는 **순환수요와 비순환수요**로 구분한다. 순환수요는 부대가 소비하였거나 정상적으로 소비한 물자의 수준을 보충하기 위하여 주기적으로 반복되는 보충수요를 말한다. 비순환수요는 통제기간중 동일 목적의 수요가 반복될 것으로 예측되지 않는 수요로서 초도소요, 보급추진 계통의 증가소요, 방위력개선사업에 의한 사업소요는 여기에 해당된다.

2) **보급수준**(Supply level) : 보급수준이란 재고수준이라고도 하며, 예상되는 수요에 대비하여 사전에 재고로서 유지하도록 상급제대로부터 인가 지시된 보급품의 수량 또는 보급일수를 말한다. 보급수준은 경제적이며 효과적으로 보급운영 지속성을 보장해 주기 위한 것이다. 보급수준에는 **안전수준, 운영수준, 발주 및 수송기간, 조달소요기간의 저장수준** 등이 있다.

3) **운영수준**(O/L: Operating Level) : 보급수준의 일부 요소로서 보충보급의 수령과 수령사이, 또는 청구와 청구사이에 보급운영을 지속하기 위하여 필요한 보급품의 수량을 통상 말한다. 운영수준이란 경제적 청구량(EOQ: Economic Order Quantity)으로 결정한다. 이때는 품목의 연간 수요량과 단가에 따라 품목마다 청구 주기가 다르다. 경제적 청구량이란 보관비와 청구비의 합계(총변동비)가 최소로 될 때의 발주량을 말한다.

보관비를 결정하는 요소는 도태, 폐기, 손실 등의 구식화 손실비, 저장중 퇴화, 부식 등 악화 손실비, 저장중 정비 등의 저장비, 파손, 도난 등의 기타 손실비이다. 청구비를 결정하는 요소는 인건비, 수송비, 통신비 등의 직접비와 검사비, 행정비 등이 포함된다. 이상과 같은 총비용(총변동비)이 최저가 되는 점은 보관비 곡선과 청구비 곡선의 교점으로서 이 점에서 청구량이 결정된다.

경제적 청구량은 일정기간의 청구비와 보관비의 합계가 최소로 될 때의 1회 발주량을 말하며 다음 공식과 같다. 이 공식에 대해서는 제9장의 재고관리에서 설명한다.

$$\text{경제적 청구량} \quad EOQ = \sqrt{\frac{2QC}{UH}}$$

Q : 연간 수요량 예측치(추세치)　C : 청구비　U : 단가　H : 보관비

4) **안전수준**(S/L: Safety Level) : 예상외의 수요 증가 또는 일시적인 수송지연 등으로 운영수준이 고갈되더라도 보급운영을 지속하기 위한 보급량 또는 보급일수를 말한다.

5) **발주 및 수송 기간**(OST: Order & Shipping Time) : 청구서를 제출한 날로부터 해당 물량을 85%이상 수령하여 불출 준비를 완료할 때까지의 시간적 간격에 해당되는 보급일수 또는 보급품의 수량을 말한다. 소분배 계통에서만 적용되는 용어이며, 대분배 계통에서는 조달기간 또는 조달소요기간(조달선행기간)이라는 용어를 사용한다. 조달소요기간은 행정소요시간, 생산소요시간 및 납품소요시간을 합한 소요기간을 말한다.

6) **청구목표**(R/O: Requisitioning Objective) : 설정된 보급수준에 따라 재고로 보유하고 있거나 발주해야 할 물량의 최대치로서 이는 보급운영의 지속성을 보장하기 위하여 투자해야 할 물량이 얼마인가 즉, 소분배 계통의 보급수준 소요가 얼마인가를 판단하는 데 사용되는 용어이다.(안전수준+운영수준+발주 및 수송기간)

7) **소요목표**(RO: Requirement Objective) : 설정된 보급수준에 따라 창에서 확보하고 있어야 할 안전수준과 조달주기, 조달소요기간을 합한 물량으로서 이는 전군 수요량 외에 창에서 보급운영의 지속성을 보장하기 위하여 추가로 투자해야 할 물량이 얼마인가 즉, 대분배 계통상의 보급수준 소요가 얼마인가를 판단하는 데 사용되는 용어이다.(안전수준+조달주기 소요+조달소요기간)

8) **선택적 관리제도**(Selective Management System) : 종래에 실시해오던 '총괄적 재고관리제도'의 모순점을 시정하기 위하여 착상된 중점적 관리제도이다. 품목을 연간 수요금액별로 A, B, C 3개 그룹으로 나눈 다음 고액품목에 해당하는 A그룹에 대하여 선택적으로 낱개별 중점 관리함으로써 재고 고갈방지에 기여하면서 재고투자 절감을 기할

수 있는 제도이다. 일명 'ABC 관리제도' 라고도 한다.

나. 소요판단(소요산정) 절차

1) **소요판단 절차** : 소요산정 기준 및 적용대상에 대한 각종 자료를 수집하고, 수집된 자료에 의거 총소요를 산정하며, 가용자산을 판단하여 실소요를 산정한다.

2) **자료의 수집 분석** : 먼저 실적자료를 수집한 후 각종 기법을 이용한 분석을 통하여 다음과 같은 소요산정기준을 각급부대에 시달해야 한다.

가) 장비류 : 정비대충 인수, 전평시 손실율(보충률)

나) 수리부속 : 수요율, 폐기율 등

다) 소모품 : 소모기준, 소모 및 보충률

3) **총소요 산정** : 소요산정기준과 상급부대의 지침에 의거 총소요를 산출한다. 즉, 부대의 초도소요, 연간 부대운영을 위한 지원소요, 보급수준 소요, 계획소요, 전쟁예비소요 등을 산출하게 된다. 총소요란 통상 일정기간의 이들 소요의 합계를 말하며, 장비류와 소모품류의 소요산정 방법이 다르다.

장비류는 전시 일정기간동안의 전투손실을 포함한 소요를 산정하며, 소모품류는 통상 1년 단위의 소요를 산정한다.

소요산정기준은 다음과 같다.

가) 기준수에 의한 소요산정 방법 : 소요 = 기준수×대상수

기준수는 개인 또는 부대, 장비, 시설 등에 인가된 기준량이며, 대상수는 지급 또는 지원을 요하는 계획된 인원 또는 부대, 장비, 시설수이며, 이 방법은 주로 초도소요 산정에 적용된다.

나) 소모율 또는 보충률에 의한 방법 : 소요 = 기준수×대상수×소모율 또는 보충률

소모율이란 일정기간 내에 소모품의 수요량에 대한 한 품목의 월간 평균 수요량을 말하며, 소모율은 소모품에 한하며, 보충률이란 일정기간 내에 보유중인 물자가 사용불가 상태로 되어 보충되어야 할 월간 평균수요량을 말하며, 보충률은 비소모품에 적용된다.

$$\text{월간 소모율 또는 월간 보충률} = \frac{\text{최근 1년간 수요량 또는 감소수}}{\text{1년간 월평균 밀도} \times \text{사용기간(월)}}$$

1년간 월평균 밀도란 1년간 병력 또는 장비의 월평균 보유수이다.

다) 마모율에 의한 방법 : 소요 = 기준수×대상수×마모율

마모율이란 일정기간에 있어서 여러 가지 원인으로 장비, 부속, 비소모품의 마모손실 정도를 백분율로 나타낸 것이다.

라) 폐기율, 가동률 및 계획량에 의한 방법이 있다.

4) 가용자산 판단 : 자산 판단시는 현 자산과 미래 자산은 물론 평시 손실 예상수, 대치 가능한 품목의 자산, 전군적인 초과자산 등도 판단해야 한다.

5) 실소요 산정 : 실소요는 예산 반영, 조달, 청구 등을 위한 소요이다. 이 때 무기체계, 투자비 소요 등 장비 획득 및 도태 계획에 관한 각종 관련 문서를 고려하며, 예산 반영 및 연간 조달을 위한 실소요는 총 소요에서 가용자산을 감소시키고, 보급수준 보충을 위한 청구량은 소요목표 또는 청구목표에서 가용자산을 감소시켜 산출한다.

제3절 소요의 예측기법

1. 소요와 수요와의 관계

일반적인 소요는 통상 순환수요 제원을 이용하여 산출되는 바, 소요는 장차 예상치이며, 수요는 과거의 경험치이다. 따라서 수요는 소요로 발전하며, 소요판단은 과거의 실질적인 수요를 근거로 산정된다. 소요와 수요의 가장 이상적인 형태는 소요량과 수요량이 같을 때이다. 소요와 수요와의 관계는 〈그림 8-1〉과 같다. 따라서 소요는 아무리 정확하게 산정되었다 하더라도 계속적인 검토 조정이 필요하다.

〈그림 8-1〉 소요와 수요와의 관계

수요
소요
과거의 실적
장차의 예상치
최초의 필요성
소요 산정기준
수요제원에 의거
산정

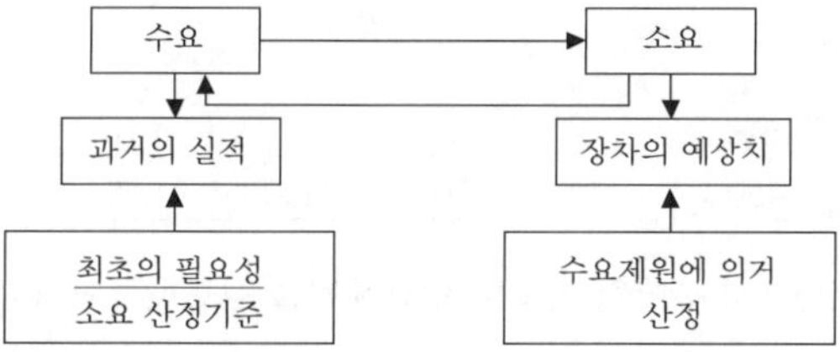

2. 수요의 예측기법

과거의 수요제원을 이용하여 예측프로그램에 의해 장차의 소요를 예측하게 되는 데 이를 **수요예측**이라고 하고 통상 추세분석기법을 사용한다. 추세분석기법이 소요산정의 이론적 뒷받침이 되기도 한다. **추세분석기법**의 기본가정은 과거에 존재했던 인과관계가 미래에도 계속 존재할 것이라는 것이다. 따라서 예측은 항상 정확한 것은 아니다.

가. 수요예측기법의 구분

수요예측기법에는 정성적 기법과 정량적 기법으로 구분하며 정성적 기법은 수치적 자료가 아닌 개인의 경험이나 추측을 기초로 **델파이기법, 시장조사법, 판매원 평가법** 등이 있다.

정량적 기법은 과거의 수치적 정보를 근거로 한 수요 예측기법으로서 시계열분석기법과 인과형 모형으로 구분된다. **시계열분석법**(Time Series Analysis)은 과거의 수요자료를 갖고 수요를 예측하는 산술평균법, 이동평균법, 지수평활법 등이 있으며, **인과형 모형**(Cause-and-effect Model)은 수요와 관련된 변수를 찾아내어 수요와 이들 변수와의 인과관계를 나타내어 수요를 예측하는 방법으로 회귀분석, 수명주기모형 등이 있다. 이는 국방체계분석학에서 다룬다.

나. 산술평균법

1) 익년도 소요량을 판단시 많이 사용하는 방법으로 수요추세가 일정할 때 주로 활용한다. 이 때 수요제원의 변화가 급격한 자료는 제외시키고 나머지 자료를 활용하여야 오차가 적다.

2) 산출예제

• 수요제원

년도	'00	'01	'02	'03	'04	'05
수요제원	150	170	200	190	205	?

• 소요산정 : 1개 부대의 연도별 수요제원을 검토해보면 '00 – '01년간 상향추세에서 '02~'04년간은 수평추세를 나타내므로 '02년부터 자료를 활용하여 산술평균을 계산하여 '05년도 소요량을 예측한다. '05년도 소요량 예측 = (200+190+205)÷3 = 198.3 ≒ 199개

다. 이동평균법

1) **이동평균법**이란 일정기간의 시계열 자료를 대상으로 하여 산술평균 또는 가중평균치를 구하여 계절적, 불규칙적 요인을 제거하는 기법으로서 단순 이동평균법과 가중 이동평균법 등이 있다.

2) **단순 이동평균** : 일반적으로 이용되고 있는 방법으로 산정기간을 계속적으로 1개 기간씩 이동시켜 나가면서 일정기간의 실적치들의 평균을 말한다. 이 때 각 실적치에 가중치를 부여하지 않는다.

○ 산출공식 : $F = (Y_1 + Y_2 + Y_3 + \ldots + Y_n)/N$

F : 예측소요 N : 연도수 Yn : n년도의 실수요제원

○ 산출예제

• 수요제원

년도	'00	'01	'02	'03	'04	'05
수요제원	55	30	35	40	30	?

• 소요산정 : '05년도 소요량 예측 = (55+30+35+40+30)÷5 = 38개

통상 군에서는 과거 5년 실적치를 활용하며, 최근의 영향을 더 크게 받는다는 점을 고려하고 단순 이동평균의 단점인 추세 반영의 어려운 점을 보완하기 위하여 가중 이동평균법을 사용하기도 한다.

3) **가중 이동평균법**

• 수요제원

년도	'01	'02	'03	'04	'05
수요제원	100	90	105	95	?

• 소요산정 : 4년간의 가중치를 고려하여 F-1년을 40%, F-2년을 30%, F-3년을 20%, F-4년을 10%로 부여하는 것으로 가정한다. 그러나 이러한 가중치를 사용하려면 가중치 부여근거를 제시할 수 있어야 한다.

'05년도 소요량 예측 = 0.4(95)+0.3(105)+0.2(90)+0.1(100) = 97.5 ≒ 98개

라. 지수 평활법(지수평균법)

평활계수(치중계수)라는 인수를 적용하여 수량의 굴곡을 평활하게 조정해나가는 방법으로 이동평균법의 단점을 제거한 수요예측방법이다. 이 예측방법은 추세의 경향을 가장 중요시 한다. 따라서 현재의 추세가 상승추세인지, 하강추세인지 알기 위해서는 새로운 평균치에서 현재의 평균치를 감해보면 알 수 있다. 전산모델을 사용하면 쉽게 산정할 수 있다. 지수 평활법에는 단순 지수평활법과 추세조정 지수평활법 등으로 나눈다.

1) **단순 지수평활법** : 차기의 수요예측을 위해서는 전기의 수요예측치(F_{t-1}), 전기의 실제수요(D_{t-1}), 평활계수(a: 치중계수)의 3가지 자료만을 필요로 한다. 예측치와 실제치의 차이(예측오차)는 추세변화(수요패턴 변화)에 기인하거나 확률적 요인에 의한 것으로 구분할 수 있는 데 추세변화를 나타내는 인수를 평활계수라 한다.

예를 들면, 예측오차가 100개일 때 평활계수를 20%라 하면 20개는 추세변화에 의한 것이고 80개는 확률적 요인에 의한 것으로 추정하는 것이다.

○ 공식 : $F_t = F_{t-1} + a(D_{t-1} - F_{t-1}) = aD_{t-1} + (1-a)F_{t-1}$

F_t : 신예측소요, F_{t-1}: 전기 예측소요, D_{t-1}: 전기 실제수요, a : 평활계수

○ 평활계수 결정 : 평활계수는 품목에 따라 다르기 때문에 과거의 수요실적을 근거로 예측치를 구한 후 실제치와 비교하여 가장 적합한 값을 정해야 한다. 통상 0.1에서 0.3사이의 값이 추천되며 또한 이 계수는 이동평균법의 항수(N)와 같은 성격을 가지므로 $a = 2/(N+1)$이다.

2) **추세조정 지수평활법** : 단순 지수평활법에 추세변동 및 계절변동을 고려한 추세조정 지수평활법의 공식은 다음과 같다. 이 방법은 예측치들의 편차에 대한 추세치를 구한 후 단순 지수평활법에 의한 예측치를 조정하는 방식이다.

○ 공식 : $T_t = a(F_t - F_{t-1}) + (1-a)T_{t-1}$

$FA_t = F_t + \{(1-a)/a\}T_t$

T_t : 추세치, FA_t : 추세조정 예측치

라. 최소자승법

최소자승법은 인과형 모형 예측기법의 일부로서 독립변수가 종속변수에 미치는 영향력의 크기를 측정하여 독립변수의 일정한 값에 대응하는 종속변수의 값을 예측하는 방법이다. 이를 회귀방정식이라고 한다.

○ 공식 : $Y = aX + b$ Y : 종속변수, X : 독립변수

$Y = aX_1 + bX_2 + \dots\dots\dots\dots + X_n$

9 재고관리

제1절 재고관리 이론

IIIII 1. 개요

가. 재고관리(Inventory Control)의 필요성

기업의 재고는 '상호 의존적인 활동'에 비용 대 이득이 가장 높은 물자지원을 제공하기 위하여 존재한다. 상호 의존적 활동이란 생산이나 도매 수준에서 지원의 형태, 중간 수준의 분배지점을 지원하는 형태, 조직의 운영활동이나 소매상의 판매활동을 지원하는 형태를 말한다.

재고투자와 물자관리의 주된 정당성은 생산라인의 필요와 고객의 요구에 따라 결정된다. 따라서 재고관리는 제조업체에서 가장 중요한 분야 중의 하나이다. 재고가 쌓이게 되면 그만큼 자금이 묶이게 되고 이것은 기회비용(Opportunity cost)이 증가한다는 것을 의미한다. 그러나 재고가 없다고 반드시 좋은 것만은 아니다. 부품의 재고가 너무 낮으면 제품의 생산에 차질을 빚게 되고 따라서 손실이 따르게 된다. 결국 재고란 너무 지나쳐도 너무 모자라도 좋지 않다.

군에서의 재고관리란 무기나 장비 등의 체계가 운용되는 데 최소의 비용으로 적시, 적량의 부속품 지원을 위해서는 어느 시점에서의 재고량, 주문주기 및 매 주문시 주문량 간의 경제적 균형(경제적 청구량)을 맞추는 것이 바람직하다. 따라서 적절하고 효과적인 재고관리를 위한 재고관리체계(Inventory management system)는 다음과 같은 경우를 위하여 설계된다.[198]

1) 생산과 구매에서의 경제성을 높여주고,
2) 계절적 수요에 대해 완충작용을 해주며,
3) 핵심 부품의 부족이나 파업 등에 대비한 보급의 가용도를 보장해주고,
4) 가격 인상에 대비한 사전 확보가 가능하며,
5) 불확실한 수요에 대한 대처 등 고객(소요군)을 만족시키기 위해서이다.

---

198) J. W. Langford, Logistics: principles and applications(NY: McGraw-Hill, 1995), pp. 367-368.

나. 재고의 특성

재고관리자에게 이용 가능한 물리적 자산은 사용자 수요에 대비한 정상적인 보유재고, 안전재고, 재고창고로 이동 중인 자산, 불확실한 재고(Speculative stocks), 死藏재고이다.

다. 재고관리모형 결정요소

재고관리모형은 그 유형에 따라 다양한 모델들이 존재한다. 재고관리모형을 결정짓는 요소들을 열거하면 다음과 같다.

1) **수요패턴** : 수요가 확정적(Deterministic)으로 또는 확률적(Stochastic)으로 발생되고 있는지에 따라 확정적 재고관리모델 또는 확률적 재고관리모델이라 한다.

2) **재고조사** : 재고의 량을 항시 파악하는가, 정기적으로 파악하는가, 또는 부정기적으로 파악하는가?

3) **재고부족** : 재고가 없는 경우에도 판매를 하는가?(이 경우 부재고(負在庫; Backlog or Backorder)가 발생한다. 또는 팔지를 않는가?(판매(기회) 상실, Lost sales)

4) **조달기간** : 조달기간(조달소요기간)이 확정적인가? 또는 확률변수인가? 를 나타내며, 조달기간(선행기간: Lead time)이란 주문시점에서부터 물품이 도착할 때까지의 시간으로서 군에서는 조달요구가 승인된 날로부터 해당 물량이 85% 이상 납품받아 불출 준비를 완료할 때까지의 시간적 간격에 해당되는 보급일수 또는 보급품의 수량을 말하며 대분배 계통에서만 사용되는 용어이다.

5) **안전재고** : 안전재고가 있는가? 또는 없는가? 생산 또는 조달의 불확실성에 대처하기 위하여 보유하는 재고를 **안전재고(Safety stock, Safety level)**라고 한다.

라. 재고관리정책에 영향을 미치는 요소들은 재고품의 물리적 특성(예: 의약품), 환경위해 요소, 미래의 안정적 조달여부, 경쟁사와의 관계, 정부의 정책, 기업의 정책 및 수량의 할인 요소들이다.

▮▮▮ 2. 재고관리 비용요소

가. 주문비용(Order cost)

주문량에 관계없이 1회 주문에 소요되는 고정비용으로서 보급창과 같은 분배센터와 생산공장의 구매활동에서 발생하는 비용이다. 생산과정에서 발생하는 비용은 생산을 함으로써 발생하는 한 단위품목당 기계 설치비용 또는 생산라인 설치비용이 추가된다.

나. 재고유지비용(Inventory holding cost/carrying cost)

재고량이 증가함에 따라 직접적으로 변화하는 비용으로서 변동비의 성격을 갖는 부분을 지칭하는 것이며, 이 비용은 저장비와 같이 창고 감가상각비, 관리자 인건비 등 고정비 성격과는 구분된다. 이들 변동적 재고유지비는 다음과 같은 비용들이 포함된다.

1) **기회비용**(Opportunity cost) : 하나의 재화를 선택했을 때, 그로 인해 포기한 다른 재화의 가치를 의미하는 것으로서, 어떤 생산품의 비용을, 그 생산으로 단념한 다른 생산기회의 희생으로 보는 개념이다.[199] 따라서 재고비용으로 인하여 다른 군수품의 재고기회가 손실되는 비용을 의미한다.

2) **창고비용**(Warehouse cost) : 시설비용, 재산세를 포함하며 물자불출 및 입고비용은 포함하지 않는다.

3) **전기 및 수도요금**(Utilities costs), **보험료**(Insurance costs)

4) **진부화**(陳腐化: Obsolescence), **손상 및 도난**(Spoilage and pilferage) : 진부화, 손상 및 도난 비용을 정하기가 어렵고 제품의 형태에 따라 다양하다. 사용불가하게 된 것은 구입단가는 물론 수송비용 및 저장비용이 함께 손실되는 것이다. 또한 사용자의 불만을 받기 전에는 모를 수도 있다.

진부화는 장비가 오래 되어 불필요한 품목이 되기도 하지만 경쟁품목이 나옴으로써 사용이 불가하게 되거나 90일 이상 구입실적이 없어서 다른 분배센터로 재배치시킴에 따라 이용이 불가능하게 되는 경우도 있다. 전자제품의 진부화는 다른 물자에 비해 그 속도가 빠르다.

---

199) 김진봉, 장원기 공저, 『현대재무관리』 (서울: 박영사, 2003), pp. 210-211.; http://ko.wikipedia.org; 검색일 2008. 4. 2.

다. 재고부족비용(Shortage cost, Stockout cost)

부재고비용(Backorder cost: 재고고갈비용 또는 재고부족비용: Inventory shortage cost)은 고객으로 부터 주문을 받았을 때 재고고갈로 인한 판매기회 상실에 따른 기회비용(판매상실비용: Lost-sales cost), 미래에 경쟁사에게 고객을 잃을 수도 있는 고객상실비용(때로는 우호적 관계의 상실) 등을 말한다.[200] 재고부족에 따라 추가 발생할 수 있는 비용의 종류는 위의 두 가지 비용 이외에도 촉진비, 특별주문비, 특별운반비, 조업의 중단비용이 있을 수 있으며, 특히 판매상실비용과 고객상실비용은 객관적인 수치를 구하기가 매우 어려운 요소이기도 하다.

3. 재고관리모형의 산출물

가. 최적주문점(Optimal reorder-point)

남은 재고가 얼마일 때 주문을 하여야 하는가 하는 **가장 경제적인 주문주기인 최적주문점을 찾는 것**이다. 여기서 재주문점 또는 재청구점(Reorder point)이란 현 보급운영을 계속할 수 있도록 보급수준을 보충하기 위해 청구해야할 시점을 말한다. 재청구점을 산정하는 방법은 안전수준과 조달기간 또는 조달선행기간(발주 및 수송기간: 소분배계통)의 합으로 계산한다.

나. 최적주문량(Optimal order quantity)

재주문시마다 얼마나 주문을 하여야 하는가하는 최적주문량을 찾는 것이다. 주문점이 낮으면 재고부족(Stockout) 상황이 발생할 확률이 높아지고 따라서 재고부족비용이 증가하며, 군에서는 전투준비태세 및 전투력의 저하를 초래하게 된다. 반대로 주문점이 높으면 재고부족 현상이 일어날 확률이 낮아지는 대신 많은 량의 재고를 유지하므로 재고유지비용이 높아져서 비경제적이다. 따라서 가장 경제적인 주문시기와 주문량에 대한 적정의 절충점을 결정하는 최적화 문제가 발생한다.

---

200) 강종열 역, 래리 P. 리츠만 저, 『생산 운영 관리의 기초(Foundations of operations management)』, (서울: 시그마프레스, 2004), p. 490.; 김진봉, 장원기 공저, 『현대재무관리』, (서울: 박영사, 2003), pp. 210-211.

제2절 이론적 재고관리모형

1. 이론적 모형의 기본가정과 기호의 정의

가. 이론적 재고관리모형(Economic Order Quantity Model)의 기본가정은 다음과 같다.

1) 수요는 확정적이며 상수이다. 즉, 소비자 수요가 일정한 비율로 소모된다.

2) 조달기간은 알려진 상수이다. 즉, 주문시점과 주문량 수령시간 간의 간격은 일정하다.

3) 주문한 물건은 한꺼번에 도착하여 창고에 쌓인다. 일정한 수요율과 이와 동일한 불출률 때문에 주문량이 도착하는 시점에 재고수준이 0이 된다.

4) 수량할인은 없다.

5) 최고의 재고(인정된 재고수준), 주문점 및 조달기간은 일정한 수요형태에 만족할 수 있기 때문에 재고부족 현상은 일어나지 않는다.

〈그림 9-1〉 이론적 재고관리모형

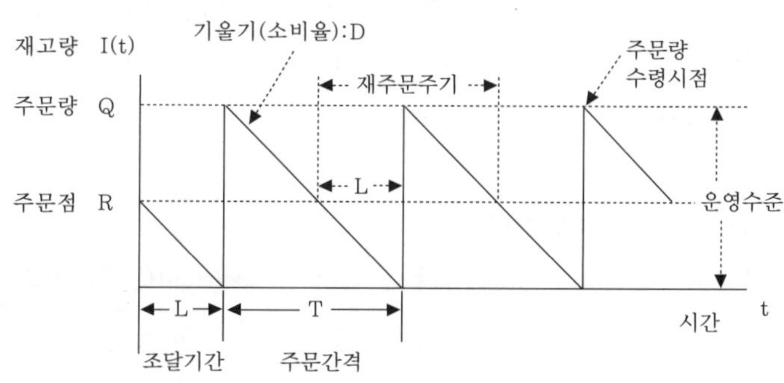

나. 재고관리모형의 기호정의는 다음과 같으며, 〈그림 9-1〉은 위의 기본가정 하에서 시점 t에서의 재고량 I(t)의 변화를 보여주고 있다.

C_p : 일회 주문비용(Ordering cost, 한번 주문시마다 들어가는 비용으로서 주문량의 많고 적음에 관계없이 들어가는 고정비용)

C_h : 단위시간당 재고유지비용(Inventory holding cost, 물자 하나를 단위시간 동안 재고로 갖고 있는데 드는 비용)

D : 단위시간당 수요(Demand per unit time, 단위시간당 불출률; 고정된 값)

L : 조달기간(Procurement lead time, 조달선행기간, 발주 및 수송시간; 고정된 값)

R : (재)주문점(Reorder point, 주문시 재고량)

Q : 주문량(Order quantity), T : 주문간격(Order interval)

다. 실제는 수요가 확정적이거나 조달기간이 일정하지 않기 때문에 재고가 남거나 부족하는 등 재고수준이 불일정함으로 이론적인 재고관리모델은 하나의 꿈에 불과하다.

2. 경제적인 주문량과 주문주기 결정

우리의 목적은 **품목별 일회 주문비용 C_p와 품목별 재고유지비용 C_h, 품목별 단위시간당 수요 D 및 품목별 조달기간 L이 주어진 상태에서 단위시간당 평균비용을 최소화하는 최적주문량 Q와 주문점 R을 결정하는 것**이다. 그러나 앞의 〈그림 9-1〉의 모형에서 주문시의 재고량을 나타내는 재주문점 R은 단위시간당 수요 D와 조달기간 L을 곱한 값으로부터 결정된다. 따라서 단위시간당 평균 총비용을 Q만의 함수인 EC(Q)라고 표현하고 이를 최소화하는 Q만을 결정하면 된다. 경제적인 주문량 Q*를 구하기 위하여 필요한 값들을 구하면 다음과 같다.

가. 주문간격(Order Interval : T)

단위시간당 수요가 D이고 주문도착 직후의 재고량은 항상 Q이므로 한 번의 주문으로 재고량을 단위시간당 수요로 나누어준 기간($\frac{Q}{D}$)동안 버틸 수 있다.

따라서 주문간격 $T = \frac{Q}{D}$ .... 식 ①

나. 단위시간당 주문횟수 N은 T의 역수이므로 다음과 같이 나타낼 수 있다.

$N = \frac{D}{Q}$ .... 식 ②

다. 평균재고량

평균재고량이란 임의의 시점에서 평균적으로 얼마만한 재고가 있겠는가를 나타낸다. 매 주문간격 T마다 동일한 재고량이 반복되므로(이와 같이 동일한 상황이 반복되는 간격을 한 주기(Cycle)라고 부른다) 평균재고량은 다음과 같다.

$$\frac{\int_0^T I(t)dt}{T} = \frac{\text{한 삼각형의 넓이}}{T} = \frac{\frac{T \cdot Q}{2}}{T} = \frac{Q}{2} \qquad \text{............ 식 ③}$$

라. 단위시간당 주문비용(Ordering cost per unit time) : OC(Q)

단위시간당 평균 주문비용 OC(Q)는 단위시간당 주문회수인 공식 ②와 일회 주문비용 C_p를 곱한 값과 같다.

$$OC(Q) = (\text{단위시간당 주문횟수}) \times (\text{일회주문비용}) = \frac{D}{Q} \cdot C_p \qquad \text{............ 식 ④}$$

마. 단위시간당 평균 재고유지비용 : HC(Q)

단위시간당 평균 재고유지비용 HC(Q)는 평균재고량인 $\frac{Q}{2}$와 단위시간당 재고유지비용인 C_h를 곱한 값과 같다.

$$HC(Q) = (\text{평균재고량}) \times (\text{단위시간당 재고유지비용}) = \frac{Q}{2} \cdot C_h \qquad \text{...... 식 ⑤}$$

바. 단위시간당 총평균비용 : EC(Q)

단위시간당 총평균비용 EC(Q)는 단위시간당 평균 주문비용 OC(Q) 식 ④와 단위시간당 평균 재고비용 HC(Q) 식 ⑤를 더한 값과 같다.

$$EC(Q) = OC(Q) + HC(Q) = C_p \cdot \frac{D}{Q} + C_h \cdot \frac{Q}{2} \qquad \text{............ 식 ⑥}$$

〈그림 9-2〉는 단위시간당 평균 재고유지비용 OC(Q), 단위시간당 평균 재고유지비용 HC(Q), 단위시간당 총평균비용 EC(Q)의 일반적인 형태를 보여 준다

〈그림 9-2〉 단위시간당 비용

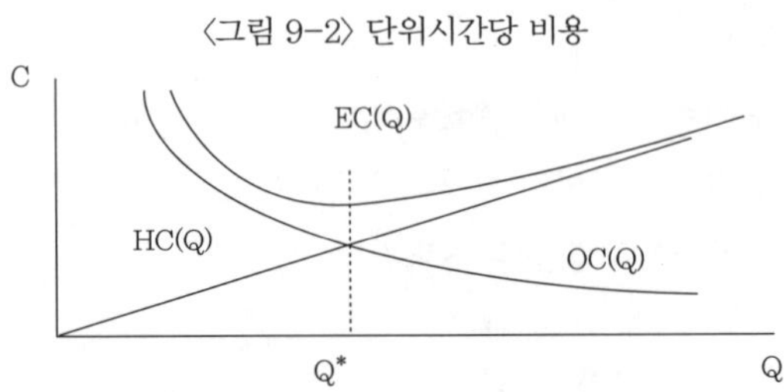

사. 최적 주문량(Optimal order quantity) : Q*

EC(Q)를 최소화하는 Q의 값 Q*를 구하기 위하여 식 ⑥을 Q에 대해 미분한 후 0으로 놓으면 다음과 같은 공식으로 나타낼 수 있다.

$$\frac{d}{dQ}\mathrm{EC(Q)} = -C_p \cdot \frac{D}{Q^2} + \frac{C_h}{2} = 0 \qquad \text{식 ⑦}$$

$$\mathrm{Q}^2 = \frac{2C_p}{C_h} \cdot D$$

식 ⑦을 풀면 최적주문량 Q*는 다음 식과 같다.

$$\mathrm{Q}^* = \sqrt{\frac{2\times 1\text{회 주문비용}\times\text{단위시간당 수요}}{\text{단위시간당 재고유지비용}}} = \sqrt{\frac{2C_pD}{C_h}} \qquad \text{식 ⑧}$$

위의 Q*를 **경제적 주문량(EOQ : Economic Order Quantity)**이라고 하며, 단위시간당 최소비용은 Q*를 식 ⑥에 대입하여 풀면 다음 식 ⑨를 구한다.

$$\text{경제적 주문량은} \quad \mathrm{EC(Q^*)} = \sqrt{2C_pC_hD} \qquad \text{식 ⑨}$$

$$\text{최적 주문간격은} \quad \mathrm{T}^* = \frac{Q^*}{D} = \sqrt{\frac{2C_p}{C_hD}} \qquad \text{식 ⑩}$$

아. EOQ의 강건성

식 ⑧의 경제적 주문량이 갖는 강건성에 주목할 필요가 있다. 만약 현재의 수요량 D가 100% 잘못 예측되었다고 가정하자. 식 ⑧의 D대신에 2D를 대입하면 $Q^* = (1.414)\sqrt{\frac{2C_pD}{C_h}}$ 가 되므로 100% 잘못 예측된 수요에 대해서 최적주문량의 약 40%의 차이만을 가져온다는 것을 알 수 있다.

예제 1)

수리부속품 A의 수요는 월 7,000개이다. 주문비용은 1회당 300,000원이다. 재고유지비용은 개당 월 3,000원이다. 최적주문량을 계산하시오.

(풀이) 식 ⑧을 이용하면

$$Q^* = \sqrt{\frac{2(7,000)(300,000)}{3,000}} = 1,183.2,$$

$$T^* = \sqrt{\frac{2(300,000)}{(7,000)(3,000)}} = 0.169$$

따라서 0.169달(=약 5일)마다 1,183개를 주문한다.

이 문제에서 군수장교들이 유념해야할 사항은 수리부속품의 정확한 수요를 예측해야 하며, 주문비용에 대한 비용자료를 평소부터 확보해두어야 하고, 부속품당 평균 재고유지비용자료를 유지하고 있어야 최적주문량과 최적주문주기 산출공식을 이용할 수 있다는 것이다. 그러므로 군수비용자료를 가시화하고 이에 대한 통계자료를 산정할 수 있는 프로그램을 보유하고 있어야 한다. 이런 의미에서 국방관리회계제도의 올바른 이행은 매우 중요하다.

제3절 재고관리모형의 확장

앞 절의 이론적 재고관리모형은 다음과 같은 생산-재고 환경으로 확장, 응용될 수 있다.

1. 순간적 생산모형

가. 기본가정과 기호 정의

C_p : 시동비용(Start-up cost, 한 번 생산을 시작할 때마다 들어가는 비용으로서 생산량의 많고 적음에 관계없이 들어가는 고정비용이다. 이는 일회주문비용과 같은 개념이다.)

C_h : 재고유지비용(물건 하나를 단위시간 재고로 갖고 있는데 드는 비용)

D : 단위시간당 수요(고정된 값)

Q : 1회 생산량(Production lot size) (일시에 주문량 Q 만큼 생산된다고 가정한다)

c : 개당 생산비용(Production cost per item)

나. 최적 생산량

위의 가정 하에 단위시간당 평균비용은 앞 절의 식 ⑥에 단위시간당 생산비를 더하여 다음과 같이 표현할 수 있다.

$$EC(Q) = C_p \cdot \frac{D}{Q} + C_h \cdot \frac{Q}{2} + c \cdot D \qquad \text{......... 식 3-①}$$

마지막 항 c • D는 Q를 포함하지 않으므로 최적 생산량 Q*는 여전히 식 ⑧과 같다.

2. 점진적 생산모형

이번에는 생산이 점진적으로 일어나는 모형을 생각하자. 처음에는 생산과 판매를 동시에 하다가 최대 보유재고량이 I_{max}에 이르면 판매만 한다. 앞 절의 정의 외에 다음을 정의하자. 〈그림 9-3〉은 점진적 생산 모형을 보여준다.

〈그림 9-3〉 점진적 생산모형

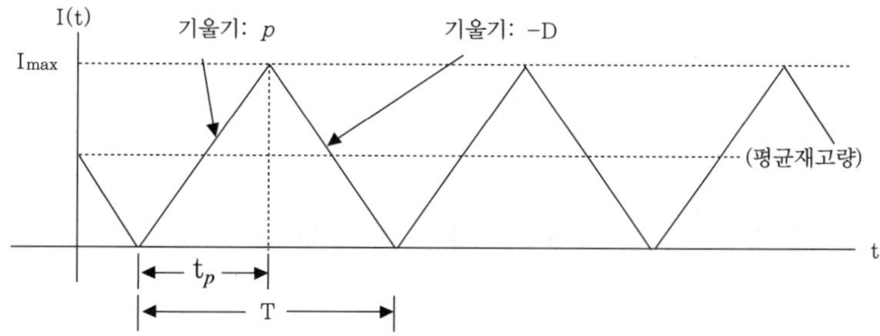

우선 생산기간 t_p 와 생산량 Q의 관계는 다음과 같다.

$$Q = t_p \cdot p \qquad \text{식 3-②}$$

p : 생산기간 t_p 동안의 단위시간당 생산계수(생산율(Production rate))

따라서 I_{max}는 다음과 같다.

$$I_{max} = t_p(p - D) = \frac{Q}{p}(p - D) = Q(1 - \frac{D}{p}) \qquad \text{식 3-③}$$

따라서 평균재고량은 다음과 같다.

$$\text{평균재고량} = \frac{\frac{T \cdot I_{max}}{2}}{T} = \frac{I_{max}}{2} = \frac{Q}{2}(1 - \frac{D}{p}) \qquad \text{식 3-④}$$

식 3-②와 식 3-③에서 T는 다음과 같다.

$$T = t_p + \frac{I_{max}}{D} = \frac{Q}{p} + \frac{Q(p-D)}{p} = \frac{Q}{D} \qquad \text{식 3-⑤}$$

결국 T는 Q를 가지고 버티는 기간임을 알 수 있다. 따라서 생산시동비용은 단위시간당 $\frac{1}{T} = \frac{Q}{D}$회 발생한다.

이상을 종합하면 식 3-①의 **단위시간당 총평균비용 EC(Q)**는 다음과 같다.

$$EC(Q) = C_p \cdot \frac{1}{T} + C_h \cdot \frac{I_{max}}{2} = C_p \cdot \frac{Q}{D} + C_h \cdot \frac{Q(1 - \frac{D}{p})}{2} \qquad \text{식 3-⑥}$$

식 3-⑥을 미분하여 0으로 놓고 최적 생산량과 단위시간당 최소비용은 다음과 같다.

$$Q^* = \sqrt{\frac{2C_pD}{C_h(1-\frac{D}{p})}}$$ ……………………………… 식 3-⑦

$$EC(Q^*) = \sqrt{2C_pC_hD(1-\frac{D}{p})}$$ ……………………………… 식 3-⑧

3. 재고부족을 허용하는 재고관리모형

앞의 두 가지 재고관리모형에서는 재고부족을 허용하지 않았다. 이번에는 재고부족을 허용하는 모형을 생각해보자. 〈그림 9-4〉와 같이 재고부족을 허용하는 경우는 다음의 두 가지로 나눌 수 있다.

(경우 1) 부재고(Backorder)를 허용하는 경우

(경우 2) 판매상실(Lost sales)의 경우

(경우 1)은 물건이 없을 때 사러오는 고객에 대해서는 물건 도착시 건네준다고 하고 물건을 파는 경우, 즉 군에서는 물품의 재고가 없으나 물품 도착시 바로 불출한다는 조건으로 불출예약(Obligation)이 되어 있는 경우와 동일하며, (경우 2)는 물건이 없으면 팔지 않는 경우이다. 우리 군에서 주로 적용되는 (경우 1)에 대하여 정리하기로 한다. 앞에서 정의한 기호 외에 다음과 같은 기호들을 정의한다.

〈그림 9-4〉 부재고를 허용하는 재고관리모형

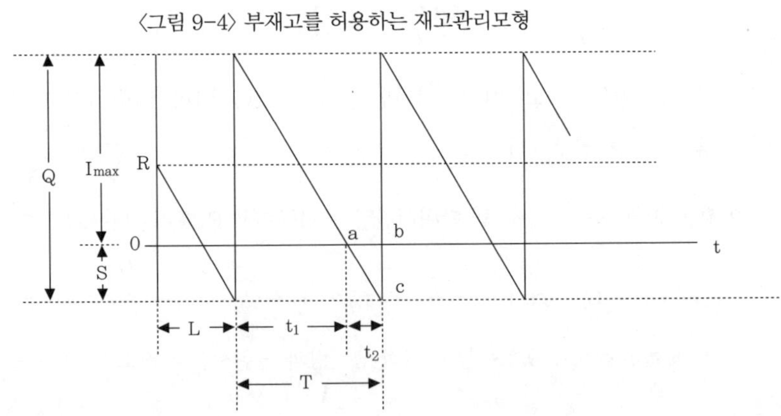

C_S : 물건 하나가 단위시간동안 부족한데 대한 재고부족비용

S : 한 주기(Cycle)당 총 부재고량(즉, 주문량 도착시의 부재고량)

I_{max} : 최대 보유재고량(Maximum on-hand inventory) 즉, 창고에 있는 실제 최대량

t_1 : 한 주기 내에서 재고량이 0 이상인 기간의 길이

t_2 : 한 주기 내에서 재고량이 0 이하인 기간의 길이

Q로서 T기간 동안을 버티므로 한 주기의 길이는 단위시간당 수요 D로 나눈 값과 같다.

$$T = \frac{Q}{D} \qquad \text{식 4-①}$$

t_1의 길이는 다음과 같다.

$$t_1 = \frac{I_{max}}{D} = \frac{Q-S}{D} \qquad \text{식 4-②}$$

임의의 시점에서 평균 부재고량은 삼각형 a, b, c의 넓이를 T로 나눈 것과 같으므로, 식 4-②를 이용하여 평균 부재고량과 평균 보유재고량을 계산하면 다음과 같다

$$\text{임의시점에서의 평균 부재고량} = \frac{(T-t_1)S}{2T} = \frac{S^2}{2Q} \qquad \text{식 4-③}$$

$$\text{임의시점에서의 평균 보유재고량} = \frac{I_{max}t_1}{2T} = \frac{(Q-S)^2}{2Q} \qquad \text{식 4-④}$$

$$ES(Q,\ S) = C_p \cdot \frac{D}{Q} + C_h \cdot \frac{(Q-S)^2}{2Q} + C_S \cdot \frac{S^2}{2Q} \qquad \text{식 4-⑤}$$

따라서 **부재고를 허용하는 최적주문량**은

$$Q^* = \sqrt{\frac{2C_pD}{C_h}\left(\frac{C_h+C_S}{C_S}\right)} \qquad \text{식 4-⑥}$$

한 주기당 최적의 총부재고량은

$$S^* = Q^* \frac{C_h}{C_h + C_S} \qquad \text{식 4-⑦}$$

$$ES(Q^*, S^*) = \sqrt{2C_hC_pD\left(\frac{C_S}{C_h + C_S}\right)} \quad \cdots\cdots\cdots\cdots \text{식 4-⑧}$$

예제 2)

C_p =100만원, D=10,000개/연간, C_h =0.15만원, C_s =1.0만원일 때 최적 주문량은?

(풀이)

$$Q^* = \sqrt{\frac{(2)(100)(10,000)}{0.15}\left(\frac{1}{1+0.15}\right)} = 3.405$$

제4절 재고관리모형의 실무적용

1. 용어의 정의 및 실무적용

가. 보급수준

보급수준이란 재고수준을 의미하며, 예상수요에 대비하여 사전에 재고로서 유지하도록 상급제대로부터 인가된 보급품의 수량 또는 보급일수를 말한다. 이는 경제적이며 효과적으로 보급운영 지속성을 보장해주기 위한 것이다. 〈그림 9-7〉에서 보급수준에는 **안전수준, 운영수준, 발주 및 수송기간 또는 조달소요(선행)기간의 저장수준** 등이 있다.

1) 재고수준(Inventory level)의 설정[201)]

새로운 체계(제품)에 대한 마케팅 전략, 향후 판매의 예측 및 소요군의 획득수량에 따라 재고수준은 달라진다. 초기의 재고수준은 통합사업관리팀에서 체계 생산기술자들과 마케팅 전략 전문가들 간의 기밀한 협조 하에 체계의 사용대수, 체계당 구성품과 부속품의 사용 개수, 시험 및 평가 기간 중의 결함 및 고장 등에 따른 사용실적을 고려하여 초도보급수준 즉, 동시조달품목과 수량을 결정한다.

재고관리자는 소요 군에서 전력화 후 적어도 1년 이상 수요형태를 분석할 수 있도록 〈표 9-1〉과 같은 실적자료가 수집되어야 하며 이 자료를 기초로 운영수준, 안전수준 및 소요 군의 수요를 충족할 수 있는 수요율과 신뢰구간을 산정한다.

〈표 9-1〉 수요자료 종합(연간 250일 일과 기준)

수요자료	작동일수	전체장비수	기여주기 비율%	누적 기여주기 비율%	수요자료	작동일수	전체장비수	기여주기 비율%	누적 기여주기 비율%
0	30	0	12.0	12.0	5	6	30	2.4	94.0
1	70	70	28.0	40.0	8	11	88	4.4	98.4
2	62	124	24.8	64.8	16	1	16	0.4	98.8
3	40	120	16.0	80.8	20	3	60	1.2	100.0
4	27	108	10.8	91.6	총계	250	610		

201) J. W. Langford(1995), p. 373.

2) **수요회수 분석**(Demand frequency analysis)[202]

어떤 장비를 작전부대에서 365일 중 실제로 휴무일을 제외한 250일을 운용하였다고 가정하자. 이 기간을 기준으로 하여 수집된 하나의 부속단위에 대한 일일 불출자료가 <표 9-1>과 같다. 작동 최초 30일간은 고장난 것이 없었으며 250일간의 일과(Working day)에 비해 기여한 비율은 12%이다. 70일간 70대를 운영하여 1개 고장 났으므로 70일의 250일에 대한 기여비율은 28%이다. 62일간 124대를 운용하여 2개 고장이 있어 2개 수요가 발생하였다. 이와 같은 방법으로 수집한 자료에서 만약 재고관리자가 90%의 불출 신뢰도를 갖고자할 경우는 약 4개 미만 단위의 재고수준을 유지해야 됨을 알 수 있다. 이 단위의 전 기간 동안의 총 불출비율은 일일평균 2.5개(2.44=610÷250) 단위의 수요형태를 보이고 있다.

3) **재주문점 결정**(Reorder point determination)[203]

재고관리자는 계획된 재보급간격(Replenish interval)을 기준으로 재주문점과 안전재고수준을 결정한다. 재보급간격은 주문처리에 요구되는 소요일자, 품목의 생산 또는 구매에 필요한 일자 및 수송에 필요한 일자로 구성된다. 따라서 재주문점은 재보급주기 동안의 일일 수요량을 곱한 재고수준을 유지하고 있는 시점에서 재주문하는 것이다. 앞의 수

<그림 9-5> 재주문점 결정

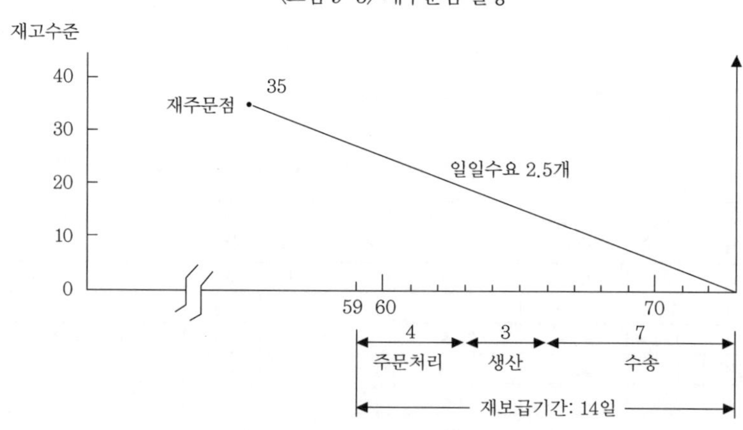

202) J. W. Langford(1995), pp. 373-374.
203) J. W. Langford(1995), pp. 374-375.

요회수 분석결과를 토대로 하여 재주문점을 그림으로 나타내면 〈그림 9-5〉와 같다.

앞에서 이론적 재고관리모형에서 살펴보았듯이 일일평균수요가 2.5개이고 재보급주기가 14일이 일정하다면 재주문량이 도착하는 시점에는 재고수준이 0이 되는 것이다. 여기서 재주문점과 주문량 도착시점까지의 보급지원태세(운영수준 안전수준)를 결정하는데 따라 경제적 주문량이 달라지는 것이다.

나. 운영수준(O/L: Operating Level)

보급수준의 일부 요소로서 보충보급(재보급)의 수령과 수령사이, 또는 청구와 청구사이에 보급운영을 지속하기 위하여 필요한 보급품의 수량을 통상 말한다. 운영수준이란 경제적 주문량(청구량)(EOQ: Economic Order Quantity)으로 결정한다.

이때 품목의 연간 수요량과 단가에 따라 품목마다 청구주기가 다르다. 경제적 주문량이란 한 품목당 **재고유지비용(보관비: HC(Q))**과 **1회 평균 주문비용(청구비: OC(Q))**의 합계(총 변동비 : EC(Q))가 최소로 될 때의 발주량을 말한다. 또한 고정비용으로 안전재고를 유지하기 위한 일정 재고유지비를 포함한 총 재고수준 유지관리 비용(Total Cost)이 된다.

총 재고수준 유지관리 비용(TC: Total Cost) = $c_i D$ + HC(Q) + OC(Q)이므로

총 재고수준 유지관리 최소비용 $TC_{\min} = c_i D + \dfrac{C_h Q^*}{2} + \dfrac{C_p D}{Q^*}$ ············ 5-①

c_i : 안전재고 유지를 위한 i품목의 구입단가, D : i품목의 연간 수요량

재고유지비용(보관비)를 결정하는 요소는 도태, 폐기, 손실 등의 구식화 손실비, 저장중 퇴화, 부식 등 악화 손실비, 저장중 정비 등의 저장비, 파손, 도난 등의 기타 손실비이다.

1회 평균 주문비용(청구비)를 결정하는 요소는 인건비, 수송비, 통신비 등의 직접비와 검사비, 행정비 등이 포함된다. 이상과 같은 총비용(총 변동비)이 최저가 되는 점은 〈그림 9-6〉에서와 같이 재고유지비용(보관비) 곡선과 주문비용(청구비) 곡선의 교점으로서 이 점에서 주문량(청구량)이 결정된다.

경제적 주문량(청구량)은 일정기간의 주문비용과 재고유지비용의 합계가 최소로 될 때의 1회 발주량을 말한다. 따라서

경제적 주문량은 $Q^* = \sqrt{\dfrac{2C_pD}{C_h}}$ ············ 5-②

주문회수는 $N = \dfrac{EOQ}{D} = \dfrac{Q^*}{D} = \dfrac{1}{T}$ ············ 5-③

C_p : 1회 평균 주문비용/청구비용(Ordering cost, 한번 주문시마다 들어가는 총비용으로서 주문량의 많고 적음에 관계없이 들어가는 고정비용)

C_h : 주문하고자 하는 물자의 한 품목당 연평균 재고유지비용/보관비용(Inventory holding cost, 물자 하나를 1년 동안 재고로 갖고 있는데 드는 비용)

i품목당 연평균 보관비용 C_h는 연평균 재고유지비율(Annual holding rate) C_{hr}과 품목단가 c_i에 연간소요량(Demand per year) D를 곱하고 연간 해당체계 운용일수(Operating days per year) OD_{yr}와 일일 보충률(Delivery rate per day) DR_{day}를 곱한 값으로 나누어 주어 구한다.

즉, $C_h = C_{hr}c_i \dfrac{D}{OD_{yr}DR_{day}}$ ············ 5-④

따라서 경제적 주문량은

$$Q^* = \sqrt{\frac{2C_pD}{C_h}} = \sqrt{\frac{2C_pD}{(C_{hr})(c_i)\dfrac{D}{(OD_{yr})(DR_{day})}}}$$ ············ 5-⑤

D : 연간 수요량 예측치(Demand per unit time, 실적치를 사용할 수도 있음)

L : 조달기간(Procurement lead time, 고정된 값)

R : (재)주문점(Reorder point, 주문시 재고량)

Q^* : 경제적 주문량(Economic order quantity)

T : 주문주기(주문간격)(Reorder Cycle, Reorder interval, 1년을 연간 주문회수 N으로 나눈 값)

주문시 생산방법으로 주문할 것인가 아니면 구매에 의한 주문을 할 것인가 하는 문제는 조달관리분야이나 총비용을 최소화한다는 측면에서 재고관리에 영향을 주는 요소이다. 따라서 〈그림 9-6〉에서 총비용을 최소화하는 점은 TC_{min}으로서 총비용을 최소화하는 식 5-①에 경제적 주문량 구하는 식 5-②를 대입하여 풀면 식 5-⑥을 얻게 된다.

〈그림 9-6〉 경제적인 재고관리 비용곡선

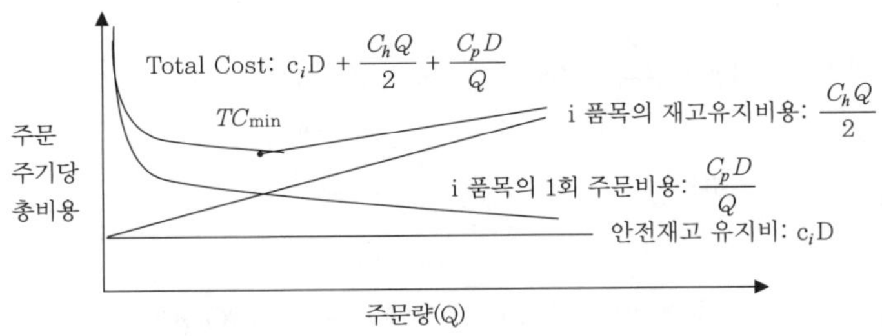

총 재고수준 유지관리 최소비용 $TC_{min} = c_iD + \sqrt{2C_pC_hD}$ ………… 5-⑥

총 재고수준 유지관리 최소비용 $TC_{min} = c_iD + \sqrt{2C_pC_hD(1-\frac{D}{R})}$ …… 5-⑦

여기서 제작사에서 주문 생산하느냐 상용으로 일반시장에서 구매하느냐에 따라 보충률에 있어 차이가 있으므로 D는 정해진 기간의 수요량 예측치(Demand per unit time)이고, R은 보충률(재보급비율: Replenishment rate)이다.

예제 3)

단위부품의 비용:	5,000원(생산시),	6,000원(구매시)
생산시 설비준비비용, 1회 평균주문비용:	150,000원(생산시),	100,000원(구매시)
일일 보충률:	25개	무한정*
(구매시 상용보급자의 보충능력은 무한정으로 가정할 수 있다)		
일일 평균재고보관비용:	5원	5원
일일 평균수요	12개	12개

(풀이)

식 5-⑦에서 총 재고수준 유지관리 최소비용을 산출하면,

주문 생산시의 최소비용, $TC_{min} = (5 \times 12) + \sqrt{2(150,000)(5)(12)(1-\frac{12}{25})}$ = 63,060원

구매시의 최소비용, $TC_{min} = (5 \times 12) + \sqrt{2(150,000)(5)(12)(1)}$ = 73,010원이다.

예제 4)

단위부품의 비용:	1,000원
생산시 설비준비비용(단위부품 당):	900,000원
일일 보충률:	2,500개
일일 평균재고유지비율	22%
연간 평균수요	300,000개

연간 체계 운용일수가 250일이라고 하면 경제적 주문량(EOQ)은?

(풀이)

식 5-⑤에서 $Q^* = \sqrt{\dfrac{2C_pD}{(C_{hr})(c_i)\dfrac{D}{(OD_{yr})(DR_{day})}}}$ 이므로

경제적 주문량 $= \sqrt{\dfrac{2(900,000)(300,000)}{(0.22)(1,000)(1-\dfrac{300,000}{250\times 2,500})}}$ ≒ 68,704개/1회 주문시

다. 안전수준(S/L: Safety Level), 발주 및 수송기간(OST: Order & Shipping Time), 청구목표(R/O: Requisitioning Objective)에 대한 용어 설명은 제8장 제2절의 소요관리 및 소요판단절차를 참고하기 바란다.

IIIII 2. 재고관리모형의 주문주기 및 비용 곡선

재고관리모형은 일반적으로는 부속품을 다량으로 청구시에 적용되나, 작전임무에 중요한 고가의 품목에 대한 청구시에도 적용될 수 있다. 왜냐하면 고가의 부속품 하나가 수백 가지의 부품가격을 합친 가격보다 더 비싼 것이 있기 때문이다.

선택적 관리제도를 적용하는 이유도 이러한 이유이기 때문에 그러한 고가의 품목에 대해서는 수리 및 재활용 주기, 조달선행기간(Procurement lead time) 등을 미리 파악하여 고장이 발생하자마자 바로 주문하는 방법도 있을 것이며 경제적 주문량을 찾아내어 주문해야 할 것이다.

부품이 장비기능에 미치는 중요도(Criticality), 부품 생산업체의 부품공급 지속성 등

어떤 부품의 조달여건에 따라 주문량과 주문주기에 영향을 미치는 요소들을 반영하여 결정해야 할 것이다.

〈그림 9-7〉은 일정한 선행시간과 일정한 수요량(예, 고장률)을 가정했을 때의 재주문 주기를 나타내는 그림이다. 재고수준은 **'소모선 기울기(Slope of consumption line)'** 로 나타내는 바 재고가 바닥나기 전에 보급을 계속해줄 수 있도록 정해진 재고수준까지 감소될 때 추가적인 주문을 하게 된다.

〈그림 9-7〉 이론적인 주문주기

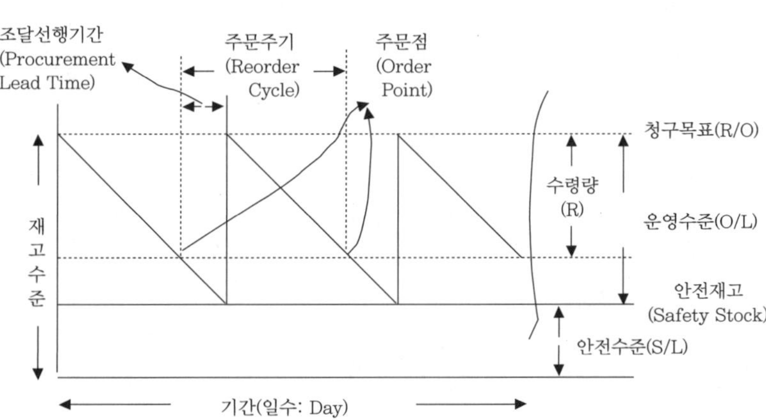

재고관리자는 수요의 불확실성을 통제할 수는 없으나 각각의 부속품 소요를 주기적으로 수정하여 예측할 수 있는 수요예측모델(Demand prediction model)이 있어야 하며 이를 활용할 수 있는 군수정보체계의 일부인 보급정보체계(Supply information system)가 정책적으로 마련되어 있어야 한다. 또한 조달선행기간을 일정하고 최소화할 수 있도록 획득체계와 수송지원체계도 정립되어 있어야 한다.

걸프전 이후 미국의 경우 기업군수는 물론 군에서도 부품과 자재의 재고를 줄이기 위한 Just-In Time 재고관리방법을 적용하고 있다. 이 경우 재고비용은 감소하는 장점이 있는 반면 소량의 물자일 경우 운송비의 증가를 가져오는 단점이 있다.

품질관리 10

제1절 품질관리의 발전과정

산업혁명 이후 품질관리의 역사적 변천과정은 산업의 발전과 역사를 같이 한다고 말할 수 있다. 품질관리는 작업자에 의한 품질관리(Operator quality control), 職長에 의한 품질관리(Foremen quality control), 검사에 의한 품질관리(Inspection quality control), 통계적 품질관리(Statistical quality control), 종합적 품질관리(Total quality control), 全社的/종합적 품질관리(Company-wide and total quality control) 순으로 발전되어 왔다.[204)]

1. 품질관리의 발전단계

품질의 개념은 고대에서도 존재하였지만 공식적인 관리기능으로 인식되기 시작한 것은 20세기에 접어들어서이다. 품질관리체계의 발전은 혁명적인 변화보다는 점진적이고 지속적인 진보의 결과로서 다음과 같은 **4단계(검사, 통계적 품질관리, 품질보증, 품질경영)**로 구분해 볼 수 있다.

가. 검사위주의 품질관리시대

18세기나 19세기까지만 하더라도 오늘날과 같은 품질관리란 존재하지 않았다. 대부분의 제품은 숙련공에 의해 소량으로 만들어졌으며, 수작업에서는 품질이 주로 숙련공의 손기술에 달려 있는 것임으로 검사업무가 별도로 규정되어 있지 않았다.

그러나 20세기에 접어들어 대량생산이 시작되면서 부품의 호환성이 매우 중요한 관심사가 되었다. 이로 인하여 정해진 작업순서에 따라 호환성 있는 부품을 생산할 수 있는 전용기계가 등장하였으며, 지그(Jig)나 치공구들도 부품의 호환성을 높일 수 있도록 설계되었다. 이러한 노력에도 불구하고 서로 맞지 않는 부품들이 여전히 만들어질 수 있었으므로 최종조립에서 문제를 줄이기 위해서는 제조공정에서 엄격한 검사가 불가피하

204) 품질관리의 발전단계에 대한 설명자료는 필자가 기술품질원에서 제공한 자료를 일부 이용한 것이므로 참고문헌에 대한 주석을 달지 않고 활용하였는 바 공식적인 인용시 참고문헌에 대한 확인이 있어야 할 것이다. 내용에 오류가 있다면 전적으로 필자의 책임임을 밝힌다.

였다. 이 시기에는 품질관리란 주로 검사에 국한되었으며, 문제의 원인을 찾아서 제거하는 것은 통상적으로 검사부문의 영역을 벗어난 것으로 간주되었다.

20세기 초반에 활동하였던 과학적 관리의 창시자 테일러 역시 효율적인 작업관리를 위해 기능별 조직을 제창함과 아울러 작업의 품질을 검사자가 책임지도록 하였다.

나. 통계적 품질관리의 시대

1924년 미국의 슈바트(W. A. Shewart)에 의한 최초의 관리도(Running chart), Western Electric Group에 의해 정의된 소비자 위험, 생산자 위험, 허용확률, LOT허용불량률, 평균검사개수, 2회 표본추출(Sampling: 샘플링) 검사 등 품질관리의 여러 가지 개념들이 발표되기 시작했다. 1931년에 발간된 슈바트의 저서 『생산제품의 경제적 품질관리(Economic Control of Quality of Manufactured Products)』는 통계적 품질관리의 시대를 여는 계기가 되었다. 슈바트는 1920~1930년대에 걸쳐 벨 전화연구소에서 근무한 통계학자 중 한사람이었는데, 당시 그 연구소에는 닷지(H. Dodge), 로믹(H. G. Romig)과 같은 저명한 학자들이 소속되어 있었으며 쥬란(Juran)도 나중에 합류하였다.

1925년 닷지에 의해 소개된 계수형 샘플링 검사의 기본개념, 1928년 닷지와 로믹에 의한 표본추출에 의한 검사방법에 대한 논문 발표 등 현대적이고 다양한 품질관리기법이 등장하기 시작한 것도 바로 이때다. 그러나 당시의 기업체는 품질관리에 대한 인식을 거의 갖지 않았고, 본격적인 관심을 갖게 된 것은 약 20년 후, 2차 대전 시작과 함께 1940년대 초부터이다.

1930년대 중반쯤에 품질관리에 관한 세계적인 관심이 일게 되었다. 1935년 영국의 피어슨(E. S. Pearson)은 British Standard Institution Standard Number 600을 개발하고 "산업 표준화와 품질관리에 대한 통계적 방법의 적용"이라고 이름을 붙였다. 1939년 Jennett and Welch에 의해 "연속적인 값을 가지면서 변하는 하나의 품질특성에 의해 판단되는 불량비율의 관리"라는 개념은 계량형 표본추출 검사의 기초를 마련하였다.

1) 관리도(Running chart)

제품의 특성치는 사용된 재료, 작업자의 기능, 설비의 상태에 따라 어느 정도의 변동이 불가피하다. 심지어 똑같은 품목을 한사람의 작업자가 동일한 기계에서 만들었다하더라도 변동은 있게 마련이다. 슈바트는 생산의 모든 단계에서 존재하는 이러한 변동을 확률 및 통계의 관점에서 이해한 최초의 인물이었다. 슈바트는 어떠한 과업을 수행할 때 일어나는 우연변동의 한계를 정의할 수 있으며, 이 한계를 벗어날 때에만 필요한 조처를 취해야 한다고 주장하였다. 그는 시간에 따른 상태를 추적함으로써 우연변동의 한계를 벗어나게 한 이상요인의 존재를 파악할 수 있다고 생각하여 관리도를 개발하였다.

2) **표본추출검사**(Sampling)

양품과 불량품을 구분하기 위해 전수검사를 하는 것은 많은 경우 검사시간과 검사비용이 문제가 된다. 이 경우 생산품 중 일부만 검사하고, 이를 근거로 전체를 받아들일 것인가 말 것인가를 결정하는 것이 하나의 대안이 될 수 있다. 그러나 이 경우에는 검사에 사용된 시료의 품질이 생산품 전체의 품질을 완전히 반영하는 것이 아니므로, 품질이 좋은 제품이 기각되거나 반대로 품질이 나쁜 제품이 합격되는 일이 가끔 발생하게 된다. 닷지와 로믹은 이러한 문제를 **생산자 위험**과 **소비자 위험**이라고 지칭하고, 이를 체계적으로 고려한 표본추출검사방법을 설계하였다.

또한 개별생산품을 대상으로 하지 않고 제조공정이나 거래시의 장기적 품질에 관심을 갖고, 불합격된 생산품에 대해서는 전수선별을 적용하는 경우에 사용할 수 있도록 평균검출품질한계(AOQL: Average Observation Quality Limit)라는 개념을 도입하였다. 이러한 표본추출검사방법의 도입으로 전화기기 및 서비스의 품질을 높이는데 상당한 효과를 보았으나, 표본추출검사와 관리도가 벨 시스템 외부로는 별로 보급되지 못하였다. 2차대전이 발발하고 군수품의 대량생산이 요구되자, 관리도와 표본추출검사는 군수물자의 생산과 조달에 광범위하게 적용되어 상당한 효과를 보게 되었고, 종전 후 이러한 통계적 품질관리방법들이 민간기업에 널리 보급되었다.

1941년 카네기공과대학과 그 다음해 스탠포드에서 통계적 품질관리에 관한 강좌가 개설된 이래 25개주에서 이러한 교육프로그램이 실시되었다. 초기에 이러한 강좌를 수강한 사람들이 지역별로 품질관리협회를 결성하기 시작하였다. 1945년 10월, 13개의 그룹들이 연합하여 품질기사회를 결성하였으며, 이듬해 다른 연맹과 통합하여 미국품질관리학회(ASQC)를 발족시켰다. 품질관리분야 최초의 잡지인 Industrial Quality Control이 1944년 7월 버팔로 품질관리기사회에 의해 발간되었는데, 그 후 미국 품질관리학회의 공식잡지인 Quality Progress로 바뀌게 된다. 1940년대 후반에 널리 보급된 통계적 품질관리는 1960년대 초반까지 별다른 변화 없이 이어졌다.

다. 품질보증시대

품질보증시대는 제조부문에 초점을 맞춘 통계적 품질관리가 경영전반으로 확대된 시기였다. 문제의 사전예방이 여전히 일차적인 관심사였지만, 품질관리의 도구가 통계학의 영역을 넘어서게 되었다. 품질보증시대의 탄생에는 다음과 같은 **4가지 요소(품질비용, 전사적 품질관리, 신뢰성공학, 무결점)**가 중요한 역할을 하였다.

1) 품질비용

1950년대까지만 하더라도 불량으로 인한 비용이 얼마나 되는지를 알지 못했다. 따라서 품질향상에 수반되는 비용은 얼마까지 허용될 수 있으며, 어느 정도의 품질수준이면 만족할 수 있는가에 대한 대답을 할 수 없었다. 오늘날 품질관리의 고전이 된 쥬란의 Quality Control Handbook의 초판이 1951년에 발간되었는데, 쥬란은 이 책에서 품질의 경제학을 논하면서 '광산에 묻혀있는 황금' 이라는 유명한 비유를 사용하였다. 쥬란은 일정한 수준의 품질을 성취하는데 소요되는 비용을 **가피비용**(Avoidable cost)과 **불가피비용**(Unavoidable cost)으로 구분하였다.

가피비용이란 불량에 관계된 폐기원자재, 재작업이나 수리에 들어가는 공수, 고객 불만처리비용 및 불만족한 고객으로부터 초래되는 재무적 손실을 말하며, 불가피비용이란 예방에 관계된 비용, 즉 검사, 표본추출, 분류 및 기타 품질관리 활동에 관계된 비용을 말한다. 품질향상에 투자하면 실패비용을 대폭적으로 줄일 수 있기 때문에, 쥬란은 실패비용을 '광산에 묻혀있는 황금' 이라고 표현하였다. 그 당시 쥬란은 회피 가능한 품질비용을 생산자 1인당 연간 500불 내지 1,000불 정도로 추정하였는데, 이는 당시로서 상당히 큰 액수였다. 쥬란의 이러한 주장은 예방에 소요되는 품질향상비용과 실패비용을 비교해 봄으로써, 품질향상에 얼마나 많은 액수를 투자해야 하는지 가늠해 볼 수 있다고 하였다.

2) 전사적 품질관리(TQC: Total Quality Control)

GE사의 생산관리 및 품질관리 책임자였던 파이겐바움은 1956년에 품질관리는 책임을 제조부문에 국한시키지 않는 전사적(총체적 또는 종합적) 품질관리를 제창하게 되었다. 그는 전사적 품질관리를 **"마케팅, 기술, 생산 및 서비스가 가장 경제적으로 소비자를 충분히 만족시킬 수 있도록 품질개발, 품질유지 및 품질향상에 관한 조직 내 여러 그룹의 노력을 통합하는 효과적 체계이다"**라고 정의하였다. 파이겐바움은 고객만족을 위한 조직 내 여러 그룹의 노력을 효과적으로 통합하기 위하여 품질관리활동과 책임부문을 행렬형태로 대응시킨 품질관련표(Quality relationship chart)의 활용을 권장하였는데, 품질관련표는 부문별로 각기 일하면서 동시에 함께 일하는 체계를 구축하기 위한 것이다. TQC에서의 품질관리체계는 제조부문 뿐만 아니라, 신제품개발, 납품업자 선정, 고객서비스 등을 포괄하고 있으므로 통계학이 품질전문가의 충분조건이 될 수 없다는 것을 시사하고 있는 것이다.

3) 신뢰도 공학

파이겐바움과 쥬란의 활약이 돋보이던 시절, 확률론과 통계학에 더욱 깊숙이 뿌리를 내린 품질관리의 또 다른 분야가 등장하게 되었다. 이것은 이른바 신뢰도 공학이라는 것으로서, 항공우주 및 전자산업의 성장과 매우 밀접한 관계를 갖고 있다. 1950년 당시 미국 해군에서 사용하던 전자장비는 단지 3분의 1만이 정상적으로 작동되었으며, 랜드(Rand)사의 연구에 의하면 1개의 진공관을 꽂아서 사용하기 위해서는 9개의 여분이 창고 또는 주문상태에 있어야만 했다고 한다. 이러한 종류의 심각한 문제가 미사일 및 기타 항공우주장비에 발생하고 있었다. 따라서 사용기간 전체를 대상으로 한 제품성능의 문제가 매우 중요한 관심사가 되었다. 우선 신뢰도를 **"규정된 조건하에서 의도하는 기간 동안 규정된 기능을 수행할 확률"**이라고 정의하고, 확률이론을 활용하여 시간경과에 따른 장비의 신뢰도를 예측할 수 있는 방법론과 설계단계에서 고장률을 낮추기 위한 기법들이 연구되었다.

이때 지수분포와 와이블분포 같은 확률분포함수와 욕조곡선(Bathtub curve)의 개념이 활용되었다. 또한 신뢰성을 예측하고 고장률을 낮추기 위하여 다양한 기법들이 동원되었다. 발생 가능한 제품의 고장유형과 그것이 초래하는 영향을 체계적으로 검토하기 위한 고장유형효과분석(FMEA: Failure Mode and Effect Analysis), 부품을 정격 스트레스수준 이하에서 사용함으로써 수명을 연장하자는 디레이팅(Derating), 중요한 부품이나 하부체계를 병렬로 중복시킴으로써 높은 신뢰도를 확보하자는 중복 설치(Redundancy) 등이 모두 이때에 연구된 것이다. 고장부품을 회수하여 실험실에서 시험 분석하는 것과 더불어 실사용시 발생하는 고장에 대한 자료를 체계적으로 입수하기 위한 고장자료 수집 방법도 함께 연구되었다.

1950년 미 국방부에서는 전자장비의 신뢰도연구단(Ad Hoc Group on Reliability of Electronic Equipment)을 조직하였는데 1957년 이 연구단이 발표한 보고서는 『AGREE

(Advisory Group on Reliability of Electronic Equipment) 보고서』라고 널리 알려져 있다.

4) **무결점**(ZD: Zero Defect)

무결점 운동이라 불리는 ZD프로그램은 1962년 마틴(Martin)사에서 시행되었다. 당시 마틴사는 미군에서 의뢰한 퍼싱 미사일을 제조하고 있었는데, 방대한 검사를 통하여 비교적 좋은 품질을 실현할 수 있었다. 불량률을 더욱 낮추기 위하여 엄격한 검사와 시험을 통하여 퍼싱 미사일을 플로리다주 카내베랄 기지에 차질 없이 인도할 수 있었다. 더욱이 이 미사일이 하드웨어 상의 문제나 문서 상의 오류가 없이 완전무결해야 할 뿐 아니라, 인도 후 10일 이내에 설치 완료되어 정상가동할 수 있을 것을 약속하였다.(당시에는 인도 후 정상가동까지는 통상 90일 이상을 기준으로 하고 있었다). 통상적인 검사와 오류에 대한 사후수정을 할 수 있는 여유가 없었으므로 전 종업원들에게 최초에 한 치의 오류도 없이 맡은 업무를 수행할 것을 요구하였다. 그 결과 미사일의 적시 인도와 아울러 24시간 만에 정상적으로 가동시킬 수 있었다. 이를 면밀히 검토한 마틴사의 경영진은 이러한 성공이 일차적으로 그들 자신의 태도변화에 따른 것이라는 결론을 얻게 되었다. **"완전무결이 실현되지 못하는 배후원인은 단지 완전무결을 기대하지 않았기 때문이다. 경영진에서 단 한번 완전무결을 요구하였는데 이것이 현실로 이루어진 것이다."**

이를 계기로 작업자에 대한 동기부여와 그들의 의식이 관심의 초점으로 부각되었다. 작업자가 범하는 **실수의 3가지 보편적 원인-지식부족, 지원설비부족, 주의부족**-중 마지막 것에 대해서는 경영진에서 별로 관심을 두지 않았던 것이었다. ZD프로그램의 요지는 작업자들에게 최초에 올바르게 수행하도록 주지시키는 것이었다. 경영진은 교육과 특별행사 및 결과의 환류(feed back) 등을 통하여 작업자들이 이러한 원칙에 점차 익숙해지도록 하였다. ZD프로그램은 구체적인 문제해결기법보다는 사고방식, 동기부여, 작업자의 인식 등에 비중을 두었다. 한편 마틴사의 프로그램을 재빨리 수용한 GE사의 소형엔진사업부에서는 문제의 원인을 찾아서 제거하려는 **오차원인 제거운동(ECR: Error Cause Removal)**을 추진하였다.

당시로서 널리 통용되던 합격품질수준(AQL: Authorized/Acceptance Quality Level)이라는 품질기준을 부정하고 완전무결을 유일한 기준으로 받아들였던 마틴사는 30년의 근대적 품질관리 역사에 정면으로 도전한 셈이었다. 품질관리분야의 세계적 베스트셀러인

크로스비의 Quality Is Free[205]에서는 완전무결을 전폭적으로 지지하고 있다. 크로스비는 완전무결은 기술적으로 가능하며 보다 경제적이라고 주장하고 있다.

라. 품질경영시대

품질관리가 검사중심에서 품질에 관련된 여러 부문의 효과적인 기능적 연결을 중시하는 품질보증으로 발전하였음에도 불구하고 1960년대까지는 품질이란 주로 결함으로 인한 손실이나 기업이미지의 손상을 방지하기 위해 관리하는 것으로 생각되어 왔다. 품질에 대한 이러한 소극적인 입장에서 벗어나 **품질의 전략적 측면을 고려하기 시작한 것은 1970년대와 1980년대다**. 품질의 전략적 측면이 고려된 것은 지속적인 변화와 발전의 결과로서, 언제 시작되었는지 문헌상의 기록은 없으나 가전제품이나 자동차시장보다 훨씬 경쟁이 심했던 반도체 시장은 이러한 변화의 한 단면을 보여주고 있다.

1980년 3월 HP(Hewlett-Packard)사의 데이터시스템부문의 총책임자였던 앤더슨은 미국의 3개 업체와 일본의 3개 업체로부터 칩을 수집해 시험한 결과 미국과 일본 제품의 품질수준의 차이가 상당히 큰 것을 발견하였다. 수입 검사시 1,000시간 사용 후 일본제품의 고장률은 1,000개중 1~2개였으나 미국제품의 불량률은 이보다 27배나 되었다. 대부분의 시장 분석가들은 이러한 품질 상의 차이가 일본 반도체 회사들의 급속한 성장과 매우 밀접한 관련이 있다고 보았다. 이러한 사실은 그것이 의도적이었든 아니었든 간에 품질이 잠재적인 전략무기가 될 수 있다는 것을 강하게 시사하고 있다.

통계적 품질관리와 품질보증시대와 같이 품질은 결함이 없는 것이라고 간주하는 시각은 문제가 있었다. 그러나 **전략적이고 경쟁적인 문제에 관심이 있는 최고경영자의 관심을 끌기 위해서는 품질에 대한 새로운 정의가 필요하였다**. 제품을 받아들일만한가 아닌가를 결정하는 것은 기업내부의 부서가 아니라 고객만이 할 수 있는 것이다. 따라서 규격을 만족시킨다는 것은 부차적이며, 고객의 요구를 소홀히 하여 제대로 파악하지 못한다면 제조공정이 아무리 우수하다 하더라도 별다른 이점을 누릴 수 없다.

미국의 소비자들이 물품이나 서비스의 구매시 가격보다 품질을 더 중요하게 고려한다는 비율이 1978년에는 30%에 불과하였으나 1990년에는 70%로 대폭 늘어났다는 연

205) Philip B. Crosby, Quality Is Free : The art of making quality free, (New York: New American library, 1979).

〈표 10-1〉 품질관리체계의 발전단계

구분특성	검사	통계적 품질관리	품질보증	전략적 품질경영
일차적 관심	검출	통제	조정	전략적 영향
품질견해	해결되어야 할 과제	해결되어야 할 과제	해결되어야 할 과제이나, 선행노력이 필요	경쟁기회
강조점	제품의 균일성	적은 검사와 품질균일성	품질불량을 예방하기 위해 설계로부터 마케팅까지 전부문의 기능적 연계	시장과 고객의 요구
방법	측정과 계측	통계적 도구와 기법	프로그램과 시스템	전략적 계획, 목표설정 및 조직 가동
품질전문가의 역할	검사, 분류, 계수 및 등급판정	고장탐색 및 통계적 방법의 활용	품질측정, 품질계획 및 프로그램설계	목표설정, 교육훈련, 타 부문 지원 및 프로그램 설계
접근방향	품질검사	품질통제	품질구축	품질경영

구보고도 있다. 한 가지 분명한 사실은 높은 품질이란 소비자를 만족시키는 것이다. 〈표 10-1〉은 지금까지 설명한 품질관리체계의 발전단계를 요약한 것이다.

2. 품질경영의 현대적 관점

이상에서 살펴본 품질경영의 발전과정을 근거로 종래의 전통적 품질관리와 오늘날의 현대적 품질경영의 차이점은 다음의 〈표 10-2〉와 같이 요약할 수 있다.

품질경영 관점에서는 품질과 비용의 관계는 중요하다. **'품질수준을 높이면 높일수록**

〈표 10-2〉 품질관점의 비교

전통적 관점	현대적 관점
대응형(Reactive)	선행형(Proactive)
검사중심	예방중심
AQL(Acceptance Quality Level)이 표준	ZD(Zero Defect)가 표준
제품중심(Product-oriented)	**과정중심(Process-oriented)**
일정 최우선	품질 최우선
품질과 비용의 양자택일	품질과 비용의 동시추구
품질의 대상은 작업	**개발에서부터 서비스까지**
품질비용에 대한 대략적 짐작	품질비용에 대한 공식적 조사
품질은 품질부문의 문제	**품질은 전 부문의 문제**
규격에 적합하면 그만	**지속적 개선이 요구**
품질은 기술적 문제	품질은 경영의 문제

좋기는 하지만 비용이 들어간다. 따라서 품질향상에 수반되는 비용 상승을 고려한다면 품질과 비용을 어느 선에서 상호 타협하는 것이 현실적인 최선책이다' 라는 보편적인 인식이 품질혁신을 가로막는 가장 큰 심리적 장벽이었다. 이것은 20세기 초에 일어난 생산성 혁명을 보다 가속화시킨 경영과학의 잘못된 유산이기도 하다. 경영과학의 기본적 신념 가운데 하나는 모든 문제에는 상충되는 요소들이 공존하므로 이들 상충요소의 상쇄관계를 고려하여 최적 타협점을 찾는 것이 무엇보다 중요하다는 것이었다. 그러나 이러한 신념이 잘못되었다는 것은 오늘날 여러 분야에서 입증되고 있다.

품질분야에서도 '품질수준을 높이려면 처음부터 불량의 발생을 방지하거나 생산된 불량품을 사전에 철저히 가려내야 한다. **이를 위해서는 예방비용과 평가비용을 늘려야 하지만 불량발생으로 인한 실패비용을 줄일 수 있으므로, 결국 예방 및 평가 비용과 실패비용 사이에는 상쇄관계가 성립한다'** 는 종래의 상식을 버리지 못하여 품질비용은 〈그림 10-1〉과 같이 상쇄관계를 가짐으로 완전무결이란 바람직하지 못하다는 전통적 견해가 존재하였다.

〈그림 10-1〉 품질비용에 대한 전통적 견해

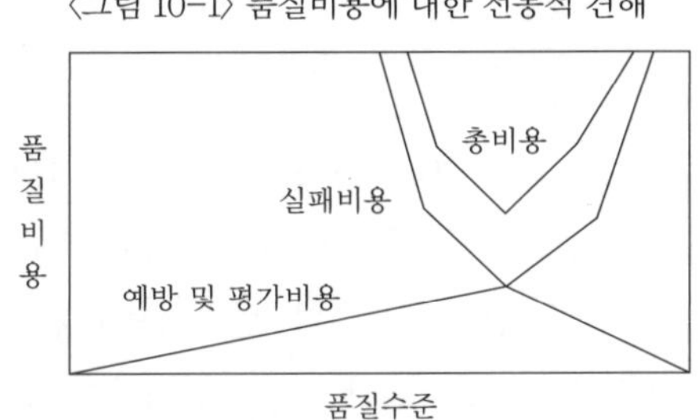

그러나 완전무결을 달성하기 위해서는 〈그림 10-1〉과 같이 예방 및 평가 비용이 무한히 증가하는 것일까? 1960년대 초 마틴사의 완전무결운동은 그것이 사실이 아니라는 것을 입증하고 있다. **오늘날 품질혁신의 많은 성공사례들은 품질이 개선되면 비용이 오히려 감소한다는 것을 보여주고 있다.** 그 이유로서, 첫째, 완전무결을 달성하는 가장 효과적인 방법은 크로스비의 지적대로 최초에 올바르게 하는 것(DIRTFT: Do It Right The First Time)이다. 최초에 올바르게 하면 돈이 들어갈 이유가 없으며 그야말로 품질은 무료이다. 둘째, 품질을 높이기 위해 환류관리에 치중하면 예방 및 평가 비용이 증가하나

〈그림 10-2〉 품질비용에 대한 현대적 견해

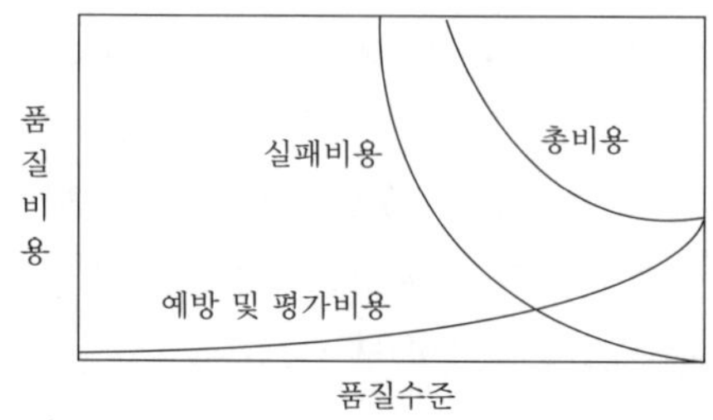

〈그림 10-3〉 품질과 비용의 관계

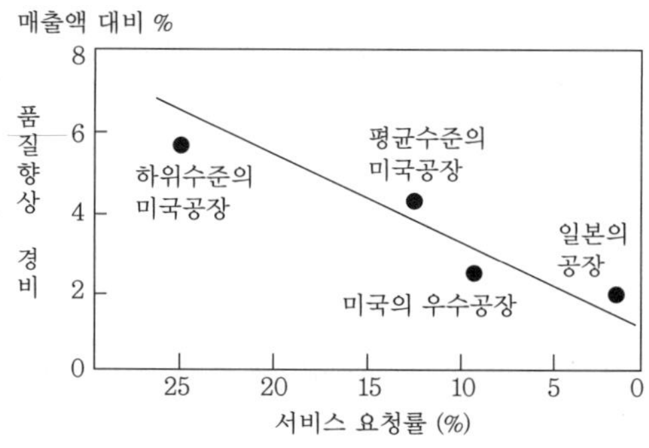

품질비용의 대부분을 차지하고 있는 실패비용을 대폭 삭감할 수 있으므로 오히려 더 경제적이다. 셋째, 업무절차를 간소화하고 작업내용을 표준화하고 사용부품이나 재료의 공용화가 이루어질 때 고품질이 실현될 수 있다. 일반적으로 간소화, 표준화, 공용화는 원가절감을 가져오므로 품질향상과 원가절감은 동시에 이루어 질 수 있다는 것이다. 〈그림 10-2〉는 품질수준이 높아질수록 비용은 오히려 줄어든다는 품질비용에 대한 현대적 관점을 보여주고 있다.

〈그림 10-3〉은 미국 하버드 경영대학원의 품질담당교수로 있는 가빈(D. Garvin)이 가정용 에어컨 산업을 대상으로 품질과 비용의 관계를 연구한 결과이다. 이를 보면 품질수준이 높은 공장일수록 오히려 품질비용이 적게 소요된다는 것을 알 수 있다.

3. 21세기 품질경영 시대

『자본주의 이후의 사회』[206]의 저자 피터 드러커는 "20세기가 생산성혁명의 시대였다면, 21세기는 경영혁명의 시대"라고 했다. 『리엔지니어링 그 이후』[207]의 저자 마이클 해머는 21세기는 "3C의 시대", 즉 **고객만족**(Customer), **무한경쟁**(Competition), **끊임없는 혁신**(Change)**의 시대**라고 했다. 21세기는 우리들에게 새로운 경쟁 패러다임을 요구하고 있다. 그 중에서도 기술의 변화는 가히 상상을 초월할 만큼의 파격을 보인다.

미래 대표적인 기술로서 6T, 즉 **IT(정보통신), BT(생명공학), NT(나노), CT(문화), ET(환경, 에너지), ST(우주항공)**를 들고 있다. 그러나 최근에 이르러서는 많은 경영학자들이 거기에 MT(경영혁명)를 추가하고 있다. 품질경영, 지식경영, 창조경영으로 대별되는 경영혁명을 통해 미래의 국가경쟁력이 결정된다고 보는 시각이다.

주란, 파이겐바움과 함께 품질경영의 3대 석학으로 꼽히는 크로스비 박사는 품질경영 철학으로 무결점주의를 제창하면서 **'최초에 올바르게 하라(Do it right first time)'**를 강조했다. 이것은 **'1 : 10 : 100의 법칙'**으로 정리된다. 최초 비용은 1원이지만, 불량이 발생하면 그것을 고치는데 10원이 들고, 그 불량품이 고객에 전달돼 그것을 처리하는데 100원이 든다는 이론이다.

오늘의 기업들은 국경 없는 무한경쟁 속에서 치열한 생존경쟁을 벌이고 있다. 그런데 그러한 시장상황을 뚫고 성공한 기업들을 살펴보면 그 기업 고유의 품질 메시지를 쉽게 발견할 수 있다. 최근 우리나라 고급 가전제품 시장에서 외국산 제품들이 국산제품에 밀려나고 있다는 반가운 소식 또한 고품질 전략의 중요성을 시사하는 대목이다. 낮은 가격이나 애국심에 호소하기보다는 '품질 좋은 제품'에 승부를 거는 경영전략이 주효한 것이다.

그러나 아직도 우리의 현실은 기술에 있어서는 미국, 일본 등 선진국에 뒤지고 있으며, 가격에 있어서는 중국, 동남아 등 개도국에 밀리는 넛 크래커(Nut-Cracker) 현상을 보이고 있다. 미국은 70년대 초까지만 해도 자국 상품이 세계 최고라는 자부심에 빠져 있었다. 그러나 70년대 후반 들어 일본상품이 세계시장을 석권하기 시작하자 MIT교수

206) 이재규 역, Peter F. Drucker 저, 『자본주의 이후의 사회』(서울: 한국경제신문사, 1993).

207) 임덕순, 장승권 공역, 마이클해머, 스티븐 스텐턴 공저, 『리엔지니어링 그 이후』(서울: 경향신문사, 1997).

16명은 미국 정부에게 품질경쟁력의 중요성을 일깨우고자 7년 간 연구 끝에 '메이드 인 아메리카' 라는 논문을 내놓았다. 1981년에는 미국의 대표방송사인 NBC가 '일본이 할 수 있다면 왜 우리는 할 수 없는가' 라는 품질혁신프로그램을 방영해 국민들에게 품질의 중요성을 알리는 데 크게 기여하였다.

이렇듯 미국이 국가경쟁력 향상을 위한 노력을 대대적으로 전개하면서 1987년에는 국가품질향상법을 제정했고, '88년부터는 품질경영 실적이 우수한 기업을 선정해 대통령이 직접 수여하는 말콤 볼드리지(MB: Malcom Baldridge) 국가품질상 제도를 운영하기 시작했다. 이와 같은 미국의 품질혁신운동은 그 동안 일본에게 뒤졌던 국가경쟁력을 회복하는 데 큰 바탕이 됐음은 물론이다. 이처럼 우리도 품질혁신 운동을 범국민적으로 전개해 국가경쟁력을 향상시켜 나가야 하는 것이다.

4. 한국의 품질관리 발전과정

우리나라 품질관리의 역사는 정리된 자료가 없으나 선진국의 품질관리기술이 도입된 것은 6·25전쟁 후 미국 원조로 이룩된 기간산업공장을 건설한 이후이다. 즉, 1955년 ICA자금에 의한 충주 비료공장이 건설되면서 이에 참여한 한국 기술자들이 미국 기술자들로부터 품질관리에 대한 지식을 얻을 수 있었던 것이 처음이라고 보고 있으며, 그 후 이와 같은 공장건설 내지는 기술도입 그리고 품질관리 강좌 등과 더불어 품질관리기술이 부분적으로 도입되기에 이르렀다. 당시에는 한글로 된 품질관리서적이 없었던 바, 1962년 12월에 한국표준규격협회(현 한국공업표준협회)에서 일본 문헌을 번역 편집한 '품질관리' 를 등사하여 간행하였는데, 이 책자가 우리나라 품질관리이론을 보급하는데 기여했을 것으로 알려지고 있으며 우리나라 품질관리의 발전과정을 다음과 같이 구분할 수 있다.[208)]

가. 품질관리의 태동 : 검사위주의 품질관리 활동

우리나라의 품질관리의 태동은 〈표 10-3〉과 같이 1961년 9월 30일 정부에서 공업표

208) 한국의 품질관리의 발전과정은 국방품질관리 책임기관인 기품원에서 제공받은 자료를 토대로 작성한 것이다. 내용에 오류가 있다면 전적으로 필자의 책임임을 밝힌다.

〈표 10-3〉 품질관리의 태동기(1960년대): 검사위주의 품질관리 활동

년도	주 요 사 항
1961년	○ 공업표준화법 제정(현, 산업표준화법)
1962년	○ 사단법인 규격협회 설립(현, 한국표준협회)
1967년	○ 공산품 품질관리법 제정

준화법(현, 산업표준화법)을 제정 공포하고, 1962년 3월 한국규격협회(현, 한국표준협회)를 설립하였으며, 1963년 KS표시허가제도가 도입 · 실시되면서 시작되었다. 제2차 경제개발 기간중인 1967년 정부는 국제경쟁력 제고와 소비자보호를 위하여 품질관리법을 제정 공포하여, 기업의 품질개선의식을 제고하고, 품질관리기법을 도입하여 현장에 적용하도록 유도하였으나, 초기 현장기술기반이 빈약한 각 기업은 검사위주의 품질관리 활동수준에 머물렀다.

나. 품질관리의 도입 : 현장위주의 품질관리 활동

정부는 품질관리활동의 확산을 위해 1991년 한국표준협회를 품질관리 교육훈련기관으로 지정하였으며, 제3차 경제개발계획기간 중인 1973년 1월 상공부 산하에 공업진흥청을 설치하여 공업기술의 진흥과 공산품의 품질향상, 산업표준화 및 계량 등에 관한 업무를 종합적으로 추진하였다. 1974년에는 품질관리를 보급하기 위한 첫 단계로 정부의 각종 규제 및 지원을 받는 업체를 중심으로 품질관리를 의무적으로 실시하는 이른바 품질관리 대상업체를 지정하는 조치를 취했다. 이 조치의 근간은 상공부고시 제10561호(' 74년 10월 16일)에 의거 지정된 모든 업체는 품질관리를 의무적으로 실시하도록 하는 국가적인 선언이었으며, 이 고시를 시점으로 하여 품질관리활동이 정부 주도하에 범산업적으로 확산되는 계기가 되었다. 이때 품질관리 대상기업들이 준수하여야 할 품질관리 의무사항으로 고시안에 다음과 같이 정하고 있다.

① 당해 기업체에 적절한 품질관리 조직의 설치운영; ② 사내 규격의 제정 · 운영; ③ 1인 이상의 품질관리기사 채용; ④ 공정별 또는 작업반별 종업원 참여 품질관리운동 기본조직(품질관리 분임조 등)의 설치 · 운영; ⑤ 사내 교육훈련계획의 수립과 자체교육 실시; ⑥ 연 2회 이상의 발표회, 세미나, 평가회 등의 개최; ⑦ 경영간부 및 품질관리요원의 품질관리 교육 이수(공업진흥청 인정 교육기관의 소정교육)

〈표 10-4〉 품질관리의 도입기(1970년대): 현장위주의 품질관리 활동

년도	주 요 사 항
1973년	○ 공업진흥청 발족
1974년	○ 전기용품 안전관리법의 제정 ○ QC분임조 조직제창
1975년	○ 공업진흥청에 품질관리추진본부(현, 품질경영추진본부)설치 ○ 제1회 전국품질관리대회 개최 ○ 공업표준협회에 TOP 및 현장인에 대한 QC교육과정 개설 ○ 품질관리지정 업체 156개 선정
1976년	○ 제1회 국제 QC써클 교류대회(ICQCC)서울대회 개최
1978년	○ 제4회 전국품질관리 및 표준화대회(현, 전국품질경영대회) 개최 ○ 산업표준화상 신설
1979년	○ 소비자 보호 행정의 강화를 통한 기업의 품질관리 유도 - 모니터 제도, 소비자불만 신고센터 운영, 계몽 등

이에 따라 한국표준협회는 품질관리와 표준화, SQC 등의 전문분야별 · 품질관리 교육훈련체계를 정립하여, 경영책임자, 경영간부 및 품질관리요원에 대한 품질관리교육을 체계적으로 실시하게 되었다. 1995년 3월 25일 경제장관회의에서 품질관리활동을 범산업적으로 본격 전개키로 하고 1995년도 역점사항으로 다음 6가지 사항을 의결하였다.

① 범산업적 품질관리 기운조성, ② 품질관리추진본부(현, 품질경영추진본부) 설치로 품질관리활동 강력 추진, ③ 경제단체 및 검사기관의 적극적 활동 참여 촉구, ④ 불량품 추방운동 전개, ⑤ 품질관리 대상업체 지정 · 확대 및 품질관리 요원 양성, ⑥ 품질관리기사 대회 및 품질관리 전국대회 개최이다.

이와 관련하여 공업진흥청에 품질관리추진본부를 두고, 사무국인 한국표준협회로 하여금 품질관리분임조의 등록을 접수하도록 하였으며, 제1회 전국 품질관리 및 표준화 대회(현, 전국품질경영대회)와 전국 품질관리분임조 경진대회(현, 전국품질분임조 경진대회)를 개최하는 등 품질관리의 전국적인 조직화와 보급에 주력하였다. 각 기업은 정부의 시책에 부응하여 사내표준화와 품질관리분임조 활동을 적극 추진하면서 **"품질은 공정에서 만들어 진다"**라는 슬로건 아래 통계적 공정관리(SPC: Statistical Process Control) 기법을 도입 · 활용하여 현장 품질관리활동이 활성화 되었다.

다. 품질관리의 발전 : 전사종합품질관리 활동으로의 전환

1980년대 들어 정부는 업계의 자발적인 품질관리 도입을 유도하면서, 대기업이 전사종합품질관리 추진본부를 설치하여 전 그룹, 전 부문, 전 계층의 회사 전원이 참여하는 전사종합품질관리 활동체계로 전환하였다. 각 그룹별, 업종별 품질관리대회 또는 품질관리분임조 발표대회를 개최하여 협력업체까지 전사종합품질관리활동의 참여범위를 확대하였다.

1983년 한국표준협회 품질관리연수원(현, 품질경영연수원)이 건립되어 전 산업계의 품질관리 전문교육이 활발히 수행되었으며, 1986년에는 공산품 품질관리법을 개정하여 품질관리 진단제도를 신설하여 시행함으로써, 품질보증 및 기능별 관리체계를 강화하였다. 1988년부터 품질관리 포상제도를 확대운영하고, 특히 기업 및 학계의 품질관리활동을 장려하기 위하여 연구팀상과 문헌상을 신설하는 등 산업계의 연구분위기를 조성하여 왔다. 1990년에는 중소기업 육성책의 일환으로 중소기업 품질관리지원단을 설치 · 운영함으로써 중소기업의 품질관리 기술지도를 강화하였다.

라. 품질경영의 성숙 : 품질경영(TQM) 시대

우리 정부와 기업은 1960년대부터 30년간 일본식 전사적 품질관리(TQC)의 도입, 정착에 큰 힘을 기울여 왔다. 비록 실패를 경험하기도 하였으나 우리기업들의 전사종합품질관리활동은 제조현장에서의 품질 및 생산성 향상 등에서 적지 않은 공헌을 하였다. 이에 힘입어 '80년대 중반에는 우리의 상품들이 해외시장에서 중급 이상의 품질이란 성과를 얻기에 이르렀다. 그러나 1987년 6.29선언 이후 전개된 전국적 노사분규의 와중에서 전사종합품질관리활동은 급격한 정체 또는 해체의 길을 걸어왔다.

전사종합품질관리활동은 노사분규가 진정되면서 어느 정도 회복의 조짐을 나타냈지만 우리기업을 둘러싸고 있는 국제경쟁 환경은 어려운 국면으로 접어들고 있었다. 선진국의 견제와 개방 압력이 갈수록 심해지는 한편 후발국들의 추격이 전개되고 있었다. 외부환경이 점점 불리해지는 것과는 반대로, 오히려 우리기업의 내부 상황은 노사관계의 악화, 근로윤리의 표류, 기업가 정신의 쇠퇴 등으로 인하여 과거의 경쟁우위를 창출해 왔던 강점들이 급격히 붕괴되어 갔다.

일본식 전사종합품질관리는 유효한 경영방식임에는 틀림없으나 여건이 다른 우리기업에 있어서 과거와 같은 방식으로 전사종합품질관리를 추진하는 것으로서는 기업들이

당면하고 있는 내외부적 위기상황을 돌파해 줄 대안으로서 불충분하다는 인식이 정부와 업계에 팽배하였다. 한편, 유럽연합을 중심으로 한 ISO9000시리즈 인증제도의 실시와 이를 둘러싼 유럽의 품질경영운동의 전개, 미국을 중심으로 새로운 경영의 패러다임으로 등장한 종합품질경영(TQM: Total Quality Management) 운동은 우리에게도 새로운 운동의 필요성과 계기를 가져왔다. 내외의 위기상황을 극복하고 선진국으로 도약하자는 목표를 지닌 정부는 무력해진 기업들을 다시 뛰도록 할 전기를 마련하기 위해서 1992년 4월부터 신산업정책의 일환으로 "품질경영(QM: Quality Management)"을 제창하였다. 지금까지 설명한 우리나라 품질경영의 발전과정은 〈그림 10-4〉와 같다.

〈그림 10-4〉 한국 품질경영의 발전과정과 영향요인

시대	구미		일본	한국
1920년대	SQC의 등장	→		
1950년대	↓	← TQC제창 (Feignbaum)	1단계: 검사중심의 QC (IQC) ↓	↓
1960년대			2단계: 공정중심의 QC (SQC) ↓	검사위주의 QC ↓
1970년대	↓		3단계: 개발중심의 QC (TQC) ↓ 4단계: 전원참여의 QC (CWQC=TQC)	공정중심의 QC ↓
1980년대	SPC 활동 ↓ TQM		↓	전사적 품질관리(TQC, CWQC) ↓
1990년대	↓	ISO →	→	품질경영(TQM) ↓
2000년대	전 세계적 TQM시대			

우리나라의 품질경영은 새로운 산업운동의 필요성이 시급하였던 시대적 상황 속에서 제창단계에서 품질경영의 개념, 내용 등이 충분히 마련되지 않은 상태로 출발하였다. 이것은 그 뒤에 품질경영의 실체에 관한 혼란을 불러일으킨 원인이 되었다. 그 후에 우리의 품질경영에 관한 공식적인 개념과 틀은 **『신경제, 품질경영 어떻게 추진하나』**(공업진

홍청/한국표준협회, 1993)이란 책자를 통하여 정립되었다. 그러나 품질경영 개념에 관한 혼란은 계속되고 있는데 가장 크게 혼동되고 있는 부분은 ISO용어집에서 정의하고 있는 보통명사로서의 **QM(QP+QC+QI+QA)**과 구분하지 못하고 있는 부분이다. 영어의 Management는 우리말로 통상 "경영" 또는 "관리"라고 번역된다. 보통명사인 품질경영을 경영학에서의 일반적 관례에 따라서 우리나라 말로 번역하면 생산관리, 원가관리, 납기관리(공정관리) 등과 같은 수준에 맞추어 품질관리라고 번역하는 것이 타당하다. 반면에 고유명사로서의 품질경영(QM)의 Management는 경영이라고 번역하는 것이 타당하다 하겠다. 보통명사로서의 품질경영을 품질관리로 번역한다면 고유명사인 품질경영(QM)과 혼동하는 경우는 현저히 줄어들 것이다.

〈표 10-5〉 품질관리의 발전기(1980년대): 전사종합품질관리로의 전환

연도	주 요 사 항
1980년	• 검사기관별 수검업체에 대한 품질관리 추진 지시 • 품질관리 대상 수상업체의 협력공장에 대한 자율적 QC추진 지침시달
1981년	• ASQC(미국품질관리학회) 35차 연차대회 참가 • 품질관리추진본부 확대개편(시 · 도 11개, 업종 11개, 대기업군 17개) • 품질관리 추진요강 제정 및 시달 • 공장품질관리 등급제 도입 실시
1982년	• 대기업군 협력업체에 대한 품질관리 추진 지시 • 품질관리 분임조 연구조사단 파견 (일본) • 일본 QC 전국대회 참가 • 주요 협동조합(10개) 및 공단(5개)에 품질관리추진본부 기능 부여
1983년	• **품질관리 연수원** 건립 • 품질 비교평가제 도입 실시 • 품질관리추진본부 추가 지정(대기업군(17 -> 24개), 산업별 (11 -> 21개)) • 불량공산품 추방 운동 전개
1985년	품질관리 추진본부 추가 지정(대기업군 (24 -> 30개), 산업별 (21 -> 22개))
1986년	• **공업표준화법 제정**(현, 산업표준화법) • 사단법인 규격협회 설립(현, 한국표준협회) • **공산품 품질관리법 제정**
1987년	• 공산품 품질관리법 개정(12.31. 법률 제 3890호) • 공산품 제조업체 품질관리 실태조사 및 활성화 방안 수립
1988년	• 연구팀상 신설 운영
1989년	• 생산혁신상, 가치혁신상, 종합설비관리상 및 문헌상 신설운영
1990년	• 품질관리상 수상업체 공개발표회 개최 • 중소기업 품질관리 선도기업 지정 • 중소기업 품질관리 지원단 설치 운영 • 인 이상 제조업체 품질관리 실태조사 실시

우리의 품질경영은 세계적 경영패러다임이 된 **종합품질경영 또는 종합적 품질경영**이다. 그러나 종합품질경영의 기본원리는 같을지라도 국가마다 상황과 여건에 따라 그 내용과 강조점은 다르다. 따라서 우리나라의 **품질경영**(QM), 일본의 **전사종합품질관리**(CWQC 또는 TQC), 미국의 **종합품질경영**(TQM)은 서로 그 특성은 조금씩 다르지만 기본적으로 동등한 수준의 것이라고 볼 수 있으며 총칭해서 영어로는 '종합품질경영' 이란 보통명사를 사용하는 것이 타당하다. 근래 우리나라에서도 품질경영(QM)과 종합품질경영이란 용어가 서로 혼용되고 있는데 전자는 고유명사, 후자는 보통명사라고 생각하면 무리가 없을 것이다.

품질경영이란 **"현장위주의 품질관리에서 벗어나 제품의 설계, 판매에 이르기까지 모든 단계에 걸친 경영차원의 대책을 강구하는 관리체계"를 말하며, 품질방침**(Quality Policy), **품질계획**(QP: Quality Planning), **품질관리**(QC: Quality Control), **품질보증**(QA: Quality Assurance), **품질개선**(QI: Quality Improvement)**의 다섯 단계의 활동**으로 이루어진다.

품질의 관리과정은 PDCA(Plan, Do, Check, Action)의 4단계로 구성된다. Check와 Action을 합하여 Control(통제)라고도 부른다. 따라서 품질경영(QM)은 QP, QD, QC의 3가지 요소로 구성된다. 이중에서 QD는 생산활동을 의미하므로 이것은 당연한 사항이다. ISO8402의 용어 설명에서는 여기에 QI(Quality Improvement)와 QA(Quality Assurance)를 덧붙여 품질경영 QM = QP + QC + QA + QI로 정의한다.

〈그림 10-5〉에서와 같이 3단계까지는 품질경영의 전 구성요소를 포함하게 되며, 4단계에서는 품질개념이 확대되어 **총체적 품질**(TQ: Total Quality)의 개념이 도입되면서 종합품질경영단계로 이전된다. 이처럼 한국은 외국에서는 볼 수 없는 정부와 민간이 합동으로 품질관리활동을 추진함으로써 단기간에 전국적으로 보급시키고 그 수준을 높일 수

〈그림 10-5〉 종합품질경영 발전단계별 구성요소

			TQ
		Quality System(QA) Quality Plan(QP)	QA QP
	QI	QI	QI
QC	QC	QC	QC
IQC시대 (검사중심의 QC)	SQC시대 (공정중심의 QC)	전사종합품질관리시대 (개발중심의 QM)	종합품질경영시대 (전원참여의 TQM)
1단계	--> 2단계	--> 3단계	--> 4단계

있었다.

세계화의 가속화와 품질에 대한 소비자들의 인식증가, 요구의 급속한 변화와 다양화 등으로 품질환경이 변하고 있다. 이런 상황 속에서 기업들은 품질관리의 목표를 고객의 만족과 고객의 가치창조에 두어야 함으로, 제품을 위한 **원가주도형 품질관리**에서 품질을 경쟁우위의 요소로 하는 **고객지향적인 경영**으로 전환하여야 한다. 그러기 위해서는 생산성 향상을 통한 저원가 유지, 응용기술의 꾸준한 확보를 통한 소비자의 다양한 욕구에 부응하는 차별적인 제품을 생산하는 방향으로 전환하여야 한다. 그리고 생산공정, 소비자와 환경차원에 대한 총체적인 품질향상을 통해 산업경쟁에서 우위를 확보하고 고객만족과 인간성 존중, 지역사회 공헌, 종업원의 가치계발을 통해 끊임없는 혁신과 개선에 참여하는 기업문화의 창달로 기업경쟁력을 키워 기업의 장기적 성장을 추구하는 경영방식으로서의 종합품질경영체제를 갖추는 것이 우리 기업들이 나아가야 할 방향이다. 이를 위해 대기업들은 1990년대 중반부터 **6시그마경영기법**을 도입, 정착단계에 접어들었으며 중소기업과 정부기관은 최근 도입단계에 있다. 6시그마에 대한 개념은 국방체계분석학에서 다루는데 정규확률분포와 분산(Deviation)과 변동(Variation) 등에 대한 이해가 필요하다.

제2절 품질관리의 개념과 기법

1. 품질관리의 개념

가. 품질

방위사업관리규정에는 품질의 정의는 규정하지 않고 있으나 협의의 정의는 물건의 성질과 바탕을 의미하며, 광의의 정의는 사용자에게 만족감을 주는 총체를 말한다. 품질은 일반적으로 3가지로 다음과 같이 구분하여 기본적으로 정의하고 있다.[209)]

1) **품질보증**(Quality Assurance) : 품질보증이란 전문기관에 의하여 표준을 정하고, 적절한 방법과 품질의 요구를 결정하는 것이며 표준을 만족시키는지에 대한 검사 또는 평가 절차에 의해 수행된다. 품질보증활동에서 가장 중요한 것은 표준서이다. 국제상용표준은 ISO 9000시리즈이며, 군에서는 군사표준(Military Standard) 또는 군사규격(Military Specification)으로 정하고 있다.

2) **계약품질**(Contract conformation) : 계약에 의해 품질표준이 결정되는 품질을 계약품질이라 말한다. 계약품질에서의 품질이 품질보증 활동에서의 품질과의 차이는 품질의 규격을 전문가가 아닌 사용자가 결정한다.

3) **고객 중심의 풀질**(Customer driven quality) : 제품이나 서비스를 제공받는 사람(고객)이 명시적으로 기대하는 품질의 개념으로서 품질은 고객의 기대를 충족시키는 것으로 정의된다.

〈그림 10-6〉 품질관리기능의 흐름도

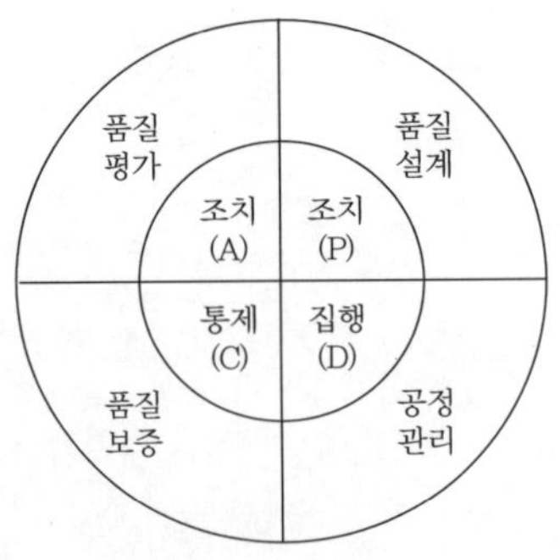

나. 품질관리(Quality Control)

1) 품질관리란 **"수요자의 요구 충족을 위한 경제적인 모든 활동과 수단"**을 말하며, 품질관리기능은 〈그림 10-6〉과 같이 4가지로서 계획기능(품질설계), 집행기능(공정관리), 통제기능(품질보증), 및 조치기능(품질평가)으로 구분할 수 있다.[210)]

2) **품질관리의 원칙**

가) 예방의 원칙 : 품질은 검사에서 만들어지는 것이 아니라, 공정(Process)에서 만들어 진다. 제품이 만들어지기 전에 설비보전, 계측기 등을 교정하여 불량품을 제거해야 하며 공정관리를 잘 하여야 한다.

나) 과학적 관리의 원칙 : 사실에 의한 관리, 자료에 의한 관리, 주관적 판단을 객관화 및 정량화시켜야 한다.

다) 기술자 원조의 원칙 : 전문적인 품질관리 기술자의 원조를 받아 제품공정라인의 문제점을 해결 및 개선해야 한다.

라) 협조의 원칙 : 제조에 참여하는 전 인원이 품질, 수량, 원가에 대한 책임을 지고 협조하여 효율적인 품질관리를 하여야 한다.

다. 품질의 요소

1) **성 능** : 기본적인 특성과 기능

2) **특 징** : 제품과 서비스의 기본적 기능을 추가적으로 보완

3) **신뢰성** : 특정기간내에 고장이 나지 않고 그 기능을 발휘할 수 있는 확률

4) **적합성** : 설계와 설정된 기준에 일치되는 정도

5) **내구성** : 제품 수명의 정도

6) **서비스 가능성** : 수리에 있어서 신속성, 친절성, 우수성 및 용이성

7) **기 호** : 제품의 시각, 청각, 미각, 후각과 같은 주관적이고 개인적인 요소

8) **인지도** : 회사 이미지, 제품광고, 상표 등의 인지된 품질

---

209) Stephen J. Murgatroyd and Colin Morgan, Total Quality Management and the School(Burkingham: Open University Press, 1993), pp. 45-46.

210) 최기출, 『총체적 리더십』(계룡대: 해군본부, 2005), pp. 70~85.

〈그림 10-7〉 품질관리체계

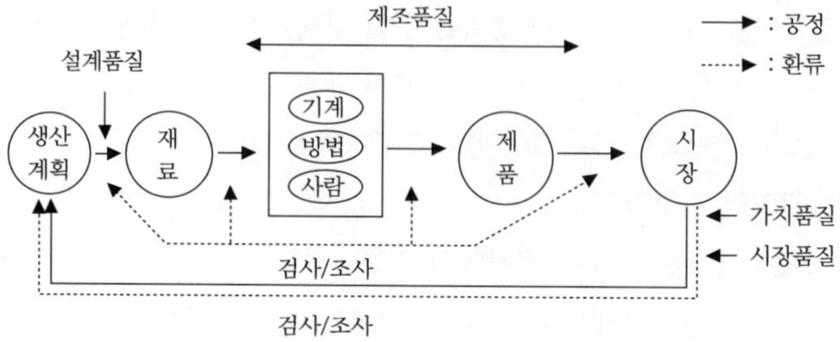

다. 품질관리체계

품질관리체계란 〈그림 10-7〉과 같이 제품 생산시 품질관리의 각 기능별로 불량품을 제거하거나 줄일 수 있는 체계를 의미한다. 체계(System)란 공동의 목표를 지향하는 업무의 절차 또는 공정의 집합이다. 또는 더 큰 체계를 지원하는 하위체계의 집합이다. 따라서 하나의 조직도 체계이고, 그 조직에서 이루어지고 있는 업무절차나 공정도 체계로 본다.

2. 품질관리기법

가. 품질관리기법의 의미

생산공정이나 제품검사 또는 시장조사 등에서 나타난 각종 통계를 여러 종류의 그래프나 그림으로 나타내어 품질관리의 해석, 관리 및 검사 등의 용도로 활용하는 기술이나 방법을 말한다.

나. 품질관리기법의 종류

1) **확인 작업지**(Check Sheet) : 결점이나 문제의 중요한 항목을 나열하고 샘플을 추출하여 결점이나 문제점을 발견하면 해당열에 표시하며, 자료를 쉽게 체계적으로 수집할 수 있으며, 자료를 막대그래프, 최적화 도표(Pareto Chart), 관리도(Control Chart) 등 유용한 정보로 쉽게 편성할 수 있다.

2) **최적화 도표**(Pareto Chart) : 자료를 문제의 원인, 불량품의 형태 등을 확인하여 상대적 중요성(빈도)을 기준으로 누적빈도를 그린 그림으로서, 중요한 소수가 하찮은 다

수보다 중요함을 알 수 있고 문제의 분석이 용이하다.

3) **막대그래프**(Histogram) : 수집한 자료를 크기순으로 정리하여 품질 특성을 계급으로 구분하고 각 계급에 대해 발생한 빈도수를 나타내는 표로서, 자료의 분포를 신속히 확인할 수 있으며 모든 측정자료에 사용 가능하다.

4) **특성 요인도**(Cause and Effect Diagram) : 어떤 공정에 대해서 원인과 결과관계를 이해하는 데 도움을 주는 물고기 뼈 형태의 그림으로서, 공정을 분석하거나 원인 열거 등을 통하여 규격 불일치의 주요특성들을 찾아낼 수 있다.

5) **관리도**(Running Chart) : 일반적 원인에 의한 공정변이와 특별원인으로 발생하는 공정변이를 구분하기 위하여 사용되는 도표로서 시간에 따라 공정의 변이(변동: Variation)를 계속 관찰할 수 있게 하여 통계적으로 공정을 관리할 수 있게 한다. 그 외에도 최적화도표(Pareto chart), 상호관계도포(Interrelation diagram), 유사그룹일람표(Affinity diagram), 업무네트워크 도표(Activity Network diagram) 등이 있다. 이에 대한 설명은 본 저자가 2005년도에 저술한 『총체적 리더십』을 참고하기 바란다.

제3절 국방품질보증활동

1. 개요

가. 군수품과 민수품의 특성

군수품과 민수품의 특성을 공식적으로 규정한 자료는 없으나 우리 기술품질원에서 통상 소개하고 있는 자료는 〈표 10-6〉과 같다.

〈표 10-6〉 군수품과 민수품의 특성 비교

구 분	군 수 품	민 수 품
사용용도	전쟁용 특정 목적	생활의 편의성
사용조건	최악의 환경	주어진 여건
사 용 자	다양한 계층	한정된 인원
결함발견	장기간 소요	신속한 발견
결함영향	치명적(결함시정 제한)	비교적 경미(결함시정용이)
구매형태	제조구매(성능 사전 확정)	제품구매(성능 선택)

나. 정부 품질관리업무의 필요성

1) 군수품의 품질은 국가안보와 직결되며, 원가절감을 위해 지속적인 품질 개선과 국산화가 필요하고, 군수품은 전쟁용 특수물자로 품보활동에 전문기술이 필요하다. 따라서 극한 상황에서도 고도의 신뢰성이 요구되는 무기체계는 제품 확인만으로 품질보증이 곤란하다.

2) 업체는 기업이익을 최우선하므로 최선의 품질은 계약조건 만족에 두고 있고, 중소업체의 품질보증능력은 취약하므로 품질보증을 위한 정부지도가 필요하다.

다. 품질관리와 품질보증의 비교

품질보증이란 군수품 전 주기에 걸쳐 사용자 요구조건이 충족되도록 개발단계에서 품질을 설계(설계품질)하고, 생산단계에서 품질을 형성(제조품질)하며, 배치 및 운영단계에서 품질을 유지(운영품질)하고, 폐기하는 데 품질정보를 획득하는데 있어서 신뢰감을 확보하기 위하여 계획되고 조직된 모든 활동의 총체를 말한다. 협의로는 생산단계에서 설계품질을 형성하는 데 필요한 계획 검토, 절차 평가, 확인 검사 및 시정조치 등을 포함한 정부의 제반 활동을 말한다. 품질관리와 품질보증의 비교는 〈표 10-7〉과 같다.

〈표 10-7〉 품질관리와 품질보증의 차이

구 분	품질관리(Quality Management)	품질보증(Quality Assurance)
목 적	경제적 품질 생산(기업위주)	최고의 품질 생산(사용자 위주)
의 무	기업의 관리개선 추구(기업 내적요소)	사용자의 품질신뢰 구축(기업 내외적요소)
도 구	통계적 관리방식	전사적 관리방식
조 건	경제적 투자	필요 투자

||||| 2. 국방품질관리체계

가. 국방품질관리체계

〈그림 10-8〉 국방품질관리체계

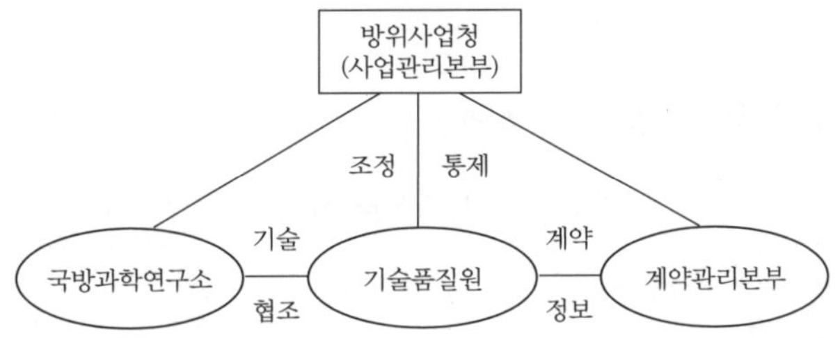

나. 기술품질원 연혁 및 임무

1) 1981년 7월 국방과학연구소(품질검사단)과 조달본부(품질보증국)을 통합하여 국방품질검사소를 창설하였다.

2) 품질보증 기법 등을 발전시켜 '89년 10월 국방품질관리소로 개칭하고, 임무 및 기능을 확대하여 '97년 7월 국방품질관리연구소로 개칭한 후 경영혁신을 통해 '99년 1월 국방품질관리소로 발전하였다.

3) 2006년 1월 1일부로 국방과학연구소의 기술관리기능을 이관하여 방위사업청 예하 기관으로 개칭하였으며, 8개의 분소(서울, 대전, 대구, 부산, 창원, 광주, 항공, 함정)와 품질평가센터를 본부(소장) 예하에 두고 있다.

4) 기술품질원의 임무(방위사업법 32조 ⑥항 및 동 시행령 71조 ②항)는 다음과 같이 법으로 규정하고 있다.

국방과학기술기획 업무의 지원과 국방과학기술에 대한 조사 분석; 방위력개선사업 조사, 분석, 평가에 대한 업무지원; 핵심기술 개발사업 수행기관 선정 및 수행결과 평가 등에 대한 지원; 국방과학기술 및 무기체계에 관한 정보의 통합관리; 군수품 품질보증 및 품질경영 등에 대한 업무지원, 이에 관한 청장의 위탁사업; 방위사업 추진과정에서 요구되는 군수품의 표준화, 시험평가 등에 대한 기술지원; 부품국산화 등 국방기술협력 사업에 대한 기술지원; 군수품 수출입 가격정보의 수집 및 제공에 관한 업무; 국방과학 기술관리에 관한 대통령령이 정한 사항; 법 28조의 품질보증에 관한 업무중 무기체계 및 방사청장이 지정한 비무기체계에 대한 검사조서의 발급; 법 32조의 형상내용의 통제에 관한 업무중 양산단계에서 군수품 성능에 영향을 미치지 않는 명백한 설계사의 오류 및 수정에 관한 형상통제; 법 67조의 방산업체가 비축해야할 원자재 종류 및 수량의 확인 형상관리업무를 수행한다.

다. 국방품질보증활동 업무체계

〈그림 10-9〉 국방품질보증활동 업무체계

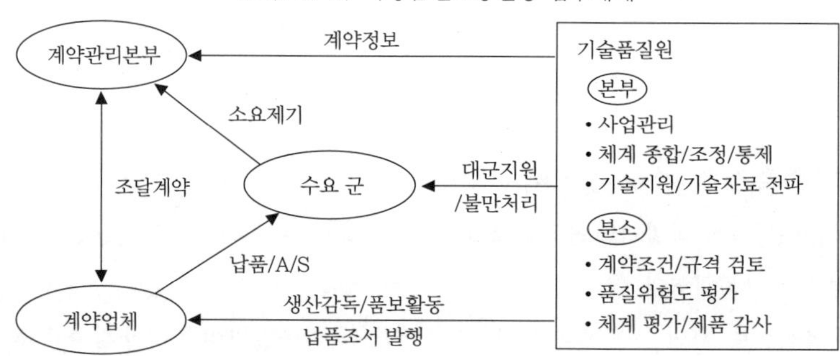

라. 방위사업청 품질보증업무

1) 사업관리본부, 계약관리본부, 기술품질원 및 관련기관이 군수품을 획득하고자 하는 때에는 연구개발 및 구매의 각 단계별로 당초 사용자가 요구한 조건에 부합하는지 여부를 확인하기 위하여 당해 군수품의 품질을 확인하고 그에 따른 미비점에 대한 수

정 · 보완 방안이 포함된 품질보증에 대한 계획을 수립 · 시행하여야한다.

2) 군수품(하드웨어 및 소프트웨어) 및 용역에 대한 사용자 만족보장을 위한 품질보증 활동은 다음과 같이 규정하고 있다.

연구개발단계에는 사업관리본부(통합사업관리팀) 또는 연구개발주관기관이 품질보증 활동을 수행하며, 그 세부 내용은 제품성능, 신뢰성, 정비유지성, 제품시험 · 생산 및 정비시의 품질관리, 제품 품질 확인, 시험 및 측정장비 검교정, 계측공학 등에 대한 종합적인 검토와 시험평가를 통하여 사용자 요구사항 반영 및 만족도 보장을 추구한다.

조달을 위한 계약시에는 계약관리본부가 다양한 군수품의 효율적인 조달과 규정된 품질 요구조건과의 동일성 보장을 위하여 계약품목의 품질특성에 따른 품질보증 요구형태 등을 계약조건에 명시하여 업체가 품질에 대한 책임을 질 수 있도록 한다.

양산단계에서는 기술품질원이 계약업체의 자체 품질보증에 대한 감독 및 확인을 위하여 품질위험도 평가결과에 따라 품질보증활동계획을 수립 시행하되, 업무의 효율을 위해 다음 각 호의 사항을 고려하여 활동범위를 조정하여 수행한다.: ① 품질특성이 인체의 안전과 환경에 미치는 영향; ② 계약품목의 기술적 중요성 및 관련 장비에 미치는 영향; ③ 업체의 품질관리능력 및 계약금액 또는 생산량이다.

함정사업은 시제함부터 기술품질원에서 사업관리본부(함정사업부)와 협조 하에 품질보증활동을 수행한다.

3. 국방 품질보증활동과 품질보증형태

가. 국방품질보증활동 목표 : 군수품 사용자의 만족도를 보장하고, 전 수명주기간 규정된 품질 요구조건과의 일치성을 보장하는 것이다.

나. 국방품질보증활동의 기본개념

1) 품보업무의 전산체계화로 업무의 신속화, 정보화, 경제성을 추구한다.

2) 계약업체는 품질보증에 대한 원천적 책임을 갖는다.

3) 업체는 제품이 계약조건과 일치한다는 객관적인 증거를 제시해야 한다.

4) 업체는 정부 품보활동시 제반 시설의 제공과 협조를 해야 한다.: 개발단계 참

여, 규격서 검토, 기술자료 확보 및 품질위험도 평가 등

5) 기술품질원은 품질보증 요구형태별 품질경영 체계규격과 제품규격의 요구사항에 대하여 계약업체의 모든 이행사항을 확인할 권한이 있다.

다. 국방품보활동 기본절차

1) **계약서 검토** : 기술적 요구사항, 관련 규격 타당성 등

2) **업체 품질계약서 검토** : 품질요구 이행계획 및 생산일정 등

3) **위험도 평가** : 품질 위험도와 업체위험도를 평가

4) **품질체계 평가** : 품질요구 형태별 품질체계 유지여부

5) **주요공정 확인** : 필수 공정에 대한 업체의 관리상태 확인

6) **제품감사** : 완제품 및 기타 확인 검사

7) **품질평가** : 품질자료 분석, 품질정보 분석 등

무기체계 연구개발, 초도양산, 양산, 국외구매품, 기술협력생산 품질보증활동에 대한 규정은 방위력개선사업관리규정을 참고하기 바란다.

라. 품질보증 형태의 분류

군수품의 품질확보를 위하여 계약업체에 요구되는 품질특성별 품질보증 요구형태는 다음의 기준에 따라 분류한다.

1) **단순품보형(I형)** : 공인된 우수품질 표시품, 대량자동화 전문생산품 등과 같이 품질이 안정된 품목 및 국외도입품목 등으로 업체가 자체적으로 품질보증활동을 수행하고 품질보증 입증서류에 의거 검사하는 품목

2) **일반품보형(II형)** : 상용품 및 군 전용품중 기술적 난이도가 낮고 특별한 군 요구조건이 없거나 장비성능에 영향을 미치지 않는 단순한 품목

3) **표준품보형(III형)** : 장비성능 및 군사업무수행에 영향을 미치는 군 요구조건이 있는 상용품과 군 전용품 중 구조가 복잡하나 긴요성이 없는 공통품목

4) **정밀품보형(IV형)** : 군 전용품목중 구조가 단순하고 장비성능 및 군사임무 수행에 영향을 미치는 긴요품목 또는 특정용도에만 적용되는 구조가 복잡한 비긴요품목

5) **특수품보형(V형)** : 군 전용품목 중 긴요성이 있는 복잡품목으로 고도의 정밀성

과 신뢰성이 요구되는 품목

6) **수요군 검사형(Ⅵ형)** : 부대조달 품목, 중앙조달 품목 중 소요군 검사수행품목으로 확정된 품목, 조달청 위탁 구매품목 및 외주정비사업 등 소요 군에서 자체 규정에 의해 검사를 수행하는 품목

7) **수요군 검수형(Ⅶ형)** : 수요 군에서 물품에 대한 수량을 확인하는 품목

||||| 4. 형상관리

형상관리는 "품목의 기능적 또는 물리적 특성을 식별하여 문서화하고 그 특성에 대한 변경 통제 및 도면, 규격서 등의 형상식별서와 제품의 합치 여부를 점검하여 승인된 형상변경의 이행현황 등 필요한 정보를 기록 유지하는 활동"으로서, 형상식별, 형상통제, 형상확인, 형상자료 유지로 구분한다.

1) **형상식별** : 모든 형상관리 품목에 대하여 품목의 기준특성을 식별하는 기술문서 형식으로 작성한다. 형상식별서는 개발단계별로 **기능형상식별서, 개발형상식별서, 제품형상식별서**로 구분하며, 형상통제 및 현황유지를 위한 기본 자료로 활용된다.

2) **형상통제** : 형상과 형상식별서의 변경을 통제하는 활동으로 결함사항 시정, 운용상 또는 군수지원상 요구를 충족하기 위한 변경이 요구될 때 등이다.

3) **형상확인** : 제품이 형상식별서와 합치되는 지 여부를 점검하는 활동으로 기능적 형상확인과 물리적 형상확인으로 구분하여 수행한다.

4) **형상자료 유지** : 형상품목에 관련된 모든 자료 즉, 형상식별서, 형상변경이행 현황, 변경된 형상자료에 따라 운용 및 기술 교범, 규격서, 도면 등을 최신자료로 수정 및 관련기관에 배부하여야 한다.

||||| 5. 규격관리

가. 규격(Specification)이란 **"군이 요구하는 제품의 요구조건(품질, 형상, 성능 등)을 정한 기준"**으로 정의하고 있다.

나. 규격의 용도

1) **각 군** : 군사 요구도에 의한 제품의 선정 및 소요 제기시에 활용된다.

2) **방사청 계약관리본부** : 계약 및 원가 산정을 위한 기준을 제공한다.

3) **제조업체** : 생산을 위한 제조방법 및 제조원가 판단에 활용한다.

4) **기술품질원** : 품보활동을 위한 시험방법 및 검사기준으로 활용한다.

다. 규격업무 수행범위

1) 국방부/방사청은 규격업무 관련 방침 및 제도의 수립과 규격을 확정한다.

2) 각 군은 자군의 소요품목에 대한 규격을 관리한다.

3) 방사청 계약관리본부는 2개 군 이상 공통 품목 규격을 작성하고, 민군 공통품목을 KS/정부 규격으로 전환하며, 규격/기술자료/견본의 지원, 표준품목관리, 규격번호 부여 등의 업무를 수행한다.

4) 기술품질원은 기술도입 생산 품목과 업체 자체 개발 품목의 규격업무를 수행한다.

5) 국방과학연구소는 정부주도 개발 품목의 규격업무를 수행한다.

6. 목록관리

목록이란 군수품 품목의 제원을 일정한 형식과 체계에 따라 나열한 일람표이며, 1개 목록은 160가지의 품목정보를 수록하고 있다. 재고번호란 품목 식별을 위하여 사람의 주민등록 번호 역할을 하는 것으로서 재고번호는 다음과 같이 세 그룹으로 구성되어 있다.

84 15	37	5001651
피복 특수피복	한 국	병사 방한모
군(群) 급(級) 78종 647종 품목의 특성을 사전 선정해놓은 분류 체계	**국가부호** 품목을 생산하는 국가를 식별 *미국 : 00	**품목 식별 번호** 등록 순서에 따라 부여한 일련번호

사업관리 11

제1절 사업관리의 개념

1. 사업관리의 정의와 특성

미국의 민간단체인 PMI(Project Management Institute, 1969년 설립)에서는 사업(Project)이란 **"비반복적 제품 또는 용역을 창출해내기 위하여 채택된 한시적인 노력들"** 이라고 정의하고 있다. 조직규모가 확대되고, 사업의 복수성이 증대되며, 사업환경이 변화됨에 따라 전통적인 조직으로나 관리기법으로는 특정사업의 목표 달성이 어려운 문제점이 대두되어 미 해군의 폴라리스 계획, 미 공군의 아틀라스 계획 등에서 미군이 처음으로 사업관리기법을 적용하게 되었다. 사업관리(Project Management)란 "사업 관련 이해관계자의 요구사항 충족을 위해 관련 지식, 기술, 도구, 기법 등을 사용하여 제 과정을 체계적으로 조직화함으로써 사업의 성공적 완결을 보장하는 활동" 또는 **"시간, 비용의 제약 하에 성과 달성을 목적으로 독립적인 사업관리조직을 편성, 사업관리기법을 이용하여 목표달성을 책임지게 하는 체계적 관리방법"**이라고 정의한다.

사업의 특성을 살펴보면, 사업과 현업의 공통점은 한정된 자원에 의해 제한되며, 계획. 실행. 통제의 절차를 따른다. 현업과의 차이점으로 사업의 특성은 한시적이고, 비반복적 활동으로 목적이 달성되면 종료되며, 다른 지식영역내의 프로세스(절차, 과정, 공정: Process)들과 상호 작용한다는 것이다.

획득관리와 사업관리의 차이는 〈표 11-1〉과 같이 정리할 수 있다. 특히 사업관리란 획득관리와 무관한 사업도 있을 수 있으나 무기체계나 장비의 사업관리란 획득관리의 한 부분임으로 획득관리는 사업관리를 모두 포함하는 관리활동이라 할 수 있다.

〈표 11-1〉 획득관리와 사업관리의 차이

구 분	획 득 관 리	사 업 관 리
관리대상	총체적 획득사업들(복수개념)	개별 단위사업(단수개념)
관리주체	사업주관/통제 부서 (국방부, 합참, 방사청, 각 군)	사업 전담수행자 (사업단)
관리수단	법률/규정	법률/규정, 관련 지식, 기술, 도구, 기법

2. 사업관리절차

사업관리절차는 사업의 개시, 집행, 통제 및 종결 단계로 구분하며 각 단계별로 다음과 같은 활동을 수행한다.

또한 사업관리자는 다음에 열거하는 사업관리에 영향을 미치는 요소들을 고려하여 사업을 관리해나가야 한다. 사업관리에 영향을 미치는 요소들로서 ① 사업의 단계 및 종결 시기, ② 사업 이해 관계자, ③ 조직상의 영향요소들 : 조직체계, 조직의 문화와 양식, 조직구조, ④ 중요한 일반 관리기술 : 리더십, 의사소통(정보의 교환), 협상, 문제의 해결, 조직에 미치는 영향, ⑤ 사회 경제적 영향 : 관련법규, 상용 표준 및 규격, 국제화, 문화적 영향요소들이다.

가. 개시단계

1) **사업의 선정** : 사업의 선정은 사업들을 심사하여 사업의 성공이 조직의 목표에 가장 기여하는 사업을 승인하는 절차로서, 사업선정에 있어서 가능한 한 합리성을 높이기 위해서는 달성하려는 목표, 선택의 준거가 명확하게 규정되어야 하며, 사업 선정에 필요한 정보와 지식을 완전히 갖추어야 하고, 결정권자의 편견이나 선호, 정치적 고려 등이 배제되어야 한다.

2) **사업관리자 선발** : 사업관리자는 사업의 성패에 책임을 지는 자로서 사업추진 지침 및 추진계획을 수립하고 비용, 시간 및 자원을 배분하며 체계를 종합하고 기타 대내외 업무를 수행하는 자로서 한 직능분야의 전문가보다는 사업의 모든 분야에 관한 광범위한 지식을 가져야 한다.

3) **사업의 기획 및 계획** : 기획은 사업의 목표를 설정하고 이 목표에 도달하기 위해 가장 효과적인 활동을 결정하는 과정으로서 기획은 사업이 채택된 이후부터 시작된다. 사업관리를 위한 기획 계획의 주요절차는 첫째, 단계적인 사업관리체계로 전환, 둘째, 단계적인 계획의 수립, 셋째, 전 조직구성원들의 교육 및 설득, 넷째, 적절한 조직의 선택, 다섯째, 통제를 위한 계획 수립 등이다.

사업계획에 포함될 사항은 사업개요, 사업추진 방향, 세부 사업내용, 전반적인 일정, 추진지침, 예산 및 자원 통제체계, 활동소요별 네트워크, 장비 및 자원 소요의 예측, 상호관련성, 사업조직 구조, 관리계획, 사업추진 인력운영계획, 보고 및 평가분석 절차이며, 대형 사업일 경우에는 회계계획, 우발사태에 대한 분석, 군수지원계획, 품질보증계획, 형상관리 계획, 안전계획, 시험계획, 생산계획, 제조 · 판매 및 획득 계획과 훈련계획 등이다.

나. 집행단계

1) **예산편성** : 사업예산은 사업관리자로 하여금 사업을 시작하는 데 필요한 자원을 획득할 수 있는 권한을 부여하는 것으로 예산편성방법은 국방기획관리규정체계를 따른다.

2) **일정계획 수립** : 일정계획이란 사업 활동계획을 시간표로 나타낸 것으로 일정계획은 사업활동을 확인 및 통제하기 위한 사업관리의 한 도구이며 PERT 및 CPM 기법 등이 있다. 두 가지 기법에 대해서는 본 장 제2절에서 설명한다.

3) **확인 및 정보 체계** : 확인이란 기획과 통제의 연속단계로서 조직 내의 관리자가 알고자 하는 사업 수행의 모든 면에 관한 정보를 수집하고 보고하는 것을 말하며, 계획-확인-통제는 사업이 완료될 때까지 계속된다. 대형사업일 경우에는 사업관리정보체계(Project Management Information System)를 전산화하여 업무의 효율성을 높이고 있다.

다. 사업통제단계

통제란 성과에 관한 정보를 수집하여 계획과 비교함으로써 차이를 감소시키는 활동을 말하며, 통제는 성과, 비용, 시간의 요소에 중점을 둔다. 통제는 조정과 관리의 두 측면을 항상 고려하여야 한다.

라. 종결단계

1) **평가와 감사** : 평가는 사업의 전 과정을 통하여 여러 시점에서 실시되며, 평가의 목적은 사업의 목표달성에 도움을 주는 데 있다. 사업 감사는 조사를 통하여 사업의 방법, 절차, 기록, 도구, 예산 및 지출, 목표달성 정도를 찾아내는 것으로 감사의 종류는 일반감사, 세부감사 및 기술감사가 있다.

2) 사업은 사업의 목표 달성시 자연스런 종결이 이루어지나 성과의 미비, 사업 필요성 상실 등의 이유로 부자연스런 종결이 있을 수 있다. 사업 종결 시에는 미래 사업에 도움을 줄 수 있도록 사업의 역사인 최종보고서를 작성하여야 하는 데 주요내용은 사업성과, 행정적 성과, 조직구조, 사업관리의 기술 등이 포함되어야 한다.

제2절 사업관리지식체계

1. 사업관리지식체계의 정의

사업관리지식체계(PMBOK: Project Management Body of Knowledge)란 사업의 성공적 완결을 위하여 사업의 전 영역을 연관성과 유사성을 고려하여 각 부분으로 나누고, 각 부분의 진행 및 완성을 위한 관리지식과 실행체계를 말한다.

미국의 민간단체인 PMI(http://www.pmi.org)는 '94년 까지는 주로 건설, 엔지니어링, 우주항공, 국방무기체계, 공공사업을 대상으로 사업관리지식체계를 다루어 왔으나, '95년을 기점으로 소프트웨어, 유무선 통신, 정보기술 등 신규산업분야의 회원이 급속히 증가되어 그 대상분야를 넓혀 '96년에는 현재의 A Guide to the Project Management Body of Knowledge라는 사업관리표준지식체계를 정리하여 북미중심으로 활용되고 있다.

2. 사업관리지식체계의 구성

사업관리지식체계는 사업 종합관리, 사업 범위관리, 사업 일정관리, 사업 비용관리, 사업 인력관리, 사업 의사소통관리, 사업 조달관리, 사업 품질관리 및 사업 위험관리로 구성되며, 각 구성요소는 상호 작용과 연관성을 갖고 있다.

가. 사업의 종합관리

1) 사업의 구성요소들이 서로 협조하도록 요구되는 절차로서 사업계획을 개발하고, 그 계획을 실행하며, 변경이 요구될시 변경을 조정 통제하는 활동이다.

2) **사업계획의 개발**이란 사업을 실행 및 통제하기 위하여 연속적이고 일관성 있는 문서를 만들어 내는 활동으로서 사업계획에는 사업허가권, 사업의 목적, 인도품, 사업관리 전략, 작업분할구조(WBS: Work Breakdown Structure), 소요예산, 사업 시작일자 및 주요일정, 목표일자, 책임 할당, 성능 측정기준, 기타 주요 관리계획, 인원 할당 등이 포함되어야 한다.

3) 사업계획의 실행 및 변경 통제를 위해서는 의사소통 · 협상 · 제품에 관한 기술 및 지식, 사업관리정보체계, 형상관리 등의 전문지식이 요구된다.

나. 사업의 범위관리

1) 사업의 성공적 종결을 위해 사업 추진시 요구되는 모든 업무를 포함하며, 꼭 필요한 업무만 포함되도록 하기 위한 절차로서 사업의 착수, 사업의 범위를 계획하고, 범위를 결정하며, 범위를 검증하며, 범위의 변경을 통제하는 활동이다.

2) **사업의 착수**란 사업을 시작하기 위한 착수조건(계약, 사업 산출물 범위 등) 등을 포함한 사업의 개발 구조를 정립하는 단계이며, **사업범위의 계획과 결정**은 사업 또는 단계가 성공적으로 수행되었는지를 결정하는 기준을 마련하는 활동이다.

3) **사업범위의 검증**이란 사업의 범위 또는 단계별 산출물이 만족스럽게 수행되었다는 것을 공식적으로 인정받기 위한 결과들로서 검증결과 범위의 변경이 요구될 때는 규정된 절차에 따라 조치가 이루어져야 한다.

다. 사업의 일정관리

사업이 기간 내에 종결되도록 하기 위한 절차를 의미하며, 분야별 활동을 순차적으로 배열하고, 활동 소요기간을 산정하며, 이를 토대로 일정을 개발한다. 일정개발 도구로서는 PERT(Programming Evaluation & Review Technique), CPM(Critical Path Method) 기법 등이 있다.

라. 사업의 비용관리

사업이 승인된 예산범위 내에서 종결되도록 보장하기 위한 절차로서, 자원관리계획을 수립하고, 비용을 산정하여 예산을 편성하며, 필요시 비용을 통제하는 활동이다.

마. 사업의 인적자원관리

사업에 관련된 인적자원을 가장 효율적으로 활용하는 데 필요한 절차로서, 조직계획(역할 · 책임 등을 할당, 인적자원 관리계획)을 수립하고, 인적 자원을 확보하며, 성과 향상을 위한 팀 개발 및 동기 부여 등을 포함하는 활동이다.

바. 사업의 의사소통관리(Communication management)

사업정보를 적시 적절하게 생성, 수집, 저장, 전파하고 제공하여 사업 추진활동이 원활히 협조되게 하기 위한 필요한 절차를 말하며, 이를 위해 의사소통계획을 수립하고, 정보 배포체계 확립, 사업의 진도 및 성과보고, 사업관리 종결 등의 활동을 포함한다.

사. 사업의 조달관리(Procurement management)

사업조직의 외부로부터 사업수행에 필요한 재화나 서비스를 획득하는 데 관련된 업무를 말하며, 재화나 서비스를 사업측면에서는 '제품'으로 간주한다.

사업의 조달관리는 다음 절차를 포함한다: 조달계획을 수립하여 조달항목과 우선순위를 결정하며, 제품 요구조건 문서화 및 잠재적 업체 식별을 위해 공급자 유치계획을 수립하고, 공급자를 유치하여 견적서, 입찰가 또는 제안서 등을 획득하며, 그 후 업체를 선정하고 계약을 하는 등 사후관리를 계속한다.

아. 사업의 품질관리(Quality control)

사업이 만족시켜야 할 요건들을 보증하기 위한 절차로서 품질계획, 품질보증 및 품질통제 활동을 포함한다.

자. 사업의 위험관리(Risk management)

사업의 위험을 확인 도출하고 분석하여 대응하는 절차로서 위험을 식별하고, 가능하다면 위험을 정량화하며, 위험 대응방안을 개발하는 등의 활동이다.

3. 사업관리기법

가. 개요

1) 사업관리를 위해 사업활동 개시시간과 각 활동 소요시간을 보여주는 GANTT 도표는 사업을 진행하는 과정에서 원래 계획과 차질이 생겨날 때 활동의 수가 많은 경우에는 일정을 조정할 수가 없는 단점이 있었다. 그래서 1950년대 말에 주공정을 중요시하는 PERT 및 CPM 기법을 도입하여 활동의 변경과 진도 조정이 비교적 쉬운 방법을 사

용하게 되었다. 다음은 PERT 및 CPM 기법에 대해 설명한다.

2) **사업의 공정계획표**

PERT나 CPM 기법을 사용하기 위해서는 사업은 다음 3가지 특성을 가져야 한다.

첫째, 사업은 잘 정의된 활동이나 작업의 집합으로 이루어지며 이들이 모두 끝나는 순간 사업은 종료된다.

둘째, 각 활동은 주어진 순서 내에서 다른 활동에 관계없이 시작되고 중단될 수 있다.

셋째, 활동은 선 · 후행 관계를 가지며 올바른 순서로 수행되어야 한다.

PERT와 CPM은 모두 사업의 활동을 표시하고 그 구조를 표시하기 위하여 그물망 모양의 표시방법인 **'공정 계획표'**를 이용한다. 주공정 계획표는 수행할 각 작업과 그 선행 및 후행작업을 보여주는 그림이다.

〈그림 11-1〉과 같이 원은 마디를 나타내고, 마디에서 출발하는 화살표 즉, 그 마디로 들어오는 모든 활동이 끝나기 전에는 다음 활동이 시작될 수 없다. 하나의 마디로 들어오는 모든 활동의 완료는 단계로 간주한다. 화살표는 그 사업의 활동 중의 하나를 표시하며, 화살표 길이는 아무 의미가 없다. 점선 화살표는 가상적 활동을 나타낸다.

〈그림 11-1〉 PERT에 의한 공정표

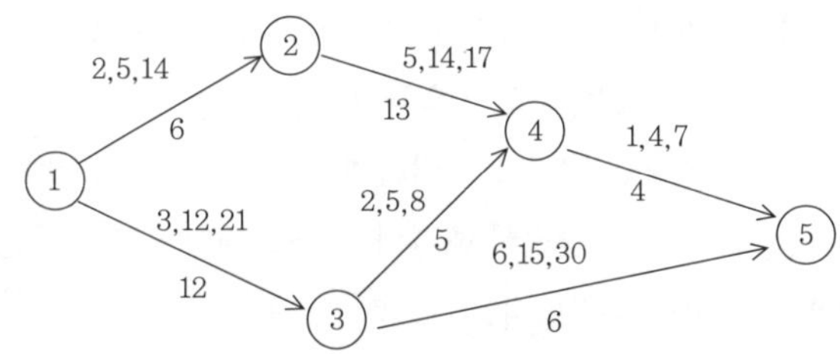

나. GANTT 도표

갠트도표는 일정계획 수립과 사업관리에 이용되며, 이 도표는 기본계획과 작업지시에 활용되는 하나의 방법이다. 갠트도표 작성법은 다음과 같다.

1) 갠트도표는 활동 실행순서에 맞추어 차례로 사업활동을 열거한다.

예로서, 주요사업 활동을 요약하면 다음과 같은 순서로 이루어진다고 가정하자.

① 소요를 문서화한다. ② 예산을 할당한다. ③ 입찰을 실시한다. ④ 계약업체를 선정

한다. ⑤ 시제품을 생산한다. ⑥ 시험을 실시한다.

2) 도표상단을 가로질러 일자, 요일, 월, 년도 등을 기록한다.

3) 앞의 2)항에 시간대별로 도표를 가로지르는 수직선을 그린다.

4) 도표 좌측에 각 활동을 비교할 수 있도록 1번부터 위에서 아래로 적는다.

5) 각 활동이 동시에 실행될 수 있음을 나타내는 수평선을 그린다.

6) 사업의 시작시기와 완료시기를 알려줌으로써 전체적인 사업일정을 알 수 있게 해준다.

〈표 11-2〉 갠트도표

활 동	1월	2월	3월	4월	5월	6월
① 소요를 문서화한다.	━━					
② 예산을 할당한다.		━━	━━			
③ 입찰을 실시한다.			━━	━━		
④ 계약업체를 선정한다.				━━	━━	
⑤ 시제품을 생산한다.					━━	━━

다. 계획 평가 및 검토 기법(PERT: Programming Evaluation & Review Technique)

1) **PERT의 대상**은 과거의 경험이 없는 연구개발과 같은 주로 반복성이 없는 신규의 사업이다. PERT의 특성은 다음과 같이 요약된다.

가) 사업에 관련된 기술은 빠르게 변화하며, 산출물 또는 일반화할 수 없다.

나) 모든 기술상의 문제가 완전히 해결되기 전에 계약되고 계획된다.

다) 일정계획이 수시로 수정된다.

2) **작업활동 기대시간** : 각 활동시간의 불확실성이 베타 확률분포(Beta probability distribution)에 의해 나타난다고 가정한다. 따라서 3가지 시간 추정치로서 활동시간에 대한 기대치 t를 다음 공식과 같이 계산한다.

$$t = \frac{t_0 + 4t_m + t_p}{6}$$

여기서 3가지 시간 추정치로서 t_0는 낙관치이고, t_m은 통상치(Most likely estimate)이며, t_p는 비관치라 한다. 가중치 t는 어떤 작업활동이 여러 번 반복될 때 평균적으로 발생하는 활동시간을 말한다. 결국은 통상치란 가장 많이 발생하는 작업 활동시간과 같다.

예제 1) 한 설계공학자가 설계활동에 대한 시간 추정을 요구받고 과거 자기의 설계경험을 기초로 하여 그는 설계 가능시간을 8일로 결정했다. 그리고 다른 문제가 없다면 5일, 문제가 생기면 17일까지 걸릴 수 있다고 보았다. 즉 그의 추정시간은 5일에서 17일까지이다. 위의 PERT 공식에 의하면 설계완료 표준시간은 9일이 된다.

$$\text{설계완료 표준시간} = \frac{5\text{일}+4\times 8\text{일}+17\text{일}}{6} = \frac{55\text{일}}{6} = 9\text{일}$$

3) **작업활동시간의 변이(산포)** : 작업시간이 얼마나 믿을 만한지, 또는 추정치가 얼마나 벌어져 있는 지를 나타내는 척도로서 변이(변동, 산포: Variation)라 한다. 통상 변이는 표준편차(Standard deviation) S_t로 나타내는 바 작업활동이 여러 번 이루어진다고 가정하면 정규분포로 보고 다음 공식으로 나타낸다.

$S_t = \dfrac{t_p - t_0}{6}$ 이며, 분산 V_t는 S_t의 제곱이므로 $V_t = \left(\dfrac{t_p - t_0}{6}\right)^2$ 이다.

4) **주공정의 기대시간과 변이** : 사업의 전체 완료기대시간은 각 작업활동의 기대시간의 총합중 가장 큰 값이다. 즉, 주공정상 기대시간의 합과 같다. 따라서 t_{ij}를 작업 ij 간의 기대시간이라 하면 전체 사업완료시간 $T = \sum_i^j t_{ij}$ 이고, 이 시간은 여유시간이 없이 연속되는 작업활동이며, 전체 사업완료시간의 분산 V는 주공정 각각의 분산 V_{ij}의 합과 같다고 가정하여, $V = \sum_i^j V_{ij}$ 이다.

예제 2) PERT 개념으로 사업완료시간 추정 방법과 절차

〈그림 11-1〉에서 기대시간만으로 시작점에서 종점까지의 경로는 ① → ② → ④→ ⑤, ① → ③ → ④ → ⑤, ① → ③ → ⑤ 3가지다. 사업의 전체 완료기대시간은 각 작업활동시간의 총합중 가장 큰 값임으로 주공정은 ①→②→④→⑤임을 알 수 있다.

〈표 11-3〉은 각 작업활동별 기대시간, 표준편차 및 분산을 나타내고 있다. 전체 작업완료 기대시간 T는 6+13+4=23일이고, 전체 완료시간의 분산 V는 4+4+1=9일이며, 따라서 표준편차는 3일이다.

〈표 11-3〉 각 작업활동별 기대시간

작업활동	기대시간	표준편차	분　산
①→②	6	2	4
①→③	12	3	9
②→④	13	2	4
③→④	5	1	1
④→⑤	4	1	1
③→⑤	6	4	16

라. 주공정기법(CPM: Critical Path Method)

주공정기법은 주로 교량, 빌딩 등의 건설사업에 많이 적용된다. 특성은 잘 알려진 평범한 자원을 이용하고 어느 정도 안정적인 기술을 기초로 하는 사업에 적용한다. 따라서 각 활동별 소요시간은 단일 시간 추정치를 사용한다. 문제해결을 위한 관점은 ① 공기단축과 비용에 초점을 두고 어떤 활동을 얼마만큼 가속화시킬 것인가? ② 이때의 비용증감은 어떻게 나타날 것인가에 중점을 두고 있다.

주공정기법의 기본가정은 대부분의 작업활동은 여분의 자원(인력, 기계, 자금 등)을 투입한다면 소요기간이 단축될 수 있다는 것이며, 비록 그 활동에 소요비용이 증가되더라도 다른 이익들(간접비용의 감소)이 추가되는 비용보다 더 큰 가치를 갖는다고 본다.

주공정기법은 주공정을 찾아내는 체계적인 절차로서, 주공정이 아닌 경로상에 남는 여유시간의 양을 결정할 수도 있다. 이 여유시간을 잘 활용하여 주공정을 단축시키는 데 인력과 장비를 상호 절충할 수 있도록 해준다. 또한 사업의 모든 활동, 선·후행 관계와 소요시간을 먼저 밝히는 것을 필요로 한다. 이 때 활동소요시간을 추정하는 원칙은 ① 가능한 출처중 가장 신뢰할 수 있는 시간의 추정치를 얻어야 한다. 추정은 경험있는 정규 작업원, 또는 그 활동을 책임지는 사람이나 하청업자들에 의해 정상적인 작업일을 기준으로 판단한다. ② 활동에 대한 추정은 서로 관계없이 이루어진다. ③ 모든 추정에는 동일한 시간단위를 사용한다.

예제 3) 작업 소요시간의 추정치와 활동의 선후가 다음과 같을 때 CPM계획의 공정표는 〈그림 11-2〉와 같다. 활동 소요시간 추정치는 A: 8일, B: 20일, C: 33일, D: 18일, E: 20일, F: 9일, G: 10일, H: 8일, I: 4일이며, 활동 선후행 관계는 다음과 같다.: ① A, B, C

는 동시에 수행되며 사업 출발과 동시에 시작된다. ② D, E는 동시에 수행되며, A가 완료시 시작될 수 있다. ③ F는 B가 완료시 시작될 수 있다. ④ G는 C가 완료된 후 시작된다. ⑤ H는 D를 따른다. ⑥ I는 E와 F가 완료되면 시작될 수 있다. ⑦ G, H, I의 완료는 사업의 종료를 의미한다. 이러한 조건을 만족시키는 CPM 계획공정표는 〈그림 11-2〉이다.

〈그림 11-2〉 CPM계획의 공정표

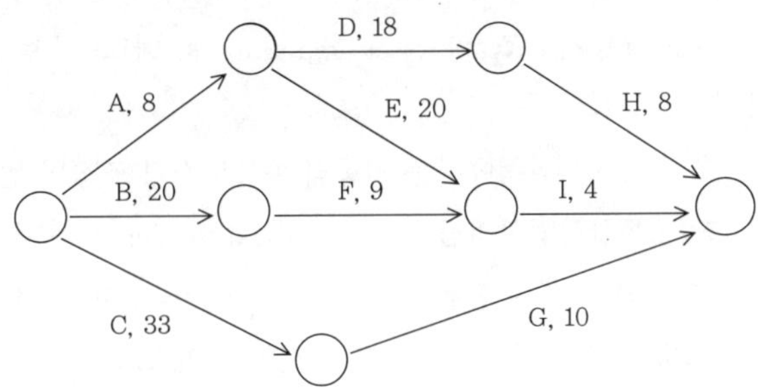

제3절 사업관리조직

▮▮▮▮ 1. 사업관리조직의 형태

사업관리조직은 사업의 규모와 특성 등에 따라 조직의 형태가 달라지며 기능조직(Functional organization), 사업조직(Project organization), 매트릭스형 조직의 3가지 유형으로 구분한다.[211)]

미 국방부와 우리 방위사업청에서는 일종의 매트릭스형 조직의 변형이라 할 수 있는 〈그림 11-3〉과 같은 **통합사업관리팀**(IPT: Integrated Project Team)을 편성 운영하고 있다. 이 조직의 운영개념은 모든 활동을 고객에 초점을 맞추고, 수명주기계획을 조기에 수립하며, 비용을 최소화하면서 목표성능을 달성할 수 있도록 기업경영기법인 종합품질경영(TQM: Total Quality Management) 기법을 적용한다. 과제활동 중심으로 일정계획을 수립하고, 다양한 전문가들로 팀워크를 달성하며, 조직 구성원의 능력 강화에 중점을 두고 적극적인 위험요소를 발굴 관리한다.

〈그림 11-3〉 통합사업관리팀 조직의 예

*사업관리자와 사업관리팀장은 동일 의미다.

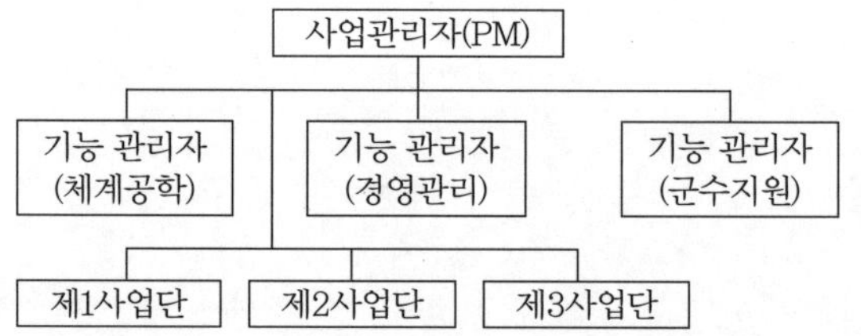

▮▮▮▮ 2. 국방사업관리조직

가. 국방사업관리의 개념과 특성

국방사업관리는 **"주어진 비용과 일정 그리고 성능이라는 3가지 조건하에서 사용자**

211) 김철환, 『무기체계 획득관리』 (서울: 국방대학교, 2001), pp. 261-264.

(군)에게 만족하도록 군의 작전운용성능을 갖춘 체계를 획득(설계, 개발, 생산)하여 배치 및 운영할 수 있도록 자원을 적절하게 사용하는 업무"라 할 수 있다. 이러한 국방사업관리는 민간기업의 사업과는 달리 다음과 같은 특성을 갖고 있다.

첫째, 기업의 사업관리와는 달리 사업의 수명주기가 장기간이기 때문에 미래 예측문제가 많아 불확실성에 따른 위험관리가 더 요구된다.

둘째, 새로운 무기체계의 연구개발 등 전력증강사업은 투자규모가 방대하다.

셋째, 군의 작전운용성능을 만족하는 상태에서 비용 절감이 가장 쉬운 방법이기 때문에 국방사업관련 예산의 통제를 받는다.

넷째, 국방사업관리는 기술적으로 복잡하며, 여러 기관이 관련되어 있으므로 국내외적으로 협력이 원활해야 하며 마찰이 없어야 한다.

다섯째, 고도의 보안을 유지해야 하기 때문에 민간업체로부터 협력의 어려움이 있다.

나. 국방사업 관리대상

방위사업법 시행령 제2조와 동 시행규칙 제2조, 국방전력발전업무규정에 의거 8대 무기체계, 5대 비무기체계(일반군수품, 자동화 정보체계, 교육훈련용 장비 및 물자, 기타 일반시설, 무기체계로 분류되지 않은 장비 및 물자)가 사업관리대상이 된다.

다. 국방사업관리 관련기관

국방사업관리 관련기관은 사업관리기관, 사업통제기관, 사업집행기관으로 구분한다.

1) **사업관리기관** : 국방부 본부, 합참, 방사청, 각 군, 국직기관, 국과연으로서, 임무는 예산 요구, 사업내용과 예산 사용계획 구체화, 사업 승인 준비로부터 종결시까지 제반 업무를 처리한다.

2) **사업통제기관** : 사업관리기관의 사업 추진을 조정, 통제 및 지원업무를 수행하며, 사업통제기관의 주무부서는 방위사업청의 사업관리본부장이며, 사업주관부서는 국방부 본부의 군수관리관실, 정보화기획관실 및 군사시설국이며, 사업관련부서는 계획예산관실과 정보화기획관실이다.

3) **사업집행기관** : 사업관리기관과 동일하며 방사청의 계약관리본부가 추가된다. 사업집행기관의 임무는 사업 집행을 위한 협상, 계약, 대금 지출을 담당한다.

라. 사업관리팀 운영

획득사업의 효율적 추진을 위하여 무기체계 연구개발 및 구매사업은 방위사업청 사업관리본부 하에 통합사업관리팀(IPT)을 두고 있다. 기타 사업관리팀(과거에는 사업관리단이라 부름)으로는 정보화 및 자동화정보 체계사업은 국방부 정보화기획실에, 시설사업은 국방부 시설사업단을 설치 운영하고 있다. 이러한 사업관리팀은 사업의 종류와 특성에 따라 신설하여 운영할 수 있다.

마. 국방사업의 분류

방위사업관리규정에 의거 국방기획관리업무를 수행시 적용되는 국방사업의 일반적인 분류는 다음과 같이 규정하고 있다.

1) **정상사업** : 전년도 중기계획에 기반영된 사업으로서 전력화 시기 및 물량 변동이 없는 사업이다.

2) **착수사업** : 중기계획 기준연도(F+2)에 최초로 재원(전력화 준비비 제외)이 투자되는 사업이다.

3) **신규사업** : 중기계획 대상기간(F+2~F+6년)내에 처음으로 계획되는 사업이다.

4) **신규/착수사업** : 방위력개선사업관련 위원회 또는 회의에서 정책적으로 결정된 긴요 전력사업으로서 중기계획 대상기간(F+2~F+6년)에 최초로 반영하면서, 중기계획 기준연도(F+2년)에 바로 착수하는 사업이다.

5) **계속사업** : 중기계획 기준연도(F+2년) 이전부터 계획 및 집행되어 온 사업으로서 대상기간에도 기 계획된 대로 추진되는 사업이다.

6) **조정사업** : 중기계획 대상기간(F+2~F+6년)내에 시기조정사업(조기추진사업, 순연사업), 물량조정사업, 시기/물량 동시 조정사업이다.

7) **순연사업** : 중기계획 대상기간 중에 계획되었던 사업중에서 목표량이나 재원이 1년 이상 지연되는 사업이다.

8) **조기추진사업** : 중기계획대상기간 중에 계획된 사업중에서 목표량이나 재원이 1년이상 앞당겨 계획이 조정되는 사업이다.

9) **물량조정사업** : 기계획 사업중에서 연도 변경없이 목표량만 조정된 사업이다.

10) **기계획사업** : 대상기간 기준연도(F+2년) 이전 계획에서부터 포함되었던 사업이다.

11) **재투자사업** : 국방투자사업 예산의 계획 및 결산잔액으로 중기계획에 반영된 사업중 당해 연도에 집행이 가능한 사업을 선정하여 조기에 추진하는 사업을 말한다.

제4절 작업분할구조

본 절에서는 획득사업을 수행하려면 군수공학절차(Logistics engineering process)에 따라 체계가 설계되고 개발업무를 수행해나가게 된다. 이때 생산하고자 하는 주체계와 관련하여 이루어져야할 분명한 활동영역을 식별해내는데 도움을 주게 되는 작업분할구조에 대해 설명한다. 본 내용은 Langford의 저서를 주로 활용하였다.[212)]

1. 개 요

작업분할구조(WBS: Work Breakdown Structure)란 **"사업(Program or Project)을 정의하는 하드웨어, 소프트웨어, 서비스 및 자료로 구성되는 생산품을 중심으로 하는 가계도"** 이다. 군수공학절차는 작업분할구조에서 생산요소를 식별해내는 핵심적인 역할을 한다. 작업분할구조는 군에서 시작되었지만 일반 상용체계의 사업에도 적용될 수 있다. 작업분할구조는 개발하고 생산할 생산품들을 나열하고 이를 정의하며, 최종 생산품과 관련하여 수행해야할 작업요소들을 연결시켜준다. 작업분할구조는 다음 업무들을 수행하는 기초가 된다: ① 사업계획과 기술적 계획의 수립, ② 비용의 추정 및 예산소요의 판단, ③ 일정의 정의, ④ 계약 품목별 작업내용과 규격에 대한 설명, ⑤ 작업 진행현황 및 문제점 분석 등이다.

작업분할구조는 **사업에 대한 기술적 통제, 추진일정의 통제 및 재정적 통제를 위한 사업관리의 필수요소**이다. 작업분할구조는 최종적으로 관련 비용과 일정 현황보고서 작성의 기본이 되고 있다. 작업분할구조는 PERT 및 CPM 작성의 부가물로서 다음 사항들에 대한 기본골격을 설정해준다.

① 작업요구사항(Work requirements)을 정의한다. ② 중요한 사업일정을 지정한다. ③ 각각의 중요한 사업 일정별 소요기간 및 완료일자를 판단한다. ④ PERT 및 CPM 네트워크를 작성한다. ⑤ 사업비용 및 추진일정에 대해 요약한다.

212) J. W. Langford(1995), pp. 223-234.

213) http://www.kstep.or.kr/pds/webzine/subpage02.files/1.3.htm: 검색일: 2008. 2. 28.; MIL-STD-881은

작업분할구조의 요소들은 하드웨어, 소프트웨어, 자료 및 서비스와 같은 각각 구별되고 식별 가능한 품목들이다. 획득사업 추진과정에서 구매자인 군과 계약자 모두가 작업분할구조를 수정할 기회를 갖게 된다. 작업분할구조를 추가하거나 삭제하는 수정작업은 획득사업에 대한 **기술관리, 비용관리** 및 **일정관리**의 목적을 달성하기 위하여 작업분할구조의 효과성을 증대시키는 과정이다.

또한 작업분할구조는 계약자의 전반적인 사업관리체계를 위한 기본골격으로 사용된다. 많이 사용되는 작업분할구조의 양식은 **사업요약작업분할구조**(PWBS: Project Summary WBS)와 **계약작업분할구조**(CBS: Contract WBS 또는 Cost WBS: 비용작업분할구조) 두 가지를 미 해군의 SONAR 체계와 MIL-STD-881[213]을 적용하여 〈그림 11-4〉와 〈그림 11-5〉에서 설명하기로 한다.

2. 사업요약작업분할구조

사업요약작업분할구조(PWBS: Project Summary WBS)는 사업의 세 가지 계약수준에 의해 정의되는 것처럼 개발, 생산 및 배치와 관련된 모든 작업분할구조의 중요한 구조적 요소들을 하나로 통합한 것이다. 〈그림 11-4〉는 가장 높은 체계 계약수준(수준 0); 개발, 생산

〈그림 11-4〉 ○○사업 요약작업분할구조

수준 0 : AN/BQS SONAR [체계 총비용 수준]

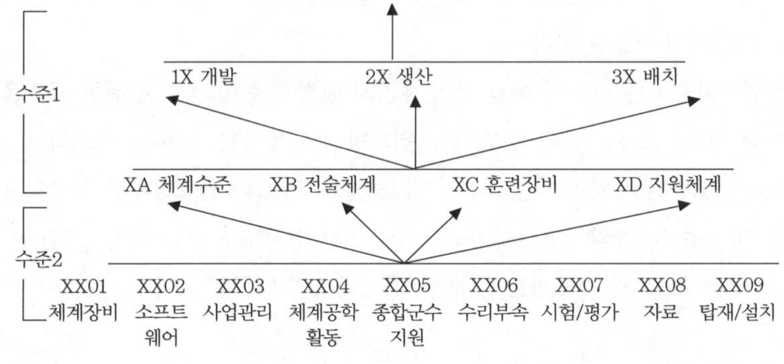

국방물자에 대한 Work Breakdown Structure 분류방법에 대한 미 국방부 표준규격서로서 1968년 최초 발간 이후 여러 번 수정을 거쳐 2005년판이 최신 지침이며, 1998년부터 MIL-HDBK-881로 변경하여 사용중이다.

및 배치활동이 공통적으로 적용되는 장비 그룹들과 결합되는 개발, 생산 및 배치 단계(수준 1); 수준 1의 각각의 장비들에 적용되는 하부체계의 요소들(수준 2)에 대해 설명하고 있다.

3. 계약작업분할구조

계약작업분할구조(CBS: Contract WBS 또는 Cost WBS)는 "계약이나 조달에 적용될 수 있는 작업분할구조"로서 일반적으로 사업요약작업분할구조에 적용할 수 있는 부분에 추가하여, 사업을 계획하고 사업을 통제하는 데 필요한 추가적인 세부적 수준까지 포함한다.

계약작업분할구조는 사업 관련과업(업무)을 파악할 수 있도록 요약하며, 사업조직, 형상품목 및 사업목표와 사업관련 과업간의 상관관계를 설정한다. 계약작업분할구조는 사업일정, 사업비용, 성능 및 기술적 목표와 일치되도록 논리적이고 계약된 골격을 설정하여, 사업과 관련하여 파생된 모든 계획들이 사업목표 달성에 기여하도록 해준다.

군수공학은 계약작업분할구조의 하드웨어 요소들을 확장하는 데 핵심 역할을 한다. 기능적 분석, 통합 및 절충 과정에서 하드웨어 작업패키지(Work package)의 확장 여부를 결정하는 것이 계약작업분할구조를 체계요구사항과 일치시켜주며 계약작업분할구조를 추적할 수 있게 해준다. 군수공학의 문서화는 통합자료체계와 마찬가지로 기술적 성능측정, 위험관리, 종합군수지원계획 수립과 같은 공학적 노력과 사업계획의 수립 시행, 비용관리 및 일정관리, 공학관리와 같은 사업관리 차원의 활동들을 상호 연결시켜준다. 군수공학 문서화는 작업분할구조의 생산요소들을 일치시켜 주고 계약작업분할구조를 추적하게 하는 핵심 역할을 한다.

계약작업분할구조는 비용의 수집, 작업패키지 일정과 현황 식별을 위한 골격을 제공해주는 기능 이외에도 PERT와 CPM 네트워크방법이 통합될 수 있는 구조화된 골격을 제공함으로써 할당된 자원의 지출결과에 대응하는 이정표의 완료상황을 시각적으로 파악할 수 있게 해준다. 계약작업분할구조는 수준 2와 수준 3을 포함하며, 〈그림 11-5〉는 사업요약작업분할구조와 대응하는 계약작업분할구조의 범위를 보여주고 있다.

가. 계약작업분할구조의 개발

계약작업분할구조의 요소는 식별 가능한 하드웨어나 소프트웨어 품목, 자료의 묶음,

종합군수지원과 같은 서비스를 나타낸다. 하드웨어나 소프트웨어의 구분은 체계공학절차(System engineering process)에 의해 통제된다. 작업분할구조에 대한 통제는 평소 형상관리를 통해 이루어진다.[214)]

1) **계약작업분할구조의 작업패키지 설정하기** : 가장 낮은 작업분할구조요소들은 사업 일정, 비용 및 기술적 성능을 통제하는 가장 효율적이고 비용 대 효과적인 방법과 일치한다. 대량생산을 할 경우에는 원가계산은 순환비용, 비순환 비용 및 물자비용(Recurring, Nonrecurring and Material cost)으로 구분한다. 통제가 요구되는 비용을 식별하고 추적하기 위하여 계약작업분할구조의 요소들이 선택되어야 한다. 작업명령서나 고객명령서를 원가계산 수준까지 할당함으로써 그리고 생산품목을 구조화하거나 작업할당을 구조화함으로써 작업분할구조의 요소들을 선택할 수 있게 된다. 보통 원가계산은 비용이 기록되고 책정된 예산과 비교할 수 있는 계약작업분할구조의 가장 낮은 수준에서 이루어진다. 작업분할구조 요소들에 대한 원가계산은 비용 및 일정계획과 조직 통제를 위한 자연적인 통제점이 된다. 계약자는 작업패키지 수준에 대한 기록을 유지한다.

구매조직은 원가계산 수준에서 사업비용을 확인할 수 있는 권한을 갖는다. 〈그림 11-5〉의 수준 3요소들에서 설명되어 있는 것과 같이 가장 낮은 수준에서 조직과 책정된 예산에 포함된 과업(Budgeted task: 비용과 일정) 모두와 관련이 있는 각각의 작업패키지에 노력을 기울인다.

효과적인 작업패키지를 설정하기 위한 기준은 다음과 같다.

① 특정하고 정의 가능한 작업단위(Unit of work)를 나타내고 있다.

② 작업이 수행되는 수준에서 하나의 작업단위를 정의한다.

③ 하나의 작업단위를 작업분할구조의 확장으로서 작업분할구조의 특정요소의 확장과 직접 관련시킨다.

④ 그 작업단위를 다른 작업패키지로 정의된 작업단위와는 분명히 구별한다.

⑤ 하나의 작업단위는 특정한 단일 조직요소에 할당한다.

⑥ 특정의 과업완수능력을 대표하는 처음부터 완료시까지의 특정일정을 식별한다.

⑦ 작업패키지 일정을 세부적인 사업일정의 확장으로서 세부적인 사업일정의 확장과

214) J. W. Langford(1995), pp. 529-554.

직접 연결시킨다.

⑧ 예산과 자원의 실제적인 소요를 식별한다.

⑨ 각 작업단위는 상대적으로 짧은 기간으로 제한한다.

⑩ 하나의 작업단위로부터 보고서, 하드웨어 수송, 시험 등과 같은 산출성과를 식별한다.

품질시험, 수락시험 및 체계공학과 같은 하드웨어 요소와 관련된 지원과업은 하드웨어 요소와 관련된 노력의 한 부분으로서 〈그림 11-5〉의 수준 3에 해당하는 네 번째 수준

〈그림 11-5〉 사업작업분할구조와 계약작업분할구조의 통합

수준2	**XX01 체계장비**	**XX02 소프트웨어**	**XX03 사업관리**	**XX04 체계공학활동**	**XX05 종합군수지원**
	↑	↑	↑	↑	↑
수준3	0101 윈치 0102 인양체 0103 작동수 조종판 0104 기타		0301 사업사무실 0302 사업조정 0303 ILS 관리 0304 자료관리 0305 형상관리 0306 컴퓨터 자원관리 0307 설계검토 0308 하청계약자 관리	0401 체계공학 활동관리 0402 공학활동 서비스 0403 체계설계, 통합·분석 0405 가치공학 활동	0501 ILS계획 0502 정비 0503 기술자료관리 0504 보급지원계획 0505 지원/시험 장비 계획 0506 컴퓨터 자원계획 0507 시설계획 0508 인력/인사 /훈련계획 0509 ILS 분석 0510 포장, 취급, 저장, 수송 0511 기타관련사업 0512 설비지원

수준2	**XX06 수리부속**	**XX07 시험/평가**	**XX08 자료**	**XX09 탑제/설치**	**XX10 지원체계 공학활동**
	↑	↑	↑	↑	↑
수준3	0601 수리부속 0602 OBRP 0603 INCO부속 0604 창 수리 부속 0605 중간 창 정비 수리부속 0606 MAMs	0701 시험평가 계획 및 문서화 0702 개발시험 평가 0703 통합시험 0704 개발 후 시험 0705 품질 확인 시험 0706 설치 및 확인시험 0707 시험평가 장비 및 시설	0801 기술편람 0802 공학자료 0803 관리자료 0804 ILS자료 0805 컴퓨터 프로그램 문서화 0806 자료보관	0901 설치 계획/설계 0902 기술지원 및 설치훈련 0903 Mockup, 설치보조장구 0904 설치활동 0905 훈련체계 설치	1001 기술자료 1002 지원 및 시험장비 1003 정비 1004 기술관리 1005 수리부속 보급 1006 시설 운용 1007 컴퓨터 자원 지원 1008 체계분석 1009 형상관리 1010 인력 1011 훈련

에서 나타나 있다. 전체 체계 차원의 노력을 포함하는 지원체계는 (수준 1)에 해당하는 작업분할구조의 두 번째 수준에서 모아진다.

예를 들면, 〈그림 11-4〉에서 계약작업분할구조의 수준 1은 전체 체계에 직접 적용할 수 있는 지원체계들을 포함하고 있다. 계약자는 통합비용, 일정과 성능보고에 사용된 상세자료를 제공함으로써 통상 계약작업분할구조 내에서 식별되는 각각의 작업패키지별 내부번호를 부여하여 통합비용, 일정과 성능보고에 사용된 상세자료를 제공한다. 원가계산은 보여줄 수 있는 성능목표와 일치된다. 기술적 요구사항들이 만족되면 사업 이정표(단계별 목표)가 완료되었음을 승인받게 되어 예산가격(Budget value)이 성과가격(Earned value)으로 원가계산과 일치되는 것이다. 기술적 성능 측정법, CPM분석들을 포함한 관리, 평가 및 수정 조치를 위한 여러 가지 기법을 사용하여 요구되는 성능 수준을 달성하지 못한 작업분할구조 요소를 식별해낸다.

2) **계약작업분할구조 요소의 배열 및 식별부호를 부여하는 방법** : 계약작업분할구조의 계약구조(Indentured structure)와 요소구조(Elemental structure)의 목적은 사업을 구성하고 있는 작업패키지들의 비용을 식별하고, 시각적으로 볼 수 있게 하며, 통제하기 위한 것이다. 계약작업분할구조 방법은 그 다음 높은 계약수준(Indenture level)에서 지배적 요소에 부수적인 계약수준 작업패키지를 모으기 위하여 설계되어 있다. 작업분할구조는 하향식으로 계획하고 조직된다. 작업분할구조 자료는 상향식으로 분석되고 평가된다. 영문자와 숫자로 구성된 식별부호가 계약작업분할구조에 의해 나타낸 체계구조 내의 계약의 목적과 수준을 식별하기 위하여 계약작업분할구조의 작업패키지에 부여된다.

3) **계약작업분할구조에서 식별부호를 부여하는 규약** : 〈그림 11-4〉의 작업분할구조에서 알 수 있는 것과 같이 전체 체계수준(Total system level)은 "수준 0"으로 식별부호를 부여한다. 즉, 첫 번째 계약 수준은 음탐기 체계(SONAR system) 자체이다. 두 번째 계약수준의 요소인 "수준 1"은 체계의 평가단계(개발에서 배치까지)를 식별하는 두 자리의 부호가 부여된다. 세 개의 체계평가단계는 첫 번째 자리의 숫자로 식별할 수 있도록 다음과 같이 부여한다.

① 1X: 개발단계, ② 2X: 생산단계, ③ 3X: 배치단계

장비를 그룹으로 묶는 것은 두 번째 자리의 영문자로 식별하도록 다음과 같이 코드를 부여한다.

① XA: 체계수준, ② XB: 전술체계, ③ XC: 훈련체계, ④ XD: 지원체계

예를 들면, 〈그림 11-4〉의 작업분할구조에서 식별부호 "1A"는 "개발단계사업에서 적용되는 체계수준(System level)을 기술하는 수준 1 요소"를 포함한다. 또한 "2X"는 "생산단계 사업에서 적용되는 지원체계"를 포함한다. 따라서 요소의 식별부호는 다음과 같이 해석된다.

모든 {*XA* (체계수준), *XB* (전술체계), *XC* (훈련장비), *XD* (지원체계)} 는 {*1X* (개발단계), *2X*(생산단계), *3X*(배치단계)} 의 요소들이다.

이 처럼 "수준 1"의 식별부호는 장비의 그룹과 체계평가의 단계를 규정한다.

가) 계약 작업분할구조의 수준 2의 식별부호 부여방법

세 번째 계약수준 즉 "수준 2"는 하부체계 또는 요소 기능을 네 자리수의 영문자 및 숫자로 수준 1 요소와의 관계를 나타내는 부호를 부여한다. 첫 번째 두 자리는 수준 1요소의 식별부호이고, 뒤의 두 자리는 수준 2의 기능요소를 나타낸다. 〈그림 11-5〉의 계약작업분할구조에서 10개의 수준 2의 식별부호가 다음과 같은 방법으로 부여하고 있다.

XX01 체계장비	XX05 종합군수지원	XX09 장비설치
XX02 소프트웨어	XX06 수리부속	XX10 서비스 지원
XX03 사업관리	XX07 시험 및 평가	
XX04 체계공학	XX08 자료	

예를 들면, 작업패키지 식별부호 2C02는 "생산단계에 적용되는 훈련장비와 관계가 있는 소프트웨어 작업패키지"임을 의미한다. 즉,

수준 1 : 2X(생산단계)　　수준 2 : XX02(소프트웨어)

XC(훈련장비)

계약작업분할구조의 묶음원칙에서 모든 수준 2의 작업패키지는 수준 1의 작업분할구조 요소의 하부요소를 구성하는 것으로 간주한다.

나) 계약작업분할구조의 수준 3의 식별부호 부여방법

수준 3의 계약작업분할구조 패키지는 수준 2의 지정된 작업패키지에 따라 그룹화 된 네 번째 계약수준의 하부요소(Subelement)를 설명하고 있다. 〈그림 11-5〉의 계약작업분할구조는 수준 2의 작업패키지의 지배하에 있는 수준 3의 하부요소들의 각 그룹을 나열

하고 있다. 수준 3의 하부요소들의 식별부호는 여섯 자리수의 영문자 및 숫자로 구성되어 있다. 첫 번째 네 자리는 수준 2의 지배요소를 설명한다.

예를 들면, 수준 3의 하부요소의 식별부호 1A0102는 “개발단계의 체계수준의 체계장비(System equipment)에 속하는 예인체(Towed body)”를 의미한다. 즉,

수준 1 : 1X(개발단계)　　수준 2 : XX01(체계장비)　　수준 3 : XX0102(예인체)
XA(체계수준)

더 높은 수준의 구조에서 더 낮은 수준의 요소를 모아 놓은 작업분할구조는 체계형상 내에서 어느 수준에서든 쉽게 구분하여 사업관리를 할 수 있게 해준다.

4) **계약작업분할구조 계층의 문서화** : 〈그림 11-6〉은 확장된 계약작업분할구조의 요소 목록을 일부 발췌한 것으로서, 〈그림11-4〉와 〈그림 11-5〉의 모든 계약작업분할구조의 수준, 요소, 하부요소를 포함한다. 계약작업분할구조는 비용통제를 철저히 해야 할 분야에 초점을 맞추기 위하여 어느 수준의 비용자료를 식별하고 수집할 수 있게 해준다. 따라서 계약작업분할구조를 비용작업분할구조(CWBS: Cost Work Break Structure)라 한다.

〈그림 11-6〉 AN/BQS 음탐기체계의 비용작업분할구조의 예

CWBS Level 1　1A　체계수준 - 개발단계
　CWBS Level 2　1A01　체계장비
　　CWBS Level 3　1A0101　윈치
　　　1A0102　인양체
　　　1A0103　작동수 조종콘솔 등
　　　...........
　CWBS Level 2　1A02　소프트웨어
　　CWBS Level 3　1A0201　소프트웨어 관리
　　　1A0202　소프트웨어 공학
　　　1A0203　지원프로그램
　　　..........
　　　1A0219　통합 및 시험소프트웨어

5) **작업분할구조 작업지** : 비용작업분할구조 계획의 모든 작업패키지들은 모든 계약수준에서의 고유하고 기본적인 특성에 대한 분석에 기반을 두고 있다. MIL-STD-881의 자료요소에 기초를 둔 〈그림 11-7〉의 작업분할구조 사전양식(WBS dictionary format)은 효과적인 비용작업분할구조를 만드는 표본작업지를 제공하고 있다.

〈그림 11-7〉 작업분할구조 辭典양식

<table>
<tr><td colspan="6">사업명:</td><td rowspan="3">계약 작업분할구조 사전</td><td colspan="2">일자:</td></tr>
<tr><td colspan="6">계약번호:</td><td colspan="2">해당 양식페이지</td></tr>
<tr><td colspan="6">작업분할구조 수준</td><td rowspan="3"></td><td rowspan="3"></td></tr>
<tr><td>1</td><td>2</td><td>3</td><td>4</td><td>5</td><td>6</td><td>요소 제목(Element title)</td></tr>
<tr><td></td><td></td><td></td><td></td><td></td><td></td><td></td></tr>
<tr><td colspan="9">요소에 대한 기술</td></tr>
<tr><td colspan="6">작업분할구조 수준</td><td colspan="3">더 낮은 수준의 관련 요소들</td></tr>
<tr><td>1</td><td>2</td><td>3</td><td>4</td><td>5</td><td>6</td><td colspan="3">제목(Title)</td></tr>
<tr><td></td><td></td><td></td><td></td><td></td><td></td><td colspan="3"></td></tr>
</table>

12 신뢰도 · 정비도 · 가용도 분석

신뢰도(Reliability), 가용도(Availability), 정비도(Maintainability)를 RAM이라고도 한다. 이들은 어떤 무기체계의 고장빈도, 전투준비태세 및 정비업무량 등을 측정하는 척도로서 활용된다. 예를 들면, 방공무기체계인 SAM-X 유도탄을 발사하기 위해서 발사장치를 작동시켰을 때 발사장치가 정상적으로 작동되는가의 문제는 신뢰도 문제이다. 무기체계 RAM 요소 중에서 정비도는 SAM-X 체계에 고장이 발생하였을 경우, 규정된 절차와 방법에 따라 정비를 실시할 경우에 지정된 시간 내에 규정된 상태로 복구될 수 있는가에 관한 것으로서 정비의 용이성 즉, 정비업무량과 관계되는 요소이다.

가용도는 SAM-X 체계가 고장과 수리를 거쳐 임의의 시점에서 가동상태에 있을 확률을 의미한다. 즉, SAM-X 체계가 불시에 임무를 부여받았을 때 가용될 수 있는가에 해당되는 것을 말한다. 가용도는 신뢰도와 정비도에 의해서 결정될 수 있는 즉, 두 가지 요소(신뢰도, 정비도)의 함수라고 볼 수 있다. 본 장에서는 신뢰도, 정비도 및 가용도의 개념과 산정방법 등에 대해 설명한다.

제1절 신뢰도 분석

1. 신뢰도의 정의

신뢰도란 "무기체계, 장비 또는 부품 등에 대해서 정해진 기능을 발휘하기 위한 시간적 안정성을 나타내는 정도 또는 성질"이라고 정의한다. 그러나 실제로 무기체계, 장비, 부품 등의 신뢰성을 측정하고, 개선하고, 관리하는 입장에서는 확률로서 신뢰도 정의가 필요하다. 따라서 신뢰도란 **무기체계, 장비 또는 부품이 어떤 규정된 조건 하에서 의도하는 기간 중 정해진 기능을 수행하는 확률**로 정의된다.

정의를 분석하면 다음과 같은 요소에 대해서 알아야 한다.

① 신뢰도 측정대상은 무엇인가?

② 정상적인 **기능**이란 무엇이며, 정상 기능을 상실한 고장이란 무엇인가?

③ 정해진 **시간**이란 무엇인가?

④ 규정된 **사용조건(환경)**이란 무엇인가?

가. 신뢰도의 측정대상

대상은 크게는 무기체계(제품으로도 표현) 등의 전체 체계에서부터 작게는 볼트 등의 작은 부품 하나하나에 이르기까지 여러 가지가 될 수 있다. 체계를 구성하고 있는 일부 부품에 고장이 발생하더라도 전체 체계로서의 신뢰성에 영향을 미칠 수 있다. 또 체계의 고장 발생이 인적인 요소에 기인할 수 있기 때문에 신뢰도 산출대상의 범위를 명확하게 규정하여야 한다.

나. 정상적인 기능과 고장의 의미

정상적인 기능을 상실한 비정상적인 상태 즉, 고장의 정의는 매우 중요하다. 군에서 무기체계, 장비, 부품 등을 제작회사로부터 획득하는 경우 고장의 정의가 뚜렷하지 않으면 무기체계 획득과정에서 제작회사와 소요군이 어려움을 겪을 수 있다.

고장이라고 하여 반드시 파괴나 완전한 기능의 상실만을 의미하는 것은 아니다. 예를 들면, 계전기의 고장을 정의할 때 잘못 작동될 비율이 어떠한 한도 이상이면 고장으로 규정한다는 방식을 도입하여 ① 동작하지 않음, ② 3회 이상 계속되는 접촉 불량, ③ 100회 중에서 잘못 작동될 비율이 5회 이상 등에서 어느 한 가지, 또는 동시에 두 가지 이상이 나타났을 때를 고장으로 규정하는 것도 예가 될 수 있다.

다. 정해진 시간과 규정된 사용조건

신뢰도는 시간과 관련된 **시간적 품질**이다. 시간에 해당하는 측도로는 동작회수, 반복회수, 주기수, 운행거리, 사격발사탄수 등이 될 수도 있다. 시간의 경우에도 시간의 길이나 질은 여러 가지가 될 수 있다. 무기체계, 장비 등 대상에 따라서는 몇 년간, 몇 십년간이라도 보증하지 않으면 안 되는 것도 있고, 아주 짧은 시간의 동작이 보증되기만 하면 족한 것도 있다. 신뢰도는 반드시 긴 수명을 뜻하는 것은 아니다. 또 대상에 고장을 일으키는 스트레스가 가해지는 측면에서 보면 같은 시간일지라도 연속동작, 간헐적 사용, 예방정비의 유무, 방치, 보관 등 질적으로 여러 가지로 구분될 수 있다.

사용조건은 온도, 습도, 기압, 진동, 충격, 부하 등의 스트레스나 환경인자 뿐만 아니라 사용방법이나 정비가능 여부, 有人인가 무인인가의 구별, 정비환경, 사용자의 기능 등 넓은 뜻의 환경을 의미한다. 사용조건에서 '규정된' 이라는 것은 고장의 정의와도 관계되지만 높은 신뢰도의 제품일지라도 극단적인 부하를 제공하든가, 혹은 운용자가 잘못해서 파손하면 당연히 고장 난다. 그러나 이것은 비정상적인 사용조건이다. 따라서 **사용조건을 분명하게 규정**하는 것은 무기체계, 장비 등에 대하여 생산회사가 고유의 신뢰성을 설계하여 제작하고, 체계 개발과정에서 신뢰성을 확인하며, 소요군에서 무기체계, 장비를 배치, 운용 시의 신뢰성을 보증하기 위해서도 꼭 필요한 일이다.

IIIII 2. 신뢰도의 중요성과 필요성

가. 일반적으로 신뢰성이 중요시되는 이유는 다음과 같다.

1) 과학기술의 발달로 인하여 체계, 장비, 부품 등이 고성능화되고 현대인의 생활에 큰 영향을 주며, 체계 등의 고장은 비용의 손실로 나타난다.

2) 체계, 장비, 부품 등이 수적인 면에서 크고 복잡하기 때문에 고장기회가 증가하였다.

3) 체계, 장비, 부품 등의 기능상의 요구를 실현하기 위해서 이전처럼 안전계수를 필요 이상으로 부여하는 설계가 허용되지 않으며, 경제적으로나 기술적으로도 합리적인 신뢰성 기술이 필요하게 되었다.

4) 기술개발의 속도가 빨라져 새로운 재료 등이 개발되어, 평가되지 않은 분야가 존재함에 따라 불안전의 요인이 되고 있다. 이 때문에 제작공정 즉, 대량생산단계 이전에 사전평가와 예측을 수반하는 설계중심의 신뢰성 보증 기술이 요구된다.

5) 체계, 장비, 부품 등이 복잡화됨에 따라 이를 운용하는 운용자에게 부과되는 업무가 복잡해져서 운용자의 과실이 고장이나 사고의 요인이 되고 있다.

나. 신뢰도의 필요성

1) 경제적인 관점에서 고도의 신뢰도는 총비용을 줄이기 위해 필요하다. 어떤 군용장비는 연간 장비유지비가 장비구입가격의 10배나 되는 것을 보아도 신뢰도를 향상시킬 필요가 있다.

2) 안전유지를 위해서 필요하다. 비행기의 착륙장치가 고장 나면 비행기가 파손될 수 있으며, 운용자와 밀착되어 있는 장비의 고장은 일상생활이나 사회적으로 큰 영향을 미친다.

3) 군사과학분야에서 복잡한 기기들이 사용되고 있는 현대에 높은 신뢰도는 더욱 요구된다. 만약 요구되는 시기에 작동하지 않는다면 비용, 인명, 안보에 많은 피해를 주기 때문이다.

3. 신뢰도의 발전 역사

가. 항공기의 신뢰도 개념 발전

1) **제1차 세계대전 이후** : 영국과 미국의 항공기 산업이 팽창할 시기에 비행기 엔진의 고장 가능성 때문에 다발 비행기를 개발하기 시작, 주어진 임무수행을 완수하기 위해 단발, 쌍발, 4발기의 성능을 비교하였으며, 시간이 지남에 따라 비행시간에 관한 자료 즉, 주어진 기간동안 주어진 비행기 대수 중 몇 대가 고장을 일으켰는지 등에 대한 정보를 수집하였다.

2) **1930년대** : 축적된 자료에 의해 평균고장회수나 평균고장률로 비행기의 신뢰도를 나타냄으로써 비행기의 신뢰도 측정기준을 설정하고 안전수준을 허용할 수 있는 '최대 고장률' 로 표현하기 시작하였다.

3) **1940년대** : 비행기의 고장률은 **'평균 10만 비행시간당 1회'** 를 초과하지 말아야 한다는 기준을 설정하였다.

4) **1960년대** : 100만 착륙당 1회 정도의 착륙사고가 발생하였으나 자동착륙장치가 개발되면서부터 장치의 신뢰도는 **'1,000만 착륙당 1회'** 의 착륙사고로 명시하게 되었다.

나. 독일 V1 미사일의 신뢰도 개념 발전

제2차 세계대전중 독일은 1942년부터 개발을 시작한 V1 미사일에 신뢰도 이론을 적용하였으며, 이때의 신뢰도 개념은 '사슬 전체는 가장 약한 부분보다 강해질 수 없다' 는 원칙을 가지고 연구를 수행하여 60%의 임무완수를 할 정도의 신뢰도를 갖게 되었다.

다. 미군의 신뢰도 연구

한국전쟁시 전자장비 1불당 연 2불의 장비유지비용이 들었으며, 미 육군은 모든 차량에 대한 신뢰도를 조사하여 초기비용, 장비 유지비용, 가용도 등으로부터 가장 경제적인 예방정비 및 부품의 교환시간을 계산하기 시작하였다.

1950년대 원자력발전소 건설시 원자로 건설과 운용전반에 걸쳐 신뢰도 평가를 중점적으로 연구하여 발전되었다.

▮▮▮▮ 4. 신뢰도와 고장률

가. 신뢰도를 좌우하는 구성요소

1) **운용주기 또는 작동주기**(Operating cycle) : 엔진, 모터 등과 같은 어떤 체계가 고장 없이 성공적으로 작동될 수 있도록 설계된 단위시간의 수 또는 운용주기를 말한다.

2) **평균운용시간 또는 평균작동시간**(Average operating intervals) : 체계가 고장 발생 사이에 성공적으로 작동되는 단위시간의 수 또는 운용(작동)주기를 말한다.

3) **고장빈도**(Failure frequency) : 단위시간 간 또는 운용(작동)주기 간 고장이 발생되는 회수를 말한다.

나. 신뢰도와 무기체계

신뢰도와 무기체계는 아주 밀접한 관계에 있다. 첫째, 신뢰도라는 말은 무기체계를 획득하고 관리하면서 최초로 나오게 되었다. 즉, 2차 세계대전 중에 통신기와 레이더 등 전자기기의 고장으로 군 작전임무 수행에 지장을 받게 되자 미국에서는 해당 무기체계에 대한 신뢰도 연구를 시작하였고, 그 후 신뢰도에 대한 연구는 세계에서 활발하게 전개되었다.

둘째, 무기체계를 획득하여 배치 및 운영하면서 해당 무기체계의 신뢰도를 생각하지 않을 수 없기 때문이다. 즉, 무기체계 소요를 요청하는 단계에서부터 무기체계의 신뢰도를 고려해야할 뿐만 아니라 설계단계, 탐색 및 체계 개발단계에서도 기술시험평가와 운용시험평가를 통해서 신뢰도는 지속적으로 확인되고 검토된다. 또한 무기체계의 배치 및 운영 단계에서도 신뢰도에 관한 사항은 반드시 확인되고 표본추출에 의한 파괴 및 비파괴 시험을 통해서 합격을 받아야 한다.

전장에서 아군의 피해를 최소화하고 적군에게 타격을 최대화하기 위해서는 고도의 신뢰도가 보장된 무기체계를 획득하고 운용하는 것이 필수적이다. 따라서 무기체계를 개발 및 생산하는 제작회사에서도 신뢰도 연구가 실시되어야 하겠지만, 무기체계를 운용하는 소요군의 입장에서도 신뢰도에 대한 연구가 심도 있게 실시되어야 한다.

다. 신뢰도와 고장률

1) 신뢰도 함수(Reliability Function) : R(t)

가) 하나의 장비가 특정한 환경 하에서 고장 없이 t시간 작동할 확률을 신뢰도 R(t)라 하며, 장비 고장은 외부로부터의 부하에 의해 발생하므로 신뢰도는 시간의 함수이다. 즉, **무기체계나 장비가 정해진 시간에 고장 없이 정해진 기능을 발휘할 확률**로서, 체계의 신뢰도는 시간 t=0에서 작동하기 시작한 체계의 몇 %가 어떤 시점 t에서 고장 나지 않고 작동되고 있는가 하는 잔존율(Survival rate)이다. 따라서 어떤 무기체계가 고장이 발생하기까지의 시간을 조사하여 그 결과를 시간에 대한 고장회수의 히스토그램(막대그래프)으로 분석한다.

나) 신뢰도 함수 $R(t)$는 시간 t=0에서 $R(t)$=1로 시작하여, 시간이 흐름에 따라서 해당 무기체계의 고장발생건수가 증가하므로 잔존수명이 감소하여 신뢰도 $R(t)$=0으로 향하는 하강곡선이 된다. 하나의 단일 작동체(하나의 체계, 하부체계(Subsystem), 결합체(Assembly))의 **신뢰도 $R(t)$는 지수분포함수**로 나타내는 수학공식에 의해 결정된다. 이러한 원칙을 **단일 신뢰도**(Single-point reliability)라 부른다.

따라서 $R(t)$는 하나의 체계가 규정된 조건하에서 정해진 $t=t_0$ 시간동안 정상적으로 작동할 수 있는 확률을 말하며, 〈그림 12-1〉과 같은 모양을 나타낸다.

신뢰도 $R(t)=1-F(t)=1-\int_0^{t_0} f(t)dt=\int_{t_0}^{\infty} f(t)dt$ 이다.

여기서 불신뢰도 $F(t)$는 하나의 체계가 t시간동안 고장이 날 확률을 말하며, t시간동안의 **고장확률밀도함수** $f(t)=\lambda e^{-\lambda t}$ 이며,

고장률(Failure rate)은 $\lambda = \frac{1}{\text{평균작동수명}(mean\ life)} = \frac{1}{MTBF}$ 이다.

MTBF란 **고장간 평균작동시간**(Meantime Between Failure)이며,

$\frac{1}{MTBF}$ 는 단위시간당 평균고장회수를 의미한다.

신뢰공학에서 단일 신뢰도는 $R(t) = \int_t^{\infty} f(t)dt = \int_t^{\infty} \lambda e^{-\lambda t} dt = e^{-\lambda t}$ 이며,

이때 λ는 고장률 = $\frac{1}{MTBF}$, t는 작동주기(Operating cycle), e는 2.7182818이다.

〈그림 12-1〉 신뢰도 함수와 고장률

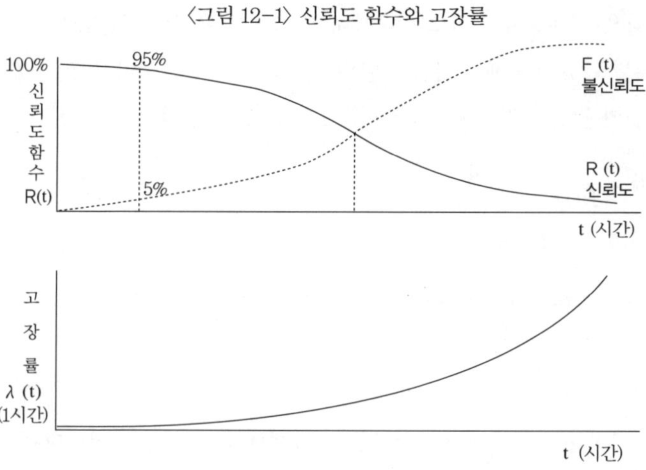

예제 1) 평균작동수명이 10,000시간인 하나의 결합체가 계획된 작동주기 5,000시간 동안 성공적으로 작동될 확률 또는 신뢰도는?

$$\lambda = \frac{1}{MTBF} = \frac{1}{10,000} = 0.0001, \quad t=5000$$

$$R(t) = e^{-\lambda t} = e^{-(0.0001)(5000)} = e^{-0.5} = 0.6065$$

2) **고장률 : λ(t)**

고장률을 일반식으로 산출해보면, 고장발생시간 t에서 고장확률밀도함수 $f(t)$는 단위시간당 전체의 몇 %가 고장 났는가 하는 빈도를 나타내는 것이며, 수학적으로는 $F(t)$ 또는 $1-R(t)$의 시간미분인 $f(t) = \frac{dF(t)}{dt} = -\frac{dR(t)}{dt}$ 이다.

신뢰도에는 품질관리의 불량률에 해당하는 **고장률**(Failure rate) 또는 **위험률**(Hazard rate)(순간고장률이라고도 부름)이라는 척도 $\lambda(t)$를 사용한다.

$$\lambda(t) = \frac{f(t)}{R(t)} = \frac{\frac{-dR(t)}{dt}}{R(t)} = \frac{-dR(t)}{R(t)\,dt} \quad \cdots\cdots\cdots\cdots \text{식 12-①}$$

확률밀도함수 $f(t)$는 시간 t라는 시점에서, 단위시간당 전체 무기체계 혹은 장비의 몇 %가 고장이 발생하는가 하는 밀도를 나타내고, 고장률 $\lambda(t)$는 t시간까지 고장 없이 작동되고 있는 부분, 즉 $R(t)$ 중에서 다음의 단위시간에 몇 %가 고장이 발생할 것인가라는 조건부 밀도를 나타낸다. 고장률 $\lambda(t)$와 신뢰도 $R(t)$의 관계는 식 ①을 시간으로 적분하면,

$$\lambda(t) = \frac{f(t)}{R(t)} = \frac{-d\ln R(t)}{dt} \quad \cdots\cdots\cdots\cdots \text{식 12-②}$$

$$\lambda(t)\,dt = -d\ln R(t)$$

$$\int_0^t \lambda(x)\,dx = -\int_0^t d\ln R(x)$$

$$R(t) = e^{-\int_0^t \lambda(t)dt} \quad \cdots\cdots\cdots\cdots \text{식 12-③}$$

식 ③에서 고장률이 상수인 지수분포를 생각해보자. 고장률이 상수라는 의미는 고장률이 시간에 따라 변하지 않고 일정한 값을 갖는다는 것이므로 앞에서 단일 신뢰도 공식과 같음을 알 수 있다. 즉, $\lambda(t) = \lambda$ 이므로 신뢰도 함수는 다음과 같다.

$$R(t) = e^{-\lambda t} \quad \cdots\cdots\cdots\cdots \text{식 12-④}$$

이때 고장발생시간 t에서 고장이 날 확률밀도함수와 고장이 날 확률 즉, 불신뢰도는 식 ①과 식 ④로부터 다음 식을 얻는다.

$$f(t) = \lambda e^{-\lambda t}, \qquad F(t) = 1 - e^{-\lambda t} \quad \cdots\cdots\cdots\cdots \text{식 12-⑤}$$

따라서 고장률(단위시간당 평균고장회수) $\lambda(t)$는

$$\lambda(t) = \frac{f(t)}{R(t)} = \frac{f(t)}{1-F(t)} = \frac{\lambda e^{-\lambda t}}{1-(1-e^{-\lambda t})} = \frac{\lambda e^{-\lambda t}}{e^{-\lambda t}} = \lambda$$

식 ⑤로부터 $f(x)$에 대해 풀면 $f(t) = \frac{e^{-\frac{t}{\beta}}}{\beta} \quad 0 \le t < \infty,\ \beta > 0$

따라서 $F(t) = \int_{-\infty}^{t} f(x)dx = \int_{0}^{t} \frac{e^{-\frac{x}{\beta}}}{\beta}dx = 1 - e^{-\frac{t}{\beta}}$ 로 나타낼 수 있으며,

지수분포의 위험률 $z(t) = \lambda(t) = \frac{f(t)}{R(t)} = \frac{f(t)}{1-F(t)} = \frac{\frac{e^{-\frac{t}{\beta}}}{\beta}}{1-(1-e^{-\frac{t}{\beta}})} = \frac{1}{\beta}$

위의 식에서 $\lambda(t) = \frac{1}{\beta}$ 이며,

이때 β는 제품의 **평균수명**(Mean life) 또는 **평균수명주기**(**MTBF: 고장간 평균작동시간**)를 의미한다. 따라서 지수고장시간분포를 따르는 장비는 고장률이 일정하므로 고장이 자주 일어나지 않는다. 고장이 날 때 교체해주면 전과 동일한 상태로 작동되기 때문에 지수고장시간분포를 무기억성 분포(Memoryless distribution)라고도 한다.

예제 2) 평균수명이 10,000시간이고, 계획된 작동주기는 5,000시간인 어떤 조립체의 신뢰도는?

(풀이)

$\lambda = \frac{1}{MTBF} = \frac{1}{10,000} = 0.0001, \qquad t = 5,000$

$R(t) = e^{-\lambda t} = e^{-(0.0001)\times(5000)} = e^{-0.5} = 0.6065$

라. 고장률/위험률(Hazard rate)의 종류

고장률(위험률)은 시간의 함수이다. 고장률의 기본적인 유형은 〈그림 12-2〉에서 보는 바와 같이 세 가지가 있다. 각 고장률의 형태에 따라서 고장확률밀도함수 $f(t)$, 신뢰도 $R(t)$도 다른 양상을 나타낸다.

1) **감소고장률**(DFR: Decreasing Failure Rate) : 처음에는 고장률이 높고, 시간이 갈수록 고장률이 감소하여 비교적 높은 신뢰도를 갖는 것만 남는 형이다. 즉, 초기에는 고장이 발생하기 쉬운 결함을 가진 것이 고장을 일으키지만, 시간이 갈수록 고장 발생이 감소하여 나머지까지 작동되는 것일수록 고장률이 줄어드는 형이다. 전자부품의 대분분

은 이와 같은 감소형을 따른다.

2) **일정고장률**(CFR: Constant Failure Rate) : 일정고장률은 많은 부분품으로 이루어지는 무기체계 또는 장비 등에서 볼 수 있는 전형적인 양상이며, 어떤 시간에도 고장률이 일정하다는 특징이 있다. 이 경우 단위시간당 고장이 발생하는 비율은 일정하지만, 고장발생이 우발적이라고 가정하기 때문에 언제 어떤 시점에서 고장이 일어나는가는 예측할 수 없다. 이때 신뢰도는 지수분포를 따른다.

3) **증가고장률**(IFR: Increasing Failure Rate) : 증가고장률은 시간이 흐름에 따라서 점차로 고장률이 상승하는 형이며, 체계를 구성하고 있는 부품 등의 마모현상에서 그 예를 찾아볼 수 있다. 이 증가고장률 유형의 고장은 마모나 노화에 의하여 어떤 시점에서 집중적으로 고장이 발생하는 특징을 가지며, 품질관리에서 잘 알려진 정규분포로 설명된다.

4) **체계수명주기 신뢰도**(System life-cycle reliability) : 비교적 단순한 부품이나 구성품에서 고장이 발생하는 형태를 앞서 살펴본 세 가지 기본형으로 구분할 수 있으나, 실제로는

〈그림 12-2〉 고장률의 유형과 분포의 대응

구분	(A) 감소형(DFR)	(B) 일정형(CFR)	(C) 증가형(IFR)
고장률 λ(t)	t	t	t
확률분포	두 지수분포의 혼합 또는 와이블 분포	지수분포	정규분포

〈그림 12-3〉 무기체계의 전형적인 고장률

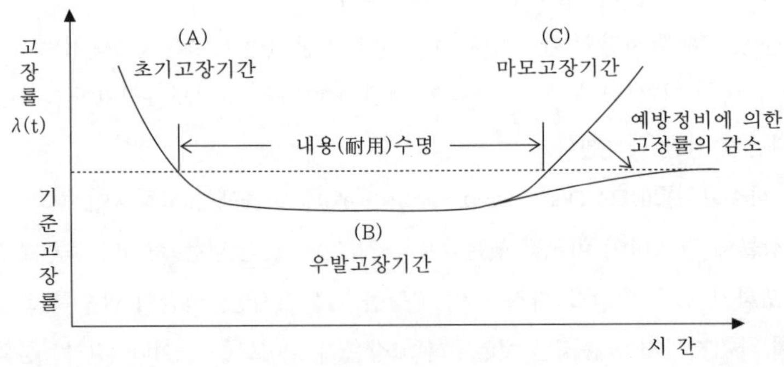

구성품이라 할지라도 시간의 흐름에 따라 고장 발생형태가 변화할 수 있기 때문에 단순하지가 않다. 특히 여러 가지 구성품으로 구성되어 있는 무기체계나 장비에서는 그것을 구성하는 구성품들의 고장양상이 섞여있기 때문에 시간적으로 복잡한 형태를 나타내게 된다.

예방정비를 하지 않을 때의 고장률 곡선은 〈그림 12-3〉과 같은 서양식 욕조 모양과 비슷하므로 욕조곡선이라 부른다. 무기체계나 장비에서 최초의 고장률이 시간적으로 감소하는 고장률 감소기간의 부분은 무기체계나 장비 내의 수명이 짧은 부분, 외부환경에 익숙하지 못한 약점의 존재, 설계의 미비나 공정불량 등에 기인하여 생긴다. 이 기간을 **초기고장기간**이라고 부른다.

이 초기고장기간이 경과하면 고장률은 시간적으로 거의 일정하며 안정되는 이른바 **상수 고장률**(Constant failure rate)기간이 된다. 고장발생시간이 지수분포를 따르는 영역이며, 고장발생은 우발적인 것으로서 **우발고장기간**이라고도 부른다. 이 기간은 무기체계나 장비의 안정적인 활동기에 해당되고 이 기간의 길이를 **유효수명**(**내용수명**)이라고 부른다.

세 번째의 고장률 증가기간은 **마모고장기간**으로 불린다. 무기체계나 장비를 구성하는 부분품이나 부품의 마모나 노화 현상에 기인하여 고장이 발생한다. 그러나 어떤 무기체계의 경우 부품의 마모가 시작되기 직전에 예방정비를 통하여 해당 부품을 사전에 교환하면, 증가하는 고장률을 일정한 수준 즉, 우발 고장기간의 고장률 수준으로 내릴 수 있다.

마. 고장확률밀도함수와 신뢰도 함수

1) 지수분포 특성을 갖는 신뢰도 함수

신뢰도에서 널리 사용되는 고장밀도함수, 신뢰도함수, 고장률함수는 다음과 같다.

고장밀도 함수 : $f(t) = \lambda e^{-\lambda t} \quad \lambda \geq 0, \quad E(t) = \frac{1}{\lambda}, \quad Var(t) = \frac{1}{\lambda^2}$

신뢰도 함수 : $R(t) = \int_t^\infty f(t)dt = \int_t^\infty \lambda e^{-\lambda t} dt = e^{-\lambda t}$

고장률 함수 : $\lambda(t) = \frac{f(t)}{R(t)} = \lambda$

예제 3) 1,000시간 사용시 신뢰도 90%를 유지하기 위한 요구 고장률은?

$R(t=1000) = e^{-1000\lambda} = 0.9 \qquad -1000\lambda = \ln 0.9$,

$\lambda = 1.05 \times 10^{-9}$/hr(100만 시간당 평균 1시간 고장 발생)

예제 4) 평균고장률이 0.001/hr인 제품의 신뢰도가 0.9가 되기 위한 사용시간은?

$R(t) = e^{-0.001t} = 0.9$, t=105시간

가) 직렬로 연결된 체계의 신뢰도(Series system reliability)

여러 개의 모듈로 구성된 체계의 신뢰도는 각 모듈의 고장률을 더해서 단일 신뢰도 함수 $R(t) = e^{-\lambda t}$의 $\lambda = \lambda_1+\lambda_2+\lambda_3+\cdots\cdots\lambda_n$ 를 대입하여 구한다. 이때 t는 작동주기, n은 직렬로 연결된 모듈의 개수를 말한다.

$$R(t) = e^{-(\lambda_1+\lambda_2+\cdots\cdots\lambda_n)t}$$

예제 5) 직렬로 연결된 모듈1의 고장률은 0.0001, 모듈2의 고장률은 0.0002, 모듈3의 고장률은 0.0003이라고 할 때 1,000시간의 작동시간동안 정상적으로 작동할 확률과 고장확률은?

$\lambda_{series} = 0.0001 + 0.0002 + 0.0003 = 0.0006$이므로

$$R(t) = e^{-(\lambda_{series})(t)} = e^{-(0.0006)(1000)} = e^{-0.6} = 0.5488$$

나) 모듈로 조립된 구성품의 신뢰도

〈그림 12-4〉와 〈그림 12-5〉와 같이 신뢰도 블록다이어그램(RBD: Reliability block diagram)으로 모듈간의 상관관계를 나타낸다.

① 〈그림 12-4〉와 같이 직렬로 연결된 구성품의 신뢰도

$R_{직렬} = (R_1)(R_2)\cdot\cdots\cdot(R_n)$, n은 직렬로 연결된 개수

〈그림 12-4〉 직렬 신뢰도 블록다이어그램

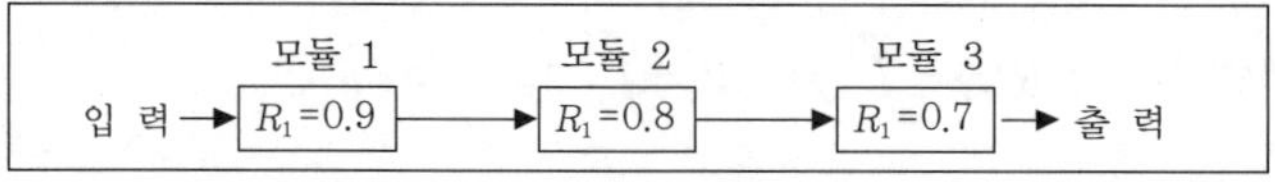

위의 블록다이어그램에서 구성품의 신뢰도 $R_{직렬} = (0.9)(0.8)(0.7) = 0.504$이다.

② 〈그림 12-5〉와 같이 병렬로 연결된 구성품의 신뢰도

2개의 모듈이 병렬로 연결된 경우 : $R_{병렬} = R_1 + R_2 - (R_1)(R_2)$

n개의 모듈이 병렬로 연결되었을 경우 : $R_{병렬} = 1-(1-R_1)(1-R_2)\cdots(1-R_n)$

〈그림 12-5〉 병렬 신뢰도 블록다이어그램

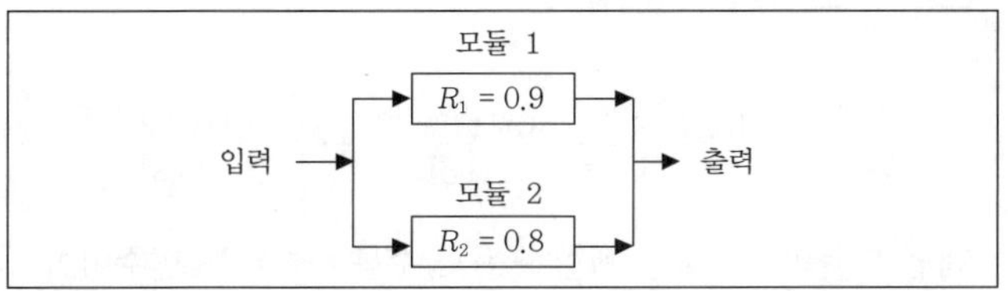

위의 RBD에서 구성품의 신뢰도 $R_{병렬} = 0.9 + 0.8 - (0.9)(0.8) = 0.98$이다.

예제 6) 7개의 구성품의 신뢰도는 P_A=0.9 P_B=0.95 P_C=0.95 P_D=0.92 P_E=0.97 P_F=0.92 P_G=0.97이며 다음과 같이 두 개의 병렬체계가 직렬로 연결된 체계의 신뢰도는?

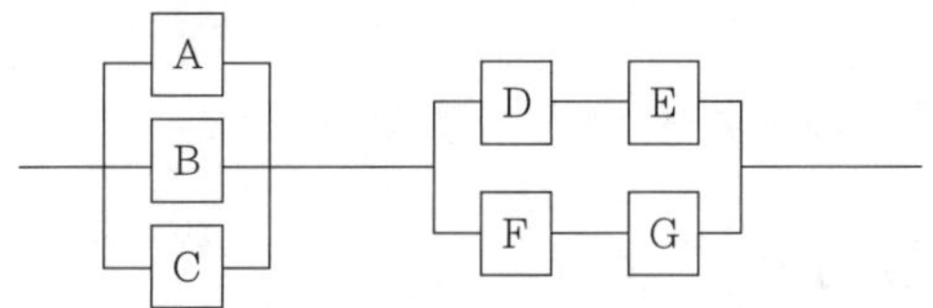

(풀이)

그림에서 직렬연결 하부체계 신뢰도는

$$P_{DE} = P_{FG} = P_D \cdot P_E = P_F \cdot P_G = (0.92)(0.97) = 0.8924$$

두 직렬연결 하부체계를 포함하는 병렬체계의 신뢰도는

$$P_{DEFG} = 1-(1-P_{DE})(1-P_{FG}) = 1-(1-0.8924)(1-0.8924) = 0.9884$$

A, B, C로 구성된 하부 병렬체계의 신뢰도는

$$P_{ABC} = 1-(1-P_A)(1-P_B)(1-P_C) = 1-(1-0.9)(1-0.95)(1-0.95) = 0.9997$$

따라서 전체의 체계신뢰도는

$$P = P_{ABC} \cdot P_{DEFG} = (0.9884)(0.9997) = 0.9882$$

다) 여러 개의 백업 모듈로 구성된 하나의 체계 신뢰도

상호 교환 가능한 백업용 모듈이 n개 있는 체계의 신뢰도 R_{system}은 포와송분포함수(Poisson distribution function)를 사용한다.

$$R_{system} = \sum_{i=0}^{i=s} \frac{(n\lambda t)^{x_i} e^{-n\lambda t}}{(x_i)!} = e^{-n\lambda t} + (n\lambda t)e^{-n\lambda t}$$

$$+ \frac{(n\lambda t)^2 e^{-n\lambda t}}{2!} + \frac{(n\lambda t)^3 e^{-n\lambda t}}{3!} + \cdots + \frac{(n\lambda t)^s e^{-n\lambda t}}{S!} \quad \cdots\text{식 } 12-⑥$$

여기서 s는 백업 모듈의 수, x_i는 백업 모듈의 수를 나타내는 변수이며, i=0, 1, 2, 3, ..., s개이다. n은 작동모듈의 수, λ는 모듈의 고장률, t는 작동주기를 의미한다.

예제 7) 2개의 작동모듈과 3개의 백업모듈로 만들어진 한 체계의 신뢰도를 계산하시오. 각 모듈은 호환성이 있고, 각 모듈의 MTBF는 5,000시간이며, 작동주기는 1,000시간이다.

작동주기 t=1,000, 작동모듈 수 n=2, 백업모듈 수 s=3,

모듈고장률 $\lambda = \frac{1}{MTBF} = \frac{1}{5,000} = 0.0002$ 이므로

$$R_{system} = e^{-0.4} + (0.4)e^{-0.4} + \frac{(0.4)^2(e^{-0.4})}{2!} + \frac{(0.4)^3(e^{-0.4})}{3!} = 0.9992$$

2) 정규분포 특성을 갖는 신뢰도 함수

가) 정규확률지에 의한 방법

① 고장시간 t_i 에 따른 누적 고장확률 $F(t_i)$ 를 계산한다.

- 평균 순위법을 사용할 경우 : $F(t_i) = \frac{i}{n+1} \times 100\%$
- 메디안 순위법을 사용할 경우 : $F(t_i) = \frac{i-0.3}{n+0.4} \times 100\%$

② t_i 에 대한 $F(t_i)$ 를 정규확률지에 점으로 표시한다.

③ 모든 점을 통과하는 회귀선을 긋는다.

④ 회귀선과 $F(t_i)$ =50%인 선과 만나는 점의 t 값 → μ (평균수명)

⑤ $\mu + \sigma$ (F = 84%)인 선과 회귀선이 만나는 점의 t 값을 알고, 이 t 값에서 μ 값을 빼면 이것이 표준편차 σ 값이 된다.

⑥ 고장밀도함수/신뢰도함수/고장률함수는 다음 표와 같다.

고장밀도 함수	신뢰도 함수	고장률 함수
• $f(t) = \frac{1}{\sqrt{2\pi\sigma}} exp[-\frac{1}{2}(\frac{(t-\mu)^2}{\sigma})]$ • $E[T] = \mu$ • $Var[T] = \sigma^2$	• $F(t) = \int_0^2 f(t)dt$ $-\Phi(\frac{t-\mu}{\sigma} - \Phi(Z)$ • $R(t) = 1 - F(t)$	• $\lambda(t) = \frac{f(t)}{R(t)}$ $= \frac{\Phi(Z)}{\sigma R(t)}$ $Z = \frac{t-\mu}{\sigma}$ 일 때,

예제 8) 구성부품이 고장시기에 대하여 평균수명 μ=20,000, 표준편차 σ=2,000cycle 인 정규 수명분포에서 t=19,000에서 신뢰도 및 고장률은?

$$R(19,000) = p\left\{z > \frac{19,000-20,000}{2,000}\right\} = p\{z > -0.5\} = \Phi(0.5) = 0.69146$$

나) 대수정규확률지에 의한 방법

장비의 수명 t의 자연대수 y=Int 가 정규분포를 갖게 될 때, 장비수명은 대수정규분포를 갖는다. 이때의 평균을 μ_y, 표준편차를 σ_y라 할 때

① 대수정규분포의 확률밀도함수

$$f(t) = \frac{1}{t\sigma_y\sqrt{2\pi}} e^{-(\text{Int}-\mu_y)^2/2\sigma_y^2} = \frac{1}{t\sigma_y}\Phi\left(\frac{\text{Int}-\mu_y}{\sigma_y}\right)$$

② 대수정규분포의 누적분포함수

$$F(t) = \frac{1}{\sigma_y\sqrt{2\pi}}\int_0^t \frac{1}{x} e^{-(\text{Int}-\mu_y)^2/2\sigma_y^2}dx = \Phi\left(\frac{\text{Int}-\mu_y}{\sigma_y}\right)$$

③ 대수정규분포의 신뢰도함수

$$R(t) = 1 - F(t) = \frac{1}{\sigma_y\sqrt{2\pi}}\int_t^\infty \frac{1}{x} e^{-(\text{Int}-\mu_y)^2/2\sigma_y^2}dx = \frac{1}{t\sigma_y}\Phi\left(\frac{\text{Int}-\mu_y}{\sigma_y}\right)$$

④ 대수정규분포의 순간고장률

$$\lambda(t) = \frac{\frac{1}{x} e^{-(\text{In}x-\mu_y)^2/2\sigma_y^2}dx}{\int_t^\infty \frac{1}{x} e^{-(\text{In}x-\mu_y)^2/2\sigma_y^2}dx}$$

⑤ 평균수명과 분산

$$\mu_t = E[T] = e^{\mu_y + (\sigma_y^2/2)}, \qquad \sigma_t^2 = Var[T] = e^{2\mu + \sigma_y^2}(e^{\sigma_y} - 1)$$

일반적으로 대수정규분포의 중앙치(Median) 즉, 50% 수명이 분포곡선을 묘사하는데 자주 쓰인다.

$$T_{50\%} = e^{\mu_y} \qquad f(t) = \frac{1}{\sigma + \sqrt{2\pi}} e^{-\frac{(\text{In}\,t - T_{50})^2}{2\sigma^2}} \qquad F(t) = \Phi\left(\frac{(\text{Int}/T_{50})}{\sigma}\right)$$

$$\mu = \text{In}\ T_{50}, \qquad \text{MTBF} = T_{50} e^{\frac{\sigma^2}{2}}$$

⑥ 고장밀도함수/신뢰도 함수/고장율 함수는 다음표와 같다.

고장밀도 함수	신뢰도 함수	고장율 함수
• $f(t) = \frac{1}{\sqrt{2\pi\sigma t}} exp[-(\frac{(\text{Int}-\mu)^2}{2\sigma^2})],\ t > 0$ • $E[T] = exp(\mu + \frac{\sigma^2}{2})$ • $Var[T] = \{exp(\sigma^2) - 1\} \times \{exp(2\mu + \sigma^2)\}$	• $F(t) = \Phi(\frac{\text{Int}/T^{50}}{\sigma})$ where, $T_{50} = e^{\mu}$ ⇒ B50(특성수명) • $R(t) = 1 - F(t)$	• $\lambda(t) = \frac{f(t)}{R(t)}$

예제 9) 어떤 부품의 고장시간이 μ=5, σ=1인 대수정규분포를 따른다. 150시간에서의 이 부품의 신뢰도와 고장률을 구하라.

$$R(150) = p\{T > t\} = p\left\{z > \frac{\text{Int} - \mu}{\sigma}\right\} = p\left\{z > \frac{\text{In}150 - 5}{1}\right\} = p\{z > 0.01\} = 0.496$$

$$\lambda(t) = \frac{f(t)}{R(t)} = \frac{\Phi(z = \frac{\text{Int} - \mu}{\sigma})}{t\sigma R(t)} = \frac{\Phi(z = \frac{\text{In}150 - 5}{1})}{(150)(1)(0.496)}$$

$$= \frac{\Phi(z = 0.01)}{(150)(0.496)} = \frac{0.399}{(150)(0.496)} = 0.0053$$

다) 정규분포함수 형태는 다음 그림과 같다.

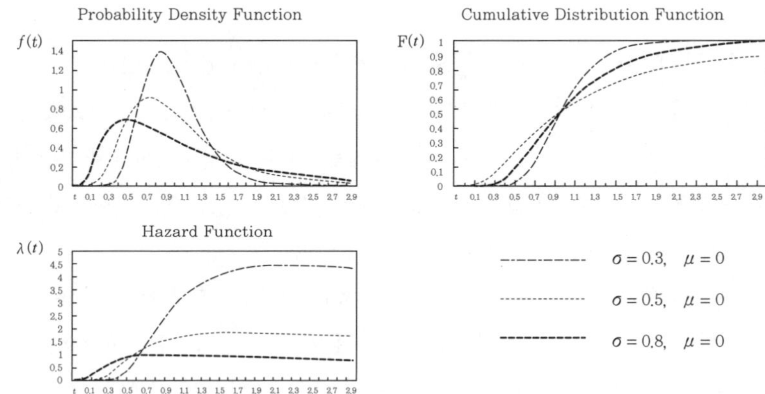

3) Weibull 분포 특성을 갖는 신뢰도 함수

고장률이 장비의 사용연령에 따라 일정한 관계를 가지고 변하기 때문에 모수를 변화시켜 줌으로써 여러 종류의 고장현상을 묘사할 수 있도록 만든 확률분포로서 모수는 m : 형상 모수, η : 척도 모수, r : 위치 모수가 있다. 고장밀도 함수, 신뢰도 함수 및 고장률 함수는 다음 표와 같다.

고장밀도 함수	신뢰도 함수	고장율 함수
• $f(t) = \frac{m}{\eta}\left(\frac{t-r}{\eta}\right)^{m-1} exp\left[-\left(\frac{t-r}{\eta}\right)^{m}\right],\ t>0$ • $E[T] = \eta r\left(1+\frac{1}{m}\right)$ • $Var[T] = \eta^2\left\{r\left(1+\frac{2}{m}\right)-r^2\left(1+\frac{1}{m}\right)\right\}$	• $R(t) = exp\left(-\left(\frac{t-r}{\eta}\right)^{m}\right)$	• $\lambda(t) = \frac{m}{\eta}\left(\frac{t-r}{\eta}\right)^{m-1}$ m〈 1: DFR m=1: CFR m〉1: IFR

예제 10) 어떤 부품의 고장시간이 m=4, η=1,000, r=1,000 인 Weibull 분포를 갖는다. 운영시간이 1,500시간에서 신뢰도를 구하라 ?

$$R(1{,}500) = exp\left(-\left(\frac{t-r}{\eta}\right)^{m}\right) = exp\left(-\frac{1{,}500-1{,}000}{1{,}000}\right)^{4} = exp(-0.0625) = 0.939$$

5. 수명시험과 모수추정

가. 수명시험(Life Testing): 중도절단표본(Censored sampling)

다량의 제품을 만들 경우에는 몇 개의 제품으로부터 전체 제품의 수명정보를 얻기 위해 실험하는 경우를 수명시험이라 한다. n개의 제품표본은 특정조건하에서 고장이 발생할 때까지 관찰된다. 각 제품의 고장시간을 관측한 결과 t_1, t_2, ……, t_n이라고 하면 가장 짧은 고장시간을 t_1, 가장 긴 고장시간을 t_n이라 한다.

실제에는 수명시험은 제품 판매전에 제품의 품질을 결정하기 위해 실시하는 것으로 제품이 고장나는 시간을 기다리기에는 시간과 비용이 낭비되므로 검정시간 T를 정해놓고 시험을 실시하기 때문에 이 시험을 시간 T에서 중도 절단되었다고 한다. 또 이때까지 시험을 하여 얻은 제품의 고장개수는 r이라 한다. 이때 r은 $0 \leq r \leq n$인 정수이다.

나. 지수고장시간분포의 모수추정

지수분포의 평균고장시간(평균수명) β의 점 추정량을 계산하는 방법은 다음과 같다.

중도 절단되지 않은 수명시험 : $\hat{\beta} = \dfrac{\sum_{i=1}^{n} t_i}{n}$

r개가 중도 절단된 표본 : $\hat{\beta} = \dfrac{\sum_{i=1}^{r} t_i + (n-r)t_r}{r}$

시험시간 T가 고정된 중도 절단된 표본 : $\hat{\beta} = \dfrac{\sum_{i=1}^{r} t_i + (n-r)T}{r}$

이때 β의 $(1-\alpha)100\%$ 신뢰구간 산출공식은 다음과 같다.

r개가 고정된 중도 절단된 표본에 대한 β의 $(1-\alpha)100\%$ 신뢰구간

총수명 $= \sum_{i=1}^{r} t_i + (n-r)t_r$ 일 때, $\dfrac{2(\text{총수명})}{x^2_{\frac{\alpha}{2}}} \leq \beta \leq \dfrac{2(\text{총수명})}{x^2_{1-\frac{\alpha}{2}}}$ 이고,

$x^2_{\frac{\alpha}{2}}$ 과 $x^2_{1-\frac{\alpha}{2}}$ 는 자유도가 2r인 카이제곱분포에서 상위와 하위의 $\dfrac{\alpha}{2}$ 확률을 주는 값이다.

T개가 고정된 중도 절단된 표본에 대한 의 $(1-\alpha)100\%$ 신뢰구간은

총수명 = $\sum_{i=1}^{r} t_i + (n-r)T$ 일 때, $\frac{2(\text{총수명})}{x^2_{\frac{\alpha}{2}}} \leq \beta \leq \frac{2(\text{총수명})}{x^2_{1-\frac{\alpha}{2}}}$ 이고,

$x^2_{\frac{\alpha}{2}}$ 과 $x^2_{1-\frac{\alpha}{2}}$ 는 자유도가 (2r+2)인 카이제곱분포에서 상위와 하위의 $\frac{\alpha}{2}$ 확률을 주는 값이다.

카이제곱분포는 국방체계분석학의 모수추정이론에서 다룬다.

제2절 정비도 분석

IIIII 1. 개요

정비도(Maintainability)란 "사전에 규정된 인원, 시설 및 장비를 이용하여 정해진 기간 내에 정해진 작전태세 수준으로 복귀되는 한 체계의 능력척도(Measure of the ability of a system)"을 말한다. 군수전문 실무자들은 통상 정비도를 체계의 성능규격(Performance specification)으로 설명하며, 정비도의 매개변수로 창정비수준의 **평균수리정비시간**($\overline{M_{ct}}$: Mean Corrective Maintenance Time)과 부대정비수준의 **평균예방정비시간**($\overline{M_{pt}}$: Mean Preventive Maintenance Time)을 가장 많이 사용한다. 평균수리정비시간과 **수리평균시간**(MTTR: Mean time to repair)은 동일한 의미이다.[215]

미 국방부는 조직 수준의 수리척도(정비도)로 평균수리정비시간($\overline{M_{ct}}$)을 사용하며, 체계공학(신뢰도) 매개변수로 **고장간 평균시간**(MTBF: Mean Time Between Failure)를 사용한다. 수리정비간 평균시간($MTBM_{ct}$: Mean Time Between Corrective Maintenance)과 MTBF는 동일한 의미로 사용된다.

정비도 분석시에 사용되는 주요 매개변수를 정리하면,

① **평균정비시간** : $\overline{M_{ct}}$, $\overline{M_{pt}}$

② **정비간 평균시간** : MTBF, MTBM

③ **정비회수** : λ(고장발생률: Failure rate)= f_{ct} (수리정비회수), f_{ct} (예방정비회수)

IIIII 2. 평균수리정비시간과 평균예방정비시간 구하는 방법

평균수리정비시간 $\overline{M_{ct}}$란 **"임의의 시간에 발생하는 고장에 대한 수리정비를 실시하는데 소요되는 평균시간"**을 말한다. 평균수리정비시간은 반복되는 동일한 수리정비 활동시간을 평균하여 구한다. 예를 들어 설명하기로 한다.

215) J. W. Langford(1995), pp. 55-70.

예제 11) 해안경계용 레이더 고장시 5개 정비창에서 1년간 수리한 자료를 수집한 결과는 다음과 같다. 레이더의 평균수리정비시간 $\overline{M_{ct}}$과 수리율(repair rate)을 구하라. 수리율이란 단위시간당 수리회수를 의미하므로 수리율 $\mu = \frac{1}{\overline{M_{ct}}}$이며, 수리율은 고유가용도($A_i$: Inherent availability)를 평가할 때 통상 사용된다.

(풀이)

$\overline{M_{ct1}}$=1.5시간, $\overline{M_{ct2}}$=1.2시간, $\overline{M_{ct3}}$=1.6시간, $\overline{M_{ct4}}$=1.2시간, $\overline{M_{ct5}}$=1.5시간,

평균수리정비시간 $\overline{M_{ct}} = \frac{\sum_{i=1}^{n} M_{cti}}{n} = \frac{1.5+1.2+1.6+1.2+1.5}{5} = \frac{7}{5} = 1.4$시간

수리율 $\mu = \frac{1}{\overline{M_{ct}}} = \frac{1}{1.4} = 0.714$

예제 12) 4개의 모듈로 구성된 무기체계의 모듈별 수리활동간 평균시간인 수리정비간 평균시간($MTBM_{ct}$) 또는 고장간 평균시간(MTBF)은 동일 의미인바 다음과 같은 자료를 얻었다면 무기체계 전체의 수리정비간 평균시간($MTBM_{ct,\ system}$)을 구하시오.

$MTBM_{ct1}$($MTBF_1$과 동일) = 1,000시간

$MTBM_{ct2}$($MTBF_2$과 동일) = 2,000시간

$MTBM_{ct3}$($MTBF_3$과 동일) = 3,000시간

$MTBM_{ct4}$($MTBF_4$과 동일) = 4,000시간

(풀이)

수리활동간 평균간격인 MTBF($MTBM_{ct}$)는 고장회수에 대한 체계 전체 작동시간간의 비율로 결정된다. 즉, 개별 모듈별 고장률의 합의 역수와 같다. 따라서 체계 전체의 수리정비간 평균시간

$$MTBM_{ct,\ system} = \frac{1}{\frac{1}{MTBM_{ct1}} + \frac{1}{MTBM_{ct2}} + \frac{1}{MTBM_{ct3}} + \frac{1}{MTBM_{ct4}}}$$

$$= \frac{1}{\frac{1}{1000} + \frac{1}{2000} + \frac{1}{3000} + \frac{1}{4000}} = \frac{1}{0.00208} = 480.77\text{시간}$$

예제 13) $MTBM_{ct}$ = MTBF = 2,500시간이라면

(풀이)

$$\text{수리정비회수 } f_{ct} = \lambda = \frac{1}{MTBM_{ct}} = \frac{1}{MTBF} = \frac{1}{2500} = 0.0004$$

n개의 하부체계로 구성된 무기체계의 $\overline{M_{ct}}$와 $\overline{M_{pt}}$를 구하는 공식은 다음과 같다.
체계 전체의 수리정비시간은

$$\overline{M_{ct,\ system}} = \frac{\frac{1}{MTBF_1}(\overline{M_{ct1}}) + \frac{1}{MTBF_2}(\overline{M_{ct2}}) + \cdots + \frac{1}{MTBF_n}(\overline{M_{ctn}})}{\frac{1}{MTBF_1} + \frac{1}{MTBF_2} + \cdots + \frac{1}{MTBF_n}}$$

$$= \frac{\lambda_1(\overline{M_{ct1}}) + \lambda_2(\overline{M_{ct2}}) + \cdots + \lambda_n(\overline{M_{ctn}})}{\lambda_1 + \lambda_2 + \cdots + \lambda_n} \quad \cdots\cdots\cdots \text{식 12-⑦}$$

체계 전체의 예방정비시간은

$$\overline{M_{pt,\ system}} = \frac{\frac{1}{MTBM_{pt1}}(\overline{M_{pt1}}) + \frac{1}{MTBM_{pt2}}(\overline{M_{pt2}}) + \cdots + \frac{1}{MTBF_{ptn}}(\overline{M_{ptn}})}{\frac{1}{MTBM_{pt1}} + \frac{1}{MTBM_{pt2}} + \cdots + \frac{1}{MTBM_{ptn}}}$$

$$= \frac{f_{pt1}(\overline{M_{pt1}}) + f_{pt2}(\overline{M_{pt2}}) + \cdots + f_{ptn}(\overline{M_{ptn}})}{f_{pt1} + f_{pt2} + \cdots + f_{ptn}} \quad \cdots\cdots\cdots \text{식 12-⑧}$$

예제 14) 3개의 하부체계로 구성된 무기체계의 $\overline{M_{ct}}$를 구하시오. 하부체계의 각각의 MTBF와 $\overline{M_{ct}}$는 다음 표와 같다.

하부체계	MTBF	$\overline{M_{ct}}$
1	1000시간	3
2	1500시간	4
3	2000시간	5

(풀이)

$$\overline{M_{pt,\ system}} = \frac{\frac{1}{1000}(3) + \frac{1}{1500}(4) + \frac{1}{2000}(5)}{\frac{1}{1000} + \frac{1}{1500} + \frac{1}{2000}} = 3.77\text{시간}$$

3. 군수지연

가. 군수지연(Logistics delay)의 개념

무기체계나 장비가 수리(비계획 정비)나 예방정비(계획정비)를 위해 작동을 중지하고 있는 시간 중에서 군수지연은 실제수리시간이나 예방정비시간과 다른 시간을 포함하고 있다. 이와 같은 군수지연은 정비를 위한 작동중지시간(MDT: Maintenance down time)과 체계의 운용가용도(A_0: Operational availability)에 영향을 미친다. 군수지연의 정의와 척도 측정방법은 군수관리자가 지연의 유형을 식별하고 평가함으로써 결정된다. 실제 정비활동에 포함되지 않는 다음과 같은 모든 지연요소를 포함한다.: ① 행정소요시간, ② 수리부속 청구 및 수령 시간, ③ 수리에 필요한 기술의 요청, ④ 기술자료에 대한 연구, ⑤ 검토 및 결심 시간 등이다.

나. 지연 유형별 평균군수지연시간($\overline{M_{LDi}}$: Mean Logistics Delay Time)

지연에 의해 발생된 평균경과시간을 의미하며, 위에서 열거한 지연 유형에 따라 각 유형별 지연시간을 합하여야 한다. 예를 들면, 정비기간 중에 다음과 같은 행정업무소요시간을 기록해두었다면 행정에 의한 평균군수지연시간은 다음과 같이 구한다.

5회 관찰 기록한 행정소요시간이 0.75, 1.25, 0.5, 1.75, 1.5시간이라면 평균군수지연시간

$\overline{M_{LD,행정}} = \dfrac{1.75+1.25+0.5+1.75+1.5}{5} = 1.15$시간으로 간주할 수 있다.

다. 지연 유형별 군수지연간 평균시간($MTBL_i$: Mean Time Between Logistics Delay)

군수지연간 평균시간이란 지연을 초래한 사건의 발생간 평균 시간간격을 의미한다. 예를 들면, 어떤 무기체계의 작동시간이 15,000시간이고 그 기간중 자료를 찾는데 15회의 지연상황이 발생되었다. 군수지연간 평균시간을 계산하면,

$$\text{군수지연간 평균시간 } MTBL_{자료찾기} = \frac{작동시간}{발생회수} = \frac{15000}{15} = 1000\text{시간}$$

라. 지연 유형별 군수지연 발생회수(f_{LD}: Logistics delay frequency)

군수지연 발생회수란 어떤 특정 유형의 지연이 작동시간당 발생하는 평균 발생률을 의미한다. 군수지연 발생회수는 군수지연간 평균시간의 역수로 계산한다.

위의 예를 이용하여 군수지연 발생회수를 계산하면,

$$\text{군수지연발생회수 } f_{LD,\text{자료찾기}} = \frac{1}{MTBL_{LD,\text{자료찾기}}} = \frac{1}{1000\text{시간}}$$
$$= 0.001 \textit{ (event per operating hour)}$$

마. 평균군수지연시간($\overline{M_{LDi}}$)의 합($\overline{M_{LD}}$)

앞에서 설명한 여러 가지 종류의 지연원인에 따라 발생한 지연 유형별 평균군수지연시간을 모두 합하여야 한 체계 전체의 평균군수지연시간을 구할 수 있다.

$$\overline{M_{LD}} = \frac{f_{LD1}(\overline{M_{LD1}}) + f_{LD2}(\overline{M_{LD2}}) + \cdots + f_{LDn}(\overline{M_{LDn}})}{f_{LD1} + f_{LD2} + \cdots + f_{LDn}} \quad \text{.................... 식 12-⑨}$$

여기서 n: 지연 유형의 종류

체계 전체의 군수지연발생회수 f_{LD}는 지연 유형의 모든 경우를 합한 군수지연간 평균시간 MTBL의 역수와 동일하므로 다음과 같다.

$$f_{LD} = \frac{1}{MTBL}$$

4. 체계 전체의 정비도로서 평균정비시간과 정비간 평균시간 계산방법

가. 평균 실제 정비시간(M : Mean Active Maintenance Time)

체계 전체의 평균정비시간 M은 평균수리정비시간 $\overline{M_{ct}}$와 평균예방정비시간 $\overline{M_{pt}}$를 합한 값이다.

$$\text{체계의 평균정비시간 } \overline{M} = \frac{\frac{1}{MTBM_{ct}}(\overline{M_{ct}}) + \frac{1}{MTBM_{pt}}(\overline{M_{pt}})}{\frac{1}{MTBM_{ct}} + \frac{1}{MTBM_{pt}}} \quad \text{........ 식 12-⑩}$$

예제 15) 다음의 특성을 갖는 무기체계의 평균정비시간 $\overline{M}$를 구하시오.

$\overline{M_{ct}}$=3시간, $MTBM_{ct}$=1,000시간, $\overline{M_{pt}}$=2시간, $MTBM_{pt}$=5,000시간

(풀이)

$$\overline{M} = \frac{\frac{1}{1000}(3) + \frac{1}{5000}(2)}{\frac{1}{1000} + \frac{1}{5000}} = 2.833\text{시간}$$

나. 정비간 평균시간(MTBM: Mean Time Between Maintenance)

정비간 평균시간은 정비활동 간 평균시간 간격으로서 수리정비간 평균시간($MTBM_{ct}$)와 예방정비간 평균시간($MTBM_{pt}$)를 합한 값이다.

$$\text{즉, MTBM} = \frac{1}{\frac{1}{MTBM_{ct}} + \frac{1}{MTBM_{pt}}} = \frac{1}{\lambda + f_{pt}} \quad \cdots\cdots\cdots\cdots \text{식 12-⑪}$$

예제 16) 어떤 무기체계의 예방정비간격이 1,200 작동시간마다 정비를 하며, 고장분석결과 MTBF는 500시간이라면 정비간 평균시간 MTBM을 구할 것

(풀이)

$$\text{MTBM} = \frac{1}{\frac{1}{500} + \frac{1}{1200}} = \frac{1}{0.002+0.000833} = 352.94\text{시간}$$

MTBM은 운용가용도(A_0)와 성취가용도(A_a)를 결정하는 매개변수이다.

다. 정비를 위한 작동 불가능시간(MDT: Maintenance Down Time)

정비를 위한 작동 불가능시간이란 정비활동을 하거나 이와 관련된 활동 즉 군수지연 등을 위하여 전체 체계가 작동불가능 상태에 있는 시간을 말한다. 따라서 정비를 위한 작동 불가능시간은 수리정비시간, 예방정비시간과 군수지연시간의 영향을 받게 된다.

$$MDT = \frac{\frac{1}{MTBF}(\overline{M_{ct}}) + \frac{1}{MTBM_{pt}}(\overline{M_{pt}}) + \frac{1}{MTBL}(\overline{M_{LD}})}{\frac{1}{MTBF} + \frac{1}{MTBM_{pt}} + \frac{1}{MTBL}}$$

$$MDT = \frac{\lambda(\overline{M_{ct}}) + f_{pt}(\overline{M_{pt}}) + f_{LD}(\overline{M_{LD}})}{\lambda + f_{pt} + f_{LD}} \quad \cdots\cdots\cdots\cdots \text{식 12-⑫}$$

제3절 가용도 분석

1. 가용도의 정의

가용도(A: Availability)란 "어떤 체계에 부여된 기능을 수행하기 위한 준비태세의 척도"이다. 무기체계에 대한 운용준비태세(Operational readiness)를 평가해 주는 것으로서 **"어떤 체계가 시점 t에서 정상 가동하고 있을 확률"**로 정의될 수 있으며, 또한 어떤 체계의 총시간(Total time: up time+down time)에 대한 운용가능시간(Up time 또는 작동가능시간, 총가동시간)의 상대적 척도이다. 운용가능시간이 체계의 평균작동가능시간을 결정한다.

가용도는 다음과 같은 식으로 정의된다.

$$\text{Availability} = \frac{up\ time}{up\ time + down\ time} = \frac{\text{총 가동시간}}{\text{총 가동시간+총 불가동시간}} = \frac{\text{총 가동시간}}{\text{총 시간}}$$

신뢰도는 어떤 체계가 작동된 후에 임무를 성공적으로 완료할 수 있는 확률로 정의되는 반면, 가용도는 작동을 시작하기 전에 정상 작동될 수 있는 능력으로 측정한다. 따라서 가용도는 신뢰도와 정비도에 민감하고 두 매개변수 간의 절충으로 결정된다.

공학적 설계단계에서부터 운용단계를 통하여 체계 평가에 일치되는 가용도 측정방법은 3가지가 있다. 체계 설계변수로서 **고유가용도(A_i: Inherent availability)**, 시험 및 평가시에 적용되는 **성취가용도(A_a: Achieved availability)**, 야전에 배치후 체계의 준비태세를 측정하는 데 이용되는 **운용가용도(A_0: Operational availability)**로 분류된다.[216)]

방위사업관리규정에 의거 목표 운용가용도를 설정하도록 규정하고 있으며, 방위사업청의 종합군수업무지침서[217)]에 의거 체계의 운용형태 종합 및 임무유형(OMS/MP: Operational Mode Summary/Mission Profile)은 운용형태별 횟수, 총 시간, 총 가동시간(운용시간, 경계시간, 대기시간), 총 비가동시간(총 정비시간, 총 행정 및 군수지연시간) 등의 입력이 정량적으로 설정되어야 함을 요구하고 있다.

---

216) J. W. Langford(1995), pp. 71-83.

217) 방위사업청, 『종합군수지원업무지침서: 해상전력사업용』(서울: 방위사업청, 2007), pp. 155-156.

ⅠⅢ 2. 가용도 분석을 위한 개념 설정

체계의 가용도 분석을 위해서는 한 체계의 운용개념이 먼저 설정되어야 한다. 또한 체계 가용도를 산출하고 분석하기 위한 운용 관련 각종 시간요소를 분류하면 〈그림 12-6〉과 같이 11가지의 시간요소 용어를 사용한다.

시간요소 용어는 총 시간(TT: Total Time), 총 가동시간(TUT: Total Up Time); 총 불가동시간(TDT: Total Down Time); 대기시간(ST: Standby Time), 비상대기시간(AT: Alert Time); 운용시간(OT: Operating Time), 비운용시간(NOT: Non Operating Time); 총 정비시간(TMT: Total Maintenance Time); 총 행정 및 군수 지연시간(TALDT: Total Administrative & Logistics Delay Time); 총 수리정비시간(TCM: Total Corrective Maintenance Time); 총 예방정비시간(TPM: Total Preventive Maintenance Time)으로 구분한다.

〈그림 12-6〉 체계/장비의 운용시간의 분류

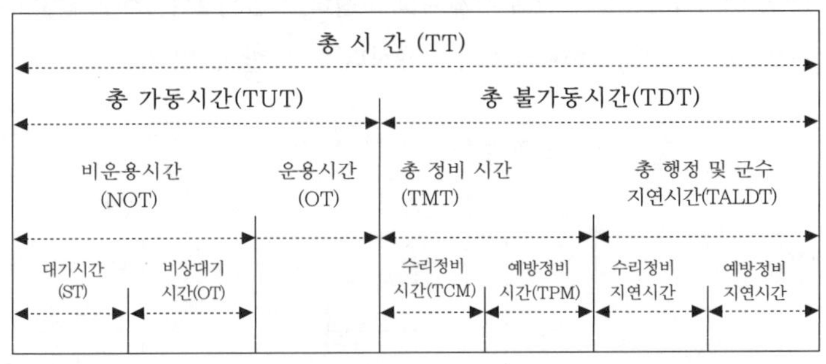

항공기를 일정기간 운용하는 과정을 통해 가용도를 살펴보면, 공군에서 운용하는 항공기는 어느 때나 출동명령이 내려질 수 있다. 그러므로 항공기는 정비가 요구되는 경우를 제외하고 일정수의 항공기가 가동상태에 있어야만 임무를 완수할 수 있을 것이다. 따라서 공군 항공기의 경우 가동률 또는 가용도는 전투준비태세의 척도로서 중요시 된다.

예를 들면, 어떤 부대에서 항공기를 100대 보유하고 있다고 가정하자. 그리고 보유 항공기 100대 중에서 임무완수를 위해 90대 이상의 항공기를 가동시켜야 한다고 가정하자. 보유 항공기 중에서 일부가 어떤 경우에는 고장이 발생할 수도 있고, 차후 임무 수행을 위해서 정비를 실시해야 할 경우도 있을 것이다.

이러한 경우에 항공 무기체계의 임무수행 기간 중의 가용도를 〈그림 12-6〉과 같이 도식화해볼 수 있다. 〈그림 12-6〉에서 **'특정한 시간동안 임무가 부여되었을 때, 임무수행이 가능한 항공기가 몇 대가 되는가.'** 하는 것이다. 즉, 기간 중 보유 항공기 100대 중에서 90대 이상이 가용한 상태가 되어야 하는데, 그림에서는 일부 기간은 88대 혹은 87대만 가용한 상태가 된다. 따라서 항공기는 임무수행을 위한 가용한 대수를 항상 확보하고 있지 못하다고 할 수 있다. 즉, 그림의 아랫부분에서의 구간 A, B, C에서는 항공기 100대 중에서 90대 이상이 가용한 상태라 할 수 있지만, 구간 D, E에서는 가용 항공기 대수가 90대 미만이다. 즉, 항공기 가동률이 90% 이하인 것이다.

그림의 아래 부분에서 A, B, C, D, E 구간을 항공기 1대의 운용주기라고 가정한다면 구간 A, B, C의 시간총합은 항공기의 총 가동시간이고, 구간 D, E의 시간 총합은 항공기의 불가동시간이라 한다.

야전에서 운용하는 대부분의 무기체계는 항공기와 같이 다수의 하부체계의 결합체로 이루어져 있다. 이와 같은 경우 한 무기체계를 구성하고 있는 모든 하부체계가 정상적으로 작동할 때만 '무기체계(즉, 전체 체계)가 가용하다' 고 말할 수 있다.

〈그림 12-7〉 임무를 고려한 항공기 가용도

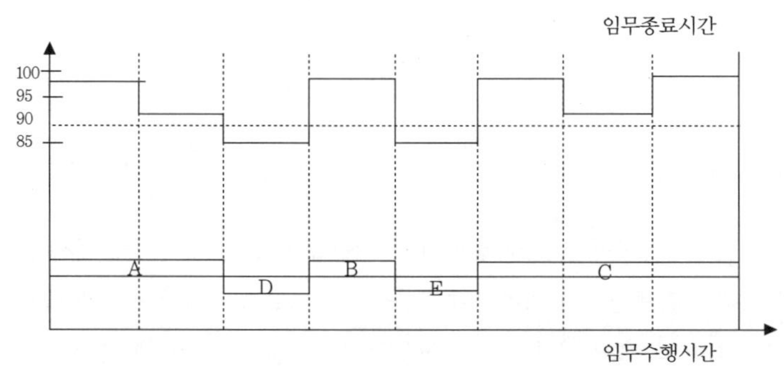

3. 가용도의 종류

가. 고유가용도(A_i: Inherent Availability)

한 체계가 이상적인 지원환경에서 계획정비나 예방정비를 고려하지 않고 이상적인

지원 상태(규정된 공구, 수리부속품, 숙련된 정비요원, 정비교범, 지원장비 및 기타 지원 준비가 되어 있는 상태) **하에서 사용될 체계가 어느 시점에서 만족스럽게 작동할 확률**을 말하며 다음 식으로 표현될 수 있다. 이 때 수리정비시간에는 예방정비시간, 군수지연시간, 행정지연시간은 포함하지 않는다.

$$A_i = \frac{\text{운용시간}}{\text{운용시간} + \text{총 수리 정비시간}} = \frac{OT}{OT + TCM} = \frac{MTBF}{MTBF + \overline{M_{ct}}} \quad \cdots\cdots \text{ 식 12-⑬}$$

$\overline{M_{ct}}$: 평균정비시간($MTTR$), MTBF: 고장간 평균작동시간

따라서 고유가용도 A_i는 무기체계나 장비 이외의 다른 요인으로 인한 가동정지시간을 제외하고 계산한 값이므로 그 무기체계나 장비의 고유한 특성만을 반영하는 가용도가 될 수 있다. Langford의 저서에서는 설계단계에서 고유가용도를 이용하여 설계대안을 결정하는 신뢰도와 정비도를 절충하는 방법에 대해 설명하고 있으니 업무에 참고할 수 있다.[218)]

예제 17) MTBF가 1,000시간이고 평균수리시간이 2.5시간인 대함탐색레이더의 가용도 A_i를 구하시오.

$$A_i = \frac{MTBF}{MTBF + \overline{M_{ct}}} = \frac{1000}{1000+2.5} = 0.9975$$

나. 성취가용도(A_a: Achieved Availability)

한 체계가 이상적인 지원환경(공구, 시설준비 상태)**과 규정된 조건 하에서 사용될 때 체계나 장비가 임의의 시점에서 만족스럽게 작동될 확률**을 말한다. 무기체계나 장비를 운용할 경우 고장 발생이나 수리부속품 조달, 행정업무처리, 예방정비 등으로 인하여 가동이 중단될 수 있다.

고유가용도를 정의할 때는 MTTR에 예방 및 계획 정비로 인한 가동정지시간을 고려하지 않았었다. 만약 이 시간을 MTTR에 포함시킨다면 이것이 성취가용도가 되며 식은 다음과 같다.

---

218) J. W. Langford(1995), pp. 79-80.

$$A_{a} = \frac{\text{총 가동시간}}{\text{총 가동시간} + \text{총 수리 정비시간} + \text{총 계획 정비시간}}$$

$$= \frac{TUT}{TUT + TCM + TPM} = \frac{MTBMA}{MTBMA + \overline{M}} \quad \cdots\cdots \text{식 12-⑭}$$

MTBMA: 평균정비조치간(MTBM과 동일)

$\overline{M}$: 평균 실제 정비시간(계획 및 예방 정비 시간 고려)

여기서 $\overline{M}$ 은 계획, 예방정비 및 수리정비(Corrective Maintenance)로 인한 **평균실제 정비시간**(Mean Active Maintenance Down time)이다. 또한 계획 및 예방 정비시간이 무시될 때는 **정비조치간 평균시간**(MTBMA: Mean Time Between Maintenance Actions)과 MTBF는 동일하다.

예제 18) 다음의 특성을 갖는 어떤 체계의 성취가용도 A 를 계산하시오.

$\overline{M_{ct}}$=2.4시간, $\overline{M_{pt}}$=3.0시간, MTBF=1,200시간, $MTBM_{pt}$=2,000시간

(풀이)

$$\text{평균정비시간 } \overline{M} = \frac{(\frac{1}{MTBF})(\overline{M_{ct}}) + (\frac{1}{MTBM_{pt}})(\overline{M_{pt}})}{\frac{1}{MTBF} + \frac{1}{MTBM_{pt}}}$$

$$= \frac{(\frac{1}{1200})(2.4) + (\frac{1}{2000})(3.0)}{\frac{1}{1200} + \frac{1}{2000}} = 2.63$$

$$\text{정비간 평균시간 MTBM} = \frac{1}{\frac{1}{MTBF} + \frac{1}{MTBM_{pt}}} = \frac{1}{\frac{1}{1200} + \frac{1}{2000}} = 769.23$$

$$\text{성취가용도 } A_{a} = \frac{MTBM}{MTBM + \overline{M}} = \frac{769.23}{769.23 + 2.63} = 0.9966$$

다. 운용가용도(A_0: Operational Availability)

한 체계가 실제의 운용환경과 규정된 조건하에서 사용될 때 임의의 시점에서 만족스럽게 작동될 확률을 말한다. 현실적으로는 행정업무처리시간이나 부품조달시간을 0으로 만들 수 없고 이러한 요인으로 발생하는 시간지연이 없을 수 없으므로 이를 모두 고려한

가용도가 운용가용도라 할 수 있다. 운용가용도는 현실적인 군수지원 상태 하에서 규정된 조건으로 무기체계나 장비가 가동될 확률로 정의되며 식은 다음과 같다.

$$A_0 = \frac{\text{총 가동시간}}{\text{총 시간}} = \frac{\text{총 가동시간}}{\text{총 가동시간} + \text{총 불가동시간}}$$

$$= \frac{OT+ST+AT}{OT+ST+AT+TCM+TPM+TALDT} = \frac{MTBM}{MTBM+MDT} \quad \cdots\cdots \text{ 식 12-⑮}$$

MTBM : 정비간 평균시간

MDT : 행정 및 군수 지연시간 및 수리시간을 포함해서 정비를 하는데 소요되는 평균시간(Maintenance down time 또는 Mean down time)

OT : 운용시간, ST : 대기시간, AT : 비상대기시간

TCM : 총 수리정비시간, TPM : 총 예방정비시간, TALDT : 총 행정 및 군수지연시간

예제 19) 다음 특성을 갖는 체계의 운용가용도 A_0를 계산하시오.

$\overline{M_{ct}}$=2.0시간, $\overline{M_{pt}}$=3.5시간, $\overline{M_{ld}}$=50.0시간, $MTBM_{pt}$=3,000시간,

f_{pt}=0.00033, $MTBM_{ct}$=1,000시간, λ=0.001(수리정비회수로 간주),

MTBL=1,500시간, f_{LD}=0.00066

(풀이)

$$\text{정비간 평균시간 MTBM} = \frac{1}{\lambda + f_{pt}} = \frac{1}{0.001+0.00033} = 751.87$$

$$\text{평균정지시간 MDT} = \frac{\lambda(\overline{M_{ct}}) + f_{pt}(\overline{M_{pt}}) + f_{LD}(\overline{M_{ld}})}{\lambda + f_{pt} + f_{LD}}$$

$$= \frac{(0.001)(2)+(0.00033)(3.5)+(0.00066)(50)}{0.001+0.00033+0.00066} = 18.168$$

$$\text{운용가용도 } A_0 = \frac{MTBM}{MTBM+MDT} = \frac{751.87}{751.87+18.168} = 0.976$$

라. 순간가용도(Instantaneous Availability: A(t))

주어진 시점 t에서 체계가 정상 가동할 확률로서 다음과 같이 표현된다.

A(t) = Pr(체계가 시점 t에서 정상가동), 특히 비수리 체계의 경우 $A(t) = R(t)$이다.

마. 평균가용도(Average Availability: A(T))

주어진 시간간격(t_1, t_2)에서의 A(t)의 평균으로 다음과 같이 표현된다.

$$A(t_1, t_2) = \int_{t_1}^{t_2} A(t)\,dt/(t_2-t_1)$$

특히 t_1=0, t_2=T일 경우는

$$A(t) = \frac{1}{T}\int_0^T A(t)\,dt$$

바. 정상가용도(Steady state availability:A(∞))

정상가용도는 매우 큰 시간간격에서의 정상 가동할 확률로 정의된다. 장시간 사용에서의 가용도를 문제로 하는 경우에 종종 사용된다.

$$A(\infty) = \lim_{T\to\infty} A(T) = \lim_{T\to\infty} \frac{1}{T}\int_0^T A(t)\,dt$$

4. 가용도의 계산

가용도를 유도하기 위하여 다음과 같은 기본가정이 필요하다.

① 체계의 상태는 작동 중이든가 고장 상태이든가 둘 중 하나일 뿐이다.

② 체계의 상태는 시간에 따라 변한다.

③ 한 상태에서 다른 상태로의 체계의 변이는 순간적으로 일어난다.

④ 체계의 고장률(λ)과 수리율(μ)은 상수이다.

위 가정 하에서 체계가 Δt시간 중에 고장날 확률은 $\lambda\Delta t$이고, 고장난 체계가 Δt시간 중에 회복될 확률은 $\mu\Delta t$이므로 $t+\Delta t$시점에서 정상 가동하고 있을 확률 즉, 체계 가용도 A($t+\Delta t$)는 다음과 같다.

$$\begin{aligned} A(t+\Delta t) &= A(t)(1-\lambda\Delta t)+(1-A(t))\mu\Delta t \\ &= A(t)-A(t)\lambda\Delta t+\mu\Delta t-A(t)\mu\Delta t \end{aligned}$$ …………… 식 12-⑯

여기서 $\lambda\Delta t$는 Δt시간 중 고장날 확률, $\mu\Delta t$는 고장난 체계가 Δt시간 중에 회복될 확률 값이다.

위 식 ⑯의 양변을 Δt로 나누고 재정리하면,

$$[A(t+\Delta t)-A(t)]/\Delta t = -A(t)\lambda+\mu - A(t)\mu = -(\lambda+\mu)A(t)+\mu$$

Δt가 0으로 수렴하면

$$\lim_{\Delta t \to 0} \frac{A(t+\Delta t)-A(t)}{\Delta t} = -(\lambda+\mu)A(t)+\mu$$ 이 얻어진다.

따라서 다음과 같은 미분방정식 $A(t)+(\lambda+\mu)A(t)-\mu = 0$이 성립된다.

위의 미분방정식을 풀면

$$A(t) = \frac{\mu}{\mu+\lambda} + \frac{\lambda}{\mu+\lambda} e^{-(\mu+\lambda)t}$$ ·················· 식 12-⑰

식 ⑰로부터 t의 값을 무한히 크게 함으로써 정상가동률을 계산할 수 있다.

$$A(\infty) = \lim_{t \to \infty} A(t) = \frac{\mu}{\mu+\lambda} = \frac{\frac{1}{\lambda}}{\frac{1}{\lambda}+\frac{1}{\mu}}$$

고장발생시간의 확률밀도함수가 지수분포인 경우, 평균고장률(λ)과 고장간평균시간(MTBF)은 서로 역수관계에 있으므로

$$MTBF = \frac{1}{\lambda}$$ 이다.

이것을 가용도 공식에 대입하면 가용도 A는 다음 공식과 같다.

$$A = \frac{MTBF}{MTBF+MTTR}$$ ·················· 식 12-⑱

예제 20) 어떤 기계의 평균수명(MTBF)은 12,000시간으로 추정되었고, 이 기계의 평균정지시간(MDT)은 3,000시간이다. 이 기계의 가동성을 구하라.

(풀이)

기계의 정지시간이 고장후 수리시간(MTTR)만이 아니고 예방정비시간까지 포함되는 경우에는 MTTR 대신에 MDT를 사용하여 다음과 같이 가동성을 구할 수 있다.

$$A = \frac{MTBF}{MTBF+MDT} = \frac{12000}{12000+3000} = 0.8 = 80\%$$

예제 21) 1대의 전차를 1,000시간동안 연속 사용했을 경우 다음 표와 같이 6회의 고장이 발생하였다고 가정하자. 이때 전차의 가용도를 구하시오.

고장 순번	고장이 발생한 시간	정비소요시간
1	90	10
2	200	20
3	410	30
4	530	10
5	770	20
6	970	10
총계		100

(풀이)

전차의 MTTR을 계산하면,

$$MTTR = \frac{\sum_{i=1}^{6} t_i}{6} = \frac{100}{6} = 16.7\text{시간이다.}$$

이 전차를 1,000시간 동안 연속 사용하는 기간 중에 6회 고장으로 인한 총 정비시간이 100시간이기 때문에 실제 가동시간은 900시간이다. MTBF는 다음과 같다.

$$MTBF = \frac{T}{r} = \frac{900}{6} = 150\text{시간}$$

여기서 T는 실제 총작동시간이고, r은 고장횟수이다. 그러므로 이 전차의 가용도는

$$A = \frac{MTBF}{MTBF + MTTR} = \frac{150}{150 + 16.7} \fallingdotseq 0.9 \text{ 이고,}$$

또한, 가동시간과 정비시간을 이용하여 가용도를 구할 수 있는데 다음과 같다.

$$A = \frac{\text{가동시간}}{\text{가동시간} + \text{정비시간}} = \frac{900}{900 + 100} \fallingdotseq 0.9 \text{ 이다.}$$

13 수명주기비용 대 효과분석

비용 대 효과분석(Cost-Effectiveness Analysis)은 종합품질경영을 위한 대표적인 수단이기 때문에 종합품질경영에 대한 개념 설명이 필요하다. 종합품질경영(종합적 품질경영이라고도 함, TQM: Total Quality Management)이란 **"체계의 수명주기 동안 모든 단계와 체계의 각 계층에서 체계들의 질을 관리하는 통합된 관리적 접근방법"**을 말한다. 따라서 종합품질경영은 사람의 능력을 체계 설계 등을 포함하는 기술(공학)활동, 생산, 배치 및 군수지원과 연결시켜주는 유일한 기법이다. 종합품질경영의 특성은 다음과 같다.[219)]

첫째, 종합품질경영의 주목표는 전체 고객을 만족시키는 것이다. 전체 고객이라 함은 군에서는 무기체계나 물자와 같은 군수품을 사용하는 합참을 포함한 각 군 그리고 각 급 제대를 의미하며, 더 세부적으로는 전투임무를 수행하는 전투원 각각을 의미하기도 한다.

둘째, 기술활동, 생산 및 지원 과정에 있어서 '지속적인 개선' 의 반복을 강조한다. 지속적인 개선이라 함은 우리 한국군의 지휘관들이 깊이 새겨야 할 말이다. 특히 장성급 지휘관들이 부대를 지휘하게 되면 통상 각자의 철학에 따라 강조점이 다르기 때문에 부대관리의 중점이 다를 수밖에 없다. 그렇기 때문에 부대의 효율적인 관리를 한다는 명분은 동일하나 방법이 다르다. 그런데 방법을 바꿀 때 참모들이 과학적이고 합리적인 분석을 토대로 지속적으로 개선하기보다는 새로운 지휘관의 의도에 맞게 분석함으로써 개선의 지속성이 단절되고 있는 것이 우리 군에서 흔히 볼 수 있는 현상이다.

셋째, 지속적인 개선을 추진해나가려면 조직 구성원 각자는 업무의 절차, 변동(Variation)의 효과, 및 업무절차를 조정 통제하는 방법 등에 대해 이해를 하여야 한다. 각자의 역할을 완수하려면 자기가 무엇을 어떻게 해야 하는지를 알아야 한다. 그런데 우리 군에서 자주 일어나고 있는 현상 중에 하나가 각자의 직무에 배치되기 전에 그 직무 수행에 필요한 지식체계를 모두 갖출 수 있는 업무 수행 방법과 절차를 설명하는 '편람' 이나 '지침' 이 충분하지 않다. '업무분장규정' 은 있으나 지식관리라고 하는 체계가 정립되어 있지 않기 때문에 업무수행의 방법이 업무분장규정에는 포함되어 있지 않다. 그래서 초급 및 중견 장교시절에 업무수행 방법을 이해할 만하면 새로운 부서로 발령받게 되는 경우가 많았다.

넷째, 종합품질경영은 품질관리팀뿐만 아니라 모든 구성원들을 포함하는 조직 전체의

219) Benjamin S. Blanchard(2004), pp. 40-43. 78-80.

통합된 노력이 강조되며, 개별 구성원 각자가 핵심적인 기여자임을 인식시켜야 한다. 품질관리팀이란 원래는 "생산공장에서 제품의 불량률을 줄이고 생산공정을 보다 효율적으로 정립하기 위한 팀"을 말한다. 여기서는 품질관리팀이란 우리의 업무 수행과정에서 비효율성과 비경제성 그리고 비효과성을 제거하기 위해서 지속적인 개선을 하기 위한 별도의 팀(Task force)을 운영한다는 의미이며, 이 팀만으로 성공적이고 지속적인 개선을 할 수 없고 구성원 모두가 협력할 때만이 개선이든 개혁이든 성공할 수 있다는 것을 강조한다.

따라서 본 장에서는 지속적인 개선을 위한 합리적 선택을 위한 하나의 수단으로서 비용 대 효과분석이 필수적인 바, 특히 획득관리과정에서 설계대안을 선택하거나 군수지원요소에 대한 군수지원분석시에 요구되는 수명주기비용의 추정과 수명주기비용 대 효과분석에 대해 설명하고자 한다. 이를 위하여 체계의 효과성에 대한 개념과 그 효과성에 대한 측정기준, 수명주기비용의 개념과 구조비용분석시 이해해야 할 재무분석에 대해서도 함께 설명한다.

제1절 체계의 효과성

체계의 효과성(SE: System Effectiveness)이란 **"어떤 체계가 의도된 기능을 수행하는 능력"**을 말한다. 그리고 효과척도기준(MOEs: Measure Of Effectiveness)은 체계가 수행해야 할 운용요구사항과 임무 수행 시나리오에 기초를 둔다. 체계의 전체적인 효과에 대한 문제는 〈그림 13-1〉에서와 같이 기술적 측면과 경제적 측면을 고려할 필요가 있다.

1970년대에 체계의 효과성을 미 육군은 작전준비태세(Operational readiness), 임무수행 신뢰도(Mission reliability), 설계의 충분성(Design adequacy)의 함수로, 미 해군은 성능(Performance), 가용도(Availability), 실용도(Utilization)의 함수로, 미 공군은 가용도, 의존도(Dependability), 능력(Capability)의 함수라고 정의함으로써 서로 다른 매개변수를 사용하였다.[220]

체계 효과성의 척도 계산에 사용되는 여러 가지 요소들은 수행하게 될 임무의 함수로 나타낸다. 운용요구사항 및 임무 시나리오에 대한 정의로부터 특정한 성능요소를 결정

〈그림 13-1〉 비용 대 효과의 기본구성요소

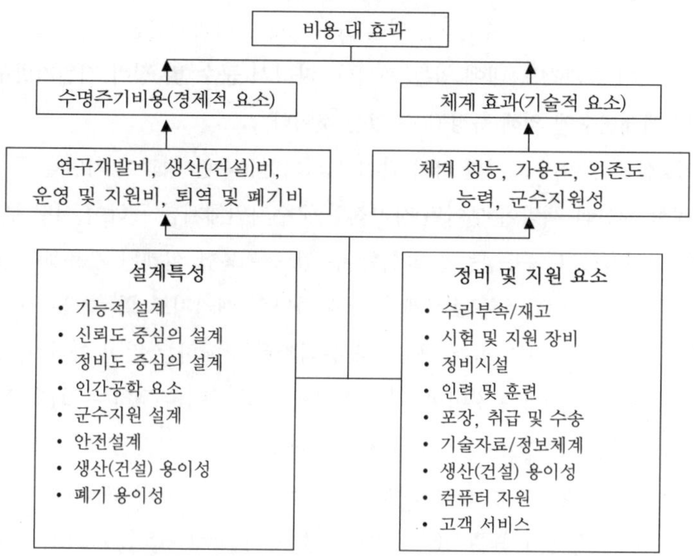

하는 것이 필요하다. 즉, 무슨 기능이 그 체계를 운용하게 만드는가? 그 체계가 임무를 완수하는 지 여부를 결정하는 척도가 무엇인가? 이러한 요소들의 적절한 결합이 체계의 만족스런 임무 수행 여부를 결정하는 척도로 사용되는데 그중 하나의 방법으로 **체계의 효과성**을 **성능**(P: Performance), **가용도**(A: Availability) 및 **의존도**(D: Dependency)라는 세 개의 매개변수로 정의할 수 있다. 즉, SE=P • A • D로 나타낼 수 있다. 여기서 체계성능(System performance)이라 함은 동력공장의 용량, 항공기의 비행거리 또는 무게, 무기의 파괴능력, 우편체계의 편지처리통수, 수송체계의 수송능력, 레이더의 정확성 등을 의미한다. 가용도란 하나의 체계가 임무를 시작한 후 임의의 시점에서 작동상태에 있는 정도를 말한다. 의존도란 주어진 조건 하에서 임무 수행중 하나 또는 그 이상의 시점에서 체계가 작동하는 조건에 대한 척도 즉, 가용도이다. 의존도는 작동시간(신뢰도)과 작동중지시간(정비도/지원성)의 함수이다.[221)]

위 세 가지 척도의 매개변수 결합은 한 체계의 기술적 특성을 나타내며, 비용과 경제

220) Benjamin S. Blanchard(2004), p. 41.

221) Benjamin S. Blanchard(2004), p. 79.

적 측면과는 대응된다. 또한 군수지원기반구조와 정비지원기반구조는 전 체계의 효과에 큰 영향을 미칠 수 있음을 알 수 있다. 다른 표현으로는 성과기반군수의 척도는 성능, 가용도 및 의존도의 효과척도 내에 있는 것이다. 따라서 **군수 및 정비 지원기반구조는 체계 효과성의 매개변수에 의해 측정**될 수 있는 것이다.

제2장 제2절에서 이미 소개한 바와 같이 성과기반군수란 성과에 기반을 둔 획득전략으로서 분명한 권한과 책임이 부여된 장기적인 군수지원체계를 통하여 어떤 무기체계의 준비태세를 최적화하고 목표성능을 발휘할 수 있도록 통합 설계된 가용성이 높으며 성능을 보장하는 군수지원요소를 주체계와 함께 하나의 패키지로 획득하는 것을 말한다. 이처럼 성과기반군수는 단지 어떤 제품이나 용역만을 구매하는 것이 아니라, 성능을 보장하는 모든 출력을 구입하는 것이며, 미 국방부와 우리 군이 추구하는 접근방법이다.

체계운용효과성(SOE: System Operational Effectiveness)[222]이란 〈그림 1-5〉와 같이 나타낼 수 있다. 생산공장에서는 통합적 생산정비(TPM: Total productive maintenance)개념을 도입하여 장비 전체의 효과성(OEE: Overall equipment effectiveness)을 가용도(A: Availability), 성능 수행률(P: Performance rate), 품질률(Q: Quality rate)의 곱의 함수로 다음과 같이 나타낸다.[223]

장비 전체의 효과성은 OEE = A • P • Q이다.

$$A = \frac{loading\ time - downtime}{loading\ time}$$

Loading time : 제품 생산에 가용한 총 시간(일, 월 또는 분으로 표현 가능)

Downtime : 생산시설의 고장 및 정비 등으로 제품 생산을 할 수 없는 총 시간

$$P = \frac{output \bullet actual\ cycle\ time}{loading\ time - downtime} \bullet \frac{ideal\ cycle\ time}{actual\ cycle\ time}$$

Output : 생산 제품의 수

Ideal/actual cycle time : 하나의 제품을 생산하는데 계획된 소요시간/실소요시간

$$Q = \frac{input - (quality\ defects + startup\ defects + rework)}{input}$$

222) DAU Program Managers Tool Kit(2005), p. 41.

223) Benjamin S. Blanchard(2004), p. 80.

Input : 총 생산 제품의 수

Defects : 생산 제품의 수(Quality and startup defects 포함)

Rework : 생산중 실수한 제품을 다시 작업하여 생산한 제품의 수

(이렇게 생산한 제품들이 주로 소비자들로부터 고장신고가 많다고 함)

〈그림 13-2〉 수명주기비용과 주요비용 범주

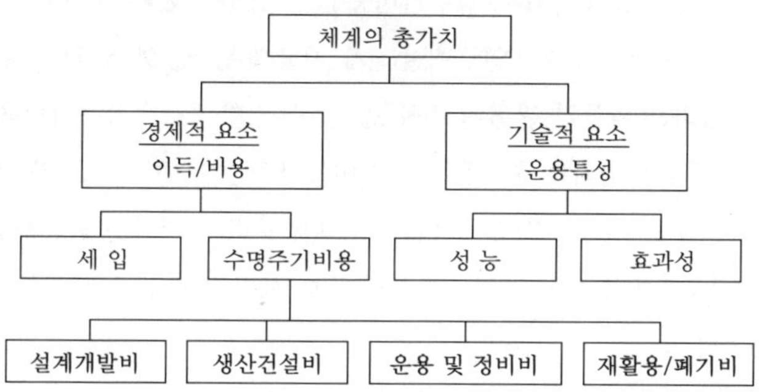

제2절 수명주기비용

||||| 1. 수명주기비용의 정의와 추정

가. 어떤 무기체계나 장비의 수명주기비용(LCC: Life-Cycle Cost)이란 방위력개선사업관리규정에 정의된 바와 같이 **"연구개발(설계, 시험 및 평가), 생산, 건설, 분배, 운용, 퇴역 및 폐기를 포함하는 활동과 관련된 비용"**을 말한다.[224] 즉, 수명주기비용이란 어떤 생산품의 소유권자에게 부과되는 총비용으로서 비용구조는 〈그림 13-2〉와 같이 대별하며, 구체적으로는 〈그림 13-4〉와 같이 세분할 수 있다. 우리 군에서는 획득사업과 관련하여 체계에 대한 수명주기비용의 구체적인 추정을 위한 세부지침이 공개되어 있지 못하다.

나. 수명주기비용을 추정하기 위해서는 군수공학(Logistics engineering) 시각에서 연구개발단계에서부터 폐기단계까지의 수명주기를 다음과 같이 6단계(Milestone)로 구분하여 비용자료를 수집하는 것이 편리하다.

① 개념 정의 단계(**개념연구단계**: Milestone 0: Conceptual definition)

② 시범 및 검증 단계(**탐색개발단계**: Milestone Ⅰ: Demonstration and validation)

③ 대규모 공학적 개발단계(**체계개발단계**: Milestone Ⅱ: Full-scale engineering development)

④ 생산 및 분배 단계(**양산 및 배치 단계**: Milestone Ⅲ: Production and distribution)

⑤ **운용 및 고객지원 단계**(Milestone Ⅳ: Operation and customer support)

⑥ **퇴역 및 폐기 단계**(Milestone Ⅴ: Retirement and disposal)

다. 국방부와 군은 〈표 13-1〉에서 보는 바와 같이 체계의 생산자 입장인 동시에 사용자(생산자-사용자) 입장으로서 위의 모든 단계에 관심을 가져야 한다. 또한 생산자-사용자는 체계 획득 후에도 운용 및 정비에 따른 군수지원, 퇴역 및 폐기까지 기술적, 재정적

224) J. W. Langford(1995), p. 263.

책임을 갖는다. 그러나 상용품 생산자는 초기단계에서부터 생산과 분배, 고객지원 및 생산품 서비스에 대한 기술적, 재정적 책임만을 갖게 되어 군의 무기체계를 개발하고 운용하는 경우와는 다르다.

라. 일정에 따른 성능과 준비태세 요구를 충족하는 체계의 생산이나 획득은 사업관리자나 구매자가 위의 각 단계의 결심에서 포괄적이고 정확한 수명주기비용을 예측한다고 가정한다. 이 활동이 원활하게 이루어지도록 비용의 수집, 추정 및 분석 등의 업무가 체계화되어야 성과관리(EVM: Earned Valued Management)가 가능하다.

마. 수명주기비용 추정은 미래 시장을 예측하여 최저 비용으로 소요군의 요구를 충족시키기 위한 **가장 비용 대 효과적인 체계설계를 하는 데 필요한 기술적(공학적), 군수적 설계 대안을 연구**하는 한 부분이다.

바. 수명주기비용분석의 목적은 국방자원 분배에 대한 기획, 관리 및 통제에 활용되는 비용으로 이용될 수 있도록 계량화되고 보증이 된 시계열(Time-phased) 비용정보를 제공하는 것이다.

사. 〈그림 13-3〉은 미 국방체계(상용품에도 적용 가능)의 경험을 통해 체계개발단계(Milestone Ⅱ)까지 수명주기비용의 85%가 결정된다는 것을 보여주고 있다.

설계의 제한(Design constraints), 설계도에서 구체화된 체계 특성과 초기단계에서 결정되는 생산규격(Production specification)은 수명주기 동안 그 체계의 성능 매개변수(Performance parameter) 및 군수지원소요에 큰 영향을 미친다. 이러한 이유 때문에 **실질적인 사업관리의 초점은 개념정의 단계와 탐색개발 단계에서 이루어지는 결심**에 맞추어져야 한다. 이 두 단계에서 각 군 본부와 방위사업청의 통합사업관리팀 그리고 연구개발기관이나 업체 간의 긴밀한 협력이 이루어져야 한다. 이를 위한 구체적인 체계 개념의 정의 및 탐색개발 단계에서 비용을 독립변수로 하는 군수지원분석이 지속적이고 반복적으로 이루어져야 한다. 그러나 우리 군의 경우 체계공학과정에서 이루어지는 대부분의 설계대안을 선택하기 위한 비용분석과정이 전적으로 연구개발 기관이나 업체에 위임되

〈그림 13-3〉 군수 및 체계의 비용 대 효과에 영향을 미치는 기회[225)]

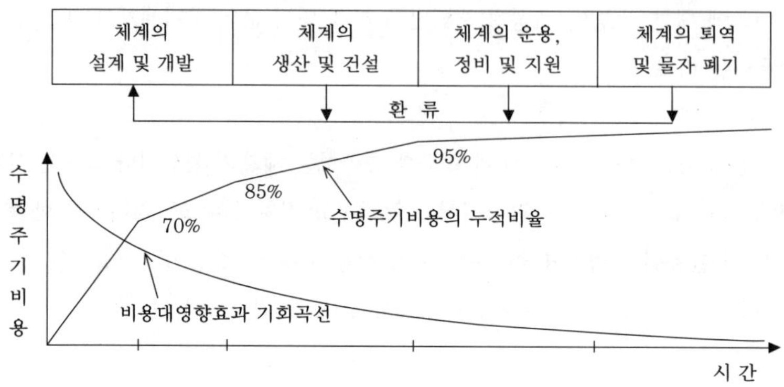

어 있는 실정이기 때문에 사실상 운영유지단계에서의 애로사항들이 사전에 발견되어 반영되기 어려운 한계가 있다.

아. 〈그림 13-4〉는 6단계(Milestone)에 걸친 체계의 수명주기 동안에 실제적인 예산의 지출순서 및 분배를 설명해주고 있다.

연구개발단계는 전체 수명주기비용의 작은 부분이며, 생산, 운용, 정비 및 지원 단계가 수명주기비용의 큰 부분을 차지한다. 그러나 사업초기부터 양산 및 배치 단계(Milestone Ⅲ)

〈그림 13-4〉 수명주기비용의 분포 특성[226)]

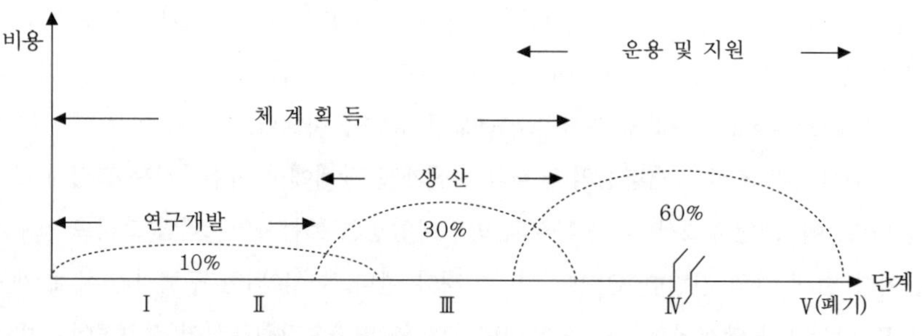

225) J. W. Langford(1995), p. 265.

226) J. W. Langford(1995), p. 265.

까지의 체계공학과정과 군수결심에 따라 생산, 운용 및 군수지원 비용이 결정된다.

자. 따라서 수명주기비용을 추정하는 목적은 총비용을 추정하는 그 자체보다 **설계대안을 평가하며, 설계비용 제한을 추정하고, 군수지원정책의 변경을 평가하는 관리수단**으로서 더 가치가 있음을 명심하여야 한다.

IIIII 2. 수명주기비용의 구조

가. 수명주기비용의 범주는 소유권자(Life cycle ownership)에 대한 서로 다른 시각에 따라 〈표 13-1〉과 같이 서로 차이가 있음을 보여주고 있다.

첫째, **조직의 시각(생산자-사용자)**에서 수명주기란 어떤 체계나 장비를 착상해서부터 개발, 설계 및 생산 그리고 퇴역 및 폐기까지 보유하고 있는 것에 중점을 두고 있으며, 수명주기비용은 '요람에서 무덤까지(Cradle-to-grave)'의 체계 총비용이다. 무기체계 획득 시의 수명주기비용은 이 범주에 속한다고 볼 수 있다.

둘째, **생산자의 시각**에서는 수명주기란 어떤 체계의 분배, 고객지원, 지역서비스 센터 등에 주요 관심을 두고 있으며, 수명주기비용은 연구개발에서부터 생산에 이르기까지의 비용과 고객의 요구에 충족하는 데 필요한 수준의 분배에서부터 퇴역 및 폐기까지 포함되는 비용을 포함한다.

〈표 13-1〉 서로 다른 관점에서의 수명주기비용 구성요소

비용범주		생산자 - 사용자	상용품 생산자	구매자 - 사용자
획득 비용	연구개발	0	0	
	공학설계/시험	0	0	
	생산/건설	0	0	
	체계 구매			0
생산품 분배			0	
고객 지원			0	
체계 운용		0		0
체계 정비		0		0
생산지원		0		0
체계 퇴역/폐기		0		0

셋째, **구매자의 시각**(구매자–사용자)에서는 수명주기란 구매자에 의해 운용되고 퇴역 및 폐기할 때까지 언제든지 사용할 수 있도록 군수적으로 지원하는 데 중점을 두고 있으며, 수명주기비용은 체계의 획득가격과 체계를 운용하고 지원하며 퇴역 및 폐기하는 데 소요되는 모든 비용을 포함한다.

나. 〈그림 13-5〉는 생산자–사용자 관점에서 각각의 수명주기비용에 대한 세부적인 비용요소를 나타내고 있다.

다. 따라서 수명주기비용의 범주, 비용요소, 비용추정 상관관계식(CERs: Cost-estimating relationships)에 기반을 둔 **수명주기비용의 구조**는 결심대안에 따라 영향을 받는 비용이 분명하게 나타나게 해야 한다.

라. 수명주기비용은 다음과 같은 계층적 구조를 갖는다.

1) **체계수명주기 총 비용**(Total system LCC) : 체계수명 동안에 체계당 계산된 수명주기비용에 보유체계의 수를 곱한 것이다.

2) **체계수명주기 비용**(System LCC) : 각각의 단위체계에 적용되는 수명주기비용 범주를 모두 합한 것이다.

3) **수명주기비용 범주** : 〈그림 13-5〉의 수명주기비용 범주를 결정하는 비용요소의 합이다.

4) **수명주기비용 요소** : 〈그림 13-5〉와 같은 수명주기비용 요소를 구성하는 비용추정 상관관계식으로부터 얻어진 수명주기비용 추정치가 지정된다. 보다 구체적인 수명주기 범주와 요소에 대한 내용은 Langford의 Logistics: principles and application을 참고하기 바란다.[227)]

5) **비용추정식**(CERs) : 수명주기비용을 추정하기 위하여 분석자들이 개발한 요구요소(Requirement factor), 사용요소(Usage factor) 및 비용요소(Cost factor)로 구성된 수학공식이다. 비용추정 상관관계식을 구성하는 요소는 다음과 같다.

---

227) J. W. Langford(1995), pp. 268–269

예를 들면, 자동차 수명주기비용을 구성하는 에너지 비용요소(Energy cost element)로서 자동차 수명주기비용을 다음과 같이 나타낼 수 있을 것이다.

① 요구요소(Requirement factor)는 miles per year로 나타내고,

② 사용요소(Usage factor)는 miles per gallon으로 나타내며,

③ 비용요소(Cost factor)는 cost per gallon으로 나타낸다.

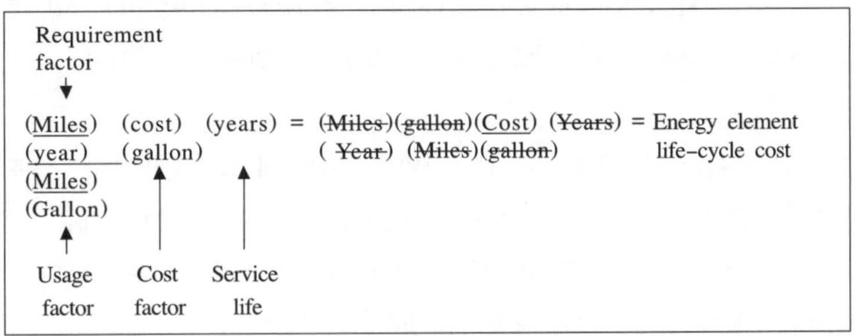

마. 수명주기비용분석의 주목적은 설계 및 군수의 결심 등 관리결심에 따른 비용의 영향을 가시적으로 제공하는 것이기 때문에 비용분석에 사용하는 비용추정식은 대단히 중요하다.

바. 수명주기비용의 세부적인 비용구조(CBS: Cost Breakdown System)는 〈그림 13-5〉와 같고, 간략히 정리하면 다음과 같다. 수명주기비용에 대한 상세한 설명은 Blanchard의 저서 부록 D를 참고하기 바란다.

수명주기 총 비용	$C = C_R+C_P+C_O+C_D$	..........식 13 - ①
연구개발비	$C_R = C_{RM}+C_{RP}+C_{RR}+C_{RE}+C_{RD}+C_{RS}+C_{RT}$	.....식 13 - ②
생산 및 건설비	$C_P = C_{PA}+C_{PI}+C_{PM}+C_{PC}+C_{PQ}+C_{PL}$	.....식 13 - ③
운용 및 정비지원비	$C_O = C_{OA}+C_{OO}+C_{OD}+C_{OM}+C_{OI}+C_{OT}+C_{OP}+C_{OR}$	...식 13 - ④
폐기 및 처리비	$C_D = C_{DD}+C_{DR}+C_{DO}$	..........식 13 - ⑤

||||| 3. 수명주기비용 계획방법

가. **수명주기비용분석(LCCA)의 목표**는 소요군의 요구 충족, 생산일정 충족 및 목표 성능 충족을 위한 대안별 총비용을 식별하기 위한 것이며, 다양한 설계 및 군수지원 대안별 비용을 추정하기 위한 것이다. 따라서 이러한 목표를 달성하기 위하여 비용은 기술적 요구(Technical requirement), 군수지원소요(Supportability requirement), 일정요구(Schedule requirement)와 동일한 비중을 갖는 중요한 매개변수의 하나이다.

나. 이러한 정책을 지원하는 획득관리기법을 **"비용 대 설계 개념**(DTC: Design-To-Cost concept)"이라 부른다. 수명주기비용과 비용 대 설계 개념의 상관관계는 비용 대 설계 개념의 목적을 달성하는데 기초를 이루는 수명주기비용분석에 의해 좌우된다.

1) 일단 비용 대 설계 개념이 결정되면 생산관리자는 그 개념을 초과하지 않는 범위 내에서 수명주기비용을 조종하는 결심을 통해서 사업 개발 및 생산을 관리해야만 한다.

2) 수명주기비용의 효과적이고 효율적인 관리를 위해서는 체계 수명주기의 초기단계의 관리를 위한 계획이 필요하다.

이 계획은 수명주기비용분석의 목표를 만족하고 설계에 있어서 고도의 위험이나 문제점을 초기에 수정하기 위하여 참여하는 모든 업체 및 관련 기관의 역할과 책임을 정의하며, 생산관리자에게 단계별 일정을 제공한다. 그리고 다음과 같은 내용이 '수명주기비용계획' 에 포함되어야 한다.

① 수명주기비용의 평가 및 추정 방법에 대해 기술해야 한다.

② 체계의 수명주기비용을 좌우하는 핵심적인 매개변수를 열거해야 한다.

③ 체계의 기본형(Baseline)과 연계하여 비용추정에 필요한 소요를 식별하여야 한다.

④ 설계 및 프로그램의 대안연구를 위해 수명주기비용분석이 요구되어야 한다.

⑤ 생산의 관리, 목적 및 검증을 위해 내부문서 및 기술자료 소요를 설정하여야 한다.

⑥ 체계의 비용을 감소시키는 대안을 마련한 공급자나 생산자에게 동기를 부여할 수 있는 포상 및 이윤계획을 포함하여야 한다.

〈그림 13-5〉 체계/생산품의 비용구조[228]

체계/제품의 총비용(C)

연구개발비(C_R)

- 체계/생산 사업관리(C_R)
- 생산계획(C_{RP})
  - 시장분석
  - 타당성 조사
  - 사업계획 수립
- 생산연구(C_{RR})
  - 응용연구
  - 연구시설
- 공학설계(C_{RE})
  - 체계공학
  - 개념설계
  - 예비(기본)설계
  - 상세설계
  - 설계지원
  - 설계검토
- 설계문서 작성(C_{RD})
- 체계/생산품 소프트웨어(C_{RS})
- 체계/생산품 시험 및 평가(C_{RT})
  - 시험계획 수립
  - 시험모델
  - 시험 및 평가
  - 시험 자료/보고서 작성

생산 건설비(C_P)

- 생산/건설 관리(C_{PA})
- 산업공학 및 운용분석(C_{PI})
  - Plant engineering
  - 조립
  - 물자(재고)
  - 하부조립체/조립체
  - Sustaining engineering
- 제작생산(C_{PM})
  - 공구/생산 장비
  - 물자(재고)
  - 하부조립체/조립체
  - 검사 및 시험
  - 포장 및 선적
  - 제작생산 재작업
- 건설(C_{PC})
  - 제작생산 시설
  - 시험시설
  - 소비자 운용시설
  - 정비시설
  - 보관창고
- 품질관리(C_{PQ})
- 초도 군수지원(C_{PI})

운영유지비(C_M)

- 체계/생산품 관리(C_{OA})
- 체계/생산품 운용(C_{OO})
  - 체계 운용
  - 운용시설
  - 운용요원
  - 에너지/설비/연료
- 체계/생산품 분배(C_{OD})
  - 마케팅/판매
  - 수송 및 처리 (유통관리)
  - 보관
- 체계/생산품 정비(C_{OM})
  - 고객 서비스
  - 야전정비
  - 공장정비
  - 시험/지원 장비
  - 정비시설(upkeep)
- 재고부속/물자지원(C_{OI})
  - 수리부속(정비용)
  - 타당성 조사
  - 사업계획수립
- 운용자/정비훈련(C_{OT})
  - 운용자 훈련
  - 정비훈련
  - 훈련시설(upkeep)
  - 훈련자료
- 기술자료(C_{OP})
- 체계/생산품 변경(C_{OR})

퇴역폐기비 (C_D)

- 수리불가 체계/생산품 요소 폐기(C_{DD})
- 체계/생산품 퇴역(C_{DR})
  - 관련 인원
  - 지원 장비
  - 수송 및 취급
- 문서처리(C_{DO})

228) Benjamin S. Blanchard(2004), p. 82.

제3절 수명주기비용분석

1. 수명주기비용 분석절차

가. 〈그림 13-2〉와 〈그림 13-3〉에서 수명주기비용 분석절차(LCCA process)가 개념설계단계에서부터 시작되고 있음을 보여주고 있다. 설계과정에서 주요 고려요소로서 수명주기비용을 **비용목표**(Cost target)로 하며, 비용목표는 개발 초기에는 비용 대 설계(DTC) 요소로 규정 지을 수 있다. 성과기반군수 요구사항을 개발하는 경우에는 경제적 측면을 고려하고 비용 대 설계 요소를 **목표설계요소**로 포함시키는 것이 적절하다.

〈그림 13-6〉 체계의 수명주기비용분석

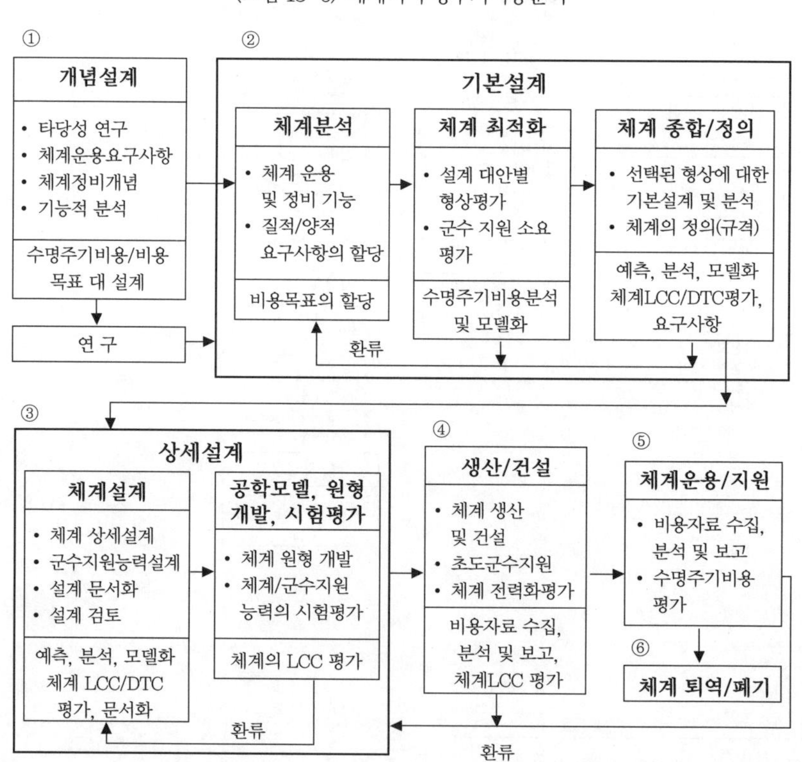

〈그림 13-6〉에서 보는 바와 같이 기본설계단계(②)와 상세설계단계(③)에서의 수명주기비용분석은 **하부체계의 설계대안을 평가**할 때 적용된다. 그 후 생산 및 건설 단계(④)와 운용 및 지원 단계(⑤)에서는 수명주기비용분석은 평가목적으로 수행될 수 있다. 이 단계에서의 수명주기비용분석의 목적은 고비용 분야를 식별하여 비용을 감소하기 위한 **지속적인 생산공정 개선방법의 한 수단으로서 빙산효과(Iceberg effect)를 없애기 위한 것**이다.

나. 수명주기비용분석을 위한 기본적인 절차는 다음과 같다.

1) **체계 요구사항을 정의한다** : 체계의 운용요구사항(Operational requirement)과 정비개념을 정의하고, 적용 가능한 기술적 성능척도(TPM: Technical Performance Measure)를 식별하며, 체계 수준에서 기능적 분석을 하여 기능적 용어로 체계를 설명한다.

2) **체계의 수명주기를 설명하고 각 단계에서의 활동을 식별한다** : 비용구조를 개발하고, 계획된 수명주기 동안의 각 연도별 비용 추정을 하기 위하여 기본형(Baseline)을 설정한다.

3) **비용구조(CBS: Cost Breakdown System)를 개발한다** : 비용구조는 하향식/상향식 구조를 제공한다. 초기 비용의 할당 목적을 위해서는 하향식(Top-down)으로, 다음 비용의 수집 및 합계를 위해서는 상향식으로 전 수명주기간의 모든 비용들이 포함되어야 한다.

4) **입력자료의 요구사항을 식별한다** : 입력자료의 요구사항과 획득 가능한 출처를 식별한다. 물론 자료의 유형과 량은 제기된 문제의 성격, 체계 수명주기의 단계 및 분석의 깊이에 따라 좌우된다.

5) **비용구조의 각 범주별 비용을 설정한다** : 적절한 비용추정식을 개발하여 각 범주별 연간 비용을 추정하여야 한다.

6) **분석평가 목적의 비용모델을 선택해야 한다** : 수명주기비용분석 절차를 제공하는 모델을 개발하거나 선택한다. 모델은 평가하고자 하는 지정된 체계에 민감해야 한다.

7) **비용유형을 작성하고 모든 비용을 합계한다** : 전 수명주기 동안의 비용흐름을 보여주는 비용유형(Cost profile)을 작성하고 전체 비용에 대한 영향을 미치는 비율을 계산한다.

8) **가장 고비용의 요소를 식별하여 원인과 결과에 대한 상관관계를 설정한다** : 설계를 향상시킬 수 있는 기능들, 체계의 요소들, 어떤 공정의 한 부분 등을 조사해야 한다.

9) **감도분석을 실시한다** : 다음 사항을 확인하기 위하여 모델, 입출력 상관관계, 기본형 분석의 결과를 평가하여야 한다. 첫째, 전체적인 수명주기비용분석이 유효한지를 확인한다. 둘째, 모델 자체가 잘 만들어졌으며 문제에 대해 민감하게 분석이 되는지를 확인해야 한다. 감도분석은 위험분야를 식별하는 데 도움을 준다.

10) **파레토 다이어그램(Pareto diagram)을 그려서 문제의 해결 우선순위를 식별한다** : 파레토 분석을 실시하여 파레토 다이어그램을 그리고 문제 해결의 우선순위를 식별한다. 즉, 대부분은 관리상의 주의를 요구하는 문제이다.

11) **설계 평가를 위한 실행 가능한 설계대안을 식별한다** : 주어진 하나의 설계형상에 대해 수명주기비용 분석을 해온 것을 토대로 여러 가지 설계대안 평가를 통하여 수명주기비용 분석을 확장할 수가 있다.

12) **실행 가능한 설계대안을 평가하고 더 나은 대안을 선택한다** : 평가해온 설계대안별 비용유형을 개발하여, 비용의 시간가치를 고려한 대안별 비교를 하고, 손익분기점분석을 그리며, 더 나은 대안을 선택한다.

수명주기비용 분석절차의 7단계까지는 비용유형(Cost profile)과 지원비용 총합계를 산출하게 해준다. 이때 대안별 설계형상의 비용유형이 만들어져서 이를 비교하여 보다 경제적이고 효과적인 대안을 선택하게 되는 것이다. 비용유형을 계산할 때에는 **시간가치분석(Time-value analysis)**이 필요하다. 세부적인 분석방법은 제10장 재무분석에서 설명한다.

2. 수명주기비용분석 예제[229)]

앞에서 소개한 수명주기비용 분석절차를 실무에 적용하기 쉽도록 Blanchard의 저서에서 소개된 간단한 예제를 이용하여 설명하기로 한다.

가. 문제의 정의

현재 개발단계에 있는 지상차량은 새로운 통신체계를 요구하고 있다. 그 지상차량에 설치하여 현재부터 2년간 운용할 새로운 체계를 설계 및 개발할 필요가 있다. 새로운 통

229) Benjamin S. Blanchard(2004), pp. 204-210.

신체계의 단위체계당 수명주기비용은 2만 불을 초과할 수 없다. 육군은 두 개의 공급회사로부터 제출된 설계안을 평가하여 더 좋은 접근방법을 선택하려고 한다.

나. 수명주기비용 분석절차

〈그림 13-6〉의 체계에 대한 수명주기비용분석 단계가 앞에서 소개한 수명주기비용분석 12단계를 준용함으로써 예제 문제에 대한 수명주기비용 분석절차를 설명하기로 한다.

1) 첫 단계로, 통신**체계의 작전요구조건과 정비개념을 정의**해야 한다.

〈그림 13-7〉과 같이 작전운용성능을 기초로 작전요구조건과 기본정비개념을 체계공학적으로 규정하여야 한다. 작전요구조건으로 통신체계는 서로 다른 세 지역에 배치되어 일일 평균 4시간씩 운용할 경자동차 65대에 설치된다. 250마일 이내 위치한 중앙통신체계를 갖추고, 자동차간에는 200마일, 1만 피트 상공의 항공기와 교신이 가능해야 한다. 체계의 신뢰도로서 MTBF는 적어도 45시간이고, 정비도로서 평균수리시간 $\overline{M_{ct}}$는 30분을 초과하지 못하며, 정기수리당 평균수리노동시간 MLH/OH는 0.2 또는 그 이하이어야 한다. 체계는 2년간 완전하게 작동해야 하며 12년 후 폐기될 것이다.

통신체계의 정비개념은 3단계 정비개념으로 〈그림 13-7〉에서 정의하였다. 실제는 정비계획을 수립하여야 함으로 훨씬 이보다 복잡할 것이다. 차량의 정비개념은 기존의 차량정비개념과 동일함으로 생략하였다.

2) 다음 단계는 수명주기 각 단계에서 활동을 식별하여 **본 문제에 적합한 비용구조를 개발**하는 것이다.

〈그림 13-7〉에 포함된 수명주기계획은 비용구조로 나타내어야 할 주요활동들을 식별하게 해준다. 이때 비용자료를 정확하게 수집하여 이를 토대로 수명주기비용 분석절차의 4, 5, 6단계를 거쳐 비용구조와 현재가가 계산된다. 기본형의 각 설계대안을 '형상 A'와 '형상 B'라 하면, 형상 A와 B의 비용구조가 〈그림 13-8〉에 요약되어 있다. 이 비용들은 두 대안을 동등하게 비교하기 위하여 〈표 13-2〉와 같이 현재가(Present value)로 나타낸다. 현재가는 제10장 재무관리에서 설명하고 있으며, Blanchard의 저서 부록 D를 참고하기 바란다.

3) 모든 비용을 합계하고 **비용유형을 그린다**.

비용들은 매년 단위로 수명주기 동안의 각 획득활동들에 대해 추정된 결과이며, 〈그림 13-9〉에서 설명한 것과 같이 비용유형(Cost profile)의 형태로 나타낸 것이다.

〈그림 13-7〉 체계의 기본개념 정의

○ 통신체계의 작전요구조건

- 통신체계는 서로 다른 세 지역에 배치되어 연간 일일 평균 4시간씩 운용할 경자동차 65대에 설치 운용한다.
- 250마일 이내 위치한 중앙통신체계를 갖추고, 자동차간에는 200마일, 1만 피트 상공의 항공기와 교신이 가능해야 한다.
- 체계의 MTBF는 적어도 445시간, 평균수리시간 $\overline{M}_{ct}$는 30분을 초과하지 못하며, MLH/OH[230]는 0.2 또는 그 이하이어야 한다.
- 체계는 2년간 완전하게 작동해야 하며 12년 후 폐기

○ 통신체계의 정비개념

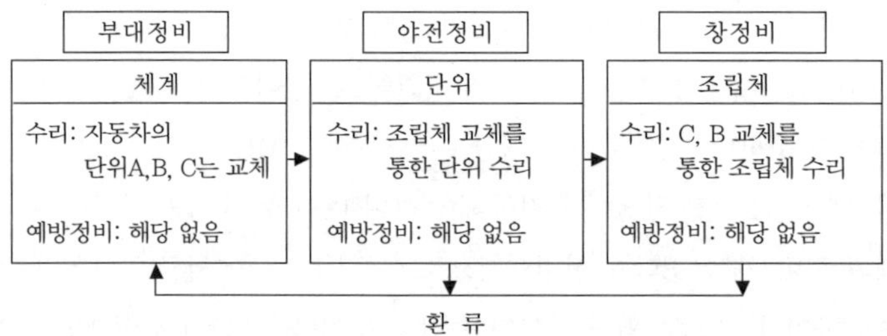

- 세 지역의 야전정비시설을 이용하며, 1번과 2번 야전정비시설에는 각 각 20대, 3번 시설에는 25대의 차량을 지정된 1개 정비창 및 1개 보급창으로부터 정비 및 보급 지원을 받는다.

○ 수명주기계획

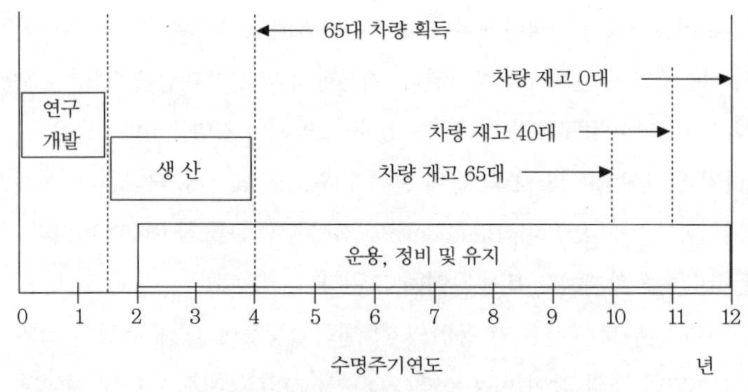

〈그림 13-8〉 체계의 비용구조

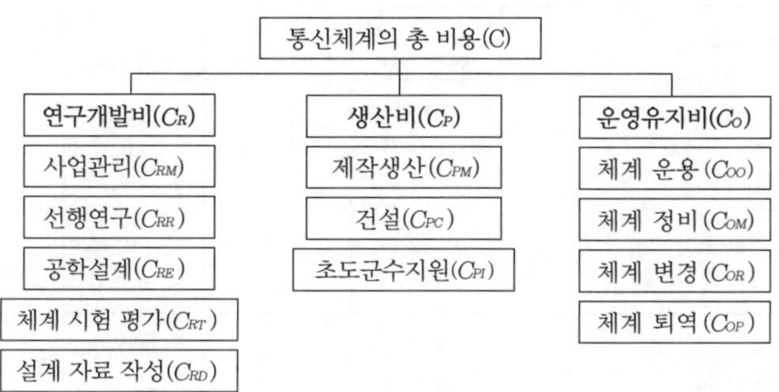

〈표 13-2〉에서 획득비용(연구개발 및 생산비)은 형상 A(47만 8,033불 대 형상 B의 38만 4,131불)가 더 높다. 이것은 신뢰도가 보다 높은 구성품을 사용한 설계결과 때문이다. 초기 비용은 더 높더라도 전체적인 수명주기비용은 정비활동의 감소에 따른 더 낮은 운영유지비용의 결과로 더 낮다. 장비 설계시 이러한 특성은 수명주기비용에 대단히 큰 영향을 미친다는 것을 알아야 한다.

필자가 전역 후에 만난 영국과 프랑스 합작회사의 부회장이 말하기를 한국군은 무기판매하기가 쉬운 국가 중의 하나라고 하였다. 그 이유 중의 하나가 군수에 대해 군 고급지휘관들이 별관심이 없으며 잘 모른다는 것이다. 이는 곧 구입가격만 좀 낮추어 구매하게 한 후 후속군수지원활동에서 장사가 된다는 의미였다. 그러므로 계약업무를 담당하는 경리장교나 재무분야 공무원들은 무기체계 획득시 군수지원분석 개념과 방법에 대해 충분한 이해가 필요하다.

형상 A가 전체 수명주기비용측면에서 더 좋게 나타나더라도 최종 결심 전에 형상 A가 형상 B보다 더 효과적이 되는 시점을 결정하기 위한 손익분기분석(Break-even Analysis)을 실시해야 한다. 〈그림 13-10〉은 개발시작 6년 5개월 후 또는 양산 배치 후 2년 조금 더 되는 시기가 손익분기점(Break-even point)임을 알 수 있다. 이 점은 전체 수명주기에서 결심을 뒷받침할 정도로 충분히 앞에 위치한 것이다. 만약 손익분기점이 훨씬 뒤에 있다면 결심하는데 의문이 발생할 수 있다.

---

230) $\overline{M_{ct}}$는 Mean corrective maintenance time의 준말이며, MLH/OH은 Mean corrective maintenance Labor Hour per OverHaul(정기수리당 평균수리노동시간)의 준말이다.

〈표 13-2〉 수명주기비용 요약

비용 범주	형상 A		형상 B	
	현재가($)	총액대비(%)	현재가($)	총액대비(%)
1. 연구개발비(C_{R})	**70,219**	7.8	**53,246**	4.2
a. 사업관리(C_{RM})	9,374	1.1	9,252	0.8
b. 선행연구(C_{RR})	4,152	0.5	4,150	0.4
c. 공학설계(C_{RE})	41,400	4.5	24,581	1.9
d. 체계 시험 평가(C_{RT})	12,176	1.4	12,153	0.9
e. 설계 자료 작성(C_{RD})	3,117	0.3	3,110	0.2
2. 생산비(C_{P})	**407,814**	45.3	**330,885**	26.1
a. 제작생산(C_{PM})	333,994	37.1	262,504	20.8
b. 건설(C_{PC})	45,553	5.1	43,227	3.4
c. 초도군수지원(C_{PI})	28,267	3.1	25,154	1.9
3. 운영유지비(C_{O})	**422,217**	46.9	**883,629**	69.7
a. 체계 운용(C_{OO})	37,811	4.2	39.301	3.1
b. 체계 정비(C_{OM})	384,406	42.7	844.328	66.6
정비인력 및 지원(C_{OMM})	210,659	23.4	407,219	32.2
수리부속(C_{OMX})	103,520	11.5	228,926	18.1
시험/지원장비 정비(C_{OMS})	47,713	5.3	131,747	10.4
수송 및 취급(C_{OMT})	14,404	1.6	51,838	4.1
정비훈련(C_{OMP})	1,808	0.2	2,125	
정비시설(C_{OMF})	900	0.1	1,021	
기술자료(C_{OMD})	5,402	0.6	21,452	1.7
c. 체계 변경(C_{OR})	....	....	....	....
d. 체계 퇴역(C_{OP})	....	....	....	....
총 비용 (현재가 계산을 위해 10% Discount factor사용)	$ 900,250	100%	$ 1,267,760	100%

4) 고비용 요소를 식별하여 **원인결과 상관관계 및 감도분석을 실시**한다.

수명주기비용 분석절차에서 비용이 높게 영향을 주는 요소(통상 총 비용의 10% 이상)를 찾을 수 있다. 이들 요소에 대해서는 보다 정확한 분석이 요구되며, 추가적인 입력자료들을 확인할 필요가 있다. 예를 들면, 정비인력 및 지원비(C_{OMM})와 수리부속품비(C_{OMX})는 형상 A의 총 수명주기비용의 23.4%와 11.5%를 각각 차지하고 있다. 정비인력과 수리부속의 변화 즉, 정비주기와 재고소요를 결정하는 예측방법, 적절한 매개변수의 상관관계가 설정되었는지 확인하기 위한 분석모델, 인건비 · 부속품 가격 · 재고 유지비 등과 같은 비용요소들에 대한 영향을 분석해야 한다. 즉 감도분석을 실시해야 한다. 그 예로서 〈그림 13-11〉

〈그림 13-9〉 비용유형

비용 범주	사업연도												총계
	1	2	3	4	5	6	7	8	9	10	11	12	
연구 개발	32,119	38,100											70,219
생산		94,110	156,852	156,852									407,814
운영 정비			12,180	32,480	60,492	57,472	53,480	50,484	50,470	50,494	37,480	17,185	422,217
총계	32,119	132,210	169,032	189,332	60,492	57,472	53,480	50,484	50,470	50,494	37,480	17,185	900,250

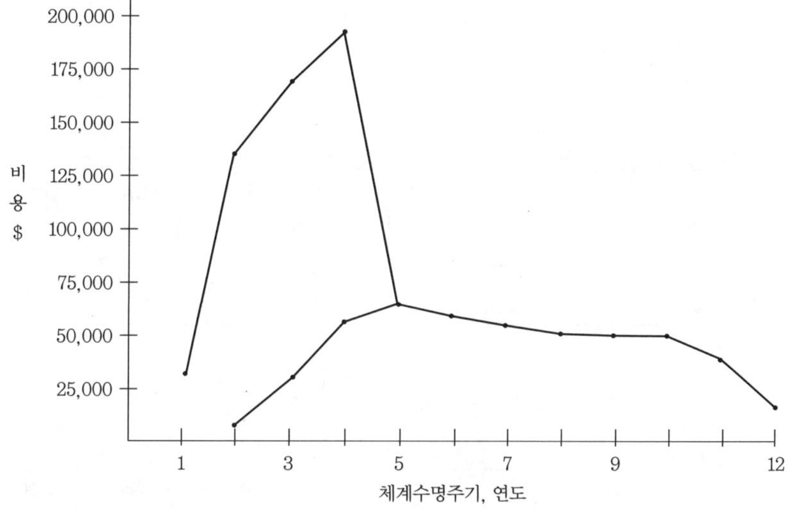

에서 알 수 있듯이 MTBF는 정비인력 및 지원비와 수리부속품비의 함수로서 변화한다.

분석자(또는 결심권자)는 〈그림 13-10〉과 같은 손익분기분석을 검토하여 형상 A에서 손익분기점이 얼마나 멀리 떨어져 있어야 하는가를 결정하여야 한다. 예를 들어, 만약 선택된 최대의 손익분기점이 7년이라면 두 설계대안의 차이는 약 6만 5천불이다. 이 결과는 허용되는 변동 내에 있다.

〈그림 13-11〉의 감도분석에서 만약 형상 A의 설계를 변경하거나 신뢰도 예측에 오차가 있다고 한다면 정비인력 및 지원비는 약 32만 4천불로 증가함으로 오히려 〈표 13-2〉

〈그림 13-10〉 손익분기분석

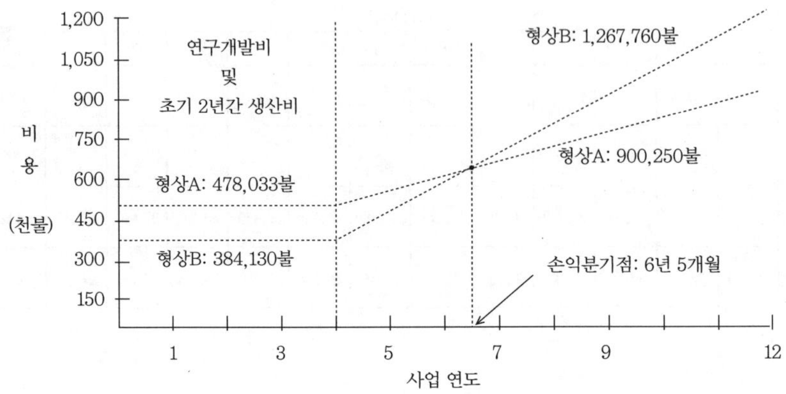

〈그림 13-11〉 감도분석

MTBF 승수	*COMM* 현재가, $
0.67	323,140
1.00(형상A)	**210,659**
1.33	162,325
2.00	112,565

MTBF 승수	*COMX* 현재가, $
0.67	199,576
1.00(형상A)	**103,520**
1.33	92,235
2.00	80,130

〈그림 13-12〉 신뢰도와 체계의 비용 관계

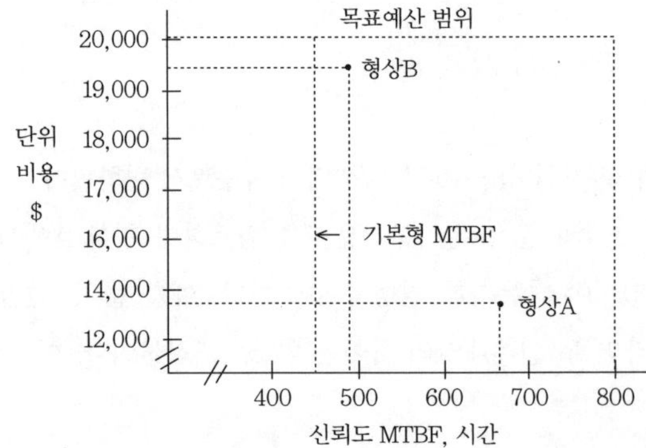

평가기준	형상A	형상B
MTBF	675	495
단위LCC($)	13,850	19,505
비용 대 효과 비율	0.049	0.025

의 최초 판단한 기본비용보다 11만 3,340불이 증가하게 된다.

따라서 체계의 신뢰도가 정해진 범위 내에 있더라도 MTBF의 변화에 따른 비용의 증가는 결심을 형상 B로 변경하도록 만들기 때문에 분석자는 최종 결심에 영향을 주는 입력의 매개변수와 그에 따른 영향에 대한 감도분석을 실시해야 한다.

다. 분석결과

앞의 예제에서 결심은 비용, 손익분기분석 및 감도분석을 통하여 나타난 상관관계에 기초하여 형상 A를 선택하게 된다.

제4절 비용 대 효과 분석

획득관리에 있어서 궁극적인 목적은 운용 및 정비 요구사항이라는 제약조건하에서 비용 대 효과적인 체계를 설계 및 개발하는 것이다. 비용 대 효과는 본 장 제1절에서 설명한 바 있는 **임무완수(체계 효과성: System effectiveness) 척도와 수명주기비용(Total LCC) 척도로 나타내는 한 체계의 척도와 관계**가 있다. 비용 대 효과는 많은 기업체에서 의사결심지원 목적으로 사용하고 있는 **비용 대 이윤 분석(Cost-benefit analysis)**과 비슷한 것으로서 여러 가지 방법으로 나타낸다. 즉, 하나 또는 둘 이상의 Figure of merit(FOM)를 사용한다. 그 표현방법은 측정하기를 원하는 특별한 임무나 체계의 매개변수에 의해 좌우된다.

비용 대 효과의 주요 구성요소는 〈그림 13-1〉에 설명되어 있다. 〈그림 13-1〉은 비용 대 효과를 나타내는 방법은 서로 다르더라도 여러 가지 영향요소와 그들의 상관관계를 잘 보여주고 있다.

군수란 한 체계의 수명주기 동안 그 체계를 효과적이고 경제적으로 지원하는 것을 보장하는 데 필요한 모든 고려요소들의 집합체로 볼 수 있다. 따라서 **군수의 궁극적인 목적**은 의도된 데로 설계 및 개발하고, 필요시 이용할 수 있어야 하며, 운용기간 중에는 비용 대 효과적이어야 한다는 것이다. 이러한 목적을 달성하기 위하여 기획 초기단계부터 계량적으로 측정 가능한 목표치를 설정하고 이러한 특성을 체계 설계 시에 통합하는 것에 크게 의존한다. 이러한 목표 지향적인 설계방법은 성과기반군수의 요구사항을 지원해주는 것이다.

제12장에서 설명한 바와 같이 체계성능과 임무완수의 핵심척도는 가용도이며, 가용도는 신뢰도와 정비도의 함수이다. 가용도를 고려할 때, 한 체계의 전체적인 효과척도 내에서 체계의 임무를 완수할 수 있는 정도는 군수 및 정비 지원기반구조와 연계된 척도이다. 즉, **체계의 성공은 군수 및 정비 지원기반구조와 이를 필요시에 언제든지 활용할 수 있는 가용정도에 따라 크게 좌우된다**는 것이다.

앞에서 설명한 바와 같이 하나의 체계에 대해 기술적인 요소와 경제적인 요소 간의 상관관계를 설정하는 것은 바람직한 비용 대 효과 FOM(Figure of merit)를 구성할 수 있다.[231)]

$$\text{비용 대 효과 FOM} = \frac{\text{가용도}}{\text{수명주기비용}} \quad \text{식 13-⑥}$$

$$\text{비용 대 효과 FOM} = \frac{\text{성능}}{\text{수명주기비용}} \quad \text{식 13-⑦}$$

$$\text{비용 대 효과 FOM} = \frac{\text{군수효과성}}{\text{수명주기비용}} \quad \text{식 13-⑧}$$

$$\text{비용 대 효과 FOM} = \frac{\text{전체적인 장비효과성}}{\text{수명주기비용}} \quad \text{식 13-⑨}$$

$$\text{비용 대 효과 FOM} = \frac{\text{수명주기비용}}{\text{시설 공간의 크기}} \quad \text{식 13-⑩}$$

〈그림 13-13〉 신뢰도 대 비용분석 사례[232)]

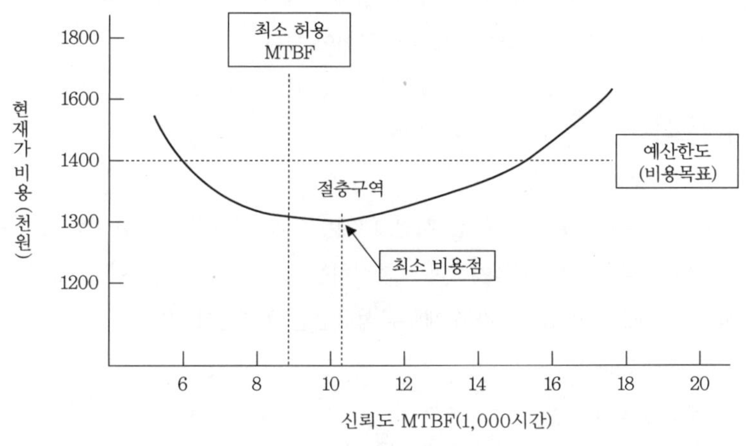

〈그림 13-13〉은 수명주기비용 대 신뢰도 MTBF 간의 상관관계를 표시하고 있다. 여기서 최소의 요구사항인 MTBF와 예산의 제한에 따른 설계대안을 선택해야 하는 절충구역이 있음을 보여주고 있다. 이 처럼 비용 대 효과척도는 설계대안을 평가할 때 사용하며, 수명주기비용의 손익분기점 분석에 의해 설계대안의 선택을 최종적으로 결정해야 한다.

231) Benjamin S. Blanchard(2004), pp. 87-89.

232) Benjamin S. Blanchard(2004), pp. 88.

제5절 재무관리

본 절에서는 재무관리(Financial management)와 비용분석에 필요한 기본적인 재무분석 방법과 감가상각 계산방법을 소개한다. 국방획득관리업무 수행시 체계 설계단계에서 설계대안을 결정하기 위한 군수지원분석을 하거나 다른 중장기사업을 계획하거나 추진할 때 요구되는 사전 및 사후 분석시 비용 대 효과분석을 하게 된다. 이 때 정해진 이자율이나 할인율을 알고 계획기간 동안의 재정적 변동을 예측해야 함으로 재무분석이 필요하다. 또한 현 보유자산에 대한 감가상각을 고려한 현 자산 가치를 평가해야할 경우도 있다. 이와 같은 재무관리를 위해서 실무에서는 편리하게 사용하는 컴퓨터 프로그램이 있다. 그러나 사업관리를 하거나 중장기적인 사업계획 업무를 수행하는 군수전문가는 재무와 관련된 계산방법을 이론적으로 이해하고 있어야 한다.

1. 재무분석

재무분석(Financial Analysis)은 정해진 시간 매개변수와 정해진 이자율이나 할인율(Discount rate)에 의해 재정적 변동을 예측하고 분석하는 것이다. 공학경제학(Engineering economics)에서 통상 사용되고 있는 9가지 재무분석방법을 소개한다.[233]

① 미래가치(Future value)

② 현재가치(Present value)

③ 年金의 미래가치(Uniform series compound amount or future value for annuity)

④ 연금가치(Annuity value)

⑤ 연금의 현재가치(Uniform series present worth or present value for annuity)

⑥ 자본회수(Capital recovery)

⑦ 유효 年利子(실효 연이자: Effective annual interest)

⑧ 비용변화: 비용변화형 연금(Cost gradient: Equivalent uniform periodic cost)

---

233) John W. Langford, Logistics: principles and applications(NY: McGraw-Hill, 1995), pp. 245-256.

⑨ 비용변화: 비용변화형 현금가치(Cost gradient: Present-value cost)

위의 재무분석방법은 분석자들에게 부여된 질문의 유형에 따라 각 상황별로 적절하게 사용된다. 전자계산기가 여러 계산공식을 이용하는 재무분석에 유용하게 활용될 수 있다. 위의 공식을 세 가지 그룹 즉, 시간가치분석(Time-value analysis), 유효이자분석(Effective interest analysis), 비용변화분석(Cost gradient analysis)으로 나누어 설명한다.

가. 시간가치분석(Time-value analysis)

시간가치 그룹은 미래가치, 현재가치, 연금의 미래가치, 연금가치, 연금의 현재가치, 자본회수를 포함한다. 기억방법으로 FP, FA, PA와 그 역의 관계인 PF, AF, AP를 생각하며 공식을 만들 수 있다.

1) **미래가치를 계산하는 공식**은 다음과 같으며, "만약 내가 지금 연이자율 i로 목돈(일괄총액) P를 투자(저축)한다면 년도 후에 내가 얼마나 많은 액수 F를 모을 수 있는가?" 에 대한 해답 공식이다.

$$F = P(1+i)^n \qquad \text{식 14-①}$$

F: 미래가치, P: 현재가치, n: 기간의 수, i: 기간당 이자율

2) **연금의 미래가치**(Uniform series compound amount: Future value for annuity)**를 계산하는 공식**은 다음과 같으며, "만약 내가 연이자율 i로 매년 일정액 A를 투자한다면 n년도 후에 내가 모을 수 있는 액수 F는 얼마인가?"에 대한 해답공식이다.

$$F = A\left[\frac{(1+i)^n - 1}{i}\right] \qquad \text{식 14-②}$$

F: 미래가치, A: 정기적인 충당자금(입금액), n: 기간의 수, i: 기간당 이자율

3) **연금의 현재가치**(Uniform series present worth: Present value for annuity)**를 계산하는 공식**은 다음과 같으며,

가) "만약 내가 n년 동안 연말에 연간 일정 수입액 A를 받을 필요가 있다면 현재 연이자율 i에서 내가 얼마나 많은 목돈 P를 투자해야 하는가?"

나) "내가 만약 n년 동안 연이자율 i로 매년 연말에 일정액 A를 지불할 수 있다면 얼마나 많은 액수 P를 차용할 수 있는가?"에 대한 답변공식이다.

$$P = A\left[\frac{(1+i)^n - 1}{i(1+i)^n}\right] \quad \cdots\cdots\cdots\cdots \text{식 } 14-③$$

P: 현재가치, A: 정기적인 수입금(불입금), n: 기간의 수, i : 기간당 이자율

식 ①, ②, ③을 PF, AF, AP 관계로 재정리하면 다음 식으로 바꾸어 쓸 수 있다.

4) **현재가치(Present value) 구하는 공식**은 다음과 같으며, "만약 내가 n년 후에 연 이자율 i로 가정하여 목돈 F를 모을 필요가 있다면 얼마나 많은 액수의 목돈 P를 지금 투자(또는 저축)해야 하는가?

$$P = F\left[\frac{1}{(1+i)^n}\right] \quad \cdots\cdots\cdots\cdots \text{식 } 14-④$$

P: 현재가치, F: 미래가치, n: 기간의 수, i : 기간당 이자율

5) **연금가치(Annuity value) 구하는 공식**은 다음과 같으며, "만약 내가 n년 후에 연 이자율 i로 가정하여 목돈 F를 모을 필요가 있다면, 얼마나 많은 액수 A를 매년 연말에 투자(또는 저축)해야 하는가?" 에 대한 해답공식이다.

$$A = F\left[\frac{i}{(1+i)^n - 1}\right] \quad \cdots\cdots\cdots\cdots \text{식 } 14-⑤$$

F: 미래가치, A: 정기적인 지불자금(불입금), n: 기간의 수, i : 기간당 이자율

6) **자금회수(Capital recovery)를 구하는 공식**으로

가) "만약 내가 현재 연이자율 i로 n년 동안 목돈 P를 투자(저축)할 수 있다면, 매년 연말에 얼마나 많은 연간수익(Annual revenue)을 얻을 수 있는가?"

나) "만약 내가 연이자율 i로 n년 까지 갚을 돈 P를 차용해야 한다면, 매년 연말에 얼마나 많은 액수의 연간지불금(Annual payment)을 내어야 하는가?" 에 대한 해답공식이다.

$$A = P\left[\frac{i(1+i)^n}{(1+i)^n - 1}\right] \quad \cdots\cdots\cdots\cdots \text{식 } 14-⑥$$

A: 정기적인 수입금(불입금), P: 현재가치, n: 기간의 수, i : 기간당 이자율

앞의 모든 식에서 월간, 분기당, 연간 등 이자율과 기간요소가 상호 일치되어야 한다.

7) **시간가치분석의 예제를 소개하면 다음과 같다.**

가) 미래가치를 구하는 예제

만약 현재 보유하고 있는 목돈(P)이 1,000만원이고 연이자율 10%이며 5년간 투자 가

능하다면, 5년 후에 찾을 수 있는 액수는 얼마인가?

$F = P(1+i)^{n} = 1,000(1+0.1)^{5} = 1,000(1.61051) = 1610.51$만원

나) 현재가치를 구하는 예제

만약 연이자율 10%, 5년 후에 1,610.51만원의 목돈 자금(F)이 필요하다면, 현재 얼마나 많은 액수의 자금(P)을 투자(저축)해두어야 하는가?

$$P = F\left[\frac{1}{(1+i)^{n}}\right] = 1610.51\left[\frac{1}{(1+0.1)^{5}}\right] = 1610.51\left(\frac{1}{1.61051}\right) = 1,000\text{만원}$$

다) 연금의 미래가치(Uniform series compound amount: Future value for annuity)를 계산하는 예제

만약 1,000만원(A)을 연이자율 10%로 연말마다 매년 5년간 투자(저축)한다면, 5년 후에 찾을 수 있는 액수(F)는?

$$F = A\left[\frac{(1+i)^{n}-1}{i}\right] = 1,000\left[\frac{(1+0.1)^{5}}{0.1}\right] = 1,000\,(0.61051/0.1) = 6105.1\text{만원}$$

라) 연금가치(Annuity value) 구하는 예제

만약 6,105.1만원(F)을 5년 후에 받기를 바란다면 매년 10%의 이자율로 5년 동안 연말마다 투자(저축)해야 할 액수(A)는 얼마인가?

$$A = F\left[\frac{i}{(1+i)^{n}-1}\right] = 6105.1\left[\frac{0.1}{(1+0.1)^{5}-1}\right] = 6105.1\left(\frac{0.1}{1.6105-1}\right) = 1,000\text{만원}$$

마) 연금의 현재가치(Uniform series present worth: Present value for annuity)를 계산하는 예제

만약 연이자율 10%와 5년 동안 매년 연말마다 1,000만원의 수익(A)을 얻고자 하면, 현재 얼마의 액수(P)를 투자(저축)해야 하나요?

$$P = A\left[\frac{(1+i)^{n}-1}{i(1+i)^{n}}\right] = 1,000\left[\frac{(1+0.1)^{5}-1}{0.1(1+0.1)^{5}}\right] = 1,000\left(\frac{0.61051}{0.161051}\right) = 3790.79\text{만원}$$

바) 자금회수(Capital recovery)를 구하는 예제

만약 3790.79만원을 은행으로부터 연이자율 10%로 5년간 빌린다면, 매년 연말에 얼마나 입금하여야 하는가?

$$A = P\left[\frac{i(1+i)^n}{(1+i)^n-1}\right] = 3790.79\left[\frac{0.1(1+0.1)^5}{(1+0.1)^5-1}\right] = 3790.79\left(\frac{0.161051}{0.61051}\right) = 1{,}000\text{만원}$$

나. 유효이자분석(Effective interest analysis)

유효이자분석은 실제 연간이자율에 초점을 맞춘다. 연간이자율은 1일 복리로 계산한 연간이자를 의미한다. 이자를 계산하는 방법은 연간수익(Annual return 또는 Annual yield)은 일일 복리로 계산한 연간이자(Annual interest)와 실제로 동일하게 간주한다. 따라서 유효 연간이자율(EAI: Effective annual interest rate)을 계산하는 공식은 다음과 같다.

$$\text{EAI} = e^i - 1$$

i는 유효 연이자율, e는 2.718281828...(자연대수 기본수)이다.

예제 1) 신용장에 기술된 연이자율이 18%라면 유효이자율은 일일복리로 계산하는 연이자율을 의미한다. 실제로 개인에게 부과되는 연이자율은 얼마인가요?

$$\text{EAI} = e^i - 1 = e^{0.18} - 1 = 1.1972 - 1 = 0.1972 (\text{연이자는 } 19.72\%)$$

다. 비용변화분석(Cost gradient analysis)

비용변화분석방법은 계획된 기간 동안에 규정된 이자나 물가상승률에 영향을 받는 정기적인 지급금(Periodic amount)에 대한 정해진 증가비용의 효과문제를 제기한다. 비용변화 분석기법은 미래비용 상황의 추이를 평가하는데 있어서 미래의 정기적인 보충비용(Supplemental cost)을 이자요소와 함께 고려되어야 할 때 적용될 수 있다. 비용변화 분석방법은 비용변화형 연금(Cost gradient: Equivalent uniform periodic cost) 계산방법과 비용변화형 현재가치(Cost gradient: Present-value cost) 계산방법 두 가지가 있다.

1) 균등하게 정기적으로 지불하는 비용변화형 연금(Equivalent uniform periodic cost)을 구하는 방법

$$A = g\left[\frac{1}{i} - \frac{n}{(i+1)^n - 1}\right] \quad \text{..................... 식 14-⑦}$$

A: n 기간 동안 정기적으로 지불하는 연금, g: 기간당 비용증액

i는: 기간당 이자율, n: 기간의 수

예제 2) 무기체계의 정비비가 10년 동안 매년 약 1,000만원이 증가한다. 첫해는 보증기간으로 보증수리가 되며, 2차 연도에는 1,000만원, 3차 연도에는 2,000만원 등으로 정비비가 증액된다. 10년 동안의 연평균 정비비를 계산하시오. 연이자율은 10%이다.

g=1,000만원, i=0.1, n=10년

$$A = 1{,}000\left[\frac{1}{0.1} - \frac{10}{(1+0.1)^{10}-1}\right] = 1{,}000(3.72529) = 3725.29\text{만원}$$

2) 비용변화형 현재가치(Present-value cost)를 구하는 방법

$$P = g\left[\frac{(1+i)^{n}-1}{i^{2}(1+i)^{n}} - \frac{n}{i(1+i)^{n}}\right] \qquad \text{식 14-⑧}$$

P: 현재가치 비용, g: 기간당 비용증액, i: 기간당 이자율, n: 기간의 수

예제 3) 무기체계의 정비비가 10년 동안 매년 약 1,000만원이 증가한다. 첫해는 보증기간으로 보증수리가 되며, 2차 연도에는 1,000만원, 3차 연도에는 2,000만원 등으로 정비비가 증액된다. 현재가로 정비비를 계산하시오. 연이자율은 10%이다.

g=1,000만원, i=0.1, n=10년

$$P = 1{,}000\left[\frac{(1+0.1)^{10}-1}{(0.1)^{2}(1+0.1)^{10}} - \frac{10}{0.1(1+0.1)^{10}}\right] = 2\text{억 } 2{,}890\text{만원}$$

3) 수명주기비용분석 시에는 비용변화분석방법을 적용하는 것이 효과적이다.

2. 자산의 감가상각 계산법

감가상각(Depreciation)은 자본자산(Capital assets: 원금)을 정해진 회기기간 내에 상환하는 재무관리영역이다. 감가상각을 구성하는 주요 영향요소는 다음과 같다: 획득가격(Acquisition value: 구입가격, 구매가격); 구조재산(Salvage value: 피보험의 구조재산의 가치); 사용수명(Service life); 정기적인 장부가격(Periodic book value); 정기적인 감가상각 할당액(Periodic depreciation allowance); 감가상각 적립금(Reserve for depreciation)

감가상각 규칙은 한 자산의 공인된 수명에 의해 결정되는 정기적인 비율에 따라 최초의 투자자금(원금)을 보충하기 위하여 회사의 이윤이나 다른 자원을 할당하는 것을 허용

해준다. 감가상각 계산방법은 세금 및 회계 당국에 의해 승인된 절차에 따라 주로 결정된다. 원금 감각상각에 관한 세금 규정은 일반적으로 최초의 투자금을 갚기 위하여 조직에서 설정한 '감가상각 적립금' 을 배당하는 것이다. 감가상각 적립금에 대한 회사 이윤의 법적 할당액은 미래 자본금을 재충당하기 위한 목적뿐만 아니라 회사 수입을 감가상각하며, 소득세의 부담(Income tax liability)을 줄이는데도 영향을 미친다.[234] 군수지원분석시 알아야 하는 기본적인 감가상각 계산방법은 다음과 같다.

가. 감가상각 계산법

1) 정액법(Straight-line method)

〈표 13-3〉과 같이 가장 간단하게 계산하는 방법이다. 〈그림 13-14〉는 〈표 13-3〉을

〈표 13-3〉 감가상각 정액법의 적용자료

• 장비구입가: 10,000불, 예상되는 구조재산 가치: 1,500불, 예상 장비수명: 5년

연도말	잔여 기준가($)	상각률(%)	상각액($)	감가상각 적립금($)
시작	8,500	-	-	1,500
1차 연도	6,800	20	1,700	3,200
2차 연도	5,100	20	1,700	4,900
3차 연도	3,400	20	1,700	6,600
4차 연도	1,700	20	1,700	8,300
5차 연도	0	20	1,700	10,000

〈그림 13-14〉 감가상각 정액법 적용 그림

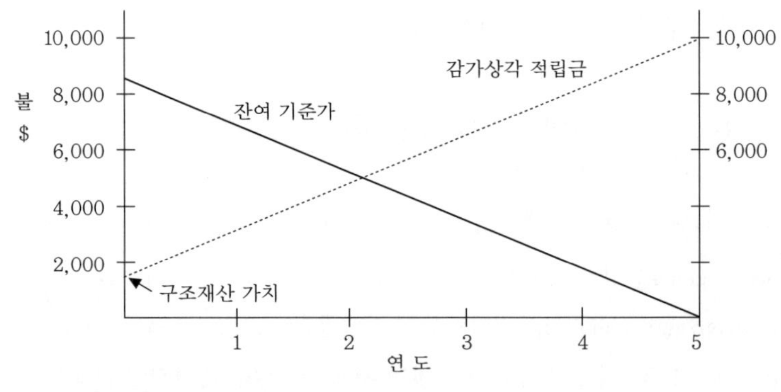

234) John W. Langford(1995), pp. 257-262.

그림으로 나타낸 것이다. 직선방법은 획득가에서 구조재산을 제외한 액수를 가격축에서 시작하여 수명축의 마지막 연도를 끝점으로 하는 부의 기울기 직선을 긋는다. 상각률(Straight-line rate)에 의해 부의 기울기가 결정된다. 직선율은 공인된 수명에 따라 결정되는데 본 예제에서는 수명이 5년이므로 직선율은 20%가 된다.

$$상각율 = \frac{100\%\ 예상\ 구조비율}{예상\ 수명} \qquad \cdots\cdots\cdots\cdots\ 식\ 14-⑨$$

2) **체감법**(Declining-balance method)

체감률(DBR: Declining-balance rate)은 상각률(Straight-line rate)의 배수에 근거를 두고 설정된다. 예를 들면, 체감률이 150%이면 상각률의 1.5배이며, 175%이면 상각률의 1.75배이다. 〈표 13-4〉와 〈그림 13-15〉는 2배수 이중체감법(DDR: Double-declining-balance rate)의 예로서 연간 감가상각률이 20%일 경우에는 연간 40%의 감가상각 할당액을 적용하게 된다.

〈표 13-4〉 2배수 감가상각 이중체감법의 적용자료

• 장비 구입가: 10,000불, 예상되는 구조재산 가치: 1,500불, 예상 장비수명: 5년, DBR: 2

연도말	잔여 기준가($)*	체감률(%)	체감액($)	감가상각 적립금($)
시작	10,000	-	-	0
1차 연도	6,000	40	4,000	4,000
2차 연도	3,600	40	2,400	6,400
3차 연도	2,160	40	1,440	7,840
4차 연도	1,500	40	660**	8,500
5차 연도	1,500	40	0	8,500

* : 잔여 기준가(Remaining basis)

** : 이중체감법을 적용시에는 감가상각 할당액을 정할 때 구조재산 가치를 획득가에서 감하지 않고 계산한다. 그 대신에 잔여 획득가를 구조재산 가치까지 감소할 때까지만 감가상각 할당액을 산정한다. 4차 연도에 660불을 정한 이유는 660불 보다 더 많은 액수를 정하면 마지막 연도인 5차 연도의 예상 구조재산 가치 1,500불보다 더 작게 되기 때문에 660불을 정할 수 있다.

〈그림 13-15〉 2배수 감가상각 이중체감법의 적용그림

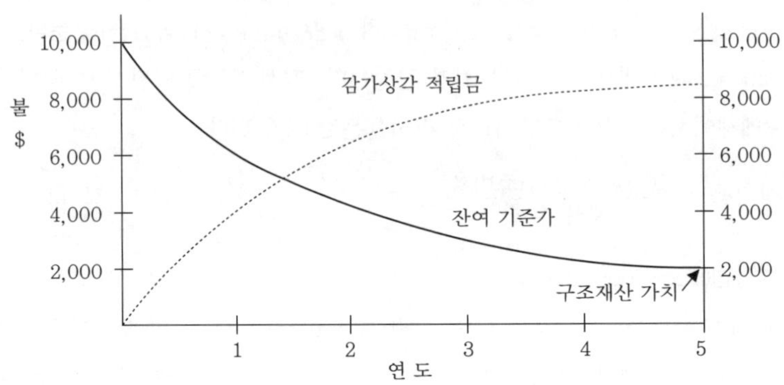

3) Y연차 연수합계법(Sum-Of-the-Years'-digits for the Yth year method)

〈표 13-5〉와 〈그림 13-16〉은 Y연차 연수합계법의 예를 보여주고 있다. 연수합계법은 정액법과 보다 자유로운 체감법을 절충한 방법으로서 Y째 연도의 감가상각 합계를 구하는 공식은 다음과 같다.

$$\text{SOD(Y째 연도)} = \frac{(n-y)(100\% - \text{예상 구조자산 비율})}{\sum_{i=1}^{n} X_i} \quad \cdots\cdots \text{ 식 14-⑩}$$

n: 예상수명(년도 수), y: Y연도 이전의 사용수명, $\sum_{i=1}^{n} X_i = \frac{n(n+1)}{2}$

〈표 13-5〉 연수합계법의 적용자료

• 장비구입가: 10,000불, • 예상되는 구조재산가치: 1,500불, • 예상장비수명: 5년

연도말	잔여 기준가($)	상각률(%)	상각액($)	감가상각 적립금($)
시작	8,500	-	-	1,500
1차 연도	5,667	5/15	2,833	4,333
2차 연도	3,400	4/15	2,267	6,600
3차 연도	1,700	3/15	1,700	8,300
4차 연도	567	2/15	1,133	9,433
5차 연도	0	1/15	567	10,000

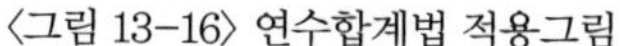
〈그림 13-16〉 연수합계법 적용그림

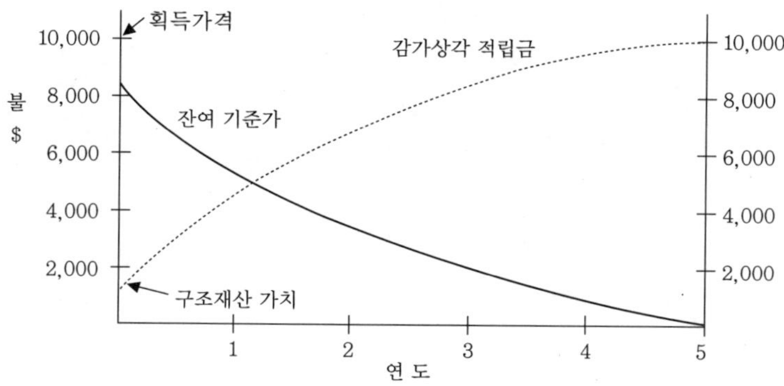

나. 획득가, 잔여 기준가, 감가상각 적립금의 상관관계

어느 감가상각 계산방법을 사용하든지간에 잔여 기준가와 감가상각 적립금의 합계는 획득가와 동일하여야 한다.

다. 수명주기비용분석에 감가상각 적용

감가상각비용(Depreciation cost)은 재무분석 공식에 사용되며, 수명주기비용 분석시에는 실제적으로 정액법을 가장 많이 사용한다.

14 정비업무분석

본 장에서는 군수지원분석의 핵심인 정비업무분석(MTA: Maintenance Task Analysis)과 정비업무분석시 반복되는 분석으로 신뢰도중심 정비분석, 수리수준분석, 고장유형 영향 및 치명도 분석 중에서 수리수준분석과 고장유형 영향 및 치명도 분석에 대해 설명한다.

제1절 정비업무분석 개념

1. 정비업무분석 개념

정비업무분석은 군수지원분석의 고유영역으로서, 분석하고자 하는 체계 및 장비에 관한 모든 계획 및 비계획 정비 기능, 정비에 필요한 군수지원소요를 도출하는데 필요한 기술자료(Engineering data)를 제공해주는 분석으로서, 이때 도출된 자료의 유형은 〈그림 14-1〉의 군수기반구조를 위한 주요기술성능(Technical performance)에 대한 측정치들[235]과 〈그림 14-2〉의 군수지원분석을 통한 군수지원소요들[236]이다. 군수지원분석자료는 크게 두 가지 범위를 포함한다.

첫째, **중요한 모든 수리 부속품의 식별** : 체계, 하부체계, 결합체 및 하부결합체에서 상대적으로 복잡하고 군수지원 형태와 지원의 범위를 결정하기 위하여 분석이 요구되는 품목으로서 수리수준분석(LORA: Level of Repairable Analysis)을 통하여 식별되어야 한다.

둘째, 모든 **정비소요의 식별** : 고장수리, 제거 및 교체, 수리, 서비스, 배열 및 조정, 기능적 시험 및 확인, 점검, 교정, 정기수리 등에 대한 정비에 필요한 군수지원소요를 식별하여야 한다.

정비업무분석은 체계의 정의와 설계를 통하여 반복적으로 시행 개발된다. 정비업무분석은 기본적으로 정비개념에 기초를 두고 공학적(기술적) 설계자료, 신뢰도 및 정비도의 분석과 예측, 인간공학적 자료 등에 의존한다. 정비업무분석 자료들은 설계결심을 하는데 사용되며, 체계가 야전에 배치되어 운용 및 정비에 필요한 군수지원품목을 보급 및

235) Benjamin S. Blanchard(2004), p. 23

236) 상게서, p. 202.

획득하는 기초가 된다.

2. 군수지원분석 관련 규정

우리 군의 군수지원분석개념은 〈그림 14-2〉의 군수지원분석을 통한 군수지원소요들이 체계 획득단계에서 반영하도록 규정하고 있다. 방위력개선사업관리규정에 군수지원분석 시기와 절차에 대해 규정하고 있으며, 보다 상세한 군수지원분석절차는 방위사업청에서 발간한 종합 군수지원업무지침[237]에 규정하고 있다. 군수지원분석을 위한 상세한 업무절차를 이해하기 위해서는 종합군수지원업무지침을 숙지해야 할 것이다.

방위사업관리규정에 있는 군수지원분석 시기와 절차에 대한 주요내용은 다음과 같다.

1) 체계의 소요제기부터 폐기까지 전 수명주기 동안 계속 실시한다.

2) 방사청 사업관리본부장(IPT)이 소요군과 협조하여 무기체계 개발시 유사 무기체계 및 장비의 야전운용제원을 활용하여 종합군수지원요소를 최적화하여 개발 관리한다.

3) 설계 초기에는 유사 체계 및 장비의 경험제원 분석과 공학적 추정을 통하여 군수지원소요를 산출하고, 야전 배치후 일정기간의 운용자료를 수집 분석하여 종합군수지원소요를 최신화 한다.

4) 군수지원분석은 신뢰도 · 가용도 · 정비도 (RAM)분석, 비용 대 효과분석 등 관련 기법에 의한 분석결과와 연관시켜 검토후 결정한다. 다양한 군수지원분석결과를 통합하는 방법에 대한 흐름도는 〈그림 14-3〉과 같다.

5) 방사청 사업관리본부장(ILS팀장), 기품원 및 국과연은 군수지원분석을 위한 전산모델과 기법을 발전시키고 각 군의 군수지원분석을 지원한다.

6) 소요 요청기관은 RAM 목표값을 제시해야 하며, 사업관리본부는 선행연구기간에 RAM 목표값 등을 검증하고 정량화해야 한다.

7) 체계개발단계에서는 신뢰도 예측(통합사업관리팀), 신뢰도 시험(분석시험평가국), 신뢰도 분석결과 및 시험결과 등을 확보하여 데이터베이스 구축 및 RAM분석 도구 및 기법을 발전(기품원)시킨다.

---

237) 방사청, 『종합군수지원업무지침: 해상전력사업용』 (서울: 방사청, 2007); 지상전력 및 항공전력 사업용이 발간되었을 것이다. 그러나 웹사이트를 통하여 일반에 공개되지는 않고 있다.

〈그림 14-1〉 군수기반구조를 위한 주요기술성능 측정

체 계 소 요
• 체계의 성능치

⬇

정비기반구조 및 지원기반구조
• 지원능력의 효과성(신뢰도) • 지원의 적시성(반응시간)
• 지원의 효율성(지원조치당 비용)

⬇

보급지원	정비 및 지원 인력
• 수리부속품 수요율(Demand rate) • 교체간 평균시간(MTBR, MTBF) • 수리부속품 처리시간 • 재고품 식별시간 • 수리부속품으로 체계 성공확률(수리성공률) • 수리부속품가용도 • 재고유지수준 • 재고교체율(Turnover rate) • 경제적 주문량 • 보급지원비용과 보급지원 활동	• 소요인력과 기술수준 • 인력교체율 • 정비활동소요 및 정비공시 • 개인오차율(Personnel error rate) • 관련 비용과 조직
훈련 및 훈련지원	**시험, 측정, 취급 및 지원 장비**
• 교육훈련 인원/기간 • 교육훈련 소요기간 • 교육훈련 주기/기간 • 교육훈련에 필요한 입 · 출력 요인들 • 교육훈련 자료 • 교보재: 교육훈련 소프트웨어 • 관련비용과 총 훈련인원수	• 운용률(사용기간) • 운용시간(Utilization time) • 장비의 가용도 • 신뢰도(MTBF) • 정비도(MTBM) • 정밀조정률 및 정밀조정주기 • 시험, 측정 등의 운용시간과 운용비용
포장, 취급, 저장 및 수송	**정비시설**
• 수송형태, 수송료, 수송거리, 수송주기 • 수송시간 및 수송비용 • 포장물자 및 선적 품목 • 컨테이너 이용률 • 수송의 효과성(신뢰도) • 수송 성공률 • 포장 손상률	• 처리품목의 수량처리 기간 • 품목처리시간 • 품목교체시간 • 정비대기시간 • 물자소모율 • 지원시설의 소모/정비활동 • 지원시설소모기간 • 정비비용과 정비활동
컴퓨터지원	**기술자료 및 정보체계**
• S/W 신뢰도/정비도 • S/W 복잡도(언어/코드수준) • S/W 모듈 및 체계요소의 개수 • 관련비용 및 S/W 요소들	• 자료 및 체계의 개수 • 자료의 양식 및 용량 • 자료 엑세스 시간 • 데이터베이스의 크기 • 정보처리시간 • 설계변경 소요시간

〈그림 14-2〉 군수지원분석을 통한 군수지원소요

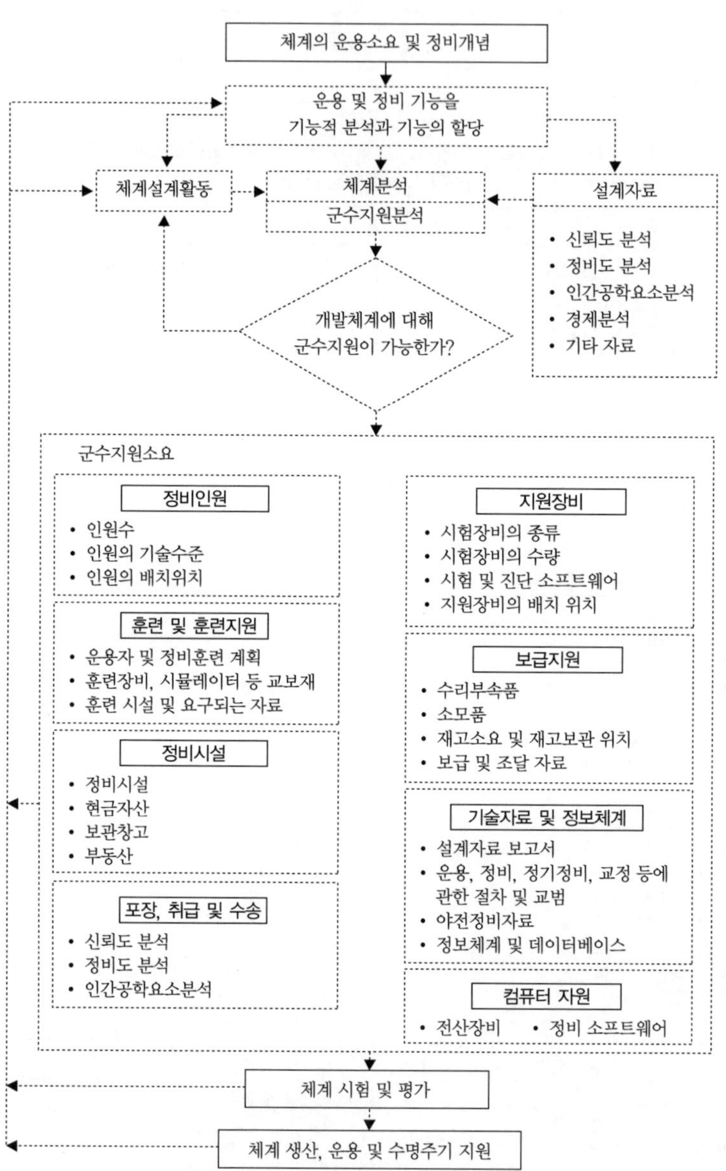

〈그림 14-3〉 군수지원분석도구의 통합방법[238]

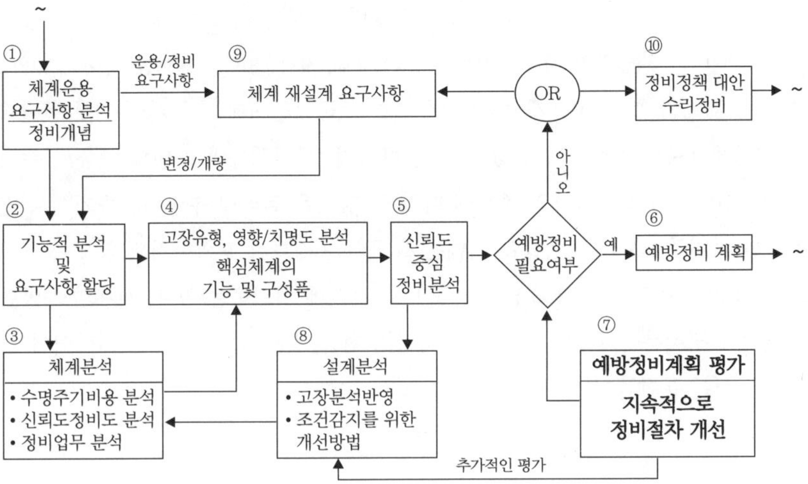

~
① 체계운용 요구사항 분석 / 정비개념
운용/정비 요구사항
⑨ 체계 재설계 요구사항
OR
⑩ 정비정책 대안 / 수리정비 ~
변경/개량
아니오
② 기능적 분석 및 요구사항 할당
④ 고장유형, 영향/치명도 분석 / 핵심체계의 기능 및 구성품
⑤ 신뢰도 중심 정비분석
예방정비 필요여부
예
⑥ 예방정비 계획 ~
③ 체계분석
• 수명주기비용 분석
• 신뢰도정비도 분석
• 정비업무 분석
⑧ 설계분석
• 고장분석반영
• 조건감지를 위한 개선방법
⑦ 예방정비계획 평가 / 지속적으로 정비절차 개선
추가적인 평가

또한 연구개발 주관기관이 탐색개발 전에 소요군의 체계 운용개념과 정비소요 등을 근거로 초기 군수지원분석(경험제원과 공학적 추정에 의한)을 실시한다. 따라서 연구개발 주관기관은 다음과 같은 종합군수지원요소별 소요를 정립하여 소요군, 사업관리본부(IPT, ILS 개발팀장)의 검토를 받아 연구개발주관기관은 탐색개발실행계획서와 전력화지원요소 개발계획에 포함시켜 주체계는 물론 지원요소들을 함께 개발하도록 규정하고 있다.

1) 연구개발주관기관이 실시해야 하는 군수지원분석 내용은 다음과 같다.

① 인원, 예산, 지원장비, 표준화 및 호환성, 고장빈도 및 정비소요시간 등을 설계에 반영한다. ② 고장빈도 및 정비소요시간을 예측한다. ③ 정비업무분석 : 정비업무 · 정비시기 · 정비계단 및 정비시설, 정비빈도, 수리방침 · 수리시간 및 수리수준분석, 정비인원 · 정비인시 및 정비기술특기, 정비관련 보급지원소요를 산정한다. ④ 보급지원 및 교육훈련 소요를 판단한다.

2) 종합군수지원요소별 소요에 포함된 사항은 다음과 같다.

① 정비할당표 초안, ② 군수지원인력 및 기술특기별 소요인력, ③ 정비계단별 지원

238) Benjamin S. Blanchard(2004), p. 200.

장비 소요: 품명 · 기능 및 능력, 소요근거, 운영유지에 필요한 제반 제원, 비용 추정, ④ 잠정지급기준 산출을 위한 보급품 소요, ⑤ 정비 및 보급 시설 : 소요, 소요시기, 설계기준, 소요근거, ⑥ 기술교범(사용자교범, 부대정비교범, 직접 · 일반 지원교범, 창 정비교범) 초안, ⑦ 창 정비체계 구축을 위한 개발소요, ⑧ 기존 보급지원체계 이용 가능 여부 등이다.

정비분석자료는 정형화되어 있는 것은 아니며, 무기체계와 장비의 종류와 수명주기의 길이 그리고 원하는 정보의 종류에 따라 그 양식은 달라질 수 있다. 초기설계 결심을 하기위한 정비분석자료를 개발할 때에는 요구되는 정보가 정확하지도 않으며 최종설계 검토가 될 때처럼 자료의 양도 많지 않으므로 분석에 어려움은 있다. 체계의 개발단계가 진전될수록 정비분석자료는 다음 절에서 설명하는 것과 같이 보다 구체화되어 정비에 요구되는 모든 분야들이 정리되어야 한다.

제2절 정비업무분석 절차

1. 정비업무분석 절차

방위사업청에서 2009년 1월 새로 발간된 ILS개발지침서에는 정비업무분석절차에 대해 보다 구체적으로 설명하고 있어 우리 군이 개발단계에서 부터 운용단계에 이르기까지 정비업무를 보다 정확하게 이행할 수 있는 수준이 되었음을 보여주고 있다.[239)]

본 절에서는 블랜차드가 그의 저서에서 설명하고 있는 정비업무의 분석절차를 소개함으로써 정비업무를 이해하는데 도움을 주고자 한다. 블랜차드가 이용한 예제를 설명한다. 정비업무분석 절차는 다음과 같다.[240)]

첫째, **정비업무분석이 요구되는 문제를 정의**한다.

어느 한 방산업체가 방산생산품 A를 생산해왔다. 업체는 총 비용이 예상했던 것보다 높았고, 국제경쟁은 더욱 심해지고 있기 때문에 업체에서는 전반적인 생산능력을 분석 평가하고 수명주기비용분석을 통해 비용이 가장 높게 나오는 분야를 식별하여 개선분야를 찾기로 하였다. 업체에서는 개선 가능한 분야로서 생산품 A에서 자주 고장 나는 부분을 생산공정의 기능적 흐름도(Production operation functional diagram)에서 '체계 점검 및 시험 기능' 이라고 판단되었으며, 이 부분의 정비비용을 줄인다면 비용이 감소되어 시장경쟁력이 있을 것으로 판단되어 생산품 A의 정비업무를 분석하기로 결심하였다.

둘째, **Go/No go기능으로 나타낸 고장추적도를 작성**한다. 생산품 A의 최종 시험단계의 자료에서 전력손실현상이 저주 발생하였다는 과거 기록자료를 토대로 고장현상을 식별하고, 이에 대한 고장추적도를 작성한다.

셋째, 두 번째 단계에서 그린 **고장추적도를 정비업무분석 양식1과 양식2로 전환하여 작성**한다. 양식1과 양식2는 블랜차드의 저서를 참고하기 바란다.

넷째, **정비업무분석 양식1과 양식2로부터 정비업무소요, 정비인원수, 정비기술수준, 시설소요, 기술자료 소요 등을 결정**하게 된다. 정비업무소요(Maintenance task requirements)

239) 방위사업청의 ILS주관부서명, 「ILS개발지침서」(서울:방사청, 2009),pp.166-168.

240) Benjamin S. Blanchard(2004), pp. 221-227.

란 정비소요시간, 병렬 및 직렬 관계, 정비순서 등이다. 정비업무분석 양식1은 요구되는 정비업무를 나열한 것으로서, 예상되는 정비주기를 결정하고, 요구되는 정비업무를 수행하는데 필요한 군수지원 자원을 식별하는데 목적이 있다. 양식1의 이러한 정보는 차례로 비용측면에서 평가한다.

다섯째, 마지막으로 양식1의 예상되는 정비기능에 기초하여 **양식1과 양식2의 각각의 정보를 하나씩 분석 평가하여 개선분야를 찾아냄으로써 정비업분석이 종료된다**.

2. 정비업무분석 양식

앞에서 설명한 바와 같이 Go/No go 기능으로 나타낸 고장수리 흐름도의 작성을 통하여 고장수리에 요구되는 양식1과 양식2를 완전하게 작성함으로써 정비업무분석은 완료된다.[241)]

가. 정비업무분석 양식1에 포함될 내용[242)]으로서 블록 1에서부터 블록 23까지의 작성내용과 작성시 준수사항에 대해 설명하면 다음과 같다.

1) **블록 1(체계명: System)** : 분석하는 체계 또는 최종 생산품의 적절한 명칭을 기록한다.

2) **블록 2(품목 이름과 번호: Item name and part number)** : 정비분석의 대상이 되는 수리품목의 이름과 제작회사의 품목번호를 기록한다.

3) **블록 3(차상위 결합체: Next higher assembly)** : 블록 2의 품목을 포함하고 있는 차상위 결합체의 품목이름과 번호를 기록한다. 하부결합체라면 반드시 블록 3에는 결합체가 식별되도록 조립체의 이름과 번호를 기록해야 한다.

4) **블록 4(정비소요 기술: Description of requirement)** : 블록 6에서 식별된 정비소요에 대한 기술적 설명과 판단내용을 기록해야 한다. 정비를 실시하는데 필요한 사항이 무엇인지를 분명하게 설정해야 하며, 정비소요와 관련된 참고문헌을 함께 기록해야 한다.

5) **블록 5(정비소요번호: Requirement number)** : 분석한 품목에 적용할 소요에 번호를 부여하며, 정비소요는 블록6에서 식별되며, 정비소요번호는 01에서부터 99까지 부여

241) 상게서, pp. 511-517.

242) 전게서, pp. 501-510.

할 수 있다.

6) **블록 6**(정비소요: Requirement) : 일반적으로 다음 11가지 중의 하나에 해당하는 정비소요 명칭을 기록하여야 한다.

정비소요 명칭 11가지는 다음과 같다.

가) 조정 및 배열(Adjustment/Alignment) : 분석 대상품목이 체계 요구에 적합하도록 일치시키거나, 균형되게 하거나, 변경하는 것이다.

나) 교정(Calibration) : 표준에 만족하는지를 확인할 때마다 실시하는 정비소요로서 정밀측정장비(PME: Precision Measurement Equipment)에 적용되며, 정밀측정장비에 대한 계획/비계획 정비시에도 교정을 하게 된다. 교정은 필요한 시험의 정확성과 국가표준기술연구소에 추적성을 제공한다.

다) 기능적 시험(Functional test) : 체계나 하부체계의 작동점검은 수리후 유효성 검정(Verification) 목적으로 또는 주기적으로 계획된 정비 목적으로 실시하는 정비소요이다.

라) 검사(Inspection) : 요구되는 조건이나 규정된 품질을 확인하는 정비소요로서 요구되는 조건을 검사하기 위하여 해당 품목을 제거하거나, 다른 품목을 제거하거나, 검사목적으로 해당품목을 뜯어보는 정비활동을 말한다.

마) 정기수리(Overhaul) : 해당 품목을 규격에 정해진 요구를 만족하도록 완전히 분해하며, 청소하고, 시험한 후 사용할 수 있는 조건으로 만드는 정비소요이다.

바) 제거(Remove) : 차상위 결합체로부터 하나의 품목을 제거하는 정비소요이다.

사) 제거 및 재설치(Remove and Reinstall) : 한 품목을 어떤 이유에서 제거한 후 나중에 그 품목을 재설치하는 정비소요를 말한다.

아) 제거 및 교환(Remove and Replace) : 수리부속품과 같이 하나의 품목을 제거하고 다른 동일 품목으로 교체하는 정비소요로서 이러한 정비활동은 고장이 발생시나 계획정비시에 이루어진다.

자) 수리(Repair) : 한 품목을 사용 가능한 조건으로 바꾸는데 요구되는 연속적인 수리정비(Corrective maintenance)를 말하며, 이러한 정비활동은 수리부속품의 교환, 장비와 부품의 변경, 수리 등이다.

차) 서비스(Servicing) : 윤활유, 가스, 연료유 등과 관련된 정비활동을 말한다. 서비스활동은 제거, 해체, 재조립, 조정 또는 설치 등의 정비운용(Maintenance operation)을

포함한다. 또한 수리, 교정, 시험과 같은 정비활동시에 요구되는 서비스는 이 범주에 포함시키지 않는다.

카) 고장추적(Trouble shooting) : 고장원인을 식별하는 데 필요한 논리적인 프로세스로서 이 프로세스는 고장개소를 파악하고 수장수리를 하는데 필요한 내용을 포함한다.

7) **블록 7**(정비소요회수: Requirement frequency) : 정비가 요구되는 예상회수를 기록한다. 예를 들면, 정비소요가 수리이면서 정비소요 품목이 유압장치일 경우 정비업무 분석자는 그 유압장치를 얼마나 자주 수리해야할 것인가를 결정하거나 예측해야 한다.

블록 7의 값은 블록 14의 정비회수에 좌우되며, 일반적으로 장비작동시간 또는 월력주기로 정비소요회수를 나타낸다. **정비소요회수는 군수지원자원의 소요를 결정하는 기본적인 요소**이다. 다음 질문에 답을 할 수 있으면 군수지원소요가 산정될 수 있다: ① 수리부속품이 얼마나 자주 필요한가? ② 정비를 위한 시험장비와 지원장비가 얼마나 자주 필요한가? ③ 정비인원이 얼마나 자주 요구될 것인가? ④ 한 장비의 품목이 정비를 위해 얼마나 자주 작동 중지할 것인가? ⑤ 서비스가 얼마나 자주 필요할 것인가? ⑥ 정기수리를 얼마나 자주 실시할 것인가?

비계획정비회수는 해당품목의 고유신뢰도(A_i) 특성이 중요하지만 주영향을 미치는 고려요소는 아니다. 야전자료에 의하면, 비계획정비활동(고장발생시 수리)의 50%미만은 임의 고장에 의한 것임으로 정비회수에 영향을 미치는 〈표 14-1〉과 같은 다양한 고장률 자료를 종합적으로 반영해야 한다. 즉, 정비소요회수에 영향을 미치는 다음 요소들을 고려해야 한다:

가) 고유 신뢰도 특성(**Inherent reliability characteristics**) : 품목의 물리적인 제작과 그 품목에 가해지는 스트레스에 의해 발생되는 재앙적인 고장이나 규정조건을 벗어나는 조건에서 작동시 발생되는 고장을 포함한다. 주요고장자료는 신뢰도 예측자료에서 얻어지며 가끔 일정고장률(Constant failure rate)에 기초를 두고 있다.

나) 의존형 고장률(**연쇄효과**)(**Dependent failures or chain effect**) : 재앙적인 고장에 의해 발생되는 2차 고장을 의미한다. 즉, 한 품목의 고장이 다른 품목의 고장이 발생되도록 한 고장을 말한다. 의존형 고장주기는 설계시 '고장시 안전특성' 을 얼마나 반영했느냐에 따라 변화한다. 특히 전자장비의 회로보호장치는 이러한 의존형 고장을 감소시킬 수 있다. 신뢰도 고장유형 영향 및 치명도 분석(FMECA: Failure Modes, Effects and Casualty Analysis)은 의존형 고장특성을 나타내는 가장 좋은 자료원이다.

〈표 14-1〉 종합적인 고장률 243)

고려 요소	가정 고장률(시간당 발생회수)
고유 신뢰도 고장률	0.000392
생산 결함률	0.000002
마모율	0.000000
의존형 고장률	0.000072
운용자 유인 고장률	0.000003
정비유인 고장률	0.000012
장비 손상률	0.000005
종합적인 고장률	0.000486

다) 생산결함 또는 通電특성(Manufacturing defects and burn-in characteristics) : 장비가 생산라인에서 처음 나오면 짧은 기간 동안 많은 고장이 발생하며, 일정고장률임을 알게 된다. 특히 전자장비는 체계가 안정될 때까지 위와 같은 현상 발생으로 고장수리가 요구된다. 이러한 현상은 생산단계에서 실시하는 시험형태에 따라 영향을 받기 때문에 시험평가계획을 잘 수립해야 생산결함을 줄일 수 있다. 장비 인도 후 초기 고장률이 예측된 신뢰도 고장률보다 높으면 초기 군수지원소요 결정시 반영되어야 한다.

라) 마모 특성(Wear-out characteristics) : 장비를 일정기간 동안 작동하면 여러 가지 구성품들이 마모하기 시작한다. 기아나 기계적 연결부와 같은 구성품은 다른 것보다 먼저 마모된다. 마모되면 고장회수와 정비회수가 더 증가된다.

마) 운용자 유인 고장(Operator-induced failures) : 운용자의 실수에 의한 체계의 과도한 스트레스 가능성은 항상 있으며, 정비회수를 결정하는 중요한 요소이다. 운용자가 다르거나 작동모드가 변경될 때 스트레스가 주어지면 그 체계는 보다 자주 고장이 나게 된다. 이러한 운용자 유인 고장이 최소화되도록 설계과정에서 강조되어야 한다.

바) 정비 유인 고장(Maintenance-induced failures) : 계획 또는 비계획 정비활동 중에 적절한 정비절차를 준수하지 않거나, 부적절한 공구와 시험장비를 사용하거나, 분해 작업시 부품의 분실, 수리 후에 물리적으로 무리하게 부품을 맞추려고 하는 시도나 수리중에 인접부품에 손상을 가져다주는 등으로 발생하는 고장들이다. 정비 유인 고장은 부적절한 정

243) 전게서, p. 51

비환경, 정비요원의 피로, 정비요원들에 대한 기술교육훈련의 부족, 장비의 민감성과 파손 용이성, 올바른 군수지원요소의 지원미흡 등은 정비 유인 고장률의 발생률을 증가시킨다.

사) 취급에 따른 장비손상(Equipment damage due to handling)이다.

8) **블록 8**(정비수준: Maintenance level) : 각 정비소요의 정비수준을 식별하여 기록한다. 정비수준이란 부대정비, 중간정비 또는 창/제작사 정비로 구분할 수 있다.

9) **블록 9**(정비분석통제번호: Maintenance Analysis control number) : 블록 2에서 식별된 품목에 대한 정비분석통제번호를 기록한다. 통제번호 부여순서는 작업분할구조에서 부여하는 하드웨어 식별수준과 일치되는 방법으로 상위 정비품목에서 최하위의 수리부속품까지 추적성이 유지되도록 부여한다. 다음 표와 같은 방법으로 정비분석통제번호를 부여한다.

정비업무와 군수지원자원의 소요는 각각의 정비업무통제번호로 식별되며 이러한 분류방법은 도표화가 용이하다.

장비품목	정비분석 통제번호
전차체계	A0000
전차체계 내의 unit A	A1000
unit A 내의 Assy. 2	A1200
Assy. 2 내의 Subassy. C	A1230

10) **블록 10**(정비업무번호: Task number) : 각각의 정비업무번호는 4자리 알파벳 숫자로 표시한다. 정비업무번호 부여순서는 첫 자리를 "0"으로 하거나 필요시에는 X로 시작한다. 마지막 3자리는 정비수행순서를 나타낸다. 즉, 0020, 0030, 0040,... 순으로 부여하며, 보다 하위의 정비업무순서일 경우는 0021, 0022, 0023,... 순으로 부여한다.

11) **블록 11**(정비업무기술: Task description) : 정비업무에 대한 기술적 사항을 기술하되, 정비확인대조표를 개발하고, 소요 수리부속품, 지원장비품목 등 모든 군수지원소요를 식별할 수 있을 정도로 기술하여야 한다.

12) **블록 12**(정비소요시간(분 단위): Elapsed time) : 블록 10과 11에 기록된 각각의 정비업무를 수행하는데 요구되는 정비소요시간을 분 단위로 표시한다. 만약 2명 이상이 정비해야할 경우 각각의 정비소요시간을 기록한다. 정비소요시간이 40분이 넘을 경우 분 단위시간을 조정하여 사용할 수 있다. 이 자료는 정비기술인력의 수준별 소요를 산정하

는 기준이 된다.

13) **블록 13과 19**(총정비소요시간: Total elapsed time) : 블록 12에 기록된 각각의 정비소요시간(정비시작시간과 정비완료시간의 차이)을 블록 13과 19에 기입한다.

14) **블록 14**(정비회수: Task frequency) : 각 정비업무 실시 회수를 장비의 작동시간당 정비실시회수로 환산한 값을 기록한다. 이 회수는 어떤 정비활동의 예상되는 정비회수 또는 제거 및 교환 정비소요에 요구되는 수리부속품의 예상수요율(Expected demand rate)로 나타낸다.

15) **블록 15~18, 20~23**(노동시간-분: Labor-minutes) : 블록 15-18은 3가지 기술수준별로 정비업무에 요구되는 노동시간을 분 단위로 기록한다. 블록 20-23은 블록 15-18의 기술수준별 정비고동시간의 합을 기록한다. 미국의 세 가지 기술수준은 다음과 같다.

가) 기본기술수준(Basic skilled level: **블록 15와 20**) : 연령은 18-21세, 경험은 정규적인 정비업무 수행경험 미보유, 교육수준은 고교졸업, 독서 및 글쓰기능력은 고3 수준으로서 설명이 필요 없는 단순정비업무 수행, 주로 확인 및 고급기술인력의 정비업무 지원 등을 수행할 수 있는 기술인력이며 군에서는 상병 및 병장 수준이다.

나) 중간기술수준(Intermediate skilled level: **블록 16과 21**) : 중간수준의 기술인력이란 2년제 전문대학 또는 동등의 기술학교를 졸업한 자로서 동류장비에 대한 교육훈련을 받고 2-5년의 실무경험을 쌓은 기술자이다. 시험장비를 사용하여 상대적으로 복잡한 정비업무를 수행할 수 있고, 장비의 정비 및 처리를 결심할 수 있는 능력을 갖춘 자로서 군에서는 하사 또는 중사가 이에 해당한다.

다) 감독자 또는 고급기술수준(Supervisor or high skill level: **블록 17과 22**) : 고급 기술인력은 2~4년간의 대학 또는 동등한 기술학교를 졸업하고, 10년 이상의 관련 정비경험을 가진 자로서 감독기능 수행, 기본 및 중간 기술수준의 교육이 가능하며, 정비절차를 설명할 수 있고, 정비정책 수립과 장비처리에 대한 정책 결심에 영향을 줄 수 있는 자로서 군에서는 상사 또는 원사 및 준사관이 이에 해당한다.

나. 정비업무분석 양식2에 포함될 내용[244]은 블록 1에서부터 블록 17까지로서 양식2

244) 상게서, pp. 510-517.

는 양식1의 블록 7에 기록된 정비업무번호를 사용하여 양식1을 보완해주는 목적으로 작성한다.

1) **블록 1~6** : 양식1의 기록방법과 동일하다.

2) **블록 7(정비업무번호: Task analysis)** : 정비업무와 관련된 교체부품, 시험 지원장비, 시설소요, 정비와 관련된 특별 기술자료나 지시내용을 식별하고 군수지원소요를 구체화하는데 필요한 정비업무는 양식2를 추가 작성하여야 한다.

3) **블록 8~11(교체부품: Replacement parts)** : 계획/비계획정비와 관련된 예상되는 모든 교체부품과 소모성 부품을 식별하기 위한 자료를 다음 표와 같이 기록한다. 블록 9와 11은 부품의 명칭과 부품번호를 기록한다. 블록 10은 앞에서 설명한 정비회수에 기초하여 예산되는 교체율을 기록하며 이 자료는 고장간 평균작동시간을 결정하는 기본이 된다.

7 정비 업무 번호	양식1의 11 정비업무 기술	교체부품		
		8 결합체 당 수량	9 부품명 11 부품번호	10 교체 회수
0010	unit A의 고장개소식별			
X030	결합체 A에서 분리			
X031	결합체 A를 제거 및 수리	1	Amplifier-Modular Assy. A160189-1	0.000133

4) **블록 12~15(시험, 지원 및 취급 장비: Test and support/handling equipment)** : 각각의 정비업무를 수행하는데 요구되는 것으로 다음 표와 같은 요령으로 기록한다.

7 정비 업무 번호	시험, 지원 및 취급 장비		교체부품		
	12 수량	13 품목명칭 15 품목번호	14 사용 시간(분)	16 시설소요 기술	17 특별 기술자료 및 지시
0040	1	1 인치 렌치/600120-2	10		유압체계정비절차
0070	1	스크루드라이버/732102	18	야전정비공장	상동

5) **블록 16(시설소요 기술: Description of facility requirement)** : 각 정비업무를 평가하여 분석자는 그 정비업무를 수행하는 장소와 요구되는 시설을 결정하여야 하고 시설소요에 대해 기록한다.

6) **블록 17(특별 기술자료 및 지시: Special technical data and instruction)** : 블록 7에서 식별된 정비업무에 대한 정비절차 등에 관한 참고자료인 기술편람, 정비인력이 지켜

야 할 안전 및 기타 정보에 대한 자료가 포함되어야 한다.

||||| 3. 정비업무 분석 및 평가

앞에서 설명한 정비업무분석 자료들은 군수지원소요를 종합적으로 식별하는데 사용될 수 있도록 요약하여야 하며, 그 예로서 〈표 14-2〉는 정비업무분석 결과로 얻게 되는 자료가 군수지원분석에 활용되는 분야를 나타내주고 있다.[245]

〈표 14-2〉 정비업무분석 자료의 활용

군수지원분야	자료의 출처		
	정비업무분석 양식1	정비업무분석 양식2	정비업무분석 요약
1.시험 및 지원/취급 장비	블록 4, 8, 10	블록 12, 13, 14, 15	블록 6, 7, 16
2. 수리부속품	블록 8, 11, 14	블록 5, 8, 9, 11	블록 7, 15
3. 인원 및 훈련	블록 8, 11, 12, 15, 16, 17, 18, 19, 20, 21, 22, 23	블록 17	블록 7, 13, 14
4. 시설	블록 8, 11	블록 16	블록 6, 7
5. 기술자료	블록 4, 8, 11, 12, 15, 16, 17	블록 3, 5, 8, 9, 11, 12, 13, 15, 16, 17	블록 6, 7, 9, 10 13, 15, 16
6. 운용 및 정비 효과성 요소	블록 7, 8, 13, 14, 18, 23	블록 4, 5, 10, 14	블록 7, 10, 11, 12, 14
7. 정비개념과 정비정책의 정의	블록 4, 6, 8, 11, 15, 16, 17	블록 3, 5, 9, 11, 13, 15, 16, 17	블록 7, 9, 10, 13, 15, 16

245) 상게서, pp. 517-519.

제3절 수리수준분석

본 절에서는 군수지원분석의 하나인 수리수준분석(LORA: Level-of-repair Analysis) 방법에 대해 예제를 들어 설명하기로 한다. **정비계획을 수립할 경우 상세한 정비개념을 정의하고 체계의 설계기준(Design criteria)을 설정하기 위해서**는 부품이 고장 났을 때 야전정비(Intermediate maintenance), 정비창(제작사) 수준의 정비(Depot level maintenance), 또는 고장시 수리하지 않고 교체해야 할 것인지를 결정할 필요가 있다. 이러한 수리수준을 결정하고자할 때 수리수준분석이 필요하다.[246)]

IIIII 1. 문제의 정의

예제 문제로서, 하나의 컴퓨터 하위체계는 위치가 서로 다른 세 지역을 통하여 65개가 분산되어 있다. 이 컴퓨터 하위체계는 여러 기업체와 정부기관에서 과학 및 부서 관리기능을 지원하는 데 이용될 예정이다. 실제 사용시간은 다르지만 1일 평균 4시간(1년은 365일로 간주)을 사용한다고 가정한다.

컴퓨터 하위체계는 현재 개발 초기단계에 있으며, 18개월 내에 생산하여 2년 내에 운용할 계획이다. 65개의 컴퓨터 하위체계를 전부 가동하는 데는 4년이 소요될 예정이다. 관련 컴퓨터 프로그램은 8년 후 폐기될 예정이며, 분석 목적상 수명주기는 10년이 된다.

초기설계 자료에 기초하여 하나의 컴퓨터 하위체계는 다섯 개의 주요 단위체(Unit)들로 구성될 것이며, 고장단위체를 찾아내는 내장 시험기능(Built-in test function)을 갖출 것이다. 고장이 난 단위체는 현장에서 교체되어 야전정비소에 보낼 것이다. 단위체는 결합체 교체를 통해 수리할 것이며 결합체들은 수리하거나 교체할 것이다.

15개의 결합체에 대해 수리할 것인지 교체할 것이지를 결심하는 기준은 수명주기비용이다. 하위체계의 운용개념 및 정비개념과 사업계획은 〈그림 14-4〉에 설명되어 있다.

---

246) J. W. Blanchard(2004), pp. 232-237.

〈그림 14-4〉 하위체계의 운용 및 정비 개념과 사업계획

○ 컴퓨터 하위체계의 운용요구성능

- 컴퓨터 하위체계는 서로 다른 세 지역에 배치되어 연간 일일 평균 4시간씩 운용하는 컴퓨터 65대에 설치 운용한다.
- 컴퓨터 하위체계는 2년간 완전하게 작동해야 하며 10년 후 폐기한다.

○ 컴퓨터 하위체계의 정비개념

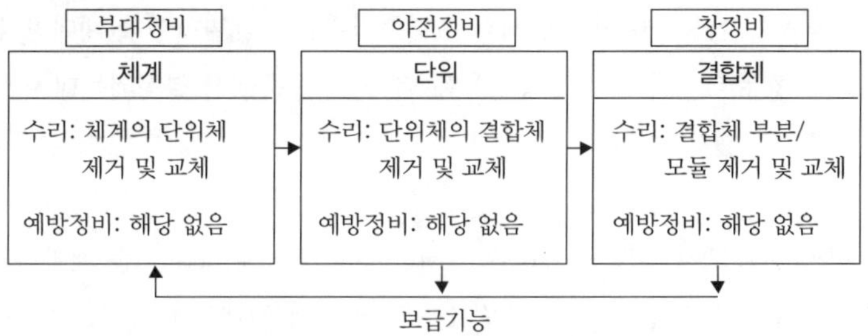

- 세 지역의 야전정비시설을 이용하며, 1번과 2번 야전정비시설에는 각각 20대, 3번 시설에는 25대의 컴퓨터를 지정된 1개 정비창 및 1개 보급창으로부터 정비 및 보급 지원을 받는다.

○ 수명주기 사업계획

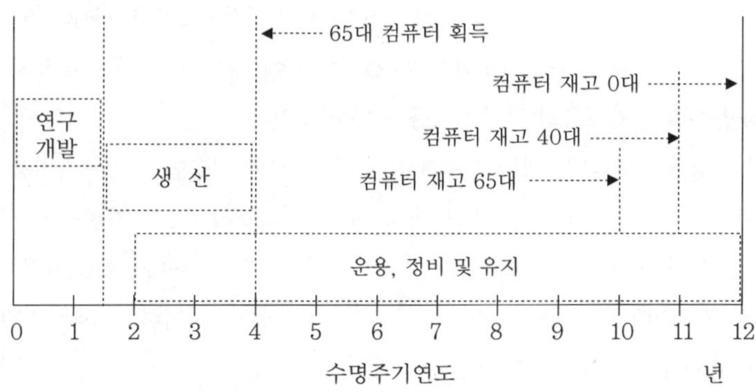

2. 분석절차

가. 위의 '문제의 정의' 에서 첫 단계로, 주어진 컴퓨터 하위체계의 15개 주요 결합체가 고장 발생시 수리해야 할 것인가 교체해야 할 것인가를 결정하는 문제이다. 즉 여러 가지의 결합체들은 고장 발생시 다음의 경우에 대해 각각 평가되어야 한다: ① 중간정비 수준에서 결합체 수리를 할 경우, ② 보급창/창정비 수준에서 결합체를 수리할 경우, ③ 결합체를 교체 처리할 경우이다.

결합체에 적용이 가능하다면 결합체의 수명주기비용을 개발하여 설계대안 선택에 사용되어야 한다. 컴퓨터 하위체계의 총비용은 더 높은 수준에서 결정되는데 이에 대해서는 여기서 설명하지 않는다.

나. 두 번째 단계로서, 비용구조(CBS: Cost-breakdown Structure)를 개발하고 평가기준을 설정하는 것이다. 비용구조는 〈그림 13-5〉의 전체 체계의 비용구조의 비용범주와 유사하며, 수리수준분석에 사용된다. 본 예제에서는 전체 체계의 비용구조의 모든 비용범주가 사용되지는 않는다.

평가기준은 비용구조에 포함된 모든 비용을 포함한다. 특히 운용 및 지원 비용(O&S Cost: Operation and Support Cost)은 획득비용의 함수로서 포함된다. 따라서 〈표 14-3〉에서 나타낸 바와 같이 연구 및 개발 비용(R&D Cost)과 생산비용(Production Cost)은 하나의 요소로서 나타내는 반면 운용 및 지원 비용은 여러 구성요소로 나타내게 된다. 또한 〈표 14-3〉은 15개의 결합체중 대표적인 한 결합체 A에 대한 평가기준, 비용자료의 범주 및 각 비용범주별 설명내용과 판단근거를 포함하고 있다.

이러한 비용을 결정하기 위해서는 제13장 제3절에서 설명한 수명주기비용 분석절차에 따라 분석해야 한다. 즉, 운용소요(Operational requirement)와 기본적인 정비개념을 정의하고, 사업계획(Program plan)을 수립하며, 재고유형(Inventory profile)을 식별하며, 비용구조를 개발하고, 신뢰도, 정비도, 군수지원요소들을 식별하여야하며, 비용추정상관관계식(CERs)을 개발하여야 한다는 등이다.

〈표 14-3〉 결합체 A-1을 수리할 경우와 폐기할 경우의 수명주기비용 비교

평가기준	야전정비비 (천원)	제작사 정비비 (천원)	고장시 버리기 (천원)	내용설명 및 판단근거
1 결합체 A-1 획득비용 (연구개발 및 생산)	35,750	35,750	35,750	• 65대의 컴퓨터에 각 1개의 결합체 사용 • 획득비용에 각 결합체에 적용되는 C_R, C_{II}, C_{PM}, C_{PQ}를 포함
2 비계획정비비 C_{OLA}	6,480	8,100	해당무	• 65대를 8년간 사용 • 1일 4시간 사용시 고장률: 0.00045 • $\overline{M_{ct}}$: 2시간, 예상정비회수: 270회 수리시 시간당 임금: 중간기술자: 1.2만원, 제작사: 1.5만원
3 보급지원비 : 수리용 결합체 C_{PLS}, C_{OLS}	3,300	4,950	128,250	• 수송 및 정비대기 시간동안 6개의 결합체가 필요 • 고장시 폐기할 경우 9개의 결합체 필요
4 보급지원비 : 결합체 수리용 모듈 및 수리부속품 C_{PLS}, C_{OLS}	6,750	6,750	해당무	수리활동시 마다 지원비용은 25,000원
5 보급지원:재고관리 C_{PLS}, C_{OLS}	2,010	2,340	25,650	재고가치의 20%를 재고관리비용으로 가정
6 시험 및 지원장비비 C_{PLT}, C_{OLE}	5,001	1,667	해당무	• 수리시 특수시험장비 필요 • 설치시마다 획득/지원비: 2,500만원 이므로 결합체 1개당 166만 7천원 • 폐기할 경우 특수시험장비 불필요
7 수송 및 취급비용 C_{OLH}	해당무	4,725	해당무	• 야전정비 수송비 무시할 정도 • 제작사 정비시 540회 출장지원: 1회 출장시 17.5만원/100파운드당 (1개 결합체 무게: 5파운드)
8 정비훈련비 C_{OLT}	260	90	해당무	• 야전정비과정: 26명, 2시간, 주당 2만원 • 제작사정비과정: 9명, 2시간, 주당 2만원
9 정비시설비 C_{OLM}	594	810	해당무	• 경험치에 의한 비용추정식에서 직접정비 인시당 야전정비수준 : 550원 제작사 정비수준: 750원
10 기술자료비 C_{OLD}	1,250	1,250	해당무	• 수리 건당 다이어그램 및 본문내용은 5쪽 필요: 쪽당 2.5만원
11 폐기비 C_{DTS}	270	270	2,700	폐기시 결합체당 만원, 부품/모듈당 천원
초 예상비용	61,665	66.702	187,475	

〈표 14-4〉 한 단위체 내 15개 결합체의 수리수준별 비용종합

결합체 번호	정 비 현 황				결 정
	야전정비비	제작사 정비비	고장시 버리기	최적정책 비용	
A-1	61,665	66,702	187,475	61,665	야전정비
A-2	58,149	51,341	122,611	51,341	제작사 정비
A-3	85,115	81,544	73,932	73,932	교체후 폐기
A-4	85,778	78,972	65,072	65,072	교체후 폐기
A-5	66,679	61,724	95,108	61,724	제작사 정비
A-6	65,101	72,988	89,216	65,101	야전정비
A-7	72,223	75,591	92,114	72,223	야전정비
A-8	89,348	78,204	76,222	76,222	교체후 폐기
A-9	78,762	71,444	89,875	71,444	제작사 정비
A-10	63,915	67,805	97,212	63,915	야전정비
A-11	67,001	66,158	64,229	64,229	교체후 폐기
A-12	69,212	71,575	82,109	69,212	야전정비
A-13	77,101	65,555	83,219	65,555	제작사 정비
A-14	59,299	62,515	62,005	59,299	야전정비
A-15	71,919	65,244	63,050	63,050	교체후 폐기
총비용	1,071,267	1,037,362	1,343,449	98,3984	

다. 세 번째 단계에서는 〈표 14-3〉과 같은 방법으로 작성된 나머지 14개의 결합체에 대한 수리수준을 결정할 수 있는 자료를 만든다.

획득비용, 신뢰도 및 정비도 요소, 군수지원소요가 각각의 결합체에 따라 다르다할지라도 비용추정식은 동일하다. 15개의 결합체에 대한 전체적인 비용분석결과는 〈표 14-4〉와 같다.

〈표 14-4〉에서 A-1 결합체는 야전수준에서 수리하는 것이 경제적이며, A-2 결합체는 보급창 또는 정비창 수리가 더 경제적이고, A-3 결합체는 고장시 수리보다는 교체하는 것이 더 경제적이라는 것을 알 수 있다. 따라서 〈표 14-4〉는 각각의 결합체에 대한 결심을 권고하고 있다. 이러한 최적의 정책을 선택한 결과 15개의 결합체를 수리하여 유지하는데 소요되는 총 비용은 9억 8,398만 4천원임을 알 수 있다.

최종 결론을 내리기전에 분석자는 다시 한 번 분석해야 한다. 〈표 14-3〉을 보면 수리하지 않고 교체하는 결정이 비경제적임이 분명하다. 그러나 두 정비대안은 상대적으로

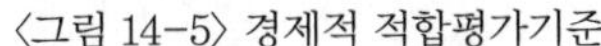
〈그림 14-5〉 경제적 적합평가기준

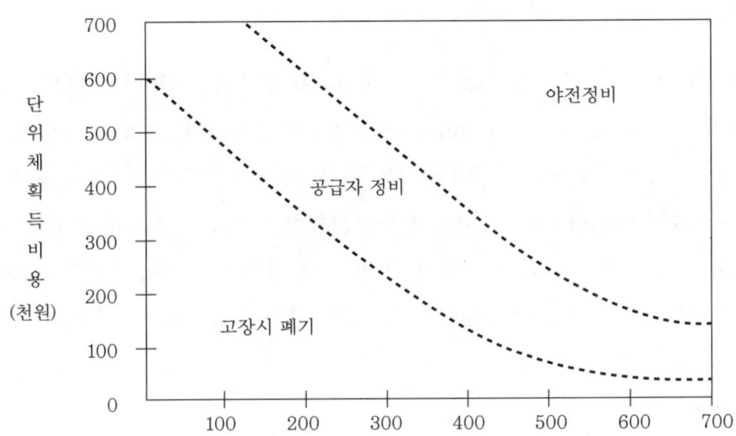

비슷하다. 분석결과를 보면, 분석자는 수리수준 결심이 각 결합체의 획득비용과 수명주기 동안의 교체회수에 따라 좌우된다는 것을 알 수 있다. A-1결합체와 같이 〈그림 14-5〉에서 나타나는 경향은 획득비용과 교체회수가 증가하면 교체 정비방법에서 야전 정비방법으로 변경될 수 있음을 보여준다. 따라서 가정과 입력 자료를 재검토하여 비용이 많이 드는 결합체에 대해 감도분석을 해야 한다. 15개의 결합체에 대한 개별분석을 통해 〈표 14-4〉와 같은 결론을 내리게 된다.

이 결과를 갖고 두 가지 방법으로 접근할 수 있다.

첫째, 〈표 14-4〉의 결과대로 변경 없이 그대로 활용하는 혼합정책을 사용하는 방법이다. 이 방법은 시험 및 지원 장비, 정비인력 및 부속품의 활용효과에 의해 발생될 수 있는 상호 작용효과를 각각 재분석해야 한다.

둘째, 15개 모두 정비창 수리수준으로 가장 비용이 적게 드는 정책을 선택하는 것이다. 이때는 〈표 14-3〉의 평가기준으로 재평가하여 상호 작용효과를 분석한다. 그 결과는 〈표 14-4〉와 동일할 수 있다.

마지막으로, 수리수준분석 결과가 초기에 설정한 체계의 정비개념과 일치되는지 검토해야만 한다. 검토결과가 초기에 설정한 체계 정비개념을 뒷받침하거나, 초기에 설정한 체계의 정비개념과 불일치하면 오히려 초기 정비개념을 수리수준분석 결과에 맞추어야 한다.

||||| 3. 분석결과

〈표 14-4〉와 같이 수리수준분석 결과는 혼합정책을 선호하고 있다. 이 결심은 경제적 적합평가기준(Economic screening criteria)에만 기초한 결과이다. 그러나 〈그림 14-5〉에 나타나있는 것처럼 최종적인 결심에 영향을 줄 수 있는 비경제적 요소도 있을 수 있다. 비경제적 요소란 야전정비수준에서 정비가 불가능한 것과 같은 기술적 요소, 정비창에서만 정비할 수 있는 것과 같은 소유권, 안전 및 보안, 정책적인 문제, 정치적 요소들이다. 이러한 문제들이 결심에 많은 영향을 미치지만 경제적 적합평가기준에 의해 판단을 하는 것이 가장 좋은 출발점이다.

제4절 고장유형 영향 및 치명도 분석

1. 개 요

고장유형 영향 및 치명도 분석(FMECA: Failure Mode, Effect and Criticality Analysis)은 정성적 분석방법으로 위험성이 큰 곳이나 치명도가 높은 곳을 보여주는 위험을 평가하는 기법으로서 생산공정 내에서 체계의 중요한 운용소요(고객의 요구)를 만족하는데 고장이 날 가능성을 명시하고, 고장과 연계된 특정한 원인에 대한 위험요소를 추정하며, 고장 발생방지를 위한 현재의 관리방법을 평가하고, 공정 개선을 위한 조치내용의 우선순위를 결정하는 것이다.[247)]

1960년대 아폴로 발사계획에서 활용한 후 미 해군은 1974년부터 MIL-STD-1629[248)]를 사용하였으며, 1970년대 후반부터는 자동차 생산업체에서 고객의 만족도를 향상시키고 제품 개발기간 단축과 개발비용 절감을 위해 이 기법을 사용하기 시작하였다.

본 절에서는 블랜차드가 포드, 제너럴 모터스 및 크라이슬러 자동차회사의 FMECA팀에 의해 개발된 내용을 토대로 고장유형 영향 및 치명도 분석절차에 대해 소개한다.[249)]

2. 분석절차

가. 문제의 정의

회사가 자동차 가스켓(Gasket)을 제조하고 있는데 생산성이 저하되고 생산비가 증가되고 있음을 발견하였으며 경쟁이 심화되어 시장점유율도 떨어지고 있었다. 따라서 회사는

---

247) 한국표준협회, 『제조부문 Six Sigma 개선리더(GB)과정 교과서』, (안양: 한양대학교ERICA, 2007), pp. 30-31.

248) http://www.savive.com/external/usadod/mil-std/mil-std-1629/index.html: 검색일 2008. 2. 28.: MIL-STD-1629는 1980년 11월에 제정된 Procedures for Performing a Failure Mode, Effects and Criticality Analysis에 대한 미 국방부 표준규격서로서 MIL-STD-1629A change note 3 on 4th August 1998에 의거 취소되었으나 아직도 널리 활용되고 있다. MIL-STD-1629는 Failure Modes and Effects Analysis (FMEA), Damage Modes and Effects Analysis (DMEA) 및 Failure Modes Effects and Criticality Analysis (FMECA)를 포함하고 있다.

249) Benjamin S. Blanchard(2004), pp. 211-216.

잠재적인 문제영역을 찾아내고 생산공정과 고객에게 전달되는 제품의 영향과 치명도를 식별하고자 지속적인 개선계획을 추진하기로 결심하였다. 이러한 목적을 달성하기 위하여 고장유형 영향 및 치명도 분석기법을 사용하여 회사의 생산공정을 평가하기로 한다.

나. 분석절차

첫 단계로서, 전반적인 생산공정에서 수행되는 **기능적 흐름도**(Functional flow diagram)를 작성함으로써 주요기능을 식별한다. 분석평가를 해야 할 **13가지의 주요 기능**이 있다고 가정한다. 기능적 흐름도를 작성함으로써 각 기능별 요구되는 입력과 예상되는 출력을 식별하게 된다. 이러한 절차를 통해서 가장 문제가 되고 있는 기능을 선택하는 것이다. 가장 문제가 되는 기능의 선택순서는 회사의 관련요원들이 인식하고 있는 문제의 우선순위에 따라 정한다. 〈그림 14-6〉은 가스켓을 생산하는 생산공정으로서 이런 절차를 거쳐 선택된 가장 문제가 큰 기능이다.

〈그림 14-6〉 가스켓 생산공정도

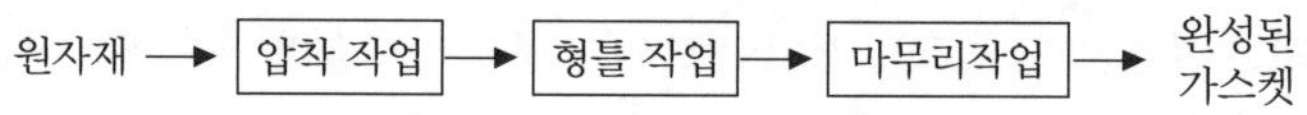

원자재 → 압착 작업 → 형틀 작업 → 마무리작업 → 완성된 가스켓

여기서 기능과 기능적 흐름도에 대해 설명할 필요가 있다. **기능**이란 체계가 임무를 수행하는데 요구되는 조치들로서 운용기능 및 정비기능이 있으며, 이러한 기능을 수행하기 위해서는 장비, 인력, 소프트웨어, 시설, 자료 등을 사용하게 되는데 이때 사용되는 무엇을 규정하는 것이 **기능적 분석**(Functional analysis)이다. 이러한 기능적 분석은 반복적이며, 체계의 다양한 요소들에 대한 설계기준과 제약조건들을 식별하기 위해 계층적 구조를 따라 상위체계에서부터 하위체계로 소요를 분류해나가는 과정인 것이다. 이러한 기능적 분석과정은 기능적 흐름도를 통하여 운용자의 요구를 기능적 용어로 전환하는 것이다.[250]

그 다음 분석단계로 〈그림 14-7〉의 절차에 따라 FMECA분석을 실시한다.[251]

1) **서로 다른 고장유형**(문제의 유형)**을 식별한다** : 제 기능을 수행하지 못하여 체계의 고장을 일으키는 요소가 어느 것인지 식별하여 공정명칭이나 설계명칭으로 참고번호

250) 전게서, p. 150.

251) 상게서, pp. 213-217.

〈그림 14-7〉 고장유형, 영향 및 치명도 분석절차[252)]

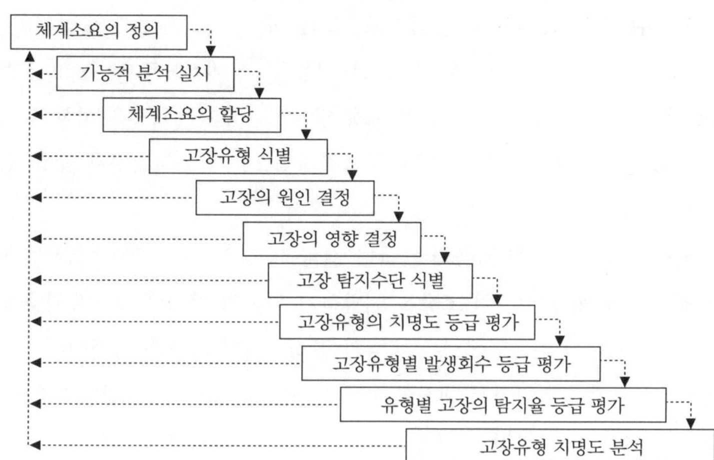

를 부여하며, 이 때 설비단위, 작업단위, 검사 등으로 구분할 수 있다. 여기서 고장은 무기체계나 장비일 경우이지만, 만약 공정이나 서비스분야일 경우는 고장이라기보다는 어떤 문제로 볼 수 있다.

2) **고장의 원인 즉, 각각의 고장이 발생하는 원인을 결정한다** : 잠재적인 고장원인을 5M1E(Method, machine, manpower, material, measurement, environment)에 의한 **이시카와 특성요인도**(Ishikawa cause and effect/Fish-bone diagram)를 이용하여 파악하면 고장의 원인과 결과에 대한 상관관계를 찾는데 도움을 준다.

3) **고장의 영향을 결정한다** : 후속 기능이나 공정, 차상위 기능의 입력, 그리고 전체 체계에 미치는 고장의 영향을 찾아낸다.

4) **고장의 탐지수단을 식별한다** : 잠재적인 고장유형을 찾아낼 수 있는 현행 관리특성이나 설계특성 또는 유효성 검정절차를 식별한다.

5) **고장 유형의 치명도 등급**(Level of severity)**을 평가한다** : 고장유형에 미치는 영향의 심각성을 1에서 10등급으로 부여한다. 아주 작은 영향은 1등급, 낮은 영향은 2~3등급, 보통의 영향은 4~6, 큰 영향을 줄 때 7~8, 대단히 높은 영향을 줄 때는 9~10등급을

---

252) 상게서, p. 213.

부여한다. 치명도 등급은 안전과 고객의 불만의 정도를 포함하는 문제와 관련이 있다.

6) **고장 유형별 발생회수**를 **등급으로 평가한다** : 개별고장유형별 발생회수나 고장 확률을 결정한다. 고장이 날 것 같지 않으면 1등급, 상대적으로 낮은 고장발생회수는 2~3, 가끔씩 고장 발생시는 4~6, 반복 고장 발생시는 7~8, 고장을 피할 수 없이 높은 경우는 9~10등급으로 부여한다. 이러한 등급결정요소는 작동시간구분 당 고장발생회수에 기반을 두고 있다.

7) 어떤 **고장이 탐지될 확률의 등급**을 **결정한다** : 고장탐지확률이란 설계특성이나 유효성 검정절차가 체계 수준의 고장을 예방하기 위하여 적기에 고장유형을 탐지할 수 있는 확률을 말한다. 공정측면에서는 현행의 공정통제가 다음의 공정이나 최종의 제품 생산 이전에 어떤 고장을 찾아서 해결할 수 있는 확률을 말한다. 고장탐지학률이 대단히 높으면 1~2, 높으면 3~4, 보통이면 5~6, 낮으면 7~8, 대단히 낮으면 9, 절대적으로 탐지되지 않으면 10으로 등급을 부여한다.

8) **고장유형의 치명도를 분석한다** : 5)번 항의 고장유형 치명도와 6)번 항의 고장유형 발생회수 및 7)번 항의 체계 수준에서 영향을 미치지 않도록 적기에 예방할 수 있는 고장탐지확률을 곱한 값을 **위험우선순위**(RPN: Risk Priority Number)라 하며 이는 고장유형의 치명도(Failure-mode criticality)를 평가하는 수치이다. 검사단계에서는 고장 발생회수가 높기 때문에 높은 RPN임으로 고장탐지가 어려운 것이다.

RPN=(고장유형별 치명도 등급)(고장유형별 발생회수 등급)(고장탐지확률의 등급)

9) **치명적인 영역을 식별하여 개선방안을 도출한다** : 높은 RPN을 가진 영역을 식별하여 원인을 평가하며 공정이나 제품의 개선방안을 도출하는 반복과정이다.

다. 분석결과

FMECA 작성양식인 〈표 14-5〉에서 13가지의 주요 기능에 대한 FMECA분석결과를 토대로 관심을 갖고 개선이 요구되는 고장유형(문제의 유형)을 의미하는 우선순위가 가장 높은 RPN에서부터 가장 낮은 RPN 순으로 정리할 수 있다. 이러한 표시방법은 파레토 도표(Pareto chart)에 의해 나타낼 수 있다.

이러한 분석활동에 참여한 팀원들은 자기들의 활동에 대해 많은 것을 배우게 되고 개선을 위한 여러 가지 변화를 가져오게 한다.

〈표 14-5〉 FMECA 작성양식

참고 번호	공정 기술	잠재적 고장 유형	잠재적 고장 원인	잠재적 고장 영향 (회사)	잠재적 고장 영향 (고객)	현행 관리 특성	고장 발생 회수 등급 (OCC)	치명도 등급 (SEV) (회사)	치명도 등급 (SEV) (고객)	고장탐 지확률 등급 (DET)	치명도 (RPN)	개선 조치	개선 담당 부서/ 개선 일정
1			2	3		4	6	5		7	8	9	

15 군수환경의 변화와 미래 군수의 발전방향

제1절 미 국방부 획득제도개혁

제2절 군수환경 변화에 대비한 미래 군수발전 방향

본 장에서는 미래 군사군수의 환경 변화를 이해하고, 우리 군의 군수에 대한 새로운 인식을 갖게 하는데 도움이 될 수 있도록 하고자 1996년도부터 추진해온 미 국방부의 획득제도 개혁배경, 1996년도에 최초로 작성한 미 국방부 『군수전략기획』의 특징, 군수전략기획서에 포함된 미래의 군사군수환경에 대한 가정 등을 소개하고자 한다. 또한 미국군의 획득제도 개혁배경과 현대전을 통한 교훈을 바탕으로 하여 미래전에 대비한 우리 군의 미래의 군수발전방향에 대해 토론을 목적으로 정리해보고자 한다.

제1절 미 국방부 획득제도개혁[253)]

||||| 1. 제도개혁 배경

가. 냉전시기 미국군의 체계 특성

2차 대전후 냉전시대에는 미국과 소련은 기술경쟁시대였다. 즉, 고전적 質대 量의 대결이었다. 소련은 튼튼하고, 기술적으로 단순하며, 다량의 반복적인 체계를 생산했다. 반면에 미국은 항상 최신의 기술을 선택하였으며, 전투에서 승리하기 위하여 보다 높은 치사율에 의존하였다.

따라서 미국의 무기체계는 깨어지기 쉽고, 군수지원비용이 높으며, 수명이 짧았다. 전형적인 예로서 F-111을 지원하는 데 요구된 지원비용은 충격적이었다. 확실히 새로운 접근 철학이 요구되었다. 새로운 철학이란 **"고려되는 군수지원과 수명주기비용이 최소화 될 수 있도록 개념에서부터 체계설계에 영향을 미쳐야 한다"**는 것이다. 설계 및 생산 절차의 반복성은 설계단계에서 설계기술자들이 군수지원 고려사항을 반영시키는 것에 저항하였고, 군수전문가들은 설계기술자들을 이해시킬 수 있는 효과적인 수단이 부족했다. 군수전문가들의 직관으로는 불충분하였다.

---

253) DSMC, Acquisition Logistics Guide, 3rd ed.(VA, Fort, Belvoir: DSMC, 1997), pp. 1-1~1-11.

나. 변화하고 있는 미국군의 획득절차

1960년대부터 30년간 획득전문가들은 체계의 연구개발, 조달 및 지원을 다루는 국방정책의 여러 가지 변화를 보아왔다. 초기 지침은 방위산업체와의 관계강화를 강조했다. 세부적인 획득규정의 준수, 지루하고 가치 없는 획득절차의 준수, 복잡한 국방장비의 규정된 설계 및 생산 절차의 준수, 비용이 드는 감독, 정해진 사업일정 하에서 시험을 줄이고 비용을 절감하기 위한 여러 계층별 검토를 강조했다. 그러나 같은 시기에 소프트웨어, 컴퓨터 하드웨어, 전자, 항공 및 미사일 체계에서 기술적 진보가 있었다.

체계의 사업관리자 시각에서 보면 사업관리환경은 기껏해야 몇 개의 사업만 최초의 비용, 일정, 목표성능 데로 사업을 진행시킬 수 있었고, 대부분 초기 계획대로 추진하기 어려웠다. 통합 생산 및 절차 개발제도(IPPD: Integrated Product and Process Development)가 1970년대 후반에 도입되었지만 사업관리실은 기능적 조직으로 편성된 부서 간의 원활한 협조가 이루어지지 않는 '굴뚝활동' 역할을 할 수 밖에 없었다.

다. 새로운 업무수행 방법

1996년은 미국 국방획득정책 변화의 첫해였다. 새로운 미 국방정책은 획득업무의 능률화(낭비요소의 제거), 통합개발, 성능규격(Performance Specification)만 사용하고 군 규격과 표준을 사용하지 않는 것이었다. 많은 사업관리자들이 이러한 새로운 정책 수립에 기여하였다. 1996년 3월 15일 DoDD 5000.1과 DoD 5000.2-R(1996년 12월 13일 변경 1호) 국방지침이 이러한 정책 변화를 가져오게 하였다.

1996년 3월의 획득정책은 혁명이었다. **새로운 정책의 주추진력은 7가지**로서 산업체와의 팀워크(IPT: Integrated Production Team), 맞춤형 군수지원, 권한의 위임(Empowerment), 가치가 부가되는 업무만 수행(Only performing value-adding task), 독립변수로서의 비용(CAIV: Cost as an Independent Variable) 활용, 상용품을 더 선호하는 것(Preference for commercial items), 모범적 사례의 활용(The use of best practice)이다.

라. 국가업무수행능력 검토(NPR: National Performance Review)

1993년 3월 클린턴 대통령은 국가업무수행능력검토라 불리는 "정부 재창조(Reinvent government)"구상을 발표하였다. 엘 고어 부통령의 1996년 3차 NPR보고서의 제1장에 다음과 같은 내용이 담겨있다.

“만약 여러분이 국민이라면, 정부로부터 양질의 서비스를 제공받기를 기대할 수 있어야 한다. 만약 여러분이 기업을 운영한다면, 규제자 – 여러분을 억압하지 않고 합법적인 공공의 요구를 충족하도록 다루는 – 에 의해 합법적인 대우를 받아야 한다. 납세자로서는 정부가 여러분의 신용기관으로 행동하고, 여러분의 세금을 현명하게 관리하기를 기대할 수 있어야 한다. 그리고 연방정부는 이러한 대우가 국민들에게 돌아가도록 해주었다고 칭찬을 기대하지 않아야 한다. ···중략··· 그러나 이런 칭찬이 전에는 한번도 없었다. 금세기에 정부가 11번의 개혁을 추진했지만 거의 변화가 오래 지속되지 않았다.”

1994년 보고서에서는 연방정부가 국가경제의 23% 이상을 소비하고 있으며, 보건복지부, 국방부, 재무부가 미국의 제일 큰 회사인 General Motors 회사 연수입의 3배 예산을 각각 사용하고 있다고 지적하였으며, 또한 동 보고서 제4장에는 1993년 행정부와 의회 간의 가시적인 기간 내에 정부예산을 절감하도록 합의했기 때문에 연방정부는 예산을 보다 효과적으로 사용하는 방법을 찾아야만 했다. 이러한 상황은 비용 대 효과에 대한 정부의 새로운 철학이 요구되었다. 따라서 정부의 새로운 철학은 “정부가 필요한 것은 국민에게 기본적인 서비스를 제공하기 위하여 새롭고 보다 비용 대 효과적인 방법이다. ···중략··· 정부 재정적자 예측을 막는 유일한 핵심요소는 매년 정부 예산 지출에 엄격한 모자를 씌우는 것” 이라고 설명하고 있다.

동 보고서 제4장의 결론에서 더 낮은 비용으로 향상된 고객서비스를 제공하기 위하여 관청과 공무원은 “비능률로부터 성과로(From Red Tape to Results)”에 포함되어있는 관리원칙과 철학 그리고 1993년과 1994년에 대비하여 금년도의 발전을 필요로 한다. 그것들은 효과적으로 조정 통제하는 것과 제한된 예산범위 내에서 업무를 수행하는 방법을 핵심으로 한다.

1996년도 NPR 최종보고서는 산업체를 참여시키고 고객의 불만을 해결하는 내용을 담고 있는 벤치마킹 연구보고서이다.

마. 소련이라는 하나로 통합된 도전의 종말

소련과 궁극적으로는 바르샤바조약기구에 대응한 미국과 서구 동맹국간의 냉전은 2차 대전이 종료된 후 1947년 베를린 공수작전부터 1992년까지 계속되었다. 45년간 미국과 동맹국들은 유라시아지역에 대한 통제를 위해 소련이라는 통합된 위협과 직간접적(대리전을 통해)으로 정치적, 군사적 전쟁에 관여했었다. 미국의 승리전략(Winning strategy)은 1940년대 후반에는 국가연맹 구상에서 나왔고, 1950년대에는 한국전쟁 개입과 북대서양조약기구 창설에서 나왔으며, 1960년대에는 전략부대(Strategic force)를 건설하는 데서 나왔고, 1970년대에는 중국과 관계정상화를 이루었으며, 1980년대는 미국의 군사력 증강으로부터 나왔다. 소련도 역시 실수를 했다. 카터 대통령의 국가안보보좌관인 즈비그뉴 브레진스키에 의하면, 미국의 외교군사정책은 빛나지 않았으며, 때때로 지나치게 방어적이었으나 변함은 없었다고 했다.

소련의 해체가 미국의 국가안보에 대한 모든 위협을 종식시키지 못했다. 따라서 "미군의 첫째 과업은 전쟁을 억제하는 것이며, 만약 억제가 실패한다면 전쟁을 통하여 승리하는 것이다. 이에 추가하여 우리는 넓은 범위의 억제, 분쟁의 방지, 그리고 평화시의 여러 활동에 참여하는 것을 예상해야만 한다."는 것이다.

바. 작은 정부를 원하는 국민의 요구

1) **현재의 위협** : 국가업무수행능력 검토 및 소련의 위협 감소는 미 의회에 연방정부의 적자를 줄이는 데 목적을 두고 정부의 규모를 줄이게 하는 논리를 제공하였다. 이러한 조치는 1990년대 초부터 1997년까지 계속되었다. 미 국방부는 인력과 예산을 줄임으로써 미국에 대한 위협과 대통령의 외교정책을 수행하는 데 있어서의 국방부의 역할에 대해 계속해서 검토해야만 했다. 미국에 대한 과거의 위협은 변화하고 감소되었으나 새로운 위협이 나타났다. 1997년 현재 미국의 이익에 대한 주요 위협은 북한, 러시아의 정치군사적 발전, 중동의 불안정, 불량국가들에 의한 대량살상무기와 관련된 기술의 확산이다. 이러한 초국가적이고 비국가적인 전쟁은 미국의 이익에 영향을 줄 수 있다. 따라서 전환의 시대에 세계의 주요 군사력과 함께 21세기 미국의 이익에 반하는 위협의 성격을 고려하면 우리는 상당히 높은 불확실성에 직면하고 있다.

2) **규모의 축소**(Downsizing) : 냉전의 종식은 미군의 모든 분야에서 규모의 축소를 가져오게 했으며, 이러한 감축을 규모의 축소라 부른다. 이로 인해 방위산업 능력의 축소도 함께 일어나게 하였다. 따라서 규모의 축소는 민간분야와 국방부 내부로부터 현대적 경영기법과 모범사례(Best practice)를 적용하는 데 기초하여 미국의 국방획득절차를

재조직(Restructuring)하게 되었다.

1980년대 중반 이후부터 '90년대 중반 이후까지 국방예산의 40% 삭감 및 30%의 부대를 축소하였으며, 유럽으로부터 지상군 3분의 2와 공군의 4분의 3을 철수했고, 무기획득 예산의 70%를 삭감했다. 동시에 우리는 유럽에서 주요 전쟁을 수행할 수 있도록 고안된 전략을 버리고 국지전(Regional conflict)을 억제 및 수행할 수 있도록 새로운 전략과 전술을 개발하였다. 우리는 훈련소를 다른 잠재적 위협과 마찬가지로 이러한 전쟁에 초점을 맞추어 개선하였다. 예를 들면, 보스니아 전쟁에 대비하기 위하여 완전히 타버린 마을, 피난민, 그리고 낙하산 부대들이 있는 미니 보스니아 훈련소를 독일에 만들어 훈련을 시키고 있다. 결국은 우리들은 질-즉, 양질의 무기체계, 양질의 인력, 우리의 병사와 그들의 가족을 위한 양질의 삶의 조건을 만드는 데 집중했다.

규모의 축소에 기여하고 있는 몇 가지 미 국방부 구상과 행정적 정책들은 다음과 같다.

가) 현대화(Modernization) : 지금까지 규모의 축소에 대해 미 국방부장관이 다음과 같이 요약하고 있다. “현대화란 새로운 체계나 현 체계의 성능 향상만을 의미하는 것은 아니다. 현대화는 합동기획 및 합동훈련을 의미한다. 전술통신, 트럭, 탄약, 장갑차 등 소규모 투자를 의미한다. 함정, 잠수함 건조와 같은 주요사업을 추진할 때에도 합동작전에 참여할 수 있는 능력을 갖게 한다는 의미이다. 현대화의 합동성 측면은 각 군 간의 많은 훈련과 협력과 신뢰가 요구된다. 그것은 쉽지 않으나 대단히 중요하다. 소규모 부대구조에서 전투준비태세와 결합될 때는 현대화는 단지 기술적 우위 이상을 우리에게 준다. 즉, 우리에게 전 군사작전에 걸쳐 잠재적 적을 제압할 수 있는 능력을 준다. 이런 측면에서 1995년 획득개혁부차관은 10년째 국방예산이 감소된 지금 소수 병사에게 제공되는 현대장비의 폭포효과(Cascading effect)가 사라졌다는 관점에서 다시 현대화를 재검토할 시기가 되었다고 언급했다.

기지 재배열 및 폐쇄 절차는 현대화와 장기적인 전투준비태세와 연계되어야만 한다. 페리 전 국방장관은 군 부대규모를 축소할 때 냉전시대의 기반구조도 감축시켜야 한다. 앞으로는 부대구조와 남은 기반구조를 균형 있게 조정하는 데 노력을 집중해야 할 것이다.

나) 과학과 기술(Science and technology) : 이 분야에 대한 강조는 1996년 5월 페리 미국방장관이 가장 잘 설명하고 있다. “국방과학 및 기술 사업계획에 대한 도전은 이용 가능한 최선의 기술을 적시적이며 미래에 대비한 비용 대 효과적인 방법으로 고객(전

투원)의 손에 올려놓는 것이다. 이렇게 하려면 전투원과 기술관리자들 간의 보다 더 긴밀하고, 지속적이며, 효과적인 상호 작용이 필요하다. 또한 세계 수준급의 인력과 시설 기반의 유지가 요구된다. 우리의 과학과 기술 사업계획은 우리의 전투원들이 최첨단 기술을 갖고 싸우며, 미래의 전장에서 우세를 확실히 유지할 수 있도록 하였다. 미국은 이러한 인력과 시설 기반을 갖고 있다.

3) **새로운 사업계획(Program)의 부진** : 분명히 미 국방부는 몇 가지 주요 사업계획을 추진하고 있지만 과거에 비해 연구개발 예산이 상당히 삭감되었다. 사실 국방비의 실질적인 가치는 1986년 이래 11년간 –레이건 행정부 3년, 부시 행정부, 지금은 클린턴 행정부– 계속 감소해왔다. 이러한 경향은 베를린 장벽이 무너지기 전부터 시작되어 두 번의 공화당 행정부 및 한 번의 민주당 행정부까지 계속 이어졌다. 계속되는 압력은 향후 추가적인 국방예산 감소를 부채질 할 것이다. 앞에서 언급한 위협의 변화와 함께 1997년에 소수의 새로운 사업계획이 시작되었다. 따라서 현재는 이 사업을 어떻게 최선을 다해 추진할 것인가 하는 것이다.

전 미 국방부 획득기술차관 Paul Kaminsky는 이런 측면에서 3가지 점을 향상시켰다 : ① 분리되어 있는 방위산업과 민간산업 부문을 하나의 통합된 산업기지로 변화시키는 운동을 지속하는 것, ② 방위산업구조의 조정 및 합병(Restructuring and consolidation), ③ 무기체계 부문의 협력 확대 및 이러한 협력을 보다 나은 통합 및 방위산업구조조정에 활용하는 것이다. 그는 또한 이중사용기술(Dual-use technology), 제품 및 절차에 대해 미 국방부의 신뢰도를 증대시켜야 한다고 강조하였다.

오늘날 세계경제는 잠재적 적대국을 포함한 모든 사람들에게 동일한 상용기술기반을 활용할 수 있게 허용하고 있다. 상용기술 활용이 증대된다는 것은 상용산업과 방위산업 간의 장벽을 허물고, 연구개발 및 생산시 상용 및 군용을 통합함으로써 이득을 얻게 되며, 국방체계에서 혁신의 폭을 증대시키고, 무기체계의 획득비용을 감소시키기 위한 이중 전략을 추구할 것을 요구한다. 최종 결론은 국방계약자들이 제공하는 유일기술과 체계통합능력을 생산적이며 경쟁력이 있는 상용산업구조와 함께 활용하는 것은 어쩔 수 없는 추세라는 것이다.

전 세계의 방위산업능력은 초과되어 있다. 회사의 인수 및 합병이 미국에서 일어나고 있다. 유럽의 많은 국가들은 역사가 있는 항공업체가 민영화되거나 합병되거나 폐쇄되었다.

산업기반은 점점 더 국가안보와 국제안보 태세에 더욱 중요해지고 있다. 미 국방부는 미국내 방위산업부문의 어느 부문이 미국 국방소요를 지원하는 데 중요한 능력을 갖고 있는가를 결정하기 위해 평가를 실시하였다. 즉, 그러한 능력이 진실로 유일한 것인가와 그러한 능력이 위태롭게 되고 있는가를 평가하였다. 1996년 미 국방부는 재래식 탄약, 전투차량, 폭격기, 헬기, 구축함, 잠수함의 핵추진기관, 소모용 우주발사체, 어뢰 등과 관련한 산업지원능력에 대한 연구를 완료하였다. 이 연구결과는 미 국방부의 현 사업계획의 규모가 현재의 모든 방위산업체를 계속 유지하는 데 충분하지는 않지만 각 분야의 요구되는 산업능력을 유지할 수 있음을 지적하였다. 두 가지 결론은 첫째, 어느 영역도 위협받지 않는 회사는 없다는 것이며, 둘째는, 미 국방부가 이러한 능력을 유지하기 위한 직접적인 조치는 할 필요가 없다는 것이다.

앞에서 지적했듯이 대서양 방위산업구조도 규모를 축소하고 있고, 미국은 앞으로 10% 더 감축해야 하며 국방비 삭감 압력을 계속 받을 것이다. 미 국방부는 이중기술사용 전략과 방위산업 및 상용산업 기지의 발전적 통합을 위한 획득개혁을 추진하면서 소수의 새로운 사업계획을 시작하고, 국방비 감소 환경을 관리해나가고 있는 것이다.

사. 기술의 폭발적인 발전

미 국방부는 "우리의 부대들은 완전하게 통합된 정보체계와 기술적으로 우세한 무기체계를 통해 전장상황파악의 우세(Dominant battlefield awareness)와 전투우위(Combat superiority)를 달성할 수 있도록 설계되고 있다."고 규정하고 있다. 여기서 **'전장상황파악의 우세'** 란 전쟁에서 전개되고 있는 - 즉 200km×200km 크기의 지역 내에 있는 - 모든 것을 안다는 의미이다. 첫째 목표는 모든 적의 위치를 아는 것이다. 또한 모든 우군 부대에 대해서도 적과 유사한 정보를 아는 것을 의미한다. 그러나 전장상황파악 우세란 부대의 정적인 위치를 아는 것 이상으로 더 많은 것을 아는 것이다.

1996년에 발간한 미 국방부의 『군수전략기획』 서문에서 국방획득기술차관 Paul G. Kaminsky는 "사령관들은 각 부대에 대한 전투준비상태를 알 필요가 있다. 이것은 적군과 우군 부대의 재보급 예측과 마찬가지로 군수태세를 아는 것도 포함한다. 전장상황파악의 우세와 전체적인 자산가시도(Total asset visibility)는 강한 연계성을 갖고 있다. 자산 파악이 안 되면 전장상황파악 우세의 정도가 심각하게 저하된다. 군수가 완전하게 그려지려면, 향후 지원에 요구되는 가용지원 능력과 소요가 군수지원체계를 통해 각 부대에 전파되어야만 한다. 이것은 현대화된 정보체계와 향상되고 확실한 통신이 보장되는 군수체계를 요구한다."고 전장상황파악과 자산가시도의 연계성의 중요성에 대해 강조하였다.

1) **원격통신**(Telecommunication) : 원격통신의 급속한 보급은 정보의 유통속도와 유통량이 과거에는 꿈이었으나 현실로 이루어지고 있다. 처음으로 전투부대사령관은 전체 전장에 대한 실시간 정보를 수신할 수 있는 기회를 갖게 되었다. 즉, 위성, 지상 및 공중 레이더, 적외선 탐지장비 등과 같은 자료 수집센서의 적절한 전개, 그리고 전파방해를 받지 않는 통신망을 이용할 수 있다는 것이다.

합동 탐색 및 표적공격 레이더체계(JSTARS: The Joint Surveillance and Targeting Attack Radar System)는 탐지장비들과 원격통신망의 의미 있는 부분을 제공하기 위해 개발 중에 있다. Joint Endeavor작전 초기단계에 JSTARS는 보스니아戰에서 첨단 개념의 기술시범자로서 작전명명식을 갖게 해주었다. 미 국방부는 보스니아 전개부대를 지원하기 위하여 부대통신능력을 두 가지 방법으로 향상시키고 있다 : 첫째, 직접방송 통신능력을 갖게 하기 위하여 상용TV 위성기술을 사용하고 있다. 둘째, 국방부는 광대역, 보안 전술 인터넷망을 이용하고 있다.

위의 통신망들은 보스니아 지상에서, 독일 주둔 유럽사령부, 그리고 미국 펜타곤에 있는 전쟁기획자들과 군수인들에게 동시에 동일 자료를 접할 수 있게 해준다. 이러한 접근성은 한 개의 20인치 안테나, 암호장비 및 확증코드만 있으면 누구나 가능하다. 지역사령관들은 직접 방송위성을 통해 24mps(Megabits-per-second) 속도로 수신하는 프로그램 선택을 조종할 수 있다. 이러한 원격통신능력은 미 국방부의 군수지원체계를 현대화하는 높은 잠재력을 갖게 해주며, 전 세계의 자원 가시도를 실시간으로 얻을 수 있게 하는 것이 미 국방부의 높은 우선순위이다.

2) **컴퓨터** : 컴퓨터 성능의 폭발적인 성장률과 컴퓨터 가격의 가파른 하락은 일반적 상식이다. 미 국방부의 여러 가지 개발 노력은 작전과 군수에 현 컴퓨터 성능을 활용하는 데 두고 있다. 컴퓨터 기술은 실시간 전 세계의 군수자산을 파악하기 위한 노력으로 원격통신기술과 결합시켜 왔다.

3) **융통성 있는 군수를 위한 잠재력의 증대** : 1980년대는 미국의 대비태세는 소련에 의해 만들어진 주요위협에 중점을 두고 있었다. 1989년 소련 붕괴후 다수의 지역분쟁

이 발생하였다. 몇 몇 경우에는 미국은 인도주의적 목적이나 나아가 미 국익을 위해 군사력으로 역할을 수행했다. 현재의 미 국방부 계획은 지역분쟁은 계속되지만 지난 45년의 냉전시와 같은 주요 군사위협은 가까운 미래에는 없을 것으로 예측하고 있다.

이러한 시나리오와 군수와의 밀접한 관계는 실시간 세계 전 자산가시도를 갖는 것, 신속한 부대 및 지원자산의 전개, 군수지원요소의 신속한 생산 및 배치 소요를 좌우한다.

4) **전 세계 지원을 위한 다국적 기업의 네트워크 활용** : 미 국방부는 지역분쟁에 초점을 맞춘 국방태세를 갖추기 위해 미래의 잠재적 분쟁지역과 가까운 곳에 군수지원을 위한 해외공급자와 함께 다국적 기업 네트워크를 발전시키려고 노력하고 있다. 걸프전은 미 본토로부터 수 천마일 떨어진 분쟁지역의 인근에 군수행렬과 함께 주요부대를 배치하는 과업의 거대함을 보여주었다.

군은 유럽과 극동에서 더 경량화 되며, 더 기동성이 높아지고, 더 좋은 군수체계를 가지며, 보급자원의 가용성이 높아지도록 전환되면 수송체계에 대한 부담과 보급시간은 상당히 감소될 것이다.

2. 미 국방부의 국방획득개혁 추진배경[254]

1994년 3월 15일 페리 전 국방장관은 1994년 2월 9일 '획득개혁-변화를 위한 지시(Acquisition Reform-A Mandate for Change)' 문서를 국방부 고급 지휘관들에게 배포하였다. 여기서 국방획득의 문제점과 변화의 필요성을 다음과 같이 설명하였다. "냉전 이후의 시대는 새로운 형태의 정치적, 경제적, 군사안보 도전을 미국에 부과하였다. 즉, 이러한 도전들은 국지전 또는 제한전, 핵 또는 비핵을 포함한 대량살상무기의 확산, 경제적 번영에 대한 위기, 그리고 과거 소련진영 국가들의 민주화 실패 가능성이다. 미국의 대통령과 국방장관은 적에 대응해서 미군의 우세를 계속 유지할 것이라고 약속했다. 이것은 적보다 앞서는 인력, 훈련, 군수 및 무기체계 기술을 유지하는 것을 의미한다. 즉, 미국은 미군에게 침략을 억제하게 해주며, 부대전개가 요구될 때 최소의 손실로 신속히 승리할 수 있도록 만들어주는 이점을 갖는다. 위협이 변화하고 예측불가하며,

254) 전게서, pp. 1-8~1-9.

1997년 회계연도까지 국방비 지출을 실제로 1985년 회계연도보다 40% 감소할 것이고, 발달된 기술은 세계적으로 이용이 증대되고 있는 동안에 미국의 대통령과 국방장관은 경량화되고, 첨단화되며, 기동성이 있고, 언제든지 전투를 할 수 있는 부대를 유지할 것을 약속했다.

다음은 1994년 획득개혁을 뒷받침하는 상황이나 절차에 대한 내용으로서 1997년 현재도 계속해야 할 업무가 남아 있다.

① 미국의 국가안보 전략이 수립되어 온 기초가 심각하게 변화하고 있다.(냉전 종식 후 새로운 위협이 대두되고 있다)

② 국방조달규정이 최신의 상용기술과 최선의 상용사례를 활용하는 것을 막고 있다.

③ 국방정책이 가격이 싼 회사의 제품을 구입하지 못하도록 해왔다.

④ 계약자와 국방부 참모들의 업무가 국방조달예산을 절약할 수 있게 하는 국방정책을 흔들어 왔다.

⑤ 계약자들은 국방부에 판매하기 위하여 정부의 유일하고 값비싼 계약용어에 따라 하는 위험부담을 싫어한다.

⑥ 국방부는 성능규격(Performance specification)을 제공하지 않고, 그 반대로 계약자에게 작업절차를 설명하는 데 시간을 보냄으로써 지나치게 고비용 업무를 수행한다.

⑦ 국방부 내에서 하는 일들이 상용기술을 신속히 획득하는 것을 막고 있다.

⑧ 수명주기비용을 항상 고려하지 못하고 있다.

⑨ 부대구조와 전투준비태세 수준을 유지하면서 현대화를 위한 자원을 더 자유롭게 활용할 필요가 있다.

그리고 페리 국방장관은 위의 문제점과 관련된 구상을 밝혔으며 최근에는 더 많은 문제를 제기하였다. 예를 들면, 비용을 하나의 독립변수로 취급해야 국방예산 감축에 대응하는데 필수적이라고 지적하였다. 특히 아웃소싱하는데 제한을 두고 있는 법과 규정을 수정하는 것이라고 하였다. 따라서 획득업무절차를 개선(Restructuring)하는 것이 국방부의 최우선 과제로서 외부의 변화에 대응할 수 있도록 획득절차를 바꾸어야 한다는 것이다. 국방부는 새로운 안보위협에 도전을 받고 있으며, 국방비의 급격한 감소, 시장에 대한 영향력의 감소, 기술은 체계가 따라갈 수 없을 정도로 빠르게 변화하고 있으며 전 세계가 이용할 수 있는 상황으로 발전되고 있다. 따라서 획득업무체계가 이러한 변화에 따라가는 것이 아니라 이러한 변화를 선도적으로 이끌어갈 수 있도록 설계되어야 한다는 것이다.

위의 9가지 지적은 필자의 군 경험에 비추어볼 때 우리 군의 현실과 크게 다를 바가 없다고 보인다. 미국의 획득제도개혁을 벤치마킹할 필요가 있다. 다만, 이를 모방할 때 우리 국방부는 우리의 업무문화, 업무기반, 기술능력 등을 신중하게 고려하여야 할 것이다.

3. 미 국방부의 군수전략기획(Logistics Strategic Plan)

미 국방부의 『군수전략기획』(1996/1997년)[255]은 미 국방군수부차관(Deputy Under Secretary of Defense(Logistics))이 준비하여 1996년 6월 22일 국방획득기술차관(Under Secretary of Defense(Acquisition and Technology))이 배포한 기획문서이다. 이 문서에서 "변화하는 위협은 군수가 융통성 있고, 기동성이 있으며, 통합되어야 하고, 호환성이 있어야 하며, 필요한 지점에 정확히 지원할 것을 요구한다. 이러한 군수의 특성은 고도의 신뢰성, 거의 실시간 정보에 의존하는 바 미래 군수전문가들이 함께 노력해야 할 분야 중의 하나이다. 동시에 투자가 기술자들에게 이루어져야 하며, 그 일부는 군수체계 자체에도 투자되어야 한다. 군수체계 비용을 줄이면서 세계적 수준의 군수능력을 갖추는 것이 본 전략기획의 도전이다. 국방군수체계는 국가의 산업 및 군수 능력의 일부분이며, 공공 및 민간경영 영역의 군수수송 방법의 재균형은 가장 가치 있고 좋은 결과를 가져다주는 핵심이다."라고 지적한 점을 우리 군은 유념하고 관련분야를 지속적으로 발전시켜 나가야 할 것이다.

미국의 군수전략기획에서 제시하는 다음 내용은 국방기획계획을 수립하고 예산을 편성할 경우에 우선순위를 결정할 때 반영할 것을 요구하고 있다.

가. 군수체계의 임무에 대한 기술

군수체계의 임무는 모든 부대(Total Force)의 준비태세 및 지속성을 확보하기 위하여 신속하게 지원하는 것이다.

---

255) 전게서, pp. 1-11~1-12.

나. 군수체계의 비전으로서 국방군수체계는 전투원에게 신뢰성과 융통성이 있으며, 비용 대 효과적이고, 즉각적인 군수지원, 정보 및 서비스를 제공하는 것이다. 따라서 중복성이 없는 기반구조(Lean infrastructure)를 만드는 것이고, 국방군수체계는 기술의 선택적 투자, 훈련, 절차의 개선(Reengineering) 및 가장 성공적인 상용/정부 자원과 실행결과를 적용함으로써 이 비전을 달성할 수 있다.

4. 수명주기비용의 효율성 향상과 모범적 상용사례 활용에 집중[256)]

가. 아웃소싱과 사유화

아웃소싱(Outsourcing)이란 전에는 내부에서 수행하던 지원기능을 외부의 서비스 제공자에게 지원기능을 전환하는 것을 말한다. 통상 서비스 제공자에게 아웃소싱한 기능을 수행하는 방법에 관해서는 광범위한 융통성이 주어진다.

사유화(Privatization)란 정부소유의 자산(기지, 자료 처리소 등)을 민간기업에게 전환하는 아웃소싱의 한 형태를 말한다. 정부는 아웃소싱한 기능을 수행하지 않는 것이며, 대부분의 국방부 아웃소싱 구상은 사유화를 포함하지 않는다.

나. 추진배경

1996년부터 향후 몇 년간은 아웃소싱과 사유화는 중요성이 더욱 증대될 것이다. 군 현대화에 중요한 자금을 증가시키기 위해서는 이에 대한 전면적인 실행이 대단히 중요하다. 전 미 국방획득기술차관 카민스키의 다음과 같은 언급에서 알 수 있다 : “국방부는 향후 현대화에 필요한 자금을 증가시키기 위하여 기반시설과 지원비용을 지속적으로 감소시켜야 한다. 국방지원활동분야에 민간기업의 경쟁력을 도입하는 방법이 비용을 줄이고 임무수행능력을 향상시킬 것이다. 아웃소싱은 불확실한 가정 하에 기초를 둔 이론이 아니다. 국방부와 민간기업의 경험은 아웃소싱의 경쟁력, 비용절감과 수행능력을 향상시키는데 일관되고 분명하게 보여주고 있다. 가장 성공한 미국회사의 운영을 보면 그들

256) 전게서, pp. 1-12~1-16.

은 아웃소싱과 경쟁을 통해 달성하고 있다는 것을 알 수 있다."

이와 유사하게 아웃소싱과 사유화에 대해 연구한 미 국방과학위원회(DSB: Defense Science Board)는 "아웃소싱과 사유화는 실행 그 자체에 목적을 두어서는 안 되며 미군의 군사적 우위와 기술적 리더십을 유지하는데 필요한 자원을 자유롭게 활용할 수 있도록 실제적인 접근을 해야 한다"고 설명하였다.

다. 지원구조

FTEs(Full-time equivalents)란 민간인으로 수행할 수 있는 분야에 대해 군인 또는 군무원이 수행한 연간업무시간(Man-years of work)을 의미한다. 1994년에는 64만 FTEs였다. 그 중 3분의 1은 창정비 또는 중간수준의 정비업무였다. 기지서비스와 보건서비스가 나머지 FTEs의 상업활동이 대부분이다. 이 상업활동분야의 4분의 3이 1994년에 보고되었다.

라. 민간기업의 아웃소싱 경험

미국 기업은 광범위한 지원기능을 외주업자에게 점점 더 많이 아웃소싱하고 있다. 정보통신분야는 1980년대 중반부터 아웃소싱된 첫 번째 주요기능이었다. 1996년까지 모든 아웃소싱 활동의 주류를 이루었다. 기업군수, 생산, 재정 및 행정은 아웃소싱 경향을 강하게 갖고 있는 지원기능들이다.

마. 공기업 및 공기관의 아웃소싱 경험

성공적인 경험으로 아웃소싱을 확대해나가고 있다. 미 국방부는 미흡하지만 상당한 비용절감과 지원기능을 민간경영으로 전환하기 위한 제한된 노력에도 불구하고 이점을 얻고 있다. 그러나 미 국방부는 상용정보통신분야의 85만 직위 중 25%만 아웃소싱을 하였다. 미 국방부의 아웃소싱 성공사례는 다음과 같다.

1) **공군기지지원을 위한 모든 기능의 아웃소싱** : 미 본토 Vance기지, 해외 Incirlik기지

2) **아웃소싱으로 성공한 기능들** : DLA물자관리, 개인기술훈련, 창 수준의 정비/정기수리

3) **전역에서의 아웃소싱** : 베트남전에서의 원격통신, Desert Shield 및 Desert

Storm 작전시 핵심 지원기능

4) **해군 내부와 민간기업간의 경쟁** : 미 해군의 CNA(Center for Naval Analysis)에서 1978~1990년간 외주업체와 해군내부의 기관과 경쟁결과 800회 이상의 경쟁계약에서 해군이 이겼는데 그 결과 20~30%의 예산절감을 가져다주었다고 분석하였다(이와 관련한 지침을 A-76이라 부른다). A-76의 조치결과에 대한 다른 분석결과는 ① 소수의 정부공무원(군무원)들이 수행하는 분야로서 10명 이하의 인원이 수행하는 기능이 많으며, 55명 이상의 경우는 10% 이하이다. ② 전통적으로 군인이 수행해왔던 기능을 외주업체가 맡은 경우 비용절감이 더 높았다. 이 경우에는 기능수행비용은 50%의 절감을 가져왔는데 그 이유는 군인이 상대적으로 특별수당 등에 의한 급여가 높았기 때문이다. ③ 아웃소싱에 의해 지원기능의 질과 반응시간에도 특별한 문제가 없었다는 것이다.

바. 방해요소

1995년 10월 미 국방획득기술차관실에 의해 구성된 국방과학기술위원회(DSB: Defence Science Board)의 연구결과보고서에 국방획득기술차관이 1996년 1월 "가장 변경하기 어려운 것이 성공적으로 수행해온 조직(제도)을 어쨌든 변경할 필요가 있는 조직(제도)이다"라고 말하였다.

연구결과에 의하면 미 국방부의 적극적인 아웃소싱 전략을 추진하는데 중요한 방해요소들은 다음과 같다고 지적하고 있다 : ① 법령의 제한과 의회의 세부적인 관리, ② 국방조달 절차의 시간 소비적이고 복잡한 특성, ③ A-76과 같이 공기관과 민간기업의 경쟁에서 복잡성과 형평성의 결여, ④ 경쟁을 지원하기 위한 정부의 비용자료 불충분, ⑤ 핵심 정비업무 수행을 위한 군내 보유를 추구하는 국방정책, ⑥ 근본적인 변화에 대해 거부하는 국방문화 등이다.

미국은 획득분야 개혁에서 군계약과 관련된 문제점과 요구조건을 전부 제시하지는 않고 있다. 예를 들면, 국방부 계약장교들은 조달분야의 충분한 경험이 부족하여 계약용어와 조건들에 대해 이해를 하지 못하고 있으며, 더욱이 시간당 노임률에 의해 민간업체를 선정하며 과거의 수행업적, 명성 및 리엔진니어링 잠재력들은 제안서 평가시 고려하지 않고 있다. 국방조달절차는 형식화되어 있고, 계약업자와 국방부 계약업무 감독자간에는 거리감이 있고 때로는 적대감을 갖는 관계로 발전한다. 민간계약자들은 복잡한 군의 계약업무가 상호작용과 보다 더 협력적인 접근을 하는 것이 효율적인 관리방법이라고 제안한다. 결과적으로 현 여건에서는 아웃소싱으로 적극 추진하게 하는 동기가 거의 없다. 기지사령관이 기지 지원기능을 아웃소싱한데 대해서도 그 효과성에 대해 평가받지 못하고 있는 실정이다.

사유화 문제에 대해서는 미 국방부는 심각한 문제를 보여주고 있다. 이러한 문제점들은 정부가 운영할 때와 동일한 수의 고용원과 동일한 보상패키지를 갖고 운영하고 있는 산업분야에도 포함되어 있다. 설상가상으로 창 수준의 업무부하를 민간기업으로 전환하는 것에 대해서도 법령으로 제한받고 있다. 가장 중요한 방해요소는 3백만 불 이상의 창 수준의 업무부하가 있는 사업은 국방부장관이 경쟁절차를 활용하도록 지시하지 않는 한 민간업자가 수행할 수 없도록 규정하고 있는 미국 법령 2469호 10조(10 U.S.C. 2469)이다.

사. 제안된 전략과 권고내용

미 국방과학기술위원회의 연구결과보고서에서 2002년까지 아웃소싱을 할 경우 70~120억 불의 연간 예산 절감을 달성할 수 있다고 하면서 이를 위해 적극적인 전략을 권고하고 있는 핵심요소는 다음과 같다.

1) 보다 싸고 보다 효율적으로 수행할 수 있는 모든 지원기능을 아웃소싱한다.

2) A-76는 아웃소싱을 잘못되게 하고 방해하므로 민간과 군 간의 경쟁제도인 A-76에 대한 강조는 줄여나가야 한다.

3) A-76의 포기와 예외에 대한 장점을 최대한 이용한다.

4) 현역군인 직책에 아웃소싱을 중점적으로 적용한다.

5) 법령과 제도적 장해요소를 제거한다.

6) 적극적인 계획을 수립하고 책임 있는 고위관리자를 유지하여야 한다.

5. 미래 군수환경에 대한 미 국방부의 가정

다음의 군수가정은 1997년 당시 미 국방부의 장관을 포함한 모든 지도층 인사들의 의도된 행동방책과 인식을 설명해주는 내용이다. 그러나 현재는 사실이 아닐 수도 있다. 그러나 필자는 많은 내용이 한국군의 미래 군수환경에 영향을 미칠 수 있는 내용으로 판단되어 소개한다.

미래의 군수환경은

① 관심의 초점이 지구적 규모의 전쟁에서 지역규모의 전쟁 즉, 평화유지, 인도주의 또는 전투임무로 바뀔 것이며, 신속한 군수지원을 요구할 것이다.

② 보다 경량화되고 능률적인 군수체계는 업무절차와 생산절차의 보다 더 철저한 통합을 통해 달성될 수 있다.

③ 개선된 위치와 개선되지 않은 위치 어디에든 군용장비를 수송가능한 군용/상용 선박 및 항공기는 부대전개를 할 때 제한요소로 계속 작용할 것이다.

④ 군수정보는 군수체계의 중요한 필수품이다.

⑤ 군수지원을 하는 산업기지는 군사군수 관련 업무의 전반적인 감소가 계속될 것이다.

⑥ 미 국방 CALS(Continuous Acquisition Life-Cycle Support)는 향후 10년간의 새로운 재고와 과거의 재고를 지원하기 위한 자료와 설계도를 교환할 수 있게 해야만 한다.

⑦ 체계의 복합성은 증가할 것이다. 그러나 신뢰도, 정비도 및 가용도의 향상은 전통적인 군수개념을 바꾸도록 요구할 것이다.

⑧ 미국은 보다 많은 해양자원에 의존하므로 외국에 배치된 체계를 계속 지원해야할 것이다.

⑨ 석유는 기동에너지의 원천이다. 그러나 저탄소 녹색에너지에 대한 개발공약이 더욱 증가될 것이다.

⑩ 재래식 탄약의 수요는 감소될 것이다.

⑪ 1996/1997년판 미 국방부의 『군수전략기획』의 6쪽에서부터 8쪽에 수록된 군수에 대한 추가적인 가정들이 있으니 참고 바란다.

제2절 군수환경 변화에 대비한 미래 군수발전 방향

1. 군수환경의 변화

가. 소요와 요구(Requirements)가 항상 변화하고 있다.

새로운 체계에 대한 소요와 요구들이 지속적으로 변화하고 있는 이유는 첫째, 세계가 역동적으로 변화하고 있고, 둘째, 임무의 수행속도와 임무의 우선순위가 변하고 있으며, 셋째, 신기술의 출현과 발달 등이 군수의 융통성과 높은 정비지원능력을 요구하고 있다.

나. 체계(Systems)에 대해 더욱 강조되고 있다.

한 체계의 구성품들(Components)보다는 전체 체계(Total system)[257]에 대해 강조하고 있는 바, 그 체계의 수명주기 동안에 그 체계의 필요한 기능이 가장 효과적이고 능률적으로 발휘될 수 있도록 하여야 한다는 것이다. 따라서 정비기반구조 및 지원기반구조가 그 체계의 주요 요소로 간주되어야 하고, 언제든지 그 체계의 주장비가 지원을 필요로 할 때 지원할 수 있는 신뢰성 있는 군수지원 및 정비지원 기반구조가 갖추어져 있어야 한다는 것이다.

다. 체계의 복잡성이 증대되고 있다.

새로운 기술이 적용될수록 점점 더 체계의 구조가 복잡해지기 때문에 체계 설계시 상용체계공학적 접근(Open-architecture approach)을 해야 한다. 그 이유는 급속한 기술의 변화에 따라 그 체계를 변경하거나 개량할 때 체계 전체의 형상에 큰 영향이 없이 신속하고, 능률적으로 변경과 개량이 용이하게 해주기 때문이다. 이러한 제약조건하에서 그 체계에 대한 지원이 되도록 군수지원과 정비지원 기반구조가 설계되어야만 한다.

---

257) 전체 체계란 어떤 무기체계와 같이 주장비는 물론 관련 지원장비, 지원시설, 부속품 등 주장비를 운용하는 데 필요한 종합군수지원 소요를 모두 포함하는 개념이다.

라. 체계 수명주기는 더 길어지면서 기술 수명주기는 더 짧아지고 있다.

위의 다항에서 언급한 여건 하에서 신기술을 쉽고 능률적으로 접목시키면서 군수지원과 정비기반 구조도 이에 신속하게 지원할 수 있도록 설계하여야 하고 지원능력을 연장시켜야 한다.

마. 상용제품(COTS product)의 활용이 점점 더 증가되고 있다.

낮은 초기 비용과 보다 단기간의 조달 및 획득을 위한 목적으로 민간업체의 성공사례(Best commercial practice), 표준절차, 상용 제품 및 소프트웨어를 활용하고 있다. 그 결과 사업을 시작할 때부터 체계에 대한 소요의 정의가 잘 되어야 하고, 체계의 구성품 보다는 전체 체계의 설계를 더 강조하게 되었다. 또한 요구되는 군수 및 정비 지원활동이 주장비 생산업체에서 그 외의 공급업체로 까지 확대하게 되었다. 이러한 전환은 보다 많은 조직들이 군수지원망과 연결이 되어야 하고 체계 설계에 이용되는 많은 상용제품에 대한 지원소요가 발생되고 있다.

바. 세계화(Globalization)가 가속화되고 있다.

신속하고 발달된 통신수단, 신속하고 효율적인 포장 및 수송방법, 전자상거래(Electronic commerce)를 통한 조달 및 관련 절차의 신속성 등으로 인해 세계는 좁아지고 국가 간에는 교역과 의존성이 더 증대되고 있다. 동시에 군수지원체계는 신속하고 신뢰성 있는 통신, 짧은 수송기간, 안전한 수송로, 정비지원소요의 짧은 주기(Quick turnaround time)에 신속히 대응하여야 한다.

사. 보다 더 많은 아웃소싱이 이루어지고 있다.

과거 어느 때보다도 많은 외주업체로부터 아웃소싱과 상용제품을 조달하고 있기 때문에 대부분의 사업들이 더 많은 공급자들과 연계되고 있다. 결과적으로 체계 수준의 소요에 대해 초기단계에 정의되고 자원이 할당될 것과 보다 더 완전한 규격의 개발, 체계의 개발 및 획득 과정에서의 모든 활동과 조치들이 긴밀하게 협조되고 통합되어야 함을 더욱 강조하고 있다. 동시에 상호 긴밀하고 잘 통합된 군수 및 정비 지원능력이 개발되고 필요시 언제든지 발휘되어야 한다.

아. 국제경쟁력이 점점 더 증대되고 있다.

앞에서 언급한 세계화 및 아웃소싱의 증가와 함께 통신 및 수송 방법의 발달뿐 아니라 더 많은 상용제품과 능률적인 세계적 파트너십을 설정할 수 있기 때문에 국제경쟁력은 더욱 심해지고 있다. 이러한 추세의 주요 목표는 신뢰성이 있으며, 고품질, 비용 대 효과가 높고, 고객을 만족시키는 제품을 짧은 시간에 제공하기 위한 것이다. 이러한 목표는 높은 적절성, 효과성 그리고 능률성이 있는 군수 및 정비지원 기반구조가 요구된다.

자. 수명주기비용이 점점 더 높아지고 있다.

경험에 의하면 많은 현용 체계들의 수명주기비용이 점점 더 증가되고 있다. 그러나 그 동안 체계의 조달과 획득 비용을 최소화하기 위하여 많은 관심을 가졌으나, 체계의 운영과 지원 비용에 대해서는 관심을 거의 갖지 않았다. 따라서 체계를 설계할 때부터 정비 및 지원 기반구조에 대한 수명주기 동안의 비용을 함께 평가하여 결심을 해야 한다.

||||| 2. 미래 군수의 발전방향

미래의 군수발전방향을 찾기 위해서는 **획득군수측면에서**는 지금까지 논의해왔던 미국군의 체계 수명주기 동안의 획득군수개념인 성과기반군수개념이 반영된 획득단계의 효과적이고 효율적인 군수관리 및 군수지원 제도가 정립되도록 관련 규정과 지침 등이 한국군의 실정에 맞게 지속적으로 개선되어야 할 것이다.

운영군수측면에서는 제7장 제3절에서 소개한 바와 같이 미 국방부가 발전시켜나가고 있는 집중군수개념을 이해하고 이 개념을 벤치마킹하여 미래전에서 합동작전을 경제적이고 효과적이며 효율적으로 지원할 수 있는 군수관리 및 군수지원 체계가 정립되어야 할 것이다.

그러므로 지금까지 논의해온 과제들에 대한 우리 군의 현행 획득군수의 문제점과 운영군수의 문제점에 대한 개선사항이 곧 미래 군수의 발전방향이 될 것이고 이를 단기적으로 또는 중장기적으로 개선해나가야 할 것이다. 미래 군수의 발전방향을 논의함에 있어서 획득군수측면에서는 11대 종합군수지원요소들의 각각의 요소들에 대한 문제점을 찾아내어 그 문제점에 대한 개선방안을 지속적으로 연구 검토해야 할 것이다. 이러한 연구와 검토는 앞에서 각 분야별로 필자가 지적했던 것들을 정리한다면 많은 참고가 될 것이므로 획득군수의 발전방향에 대해서는 본 절에서 정리하지 않고 독자 여러분에게 맡긴다. 다만 한 가지만 언급한다면, 어떤 무기체계나 장비의 수명주기비용을 산정할 수 있도록 제도와 방법을 정립하는 것이 매우 중요하다. 이것이 없으면 결과적으로 경제적이고 효과적이며 효율적인 결심을 할 수 없기 때문이다.

운영군수측면에서 우리 군의 미래 군수발전방향은 제7장 제3절에서 소개했던 미 국방부의 군수개혁 및 미래 군수계획 방향에서 제시하고 있는 것과 대동소이하다고 볼 수 있다. 다만 본 절에서는 무기체계의 발전추세, 정보통신 및 과학 기술의 발달과 현대전의 교훈 등을 기초로 하는 미래 군수의 발전방향에 대해 몇 가지 제시함으로써 토의의제로 삼고자 한다. 물론 운영군수는 앞에서 제기했던 획득군수의 결과물로서 직접적인 관련성이 있는 것은 당연하다.

가. 미래전에 대비한 효율적인 군수체계(군수 관리 및 지원 체계)를 확립하여야 한다.

미래의 전장환경과 정보통신과학기술 등의 변화에 능동적이고 효율적으로 관리 및 지원할 수 있는 군수조직이 편성되어야 한다. 현재 우리 군의 군수조직은 다양한 병과로 구성된 군수기능위주로 조직되어 있고 이러한 조직 특성상 상호 비협력적인 '굴뚝형' 업무처리로 효율성이 낮고 신속성도 떨어진다고 볼 수 있다.

또한 보급지원은 수요자에 의한 청구가 있을시 지원해주는 **청구기반 군수지원체계**를 유지하고 있다. 따라서 속도중심의 미래전에 대비하여 경량화되고 신속한 군수지원 임무를 수행할 수 있는 **분배기반 군수지원체계**를 갖추어나가야 할 것이다.

이와 동시에 정보화시대에 걸맞게 육 · 해 · 공군의 군수정보를 공유하고 전장의 자원이 가시화되어 이를 토대로 군수조치가 가능한 환경을 제공해주는 '통합된 군수정보'를 활용할 수 있는 통합군수정보체계가 확립되어야 한다. 그러나 현행 군수체계는 정보화되어 가고는 있지만 상호 연동성 및 군수자료 부족으로 효율성이 떨어지고 제한적인 군수정보만 활용 가능하여 전 자산의 가시화와 조치 가능한 군수정보가 제공되거나 교환되지 못하는 상태로 알려지고 있다.

이러한 의미에서 미군이 발전시켜나가고 있는 '집중군수' 개념에 대한 연구가 요구된다.

나. 경제적이고 효율적인 보급망 관리체계가 정립되어야 한다.

이라크전에서 미군은 민간자산을 활용한 물류관리로 적량의 물자를 적시 적소에 전투부대에 지속지원이 가능했다. 현재 우리나라의 민간 물류회사도 정보화 및 자동화되어 업무처리능력과 자동화된 창고관리로 효율적인 자원관리를 하고 있다. 그리고 인터넷을 이용한 전자상거래로 물품을 불출하고 수령하고 있다. 우리 군은 수불행위는 전산화 되어가고 있지만 물품을 분류하여 저장하는 것은 수작업으로 하고 있어 인력과 시간이 낭비되고 사용자도 대기하는 시간이 길어져 신속한 보급지원이 이루어지지 않고 있다.

미래의 전쟁양상은 재래식 무기에 의한 물량전보다 신속한 기동성과 정밀 타격수단 위주의 전쟁으로 전환되어가고 있다. 따라서 군수 관리 및 지원도 정보우위와 신속한 지원을 위한 속도 중심의 군수체계를 요구하고 있다.

따라서 수송능력은 전장가시화를 통해 지원능력을 보장할 수 있어야 하고 수송역할의 중요성을 고려했을 때 전문적인 수송인력도 보유하고 있어야 한다. 또한 민간 물류수송체계를 적극 활용해야 할 것이다. 이라크전에서는 Fedex 및 Wal-Mart 등 민간군수업체 기술을 도입하여 수송차량과 장비 및 포장화물에 RFID(Radio Frequency Identification: 무선인식 통신)를 부착하여 정확하고 신속한 보급수송을 실시함으로써 전투부대에 적시 적량 적소의 군수지원이 가능하여 전투지속능력을 보장하였다.

이와 같이 미군은 이러한 민간자산을 이용하여 보급과 연계한 신속한 수송지원을 실시하고 있으나 아직 우리 군은 민간물류체계의 수송망을 이용하려는 노력이 미흡한 실정이다. 우리 육군의 경우 2001년도에 민간업체-군수사-보급창-군지사에 이르는 과정에서 약 20% 내외의 역수송이 발생되고, 청구에서부터 수령까지의 기간은 평균 30일 정도가 소요되어 미군의 5일 이내 수송완료나 민간기업(삼성전관)의 9일 이내 수주에서부터 생산 및 출하하는 경우와 비교해 볼 때[258] 많은 차이가 있음을 알 수 있다. 우리 군의 수송지원체계가 개선되고 있으리라 확신하지만 군 수송에 있어서 국가기관의 교통/수송 발전계획 등과 효과적으로 연계시킨 민간물류체계를 최대한 이용할 필요가 있다.

이러한 의미에서 민간기업의 보급망 관리(SCM: Supply Chain Management) 기법을 연구하여 우리 군에 활용할 것을 제안하고 싶다.

---

258) 이중영, "향후 한국군의 군수발전 방안 고찰", (대전: 목원대 대학원 석사학위논문, 2001). pp. 42~43.

다. 전시 군수지원능력을 지속적으로 개선해나가야 한다.

전시 효율적인 군수지원을 위해서 우선적으로 조치해야 할 과제로서 조달원별 부족소요를 신중히 검토하여 정책에 반영하고 전시 획득기능을 보강하여 실효성을 제고시켜야 하며, 개전 초 동시다발적인 전투력 복원을 위하여 군수부대별 적정수준의 복원물자를 평시에 확보하고, 전국에 분산 배치된 부대간 지휘통제통신기능이 전시에도 지속될 수 있도록 군수지휘통제망의 실질적인 개설 및 운영이 필요하다.

이러한 원활한 전시 군수지원을 위해서는 북한이라는 위협이 존재하는 한 지난 정부에서 위상을 격하시킨 비상기획위원회의 위상을 회복시켜 정부부처 간의 전평시 위기관리 및 긴밀한 협력체제가 확립될 수 있도록 군 통수권 차원에서 적절한 조치가 필요하다고 본다.

라. 획득군수 관리 및 지원 업무 수행시 성과기반군수제도를 융통성있게 적용해 나가야 한다.

현대 무기체계의 특성에 따른 다음과 같은 군수지원 특성과 요구능력을 고려하여 평시 획득군수단계부터 11대 종합군수지원요소를 성과기반군수 개념에 의해 확보해나가야 할 것이다.

첫째, 모듈단위의 교환소요가 증가될 것임으로 부대정비의 중요성이 증가하여 부대정비가 장비유지의 핵심적인 요소가 될 것이다. 따라서 사단경량화에 크게 영향을 주지 않는 범위 내에서 부대정비의 범위를 확대시키거나 제작사로 하여금 이 업무를 신속히 수행할 수 있는 성과기반군수지원체제를 발전시켜 나가야 할 것이다.

둘째, 직접지원 및 야전정비의 비중이 상대적으로 감소하고 부대정비와의 기술적 차별성이 약화될 전망이다. 만약 직접지원정비의 기술수준을 보강하여 부대정비와의 기술수준을 차별화 할 경우에는 일반지원정비와의 기술적 차별성이 약화되어, 결과적으로 일반정비와 직접정비를 분리운용할 필요성이 감소한다. 21세기에는 장비운용 부대와 후방의 정비부대를 온라인으로 연결하여 정비하는 원격정비(Tele-Maintenance)기술의 발달로 직접정비의 필요성이 더욱 감소할 것으로 예상된다.

셋째, 구성품 및 모듈의 고가화로 충분한 재고의 확보가 곤란하여 수리부속의 중앙통제 및 보급, 정비, 수송의 통합관리가 필요하다. 또한 고장진단 및 수리의 정확도와 신속성을 높이기 위해 무기체계별 운용실태 및 고장실적 등에 대한 체계적인 자료수집 및 분석체계가 필요하다. 이것이 통합군수정보체계의 확립 필요성이 증대되고 있는 이유 중의 하나일 것이다. 이는 군의 군수관리 및 군수지원 체계와 민간기업의 군수관련정보가 네트워크로 24시간 연결되어 민간기업으로부터 직접 지원 가능케 할 수 있을 것이다.

넷째, 정비창 수준의 완성장비에 대한 수리소요는 감소하고 구성품 및 모듈의 창정비 소요는 증가할 것이다. 그러나 현 정비창의 구성품 및 모듈에 대한 정비능력은 인력, 시설, 장비면에서 극히 제한되어 있어 현재와 같은 정비창 운영체계로는 첨단장비의 창정비 지원이 극히 제한을 받을 것이다. 따라서 정비창을 구성품 및 모듈위주의 정비체계로 전환하고 성능기반군수체계로 전환함과 동시에 군무원의 처우개선, 기술부사관의 적극활용 등 민간기업과의 유기적인 협력이 가능한 정비창 운영체계의 획기적 개선도 필요할 것이다.

다섯째, 따라서 분야별로 요구되는 숙련된 우수 기술인력에 대한 확보 및 유지 대책이 시급하다. 특히 전평시 야전 정비능력을 갖추기 위해서는 기술부사관에 대한 양성 및 교육 훈련체계의 개선이 요구된다. 성과기반군수에 의해 민간기업을 활용한다고 해도 결국은 기술부사관의 높은 기술수준은 전역후 민간기업에 재활용할 수 있는 기반이 됨으로 기술부사관에 대한 교육훈련은 중요하다.

부록 및 참고문헌

[부록 1] 국방부본부 및 방위사업청 조직

국방기획관리제도와 국방획득관리제도를 설명할 때 국방부 및 방사청의 부서명칭을 사용하기 때문에 이해를 돕기 위하여 참여정부의 2008년 2월 1일과 이명박정부 시기의 7월 1일 기준으로 국방부 및 방위사업청 웹사이트에 게시된 조직도를 옮겨놓은 것이다.

1. 국방부본부 조직도

가. 참여정부(노무현) 시대

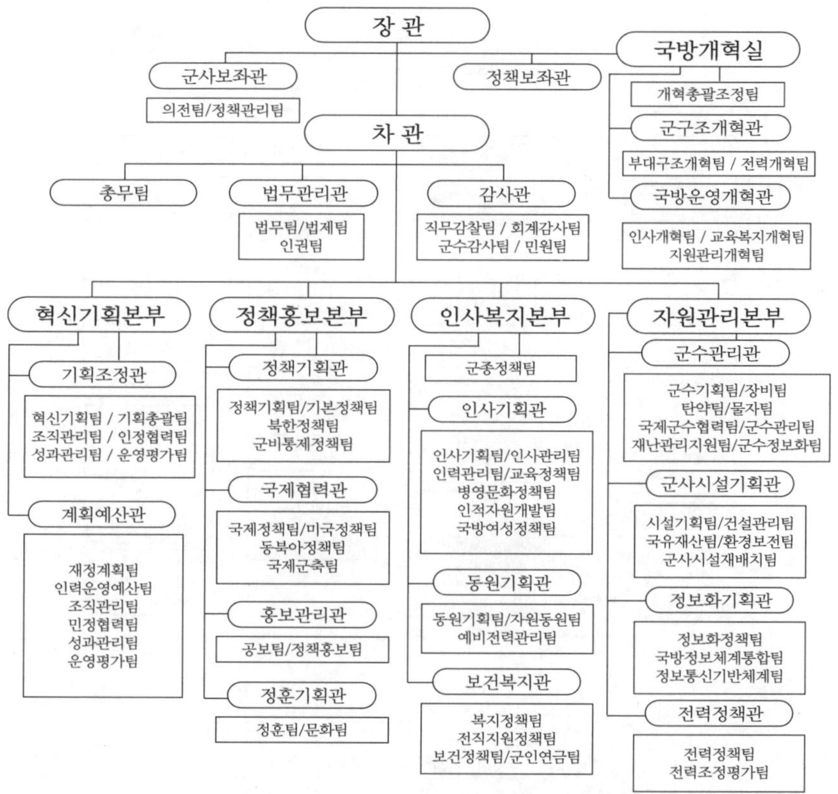

주1. '혁신'을 강조하기 위하여 조직명칭에 '혁신' 용어를 사용함으로써 조직명칭의 일반성이 결여되어 부서 명칭의 계속 사용 가능성이 낮다.

주2. 한시적 기능을 주로 수행하는 '팀'이라는 용어를 영구적인 조직명칭에 사용함으로써 '과'로 변경될 가능성이 많다.

나. 이명박 정부시대

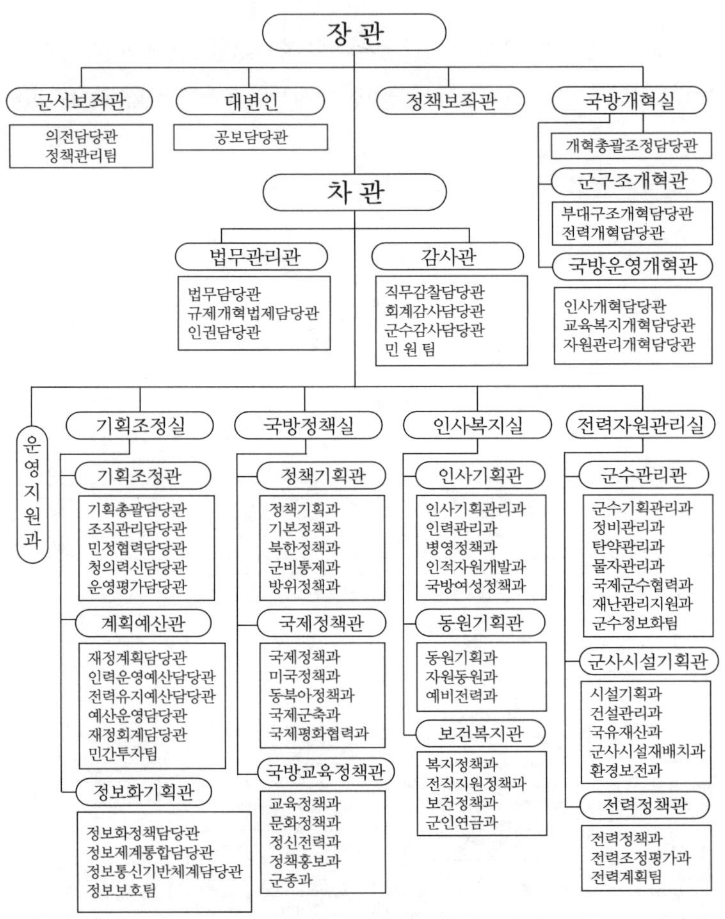

주1. '혁신', '팀' 을 모두 고쳐 통상적인 조직명칭인 '기획', '과' 로 환원되었다.

주2. 국방부의 획득군수기능을 강조하고자 '자원관리본부' 에서 '전력자원관리실' 로 변경함으로써 체계의 획득, 운영유지 및 폐기 단계를 모두 포함하는 획득군수 및 운영군수관리기능을 조직명칭에 반영하였다. 그러나 방위사업법으로 법제화된 방위사업청 조직을 변경하기 어려운 점을 고려하여 한시적 조직인 '전력계획팀' 을 추가함으로써 국방부 본부의 군수 기획 및 계획 기능을 최대한 반영한 것으로 평가된다.

2. 방위사업청 조직도

가. 참여정부시대

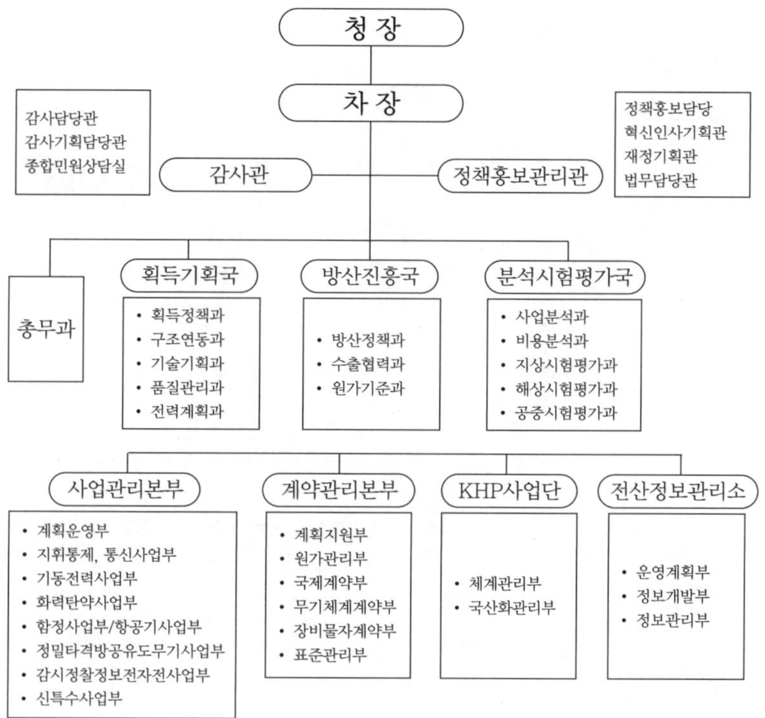

나. 이명박 정부시대

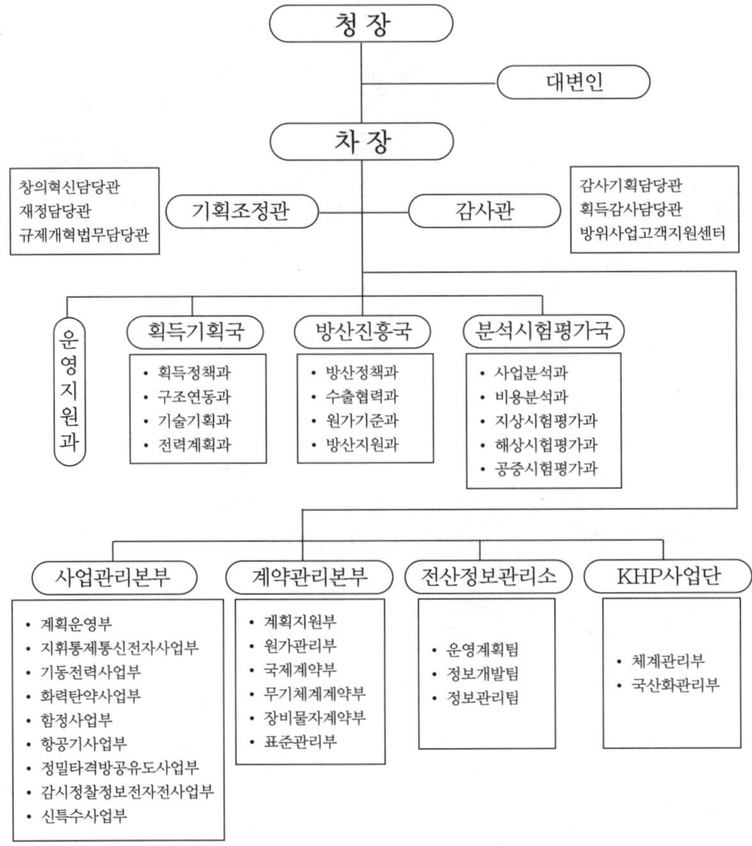

주1. 획득기획국의 '품질관리과'가 없어지고 국방부 본부에 전력계획기능을 추가함으로써 국방부와 방사청 간의 전력계획기능을 일치시켜 국방부의 획득군수에 대한 조정통제기능을 강화시켰으며, 이명박 정부의 방위산업의 신성장동력 활용정책에 따라 방산진흥국에 '방산지원과'가 추가되었다. 그러나 국방부가 방위사업청 개청한지가 오래되지 않아 방위사업법 개정명분이 축적되지 않음으로써 참여정부 때의 방사청의 역할을 크게 변경시킬 수 없는 한계가 있는 것으로 보인다.

[부록 2] 군수용어의 정의

본 부록은 본서를 읽으면서 필요한 주요 군수용어를 쉽게 찾아볼 수 있도록 발췌 정리하였다. 기본적으로 용어는 2006년도에 발간한 국방전력발전업규정이나 2007년도에 발간한 방위사업관리규정에 근거한 것이다. 그러나 일부 용어는 미국군의 참고문헌을 이용하였다.

1. **가계약**(Draft Contract) : 계약의 효력이 상부기관의 승인이나 특정조건이 충족시 발효키로 약정하고 체결한 계약을 말한다. 이는 회계법상의 지출원인행위가 아니고 지출원인행위를 위한 행정 편의상 쌍방의 사전 약정이 요구되는 경우 이 형태를 취할 수 있다.
   이 경우 쌍방이 약정한 협상가격 등을 활용하여 기종 또는 연구개발주관기관이 결정된 이후 상부지시에 의거 발효시키게 되면 가계약은 바로 유효한 계약(지출원인 행위)이 된다. 따라서 모든 가계약에는 승인이 되지 않으면 자동 무효가 된다는 단서조항을 삽입한다.
2. **가용도/가용성**(Availability) : 어떤 체계가 정비를 완료후 임의의 시점에서 가동상태에 있는 확률로서 신뢰도와 정비도에 의해 결정되며, 어떤 체계가 불시에 임무를 받을 때 가용될 수 있는 정도를 나타내는 것으로 전투준비태세의 측정치로 사용된다. 일반적으로 가용도는 고유가용도를 의미하나, 달성가용도, 고유가용도, 운용가용도로 세분하여 나타낸다. 세부내용은 제12장 제3절을 참고하기 바란다.
3. **감손율** : 방산물자 원가 계산시 반영하는 손실율, 불량률 및 시료율을 합한 것을 의미한다. 손실률, 불량률 및 시료율 계산방법과 적용방법에 대해서는 규정에 정하고 있다.
4. **개념설계**(Concept Design) : 개략적인 작전운용성능(안)을 기준으로 함정의 운용개념과 작전운용성능(안)을 작성하기 위해 함정 선행연구단계에서 수행하는 설계로서, 함정개략 제원 및 성능, 예상탑재무기 및 장비의 배치, 선형 등 함정의 주요 성능 및 특성 등을 구체화하여 작전운용성능(안) 및 함정건조기본지침서를 작성하기 위한 활동이다.
5. **개발계획서**(DP: Development Plan) : 개략개발계획서를 기초로 탐색 및 체계 개발

단계의 계획을 문서화한 것으로 국과연 또는 개발대상업체가 작성하며, **탐색개발계획서**와 **체계개발계획서**가 있다.

6. **개발관리계획서** : 연구개발주관기관에서 작성한 개발계획서를 검토하여 통합사업관리팀이 사업을 관리하기 위한 계획문서로서 탐색개발관리계획서와 체계개발관리계획서가 있다.
7. **개발시험평가**(DT&E: Development Test and Evaluation) : 체계개발단계에서 제작된 시제품에 대하여 기술상의 성능(신뢰도 · 유지성 · 적합성 · 호환성 · 내환경성 · 안정성 등)을 측정하고 설계상의 중요한 문제점이 해결되었는가를 확인 평가하여 무기체계 획득 과정에서 기술적 개발목표가 충족되었는지를 결정하기 위하여 수행되는 시험평가를 말한다.
8. **국방과학기술정보** : 지적재산권(특허권, 실용신안권 등)과 기술자료 묶음(제품규격서, 설계도면, 품질보증자료 등), 기타 각종 기술정보자료를 말한다.
9. **국방과학기술조사서** : 국방과학기술수준 조사를 바탕으로 국내 · 외 국방과학기술 수준, 주요 국가의 무기체계 발전추세 및 능력, 국내 방산업체 및 산학연의 연구개발 능력 등을 포함하는 문서로서 3년 주기로 작성하며, 핵심기술 연구개발 소요제기를 위한 기초자료를 제공한다.
10. **국산화** : 무기체계 · 비무기체계 획득과 관련하여 외국으로부터 도입하는 장비 · 부품 및 물자를 사용하여 생산하려는 제반과정을 말하며, 다음과 같이 국산화 대상을 구분한다.

    체계국산화란 연구개발단계 또는 생산단계에서 최종조립업체가 자체인력 또는 여타 국내업체의 인력을 사용하여 최종대상체계를 설계하여 생산하는 것과 생산단계에서 자체 보유한 체계생산기술을 사용하여 최종대상체계를 생산하는 것을 말한다. **부품국산화**란 국내 연구개발 또는 기술도입 등을 통하여 확보한 기술과 국내설비를 사용하여 최종대상체계를 구성하는 부품과 동일한 품목을 생산하거나, 그 이상의 성능과 기능을 발휘할 수 있는 대치품을 생산하는 것을 말한다.
11. **군수지원성**(Supportability) : 체계 설계의 특성과 계획된 군수자원이 체계의 전 · 평시 전투준비태세 및 요구조건에 맞는 정도를 의미한다. 따라서 군수지원성이란 가용 예산으로 체계의 수명주기 동안 작전시 운용과 준비태세 요구를 지원하는 전체 체계

의 설계성능이다. 전체 체계(Total system)의 군수지원성은 **운용가용도(A₀)**와 **수명주기비용**으로 나타낸다.[259)]

체계 정비를 위하여 요구되는 체계운용기간 동안 필요한 군수지원소요를 준비하는데 필요한 조달시간과 비용을 나타내는 모수이다. '체계의 군수지원 설계' 의 주된 목표는 체계의 운용 및 정비 단계에서 요구되는 군수지원소요를 최소화하기 위하여 적극적으로 영향을 미치는 것이다. 따라서 이를 위한 핵심문제들은 ① 외형적, 기능적 및 운용적으로 공통성, ② 외형적, 기능적 모듈화, ③ 체계 구성부품, 시험장비 및 지원장비의 표준화, ④ 공장의 자원과 물자의 부족 제거, ⑤ 기술의 성숙도, 상용기술의 성숙도, 열린 체계의 표준, 소유권문제, 단일자원 품목(Single source items)에 초점을 맞추어야 한다. 체계 설계시 영향을 미칠 수 있는 가장 좋은 기회는 Architecture definition phase 때이다. 이때 신뢰도는 높이되 군수지원소요는 감소시켜야 한다.

군수지원소요에 영향을 미치는 설계단계의 문제들은 ① 체계의 훈련장비, ② 체계의 문서화 및 기술자료, ③ 부속품 등 보급지원, ④ 지속유지계획, ⑤ 부식방지 및 완화계획, ⑥ 내장시험 및 진단 체계를 포함한 시험 및 지원 장비, ⑦ 설비, ⑧포장, 처리, 저장, 수송, ⑨ 인력소요를 포함한다.

12. **군수지원분석(Supportability Analysis)** : "새로운 무기체계(또는 개량체계)의 운용유지비용을 최소화하고 운용시 지속적인 군수지원이 제공될 수 있도록 군수지원요소를 확인, 정의, 정량화 및 처리하기 위한 체계적이고 반복적인 분석활동"이다. 이러한 군수지원분석을 통하여 군수지원소요를 식별하고 판단하게 된다.[260)]

가) 소요군에서 제기한 무기체계의 운용개념 및 정비소요 등을 근거로 다음 각 호와 같이 연구개발주관기관이 실시하여야 한다.

1) 인원, 예산, 지원장비, 표준화 및 호환성, 고장빈도 및 정비소요시간 등을 설계에 반영

2) 고장빈도 및 정비소요시간 예측

3) 정비업무 분석 : 정비 업무 · 시기 · 계단 및 시설, 정비빈도, 수리 방침 · 시간 및 수준분석, 인원 · 인시 및 기술특기, 정비관련 보급지원소요

259) AMSC, MIL-HDBK-502, Acquisition Logistics(AMSC, 1997), pp. 4-14~4-15.

260) 방위력개선사업관리규정, 제 268조(2006), p. 126.

4) 보급지원 및 교육훈련 소요판단

나) 연구개발주관기관은 탐색개발을 착수하기 전에 유사장비 경험제원 분석과 공학적 추정에 의한 초기 군수지원분석을 실시하고 그 결과를 토대로 종합군수지원요소별 소요를 다음 각 호와 같이 정립하여 소요군의 검토를 거쳐 사업관리본부(통합사업관리팀, 종합군수지원개발팀)로 통보한다.

1) 정비할당표 초안

2) 군수지원인력 및 기술특기별 소요

3) 정비계단별 지원장비 소요 : 품명 · 기능 및 능력, 소요근거, 운영유지에 필요한 제반 제원, 비용 추정

4) 잠정지급기준 산출을 위한 보급품 소요

5) 정비 및 보급시설 : 소요, 소요시기, 설계기준, 소요근거

6) 기술교범(사용자교범, 부대정비교범, 직접 · 일반지원교범, 창 정비교범) 초안

7) 창 정비체계 구축을 위한 개발소요

8) 기존 보급지원체계 이용 가능 여부

다) 계량적 방법을 이용하여 다음 사항에 대해 군수지원분석을 실시한다.

1) 설계입력으로서 군수지원판단기준을 설정하고 결정하는 데 도움을 주기위해 분석을 실시한다.

2) 다양한 설계 대안을 평가하는 데 도움을 주기 위해 분석을 실시한다.

3) 정비와 군수지원 요소를 식별하여 이들에 대한 초도보급 및 추진보급을 결정하는 데 도움을 주기 위해 분석을 실시한다.

4) 체계 운용단계에서 체계지원 기반구조를 최종 평가하는 데 도움을 주기 위해 분석을 실시한다.

군수지원분석의 목적은 첫째, 군수지원이 체계 성능요구조건의 하나로 포함되도록 보장하는 것이며, 둘째, 최적의 군수지원체계의 설계 및 기반구조를 보장하는 것이다. 군수지원분석은 전체체계에 대한 체계공학적 분석과정의 한 부분인 '설계분석과정'으로서 수명주기의 초기단계인 설계 및 개발 단계에서 이루어지며, 군수지원분석의 종류는 〈그림 3-5〉를 참고하기 바란다.

13. **규격서**(Specification: SPEC) : 제품 및 용역에 대한 기술적인 요구사항과 요구필요

조건의 일치성 여부를 판단하기 위한 절차와 방법을 서술한 문서를 말하며, 제품의 성능, 재료, 형상, 치수, 용적, 색채, 제조, 포장 및 검사방법 등이 포함되며, 국방규격서는 정식규격서와 약식규격서로 구분한다.

정식규격서는 일정한 형식과 내용을 구비하여 계속적으로 통용하고 반복사용하기 위하여 제정된 규격서이며, **약식규격서**는 용도와 조건에 따라 다음 4가지로 구분한다.

1) 임시규격서는 기술자료가 미비할 때 제정하는 규격서로서 정식규격화 하지 아니하고는 원칙적으로 동일품목 구매에 재사용하지 못하는 규격서이다. 다만, 기술자료 획득곤란 등 특별한 사유가 있는 경우에는 규격제정기관의 심의 및 국방부 승인후 재사용 가능하다.

2) 포장규격서는 완성장비 부품 등 포장사항이 규제되지 않는 품목의 수송, 저장, 취급의 편의성을 위하여 포장조건을 정한 규격서를 말한다.

3) 구매규격서는 KS 및 정부부처, 외국, 업체규격을 그대로 적용할 수 없거나 품종 및 품질 수준이 다양하여 조달에 적용하기 곤란한 품목에 대하여 구매에 필요한 최소한의 요구조건을 정한 규격서를 말한다.

4) 도면규격서는 군용물자 부품 등 단순기능품을 구매하는데 적용하기 위해 도면위주로 작성한 규격서를 말한다.

14. **기술개발(Engineering Development)** : 군사용으로 승인되었거나 조변되지는 않았으나, 군사적 목적으로 개발하는 기술(기술설계, 기타)과 관련된 모든 개발사업을 포함한다.

15. **기술관리기관** : 기술의 실질적 소유권을 가지고 기술을 관리 · 보관하는 국방관련기관

16. **기술협력생산** : 외국에서 개발되어 실용화되었거나 실용화를 위하여 시험평가결과 전투용 적합으로 판단되어 생산중인 무기체계를 외국의 원 제작업체와 기술협력에 의하여 생산권한을 양도, 대여 또는 지원 하에 국내에서 생산하는 것을 말한다.

17. **기술자료(Technical Data)** : 기술자료묶음(TDP: Technical Data Package), 기술정보(TI: Technical Information), 기술교범(TM: Technical Manual) 및 기술규격서(TS: Technical Specification) 등 기술내용을 수록한 것으로서 책자나 필름 등 그 표현형식에는 상관하지 아니한다.

기술자료묶음(Technical Data Package: TDP)은 군에 소요되는 장비의 품목 및 용역에 대한 기술적인 특성 및 필수사항을 제작 · 생산 및 조달에 적합하도록 완전하고 명확

하게 묘사한 기술자료로서 규격서 · 도면 · 소프트웨어(소스코드 포함) 기술자료 · 품질보충규정(SQAP: Supplementary Quality Assura- nce Provision) · 자료목록, 상호운용성 프로파일 등이 포함된다. **기술정보**(Technical Intelligence)는 군사목적을 위해 현재 또는 결과적으로 실제 적용될 수 있는 외국 기술발전 및 외국 군수물자의 질과 운용능력에 관한 정보를 말하며, 이것은 첩보의 수집 및 처리로 부터 획득되는 최종 완성자료이다.

18. **대외군사판매(FMS: Foreign Military Sales)** : 직구매방법의 한 형태로 미국정부가 무기수출통제법(AECA: Arms Export Control Act) 등 관련법규에 의거 미국의 우방국, 동맹국 또는 국제기구에 정부간의 계약에 의하여 대외지급수단 및 차관금액으로 군사상 필요한 물자를 유상 판매하는 방법을 말하며 지정구매, 총괄구매 및 군수보급지원약정으로 구분한다.
19. **대외군사판매법(Foreign Military Sales Act)** : 1968년 10월 미국은 대외군사판매법안을 제정하여 1961년에 제정한 대외지원법으로부터 군사판매만을 독립시켰다. 이로써 미국은 우방국 및 국제기구에 대하여 공동생산과 협력군수지원을 포함한 방위물자 및 용역판매를 위한 단일 입법조치를 강구하게 되었다.
20. **명시이월** : 세출예산중 사업의 성질상 1회계연도 내에 경비지출을 끝내지 못하고 다음연도에 이월하여 지출해야 할 경우 그 취지를 예산에 명시하여 미리 국회의 의결을 얻은 경비를 말하며, 이는 회계연도 내에 지출하지 못하게 된 사업의 중단을 방지하고 연도 내에 무리한 사업의 집행으로 인한 예산의 낭비를 예방하기 위한 것이다.
21. **목표가격(Target Cost)** : 특정조달을 위한 '국가를 당사자로 하는 계약에 관한 법률 시행령 특례규정(대통령령 제18773호, 이하 "특정조달특례규정"이라 한다)과 동 시행규칙(재정경제원령 제327호)에서 정하고 있는 예정가격작성의 예외가 되는 국제계약 상업구매 품목을 경제적인 방법으로 구매할 목적을 달성하기 위해 각종 가용 가격정보를 비교 분석하여 입찰이나 가격 협상시 경제적인 조달의 기준이 되도록 계약관(분임계약관)이 설정한 가격을 말한다. 목표가 산정절차에 대해 방위사업관리규정에 정하고 있다.
22. **분배(Distribution)** : 보급품이 지원계통을 통해 지원자로부터 사용자에게 이전되는

과정으로서 적시, 적소, 적량을 공급할 수 있도록 신속한 이동, 효율적인 물자의 분배, 분배비용의 최소화가 이루어지도록 하여야 한다. 분배활동은 자원의 배분, 청구, 불출, 수송, 수입 저장 및 분배통제의 순으로 이루어진다.[261]

23. **사고이월** : 연도내 지출원인행위가 이루어졌고, 연도내에 지출케 되어 있었으나 납품지연, 공사지연, 하자발생 등의 부득이한 사유로 연도내에 지출하지 못한 세출 예산을 다음 연도로 넘겨 사용하는 것을 말한다.

24. **상용품목** : 민수용으로 생산 · 유통되고 있는 품목을 군에서 군수품으로 채택 사용하는 품목을 말한다. 상용품목으로 지정된 품목은 완제품 및 부분품의 정상소요를 반영하여 조달할 수 있으며, 국방규격을 제정하지 아니하고 한국산업규격, 정부관계기관 규격적용을 원칙으로 한다.

25. **성능개량(Product Improvement Program: PIP)** : 운용중인 또는 개발중인 무기체계에 대하여 일부 성능 · 기능 변경을 통한 작전운용성능 향상, 기술변경 · 품질개선을 통한 성능 · 기능 향상 및 운용유지면의 신뢰성과 가용성을 증가시키는 것을 말한다.

26. **성능형 규격(Performance Specification)** : 요구되는 결과를 얻기 위한 구체적인 방법을 기술하지 않고 요구성능, 환경조건, 연동성 · 호환성 등을 명시한 규격을 말한다.

27. **생산용이도(Producibility)** : 어떤 체계나 제품의 생산에 있어서 상대적인 생산의 용이성과 경제성의 척도이다. 설계의 특성이 융통성 있고 기존의 생산방법을 이용하고, 기능 · 성능 · 효과성이나 품질의 저하를 초래하지 않는 공정을 이용하여 보다 쉽고 경제적으로 어떤 품목을 생산해낼 수 있어야 한다.

    단순성과 융통성이 강조되고 있는 바 생산에 있어서 결정적인 물자와 공정, 특별 생산 공구 및 설비, 특별시험 장비 및 고급 기술인력 등의 소요를 최소화하는 것이 목표다. 이에 추가하여 생산 및 조달시간도 최소화하여야 한다. 생산 용이성의 목표는 군수지원소요에도 똑같이 적용되어야 한다.[262]

28. **수리수준분석(LORA: Level-of-repair Analysis)** : 제14장 제3절을 참고하기 바란다.

29. **수명주기비용(Life-cycle Cost)** : 어떤 체계의 수명주기 동안에 발생되는 모든 비용으로서 방위력개선사업관리규정에는 연구개발비, 투자비, 운영유지비로 구분하고

---

261) 육군본부, 야전교범 19-1(2002), pp. 5-17~5-18.

262) DAU, DAU Program Managers Tool Kit 14th ed.(Ver.1.0)(DAU, 2005), p. 41.

있다. Blanchard는 연구 및 개발 비용, 생산 및 건설 비용, 운용 및 정비 비용, 체계의 퇴역 및 처리 비용 4가지로 구분하고 있다.[263)]

30. **시용장비** : 무기체계 또는 표준화 채택을 위한 시험용 장비 또는 표준장비 지정을 위한 신규장비를 말한다.

31. **신뢰도(Reliability)** : 어떤 체계가 주어진 조건하에서 일정기간 동안 고장 없이 의도된 기능을 수행할 수 있는 확률로서 고장빈도와 관련된 요소이다.

32. **신뢰도중심정비분석(RCMA: Reliability-centered Maintenance Analysis)** : 어떤 체계(생산품)에 집중적이고, 효율적이며, 비용 대 효과적인 계획정비 및 통제계획을 개발하기 위한 체계적 접근방법을 말한다. 이 기술은 초기 체계설계 과정이 시작되어 체계가 개발, 생산, 및 배치 될 때까지 적용된다. 또한 현존 체계에 대한 추가생산 및 성능 향상 시에 계획정비를 평가하는데 적용될 수 있다. 신뢰도중심정비기술은 1960년대 민간항공산업에서 개발되었다.[264)]

33. **열린 체계(Open system)** : 상호 연동, 서비스 및 지원형태가 상용규격과 표준을 사용한 체계를 의미한다. 이러한 열린 체계의 특징은 첫째, 잘 정의되고, 널리 사용되며, 특정 소유가 아닌 연동(Interface) 및 프로토콜을 사용한다. 둘째, 산업적으로 인정된 표준기관으로부터 개발 및 적용된 표준을 사용한다. 셋째, 폭넓게 적용할 수 있는 새롭거나 추가적인 체계능력을 높이기 위하여 모든 측면의 체계연동정의를 활용한다. 넷째, 체계에 최소의 영향을 주는 성능요소를 확대 또는 개량을 한다.[265)]

34. **열린 체계 표준(Open system standards)** : 소프트웨어, 하드웨어, 연동 설계, 네트워크 프로토콜, 회로판 설계 등의 특성을 통제하고 정의하는 표준을 말하며, 이 표준은 국제표준화기구(ISO: International Organization for Standardization) 또는 국제전기전자기술자협회(IEEE: Institute of Electrical and Electronics Engineers) 등에서 개발한 상용표준을 의미한다.

35. **예비설계(기본설계, Preliminary Design)** : 무기체계 설계의 3단계 중 두 번째 단계로서,

263) Blanchard(2004), pp. 42-43.

264) 상게서, pp. 211-220.

265) DSMC, Acquisition Logistics Guide, 3rd ed.(VA, Fort, Belvoir: DSMC Press, 1997), p. 28-2; 열린 체계와 관련된 열린 체계 설계, 열린 체계 아키텍처 등에 관한 용어들을 정의하고 있다.

예를 들면 항공기설계의 경우 개념설계단계에서 윤곽이 잡힌 비행기를 대상으로 여러 가지 매개변수를 변화시키면서 구체적인 계산 및 풍동(Wind tunnel) 시험 등을 수행한다. 그리하여 성능과 가격 면에서 최저치를 구한 다음 항공기의 3면도를 결정하는 단계이다.

36. **예산이용(과목이용, Transfer of an Appropriation in the Budget)** : 정부조직 등에 관한 법령의 제정 · 개정 또는 폐지로 인하여 그 직무와 권한에 변동이 있을 때와 예산집행상 필요에 의하여 미리 예산으로써 국회의 의결을 얻은 경우에 한하여 기획재정부장관의 승인을 받아 예산이 정한 각 기관 간, 각 장 · 관 · 항 간에 상호 이용하는 것이다.

37. **예산전용(과목전용, Diversion, Misappropriation)** : 세출예산의 세항 · 목 간의 경비를 서로 융통하여 사용하는 것을 말한다. 각 중앙관서의 장이 예산을 전용하고자할 때는 그 사유, 과목, 금액을 명백히 한 전용승인신청서를 기획재정부장관에게 제출하여 승인을 받아야하며, 기획재정부장관이 예산의 전용을 승인하였을 때에는 그 전용명세서를 당해 중앙관서의 장과 감사원에 통보하여야 한다.

38. **예정가격(Arranged Price)** : 국가나 지방자치단체가 당사자가 되어 계약을 체결할 때에 계약금액결정의 기준을 삼기 위하여 입찰전 또는 계약대상자와의 협상 전에 계약공무원(방사청의 계약부장, 계약팀장)이 미리 작성, 비치하여두는 계약금액의 예정액을 말한다. 방위사업관리규정에 예정가 결정절차가 규정되어 있다.

39. **오퍼요청서(Letter of Request: LOR)** : FMS를 통하여 구매하고자하는 물자의 정보 또는 오퍼를 미 국방성 및 산하 해당기관에 요청할 경우에 사용하는 표준서식을 말한다.

40. **운영유지자료(Sample Data Collection: SDC)** : 국외도입시 구입하고자 하는 무기체계를 해당국에서 운영유지하는데 필요한 자료를 말한다.

41. **운용성 확인(Operational Assessment)** : 탐색개발 기간중 획득하고자 하는 체계가 사용자의 요구사항을 만족할 수 있는 지 여부 및 운용자에게 적합 또는 효용가치가 있는 지에 관한 잠재성 등을 확인하기 위한 시험으로, 잠재적 운용효과와 운용적합성과 관련하여 조기에 의사결정 자료를 제공하기 위하여 실시한다.

42. **원가** : 방산물자를 생산 또는 연구하기 위하여 소비하는 각종 재화와 용역을 화폐

가치로 환산한 가액을 말한다. 다만, 계약목적물의 완성과 관련이 없는 재화와 용역의 소비나, 이상상태하의 경제적가치의 감소는 포함하지 아니한다.

제조원가는 당해 계약목적물의 제조과정에서 발생하는 재료비, 노무비 및 경비의 합계액이며, **총 원가**는 제조원가에 일반관리비를 합한 금액이고, **계산가격**은 총 원가에 이윤 및 수입제세(관세 및 농특세) 등을 합한 금액을 의미하며, 최종적인 원가계산 가격을 말한다.

43. **원가의 제비율** : 원가의 제비율은 방산물자와 일반물자로 구분하여 산정하도록 방위사업관리규정에 규정되어 있다. 제비율은 간접노무비율, 간접경비율, 일반관리비율 및 투하자본이윤율을 말한다.

44. **이행보증금**(P-Bond: Performance Bond) : 계약의 이행을 확보하기 위한 물적 담보로서 계약불이행의 경우에 국가가 입은 손해의 배상을 용이하게 하려는 목적으로 계약 상대방으로 부터 일정한 금액을 징수하는 손해배상에 대한 예정액의 성격을 갖는다.

45. **자료교환협정**(DEA: Data Exchange Agreement) : 미국과 우방국 간의 상호 관심 있는 군사과학 기술정보자료를 교환하기 위한 협정이다. 우리나라는 1963년 미국과 기본협정을 체결하고, 그 이후 1970년 국과연 창설 이후 활동이 본격화되면서 각군별, 분야별 부록을 확대 신설하였다.

46. **작업분할구조**(WBS: Work Breakdown Structure) : 제품을 개발/생산하는 과정에서 기술적인 사항과 관련하여 하드웨어, 소프트웨어, 서비스 및 기타 작업과제들을 상세히 조직화하는 것을 말한다.

47. **작전운용성능**(ROC: Required Operational Capability) : 단위전력의 운영개념을 충족하고 작전수행에 필요한 요구 성능 및 능력을 제시한 것으로 합참에서 제기하고 국방장관이 결정하며, 기술적, 부수적 요구 성능은 방위사업청(통합사업관리팀)에서 정한다.

가) 작전운용성능은 무기체계 획득 전 기간에 걸쳐 중심역할을 수행한다.

1) ROC가 적시에 잘 설정되어야 획득방법을 결정하고, 연구개발할 것인지 구매할 것인지를 포함하는 획득계획을 작성 가능하다.

2) ROC를 근거로 비용 대 효과분석을 실시한다.

3) 시험평가의 기준과 범위를 제공한다.

4) 국외도입시 제안요구서 작성의 근거가 되고 계약과 협상의 기준을 제시해준다.

나) 작전운용성능 수정주기는 연구개발사업시 기술시험 또는 운용시험 평가후 1개월 이내 수정건의를 원칙으로 하며, 국외도입시는 시험평가계획 승인 이전에 수정 건의 한다.

48. **작전술**(Operational Art) : 제7장 제1절에서 설명하고 있는 작전술 개념을 참고하기 바란다.

49. **전 수명주기체계관리**(TLCM: Total Life Cycle Systems Management) : 제1장 제2절의 미국군 군수개념의 하나인 성과기반군수개념에서 참고하기 바란다.

50. **저장**(Storage) : 보급품을 보급계통 내에 받아들여서 일정한 장소에 위치 및 보존하는 과정이다. 저장은 품목, 수량, 시간 면에서 공급과 수요가 균형을 이루도록 하며 보급품의 경제적 가치를 높이는 역할을 수행한다. 저장기능은 수령, 보관 및 불출기능을 포함한다. 저장자원이란 저장공간, 인력, 물자취급 장비 등이다.[266]

51. **전장관리정보체계** : 무기체계중 정보를 수집, 가공, 전달, 전시하는 기능들을 수행하는 컴퓨터 · 소프트웨어 · 데이터 · 통신수단이 통합되어 그 기능을 발휘하는 소프트웨어 중심의 체계로서 범용컴퓨터를 활용하는 체계를 말한다. 다만, 무기체계의 일부로 포함된 특수목적의 컴퓨터에서 수행하는 내장형 소프트웨어를 제외한다.

52. **정비도**(Maintainability) : 규정된 절차에 따라 정비를 실시할 경우 지정된 기간내에 어떤 체계가 요구된 상태로 복구될 수 있는 확률로서 정비의 용이성, 즉 정비업무량과 관계되는 요구이다. 신뢰도, 가용도 및 정비도를 체계의 고장빈도, 전투준비태세 및 정비업무량 등을 측정하는 척도로 활용된다.

52. **정비업무분석**(MTA : Maintenance Task Analysis) : 제14장을 참고하기 바란다.

53. **조달**(Procurement) : 경제주체의 활동에 필요한 적정한 물자, 시설 또는 용역을 필요한 시기와 장소에 획득함으로써 경제주체의 활동을 원활하게 하는 것을 말한다. 구매의 개념과 비교해보면, 구매는 일정한 반대급부, 즉 대가가 수반되는데 대하여 조달은 반드시 반대급부가 수반되는 것은 아니다. 구매는 그 대가가 주로 화폐 또는 이에 상당하는 경제적 가치를 가지는 유가물인데 대하여 조달은 그 대가가 반드시

266) 육군본부, 야전교범 19-1(2002), pp. 5-19~5-20.

화폐 또는 유가물은 아니다. 구매가 일정한 시기에 필요로 하는 지정된 물자를 반드시 자기 이외의 타 경제주체로부터 획득하는 교환 경제적 행위이며, 조달은 지정된 물자를 자기 이외의 다른 경제주체로부터 획득하는 외에 자체 생산활동에 의해서도 획득하는 것이므로 교환 경제적 행위와 원시획득 경제적 행위의 양자를 겸한다. 구매의 대상은 물자와 용역에 국한되나 조달의 대상은 물자, 용역뿐만 아니라 자금도 포함된다.

54. **착수금** : 방산물자의 연구개발 또는 획득을 위한 계약을 체결한 후 계약의 원활한 이행을 위하여 계약이행 완료전에 지급하는 금액을 말한다.

55. **절충교역**(Offset) : 외국으로부터 군사장비, 물자 및 용역을 획득할 때 외국계약자에게 기술이전 및 부품 역수출 등 일정한 반대급부를 요구하는 조건부 교역을 말하며, 이는 획득하고자 하는 군용물자와 관련된 기술이전 및 부품 수출에 관한 직접 절충교역과 획득하고자 하는 군용물자와 직접 관련이 없는 간접 절충교역의 두 가지 형태로 구분한다.

가) 절충교역 합의각서(MOA) : 절충교역과 관련하여 방위사업청과 국외도입물자를 계약한 국외업체간의 절충교역 계약조건과 제안내용에 대한 합의사항을 명시한 문서

나) 절충교역 양해각서(Offset Memorandum Of Understanding: Offset MOU) : 국외업체와 각급기관 및 국내업체간에 절충교역과 관련하여 상호간의 권리, 의무에 관한 사항을 명시한 문서이다.

다) 절충교역 자산(Offset Assets) : 절충교역과 관련하여 국외업체로부터 무상으로 획득하여 소유권이 대한민국에 속하는 기술자료, 장비 및 각종 공구류를 말한다.

라) 절충교역제안서(Offset Proposal) : 국외업체가 절충교역 조건으로 제시한 이행 약정사항 및 이행계획 등을 명시한 문서를 말한다.

마) 절충교역평가(Offset Evaluation) : 절충교역 협상결과를 제안내용의 등급(기술의 정도 또는 중요도), 재정적 가치(외형금액) 및 이행기간 등을 중요평가요소로 하여 가치를 평가함을 말하며, 평가가치가 높은 국외업체는 계약체결에 유리하다.

바) 절충교역 협상대안(Offset Requirements) : 절충교역협상을 위하여 국외업체에

267) 육군본부, 야전교범 19-1(2002), pp. 5-20~5-21.

268) DAU, Systems Engineering Fundamentals(DAU, 2001), p. 3.

제시할 기술분야 및 부품제작물량 등의 내용을 말한다.

56. **처리(Disposal)** : 물품관리기관(물품관리관, 물품출납공무원, 물품운용관 등)의 자의에 의하여 소유권이나 점유권을 그 지배 범위에서 이탈시키는 행위로서 초과품, 잉여품, 폐품, 설물이 그 대상이다.[267)]

57. **체계(System)** : "주어진 임무유형과 운용형태를 수행하거나 지원할 수 있는 품목, 결합체, 숙련도, 그리고 기술이 합쳐진 구성체"를 말한다.(방위력개선사업규정 별표1 용어정의) "기술된 하나의 요구나 목표를 만족시키기 위한 능력을 제공하는 인력, 제품 및 절차들이 종합된 합성체"이다.[268)]

58. **체계공학(System engineering)** : "승인된 운용 요구와 소요(Operational needs and requirements)를 실전에서 운용하기에 적합한 체계들의 구성체로 전환시키는 하나의 접근방법으로서 소요분석, 기능적 분석 및 할당, 설계의 종합 및 유효성 검증, 체계 분석 및 통제를 하향식으로 반복하는 과정이다. 체계공학은 설계, 생산, 시험 및 평가, 생산품의 군수지원분야에 널리 활용되고 있다. 체계공학의 원칙은 체계의 성능, 위험, 비용 그리고 사업일정간의 균형을 맞추는 데 영향을 주는 것"이라고 하였다.[269)]

59. **체계운용효과성(SOE: System Operational Effectiveness)**[270)]: 제1장 제2절의 〈그림 1-5〉를 참고하기 바란다.

60. **표준화(Standardization)** : 군수품의 조달, 관리 및 유지를 경제적, 효율적으로 수행하기 위하여 표준을 설정하여 이를 활용하는 조직적 행위와 기술적 요구사항을 결정하는 규격 제정, 표준품목 등의 지정에 관한 제반활동을 말한다.

61. **특화연구기관(센터)** : 우수한 기술잠재력을 핵심기술개발에 접목시키고 우수인력의 국방기술개발 참여를 유도하기 위하여 특정 기술분야를 중점적으로 연구하도록 위촉된 연구기관(센터)을 말한다.

62. **한도액 계약(BOA: Basic Ordering Agreement)** : 계약을 체결하는 때에는 무기체계의 운용을 위한 주요장비의 수리부속품 및 정비를 효율적으로 확보하기 위하여 한도액을 설정하고 그 한도액내에서 수리부속품 및 정비를 일정기간 계약업체에 요구하고자

---

269) Benjamin S. Blanchard(2004), pp. 28-30.

270) DAU, DAU Program Managers Tool Kit 14th ed.(Ver.1.0)(DAU, 2005)), p. 41.

하는 경우이다.

63. **함정건조기본지침서(TLR: Top Level Requirement)** : 개념설계 결과 및 작전운용성능에 근거하여 함정의 임무, 작전요구 성능, 주요 무기체계 및 장비의 요구성능, 정비 및 군수지원 개념, 함정 편성 등을 규정한 함정 설계 및 건조를 위한 기본지침을 제공하는 문서이다.

64. **함정건조기술사양서(TLS: Top Level Specification)** : 함정건조기본지침서에서 제시된 요구조건을 기본설계를 통하여 구체화한 함정의 제원 및 성능, 장비사양, 체계간 연동관계, 정비 및 군수지원계획 등을 규정한 문서로 함정건조사양을 제공하는 문서이다.

65. **함정 기본설계** : 함정건조기본지침서에서 제시된 요구조건을 구체화하며, 함정의 제원 및 성능, 탑재무기체계 및 장비의 배치, 장비사양, 체계간의 연동 등을 확정하고, 상세설계 및 함건조 계약용 도면작성, 건조비 등을 산출하기 위한 설계로서 기본설계결과에 따라 함정건조기술사양서를 결정한다.

66. **함정 상세설계** : 기본설계결과를 기초로 함정건조를 위한 세부공작도면을 작성하고 시운전, 함운용 등에 필요한 기술자료를 작성하는 설계를 말한다.

67. **핵심기술** : JSOP에 수록된 무기체계 또는 미래 무기체계의 국내개발 또는 생산에 필요한 고도 · 첨단기술 및 이러한 기술들이 집약되어 생산되는 중요부품으로서 국내생산을 위한 관건이 되며, 선진외국에서 기 개발되어도 기술이전이나 판매를 회피하는 사항 또는 새로운 기술을 말한다.

68. CALS(Continuous Acquisition & Life-cycle Support/Commerce At Light Speed)

가) 개요

1) CALS는 미 국방성과 민간업체간에 국방체계를 지원하는 디지털 자료의 보다 효과적인 생성, 교환, 관리 및 활용을 위한 하나의 전략이다. CALS의 목적은 수작업으로 작성한 수많은 서류에 의해 운영되고 있는 국방체계를 종합적이고 고도의 자동화된 획득 및 지원 업무체계로 바꾸는 것이다. 이러한 자동화되고 종합화된 절차의 목표는 디지털화된 무기체계종합데이터베이스(IWSDB: Integrated Weapon Systems Data Base)를 만드는 것이다. 미국도 IWSDB를 개발중에 있으며 개발이 완료되면, 앞으로 설계, 생산 및 지원 과정이 자동화되고 상호 연동이 되어 업무

절차가 능률화되고 무기체계의 신뢰도와 질이 향상될 것이며, 수명주기비용도 감소될 것이다.

2) 〈그림 1〉은 CALS 적용을 위한 구조적 접근방법과 기반구조의 현대화, 절차의 개선 및 디지털 자료의 획득 업무에 대한 반복적인 절차간의 결합에 대해 설명하고 있다. CALS를 효과적으로 적용하기 위해서는 〈그림 1〉의 4가지 요소가 전 수명주기 동안에 다루어져야 한다.

〈그림 1〉 디지털 자료의 생성, 관리 및 활용 기반

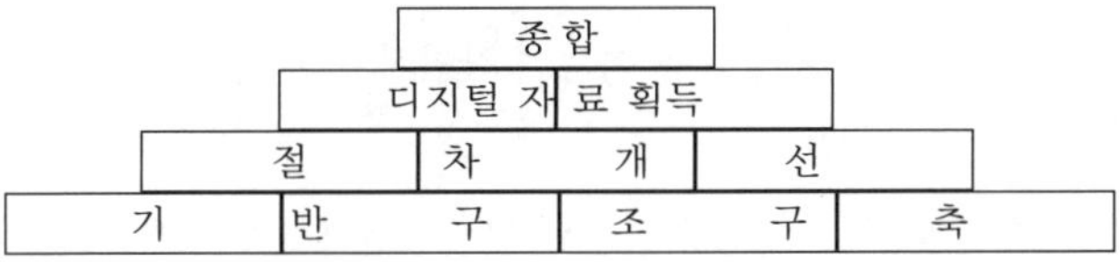

종 합
디지털 자료 획득
절 차 개 선
기 반 구 조 구 축

3) 기반구조의 현대화(Infrastructure modernization) : 현행 서류중심의 업무절차 기반구조는 타자기, 복사기, 우편 처리요원, 우편 이송트럭 등이다. 디지털 중심 업무기반구조는 컴퓨터 하드웨어, 소프트웨어 및 통신망의 능력을 갖추어 있는 것이다. 따라서 디지털 제품을 제작, 관리, 사용 및 교환하려면 관련 기반구조를 현대화해야 한다.

4) 절차개선(Process improvement) : 디지털 자료를 사용하는 기반구조가 되면 무기체계를 설계하고, 제작하며, 수명주기간 지원을 위한 업무절차도 개선이 가능하게 된다. 이러한 업무절차의 재설계는 기반구조의 현대화를 촉진시킬 수 있으며, 미군은 MIL-STD-881(Work Breakdown Structure for Defense Material Item), MIL-STD-499(Engineering Management)와 같은 참고 정보 및 적용지침을 제공하는 업무절차 개선 지침서가 많이 있다.

5) 디지털 자료의 획득 : 서류로 만든 자료대신에 디지털 자료를 획득하게 되어 서로 다른 컴퓨터 시스템간에도 정보공유가 가능하여 CALS 표준 및 규격을 개발하는 데 도움을 준다. CALS 표준 및 규격은 디지털 자료의 효과적인 출력, 교환 및 활용에 필요한 공통된 연동 및 파일 형태를 제공한다.

6) 종합(Integration) : 하나의 무기체계를 수명주기간 지원하는 데 사용되는 모든

기술정보를 통제 및 협력하기 위해서는 논리적인 자료구조(Logical data structure)를 필요로 한다. 이러한 자료구조 개념은 CALS IWSDB라 부르며, 이 데이터베이스는 모든 기술정보체계를 지원하기 위하여 논리적인 자료 수집이 가능하게 해주며 정부와 산업계간에 효과적인 정보교환을 할 수 있는 기반을 제공한다.

나) 업무절차 개선 및 CALS 적용에 따른 이점

1) 설계 과정과 종합 데이터베이스를 직접 연결시킴으로써 획득, 관리, 지원계획, 조달 및 정비, 신뢰도 및 정비도, 장비설계를 위한 양질의 정보를 얻을 수 있게 해준다.

2) 중복적이고, 오차가 발생하기 쉬운 수작업절차의 제거는 획득 및 지원 비용을 감소시킨다.

3) 서류와 마이크로피쉬에 비해 디지털 자료는 공간, 무게 및 보관고 등의 소요가 감소된다.

4) 전자주문, 전자계약 및 전자지불과 같은 자동화 처리 기회가 증가된다.

5) 통합된 설계 및 생산능력의 발전과 민간업체들의 디지털화된 제품설명서를 갖춘 하드웨어 생산 및 지원 능력을 잘 결합함으로써 군수의 적절성(Responsiveness)을 향상시킬 수 있다.

| 참고문헌 |

〈단행본〉

- 강종열 역, 래리 P. 리츠만 저, 『생산 운영 관리의 기초(Foundations of operations management)』, 서울: 시그마프레스, 2004.
- 한국표준협회, 『신경제, 품질경영 어떻게 추진하나』, 서울: 공업진흥청, 1993.
- 김광석, 『용병술어 연구 : 군사용어 해설사전』, 병학사, 1994.
- 김진봉, 장원기 공저, 『현대재무관리』, 서울: 박영사, 2003.
- 김순현 편, 『최신 군사용어한영사전』, 연경문화사, 2005.
- 김철환, 『무기체계관리(Ⅰ) : 이론과 실제』, 국방대학원, 1990.
- 김철환, 『무기체계관리(Ⅱ) : 이론과 실제』, 국방대학원, 1990.
- 김철환, 『무기체계 사업관리』, 국방대학원, 1997.
- 김철환 · 이건재,『무기체계 획득관리』, 국방대학원, 2001.
- 미 합참, 합동교범 4-0, Doctrine for Logistics Support of Joint Operations, Washington, D.C., Office of JCS, 1992.
- 민강완, 『경영관리론』, 서울: 무역경영사, 1987.
- 육군대학 번역, 美野教 100-5 『미작전요무령』, 육군인쇄공창, 1993.
- 이내주 옮김, 앙투안 앙리 조미니 지음, 『전쟁술』, 책세상, 2000.
- 이재규 역, Peter F. Drucker 저, 『자본주의 이후의 사회』, 서울: 한국경제신문사, 1993.
- 이재천, 『군사술과 군수』, 서울: 21세기군사연구소, 1996.
- 이필중 번역, Henry E. Eccles 저, 『국방과 군수조달』, 국방대학교, 2001.
- 임덕순, 장승권 공역, 마이클해머, 스티븐 스텐턴 공저, 『리엔지니어링 그 이후』, 서울: 경향신문사, 1997.
- 국방부, 국방전력발전업무규정(국방부 훈령 793호), 2006.
- 국방부, 무기/비무기체계 내장형SW 개발관리 지침, 2002.
- 방위사업법(법률 제7845호), 방위사업법 시행령(대통령령 제19507호), 2006.
- 방위사업청, 국방규격 작성 표준지침(방사청 지침 2006-36호), 2006.

- 방위사업청, 군수품 목록화 업무지침(방사청 지침 2006-59호), 2006.
- 방위사업청, 무기체계 내장형SW 개발관리 실무편람, 2006.
- 방위사업청, 방위력 개선사업관리규정(방사청 훈령 13호), 2006.
- 방위사업청, 소프트웨어 기술문서 작성방법 매뉴얼, 2006.
- 방위사업청, IPT 형상관리 업무지침, 2006.
- 방위사업청, 운영단계 무기체계 형상관리 업무지침, 2006.
- 방위사업청, 표준화 업무지침(방사청 지침 2006-37호), 2006.
- 최기출 역, 『미래전에 있어서의 불확실성 제거』, 서울: 21세기군사연구소, 2001.
- 최기출, 『과학적인 군 인력관리론』, 서울: 21세기군사연구소, 2007.
- 최기출, 『총체적 리더십』, 계룡대: 해군본부, 2005.
- Benjamin S. Blanchard, Logistics Engineering and Management, 6th ed, NJ, Upper Saddle River, Pearson Education, Inc., 2004.
- DoD, 4100.35G, Integrated Logistics Support Planning Guide for DoD Systems and Equipment, Washington, D.C., DoD, 1967.
- DSMC, Integrated Logistics Support Guide, VA, Fort Belvoir, DSMC, 1994.
- James Adams, The Next World War, SIMON & SCHUSTER, 1998.
- James A. Huston, The Sinews of War: Army Logistics 1775-1953, Washington, DC: US Army Office of the Chief of Military History, 1966.
- H. Koontz, C. O' Donnell and H. Weihrich, Essentials of Management, McGraw Hill, New York, 1982.
- Julian Lider, Military Theory : Concept, Structure, Problems, Gower Publishing Company Limited, England, 1983.
- MIL-HDBK-59B, Military Handbook : CALS Support Implementation Guide, 1994.
- MIL-HDBK-502, DoD Handbook on Acquisition Logistics, 1997.
- Moshe Kress, Operational Logistics: The Art and Science of Sustaining Military Operations, Boston: Kluwer Academic Publishers, 2002.

- W. Herman Newman, Warren E. Kirby and E. Schnee Jerome, The Process of Management, 5th ed., New Jersey: Prentice Hall, 1982.
- Peter Paret, Makers of Modern Strategy : from Machiavelli to the Nuclear Age, Princeton University Press, New Jersey, 1986.
- Philip B. Crosby, Quality Is Free : The art of making quality free, New York: New American library, 1979.
- J. J. Schneider, The Structure of Strategic Revolution, CA, Novada: Presidio, 1994.
- Simon Herbert Alexander, Administrative Behavior, 3rd ed.: a study of decision making processes in administrative organization, NY: Free Press, 1976.
- J. Thompson, The Lifeblood of War, UK: Brasey' s, 1999.
- US Army FM 100–5(Final Draft), 1997
- US Defense Acquisition University, Program Manager' s Tool Kit, 14th ed., US Superintendent of Documents, Government Printing Office, 2005.
- US Defense Acquisition University, Test and Evaluation Management Guide, 5th ed., Fort Belvoir, VA, 2005.
- US Defense Acquisition University, Performance Based Logistics, A Program Manager' s Product Support Guide, Fort Belvoir, VA, 2005.
- US Defense Systems Management College, Acquisition Logistics Guide, Fort Belvoir, Virginia, 1997.
- US Defense Systems Management College, Systems Engineering Fundamentals, Fort Belvoir, Virginia, 2001.
- U. S. JCS, Focused Logistics Campaign Plan(FLCP), Washington, DC: Director for Logistics, 2004.
- Martin Van Creveld, SUPPLYING WAR: LOGISTICS FROM WALLENSTEIN TO PATTON: Cambridgc Univ. Pr, 1997.
- Julian Thompson, Lifeblood of War: Logistics in Armed Conflict: Brassey' s

UK Ltd; Revised edition, 1994.

- John Kennedy Ohl, Supplying the Troops: General Somervell and American Logistics in WWⅡ: Northern Illinois University Press, 1994.
- John A. Lynn, Feeding Mars: Logistics In Western Warfare From: The Middle Ages To The Present (History and Warfare): Westview Press, 1994.
- Ken (Kenneth N.) Brown, Strategics: The Logistics-Strategy Link: National Defense University, Washington, DC (1987).
- P. D. Foxton, Powering War: Modern Land Force Logistics (Land Warfare: Brassey's New Battlefield Weapons Systems and Technology, Vol 11): Brassey's (UK) Ltd (1994).
- Parmodh Sarin, Military Logistics: The Third Dimension: Manas Publications; 1 edition (1999).
- Richard Rosecrance: The Rise of the Trading State: Commerce and Conquest in the Modern World: Basic Books (Short Disc) (1987).
- 일부개정, 2008.12.31, 법률 제09280호
- 대통령령 제20947호

〈논문 및 기타〉

- 김미남, "장차 한국군의 군수지원체제 발전방향", 국방대학교 석사논문, 2003.
- 이중영, "향후 한국군의 군수발전 방안 고찰", 대전: 목원대 대학원 석사학위논문, 2001.
- http://www.acc.dau.mil
- http://www.akass.dau/dag
- http://www.dsca.mil
- http://www.dtic.mil/jointvision/history.htm
- http://www.clm.org
- http://www.pmi.org